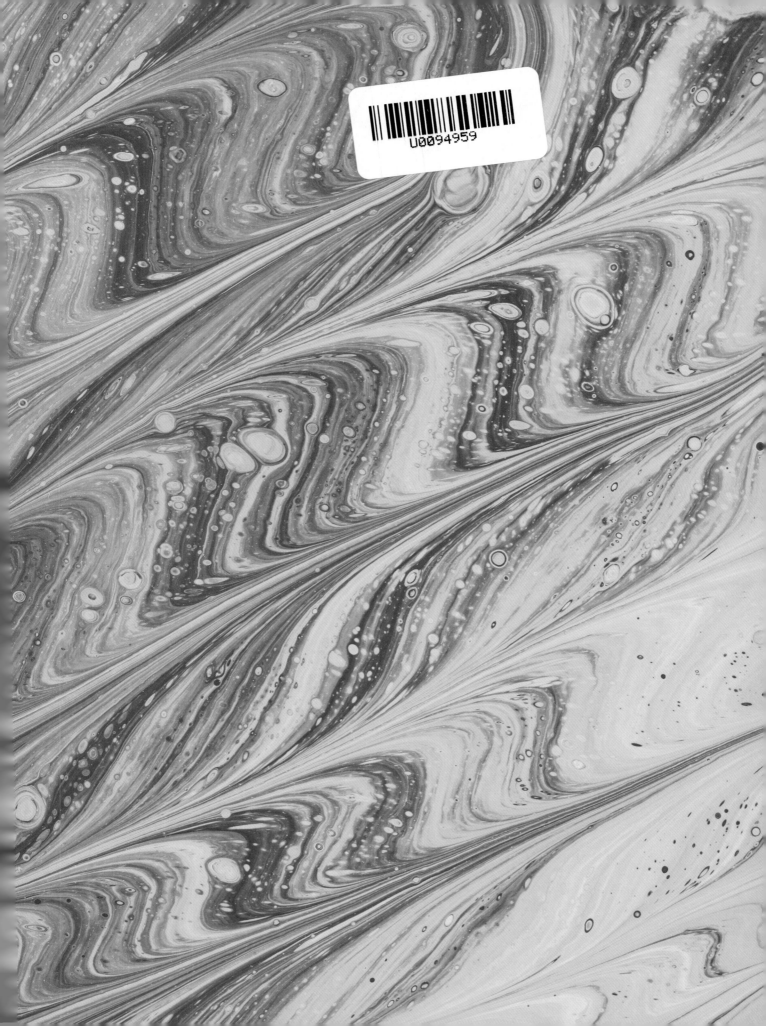

21世紀咖啡聖經

跟著 *Coffee Review* 創辦人了解全球咖啡新浪潮，從一顆種子烘焙到一杯咖啡的過程及祕辛，理解跨世代咖啡科學與文化的終極指南

肯尼斯·戴維茲

謝博戎 譯

21st CENTURY COFFEE

A Guide

KENNETH DAVIDS

謹獻給所有投注全心力於咖啡志業的從業人員，不論您只是默默付出，
又或是赫赫有名，感謝您將咖啡不只當作生意，也當成一門藝術。

同時也獻給賜予我靈感的巴西裔妻子雅拉及孫女夏洛特，她們皆是上天
恩賜予我光輝的應許。

肯尼斯‧戴維茲其他著作

《咖啡指南：採購、沖煮與品飲》
1976 年初版／ 1981、1987、1991、2001 年再版
※ 未發行繁體中文版

《ESPRESSO：咖啡的終極型態》
1993 年初版／ 2001 年再版
※ 未發行繁體中文版

《咖啡自家烘焙全書》
1996 年初版／ 2003 年再版／ 2003 年積木文化出版繁體中文版

作者
肯尼斯・戴維茲（Kenneth Davids）

在美國的咖啡業界廣受推崇，是最具權威的業界先驅之一。他有三本以「咖啡」為主題的著作，包括《Coffee: A Guide to Buying, Brewing & Enjoying》（5 次修訂版總銷售量超過 27 萬冊）、《Espresso: Ultimate Coffee》（目前是第二次修訂版，該書曾獲詹姆士・比爾德獎的提名）、《咖啡自家烘焙全書》（Home Coffee Roasting）。

肯尼斯・戴維茲撰寫的咖啡評論文章頻繁發表於各大出版物中，其中包括其親自主持的得獎網站「Coffee Review」、知名的雜誌月刊《Tea & Coffee Trade Journal》及《Fresh Cup》等媒體。1996 年，他曾榮獲美國精品咖啡協會（SCAA）頒發「咖啡文學傑出貢獻類別」的特殊成就獎。

由他共同創辦的咖啡評鑑網站 Coffee Review 是第一個將類似葡萄酒百分制評分系統轉換成咖啡評分系統，並引領經驗豐富的品鑑師團隊進行評鑑。自 1997 年創辦以來，影響咖啡產業甚鉅。

作者本人亦積極協助咖啡農尋找咖啡豆批發市場、訓練專業杯測員、為客戶調配各式各樣不同的綜合配方豆，並且不定期在美國、加拿大、南美洲、歐洲以及日本各地，開設關於咖啡豆購買及評鑑等主題研討會及講習班。

個人網站：www.kennethdavidscoffee.com

譯者
謝博戎

畢業於國立中山大學外國語文學系，咖啡之路始於西元 2000 年，一路上玩遍各種咖啡烘焙器材，從平底鍋、烤箱、自製奶粉罐、小熱風烘豆機、半熱風專業烘豆機、直火專業烘豆機，直到現今的略大型工業用偏熱風烘豆機，加上對於美味的異常偏執，深入鑽研各種沖煮咖啡的技術，是個十足的咖啡瘋子。

2009 年創辦「鳳展商行」，專營頂尖咖啡生豆進、出口貿易，高級精緻咖啡豆烘焙批發、零售，專業咖啡、餐飲業開業前諮詢輔導顧問服務，以及專業咖啡沖煮職人教學課程，期許為國內咖啡文化帶來正向發展的動能，讓台灣的咖啡業能在世界舞臺發光。譯有《咖啡自家烘焙全書》、《世界咖啡地圖》等書。

「鳳展商行」臉書粉絲專頁：
www.facebook.com/4ArtsZeroDefectCoffees
www.facebook.com/PhoenixSpecialGreenCoffees

譯者序

我與作者 Ken 之間的緣份，始於 2001 年。當時從中山大學外文系畢業不久的我，正考慮翻譯第一本書，當作我對咖啡業界的第一份實質貢獻，依照當年時空背景，應該是要選擇一本關於「烘焙咖啡」的書來做最為迫切，在網路上遍搜數本咖啡主題原文書後，最後選擇了 Ken 撰寫的《咖啡自家烘焙全書》（*Home Coffee Roasting*）當做進入咖啡業的敲門磚。這本書寫得很有料，不僅有技術性的內容，更是富含背景歷史與知識性的篇幅，後來仔細端詳 Ken 的背景，發現他以前是在大學裡專門教寫作的教授，難怪他的用字遣詞會如此精妙絕倫，令我一邊翻譯著、一邊如沐春風。

一開始，我並沒有跟 Ken 或任何出版社聯絡，就只是利用工作之餘的零散時間，自己一個人默默進行著文字翻譯，就這樣緩慢地進行了約莫一年的時間，終於翻完這本接近 300 頁大作的雛型。我是一個對閱讀順暢度有點偏執的人，即便花了一年之久翻譯，我也覺得尚未達到合格水準，於是我又再費了半年時間進行文句潤飾及最困難的「文化轉譯」。如果您有讀過 Ken 任一本原文書籍，便會發現他骨子裡的美式幽默時不時穿插在字裡行間，讀原書當然樂趣橫生，若要能將其傳神地轉換就不是那麼容易的事了，經過一番煎熬，我僥倖能將這本書做成理想中的樣貌呈現給世人。

潤稿之後，我才開始找出版社，經過業界前輩介紹，我與當時的積木文化主編古國璽先生聯絡，也覺得這本書的屬性與出版社貼近，於是一拍即合，開啟了與積木文化的不解之緣。透過出版社積極地與國外出版社確認版權事宜後，我們就迅速地進行出版工作，終於在 2003 年將第一本譯作《咖啡自家烘焙全書》發行上市，2019 年重新修訂版再次上市，至今仍然是中文咖啡書籍的入門首選。

2009 年初，此時歷經了九年咖啡業界洗禮的我，在網路上銷售自己烘焙的精選咖啡好一陣子了，雖然自己喝起來大多時候都挺滿意的，偶爾也是會卡關，在那個時代能請益烘焙咖啡問題的前輩有限，許多技術層面的問題都被當做不傳之秘嚴實地保護著，除了自己慢慢一邊烘著一邊摸索以外，似乎只剩下尋求外援一條路。於是我以當時經營的部落格 4-Arts Zero Defect Coffees 的名義，將自己烘焙咖啡熟豆作品：一包未經後製處理改造的鄒築園日曬 SL34，寄往美國

加州柏克萊市的線上專業咖啡評鑑網 Coffee Review 進行評鑑，好巧不巧，偏偏這家評鑑機構正是 Ken 與幾位志同道合品鑑專家共同創辦，結果最後拿到了 89 分（唯一一次低於 90 分），分數真的不太好看，但是我厚著臉皮發了好幾封電子郵件詢問 Ken 品嚐後的意見，藉此尋找能讓自己突破的關鍵。

誠如 Ken 在本書中一再提到：希望替精緻咖啡爭得更多應得的重視與地位，也希望幫助那些投身推廣精緻咖啡為志業的人，讓他們都能做出更棒的咖啡。我在這個時間點遇到了有這般崇高目標的 Ken，真是百般幸運，而 Ken 的意見也使我獲益匪淺，得以繼續挖掘烘咖啡的方向。往後每一年，我都會寄出多款不同咖啡作品到 Coffee Review 評鑑，不論分數高還低，每回送評真正的收穫都是分數之外的品嚐意見。如果你是認真的烘豆師，你就會知道這些意見才是最珍貴的東西，不是閉門造車就能夠得到的，得分紀錄也不是結束，挑戰從未止息，讓更多經驗豐富的專業品評人士來幫忙你找出精進的方向，我覺得才是最直接的好辦法。

本書絕對是 Ken 豐富的咖啡寫作生涯最精彩的巨作。2019 年 11 月中他曾經來台參加台北國際咖啡展，當時書應該正寫到一半，他親自邀請我出手翻譯這本書，那時我也還沒讀過原書，基於長年以來的情誼，我還是答應了，一來是我相信除了我大概沒其他人敢翻譯這麼厚又這麼多引經據典的咖啡書，二來是我覺得這本書承載著 Ken 太多理想與目標，若能幫上忙也與有榮焉。

2020 年新冠肺炎開始肆虐全球，時間長達三年有餘，直到 2022 年中，原書也才終於出版，我在年末收到原稿，為了能加快翻譯進度，我還私下另聘打字員，每天早上規律地口譯三到四小時，一週七天工作無休。這本原文書稿就已經有 274 頁，開本蠻大，字體又小，換句話說，翻譯成中文是極浩大的工程，最終工作了八個月，翻譯超過 40 萬中文字，如果不是每天強迫自己有進度，可能到現在都還難產中。我把這本書的翻譯當成一種使命在做，說我是傻子還真貼切，這是我潛意識裡的使命感強迫我一定要完成的任務，希望這份心意配得起 Ken 的理想，也對得起以實際行動支持本書的各位讀者們。

【推薦序】咖啡大探險家的終極代表作

喬治・豪爾（George Howell）

在過去數十載的所有咖啡書籍作家中，僅有肯尼斯・戴維茲一人以純粹作家的身分，一路自 1970 年代全程參與咖啡這個領域至今，在這超過 50 年的時間裡，他見證了「精緻咖啡運動」從萌芽到成長一路上的發展歷程，足跡踏遍咖啡生產國與消費國，行遍歐、美、非、亞四大洲（包括葉門），一步一腳印地蒐羅各種咖啡資訊。

打從 1970 年代起，戴維茲就親身浸淫於每一波的咖啡新浪潮直到今日，我敢說他絕對是這個星球上品嚐過最多元種類及各種烘焙風格咖啡的人，他從 1997 年到現在持續經營的咖啡評鑑機構 *Coffee Review* 造就了這一切。戴維茲從不滿足於他已然知曉的一切知識，他總是往新的岸邊駛去，品嚐來自各個不同世代咖啡烘焙師的作品，見識傳統品種與最新品種搭配不同後製處理法而產生的萬種風情，甚至從平價膠囊 K-Cups 到要價一杯破千美金的比賽優勝咖啡，他都涉足其中。

《21 世紀咖啡聖經：跟著 Coffee Review 創辦人了解全球咖啡新浪潮，從一顆種子烘焙到一杯咖啡的過程及祕辛，理解跨世代咖啡科學與文化的終極指南》是這位咖啡大探險家的最新大作，也是我認為他寫得最棒的代表作，透徹地描繪出當下仍在持續不斷拓展的咖啡世界。本書是他珍貴的畢生心血結晶，只要你是熱愛咖啡或是想知道更多的人，我認為你們的書架上都必須要有這一本。

※ 本文作者「喬治・豪爾」是精緻咖啡業界資歷將近 50 年的領航者與創新者，他已獲得美國精緻咖啡協會（SCAA）頒發「終身成就獎」，以及歐洲精緻咖啡協會（SCAE）頒發的最高榮譽「更好的咖啡世界獎」。

【前言】
關於本書

本書為接續舊作《咖啡指南：採購、沖煮與品飲》（*COFFEE：A Guide to Buying, Brewing and Enjoying*，暫譯，未發行繁體中文版，初版發行於 1976 年，時值精緻咖啡運動的破曉時分，在過去 40 年間曾改版 4 次）的最新著作（第 5 次最新修訂版）。

在舊作初版發行的當下，我估計全北美洲僅有不超過 20 家店有販售現在所謂的「精緻咖啡」（specialty coffee），而其中一家便是艾弗瑞・皮特（Alfred Peet）在柏克萊市藤蔓街所經營的「皮特咖啡」（Peet's），這家咖啡店對日後發生的「精緻咖啡運動」（specialty movement）而言，是個極具影響力的關鍵角色。

在那個年代的其他精緻咖啡店裡，從門面就可以看見用透明玻璃罐盛裝的咖啡原豆，店內後方也總能瞧見一台小台的咖啡豆烘焙機，這樣與眾不同的店舖也零星分布在傳統大都市的鄰里間：像是舊金山的 Freed Teller & Freed、紐約的 McNulty's Tea & Coffee、布魯克林區的 Gillies Coffee、華盛頓特區的 Swing's Coffee、溫哥華的 Murchie's 等，在琳瑯滿目的罐裝與即溶咖啡將人們的飲用習慣從新鮮烘焙的農產品，扭轉為瓶瓶罐罐那些無趣的棕色粉末前，19 世紀末到 20 世紀初期的這類咖啡店，著實是令人感到歡愉的場所。

我當時為自己設定一個單純的目標，而這個目標成了我往後持續追尋的唯一目標，即使歷經舊作 4 次改版，另外兩本咖啡書也經過多次改版，期間數百場座談會與教育訓練，甚至經營網路咖啡評鑑及專文寫作公司 *Coffee Review* 也超過 20 年了，這個目標一直沒變過——替咖啡爭取應得的尊重及以鑑賞角度看待的地位，因為咖啡是世界上偉大的飲品之一；另外我也希望能藉此鼓勵所有在咖啡行業中，將咖啡視為創作熱情並兼為生計的烘豆師、農民、生產人員。

我們離目標更近了些

現在，那個「目標」的某部分，其實已經實現了，我在 40 年前完全無法想像。在 *Coffee Review* 進行咖啡評測工作中，現在竟能如此頻繁地品嚐到一些令人目眩神迷、獨具特色的咖啡，而且可以獲知精確的出處來源資訊，加上以前不曾見過的生豆本質。新一代的咖啡烘豆師、創業家、生豆進口商、產地後製加工業者，以及咖啡吧台人員，此時也不斷忙於重新擘畫咖啡產業鏈的每個面向——從種植面到最終的店舖規劃，他們正朝著能同時兼容需要全心全力投入的手工藝，以及後現代資本主義和數位化時代創新的大膽作風這個方向擴展、修正；還有些學術界的人士，也開始認真研究起咖啡了，不單單只當作農作物在研究，也當成飲品與

工藝來研究，這也恰好讓目前咖啡業內從上游到下游為了達到品質的精進，增添了來自科學面向的正向認知結合。

一杯 5 美元咖啡帶來的震憾

不過，對於某些觀察者來說，近期的咖啡行家、匠人帶來的創新狂潮，讓他們感到不太能接受。在美國，咖啡長久以來與「民主」、「負擔得起的奢侈品」、「人人都能輕鬆喝」的印象連結在一起；如今，這一種屬於庶民的傳統飲品，卻因採用純手工器材沖煮或使用超級嬌貴的咖啡豆，就搖身一變成了一杯要價 5 ～ 10 美元，甚至更高價的飲品。

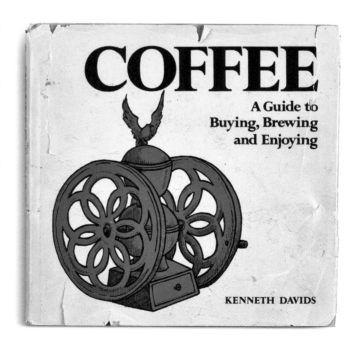

我生平的首本咖啡書著作，發行於 1976 年，也是本書的前身。（圖片來源：Digital Studio SF）

換個角度來看，在 20 世紀的頭 70 年間，大型咖啡企業的犬儒學派信奉者們，把那個便宜又還不錯喝、很平民化的一杯咖啡帶上末路，他們把本來喝起來「還算不差」的日常咖啡，直接降級為「糟糕透了」的水準，而且這些人毫無意外地還持續這麼做。此外，即使有一些人覺得稍貴一點的常見咖啡豆，放在廣泛的飲品世界裡與其他飲品相比，價格也沒到過分的程度。

舉個例子：在疫情發生前，我們在餐廳開一瓶沒什麼記憶點的紅酒，一杯 3 ～ 4 盎司也要花費 12 美元；但是，同樣花費 12 美元買一杯 8 盎司的頂級咖啡，卻讓整個網路輿論群情激憤。類似的期望差別仍持續發生著，因為人們總在不自覺中，將咖啡的生產過程與熱帶地區的農民，以及看起來不太體面的農場主人聯想在一塊兒；但對於葡萄酒，則與看起來很酷、有修養的（或是一心想當個有教養的？）歐洲人聯想在一起。假如真是如此，或許現在是該改變想法的時機了。

對於咖啡通論型書籍極具挑戰的時代

本書與其前身《咖啡指南》有一樣的目標：將咖啡中豐沛的文化內涵，以一種全面向的角度介紹給人們認識，除了從感官上的細節到探究風味特徵的形成原因，也從一些較具戲劇性的、歷史性的角度來了解咖啡，當然也要從咖啡所面臨的挑戰與那些未知的謎團來理解。同時，也試著脫除現今一些咖啡行銷時所引發的過度騷動。

但是，相比於 1976 年，要達成前述任務，在今日更是面臨重重挑戰，當然也比《咖啡指南》於 2001 年第五次出版（也是最近一次的再版）時更具挑戰性。嶄新的精緻咖啡世界用它全面性規模的雄心、它的易變性、它不安定的活潑性來挑戰我們，更別說因全球暖化而導致史無前例的危機，甚至威脅到咖啡產業本身的存亡。

面對這些新挑戰，我們需要一種有別於舊版《咖啡指南》書中曾提出的解決方案。在本書，我已採取更偏向圖解說明式、建構式的方案，比起前幾版更增添了豐富資訊，也因為是以表格、圖說方式呈現，內容更為扼要。我將若干在舊版書中最喜愛的章節、段落保留下來，只因為那些內容放到現今狀況裡依然通用且有意義，但實際上，本書的所有撰寫素材都完完全全是用全新的角度、全新的語言來重新構思與書寫。

這一切的終極目標，仍然與前述提過的本書核心精神一致：以兼具易讀性、全面性、權威性的方式，為所有咖啡愛好者呈現咖啡裡蘊含的愉悅、浪漫情懷、面臨的挑戰，還有最重要的，感官上的表現與豐富性。

CHAPTER 2

咖啡的歷史：
四條故事脈絡與一個時間軸

有一個關於咖啡起源的傳說，你絕對也聽過，也可能真的很常聽到。很久以前，在阿拉比亞・腓力克斯（Arabia Felix，「葉門」古地名）的土地上（換成衣索比亞人說故事時，發生地就會被改成「在衣索比亞的土地上」），有一位名叫卡爾第（Kaldi）的小男孩，他是個牧羊人。有一天夜裡，卡爾第的羊群一直沒回家；隔天早上，他找到羊群時，發現牠們圍繞在一叢有油亮葉子、深色葉子、紅色漿果的矮樹旁，充滿活力地跳著舞。卡爾第推測，大概是那些紅色漿果讓羊群有這種反常行為，因此他也吃了一些，不久後，他也跳起舞來了。

接著是阿拉伯版本的傳說，一個當地伊斯蘭教蘇非教派信徒路過，他看見正在跳舞的羊群與卡爾第，還有結著紅色漿果、油亮葉片的矮樹。這個信徒比起羊群或卡爾第來說，是個更懂得系統化思考的人，他針對這些紅色漿果做了許多不同實驗性的檢測，其中包括晒乾、烘烤種子、研磨開來與熱水混合後再飲用。自此以後，這個信徒與他的同伴們，再也不會在冥想或禮拜的過程中感到睏倦。咖啡的妙用漸漸在不同的修道院間口耳相傳，傳遍整個阿拉比亞・腓力克斯（或是衣索比亞），再從這些地方進一步散播到世界上的其他地方。

讓山羊直接參與實測

傳說發生後的數個世紀，我在 1998 年參訪了葉門山區的咖啡農園，也就是阿拉比亞・腓力克斯版本中卡爾第的家鄉。當時我對於卡爾第的故事非常好奇，因此我說服一位牧羊人將他的羊群帶進一座咖啡園裡，把鏡頭架設好之後，我開始記錄這充滿戲劇感的咖啡祕史場景，我請牧羊人投餵咖啡果實給羊群。

羊群只是疑惑似地嗅了嗅咖啡果實，然後就轉身去嚼食一旁樹叢間看起來不太可口的乾草了。

其後，我也對另一組更飢餓的羊群做了相同測試。這次我提供 3 種選項：新鮮咖啡果實、乾草、卡塔葉（葉門人常在下午為了提神而嚼食的一種植物葉片）。羊群的偏好順序是：卡塔葉（首選）、乾草（次之）、咖啡果實（最後）。

也許我測試的羊群只是太倔強，因為山羊真的挺固執的；又或許，這些祕聞原本就不是要讓人驗證的。我應該做個補充說明，在稍晚的衣索比亞行程裡，我看見另一群山羊很開心地嚼食一位女士投餵的新鮮咖啡葉，可能衣索比亞的山羊比葉門的山羊更樂意食用咖啡吧，這也代表衣索比亞的山羊用行動投票，卡爾第可能是衣索比亞的牧羊人，而非葉門的牧羊人。

這頭山羊選擇吃乾草，而非咖啡果實，這代表著，也許傳頌多時的卡爾第與跳舞山羊故事，以及這些角色發現了咖啡的提神效果等事蹟，很有可能是誤傳的（至少從山羊的觀點來看）。

咖啡史時間軸

西元前 50000 年
到
西元 1950 年

500 年前後　在衣索比亞，「阿拉比卡種」的咖啡果實以不明方式被人們服用，可能當作食物、藥物或茶飲，但或許不是將果實晒乾或烘烤過的種子拿來泡水的形式飲用。

西元前 50000 年　兩個咖啡品種——「尤珍諾伊底斯種」（Coffea eugenioides）與「剛果種」（Coffea canephora，亦稱「羅布斯塔種」（Robusta））——各品系下的咖啡樹系在東非或中非自然交叉授粉後，誕生了全新的阿拉比卡品種（Coffea arabica），恰好反常地保留了44條染色體，由兩個母系品種各自繼承22條染色體。

到西元前 10000 年

525 年　衣索比亞軍隊侵略、占領葉門，軍隊裡可能有人帶著咖啡樹苗。

衣索比亞的說書人硬說卡爾第與他那會跳舞的羊群,其實都源自衣索比亞,而非葉門。但照片裡的這群衣索比亞山羊,似乎對咖啡果實都提不起興趣。

歐洲人做了錯誤的假設

歐洲人最初假設「咖啡的起源地在葉門」,靠近阿拉伯半島最南端之處,也是歐洲人一開始發現「人為」栽種咖啡樹的地方。但是,基因的證據顯示,在超過 100 個品種的咖啡樹裡,「阿拉比卡種」這個目前來說風味最佳、為主要交易的品種,其發源地很顯然是在衣索比亞中部的高原地帶,海拔有數千英尺高,直到現今那裡仍有野生的咖啡樹(雖然野生的種植面積正逐漸萎縮中)被原始森林的樹蔭遮蔽著。

如今,科學家相信,大約在西元前 10000～50000 年間,「阿拉比卡種」咖啡樹藉由天然交叉授粉的方式,由「剛果種」(亦稱「羅布斯塔種」)及「尤珍諾伊底斯種」混血而成,此二母品種各有 22 條染色體,正常情況下,這些品種的後代染色體也只會有 22 條,但阿拉比卡一條都不少,足足一共承繼了 44 條染色體,這種基因結構或多或少造就了阿拉比卡種咖啡在感官上具有較高的風味複雜性與吸引力(與其他品種相比而言,包括只有 22 條染色體的羅布斯塔種咖啡)。

阿拉比卡種咖啡究竟是如何跨越紅海傳播到葉門的,至今仍無定論,但因為這兩個區域十分接近,加上大約西元前 800 年左右就有零星的貿易活動,所以並不需要有什麼特定的歷史事件來達成這個關聯性;但假如硬要提出一個事件來強調其關聯性,最優先想到的便是在西元 525 年,當時的衣

索比亞成功侵略阿拉伯半島南部區域,自此,衣索比亞統治了葉門部分區域長達 50 年。這麼長的統治期,足以在當地傳播一些像是「有種小小顆的紅色果實,吃了可以提神喔」的文化性資訊,久而久之也成為葉門本地化的體驗之一,最後當然也造就了種植咖啡樹的農耕模式。不論如何,阿拉比卡種咖啡樹似乎在 6 世紀開始就在葉門計劃性地種植,也許在衣索比亞將咖啡傳入葉門前,衣索比亞早已計劃性地種植咖啡樹;但難以知曉究竟是誰發現要把種子晒乾、烘烤、研磨後再沖煮的飲用模式。

環球航行的咖啡

在阿拉伯世界中,咖啡最早被提及是「藥用植物」,其後則被蘇非教派信徒用來在冥想或與宗教禮拜相關活動中的飲品。在那之後,咖啡飲用的風氣就往市井街道上移動,創造出了一種全新的場所,近似於今日的咖啡館,自世界各地來到開羅(Cairo)及麥加(Mecca)咖啡館的遊客,品嚐過咖啡的滋味後,阿拉比卡種咖啡的散播速度又更加速了(以 17 世紀的標準來看)。

因為葉門有個傳統,當時控制葉門咖啡貿易的商人,拒絕讓帶有繁衍能力的種子外流,所以在出貨前都會脫除咖啡種子的「外層硬殼」(專業術語為「羊皮」或「內果皮」),或是用沸水燙過「殺青」。但凡事總有意外,這時來了一位名叫巴巴‧布丹(Baba Budan)的穆斯林印度朝聖者,他可能從葉門偷偷採了一些種子帶走。傳說在 1650 年時,他將 7 顆咖啡種子纏綁在肚皮上,一回到印度家鄉的修道院——南印度的契克馬加盧縣(Chikmagalur)附近的丘陵地洞穴中——他將帶回來的咖啡種子種下,然後任其繁衍,一直到 19 世紀末,全印度爆發了嚴重的咖啡葉鏽病疫情為止。

法國、荷蘭、葡萄牙全都對這個具賺錢潛力的咖啡栽培事業很有興趣,但經過數次嘗試,讓咖啡樹在歐洲的繁衍計劃都以失敗告吹,因為咖啡樹無法抵抗霜害。荷蘭人最終將自印度摘取的咖啡種子(可能是巴巴‧布丹最初種下的 7 顆咖啡種子的後代)帶往錫蘭(Ceylon,現今的斯里蘭卡),之後也帶往爪哇島(Java),經過一番努力,終於在 18 世紀初,在這兩地建立了可連續商業化生產的咖啡種植產業。

大約也是從這個歷史性的一刻起,每日都能享用咖啡這

1500 年　在葉門開始建立了系統化栽種咖啡樹的模式,開啟了葉門在咖啡種植的壟斷期。葉門生產的咖啡豆全都採「日晒法」(dry／natural method),大多透過摩卡港輸出。

1511 年　穆斯林許多宗教界及世俗界權威人士,首次嘗試對咖啡及飲用咖啡發布禁令。首先發布的是麥加城,但與其後發布的多次禁令一樣,全都宣告失敗。

1450 年 到 1475 年　葉門的伊斯蘭教蘇非教派信徒,飲用一種能提振精神的飲品,是用咖啡果實的部分製作而成,一種是用乾燥後的外果皮熬煮而成的,稱為「璣奢」(quishr),另一種是用種子本身熬煮而成,稱為「邦恩」(bunn)。

1510 年　來自葉門的蘇非教派僧侶,除了將咖啡傳播到沙烏地阿拉伯的麥加城,以及埃及的開羅市之外,也將一些咖啡沖煮、飲用的儀式一併傳入。在這兩地,靠近蘇非教派修道院附近的街道上,甚至很明顯地已開始有販賣咖啡的跡象。

種奢侈品的行為，成了代表歐洲人普遍都很富裕的象徵。當時的咖啡不是從摩卡港（Al-Mukhā，或拼作 Mocha）就是從爪哇島來的，因此誕生的知名配方「摩卡‧爪哇」（Mocha-Java blend），在那個時期就代表「在一杯咖啡裡就能喝到全世界」。

鐵皮卡、波旁，以及仍持續的品種變種之路

很顯然地，阿拉比卡品種是所有咖啡品種中擁有最佳口味的，但提到更細節一點，在植物學裡，品種（species）及亞種（subspecies）底下還有一個類別叫「變種」（variety），這是個重要概念，有這個概念才能解釋：為何同樣是阿拉比卡品種的咖啡，喝起來卻差異甚大？

從衣索比亞帶往葉門的種苗，以及後來 17 世紀中期從葉門被帶往印度的種子，很顯然只有兩個阿拉比卡品種下的變種，現今統稱為「鐵皮卡」（Typica）及「波旁」（Bourbon）；其他未被帶出衣索比亞森林中的眾多不同變種，到了現今才開始被更廣泛的咖啡世界用諸如基因排列與各自的潛力等層面來發掘與理解。在過去兩個世紀裡，衣索比亞人將這個本土原生植物，開發出許多本地人工選育種（cultivars）及地方品種（landraces），全都是阿拉比卡種家族成員。它們嚐起來都跟「鐵皮卡」與「波旁」兩個變種風味截然不同。換個角度理解：當初歐洲人觸及的，僅僅是阿拉比卡品種底下的一小部分，在基因上或感官上的角度來說皆然。

鐵皮卡的獨奏

如此在基因排列上的單一性，在荷蘭人將咖啡苗從印度帶往爪哇島時更加嚴重。雖然鐵皮卡與波旁兩個變種都有到印度南部生根，但今日的基因證據顯示，來到爪哇島的僅有鐵皮卡，波旁則完全沒有被荷蘭人帶進來。

這一點為什麼那麼重要？

鐵皮卡，就只有鐵皮卡

因為，在爪哇島上的咖啡樹到後來被證實是：接下來 200 年間全世界咖啡樹的最主要來源地。到了 1706 年，在瓜哇島的殖民地官員將一株咖啡樹運回阿姆斯特丹植物園，其後的數年間，荷蘭人將這株咖啡樹的後代傳入他們轄下的南美洲殖民地。然後一件更具意義的事件發生了：阿姆斯特丹市長透過知名航海家蓋伯瑞－馬休‧克勞（Gabriel-

Mathieu de Clieu）贈送一株咖啡樹給當時的法國國王路易十四（Louis XIV），這株咖啡樹被運到加勒比海的馬丁尼克島（Martinique），它被稱為「高貴的樹」（The Noble Tree）。而在馬丁尼克島上的一座法國溫室中，由那株咖啡樹繁衍的後代，在之後的一世紀間傳播到現在所有種植咖啡的熱帶地區，從巴西那巨大又連綿起伏的高地，到難以抵達的巴布亞紐幾內亞（Papua New Guinea）的山區小徑裡。

有限的基因傳承

類似如此較陽春的基因可能性，在歷史上發生過兩次影響深遠的衝擊事件，第一個事件是關於咖啡的生存潛力，第二個事件則關於咖啡嚐起來的風味。

說到生存，當今絕大多數受到商業化栽培種植的阿拉比卡變種，代表的是一個有限的基因庫，而太過相近的基因組合，對於疫病及全球暖化的抗性就顯得脆弱，本章後面會針對這點做更多探討。如果想了解這方面更完整的細節（關於疫病、全球暖化對咖啡產業帶來的挑戰），我推薦大家去讀史都華‧麥庫克（Stuart McCook）撰寫的《咖啡不會永遠都在》（Coffee Is Not Forever，暫譯）這本精彩的著作。

變種與杯中特質表現

像這樣狹窄的基因傳承，意味著這些與鐵皮卡變種相關的其他阿拉比卡變種，在杯中的特質表現或嚐起來的風味都蠻近似的，也就是說：因為拉丁美洲的咖啡樹來源，是來自單一基因庫的單株咖啡樹後代，所以相較於在衣索比亞原生的其他阿拉比卡變種，以及移植到世界其他產地的這些基因較多元化的變種，拉丁美洲的咖啡風味譜較容易預測。如今，來自衣索比亞的咖啡樹系〔包括目前最赫赫有名的藝伎／給夏（Geisha／Gesha），也是其中一支衣索比亞變種〕也在咖啡消費國舉行的各項風味相關競賽中，占據主導地位。舉例來說，在我們 Coffee Review 的 2017 年所有評鑑樣本中，超過 92 分的樣品裡，有超過一半是與衣索比亞相關的各種變種。

然而，這並不代表，傳統的鐵皮卡相關變種風味較不討喜或不令人印象深刻，但是鐵皮卡系的變種風味均衡度及連貫性方面的表現，會比香氣帶來的刺激感或複雜感更為討喜。舉例來說，在牙買加、可娜兩個咖啡生產地，純粹的鐵皮卡系變種是這兩個產地的主力，而這兩個產地的咖啡，

1536 年 鄂圖曼土耳其帝國占領葉門。接下來的數年間，土耳其人用「土耳其式沖煮法」（Turkish method）讓咖啡飲用變得更普及，自此開啟了一種有利可圖的（受到嚴密保護的）咖啡生豆出口貿易。

1573 年 德國著名的內科醫師兼植物學家萊納‧羅渥夫（Leonhard Rauwolf）在中東與咖啡相遇，到了 1582 年，他將咖啡樹的拓印首次曝光於歐洲。

1615 年 咖啡被引入威尼斯，在數十年之後，威尼斯成了歐洲最具領導地位的咖啡飲用城市。

1625 年 在埃及的開羅，咖啡飲品首次被加入砂糖以增添甜味，將這個較為苦口的飲品以砂糖增甜的做法，被視為咖啡能夠成功走向全球化的主要因素。

在 20 世紀晚期都是世界上最貴的咖啡。但是這兩個產地的咖啡之所以受到喜愛，是因為它們有內斂的風味完整性及優雅性，而非因為風味複雜度或獨特性。欲知更多關於咖啡變種，以及杯中特質表現的內容，詳見本書第 69 頁。

回到波旁變種

回到早年阿拉比卡發生病毒式傳播的那段故事，波旁變種的祖先們當時被遺留在印度，僅有鐵皮卡系變種被帶往爪哇島，輾轉進入歐洲之後，再擴散到世界其他地區。

那麼，波旁系變種發生了什麼事？

波旁系變種在印度持續發展著，發展的時間長到足以演變出另外兩個有名的印度變種——肯特變種（Kent）、寇格變種（Coorg），不過這兩個變種後來因為咖啡葉鏽病（Coffee leaf rust disease）的蹂躪，如今在印度已經很少有地方種植了。

在咖啡歷史中，另一個更重要的事件，就是法國人將葉門帶來的新鮮咖啡苗種植於 18 世紀初期印度洋中的波旁島〔Bourbon island，也就是今日的「留尼旺島」（Reunion island）〕波旁變種在島上獨自發展近 150 年，但到了 19 世紀中期，就被天主教傳教士帶往非洲，這事件則是造就肯亞、坦尚尼亞、中非洲的偉大咖啡傳統之建立關鍵。

在 1860 年左右，波旁變種被引入巴西，再從巴西轉入中美洲，但是波旁變種在新世界的風味發展並不像在非洲一樣有較飽滿的變化度，以及杯中表現的豐富層次；美洲產區的波旁系統變種，因為農業實際上的需求，較偏向於種植一些生長較迅速的子系變種，例如：「卡杜拉變種」（Caturra）、「帕卡斯變種」（Pacas），或是波旁與鐵皮卡交叉授粉而誕生的「蒙多·諾沃變種」（Mundo Novo）及「卡圖艾變種」（Catuaí）。

波旁變種及其杯中特質表現

比起鐵皮卡變種，波旁變種有略高一點的樹叢高度，並且有較不同的生長模式，豆型也較小顆。很顯然地，波旁系變種比起鐵皮卡系變種在基因上較為多變。

關於杯中特質，波旁系統通常比鐵皮卡系統更甜、更具果汁感，更有甚者，尤其是在肯亞及中非洲的波旁系變種，有著細緻、強烈兩種特質並存的特性，像是如莓果般的尖銳

酸甜感，以及爽口的風味深度。波旁系統的變種包括肯亞最有名的 SL28，持續產出世界上品質最好、最有特色的咖啡。目前，肯亞的 SL28 仍被公認為除了藝伎及衣索比亞系變種以外，最佳替代的廣泛種植品種，主因就是它非常獨特或具衝擊力的杯中特質。

第 7 章會介紹更多關於咖啡變種與咖啡特質表現的關聯性；第 11 ～ 13 章（咖啡產區介紹）會有更多關於在全世界不同的咖啡產區，這些不同的變種扮演著怎樣的角色。

隨著越來越多咖啡種類被基因相關研究確認出來，很顯然地，關於不同的咖啡變種歷史必須再更細緻地改寫。舉例來說，2020 年中一份關於在葉門栽種的不同咖啡變種群基因足跡研究的聲明中顯示，這個咖啡變種群，既非鐵皮卡系也非波旁系，甚至也不是衣索比亞原生系的變種；但是根據我們目前已知的資料來看，至少知道它是葉門獨有的變種系統，對於研究咖啡歷史的植物學家來說，這是個非常具有震撼力的聲明。詳見本書第 73、156 頁。

咖啡歷史上的認知矛盾

咖啡從隱晦的醫療用植物成功變為世上最受歡迎的飲品，在經濟上或社會上有什麼更大的意義呢？以下有三個相關的故事，還有暫定的第四個故事，是一個開放式結局的續集，不論是在咖啡對世界的衝擊上，或是其歷史意義上，這些故事呈現出既重疊又有著迥然不同觀點的視角。

故事 1：咖啡是民主的紅酒

第一則故事原本的標題應該是「咖啡如何造就西方文明」，故事會這樣發展著：在鄂圖曼土耳其人將咖啡飲用習慣悄悄地帶入歐洲人的日常之前，歐洲當時是由一群孤僻的貴族統治著，他們穿著不實用的衣著，成天在空蕩的城堡裡呆坐著，他們消化早餐時，也在浪費自己的精神力，他們的早餐是溫啤酒、麵包，還有其他容易增胖、抑制思考的物質。接著，咖啡、茶、咖啡館進入了歐洲人的生活，歐洲人被咖啡因還有輕食型的早餐點燃了活力，並從此開始轉變，然後在適當的時間點，民族、個人主義、現代化的文化、精緻咖啡產業就這麼誕生了，最後連城堡都轉型為美術館了

1650 年起　傳奇性的日期，阿拉比卡咖啡種子被穆斯林朝聖者巴巴·布丹從葉門引進印度。據說當時他將從葉門摘下的7顆咖啡種子綁在肚皮上，以走私的方式帶回南印度的契克馬加盧縣種植。

1640 年　咖啡飲用的風潮在歐洲蔓延開來：英國（1637年）、荷蘭（1640年）、法國（1644年）以及維也納（1650年）。在歐洲的咖啡飲品仍使用著歐洲人從土耳其學來的煮法：把細研磨的咖啡粉煮沸，飲用時保留著部分的咖啡粉懸浮在咖啡液面上。 **到 1650 年**

1662 年　首次使用各種不同的過濾式咖啡沖泡法，像是「襪形布製濾網」或「金屬濾網」；最終，「注水式」及「過濾式」的咖啡，取代了土耳其式的煮法。 **到 1670 年**

（當然，裡面一定會開一間咖啡館）。

這個說法雖然有點誇大其詞，但在某個意義層面來看，倒也不失為一個事實，每當談到 17、18 世紀的許多重大變革事件——像是科學革命、啟蒙運動，還有發生於法國接連不斷的政治及社會革命，甚至現今的美國也是如此——在在都說明了咖啡及咖啡館的重要性。

事實上，從 1700 年到近代之間，在歐洲或美國發生的典範轉移藝術（Paradigm-breaking Art，泛指幾乎所有近代藝術流派），或是知識分子運動，要找到一個跟咖啡館或咖啡飲用沒沾上一點邊的還真是不容易，看看啟蒙運動還有巴黎最有名的「普羅可布咖啡館」（Le Procope），而法國啟蒙時代的思想家、哲學家、文學家伏爾泰（Voltaire），據說他一天要喝下 40 杯咖啡與巧克力飲品；還有喬瑟夫·愛迪生（Joseph Addison，英國作家及政治家）及李察·史第爾（Richard Steele，愛爾蘭作家及政治家），他們也常泡在咖啡館裡；再看看法國大革命時期的福易咖啡館（Café de Foy），卡彌爾·德穆蘭（Camille Desmoulins，法國記者、政治家，法國大革命期間扮演重要角色）在那裡發表的演說，將人群帶往巴士底監獄的風暴（就是法國大革命）；美國獨立戰爭的重要據點綠龍客棧（The Green Dragon Tavern，位於波士頓），根據丹尼爾·衛柏斯特（Daniel Webster，美國政治家，曾擔任兩任美國國務卿）指出，這裡是「革命的總部」；再看看現代藝術運動，從達達主義（Dada）到北美「垮掉的一代文學運動」（Beat Generation），他們都是在舊金山北灘社區的咖啡館培育出來的。

隨著網路及電子媒體時代來臨，咖啡館及咖啡屋形成的社會性「格式塔」（gestalt，德文的譯音，意指動態的整體）也發生了質變，不像法國大革命前一些人形容的，在咖啡館裡會聽到各種振振有詞或滔滔雄辯的場景；在現代咖啡館裡，我們常聽到的是一股怪異的寂靜，偶爾被手機訊息聲打破，以及不時傳來老式硬碟機風扇運轉聲。在新冠肺炎疫情發生之前，我還記得自己坐在特美斯卡（Temescal）社區，一間寬敞、生意很好的咖啡館裡，當時曾被那樣的寂靜，搞得懷疑自己是不是真的聾了；在咖啡館裡的大部分時間，我看到的是皺著眉頭的臉，緊盯著筆記型電腦，偶爾會傳出彷彿得了精神分裂症般歡鬧的咯咯笑聲。（應該是在看

一些貓咪的影片，或是川普的推特發文？）

當然，這個新的咖啡館場景可能不是那麼的明顯，你在這個空間裡看到的人可能會是史蒂夫·賈柏斯（Steve Jobs，蘋果手機及電腦創辦人）與史蒂夫·沃茲尼克（Steve Wozniak，美國電腦工程師，曾與前者合夥創辦蘋果電腦）透過電子裝置商量著下一個網路世代能夠顛覆世界的 10 億美元級大企劃，或是去參加其中一場基層的政治運動，只為了要讓這個世界變得更好。

到底是「咖啡」還是「咖啡館」的影響？

不論如何，在歷史上不斷發生的咖啡館與知識分子創新活動之間的連結關係，不是要搞像破壞，我們可以問問這個問題——這樣的連結關係，到底是因為咖啡本身的效果，抑或只是咖啡館環境造成的效果？咖啡館是少數幾個能讓快破產的知識分子，只用一杯咖啡的錢，就能一直待著看書、談天說地以及發表關於政治言論的地方。

知名的法國歷史學家儒勒·米什萊（Jules Michelet）顯然認為咖啡本身的效果才是主因，下方是他描寫的一段狂熱感謝詞，內容是關於 18 世紀受到咖啡痴迷的巴黎：

巴黎變成了一座巨大的咖啡館，在法國的對話正處於

咖啡是民主的紅酒：1789 年 7 月 12 日，卡彌爾·德穆蘭在巴黎「福易咖啡館」的一張桌子上發表他著名的演說，煽動群眾進行對暴政的武裝抗爭。兩天後，巴士底監獄淪陷，這也是法國大革命的第一次行動。（圖片來源：iStock／Nastasic）

1670 年起 開始有人在開放式的火堆上，用小型鐵板做成的手搖式滾筒來烘焙咖啡。雖然此時全世界絕大多數的人仍使用金屬淺鍋來烘焙咖啡，且在接下來的 200 年左右都是如此。

1683 年 鄂圖曼土耳其從維也納撤退，根據傳說，喬治·法蘭茲·柯爾辛斯基（Georg Franz Kolschitzky）在維也納開了全世界第一間咖啡館，用的就是土耳其人遺留下來的咖啡豆。大約在這個時期，維也納人把過濾後的咖啡加上牛奶，這樣的飲用方法讓咖啡變得更為普及。

1706 年 在這個時期，荷蘭人把從印度帶來的鐵皮卡（Typica）種子，成功在爪哇島上建立了商業化生產的咖啡體系，其後大約到了 1720 年左右，先前葉門人在咖啡生產上的壟斷地位正式被打破，因為荷蘭人的殖民地開始有商業化的咖啡出口。

1708 年 波旁變種這個偉大又多產的品種，從葉門被引進印度洋中的波旁島（今日的留尼旺島）種植，19 世紀之前，波旁變種一直留在島上，直到法國傳教士將它帶進非洲，而後再帶到巴西還有新世界。

到 1718 年

高潮的頂端。……對於這種閃閃發光的爆發，毫無疑問地，部分榮耀應歸功於革命的時代、創造新習俗的偉大事件，甚至是足以改變人的氣質——「咖啡」的出現。其影響是無法計量的。……那些對話就在優雅的咖啡館中發生，咖啡館實質上成了「沙龍」，而非僅是單純的「商店」，這種改變使其地位顯得高貴。……咖啡，是一種清醒的飲料，一種具強大力量的精神興奮劑，與烈酒不同，它會增加清晰感；咖啡，壓抑住迷茫感與想像力的深層幻想，增強對現實的感知，帶來真理的火花和陽光；咖啡與情慾相悖……

米什萊筆下描寫關於咖啡因帶來的遐想，屬於活躍性的、思想上的，而非情感層面、感性的，這個情況或許就像是「這是什麼」跟「這可能是什麼」的差別〔另一個像這樣二分法的說法就是「這是什麼」代表「計程車」，以及「這可能是什麼」代表「優步（Uber）或來福車（Lyft）」〕。

故事 2：對熱帶地區的窮人來說，咖啡是一種毒藥

但這裡有另一個版本的咖啡故事，故事裡有一體兩面。對於歐洲及北美洲來說，咖啡是民主的紅酒，也是帶來創新的興奮劑；但是對於世界上其他的地區來說，咖啡卻是一杯帶著壓迫感的毒藥，而這個毒藥正好是當時在發展中的國家親手遞給熱帶地區貧困人士的，並且在接下來的 300 年持續噎在後者喉嚨裡（譯注：有苦難言）。

因為在當時歷史背景下，飲用咖啡的知識分子在歐洲引領了政治及文化改革，帶來了新的思潮，並對之發生的現代化運動（例如：解放奴隸、社會主義及女性主義）產生影響，而這些知識分子身邊的唯利主義合夥人（商人或贊助者），開始建構一個全球化的市場機器，咖啡、蔗糖、熱帶香料及菸草共同成為創造歐洲歷史上第一個全球性市場的關鍵物資，讓歐洲在消費行為、政治經濟的主控權，以及賺錢的管道都一把抓。原本用來生產蔗糖跟菸草的農場系統，後來都用於生產咖啡，因為當時的歐洲菁英階層正時興著飲用咖啡，像是法王路易十五的宮殿裡，或是在流行著顛覆思潮的咖啡館裡那個伏爾泰。「生咖啡豆」對於新殖民地的企業家來說，是一種很理想的現金作物，在經過長時間的海洋航行仍能夠妥善保存，架上壽命還不錯。很快地，咖啡就變成其中一種有利可圖的矛盾體，一種必要性的奢侈品。

環繞在蔗糖、咖啡、菸草及農業期貨上的經濟網絡，至今仍然與我們同在，早年在咖啡農場工作的那些奴隸們，現在都變成自由的勞工，雖然他們的自由有絕大部分都在決定到底是要「挨餓」還是要「為了五斗米折腰」，甚至是為了微薄收入，而必須前往鄰近的大城市工作。

養一些雞、種一些菜，再種一點咖啡

當然，並不是所有咖啡都種在大型農莊裡，全世界出產的大部分咖啡（約高達 80 ～ 90% 的比例）都是在小農園（small holders，經濟學家給予的詞彙）種植的，通常指的是一屋一戶、占地寥寥數畝，加上養一點雞、種一點蔬菜，然後靠著賣咖啡給處理廠，或是賣給開著卡車在小路上往返的小型企業家〔在拉丁美洲稱之為「郊狼」（coyotes）〕得來的微薄收入生活。

正因為這些小農們過著貧困的生活（他們可能曾經在大型農場工作，但後來還是選擇逃回家鄉，在自己的田地上生根），所以左派歷史學家把「咖啡」視為比「蔗糖」地位還低的經濟作物〔他們稱咖啡為經濟的地痞流氓（economic villain）〕，在當時蔗糖通常是較大型的農莊或農場才會種植的。

除此之外，咖啡就是以如此簡單的方式進入了許多生產國的生活，對於左派人士來說，咖啡也就順理成章地成為充滿問題的代罪羔羊，舉例來說，窮困的拉丁美洲人族群跟伏爾泰一樣深深地愛著咖啡，甚至比伏爾泰付出更多愛，這份愛也被拉丁美洲的左派知識分子領導者所共享，他們不太情願將咖啡冠上「經濟的地痞流氓」這個汙名，如同北美人不太願意將聖誕老人與物質主義劃上等號。我曾在長達數十年之久的哥倫比亞革命軍（FARC）叛亂時期，那個特別危險的階段參訪當地，地陪告訴我，當時「哥倫比亞咖啡生產者聯盟」（Colombia Federation Of Coffee Growers）的代表被允許自由進出哥倫比亞的叛軍控制區域，同時也能夠自由進出哥倫比亞政府軍控制的區域。

1710 年 到 1750 年
荷蘭人在印尼發展出簡易版本的「溼式」或稱為「水洗式」的處理方式，此方式會在進行乾燥程序前，先將咖啡的果皮、果肉先去除。

1715 年 到 1755 年
拉丁美洲開始建立商業化的咖啡種植體系：海地（1715 年開始）、聖多明哥（1715 年開始）、馬丁尼克島（1723 年開始）、巴西（1727 年開始）、牙買加（1730 年開始）、古巴（1748 年開始）、瓜地馬拉（1750 年開始）、波多黎各島（1755 年開始）。這些地方通常使用奴隸為主要勞力。

1740 年 到 1750 年
太平洋區域開始商業化的咖啡種植體系：菲律賓（1740 年開始）以及錫麗碧島（現今的「蘇拉維西島」1750 年開始）。

1790 年
在美國紐約，第一個能做批發用途的咖啡烘焙工廠成立了；同時，在紐約也開始販售第一個包裝好的烘焙咖啡。不過，一直到 19 世紀結束，全世界大部分的咖啡幾乎都是在家自行烘焙的。

儘管如此，從伏爾泰在「普羅可布咖啡館」喝的 40 杯咖啡，到艾倫‧金斯堡（Allen Ginsburg，美國作家、詩人，「垮掉的一代文學運動」核心人物之一）於 1956 年在舊金山「特里亞斯特咖啡館」（Caffè Trieste，美國第一家義大利式 espresso 咖啡館）喝的那杯咖啡，再到你昨天喝的那杯，咖啡的發展方式正好就是那麼的不堪，伏爾泰、金斯堡還有你，可能都不太喜歡。

所以，這讓咖啡立於怎樣的處境呢？政治正確嗎？還是不正確呢？或是乾脆什麼都不要想，這太複雜了？

故事 3：對咖啡講究的人，能夠帶來救贖嗎？

到了這個階段，咖啡歷史上的第三個故事自然而然地浮現了，這個故事也與本書其中一個探討的主題密切連結著。

一直到不久之前，運輸到北美港口的生咖啡豆，都用粗麻布袋包裝著，絕大多數咖啡都是採大量交易的模式，並根據不同分級和市場分類來定價，定價標準是根據很嚴苛的供需力量來驅動，這使得自 18 世紀以來的咖啡種植者（不論大小）都過得十分煎熬，即使是在 40 年前，我剛接觸到精緻咖啡產業的那個時候，就連販售咖啡的商家及烘豆師，也很少有機會親自遇到一個活生生的咖啡種植者，他們採購咖啡主要是根據樣品嚐起來的味道如何，然後在粗麻布袋上用模版噴字描述的奇怪名稱來當作品名——蘇門答臘林冬咖啡（Sumatra Lintong）、葉門摩卡山那妮（Yemen Mocha Sanani）、墨西哥瓦薩卡普魯瑪（Mexico Oaxaca Pluma）、巴西聖多斯（Brazil Santos），沒人可以清楚地知道這些傳統名詞到底有什麼涵義，只知道這些都是地名。美味的咖啡僅在杯中或咖啡進口商供應單上，呈現精彩的演出；但是到了更大的世界級舞台，還有面對著社會及經濟議題時，就不是那麼容易表現了。

當時能夠跳脫這個冷淡市場框架的，只有少數幾種咖啡，像是當時非常有名的華倫福莊園牙買加藍山咖啡（Wallenford Estate Jamaica Blue Mountain），就是靠著品牌名稱、口碑來行銷，而不是像其他咖啡必須由買家跟生產者直接接觸來交易。

13.—Coffee-Plantation in Brazil. (From an engraving in the 'Travels' of Rugendas.)

巴西的咖啡農場〔出自盧尖達斯版畫畫冊《旅途》（*Travels*）〕。版畫圖中記錄著 19 世紀中期一座巴西農場裡工作的奴隸。一些歷史學家不屑地指出，在美國之所以能夠那麼便宜，又被稱為民主的飲料，但卻是建立在 19 世紀巴西靠著奴隸勞力而擴張的咖啡農場而來，因為用的是奴隸，所以能夠降低咖啡的價格，讓咖啡在消費國更容易普及；到了今天，便宜的咖啡雖然不是靠奴隸的勞力，但換來的則是咖啡生產國中普遍的貧窮。（圖片來源：iStock ／ duncan1890）

從全球市場變成全球社區

如今在全球咖啡市場裡，一個全球化的咖啡社區已然萌生。此時，咖啡在零售與消費之間發生了一些改變，咖啡可以將其產國、大陸別、產區等資訊忽略，用有別於以往的不同方式來行銷，這些咖啡根據不同的品質或稀有度來制定更高的每磅價格，甚至是以栽種的環境條件〔例如：是否符合有機栽培（organic）、綠色飲食的規範（sustainable）、在樹蔭下的條件栽種（shade-grown）而非陽光直射〕來定價，有時則是看這個咖啡生產者是多頑強的全球行銷者而定。

在 1950 年時，北美的一般咖啡愛好者在他們家的咖啡沖泡器裡，只會出現兩種咖啡豆的選擇：便宜的綜合咖啡；較貴的綜合咖啡。這兩種綜合咖啡的內容物常常變來變去，

1800 年

到 1850 年
工業革命時期，因為對咖啡的鄭重其事，也誕生了一些發明，許多今日還能看到的沖泡器具，在當時都註冊了專利〔例如：滴漏式咖啡（Drip）、反轉滴漏式咖啡（flip-drip）、滲濾式咖啡（percolator）〕，同時也有關於烘焙、研磨等工具的改良專利（分為家用或工業用）。

1834 年 哥倫比亞咖啡首次有出口的記錄。

1850 年

到 1900 年
這個時期，有許多為了將咖啡生產流程精緻化並機械化的創新發明誕生，包括清洗、分級等流程，其中最特別的是關於經典水洗處理法步驟中，果皮去除的流程。

1869 年 錫蘭（今日的斯里蘭卡）首次發生「咖啡葉鏽病」，後來的數十年間就演變成摧毀全亞洲及太平洋咖啡產地的重大疫情，原本種在這些地方的咖啡樹幾乎全滅。

更別提在這些咖啡豆背後關於生產者或風味上的資訊了，早已在龐大的市場機器中遺失。公平一點來說，其實當時還有第三個選擇——胡安·瓦爾德茲（Juan Valdez，哥倫比亞最早出現的咖啡商標創始者，其商標形象現在被當作哥倫比亞咖啡的代表）從家鄉拉著那頭具帥氣鬃毛的驢子，背上駝滿哥倫比亞罐裝咖啡，一路走進紐約麥迪遜大道。當時，哥倫比亞成功地扮演市面上唯一沒有經過綜合調配的單品咖啡，是以烘焙好的咖啡粉型態來銷售。

時至今日，北美的咖啡狂熱愛好者，假設他們住在頗具規模的城鎮或靠近這個城鎮，甚至只要有無線網路的地方，他們就可以輕鬆地從眾多咖啡之中來選擇想要的，不論是具有獨特風味特性的咖啡，或是擁有完整人文生態背景故事的咖啡（前提是他們很在乎這些咖啡的風味或背景故事）。一個複雜的供應鏈開始發展，更緊密的「精緻咖啡產地端」與「消費端」的合作關係形成，共同開發新的且具有獨特風味的咖啡，因為相較於以往，現代消費者在咖啡的知識上及需求上都更高了。

從期貨咖啡走向美味咖啡：直接貿易

這個現象的名稱就是「直接貿易」（direct trade），在這個概念的最佳情況下，應該是要這樣運作的：品質特優的咖啡（Exceptional coffees）由烘豆廠商跟農民直接聯絡的模式進行交易，兩者之間因為對於咖啡的品質及獨特性有著共同熱情而合作，而這樣的熱情也被行家消費者認同並支持著，這些消費者願意付給烘豆廠商更多金錢，通常是多蠻多的，烘豆廠商也替消費者付給農民或生產者更多金錢（通常都是要透過競標的方式，跟其他烘豆廠商比價，才能買到品質特優的咖啡豆），透過這樣的方式，鼓勵農民或生產者投入更多時間或金錢來生產品質更佳、更具風味獨特性的咖啡，最後，這樣的咖啡還能賣到更高的價格，讓生產者跟烘豆廠商賺到更多錢，行家消費者則可以擁有再升一級的美味體驗。

聽起來很神奇且很理想化，不過，在今天的咖啡市場中，的確有一個小小的區塊正在用如此方式運行著，並且還有向上成長的趨勢。為了正在往這個方向努力的人們，所以我才需要寫這本書。

咖啡行家的解決方案與小農的關係

當然，在你眼中看來，這個新的高端全球市場模式之最大受益人，就是這些擁有豐富知識與資源來進行市場開發的咖啡生產者們。舉例來說，來自富裕家庭的咖啡生產者，能夠聘請最好的技工專家及農場經理，莊園主上過大學、懂英語，而且負擔得起到處參加咖啡會議及展覽的機票，在這些地方結識潛在的咖啡買家及烘豆廠商。

那麼，那些在自己山上田地，還需要種自用蔬菜、飼養雞隻，並且只種了少許咖啡樹的小農，處境又是如何呢？

出乎意料地，跟有錢農民類似的策略，也適用於某些少數的小農身上，主要的原因是：不久之前，一些咖啡生產國的政府單位，以及關於咖啡發展的專案計劃，都針對改善郊區貧困者生活提出解方，這些單位把高端精緻咖啡視為終結貧窮的潛力股，這個想法的運作方式是這樣的——假設，你預計要實施計劃的區域，原本的交易模式是：種咖啡的農民把自己的咖啡，用少少的幾分錢單價就賣給隨便一個開著卡車來買貨的人；再假設，這些賣掉的咖啡品質都很糟（因為這些小農並沒有任何動機去做這麼多複雜的事，只為了做出穩定、高品質的咖啡豆。那些複雜的事包括：只採完全成熟的咖啡果實，非常仔細地去除外果皮，並且很仔細地進行乾燥程序等步驟），事實上，我們假設的這個產區，在長久以來可能已經臭名遠播，因為沒有任何一個人想要改善此產區的名聲。

但是，假設在同一個產區裡，如果發現生產高品質咖啡的可能性很高的話，舉例來說：像是有著很高的種植海拔，當地種的咖啡樹品種，可能是目前精緻咖啡採購者特別看重的傳統品種；然後，因為這些小農一直很窮，所以他們沒錢買化學肥料，在他們的農莊裡就很適合進行有機農業的認證；最後，假設這些小農本身也是很勤勞的類型（事實上，很多小農都蠻勤奮的），甚至還可以進一步把他們組織成「合作社」（cooperatives）。

邁入「高端精緻咖啡」的新世界

承前段所述，機靈的政府與執行發展計劃的人們，應該都會去請教精緻咖啡產業中的進口商、烘豆廠商及擁有技術的專家，然後達到如此的結論：這個產區具有生產品質特優咖啡的潛力，這樣的咖啡最終會吸引烘豆廠商，讓他們願意

1873 年 美國第一個國有生產的品牌咖啡「阿里歐薩」（Ariosa）誕生，該品牌是由賓州匹茲堡市的「阿爾巴寇咖啡」（Arbuckle's Coffee）創立，創辦人是約翰·阿爾巴寇（John Arbuckle）。

1878 年 英國人在中非洲引進商業化的咖啡種植體系。

1883 年 第一台經典的「伯恩斯樣品烘豆機」（Burns sample roaster）獲得專利，在接下來約100年間幾乎少有重大修改，並持續生產著。

1888 年 巴西廢除了奴隸制度。巴西早先的奴隸勞力狀況，是其低價咖啡生產體系迅速成長的主要因素之一；不過，在廢止奴隸制度後，巴西咖啡發展的強大力量，僅被暫時拖了一點腳步。

開高價購買，也會在咖啡愛好者圈裡，建立起正面的名聲。

根據這樣的結論，生產國的政府與非營利機構，就會投資在這樣的咖啡產區進行建設，於是就會出現新的咖啡乾／溼處理廠，生產者也會受到鼓勵組織成合作社，在生產及行銷兩個層面都共同合作。許多精緻咖啡業內的烘豆廠商們，早已自願投入時間，協助教育生產者及技術人員，並且基於情感因素，在各執行的專案計劃中也採購了不少咖啡豆，他們也對這些新的品質且改良得更好的咖啡豆，感到迫切的渴望，也希望可以採購到這樣的咖啡，並推薦給他們的顧客飲用。

跟老式的期貨咖啡領域不太一樣之處在於，這樣的咖啡（採用改良的採收及後製處理方式製作）現在對得起這片土地與它的血統了，這樣的咖啡味道真棒，而且喝起來也有點不一樣並特別，因為它的血統、高生長海拔、土地、氣候等條件難以量化的影響，因此在烘豆廠商與咖啡愛好者之間建立了好名氣，也就此遠離了舊式的咖啡期貨系統，不會再被用鄙夷的眼光看待。它現在是精緻等級的咖啡了，身價也變高了，有時甚至可以說是魚躍龍門的境地。

盧安達的範例

我現在正講述關於中非洲的盧安達，以及盧安達咖啡在過去 15 年發生的事，範圍有點廣，但也很精確：即便到了

在寇瓦咖啡（Coava Coffee）供應的品項裡，大衛的咖啡是其中一項具代表性的作品，他非常細心地採收及後製處理態度，造就了這杯具有獨特複雜性風味的咖啡——甜瓜、草莓，以及甘蔗。

從這兩個北美烘豆廠商提供的範例中可看見，這些烘豆廠商與小規模咖啡生產者建立長期的夥伴關係，這種關係讓一般消費者能夠獲益於更高品質的咖啡，同時讓咖啡生產者能賺到更高、更穩定的收入，這樣的收入足以讓生產者進行更多建設。〔範例提供者：寇瓦咖啡及吉夫咖啡（Giv Coffee）〕

現在，各位讀者仍會把盧安達這個名字跟 1994 年當時震驚全世界的「盧安達種族滅絕慘案」聯想在一起（當時胡圖族激進組織屠殺了至少 50 萬圖西族，以及數萬名胡圖族溫和派民眾），但是，多虧像先前提過的「咖啡品質改良計劃」在此推動，盧安達才能從那場恐怖的種族滅絕案中走出來，搖身一變成為出產品質令人讚嘆、獨具特色的精緻咖啡供應者。盧安達的精緻咖啡在全世界的精緻咖啡市場裡售價不低，對許多精緻咖啡業的烘豆廠商來說，盧安達成為了其中一個必定要去的產地，因為那裡有一個獨特類型的高檔單品咖啡存在。

當然，盧安達的咖啡產業也一直面臨許多問題，在一些案例中，合作社或處理廠的組織領導能力鬆散，導致咖啡品質受到影響。在我撰寫本文的當下，那位曾經受到眾人愛戴的總統保羅‧卡加米（President Paul Kagame）拒絕卸任並鎮壓反對的聲音，讓國內局勢不穩，他可能會是下一個獨裁領導者；雖然局勢如此，盧安達的小型咖啡生產者仍持續製作出能夠高價賣出、獲得烘豆廠商與咖啡愛好者讚揚的高品質咖啡。不過，因為政府端、計劃代理人端、精緻咖啡社群端三方的完美配合，盧安達依然是咖啡品質改良發展計劃中成功的範例。

1900 年｜舊金山市的「希爾兄弟咖啡」（Hills Bros. Coffee）出品第一個真空包裝咖啡，這個技術是由愛德華‧諾頓（Edward Norton）在1898年取得專利。

1899 年｜加藤悟利（Sartori Kato，日本化學家）與美國的同事發明了「即溶咖啡」。西元1901年，在紐約州水牛城的泛美博覽會（Pan-American Exposition）首次登場。

1901 年｜路易吉‧貝瑟拉（Luigi Bezzera）發明的一種「咖啡沖泡器」取得了專利，其原理是使用被困住的水蒸氣推力，將熱水推過單份的研磨咖啡粉來萃取咖啡液。這是後來義式咖啡機的基本原型：有一個沖泡頭（group head）、一個沖煮把手（portafilter），還有一支蒸氣管（steam wand）。

1901 年｜《茶與咖啡交易雜誌》（Tea & Coffee Trade Journal）於紐約市正式發行，這是美國第一本大部分內容都關於咖啡的商業出版品。

行家解決方案的極限

品質改良計劃的努力，並不是每次都能像在盧安達一樣成功，有些計劃只大概成功了一半。另外，像是在 1990 年代於海地執行的「藍色海地計劃」（Haitian Bleu program）就是失敗中的失敗，海地的種植條件及咖啡樹品種，都不像盧安達一樣具有優勢，海地的政治及社會體系也許尚未準備好接受這樣的改變。

然而，第三則咖啡行家的救援方案故事，並不足以解決所有問題，在廣大的咖啡歷史洪流中，像這樣全新且極端的做法，雖然讓一些咖啡生產者（不論大小）的收入及名聲都有顯著提升，然而，全世界大多數的咖啡仍舊投入到無趣的期貨市場深淵，最終成為天秤另一端的廉價罐裝、瓶裝、咖啡磚或玻璃瓶的咖啡產品。

遊走在期貨與精緻咖啡的邊緣

甚至還有一些，雖然包裝在具單向透氣閥高級咖啡袋裡，有著酷炫品名，但其實本質上仍是期貨咖啡的一種（儘管如此，對比於較便宜的罐裝、瓶裝羅布斯塔咖啡，這一類的期貨咖啡品質要來得好上許多），這種半精緻化的咖啡，像是以往最殘酷的「正牌期貨咖啡」之升級版，不過仍然距離「直接貿易」理想相去甚遠。直接貿易的咖啡概念裡，一般消費者會願意為了買到最好的咖啡，而付出較多的金額，咖啡生產者因此也收到較多的報酬，品質改良計劃執行單位及產業、政府間的三方合作關係，幫助生產者達到這個目標。

行家解決方案帶來的危機？

因為大部分普通的咖啡價格暴跌到歷史新低，直接貿易咖啡及高端品質咖啡開始遭受一些言論攻擊，他們聲稱，正因咖啡生產者為了生產這兩樣昂貴卻又產量小的咖啡，浪費了許多時間與金錢，只為了在比賽中得獎，而得獎卻不代表生產者在財務上能夠得到穩定的收入，而且長遠來看，也較不利於咖啡的永續發展。

的確，在本書發行的前幾年，全世界精緻咖啡生產圈似乎也反映出了日漸嚴重的經濟兩極化現象，也就是富者越富（品質最好的咖啡生豆會越來越好，價格也會越來越高）、貧者恆貧（普通品質的咖啡生豆品質越來越糟，造成價格往

下沉淪到令人費解的新低點）。當然，理想上來說，咖啡生產者應該有能力靠銷售「品質還稱得上不錯」的較大批次（價格也不會太差）來自給自足，行有餘力才會去追求製作小批次的品質突出型咖啡，運氣好的話，說不定還能在比賽中獲得大獎。

很不幸地，目前的生產者，他們生產的中間品質咖啡（還不差的那一種）並沒有收到相對應的報酬，我仍然無法把這樣的過錯歸咎到那些願意付高價購買高品質咖啡、把咖啡當成藝術的人；真正應該追究的對象，反而是那些無情、無從得知問責對象的咖啡期貨系統，因為他們拒絕補貼生產者製作那些品質尚可的入門咖啡。

故事 4（正在進行中）：全體動員

走到這個階段，咖啡歷史中的前三個故事都掉入一個驚天的裂谷之中。

「裂谷」指的是全球暖化問題。阿拉比卡種咖啡樹有著跟人類一樣的生存氣候條件：適度涼爽的夜晚、適度溫暖的白天。雖然咖啡樹可以長得很粗壯，但仍然有一點小傲嬌：無法承受太高的溫度、不耐霜害、需要降雨但又不能給予太多。在過去 10 年之間，咖啡樹遭遇重重災難，在全世界的所有咖啡產區中，幾乎沒有任何一個產區能倖免於跟氣候有關的危機（有的甚至目前還在苦難之中），這些危機看起來似乎大多跟全球暖化有關，但實際上不全然是。咖啡所面臨的最嚴酷危機，已造成巨大且不可逆轉的損害，像是尚比亞（Zambia）跟馬拉威（Malawi）的咖啡產業，因為連年乾旱而消失殆盡；輕微一點的旱災也發生在其他地方，像是巴西、肯亞、衣索比亞、蘇門答臘，都造成了一些緊張情勢。然而，在另一些地方的罪魁禍首反而是降雨過多：哥倫比亞因為在不對季節而發生的降雨，還有隨之而來的病害，使得咖啡產量暴跌。降雨模式的改變，被認為是咖啡葉鏽病發生的主要原因，從 2012 年開始，中美洲及部分南美洲產區的收成，都因為咖啡葉鏽病而被摧毀。

更惱人的或許是：阿拉比卡咖啡樹適合生長的氣候帶，因全球平均溫度上升而不斷萎縮，在許多咖啡產區裡，可讓較低海拔咖啡樹能移植得較高、較涼爽的地塊並不存在；另

1908 年 二次世界大戰前的日本，第一家很成功的巴西式咖啡館「寶麗斯塔咖啡館」（Café Paulista）成立。在咖啡館內，服務人員身著巴西的海軍水手服進行服務。

1903 年 德國的咖啡商人盧威‧羅瑟里爾斯（Ludwig Roselius），是商業化去咖啡因方法的共同發明人之一。此方法是使用蒸氣來蒸煮生豆，接著再使用一種溶劑，將蒸煮過的生咖啡豆中的咖啡因溶出。時至今日，此方法（或類似的方法）被廣泛地採用。

1908 年 一位德國的家庭主婦梅麗塔‧本茲（Melitta Bentz）發明了滴漏式（其中一種版本）沖泡法，當中使用了濾紙，這個創新在後來進化成知名的「梅麗塔梯型濾杯」。

外有些地方則是，你想把咖啡農園搬遷到更高的海拔，卻被更重要的水源保護或其他環保因素所限而無法開發。

故事 4 的後續：會走下坡成為災難？還是會突破成為新的咖啡融合體？

那麼，第四個故事如何發展？截至目前為止，事情看起來是糟糕的，而且是非常糟糕，但也有正面訊息。相較於大多數政府，及政府裡腦袋僵化的交涉人員來說，精緻咖啡產業在應對全球暖化的問題上，似乎找到了不錯的解方。

面對氣候變遷挑戰，大膽而積極的反應措施，不論是否為實驗性質，都讓我相信故事 1（咖啡是民主的紅酒）與故事 2（對熱帶地區的窮人來說，咖啡是一種毒藥）的情境都說得通了。在故事 1 中，咖啡也許真的是一種可促進思考、提高行動力的飲品，且較不屬於增加感受力與消極狀態的飲品；而在故事 2 中，這些窮人身處供應鏈的最底層，他們悲慘的遭遇，或許也成為促使積極分子想負責改變未來的動機（因為罪惡感很深）。精緻咖啡產業對於氣候變遷所做出的應對措施，是否能從舊的咖啡故事中開創出新的局面，這尚且未知。目前為止，從咖啡產國的咖啡主管單位中所採取的最明確應對措施：像是在哥倫比亞，他們把咖啡園裡大部分的咖啡樹都改種具抗病力的混血品種咖啡樹；而在宏都拉斯僅有小規模的改種。這兩個案例所做的努力，目前看來是成功的，因為即使面對氣候與疾病的威脅，這兩個產國的咖啡產量與生產者的收入都成功地維持住了，但如此的努力，卻又會冒犯到一些咖啡傳統派擁護者的敏感神經。

另外，還有其他較具計劃性且持續進行中的應對措施，是由產業裡的大傢伙們在執行的——「星巴克咖啡專案」（Starbucks Café Practices Program）及「雀巢 AAA 專案」（Nespresso AAA Program），在面對氣候變遷問題上，對於環境及社會經濟層面上永續發展所採取的措施，在某些地方成功達陣。我可以再列舉許多其他同樣在努力的各種方案，像是小規模的烘豆廠商與農民之間，關於永續發展的合作關係；還有政府主導的專案計劃；以及政府、企業、非營利組織三方合作的專案，法國國際農業發展研究中心

（CIRAD）為此做了非常重要的貢獻，特別是在發展新的、高韌性的（生命力較頑強的）、具獨特風味的阿拉比卡變種上。

WCR 採取的應對措施

不過，目標最遠大的其實是精緻咖啡產業本身。由精緻咖啡產業中上到下游資金挹注的「WCR」（World Coffee Research，世界咖啡研究組織），針對氣候變遷帶來的威脅，以及歷史上對咖啡產業結構性缺陷等層面，開啟了一個多面向、最先進的應對措施，要在這麼簡短的篇幅裡詳述 WCR 採取的應對措施及完整的思維歷程，幾乎是不可能的事。不過，目前看來，WCR 的領導階層人士，似乎在所有可能發生的挑戰上都做了相對的回應，這些課題有的是由愛胡思亂想的咖啡愛好者所提出（這句話則是由一位也很愛胡思亂想的作家所說）。

WCR 所做的關鍵努力，在某種角度看來非常接近數十年來咖啡世界中想追尋的目標——「創造出阿拉比卡品種底下新的混血變種，這些混血種要比傳統變種具有更高的韌性與彈性，並且對於極端氣候及因其衍生的病蟲害，都有更高的抵抗性。」

換個不同的前提

雖然 WCR 相對於大部分類似的專案，有著不太一樣的出發前提：在研發新變種這件事上，把咖啡的杯中風味品質及風味獨特性，看得跟抗病性、產量一樣重要。WCR 同時運作著比「舊式育種專案」更為寬廣的基因網絡，並且利用這樣的網絡系統，將主要的農業上及感官上特性，連接到基因標記進行辨識，快速追蹤所培育的新變種。

而這個例子只是眾多首創概念之一，WCR 的努力目標，不論在規模上或思維深度上都十分驚人。組織所採取的措施，有效地將氣候變遷所導致的、具有急迫性的威脅往後推遲，並且有效地填補長久以來存在於農技專家與精緻咖啡世界之間那道惱人的隔閡（前者總是想著要做出高抗病力、高產量的品種；後者則一直想要有更好的咖啡品質與風味獨特性。我個人也屬後者之一）。

WCR 這些遠大的計劃有可能遭遇一些挫折，這樣的計

1927 年
發現了「帝汶混血變種」（HdT／Hibrido de Timor），這是天然產生的跨品種混血，有「阿拉比卡種」與「羅布斯塔種」各一半的基因。它有著對咖啡葉鏽病的天然抵抗力，從此之後，帝汶混血變種就成了（幾乎所有）具抗病力「阿拉比卡混血種」的其中一個基因來源。

1910 年起
在印尼的荷蘭人，開始有系統地把「羅布斯塔種」咖啡（正式名稱是「剛果種的羅布斯塔變種」）進行商業化種植，原因是早先發生的咖啡葉鏽病疫情幾乎把那裡的阿拉比卡種咖啡樹摧毀殆盡。

到 1939 年
1935 年
肯亞的史考特農業實驗室（Scott Agricultural Laboratories）發展出兩個偉大且具獨特風味的變種——SL28 與 SL34——也是讓肯亞咖啡產業有崇高地位的最重要基礎，這兩個變種都是由同一母株咖啡樹上選育（selected）出來的。

1935 年起
在亞洲／太平洋咖啡產區中，羅布斯塔種咖啡的商業化種植，開始變得普及。

劃必須遇到跟他們一樣有著不止是遠見、熱情及足夠大方的前瞻型咖啡公司，才能拯救優異品質的咖啡（同時也拯救了世界）；這樣的計劃還必須有一些難以想到的配合層面：需要政府人員跳脫出充滿自負的政治思維，並且採取決定性的行動來延緩氣候變遷速度，以及避免已經是日益增加且難以逃避的環境災劫。

我們還無從得知，走到咖啡歷史的下一個章節，是否會牽涉到龐大的社會、環境之動盪，最好的情況，是未來有比現在更強大的技術化與均質化，或是不論這個即將到來的時代，為精緻咖啡產業努力的這些人，是否會被後世銘記、推崇到能與科學家的重要性相提並論，不論精緻咖啡產業是否能進化成像葡萄酒產業般的地位（葡萄酒產業是一個由科技與美學所驅動的、有著嚴實且多層次的商業文化體），但很明確地，咖啡產業也會被提升到比以往深陷於商業期貨咖啡溝壑中更高的位置，也會讓那些身處供應鏈底層生產者的生活條件，比現在更像樣。讓我們一起期待。

1948 年 阿其烈・嘎吉亞（Achille Gaggia）革命性的「彈簧驅動式活塞」（spring-loaded piston）義式咖啡機首次發表，原理是以比早期機器設計更高的壓力，推送熱水穿透過單份研磨咖啡粉，如此製作出來的咖啡非常接近現代人所期待的，有著飽滿「克麗瑪」（crema，由蛋白質、膠質及咖啡芳香油脂共同組成）的espresso咖啡。

1950年之後
請見第20頁

1941 年 德國化學家彼得・史倫波姆（Peter Schlumbohm）設計的「咖美克斯咖啡壺」（Chemex coffeemaker）在1950年代的美國高端市場上，因其簡約的線條，以及看起來像實驗室器材般的外觀，而大受歡迎。到了1990年代，咖美克斯咖啡壺失寵；一直到了2000年前後，因為手工沖煮愛好者把它重新挖掘出來，才又重新受到喜愛。

CHAPTER 3

咖啡的交易方式：
如何進行生咖啡豆買賣？

第3、4章將會介紹咖啡世界的概觀。本章會先以種植及貿易的觀點來看，第4章則以消費者的角度來看（包括給予消費者一些建議，進而找到方法消化現今以網路為重心的咖啡時代，所衍生出大量增加的名詞、主張、娛樂，以及其他事件）。

羅布斯塔種咖啡、巴西咖啡、溫和型咖啡與精緻咖啡

每一天，全世界有大量的生咖啡豆進行買賣，並運輸到烘豆廠商手裡——有些品質特優，有些品質還不錯，有些不太優，有些則是差到不行。由許多展覽會、各種規則、各種做法所共同編織成的一張複雜網絡，主宰著咖啡交易，如此才能幫助買家與賣家彼此互相了解，並減少潛在衝突。

對一般咖啡飲用者來說，了解關於生咖啡豆交易的龐大幕後祕辛，多少有點益處，接著就是要在交易世界裡準備好一張路線圖，這個路線圖將會把生咖啡豆區分為4大交易類型，從最廉價的「商業期貨豆」，到最昂貴、最精緻的「正牌精緻咖啡」（true specialty coffee）。本書第19頁，有一張簡要的4大分類表可參考。

日晒處理法的商業期貨等級羅布斯塔咖啡

用粗糙的後製處理步驟的羅布斯塔種咖啡〔正式名稱是「剛果種」（Coffea canephora）〕是全世界目前最便宜、最低品質的咖啡豆，品質如此糟糕的羅布斯塔種咖啡，在越南、西非的產國中，則是他們產量的最大宗（全世界所有熱帶地區，都有種植此類）。羅布斯塔種咖啡即便經過仔細採收與後製處理，風味通常仍較為中性、帶核果調、苦甜感，並不像阿拉比卡種咖啡（通常是世界上好喝咖啡的主要來源）一樣，有著複雜度較高的風味。但這並不代表羅布斯塔種咖啡那麼一無是處，它也可以用一種較為低調的方式來展現美好之處。

不過，這類最廉價的商業期貨羅布斯塔種咖啡，以最糟糕方式被處理——很粗心的方式採收（未成熟的、過熟的果實都一起被採下使用），如此未經篩選的咖啡果實，被隨意堆疊並進行乾燥程序，所以外層果肉因過度發酵、發霉產生的臭腐敗味，很容易被內層咖啡生豆吸附。

大型的北美咖啡公司，為了弱化這些令人反感的風味特質，在乾燥程序之後、烘焙之前，會先將生咖啡豆蒸煮一遍，將那些因腐敗而產生的特質（通常是表面像蠟一般質感的物質）去除，最後就會得到非常扁平的中性風味，有點木質調的空洞感，這就是市面上最便宜的美國罐裝咖啡裡會出現的風味。

一個關於羅布斯塔種咖啡的警告事項

有些歐洲（主要是義大利）的烘豆廠商透過篩選、混合調配、烘焙等技術，竟然能夠把這些隱約像腐敗水果的調性，轉換為近似水果／苦甜巧克力調；據我所知，目前沒有任何一家北美烘豆廠商能夠做到（或願意嘗試）這種技術。如果你也想嘗嘗這種若有似無的調性風味，也許可以試試拉瓦薩紅標配方（Lavazza Qualita Rossa）這類主流的義式咖啡配方，而且一定要用 espresso 的方式享用。

在水泥平台上進行乾燥程序的羅布斯塔咖啡。未刻意篩選咖啡果實，且只是隨意把未成熟、已成熟、過熟的果實混在一起晒，這張照片已是羅布斯塔種咖啡裡外觀看起來較好的了。（圖片來源：iStock／kunphel）

日晒處理法製作的阿拉比卡咖啡豆，或是巴西類型咖啡

就像第一個羅布斯塔咖啡類別一樣，此類別主要講的是——帶著果皮果肉一起晒乾的製作方式（日晒處理法）。但採用日晒處理法的阿拉比卡品種咖啡，風味通常比羅布斯塔品種更為複雜，在商業期貨咖啡世界裡，它的市場分類通常被簡稱為「巴西類型咖啡」，因為在過去數十年之間，巴西是用此處理方式製作這類咖啡最有效率的產國，跟廉價的羅布斯塔咖啡相異之處在於，並不會有腐敗的果實參與到乾燥程序中，所以也不會沾染到瑕疵風味。

主要原因是：巴西（世界上採用最多先進工具的咖啡產業就在巴西）發展出工業等級的「果實採收機」與精密的「機械式篩選」科技，這些科技能有效去除果實腐敗、瑕疵風味等問題。巴西的種植海拔相對較低，因此也會讓阿拉比卡咖啡有較低的酸質明亮度，由以上兩種特性結合而成的低生長海拔、相對較乾淨的日晒處理法，搭配仔細的篩選流程，製作出來的咖啡風味特性是圓潤的、低酸度的，帶有宜人的堅果、巧克力、水果乾特質，此風味類型正好是全世界中價位市場咖啡配方裡的主流風味，也是最棒的義式咖啡配方中，不可或缺的特質。無論好壞，假如沒有巴西類型（品質尚可、相對較便宜、風味低調又宜人）的咖啡，全世界的咖啡產業就不會像今天一樣運作良好。

巴西也生產其他的咖啡類型

巴西也會製作其他 3 個類型的咖啡（本書提到的共有 4 大類型），從最便宜、品質最差的商業期貨等級羅布斯塔咖

圖為瓜地馬拉的「高海拔溫和型咖啡」類別正在進行採收後的漿果篩選作業。成熟度一致的漿果是由「選擇式手摘」及後續的「手選」等手段達成，如照片中所示。這批咖啡將會以「水洗式處理法」進行後製，外果皮與果肉層在進行乾燥程序前就會被脫除，避免咖啡豆周圍飽含水分的果肉層造成乾燥不均，產生腐敗味或霉味等缺陷味。然而，越來越多咖啡生產者並沒有因為採用了如此耗費勞力的採收與後製處理方式，而收到足夠高的價格補償。

啡〔在巴西，它叫作康尼龍（Conilon）〕到高端等級的精緻咖啡類型都有。

在 4 大類之外的巴西「里約味」（Rio-y）

在一些日晒處理法製作的巴西咖啡中，其中一種被稱為「里約味」（尖銳、帶點西藥味）的調性時常出現，類似的風味也曾在其他產國的低品質咖啡中出現過，這種調性對許多一般飲用者來說，十分不討喜，甚至還有點噁心；但是在東歐、中東地區的傳統咖啡飲用者圈裡，卻受到高度歡迎，以至於帶有這種缺陷的巴西風味咖啡，時常會比沒有里約味的咖啡（一般商業期貨豆等級）還貴。

高海拔溫和型咖啡

它是期貨交易系統裡品質較好的，當中只會出現阿拉比卡種的各種咖啡，因為阿拉比卡種必須在較高海拔才會長得好，所以才會用「高海拔」（high-grown）這個詞。再者，此類別的所有咖啡豆都是用「水洗」或「溼式處理法」進行後製處理，在進行乾燥程序前，會先將採收的果實去除外果皮、果肉，以減少腐敗機率，才不會影響風味，這就是「溫和型」（mild）咖啡（相較於「難入口的、卡卡的」日晒或處理不佳的咖啡而言）。

高海拔溫和型咖啡裡仍會出現缺陷風味，但跟那些大量處理型、商業期貨等級的羅布斯塔咖啡及巴西阿拉比卡種等傳統日晒處理法的咖啡比起來，缺陷風味出現的頻率低了很多。拉丁美洲、東非洲是此類別的主要生產者，不過粗略地說，符合這個類別的咖啡，在全世界熱帶及亞熱帶產國中也不少，哥倫比亞是最大的生產國，典型的北美咖啡綜合豆配方裡，使用「全阿拉比卡種」（All-Arabica）字樣行銷的，通常都會使用品質還不錯的巴西日晒阿拉比卡種咖啡，搭配高海拔溫和型阿拉比卡種咖啡（通常使用來自哥倫比亞或中美洲）。

這個咖啡類別面臨的壓力

在我撰寫本篇的當下（2020 年中），這些具純淨風味、良好品質的溫和型咖啡面臨了一些壓力。從 2019 年開始，拉丁美洲做工細緻的高海拔溫和型咖啡生產者，獲得的每磅收購價平均僅 1 美元，跟生產成本幾乎一樣，有時生產成本甚至超過收購價。舉例來說，一份由咖啡出口商「卡拉維拉咖啡」（Caravela Coffee）在 2019 年所做的付費研究顯示，在 6 個拉丁美洲產國裡，每磅生咖啡豆的生產成本約 1.05～1.4 美元，另外還有許多研究也得到類似結果。

換句話說，研究調查的 6 個拉丁美洲國家裡，生產者為了達到穩定標準，付出的成本比實際得到的收入還低，這些成本還不包括日常生活開銷及家庭支出，難怪許多拉丁美洲

的咖啡農，不是努力轉型成只做精緻咖啡等級的生產者，就是乾脆直接放棄種咖啡了。

正牌精緻咖啡等級

第4個（最不一樣、最少被清楚定義的）市場類別，也是本書唯一聚焦說明的主題（之後將不再討論商業期貨咖啡）。要定義此類別是否傑出的因素，是以「品質」及「風味獨特性」為主。

品質（Quality）

在咖啡詞彙中，「品質」代表同一批次的咖啡，經過多次隨機抽樣測試仍有穩定的風味表現，未被不討喜或非典型的調性搞砸。也就是說，杯測桌上不同杯子裡測到的風味幾乎一致，如此才合乎精緻咖啡類別的期望，所以它算是4大類別中最閃耀的存在。

風味獨特性（Distinctiveness）

另一方面，此類別的任一支咖啡，其本質特性可能有巨大的差異，因為我們除了看品質，也看辨識度。精緻咖啡的買家（不管是消費者或烘豆廠商）傾向於尋找喝起來不太一樣或具有獨特風格的咖啡，所謂的「獨特性」指的是咖啡本身嚐起來的風味，也可以指咖啡背後的故事，不論是小農的勵志故事，或是通過某種動物的消化道製作出來的〔努瓦克咖啡（Kopi Luwak），亦稱麝香貓咖啡，這故事就不太屬於勵志性的，詳述於第190頁〕。

因為它的成功主要奠基於風味及故事差異性，所以對於後製處理法或品種的期待就變得較不重要。今日有一些天價的最高品質精緻咖啡是用日晒處理法製作的，跟商業期貨等級羅布斯塔咖啡、巴西咖啡採用一樣的後製處理法，不同之處在於，精緻化等級的日晒咖啡只採收完全成熟的果實，半熟、過熟（或腐敗）都不採，乾燥程序也非常仔細且精準，將瑕疵最小化，同時讓迷人的風味特質（甜甜的水果或葡萄酒調性）最大化。

在羅布斯塔咖啡中也有一小塊很類似的小圈圈，我指的是在採收、後製處理上也採用跟精緻化咖啡類別相同的標準，除了日晒處理法，也用水洗處理法製作的羅布斯塔咖啡，其用意在於：讓羅布斯塔種咖啡的本質為自己說話，而不是讓腐敗水果味或其他缺陷風味來替它說話。

貿易模式比較：「商業期貨咖啡」與「精緻化咖啡」的差異

前三個類別都是商業期貨咖啡，它們跟最後一項精緻咖啡最重要的差異在於——生咖啡豆是如何買賣或交易的。

在正牌、小批次的精緻咖啡類別裡，後製處理法是一種發揮創意的工具，並非只是為了符合分級標準或市場類別而做出的一種手段。圖中是夏威夷卡霧區農民使用的兩種不同後製處理法，右邊金色外觀的咖啡是水洗或溼式處理法，把外果皮、果肉（或黏模層）都去除後，才進行乾燥程序；左邊看起來大部分都是紅色的咖啡果實，是日晒處理法的咖啡，連皮帶果肉一起晒乾。圖中是另一種更講究的做法：在架高的網狀棚架上進行乾燥程序，而不是直接晒在水泥地板上，如此能有更均勻的效果。卡霧區的農民可以賣到不錯的價格，所以他們才能夠採用這種細膩的手法。

商業期貨咖啡的貿易模式

商業期貨咖啡（包含高海拔溫和型咖啡）主要是以匿名模式進行交易，在供應鏈中會先透過一些文字敘述來分類（標示生產國及咖啡等級），之後才進行杯中品質確認。這種較含蓄的銷售模式，看起來就像這樣：這是一支來自肯亞的咖啡，等級是AB，風味呈現也符合肯亞AB該有的樣子（或者，這是來自哥倫比亞的咖啡，等級是Excelso Usual Good Quality，諸如此類）。

市場創造了不同模版來讓咖啡套入，各模版各有其定價，在期貨市場機器的運作下，不同的咖啡產國、不同的咖啡等級都會被賦予一個價格，而此價格會與一個叫做「C指數」（C Contract）的指標價格對應。其價格是浮動的，依照美國州際交易所集團（ICE Futures，前身為紐約期貨交易所「NYBOT」）盤內預定的未來成交合約來訂定指數基準，市場預期中，假如未來的咖啡供應量變少，或是未來的咖啡需求量變多，C指數的基準價格就會上漲；反之，則會下跌。

當然，一些投機行為會讓市場波動變得更誇張，有時也會讓C指數變得失真。不同產國／等級會依據C指數的基準價格向上（或向下）調整各產國／等級框架被設定的若干加成價格，舉例來說，大量交易的哥倫比亞Excelso UGQ咖啡（Usual Good Quality），假設某一天的加成價格是「+15」，代表的就是依照當天的C指數價格再往上加15美分，就是此類別咖啡的當日成交價格；再高一級的哥倫比亞咖啡叫做Excelso EP（European Preparation），它的同一天加成價格可能是「+16」；而品質不錯的肯亞咖啡則可能會

是「+140」。這些價格僅會被視為合約協商時的基準參考，但對於最終實際成交價格的影響仍十分深遠。而品質較差的咖啡，則會依據 C 指數再往下減少若干加成價格。

精緻咖啡類別的交易模式

咖啡交易市場的另一個極端，就是品質最優的精緻咖啡，這個類別較傾向於以一種更個人化的模式來進行交易，生產者的名字會出現在品項資訊中，這個特定品項的實際風味，就是決定它價值的最主要因素之一。

透過商業期貨系統買賣肯亞咖啡，可能會得到以下描述：「這個肯亞 AA 等級屬於還不錯的批次，嚐起來有相符的不錯表現，你可以安心地把它用在高端特級配方咖啡中擔任主角。」但如果你是透過正牌精緻咖啡系統交易，則會是：「這批肯亞咖啡是非常棒的競標批次，它來自巴里丘合作社（Barichu cooperative）營運的加通波亞水洗處理廠（Gatomboya wet mill），風味呈現出非常獨特的黑加侖調性，加上十分討喜的甘味（savory）陪襯。」換句話說，正牌的精緻咖啡主要是根據它的「獨特性」來交易，而非像期

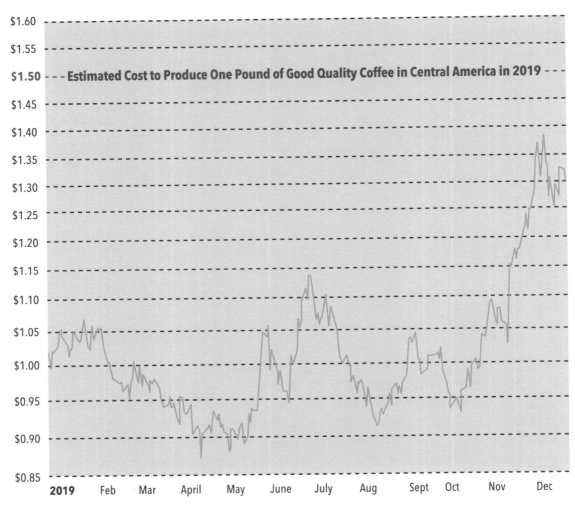

—— 2019 年，每磅良好品質的咖啡中，生產者實際收入的 C 指數基準價格指標

藍線表示：在 2019 年商業期貨咖啡類別裡，最高等級的高海拔溫和型咖啡中，咖啡生產者能夠獲得的每磅概略收入。這些數字都是根據 C 指數或期貨的未來合約價格制定，這個指標價格影響且決定所有阿拉比卡品種的期貨等級咖啡價格。特別留意一下，即使都已經 2019 年了，竟然還會出現如此頑固的低價位，這對需要付出畢生心力的農民及處理廠人員來說實在不公平，指數價格幾乎一整年都圍繞在每磅 1 美元上下，在我查閱過的所有研究和報告都指出，

如此的收入遠遠低於生產咖啡所支出的成本，在 2019 年，中美洲咖啡生產者的生產成本估計為每磅 1.5 美元。對許多生產者來說，這張看似簡單的圖表，其實就是他們每天要面臨的災難、挫折與痛苦。在我撰寫本文的同時，雖然在巴西付給生產者的每磅價格有戲劇性的上漲幅度，但那是因為有旱災及霜害，長期來看，讓價格持續低迷的基本結構並沒有任何改變。（圖表來源：Macrotrends ∕ Karen a Tucker）

貨交易系統中使用如肯亞 AA 或哥倫比亞 UGQ 之類的模版分類法來定價出售。精緻咖啡的價格及吸引力會因為它的背景故事有所不同；也會跟烘豆廠商、生豆進口商、咖啡生產者之間長期配合的關係，而有所不同。

　　與前三個類別的商業期貨咖啡定價方式一樣，精緻咖啡類別的定價方式也被同一股市場力量驅動，但跟前三者不同的是，它沒有那麼殘忍、毫無人性地靠一套公式來決定價格。我們實際看到的案例，一些超稀有的極致精品咖啡豆成交價格高到不可思議，完全跟商業期貨定價模式脫節。

半精緻化咖啡（Semi-Specialty）或是尷尬的不上不下等級

　　前述關於商業期貨與精緻等級咖啡豆交易模式各自劃定的界線，對一般消費者來說，其中的差異可能會因為廠商

的行銷話術而被掩蓋，在某些案例中，有一些品質還不錯、但仍屬匿名的商業期貨咖啡，會被冒用為精緻咖啡等級的商品對消費者販售。

　　會露餡的地方就是，其品名較模稜兩可，在包裝上描述的細節較少，舉例來說，從哥倫比亞薇拉省一座處理廠出品的期貨等級哥倫比亞 Excelso UGQ 咖啡豆，有時可能不會標出 Excelso 品名，取而代之的是「哥倫比亞·薇拉咖啡」（Colombia Huila），後面還會加上「薇拉省是哥倫比亞最佳的咖啡豆產區」來加強行銷。雖然這一批本質上是商業期貨等級的哥倫比亞咖啡豆，因為它的杯中品質可能毫無疑問地被烘豆廠商的生豆採購專家認可，所以用「哥倫比亞·薇拉咖啡」這樣的品名當成精緻咖啡來賣，你大概可以想像它的風味真的不錯也很令人滿意，不過這樣的咖啡其實還是來自於商業期貨系統。

生咖啡豆的 4 大交易模式分類表

生咖啡豆分類	咖啡樹品種	後製處理方式（外果皮去除及乾燥程序）	價位	到達末端消費者的途徑
期貨等級羅布斯塔咖啡（第 15 頁）	羅布斯塔種（剛果種）	咖啡種子帶著果皮與果肉一起進行乾燥程序（就叫日晒處理法）。此類別進行買賣的咖啡，乾燥程序前沒有做果實的品質篩選，且進行乾燥程序時通常沒有很仔細，所以造成咖啡豆時常有腐敗水果、發霉類型的缺陷風味調性。	低；最廉價的生咖啡豆類型。	是即溶咖啡，以及罐裝、瓶裝預磨好的咖啡粉產品之主要原料。烘焙前通常會把期貨等級的羅布斯塔咖啡豆用蒸氣事先處理過，這個步驟是為了降低因果實腐敗或發霉而產生的缺陷風味。
日晒處理法的阿拉比卡咖啡，或是巴西式咖啡（第 15 頁）	阿拉比卡種	此類別都是用日晒處理法製作的阿拉比卡咖啡，但製作流程比前一個類別更為仔細。最主要的生產國是巴西，採用反覆多次的機械式篩選來剔除有瑕疵、缺陷的咖啡豆，讓缺陷風味最小化。	比前一類別的羅布斯塔咖啡稍微略高，但比高海拔溫和型類別便宜。	日晒處理法的巴西阿拉比卡咖啡豆是整個咖啡產業裡最主要用來調配綜合咖啡豆配方的成分（不論是便宜的鐵罐裝綜合豆，或是高端的義式綜合豆）在這個類別裡表現最佳的批次，可能會被當成精緻等級的單品咖啡來銷售。
高海拔溫和型咖啡（第 16 頁）	阿拉比卡種	此類別都是採水洗或溼式處理法的阿拉比卡咖啡，也就是說，在乾燥程序之前，剛完成採收，外果皮與果肉層就預先被去除。此方式製作出來的咖啡擁有較純淨或較溫和的風味。	比巴西式類別略高，且價格區間非常寬廣，主要取決於不同產區與杯中風味特質。	主要是中價位綜合配方會使用的原料，時常會標榜「100% 哥倫比亞單品咖啡」之類的行銷用語；有時也會被當成高端的精緻等級單品咖啡來銷售（不論正當與否，至少也是因為品質與風味獨特性都夠好）。
正牌精緻咖啡（第 16 頁）	絕大多數都是阿拉比卡種	傳統來說都是用水洗處理法，但後來越來越多人採用各種不同的其他後製處理法（第 7 章會介紹），包括改良版本的日晒處理法、蜜處理法，以及各種組合技搭配而產生的新式處理法。	比典型的高海拔溫和型咖啡高，通常高很多，偶爾會高到外太空。	在市場上主要都是高端商品，擁有最詳盡描述的單一產地咖啡或單一產地義式咖啡配方；偶爾會被拿來調配成高端綜合配方咖啡，尤其是特級與超特級的義式咖啡綜合配方。

採購咖啡豆：咖啡專業術語與咖啡的現實面

前一章，我們透過生咖啡豆的買家與賣家視角來看咖啡世界是怎麼一回事，也概略知道，假如一個咖啡消費國的某甲想買一包咖啡，該如何從琳瑯滿目的品名、品牌、主張，以及各種華麗的背景故事中準確挑選自己要的？咖啡熟豆的消費市場是由兩股很複雜的力量驅動，其一是人為操縱的，另一股則是由咖啡自身特性散發出來的，從這兩種角度出發，就會有不同的理解方式（通常也是相互衝突的）。本章裡，我會提出一系列的分類，一部分是根據整個咖啡產業的普遍認知，另一部分則是我個人版本的認知——提出一個概念上的平面圖，幫助大家導覽這漫無邊際、像蓋大樓般持續增加的各種專業詞彙與現實場景。

三波咖啡世界裡的浪潮

其中一個可以幫助消費者理解咖啡世界的有效方式，就是將之粗分為三大塊，當我們提到咖啡歷史中這三大塊時期，可以用「三波浪潮」（three waves）來形容現代咖啡

直到 20 世紀早期，大多數的咖啡都是在家裡使用鐵鍋，或是如圖中所示的爐上裝置，或是從本地商店購買店家從小型商用烘豆機烘出來的咖啡豆，商店販賣的咖啡豆都是較大包裝的容量。（圖片來源：iStock ╱ Taviphoto）

世界的不同時期，這個詞彙出自崔氏‧羅斯格雷伯（Trish Rothgreb）於 2002 年撰寫的一本咖啡書。

使用「浪潮」這個詞彙雖然是有點誤用，因為它隱含的意義是前兩個浪潮都消退回到無垠的大海裡（在咖啡世界中的理解就是，前兩波浪潮的咖啡時期完全結束，並從資本社會裡完全退出）；但從現實上來說，這三大塊市場（或稱三波浪潮）現仍同時存在（活生生地存在，還會自己變形，且以重疊出現的方式存在），讓我們理解咖啡世界，以及該如何採購咖啡。

在精緻咖啡產業裡，有許多人批評「三波浪潮」的模型太過簡化，這會將一些很細節、很重要的差異點被忽略。三者彼此都不想成為別人浪潮裡的一桶水，只想當自己的那一波浪，至少也只是跑在比較前面的跑者那樣的概念，因為後面一定還會有第四波或第五波的出現。

但是，只要依照前例、彼此間的細微差異，以及部分重疊之處等層面來理解，我發現這三波（或三個區塊）的模型是理解當代零售咖啡市場非常不錯的起點。更多關於咖啡浪潮是如何在創新之海中起伏，可詳見第 32 頁。

在此先簡短介紹這三個市場（或三個浪潮）。

第一波：日常飲用的角色（20 世紀早期至今）

全國各地都可買到研磨好的咖啡綜合配方、即溶咖啡，

咖啡史時間軸

1950 年到 2020 年

1950 年代
在傳統的罐裝及美國即溶咖啡綜合配方中，加入羅布斯塔種咖啡的做法越來越普遍，這個潮流通常也被稱為咖啡配方的品質退化期，同時變成後來精緻咖啡運動成功的重要因素，因為後者強調的就是品質。

1950 年起
無酒精的清涼飲料（如汽水、含有咖啡因的可樂等）開始在美國流行，而飲用咖啡的比例下降，大型咖啡品牌規劃各種行銷想挽回頹勢，但仍無法擋住整體的衰退，直到1980年代，精緻咖啡運動開始才停息。

1950 年到 1953 年
美國大兵參與韓戰，並將即溶咖啡引進南韓，自此在當地受到熱烈歡迎，也為了後來南韓對於高端精緻咖啡文化渴望升級的念想鋪平道路。今日全世界咖啡文化最細膩的幾個國家裡，南韓也占有一席之地。

在家以外的地方則是小吃店和速食店的美式咖啡。

第二波：主流的精緻咖啡（1970 年至今）

星巴克及類似的大型連鎖店，加上小規模傳統式深烘焙咖啡館與連鎖店。

第三波：新興的精緻咖啡（2004 年至今）

重點放在單一產區咖啡，通常會採淺烘焙方式強調特色，淡化因烘焙而增加的其他風味。家門外的自家烘焙咖啡館裡，提供的大部分是沖泡式的品項，而非大杯的、加奶的花式咖啡飲品。

但，三股浪潮同時存在著！

同一家咖啡烘焙公司可以同時徜徉於不同的咖啡浪潮中，舉例來說：星巴克在這三波裡都很活躍，雖然主要的經營重點很明顯地放在第二波。不過，我認為所謂的第二波浪潮，其實應該化分為 1.0 版（從 1960 年代晚期開始，到 1980 年代發生的第一次精緻咖啡革命），以及 2.0 版（從星巴克、大型連鎖店及深烘咖啡店降臨咖啡市場開始算起）。

第零波：
大部分都是在家烘焙的咖啡豆

以上簡單介紹了三波浪潮，但是為了交代清楚歷史的時間發展準確性，必須要加入我稱為「第零波」（zero wave）的階段。此階段的發生時間早於其他三波，在 19 世紀到 20 世紀初期，大部分賣給消費者的咖啡都屬於第零波。

此階段的消費者買到的咖啡豆，通常是需要自行烘焙的生咖啡豆，或是店家已烘焙好的熟咖啡豆（可選擇讓咖啡店先代客研磨，或是讓消費者帶回家自行研磨）。假如你恰好有這個想法：從 1970 年代到現在這段期間，發生的三波精緻咖啡浪潮好像就是第零波的復興運動，你其實也沒有誤會，歷史一直都是循環發生著，只是在復興的過程裡還會加入一些新元素。

世界上的許多咖啡生產國裡，大部分的咖啡仍由手工焙炒，如同我在印尼鄉間拍到的這張照片一樣。

20 世紀早期到中期，工業化社會將咖啡從需要烘焙的農業產品，轉變為包裝在鐵罐中、已預先烘焙好及研磨好的褐色粉末，甚至是預先沖煮過的即溶咖啡。圖為麥斯威爾咖啡（Maxwell House）在 1959 年的廣告，將即溶咖啡宣傳為現代化與奢侈品的奇蹟。（圖片來源：Alamy／Tony Henshaw）

1957 年 在加州柏克萊市的電報大道（Telegraph Avenue）上的「地中海咖啡館」（Caffè Mediterraneum）開幕，它是在1950年代美國許多郊區中心及大學城開業的美式義大利咖啡館（Iitalian-American Caffè）之一。這類型咖啡館為星巴克的零售模型提供了原型架構，就是以義大利式espresso濃咖啡為中心而發展的花式咖啡館。

1958 年 法里耶侯‧崩達尼尼（Faliero Bondanini）開始在法國製造「法式濾壓壺」的其中一個版本〔濾壓壺的初始專利，是由義大利設計師阿提歐‧卡里瑪尼（Attilio Calimani）於1929年取得〕，濾壓壺在法國大受歡迎，接著才在世界其他地方開始流行。

1958 年 根據當地史料指出，地中海咖啡館其中一位合夥人力諾‧梅歐林（Lino Meiorin）發明了拿鐵咖啡（caffè latte）來滿足美國消者，因為他們認為以往的經典義大利式卡布奇諾咖啡太小杯，而且味道太重。

「100%哥倫比亞咖啡」的超成功行銷企劃案，由哥倫比亞國家咖啡生產者聯盟，以及紐約DDB國際廣告代理商共同啟動，採用很上鏡的胡安‧瓦爾德茲與帥氣小毛驢商標。

第一波：
超市販賣的罐裝、即溶咖啡

當代美國咖啡圈裡，稱作第一波浪潮的階段，與第零波的差異主要在「購買」咖啡的方式。第一波最重要的意義在於，取代第零波裡的本地烘焙小店，隨之興起的是區域性或全國性品牌的罐裝咖啡；並摒棄了消費者在家自行烘焙、研磨的方式，取而代之的則是預先研磨、沖煮好的商品所帶來的便利模式。到了 1950 年代左右，為了方便而推出的量產包裝咖啡，獲得巨大成功，在這個時期中，郊區住宅區裡雖

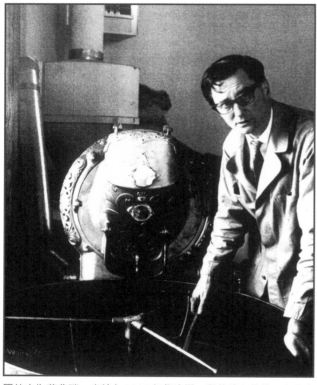

圖片中為艾弗瑞·皮特在 1960 年代晚期，與他擁有的第一台皇家牌（Royal）咖啡烘焙機合影，場所就是在他當時第一間於柏克萊市藤蔓街開設的咖啡店櫃台後方。皮特跟當時的其他人不同，他首先用大包散裝模式，來販賣各種不同單一產區的新鮮咖啡熟豆，此舉正式開啟第一次的精緻咖啡運動，買咖啡豆之前先看產地是哪裡，並且自行研磨、沖煮的概念，成為了新的理想咖啡消費模式。（圖片來源：皮特咖啡）

仍有許多舊式咖啡店，人們還能買到預先烘焙好、研磨好的罐裝咖啡粉（按照業界的說法標示為「R&G」），以及預先烘焙好、沖煮好的即溶咖啡粉；而餐飲店裡，則由廉價的美式濾泡咖啡主宰著（從大保溫壺裡倒出來的，而且幾乎都是這種）。

綜合配方咖啡豆的天下

在今天，除了標示為「100% 哥倫比亞咖啡」之外的，幾乎所有在超市裡可看到「烘焙好、研磨好」的咖啡商品，都是綜合配方豆。這類型的綜合咖啡，大多是用品質低落的咖啡來製作，包括羅布斯塔種咖啡（需要用蒸氣預先排除掉因粗糙處理而產生缺陷風味的那種等級），超市販賣的這種咖啡，通常都是淺烘焙，而且非常淺。不過，他們採用的烘焙模式通常會讓風味喝起來較不明確，如此就能讓消費者品嚐較為極端的風味（如尖銳的酸或苦等味道），漸漸地，消費者就習慣了這種充滿木質調與乏味的調性。

在這一個區塊裡的消費者，通常會依照品牌、售價來決定要買什麼（在其他區塊內較高價類別的綜合配方咖啡，消費者購買的指標是烘焙程度及風味資訊的差異），舉例來說，消費者在「弗格斯」（Folgers）的品牌咖啡裡，可以找到原始淺焙版本的「弗格斯經典烘焙」（Folgers Classic Roast）、烘焙度較深一些的「弗格斯黑色絲綢」（Folgers Black Silk），以及再更深烘、口味更重的「弗格斯法式烘焙」（Folgers French Roast）。另外還有其他多種選擇都具不同標示，幾乎在所有情況下，咖啡的特性如果帶有比較淺的顏色、酸中帶甜、帶有木質調風味，就會用「淺烘焙經典配方」（lighter-roasted "classic" blends）來標示；帶有較深顏色、更多焦糖味的木質調特性，則會用「深烘焙」（dark）或「渾厚風味」（bold）來標示。

低價、高咖啡因

第一波的超市咖啡也有其賣點，可以用很低的價格提供消費者大量的咖啡因，事實上，比起較高級的咖啡，這些咖啡提供了更高的單位咖啡因含量。由羅布斯塔種咖啡主導的超市罐裝、即溶綜合配方咖啡，相較於阿拉比卡種咖啡豆所主導之較高端、較高價的咖啡類別，前者的咖啡因含量幾乎是後者的兩倍。

1960 年 在義大利，法耶瑪（Faema）E61型咖啡機問世，其顛覆性的創新設計讓義式咖啡機製造業發生了重大變革。它採用一顆幫浦提供沖煮時需要的壓力（以前是靠活塞壓縮彈簧來產生推力），且使用的熱水是即時加熱，而非另外從熱水壺倒入的。

1960 年起 在葡萄牙，科學家培育出了「卡帝莫變種」（Catimor），是由「帝汶混血變種」（HdT/Hibrido de Timor，由「羅布斯塔種」與「阿拉比卡種」交叉授粉而產生的天然混血變種咖啡樹）與「卡杜拉變種」（純阿拉比卡種的其中一種變種）共同交叉授粉培育而來，是第一個具備高抗病力的阿拉比卡新變種。其後，陸續還有其他變種也具備類似羅布斯塔種的抗病基因，都是透過帝汶混血變種這個途徑而來。

1962 年 國際咖啡組織（ICO／International Coffee Organization）成立，並簽訂一連串重要協議，用來規範咖啡生產國的生產額度，藉由這種手段來抑制毀滅性的價格起落循環。

第二波 1.0 版：
第一次精緻咖啡革命

　　1968 年左右，有一次我在加州柏克萊市北邊閒晃時，逛到一家新開在街角的咖啡館，在店內一面牆上，可以看到一整排裝在玻璃儲豆槽內閃閃發亮的咖啡豆，標示著「坦尚尼亞小圓豆」（Tanzania Peaderry）、「衣索比亞夢幻級」（Ethiopia Fancy）、「墨西哥瓦薩卡」（Mexico Oaxaca），以及「蘇門答臘曼特寧」（Sumatra Mandheling）等品名。櫃台後方，店員當時正用兩個很大的容器在沖煮兩種咖啡，每個容器一次大約可沖煮一磅；在後方櫃上，還可以看見一台小型的咖啡烘焙機，我記得它那條長長的排煙管，沿著牆邊有點彎曲地延伸到天花板，這家新咖啡館的老闆艾弗瑞·皮特用這台機器生產店內所有販售的咖啡豆。

　　店內舉目所及看不到一台義式咖啡機，裡面唯一可以坐下的地方，就是面朝街道、靠著狹長櫃台邊，寥寥可數的幾張凳子。

　　這家咖啡店就是當年「皮特咖啡·茶·香料公司」（Peet's Coffee, Tea & Spices store）最初在柏克萊藤蔓街的創始店，也是美國精緻咖啡運動的著名發源地。從這家店開始，後來陸續開了數百家精緻咖啡店，像是在西雅圖市派克市場（Pike Place Market）內開設的第一家星巴克咖啡館（1971 年），幾乎是照著「皮特咖啡」創始店的模子翻版打造出來的。

第二波 1.0 版：
美式義大利咖啡館

　　前面提到過的皮特、星巴克，其實僅是北美第二波 1.0 版咖啡革命裡的一半風貌；另一半風貌的原型則是，你必須先穿過加州大學的校園，走到柏克萊市的南端，在那裡有更多學生族群、住宅，以及更多徒步區。

　　在這個地方，有一家「地中海咖啡館」，與柏克萊市北端的「皮特咖啡館」相異之處在於，店的正中央有一台由彈簧驅動、手動操作的拉霸義式咖啡機；在周邊的牆上，有一幅帶著古典風格、從地面延伸到天花板的仿畫壁畫作品。跟

在精緻咖啡產業發展的初期，一些較具檔次的夢幻型咖啡，會用明確的大區域名稱來標示品名。圖中為幾種較有名的名稱：「衣索比亞西達摩」（Ethiopia Sidamo）、「哥倫比亞特級」（Colombia Supremo）、「哥斯大黎加塔拉蘇」（Costa Rica Tarrazu）、「瓜地馬拉安提瓜」（Guatemala Antigua）、「衣索比亞耶加雪菲」（Ethiopia Yirgacheffe）。（圖片來源：iStock／baranozdemir）

正當艾弗瑞·皮特在他開的咖啡館裡介紹給消費者新鮮烘焙的咖啡熟豆時，來自義大利的移民則是用企業化經營的模式，把歐洲咖啡館的舊日情懷介紹給美國消費者，就像南柏克萊備受喜愛的地中海咖啡館一樣（現已歇業）。本照攝於 1970 年代早期的地中海咖啡館內，攝影師是埃里歐·德·比薩（Elio De Pisa），收錄於黛安·德·比薩（Diane De Pisa）的攝影集《60 年代場景的攝影日記》（A Photo Diary of Sixties Scene）中。當時我在店內坐了好幾個小時。

1966 年 艾弗瑞·皮特於加州柏克萊市成立「皮特咖啡·茶·香料公司」。皮特在1960年代首先採用了一種快要被遺忘的行銷手法，他販售新鮮烘焙的咖啡熟豆，並且以不同產地來區分，這種模式被認為是美國精緻咖啡運動的濫觴。

1966 年 一篇在《科學文摘》（Science Digest）發表的文章，怪罪咖啡飲用的習慣為不健康的、甚至會致命的。類似這樣的典型責難持續存在著，直到2000年代才開始有許多證據顯示，長期來說，咖啡對人體健康其實是有益的。

1969 年 在日本，上島咖啡公司（UCC／Ueshima Coffee Company）推出第一個即飲的罐裝咖啡飲料，這種飲品獲得了史無前例的成功。到了1975年左右，光是日本人對罐裝即飲咖啡的消費，就達到了每年2000萬箱的數量。

北美咖啡市場分析表

類別	零售場所	價位區間	烘焙程度區間
日常飲用型商品 有品牌的、預先磨好的綜合咖啡配方 （第一波）	超市、折扣量販店。	低	淺烘焙～中烘焙。
主流的精緻咖啡類型 （第二波）	一些在星巴克及其他大型連鎖店（皮特咖啡、卡里布咖啡及其他品牌店）；一些在較傳統型的小型連鎖店，以及獨立咖啡館；另一些則會在超市與折扣量販店。	適中	中深烘焙、深烘焙～極深烘焙。在這個類別裡，仍存在中等烘焙度的咖啡〔例如星巴克的「黃金烘焙」（Blonde Roast）〕，因為人們的口味也漸漸偏向略淺一點的烘焙度。在這一市場區塊中，中烘焙程度的咖啡會被拿來當作製造人工調味料的基底（例如榛果醬之類的產品）。
高端精緻咖啡類型 （第三波）	較新型態的精緻咖啡館與店鋪裡；網路購物；較新型態的連鎖咖啡館，像是知識分子咖啡（Intelligentsia）、樹墩城咖啡（Stumptown）、藍瓶咖啡（Blue Bottle）等；第二波傳統式咖啡公司的特別企劃項目裡。	適中～外太空般天價	淺烘焙～中烘焙；極少情況下是中深烘焙；非常少把它烘到極深烘。

皮特咖啡館裡只有一個狹長吧台、幾張凳子給客人坐的場景不同，地中海咖啡館裡的 1 樓與夾層樓面（樓中樓的上層）中有許多桌椅可坐。顧客可以在店內坐很久，地中海咖啡館講究的是氣氛和咖啡館體驗，而非著重在咖啡本身，跟皮特咖啡館不同之處在於，地中海咖啡館只販售兩種咖啡熟豆，一種是義式咖啡綜合配方豆，另一種則是可使用「咖美克斯咖啡壺」（當時才剛發明出來，在店內也是用這種濾泡咖啡壺，來沖煮並出杯）沖泡的中度烘焙「維也納烘焙綜合配方」（Viennese blend），咖啡豆也是在店內烘焙的，但是你在店內營業空間裡無法看到烘焙機，因為它放在內場。

機器與空間

某方面來說，假如皮特咖啡館主打的是咖啡烘焙機及多樣化選擇的咖啡，那麼地中海咖啡館主打的就是義式咖啡機，還有咖啡館內可以讓你聚會、聊天、閱讀的空間。

今日，被許多咖啡狂熱分子鄙視的、到處都看得到的拿鐵咖啡（加入很多牛奶的那種大杯飲品），就是由地中海咖啡館其中一位合夥人力諾·梅歐林所發明的，嚴格來說也不是真的發明，因為在歐洲南部幾乎所有的地方，人們在早餐時段喝的就是一大碗加著牛奶的咖啡。梅歐林只不過是把這樣的傳統套入他的咖啡館裡，因為在美國的顧客，總是報怨義大利尺寸的卡布奇諾咖啡、瑪奇朵咖啡實在太小杯了，他才發明了大杯的拿鐵咖啡來滿足他們。

在地中海咖啡館裡，一開始是用很精巧的直條紋玻璃碗來盛裝拿鐵咖啡，我記得很清楚，因為我在 1958 年初訪時，他們就是這樣出杯的，不過這種出杯方式沒維持很久就是了，因為附近的學生覺得玻璃碗太美了，常常會帶回寢室，拿來吃起司通心粉。所以梅歐林才把容器改為現代較熟悉的無把玻璃 16 盎司啤酒杯，這就是今天美式拿鐵咖啡的標準配置。

第二波 2.0 版：星巴克融合體

在 1990 年代，咖啡世界被星巴克這個具有市場頭腦的

1970 年起 爾娜·努森（Erna Knutsen）在舊金山市創立了美國第一家精緻咖啡豆進口公司，她首先用「精緻咖啡」（specialty coffee）一詞來介紹他進口的這些高端檔次咖啡豆。

1970 年代 日本開的高端咖啡店稱為「喫茶店」（Kissaten），是一種很獨特的日本模式咖啡館店型，主要著重在手沖咖啡，平均每一年開設的新喫茶店比率約 20%。

1971 年 星巴克在華盛頓州西雅圖市的派克市場開設了創始店，店型設計就是參考加州柏克萊市的皮特咖啡館創始店。

1970 年代 因大型咖啡烘焙機的價格變得便宜許多，在歐洲，咖啡飲用的風潮快速成長。在德國與英國，即溶咖啡主宰著市場；在義大利，則是 espresso 咖啡；在斯堪地那維亞半島地區，則由品質較好的沖泡式咖啡主導著市場。

販售狀態／包裝方式	咖啡類型
預先研磨好咖啡粉，裝在鐵罐或塑膠瓶裡；或是預先沖煮過才萃取而成的即溶咖啡。	幾乎全是綜合配方豆，組成原料有很大比例是廉價的羅布斯塔種咖啡。
大多為完整原豆（偶爾會看到預先研磨好的咖啡粉）裝在配有透氣閥的閃亮密封袋中；另外有單杯式膠囊咖啡包裝（K-Cups、capsules），是將預先研磨好的咖啡熟豆密封在膠囊盒中，之後再以專用的沖泡器，一次煮一杯咖啡出來。	（1）深烘焙～更深烘焙製作而成的綜合配方豆，包括為了 espresso 配製的配方在內。一般來說，單一產區品項會標示產國與等級（像是哥倫比亞咖啡或肯亞咖啡等都是如此），烘焙程度通常較深一些，偶爾才會看到中烘焙。 （2）認證標章咖啡：有機、公平交易、雨林聯盟等。較重視認證程序及規範上，而非產區或杯中風味表現。 （3）中烘焙完整原豆或預先研磨的咖啡粉，烘焙完成後添加人工香料（「榛果醬風味」之類的標示）。 （4）膠囊式咖啡。 （5）完全沒有羅布斯塔種咖啡。
通常是完整原豆的狀態，有大包裝或使用單向透氣閥的密封袋包裝。最佳品項通常是接單後才會烘焙並寄出。	（1）大多為單一產區咖啡豆，來源標示資訊非常詳盡，包括非常小、甚至微型批次。 （2）會出現一些綜合配方豆，通常幾乎都是淺烘焙～中烘焙，偶爾才會看到中深烘焙，極少情況下會看到一款添加高品質羅布斯塔種的 espresso 配方豆。 （3）可能具備各種認證標章（有機或公平交易等），但是否具備認證標章並非主要賣點，這只是一種額外吸引購買的噱頭。

品牌，以融合體的型態接管，是 1960 年代那兩種咖啡館原型的綜合體：（1）像皮特咖啡館一樣的店型，店內販售多種不同種類的新鮮烘焙咖啡熟豆；（2）美式義大利咖啡館，配備一台義式咖啡機，賣著大杯的加奶咖啡飲品，也提供聚會場所需空間。

星巴克在 1990 年代身為一個如此成功的融合體，除了靠本身為人熟知的深烘焙咖啡與大杯加奶義式咖啡飲品主宰著精緻咖啡世界，它更顛覆了其他舊式的咖啡傳統，從美式餐飲店（第一波提供較淺烘焙度咖啡）到全世界每一個賣咖啡的地方，都深受其影響。

espresso 與深烘焙的勝利

1970、1980 年代的美國初期精緻咖啡店，提供從中烘焙到深烘焙數種不同的選擇，隨後在星巴克與其模仿者主導的第二波 2.0 版時代，我們只有兩種選擇：深烘焙或更深的烘焙。一般手工沖泡式類型，在此時期就像上了絞刑台一樣，被大杯、以 espresso 為基底的加奶飲品擊敗，這個時期的小型烘豆廠商為了要和星巴克作區別，他們銷售「公平交易認證」（Fair trade-certified）及「有機認證」（Organic-certified）的咖啡豆，但是，這些小型烘豆廠商會把

第二波 2.0 版。（圖片來源：iStock／Angela Kotsell）

1972 年	第一台美式全自動濾泡滴漏咖啡壺「咖啡先生」（Mr. Coffee）問世，也是為了拓展消費者市場而發明的一台機器。到 1974 年左右，大約一半在美國銷售的咖啡沖泡機器都是電動滴漏式，取代了原本主要是靠「加壓式滲濾」結構的咖啡壺。
1972 年	在加州的佛特布拉格市，喬安及保羅‧卡杰夫（Joan & Paul Katzeff）創立了「感恩節咖啡」（Thanksgiving Coffee），他們首創採取新式的行銷概念來推廣精緻咖啡，包括一些與社會、環保、候鳥保育議題相關的主題；或是支持咖啡生產者合作社，甚至認養本地棒球場相關的主題都有。

1975 年	喬治‧豪爾（George Howell）在麻州劍橋市的哈佛廣場開設了一家影響力十足的咖啡館，名叫「咖啡關係」（Coffee Connection），可以把它看作是烘焙度較淺、採用法式濾壓壺沖煮版本的皮特咖啡館。
1975 年	在巴西發生了「黑色霜害」（Black frost），摧毀了巴西境內一半的咖啡樹，造成其後兩年間，期貨交易市場裡的投機性暴漲價格，也間接帶動精緻咖啡市場的成長，因為在這個時候，普通水準的咖啡與精緻咖啡的價格差距變小了。

1976 年	本書的前身《咖啡指南：採購、沖煮與品飲》第一版正式發行，同期還有其他幾本關於精緻咖啡為主題的書出版。

這些咖啡豆，烘得比星巴克那些沒有認證標章的產品更深一些。

至今，一些少數仍存活著以中烘焙為主的烘豆廠商（通常經營咖啡批發生意，而非自行開立義式咖啡館來做零售生意），他們仍然提供多樣化的烘焙深度選擇與不同產地來源的咖啡；不過，他們有時會嘗試（為了在以深焙咖啡為主的市場裡生存）在中烘焙咖啡豆上，加上香料調味，例如：榛果香草風味（hazelnut-vanilla）或愛爾蘭鮮奶油（Irish cream）等風味。

對於習慣「深烘焙」咖啡裡飽滿、帶著巧克力辛香風味的客人，或是習慣「法式極深烘焙」那種刺激燒焦味的客人來說，加香精調味似乎沒什麼大不了，也有些客人很喜歡喝到咖啡調味成像南瓜派一樣的味道；但是事實上，在星巴克主導的這個時代裡，很少人會針對咖啡豆本質的真實風味有所追求。

在星巴克的招牌深烘焙咖啡裡，咖啡豆本身足以辨識產地的細緻風味特徵，有一大部分通常都被烘掉了，不管是星巴克或它的競爭者，雖然有著眾多不同產地、酷炫品名的咖啡豆商品，但是說實在話，它們喝起來都十分相近，唯一能讓它們喝起來不一樣的，反而是因為烘焙技術、烘豆策略規劃帶來的差異（來自咖啡豆本質風味的重要性相對較低）。

在吧台師（barista）身邊可以看到一些「第三波咖啡館」裡常見的設備：小台的咖啡烘豆機、手沖咖啡用具，還有義式咖啡機。（圖片來源：iStock ╱ Pixelfit）

今日的第二波咖啡浪潮

回到現在，總的來說，第二波精緻咖啡浪潮到底帶給咖啡愛好者哪些便利？我們要到哪裡才能找到這些傳統、較深烘焙的第二波咖啡呢？

大多時候你可以在超市買到這樣的咖啡，跟真正非常廉價的品項比起來，第二波咖啡的售價較高（第一波都是便宜的綜合配方豆製成，以鐵罐、塑膠瓶、玻璃瓶等包裝販售），第二波通常會以閃亮的鋁箔袋（配備很小顆、外型像甜甜圈般的單向透氣閥），或是偶爾會裝在大容量的容器中（裝進容器前，其實咖啡豆也是裝在較大一點的單向透氣鋁箔包裝袋內保存）。當代咖啡的這個區塊裡，消費者可以選擇價位適中的全阿拉比卡綜合配方豆，並且還可以選擇要烘到多深的程度——早餐配方（Breakfast Blend，指的是略深一些的中烘焙）、家常配方（House Blend，指的是再深烘一點）、Espresso 烘焙（再更深烘）、義大利式烘焙（Italian Roast，烘得蠻深，並且帶有一些辛香感），以及法式烘焙（French Roast，幾乎快要變黑色）。

不過，與「弗格斯」（Folgers）之類品牌、品名標示很接近的廉價綜合配方豆相比，其不同之處在於，第二波咖啡喝起來真的會因烘焙方式不同，而有明顯差異；第一波咖啡的製程一點都不謹慎，而且對很多細節都採取折衷（半吊子）做法。相比之下，一包來自星巴克的「Espresso 烘焙」咖啡豆，通常就是有目標地烘到較深的位置，為了做出飽滿辛香感與黑巧克力、木頭薰香味的調性；而星巴克的「法式烘焙」則是毫無懸念地把所有味道都烘到變扁平，最終得到的只有略帶焦味、苦甜感的特性，苦味的感受會特別明顯。而這些較深烘焙所帶來的極端風味，正是受到許多人喜愛的主因。

當代第二波咖啡的其他替代選項

除了用「烘焙程度」來區分的綜合配方豆之外，在超市架上販售的第二波傳統精緻咖啡還有哪些選項呢？有一個類別是中烘焙、添加人工香料的咖啡；另一個選擇則通常是僅標示大產地名稱的單品咖啡（最受歡迎的品項是哥倫比亞咖啡），這種選項同時有中烘焙與較深烘焙的版本，其中也包括那些具認證標章的商品（有機、公平交易等）。

1980 年 麥可・西維茲（Michael Sivetz）開始生產製造一種以強力熱空氣同時進行加熱與翻攪咖啡豆的「流體床烘豆機」（fluid bed roaster），此機種獲得了短暫的成功，但很快地，西維茲的設計就被更易於操控烘豆細節的制式鼓式烘豆機種所取代。

1980 年 唐納・尚因荷特（Donald Schoenholt）為《茶與咖啡交易雜誌》推出了一系列頗具影響力的專欄，並在富有創新思維的主編珍・麥卡柏（Jane McCabe）主導下，專心致力於介紹後世所謂的「精緻咖啡」文化。

1982 年 SCAA（Specialty Coffee Association of America，美國精緻咖啡協會）於加州的舊金山市正式成立，由泰德・林格（Ted Lingle）及唐納・尚因荷特一同主導。SCAA與其主辦的年度展覽會，也成為全球其他精緻咖啡協會及展覽會發展的最佳典範。

1980 年代 能夠自動推進的大型咖啡果實採收機被開發出來，這些機器被設計成橫跨多個咖啡樹列的寬度，並不利於在陡峭山坡地運作，因此目前世界上大多數的咖啡果實仍然依靠人工手摘。

咖啡行家 vs. 常上門的顧客

咖啡在北美及歐洲有著很長的飲用歷史，並被當作是一種能在日常中享用的奢侈品：生活中一種還能負擔的小確幸，不論是有錢人或窮人都喝得起。從巴布・迪倫（Bob Dylan）在專輯《慾望》（Desire）的一首歌詞中描寫「在我離去之前再來一杯咖啡……直到我死去之前」，到導演文・溫德斯（Wim Wenders）的《慾望之翼》（Wings of Desire）中有個場景，凡人彼得・弗克（Peter Falk）在向一個充滿困擾的天使闡述身為凡人的樂趣，同時拿起一杯從街上咖啡店買來的咖啡。咖啡那平凡、平易近人的撫慰作用，是一種頻繁出現在插圖、歌曲、電影或文學作品中的典故。

在美國，將咖啡視為一種民主社會的「每日小確幸」這種概念特別強烈，這份小確幸甚至跟這個國家的成立還扯得上關係，因此在這個新興精緻咖啡的世界裡，當我們偶然看到以下令人難以接受的場景也就不足為奇了，例如：一杯要價 20 美元的稀有品種型咖啡，或是看到很莊嚴的沖煮儀式，用持續不斷的、細細的水流，以只有內行人才看得懂的方式，注水到研磨蜜處理法的哥斯大黎加咖啡粉中（嘿，老兄別鬧了！趕快把我的咖啡拿來！）

在網路上，對於這種全新的咖啡世界樣貌感到憤怒的言論，如潮水般湧入；到了 2010 年左右，更達到憤怒值巔峰；而且即便又過了 10 年，有些怨恨感似乎仍在慢慢沸騰中。這有點像一種世代間的衝突（成年人 vs. 龐克族），但這也反應出這些人對於行家追求的那種一杯做作的昂貴咖啡感到不耐煩，因為在他們認知裡，咖啡小確幸只需要 1 美元就能擁有。

個人的矛盾心理

我有多種複雜情緒。過去 40 多年來，從我的第一本咖啡著作發行時，我就一直嘗試鼓勵人們把咖啡當作一種值得尊敬、值得被鑑賞的偉大且複雜精細之飲品來享用，這種飲品在自然、文化、感性層面都扮演十分活躍的角色。即使咖啡已走到文化認同這個階段，我也不想對此表達什麼不滿；到了今天，世界上開始出現偉大、超水準的咖啡，我個人保證，我已嚐過許多這樣的咖啡，並且也試過在各種不同詮釋手法下所展現的令人興奮的滋味。

但是，也有一些品質一般的咖啡，戴上超水準咖啡的假面具。在市面上同時存在特別優異的手沖咖啡，以及萃取不足的手沖咖啡；後者賣的純粹是展演，虛有其表。假如你在介紹那些很明顯會令行家流口水的天價咖啡時，用自我感覺良好的態度發表一些浮誇言論，你可以想像一下，我內心會有怎樣的想法？有時我會為了決定要點什麼咖啡時，詢問吧台師一些細節問題，但卻得到一些照著我 20 年前著作內容一字不漏的描述，反而不是我期待的那種能讓我獲得充分資訊的對話，這些資訊早已是過時且不具參考價值的，不管是對我而言，抑或是一路上見證咖啡演變潮流的所有人。

但我也只是笑著不發表什麼言論，除非那杯咖啡真的太難喝，我才會稍稍抱怨一下，我建議各位讀者也用一樣的方式表達就好。對於那些想追尋超水準咖啡的讀者，世界上有許多地方提供品質特別優異的咖啡，我希望這本書能夠幫助你們找到它，並好好享受它。

但這些在超市架上販售的第二波咖啡商品，雖然有時也會有風味紮實、令人滿意的表現，但第二波的商品還是缺少那些只有第三波商品才具備的詳細背景資料。

第二波與 K-Cups：為了便利而誕生的選項

回到超市的場景，在非常豐富繁忙的銷售架上，你可以發現美國第二波咖啡所化身出來的最新產物——堆到像小山一樣的方型盒子裡，裡面裝滿了小小的塑膠製膠囊，這些膠囊稱為「K-Cups」，有專用的沖泡器可萃取出單杯分量。發明這個產物的主要廠牌是庫瑞格（Keurig），也有其他廠牌製作相容 K-Cups 的沖泡器，這類型的膠囊咖啡，吸引了美國大約 30% 的家用咖啡市場。不過，膠囊咖啡也被戲稱為傳統第二波精緻咖啡裡的無腦版本，一樣有許多烘焙程度選項，其中大多數是略深到深烘焙；有一些標示大產區

1987 年　霍華德・舒茲（Howard Schultz）對「星巴克」取得全權控制，將精緻咖啡店型與義大利風美式咖啡店，完美結合成為一個零售通路的樣貌，也因此讓星巴克能夠成功建立全球性的咖啡王國，改變了全世界數百萬人的咖啡消費／飲用習慣。

1988 年　在加拿大英屬哥倫比亞省的本那比市（Burnaby）成立了瑞士低咖啡因水處理法公司（Swiss Water Decaffeinated Coffee），瑞士水處理法是一種複雜的去咖啡因程序，首先用熱水去除咖啡因。這項技術是由一家瑞士的公司「咖啡克斯實業」（Coffex S.A.）在1980年所研發的。

1986 年　初代的雀巢咖啡膠囊系統研發完成上市，在緩慢的起步之後，該系統與其所販售的膠囊咖啡商品，獲得了廣大迴響與全球性的成功。

第一個「公平交易認證」標章在荷蘭啟動，使用「麥克斯・海維拉」（Max Havelaar）名稱作為認證標章。這個名字出自於1960年的荷蘭小說中一個虛構人物，他為在爪哇受到不人道待遇的咖啡工人發起抗議活動。

1988 年　哥斯大黎加的拉米尼塔莊園（La Minita Estate）莊園主人比爾・麥可阿爾平（Bill McAlpin）與喬治・豪爾合作，在豪爾的「咖啡關係」咖啡店裡販售（也許是）北美精緻咖啡市場上第一款明確定義「莊園等級」（estate）或「單一莊園」（single-farm）的咖啡。

名的單品咖啡；另外還有很多添加人工香料的咖啡。第 271 頁，有關於單杯式膠囊咖啡的現象探討。

遺失的美好：新鮮烘焙與咖啡生豆的選項

當下，第二波咖啡區塊中，遺失了精緻咖啡運動原本最主要的兩個賣點。

第一個就是，第二波的咖啡已不再像以前皮特咖啡創始店，或是星巴克創始店那樣，提供新鮮烘焙的咖啡豆；取而代之的是，把預先烘焙好的咖啡豆裝在閃亮的包裝袋裡（或是裝進小小的膠囊裡）。比起第一波那些廉價的罐裝商品來說，僅僅只有在商品新鮮度標示上略有優勢。

第二個就是，咖啡生豆的選項受到很大的侷限，取而代之的是以下這些選項：各種烘焙深度、各種人工香料口味，以及各種認證標章與其簡短的背景故事。但是那些擁有獨特優異品質、風味獨特的咖啡生豆，被放到架上販售時，那些最基本、能夠區分商品個性的風味特質描述，似乎就被刻意淡化了。

此圖為我列在「第一波區塊」中美國典型的「價格導向、預先烘焙、預先研磨好的罐裝綜合配方咖啡」。你可以注意到，在外包裝標示的資訊裡，看不到任何詳細的內容物資料，毫無疑問地，裡面大多為廉價原料，可能都是品質很差的羅布斯塔咖啡。該如何看出呢？你只要在罐上某處字體較小的區塊裡看到「100% Coffee」這樣的標示，大概就是了；假如罐中不含羅布斯塔咖啡的話，就會標示為「100% Arabica coffee」。（圖片來源：Digital／Studio SF）

第三波：
精緻咖啡（至今的發展現況）

正當深烘焙獲得巨大的勝利、喝拿鐵咖啡的人口也勝於喝一杯簡單黑咖啡的人口時，一股反作用力也因而產生。這股反作用力的起點大約在 2004 年，喬治·豪爾在波士頓創立了「風土咖啡」（Terroir Coffee），就我所知，這家咖啡店是美國第一家只做「中烘焙單一產地」咖啡的烘豆廠商，他們完全不做綜合配方豆，第三波浪潮就此誕生，為咖啡世界帶來了許多改變，並且讓中烘焙、深烘焙之間的地位，足以分庭抗禮（深烘焙咖啡在市場上仍占據主導地位）。

如何區分第二波、第三波？

以下是第三波精緻咖啡最常被拿來討論的重點：

① **較淺烘焙（Lighter Roast）**：這個全新的咖啡運動，普遍來說有較淺的烘焙度，目的是為了突顯生豆裡的某些特定特質。

② **精準、各具特色的生豆選擇**：第三波的業者會用非常詳盡的方式描述咖啡，在不影響自身商業利益的前提下，也會特別介紹一些小批次的超級精選咖啡給消費者。

③ **部分回歸到小規模、新鮮烘焙的模式**：一般來說，第三波烘豆廠商較傾向於提供新鮮烘焙、裝在密封咖啡袋裡的模式來販售，較不傾向依靠延長商品保存期限的包裝技術。第 227～228 頁會提到更多包裝技術的內容。

④ **對沖煮細節特別講究**：第三波咖啡最顯而易見的特色就是——緩慢的出杯速度，以及一次只沖煮一杯或一小壺，純手工。

⑤ **持續不斷地創新**：第三波的創新如雨後春筍般遍地開花，不論在咖啡莊園裡（種植新的咖啡變種，及看似無止盡的後製處理新手法），或在咖啡館裡、家裡（創新的沖煮設備、冷泡咖啡器材，及其他新的沖泡方式）。

第三波浪潮與烘焙方式

如同第一波的「較淺烘焙」、第二波的「較深烘焙」咖啡擁有各自不同的烘焙度定義一樣，新一代的咖啡飲用者（至少是那些引領潮流的人）開始恢復對中烘焙、淺烘焙咖啡的熱情。在 2000 年左右，正當第二波浪潮發展的高峰期，在咖啡包裝上看到標示為「淺烘焙」（light）的咖啡，

1989 年　國際咖啡組織的價格穩定系統終止（此系統原先是用咖啡生豆的產量配額來控制價格），走回到以往那種容易被投機客操縱的全球咖啡期貨交易模式，進而導致2001年的咖啡價格危機，並在之後持續造成整個咖啡產業動盪。

全世界第一個線上、與葡萄酒系統一樣使用百分制的咖啡評分系統 *Coffee Review* 正式上線。類似這樣的百分制評分系統，後來也被其他精緻咖啡產業單位仿效引用，包括精緻咖啡協會體系（Specialty Coffee Association system）。

1997 年　大衛·葛里斯沃德（David Griswold）創立「永續收獲咖啡」（Sustainable Harvest Coffee），是北美第一家專注於環保、社會經濟層面的咖啡進口商，他們提倡烘豆廠商與咖啡農民進行直接交易，且能夠長期維持這樣的關係。

1991 年　高端的義大利espresso類烘焙廠商「伊利咖啡」（illycaffè）贊助巴西舉辦的一個咖啡豆品質競賽，此競賽可能就是之後「卓越盃」（Cup of Excellence）與其他類似生豆競賽的原型。

在奧勒岡州波特蘭市舉辦的第一次的espresso沖煮與創意咖啡競賽，賽事由風味糖漿廠商「特拉尼」（Torani）及《新鮮的一杯雜誌》（*Fresh Cup*）共同贊助。此賽事最終演變成為今天最具影響力的「世界盃吧台師冠軍賽」（World Barista Championship）。

1997 年　「雨林聯盟認證」創立於1988年，宗旨是對抗破壞森林的行為，並在1997年以主要是環保的規範來進行第一款咖啡認證。在接下來的20年間，雨林聯盟認證的咖啡品項逐漸增加，之後在2020年與烏茲認證（UTZ Certification，荷蘭創立的非政府組織，與環境、社會、經濟上相關的審核通過後，方能取得此認證標章，此系統也提供生產履歷，讓下游能追溯生產者資訊）合併。

生豆的本質重要性擺在第一位；
如何解讀現代包裝上的標示？

請先看一下第 28、32、33 頁關於區分第一波、第二波、第三波咖啡標示的方式，先理解在最近數十年來，咖啡豆選用等級及包裝方式改變了多少，再看看當前第三波這一代的咖啡烘豆廠商，是如何將行銷溝通的焦點，放在生豆的詳細背景資料與生豆本質，而非聚焦在烘焙深度或其他描述。

第一波：「100% Coffee」

先從一個很清楚的範例介紹第一波包裝袋的標示：第 28 頁的圖片，是「安心買超市」（Safeway supermarkets）架上其中一個品牌的咖啡，標示著「招牌精選經典烘焙」（Signature Select Classic Roast），當中除了「100% Coffee」這個資訊以外，我們只知道內容物是有經過烘焙、預先研磨好的，其他資訊則一概不知。在這種看似無害的標示底下隱藏的資訊，很有可能是使用的部分原料（甚至全部）為羅布斯塔種咖啡。

那，我們該如何得知呢？

因為在美國，只要是不含羅布斯塔咖啡的商品，通常都會明確標示「100% Arabica」，舉例來說，第 32 頁圖中「喬氏超市」（Trader Joe's）販賣的哥倫比亞咖啡，以及旁邊的有機認證秘魯強恰瑪悠產區（Organic Peru Chanchamayo）咖啡，皆明確標示「100% Arabica」而非「100% Coffee」。除此之外，在第 33 頁圖片裡，可看到第三波的標示內容，裡面完全不會提到任何品種的描述，因為第三波業者販賣的幾乎全是阿拉比卡種「100% Arabica」。

第二波：更詳細一些；第三波：非常詳細的標示

第 32 頁圖片中，典型的第二波包裝，標示會著重在產國（哥倫比亞）或大產區的名字（秘魯的強恰瑪悠產區）；而第三波的包裝標示，就像第 33 頁的圖片，會把產國資訊淡化，甚至不標示，取而代之的是把其他更明確的資訊，尤其是莊園

名稱、合作社名稱、後製處理法（第 9 章），以及咖啡樹品種／變種（第 7 章）。有一些在古早時代使用的命名系統，當中被認為是重要資訊的一些字樣，在第三波標示中則被認為是理所當然，所以乾脆省略不標。種植的海拔高度有時也會標示，因為越高的海拔種出來的咖啡，嚐起來有較密集的明亮度或酸度（第 8 章）。

莊園名、合作社名在第三波包裝標示幾乎都會出現，至少有兩個原因：第一，要讚揚生產者的創意；第二，鼓勵消費者與生產者之間有更強烈的認同感。另一方面，「等級」（grade）這個標示通常在一些第二波包裝上是重要資訊，舉例來說：第 32 頁「喬氏超市」販售的哥倫比亞咖啡，其標示中的「特優級」（Supremo）代表的就是哥倫比亞最高等級咖啡，這也是此商品能用來與其他商品區隔的重要資訊。第三波烘豆廠商通常並不會標示等級資訊，因為小型（或是微型）的烘豆公司在採購生豆前，看的是杯中特質與風味表現，不像大型烘豆廠商只靠「等級」標示來採購。

永續咖啡的吸引力與第二波的關係

在包裝上，不管是第二波或第三波，任何與永續發展、第三方認證的相關標示（有機、公平交易、雨林聯盟等）都會明確標示，通常會直接印出認證單位的標章。不過，對於第二波的綜合配方產品，或是大產區咖啡產品來說，認證標章是最主要的賣點（第 32 頁的秘魯強恰瑪悠產區中，就特別標示了各種認證標章）；而在第三波商品中，認證標章只是眾多賣點之一。第 15 章會介紹更多關於社會經濟、環境永續的內容，也會討論各種認證單位與標章。

「烘焙程度」（Roast level，中烘焙或深烘焙）通常在第二波與第三波的包裝上都會標示，第二波則尤其顯眼，是僅次於配方名稱的第二重要標示字樣。

1998 年

SCAE（Specialty Coffee Association of Europe，歐洲精緻咖啡協會）於倫敦成立，首任會長為挪威籍的愛爾夫・克拉默（Alf Kramer）。

保羅・萊斯（Paul Rice）成立美國公平交易認證單位（Transfair USA，後更名為 Fair Trade USA），將公平交易認證系統引進美國精緻咖啡行業裡，較小型的烘豆廠商開始利用公平交易（加上有機）認證標章來與星巴克做商業區隔。

1998 年

庫瑞格公司發表 K-Cup 單杯滴漏式咖啡大膠囊與專用沖泡器，K-Cup 系統後來形成了很龐大且不斷成長的膠囊咖啡市場區塊，使用的咖啡原料品質，介於期貨咖啡與精緻咖啡之間。

精緻咖啡的第三波浪潮，除了復興手工咖啡文化，同時也為 espresso 沖煮帶來全新、更講究細節的態度。從以往使用較深烘焙的綜合配方咖啡型態，轉變為用較淺烘焙、單一產地咖啡製作而成的單品 espresso（straight shots），或是單品卡布奇諾咖啡這類使用較少分量牛奶的飲品。（圖片來源：iStock ／ ma-no；iStock ／ csiger）

通常都是「深烘焙」，有時還是「非常深焙」的程度。在當時的咖啡展覽會中，年輕一派的烘豆廠商常會戲稱星巴克為「焦巴克」（Charbucks），不過他們自己也常常把自己的咖啡烘得比星巴克更深。

但是，到了今天，不論是在大城或小鎮裡，所有新開張的咖啡公司，似乎都只提供淺到中烘焙的咖啡豆，其中有一些廠商吸引到投資者的注意力與資金，搖身一變成為美國的當紅炸子雞，就像「樹墩城咖啡」（Stumptown）、「知識分子咖啡」（Intelligentsia）、「藍瓶咖啡」（Blue Bottle）都是最佳案例。

從第二波演進到第三波

與此同時，在第二波獲得成功的星巴克、皮特、艾雷格羅（Allegro Coffee）、卡里布（Caribou Coffee）等大型咖啡公司，此時除了要面臨如何維繫長期主顧客（喜愛帶有飽滿烘焙辛香味的深烘焙咖啡）的課題之外，同時也要為了新潮流啟動中烘焙的咖啡產品線。舉例來說，星巴克把他們大致上是中烘焙的咖啡，標示為「黃金烘焙」（Blonde），並且

開了許多家規模宏大、有如觀光工廠型的咖啡旗艦店，在空間裡布置充滿第三波工匠文化的飾品，這種店型就叫作「星巴克典藏烘焙咖啡館」（Starbucks Reserve Roasteries）。

許多小型、區域性的第三波咖啡烘豆公司，一開始嘗試要用非常淺的烘焙度，來跟星巴克、皮特及其他大型深烘焙為主的咖啡公司做區隔。幾年前，在我們評鑑咖啡的過程裡，三不五時就會嘗到較小型、較新的烘豆公司之樣品，當中大部分都稱不上有烘熟，嚐起來雖然有甜味與花香，但同時也有著像穀物、草或木頭般的味道。這些小型的第三波烘豆公司，到了今天已能夠更精確地掌握淺烘焙訣竅，舉例來說：一些帶有新鮮、野花香、蜂蜜似的甜味調性；一些帶有甜甜的、水果調性的、非常輕微的白蘭地發酵調性；還有一些帶有深沉的辛香甜感特質，第三波小烘豆公司都能充分表現出這些特性。

第三波咖啡的沖煮奇觀

最初，吸引到大多數媒體注意且創造最多爭議的第三波

1999 年 馬克・潘得格拉斯特（Mark Pendergrast）撰寫的《不尋常的顆粒：咖啡的歷史以及咖啡如何改變我們的世界》（*Uncommon Grounds: The History of Coffee and How It Transformed Our World*）初版發行，主要從社會經濟、政治層面探討咖啡的歷史，可說是第一本英文的完整現代咖啡史。

2000 年 大概是美國精緻咖啡市場史上深烘焙咖啡的全盛期，不管是什麼咖啡，一律做成深烘焙，這種做法首先由艾弗瑞・皮特開創，再由星巴克普及化，當時其他所有的美國精緻咖啡烘豆廠商幾乎有樣學樣。

1999 年 在巴西，第一場「卓越盃生豆競賽」正式舉行，這個競賽成為後來許多咖啡產國的各種同質性競賽之榜樣。發起人是來自美國的喬治・豪爾與來自巴西的馬切羅・維耶拉（Marcelo Viera）、西維歐・雷易特（Silvio Leite）。

2000 年 第一屆「世界盃吧台師冠軍賽」（WBC）在摩納哥的蒙地・卡羅市舉行，其後陸續舉辦了各種沖泡技巧的世界盃競賽，但最重要的一項賽事仍然是世界盃吧台師冠軍賽。

咖啡文化元素，就是那種很緩慢、有時看起來很做作的手工沖泡動作，因為要在客人點單後才開始製作。「客人點單後才開始新鮮製作一份咖啡」這個概念在第三波思維中是蠻符合邏輯的，是「咖啡的生豆本質優先」概念之延伸，而非像 espresso 與同類加奶飲品一樣，聚焦在烘焙風味帶來的美感與風味層次。

概念上合乎邏輯，執行上卻有重重困難

假設一個前提，每一種咖啡生豆應該要透過「烘焙」這個手段發展出其感官風味與獨特性的最大值；烘焙好的咖啡，也應該要用像是沖泡水溫、沖泡時間等沖煮參數的設定，沖泡出個別咖啡在個別烘焙程度下最獨特、最佳表現的水準。

咖啡 vs. 葡萄酒的異同點

數年前，正當咖啡的金字塔頂端精緻市場終於引起媒體關注時，記者時常會打來問我有什麼內幕消息，為何人們突然莫名其妙地願意為了小小的一杯咖啡，掏出那麼多錢，並堅信花這些錢可以得到充滿花香調性的咖啡，還可以獲知那些看起來有點隱晦難懂的咖啡樹品種／變種名稱。相同的情形一再發生，當我嘗試想解釋更多關於極致好咖啡如何漸漸擴張，以及發展出鑑賞機制的可能性時，這些提問者幾乎異口同聲地反射性回應：「噢……所以你是說，咖啡跟葡萄酒一樣囉？」

「嗯……某些方面是這個意思。」

品質佳的咖啡與葡萄酒之相似點：

① 兩者都是風味很複雜、令人著迷的飲品，值得人們付出關注與用鑑賞的角度看待。

② 兩者都是存在已久，並且連結著大自然與文化之間微妙關係的產物。

③ 兩者都提供了感官上的愉悅，同時能幫助情緒轉換。

咖啡與葡萄酒的相異點：

① 一旦離開咖啡莊園與後製處理廠，咖啡則具有遠高於葡萄酒的敏感體質。生豆在未經烘焙之前，最佳表現期只有一年（採收期開始算起）；熟豆在烘焙完成後的 1～2 週之內，風味會開始逐漸退化；研磨後的咖啡粉，其風味喪失是以秒計算的；沖煮好的一杯咖啡，最佳表現的時間只有幾分鐘而已。但是，葡萄酒只要在裝瓶之後，大多數都能保存較長的時間，除非真的快超過賞味期（通常是裝瓶後起算數個月到數十年不等，依照等級而定），比起咖啡時間長多了。

② 咖啡需要比葡萄酒更多的協作關係。咖啡的生產流程在一個地方、烘焙在另一個地方、沖煮又在另一個地方（每處需要的專業各不相同）；與其相比，大多數葡萄酒並無那麼多不同的協作關係來配合，在瓶子裡的內容物，製作完成後就成為既定事實（你也無法透過任何手段介入或改變其內容物的本質）。

③ 從化學角度上來看，咖啡比葡萄酒的組成結構更複雜。咖啡是由許多的物質組成，讓它有各種香氣與風味。烘焙與沖煮之後，咖啡的味道在每分每秒都有細微的變化，就是因為其化學上的眾多組成物所造成的。

④ 至今，咖啡產業仍由大型公司主導，而且趨勢逐漸轉變為「銷售經過標準化的綜合配方豆」；葡萄酒界的主流則為小公司主導，他們會用各種不同的方法來區隔彼此產品的差異性。因此，在精緻咖啡產業中，發展出一套類似葡萄酒的樣版（評鑑機制）是至關重要的事，這個樣版必須強大到足以與傳統低價商業期貨咖啡（大型咖啡公司主導的勢力）相抗衡。

⑤ 咖啡的交易模式，在社會經濟、環境層面上，比起葡萄酒交易有著更多戲劇性的話題。大約有 80% 的咖啡，生產於開發中國家、熱帶地區的小農戶中（其中也包括那些品質最棒的咖啡），然而大多數的咖啡，則是由遙遠的已開發國家、較富有的居民進行消費的；與其相比，葡萄園的園主與經理大多是相對富有的地區居民，銷售對象是其他已開發國家、傳統認知上也較富有的居民。在咖啡產業裡，這種社會經濟層面上的待遇不平衡十分鮮明（大概只有一些葡萄園裡做粗工的人，待遇比較接近）。

你如何看待這樣的差異，取決於你的興趣、意向。總之，我認為對於購買咖啡、飲用咖啡的人來說，咖啡本身扮演著更為主動的角色（相較於葡萄酒、其他類型飲品而言）。

2000 年代

2000 年代 更多證據顯示「全球暖化」對咖啡生產造成負面衝擊，例如：加勒比海周邊越來越頻繁發生的熱帶風暴、哥倫比亞降雨模式的改變、非洲發生的旱災，還有 2012～2013 年拉丁美洲發生的咖啡葉鏽病疫情。

2000 年代 大量的醫學證據顯示，適度飲用咖啡對健康有多種好處（對於降低疾病發生率與健康風險的各種研究持續增加中），擺脫了以往「飲用咖啡有害健康」的迷思。

2001 年

2001 年 咖啡危機的起點，因為「產地產量配額系統」（ICO quota system）中止，以及越南這個新加入的廉價羅布斯塔咖啡產國，進而造成全球性的咖啡價格崩跌。這場危機讓許多小農生產者飽受摧殘，因此讓全世界注意到他們的困境。

2001 年 美國國際開發總署（USAID）資助的「珍珠計劃」（PEARL project）正式啟動，這是十分成功的計劃，有效改善歷經種族滅絕災難的盧安達咖啡品質，將盧安達咖啡帶往精緻咖啡市場的高端地位。計劃主持人為提摩西·席令（Timothy Schilling）該計劃也是後來許多類似計劃的範本。

第二波市場區塊裡的兩個代表性咖啡品牌。這些都是在超市中品質較好的全阿拉比卡咖啡商品（相較於加很多低廉的羅布斯塔之罐裝咖啡粉或即溶咖啡而言），這兩者都是當代連鎖超市裡專賣的品牌，同時也代表了精緻咖啡運動早期商品標示傳統的轉捩點。

喬氏超市的標示內容中，包括產國、等級名稱，「特優級」（Supremo）代表哥倫比亞最高等級的咖啡，但我們無從得知更多關於生豆的其他資訊，例如：產區、咖啡樹品種／變種、莊園名稱、後製處理法種類等，雖然罐子上的大嘴鳥、樹蛙、蘭花看起來還蠻生氣勃勃的。

品牌「O Organics」的秘魯強恰瑪悠產區有機咖啡豆之標示，則提供了較多資訊，但並沒有強調莊園名稱、咖啡樹品種／變種、後製處理法種類，反而提供了烘焙程度（通常是第二波咖啡的主流深烘焙）、認證標章，特別是有機認證、公平交易認證（順帶一提，「強恰瑪悠」並不是一個很明確的描述詞彙，這僅僅告訴我們，這是一款來自秘魯其中一個大產區的傳統型咖啡）。（圖片來源：Digital Studio SF）

這個概念棒極了，而且看似無懈可擊，但回到執行層面，卻有著許多限制。今天客人願意付 5 美元買一杯由資深吧台師精心沖泡的手沖咖啡，他們覺得值得；但實際的場景是，美國的咖啡店裡時常排著長長的人龍，等候著 espresso 與同類型大杯加奶飲品，資深吧台師在大部分時間裡忙於消化這些訂單，而手沖咖啡這種費時較長的工作，就落在新來的見習吧台師身上，他們可能因為技術較不純熟、沖泡速度過快，因此成品比一台好的商用美式咖啡機還不如，這時你就會覺得 5 美元花得不值得。

不過，用充分耐心與嫻熟技術泡出來的手沖咖啡，的確很有層次感，遠比好的商用美式咖啡機泡出來的好喝（美式咖啡機最佳表現的狀態，就是剛泡好的新鮮狀態），畢竟你付錢是為了買到想喝的咖啡，而不是店經理想要賣給你的那種咖啡。

沖煮奇觀自動化

在咖啡世界中，有一些意志堅定的創新發明人，致力於把「泡好一杯手沖咖啡」需要掌握的大量知識與技術細節，轉化為可自動化的各項參數，「三葉草」（Clover）半自動單杯沖煮裝置（於 2006 年首度發表，其後在 2008 年被星巴克收購），就能夠穩定製作出好喝的水準。「三葉草」外型很平面、長得像一個盒子，沖泡過程較無可看性，如今在星巴克門市裡幾乎完全看不到這台機器了。

即便如此，我相信世上還有其他超強大腦能改良出更理想的設計，足以克服至今遭遇到的各種困難（技術上與商業模式上），讓可以客製化的全自動單杯沖煮器能成功問市，成為小型連鎖店與獨立咖啡館的救星。

在家沖泡咖啡也講究精準度

對於喜歡自己在家沖泡咖啡的人來說，持續做實驗以找到最佳沖煮參數（為了能夠每天泡出穩定、令人滿意的水準）是很實際且相對較容易達到這種需求的方法，沖煮變因只要稍微改變一點點，也許就能把某些咖啡的最佳風味泡出來，雖然要嘗試多次才能找到最佳組合，但這項挑戰仍是非常有趣且可行的，本書第 18 章會介紹相關內容。

等待下一波浪潮到來

今日，精緻咖啡本質中那種發展快速、充滿創新的特性，使下一波浪潮毫無疑問地已摩拳擦掌準備好隨時襲捲整個產業。事實上，一些充滿創意的宣傳人員，早就大肆宣揚著有第四波、也許還有第五波及第六波的到來；會如此宣傳，主要當然跟自己本身的公司可能會是浪潮上的關鍵角色有關。

在此，我必須要向這些想像力豐富的人們說聲抱歉，在我看來，即使到了 2021 年初期，我們都仍在複雜的第三波

右側兩張圖片，就是典型的第三波包裝方式，會列出非常詳細的咖啡資訊，包括：莊園名稱、種植海拔高度〔通常會用「海平面上的公尺數」（MASL／meters above sea level）」來表示〕、收成期間等，最重要的是，後製處理法種類、咖啡樹品種／變種的資訊、烘焙日期也時常會標示出，因為這些標榜小批次、新鮮烘焙的咖啡豆，就是要讓你趁新鮮、盡早在最佳狀態飲用完畢。第三波的包裝模式與第一波、第二波大不相同，後兩者為了維持長時間的新鮮度，都會密封在具有更高保護性的容器內（第227～229頁有更多關於包裝的介紹）。

（上圖）「萊辛頓烘焙咖啡」（Lexington Coffee Roasters）的一包厄瓜多咖啡包裝標示中，讓咖啡狂熱愛好者看到最顯眼的細節就是：種植海拔高度（非常高，即使對於一個在赤道上的生產國來說，此莊園的海拔還是很高；詳見第8章）、後製處理法種類（水洗或溼式處理法，這是最經典的拉丁美洲後製處理方式；詳見第9章）、咖啡樹品種／變種（鐵皮卡，阿拉比卡的古老變種之一，開啟中南美洲咖啡種植產業的初始品種；詳見第7章）。這些細節資訊會引導你更認識這杯咖啡，你可以認識拉丁美洲悠長的咖啡種植傳統，也因為這樣的生產方式，你可以喝到這杯純粹且經典的拉丁美洲風味咖啡。

（下圖）「搖滾鳥烘焙咖啡」（Bird Rock Coffee Roasters）販售的哥倫比亞咖啡包裝標示中，有兩個最重要的細節資訊被特別強調：第一是「粉紅波旁」（Pink Bourbon）的咖啡樹品種／變種，這是一個最先在哥倫比亞薇拉產區發現的特異阿拉比卡變種，通常具備非常優異的甜味、果汁感；第二，這款咖啡是用「蜜處理法」（honey method）製作的，這表示在進行乾燥程序時，將去皮後的咖啡與果肉層一起晒乾。這兩項細節資訊代表著，相較於「萊辛頓厄瓜多咖啡」，你會喝到一杯比較不那麼經典的拉丁美洲風味，但它會更有風味的區隔性。（圖片來源：Digital Studio SF）

HERE IN VIRGINIA'S
SHENANDOAH VALLEY,

"farm-to-table" isn't just a slogan.
It's our way of life. So naturally, we select
only the freshest, most flavorful,
direct-from-the-farm crops for our
award-winning coffees. For brewing
directions, visit us online or
in scenic Lexington.

Farm: Hacienda La Papaya
Region: Saraguro, Loja
Altitude: 2100 m   Roast Level:
Harvest: June-August   Light
Process: Washed
Varietals: Typica   Roast Date:
                          Nov 4

LEXINGTON
COFFEE ROASTERS

LEXINGTONCOFFEE.COM

在泰國清萊的一家咖啡館戶外座位區，我拍攝下我點的一杯 espresso 咖啡。這家咖啡店出品的 espresso 非常不錯（以國際的眼光來看，是前段班），不過這裡只使用本地種植、本地烘焙的咖啡。在全世界的咖啡生產國裡，除了原本就對咖啡生產層面有很高的熟悉度以外，已逐漸開始結合較精細的與全球性的咖啡沖泡、服務、零售知識。

BIRD ROCK
COFFEE ROASTERS
CALIFORNIA

PINK BOURBON
HONEY PROCESS

ORIGIN: COLOMBIA | FARM: LOS ALPES | FARMER: WILFREDO TRUJILLO | ROAST.
ALTITUDE: 1500-1700 MASL | REGION: HUILA
FLAVOR NOTES: PURPLE GRAPE, CIDER, HIBISCUS | WEIGHT: 12 oz.

2005 年
在第17屆SCAA（Specialty Coffee Association of America，美國精緻咖啡協會）大會與展覽中，一場主題為「使用替代性後製處理技術，提高咖啡生豆產品的區隔性」之研討會中，會議以雙語模式進行，參加人數踴躍，可見當時大家對於使用非主流後製處理法來創造不同的風味特質，有極大的興趣。

2010 年代
「公平交易」代表的意思是：高端烘豆公司選購的各種優良批次咖啡豆，都必須是直接向咖啡種植者或後製處理廠交易，巧妙地繞過常規中的「出口商／進口商」（exporter／importer）交易模式。

2005 年
艾倫・阿德勒（Alan Adler）在「西雅圖咖啡節」（Coffee Fest Seattle）展覽中，發表了他的單杯式沖煮器「愛樂壓」（AeroPress），這個設計精簡卻又具多用途的沖泡器，是一個靠網路驅動及口耳相傳（也可以說是社群媒體宣傳驅動）的成功案例。

星巴克發表「雪奇娜日晒西達摩咖啡」（Shirkina Sun-Dried Sidamo），這是世上第一支使用嚴謹、仔細挑選過的成熟果實，製作出的衣索比亞咖啡，這杯咖啡做得很成功，喝起來帶有生津感、水果調為主軸的調性，也引領了另一波使用各種後製處理法改變傳統風味的風潮。

日本京都，一家小型咖啡店裡的吧台師。（圖片來源：iStock／Yagi-Studio）

疫情過後？

當我正在撰寫本書時，新冠肺炎疫情正衝擊著當代世界的每一個層面，當然也包括咖啡的生產與消費層面，不論是從最新的在家飲用咖啡的習慣，到運輸物流壓力又再度增加到原本已面臨重重困難的咖啡生產者肩上，在在都會讓咖啡圈生態有所改變。

不過，早在疫情爆發之前，顯然就已經有一些新潮流，以及持續在改變的一些由來已久的事物存在。

生產地／消費地二分法的界線變得模糊了

其中一個很重要的轉變，顯然就是日漸模糊的主要咖啡「生產國」與主要咖啡「消費國」之間的界線。

許多曾是咖啡生產國的地方，近來在精緻咖啡的概念上有了許多重大認知，並且正忙著重塑他們的咖啡文化；也就是，除了生產品質很棒的咖啡之外，他們也想沖泡出好咖啡並好好享用。同時，有一些國家與地區，以前的角色就是烘焙並零售品質不錯的咖啡（消費國的角色），也逐漸開始轉變為生產國角色，雖然產量都很小——像是加州、台灣、澳洲——這些地方也已經種咖啡長達一段時間。美國的精緻咖啡烘豆廠商，甚至是消費者正開始搭飛機到產地去經營自己的創新式咖啡莊園；傳統的咖啡產國生產者，則往另一個方向努力，他們也開始經營精緻咖啡烘焙與零售生意，就跟傳統消費國一樣。

這些看起來似乎都是全球化運作之下無可避免的延伸現象，不過也是第三波浪潮必然發生的「親密衝動」（intimate impulses），直接貿易的行為，以及日漸通暢的生產與消費端對話管道，都會讓這個「親密衝動」自然而然發生，無法抑制。

浪潮上打滾；同時，第一波、第二波也緊隨其後，各自在滿足各自傳統的顧客群，以及隨時準備面對新浪潮來臨而努力著。

也許尚未稱得上新浪潮，但充滿了各式挑戰與新奇的方向

在新的、日漸增強的各種挑戰中，此標題指的並非沒有一些關鍵的改正方向、新奇的方向正在萌發中；不過，我仍然沒看見具有足夠深度，以及能全面重新定義咖啡行業的事物正發展著，就像艾弗瑞·皮特在 1966 年的創始店，對早期精緻咖啡運動帶來文化上具決定性的影響一樣，或是像從 2000 年代開始的第三波浪潮，那種精心製作一杯好咖啡的模範典型，並且摒棄了僅是概略上的風味陳述、深焙烘為主的咖啡，以及超大杯的拿鐵咖啡文化。

2012 年 拉丁美洲發生了災難性的咖啡葉鏽病疫情，摧殘中美洲一半以上的咖啡樹，造成整體超過10億美元的損失，也造成咖啡農許多大大小小難以言喻的折磨。

2012 年 WCR（World Coffee Research，世界咖啡研究組織）成立，是由咖啡產業資助成立的非營利研究發展機構，該機構為了對抗全球暖化，同時也為了提升阿拉比卡種咖啡樹的品質與抵抗力，啟動了一系列多目標、領先的研究主題。

2014 年 科學家建立了咖啡樹的參考基因序列。

2016 年 SCAA與SCAE合併成為單一組織，稱為「SCA」（Specialty Coffee Association，精緻咖啡協會）。

2018 年 對於高品質咖啡的未來種植，以及對於未來文明和這個星球的發展，產生的關切日漸增強，跨國際政府組織「氣候變化專門委員會」（IPCC）發出關於拯救地球於氣候浩劫的最後通牒。

世界各地的三波浪潮

雖然泛稱為「三波浪潮」或「三類型市場區塊」的現代咖啡零售，最主要都是依據北美洲發生的案例來大致描彙的；但相似的情況套用在其他大多數咖啡飲用市場（消費國），今日也同樣適用。

最傳統的（通常也是最便宜的市場區塊），就是在星巴克時代開始之前就已存在的傳統本地咖啡飲用型態，在歐洲以外尤其如此，傳統本地飲用型態時常會被雀巢即溶咖啡（Nescafé）或其他類似產品替代。舉例來說，土耳其觀光客在點咖啡時，只能選擇傳統的「土耳其式沖煮法」（使用非常細的研磨咖啡粉，與砂糖混合一起，煮到沸騰發泡的程度，最後連同一些懸浮的咖啡渣倒入一個小小的杯子，讓客人享用），或是點更為「摩登的」咖啡類型，通常會給長大杯，不過就是用像是雀巢即溶咖啡粉這類的東西沖泡出來。我個人認為這兩樣選項就代表了土耳其的第一波浪潮。

土耳其的第二波浪潮型態，大致上與美國的第二波很雷同，有許多類似星巴克的大型連鎖店發展出來，星巴克樣版的成功，造就了全世界一窩蜂的仿效熱潮，有些是區域性的連鎖店，有些是跨國性的連鎖店，有一些則是本地的小連鎖店，但幾乎都採用星巴克的經營模式——重心都放在 espresso 與加奶的飲品上，飲料單上還會增加一些帶著碎冰的咖啡飲品（星冰樂之類的），還有品質尚可接受的濾泡式咖啡（用美式咖啡機製作），也販賣糕點與輕食。

當然，有時也會有一些屬於各處本地的細微改變出現。數年前，我有幸受邀去馬來西亞的「舊街場白咖啡」（OldTown White Coffee）連鎖店進行顧問諮詢，它就是按照星巴克的樣版（有寬敞舒適的咖啡館座位，也提供糕點、輕食），但裡面賣的咖啡絕對百分之百是馬來西亞的風格，那嚐起來很尖銳、很曲折的風味，是由一種味道本來就有點怪異的本地特有咖啡品種「賴比瑞亞種」（Coffea liberica）調配而成，這家店有點像馬來西亞傳統街邊小店的企業化版本。我不會說我很在意這

杯咖啡到底嚐起來怎樣（對於一個非馬來西亞人的味蕾來說，賴比瑞亞種咖啡其實是不太好賣的），但是看到一個用本地口味為基礎來打造的星巴克式連鎖店，我還是很開心的。

全球的先行者們

我所謂的第三波浪潮（小批次烘焙咖啡豆，並且以工匠級的細節雕琢、以更高的技術意識製作，專注在中烘焙模式，使用經過精準篩選的生豆）對北美洲的一些人來說，也許不那麼的特別，到目前為止，在以下這些區域，應該都是自然而然發生第三波浪潮的：北美洲、北歐、英國、澳洲、日本、南韓、台灣等東亞國家。特別提出日本，它有數十年之久的「咖啡職人」（coffee masters）傳統，用純手工、充滿儀式感的方式來烘焙及沖泡咖啡〔更多內容可詳見瑪莉・懷特（Mary White）的著作《日本咖啡生活》（*Coffee Life in Japan*）中，關於她在日本生活看到的一些大開眼界之咖啡史〕，很顯然地，這對於美國發生的第三波浪潮有非常大的影響，因為當中許多場景看起來就像是在日本發生的場景一樣。

姑且不論到底哪裡才是第三波的發源地，這種新式的小規模、咖啡本位主義之範例，就像一種在地型、帶有個人表現主義的反動（相較大型連鎖店而言），有一大批年輕的吧台師成長為年輕的烘豆師，到了中年左右，因為實力增長而成為更專業的專家，最終轉變為高端的咖啡事業經營者，因為他們認為這樣的過程比讀研究所還有趣。假如說，前一代星巴克類型那種無所不在的連鎖店，是由想賺大錢的企業家所創立的；那麼，全世界大多數的第三波小規模烘豆商，似乎都應該是患有「創作特優咖啡強迫症」的患者，他們更傾向於與咖啡產業面臨的各項挑戰進行拚搏，有的人更因為拉花功夫了得，很享受成為「宇宙拉花大師」的小確幸。

我很希望咖啡業能夠一直這樣就好。

2019 年 在那些以往只做「傳統水洗式處理法」的咖啡產國中，「替代性生豆後製處理法」的實驗做得越來越密集，包括日晒處理法（帶著外果皮，全果一起晒乾）、蜜處理法（去掉外果皮，保留果肉層一起晒乾）。

2020 年 在美國明尼亞波里斯（Minneapolis）發生了白人警察隨意殘忍地殺害名為喬治・弗洛伊德（George Floyd）的黑人，點燃了全國性的反種族歧視抗爭，同時也點燃了在美國精緻咖啡社群裡，針對種族待遇不平等的重新檢討（在精緻咖啡業中，從來沒有進行過這類的探討，所以是一種新的、充滿痛苦的檢討）。

2020 年 2020年，早期新冠肺炎全球性的疫情開始，對整體的咖啡供應鏈造成了衝擊，加深了經濟與社會的痛苦指數，因為在咖啡產地裡，期貨等級咖啡生產者獲得的工資，仍持續處於難以永續的低迷價位。

2020 年 為了製造出帶有強烈衝擊感或超乎尋常的調性，更多生豆後製處理技術的混合手法實驗密集進行中，特別是運用低氧環境來進行發酵程序的實驗〔又稱「厭氧發酵」（anaerobic fermentation），詳見第96頁〕。

如何品嚐咖啡：
從日常習慣轉變成風味探索

當我們學習如何品嚐咖啡時，目標應該放在「擴大感官經驗」上，而不是去限制它。日常飲用咖啡的習慣常常會很狹隘，而且容易習以為常，有一部分原因是，咖啡常被早上的工作、例行公事聯想在一起，而非夜晚的放鬆與享受。

本章的目標之一（也是本書的目標之一）就是要讓咖啡成為感官上風味的探索，而非一再重複的日常習慣。

所以在本章，期望能讓各位認識更多描述感官經驗的語言，藉此開啟我們對令人愉悅的、複雜的咖啡風味世界之連接管道。我們該如何開啟這個連結呢？跟其他人一起比較、溝通在一種飲品上感受到及重視的東西，這就是成為鑑賞家的最大樂趣之一。

因此，本章有兩個重要目標：第一，開啟對咖啡的感官可能性（擴大感官經驗）；第二，介紹一種能夠用來表達「感官經驗」的共同語言。這兩個目標並非互相抵觸，因為我們是根據靈敏的知覺建立了用來描述風味的語言，而知覺本身也會改變、成長並精進。

挑戰開始：
形容「嗅覺」與「味覺」

首先，有一個技術性的前提，當我們品嚐咖啡時，我們的各種味覺受器將訊號傳送到腦部（腦部同時也掌管著語言能力），從口、鼻的起點開始，這個訊號走了一大段非常曲折的路途，才到達意識的終點。

在嗅覺上來說特別是如此，不論是直接透過鼻子嗅聞（香氣），或是經由嘴巴再透過呼吸傳送到鼻腔（鼻後腔，這個位置就是某些香氣會轉變為口味的地方）。嗅覺細胞接收的氣味分子，並不會直接到達大腦意識區（並非直線性的方式運作），而是取決於一系列令人費解的、複雜的訊號整合與重新編輯後，最終給予具體關聯的「嗅覺物件」〔smell objects，知名的神經科學家高登・雪帕（Gordon M.Shepherd）在著作《神經美食學》（Neurogastronomy）發表的詞彙〕，雪帕博士在書中提到：「『嗅覺』並非指分子刺激了嗅覺受器而產生的（被動的），而是大腦產生了所謂嗅覺的感受（主動的）。大腦才是主人。」

與「嗅覺受器到達大腦意識區」那種複雜的路徑相比，5 種基本味覺（taste；甜、苦、酸、鹹、甘）走的路徑，是由舌頭上的受器直接傳達到大腦。不過，這 5 種基本味覺的區域有時會重疊在一起，某一種味覺有時經過其他味覺的增強或對比作用可能會被強化，基本的味覺感受會微妙地影響到嗅覺感受（雖然嗅覺本身就已經非常複雜，而且不斷在變化）。最後，講到「口感」（mouthfeel），它是一種觸覺，就是當你在品嚐時感受到的液體密度及質感，這對於其他感受也有一種關鍵性的影響。

因此，即使在這些知覺抵達大腦意識區、語言區之前，品嚐咖啡這件事，是牽涉到各種知覺的重疊與聚集（有時合在一起感受會變得更立體，有時則會變得更模糊，不一定是兩者的哪一種）。

我們開始吧！

前述內容只是要表達，品嚐咖啡時所體會到的感受，是一直在變化且十分錯綜複雜的，部分原因是，我們嘗試描述的神經邏輯事件從來都不是直線性的，也從來都沒有清楚的界線（味覺、嗅覺、觸覺三者會互相影響大腦對於一組風味的判定方式，也因此人類才能區分各種不同物件）。

有一個關於「風味在不斷變化」的好範例：當我們感受甜味時，會出現一種重疊感，即使甜味是相對較可以從舌頭直接傳達到大腦的 5 種基本味覺之一，用嗅聞會比用舌頭嚐的「甜」訊號更早到達大腦意識區，這種現象稱為「知覺融合」（sensory fusion），之後經由舌頭直接接收到甜味的基本味覺，搭配嗅覺聞到的其他氣味，就會在大腦裡形成與各種成熟水果相關聯的風味訊號。因此，我們在基礎的甜味味覺之上，就會衍生出一些複雜的、更有層次的體驗。所以我們可以把「甜」視為從鼻子感受到的一股複雜的芳香感，也能視為從口腔感受到的一股味覺。

知道這樣子的重疊性後，該從何開始著手呢？最讓我感到吃驚的是，當我剛開始接觸神經美食學的近期研究摘要時，裡面提到的內容，竟然跟我過去 40 年從許多咖啡產業導師身上吸收到的傳統品嚐知識、認知十分貼近，也因為有了這些認知，我才開始這 30 年之久的咖啡評鑑工作。

傳統的 5 項評價項目系統

雖然在最近咖啡世界的發展中，將傳統的咖啡品嚐評價

系統進行大幅度的升級，新的系統看起來大概如同以下，以
5個類別的評價項目，來審視一款咖啡：

香氣（Aroma）

　　這是在用口品嚐咖啡之前，透過「嗅覺」聞到的感受。
在專業咖啡品嚐師（或稱「杯測師」）的世界裡，此類別
時常會再細分為「乾香氣」（dry fragrance）與「溼香氣」
（wet aroma）；前者指的是，加入熱水沖泡前，咖啡乾粉
的氣味；後者指的是，在進行品嚐之前，咖啡粉經過熱水浸
泡後產生的氣味。對於一般消費者來說，「溼香氣」無疑是
最重要的項目，本書時常提到的「香氣」多數指的都是「溼
香氣」。描述香氣時，我們會使用一些原本就熟悉的詞彙，
例如：聞起來像成熟的桃子；類似雪松般辛香的氣味；某種
花香；焦糖氣味；巧克力氣味；還有許多其他氣味上的關聯
詞彙。

酸味（Acidity）／風味結構（Taste structure）

　　「酸味」是好咖啡在「中烘焙」時會出現的一種「甜酸
感」（sweet-tart）特質。起初，這個詞彙代表的是：不同烘
焙深度的咖啡，在味覺上產生的不同程度變化；主要是因
為，舌頭上的5大基本味覺時常會有重疊出現的感受，特別
是酸、甜兩者常會同時出現，因此才會出現對於「酸味」
的評價類別。在較深烘焙度的咖啡中，「甜酸感」可能會
變得較隱晦，有時甚至會完全消失，取而代之的是一股由
苦與甜重疊而產生的「辛香味覺」（pungent）；在某些咖
啡裡，有時會看到像是「肉湯般的」（brothy）、「甘味」
（savory）〔或「鮮味」（umami）〕的描述方式。

　　為了要特別彰顯這個類別的複雜性，我在本章關於「酸
味」的內容說明裡，增加了許多篇幅，為的是讓大家更了解
基本味覺（包含甜酸感）是如何互相結合並形成咖啡的基本
結構的。詳見第49頁起關於「酸味」的說明欄位，裡面會
提到一些品嚐的專用詞彙與咖啡化學詞彙。

口感〔Mouthfeel，又稱「咖啡體」（Body）〕

　　這代表的是，咖啡在口腔內造成的觸覺感受，包括你感
受到的「厚度」（thickness）或「重量感」（weight）；也
包括「黏稠感」（viscosity）、「滑口度」（slipperiness）、
「澀感」（astringency）〔是一種造成口腔有「乾燥感」
（drying）及「收斂感」（puckery）的觸感〕。

風味（Flavor）

　　這個詞彙傳統上是用來形容，當我們嗅聞咖啡感受到的
香氣調性（例如：水果氣味、花香氣味、焦糖氣味等）；但
在這裡指的是，在「鼻後腔」區域感受到的氣味，同時綜合
了特別是酸味、甜味、苦味這些基本的味覺感受。在咖啡

咖啡花。花香調性是品質最佳的阿拉比卡咖啡中，最獨特的特質之
一，雖然花香常會被水果調性掩蓋過去。花香調性最初是要反應
出，像圖中咖啡花那種帶著如茉莉花般的香味，不過隨著伴隨而出
的水果氣味調性，以及烘焙程度的轉化，花香調性的呈現也變得
更加多元化，從雅緻的「紫羅蘭花香」（violet），到非常有吸引
力、帶有濃厚甜味的「百合花香」（lily）。（圖片來源：iStock／
ByronOrtizA）

在咖啡中，所有具高度重疊性的水果氣味調性，例如：「柑橘調」
（citrus）、「杏桃調」（apricot）、「羅望子調」（tamarind），
被視為完熟咖啡果實經過適當轉化後會出現的香氣與風味；但是，
只有在淺到中烘焙、以純靜無瑕的水洗處理法製作的咖啡中，才會
嚐到新鮮咖啡果實那種細膩優美的甜酸感（第86頁會介紹「水洗」
或「溼式」處理法）。（圖片來源：iStock／elpy）

中，香氣與口味通常是具有連續性的（鼻子聞到的氣味，會
與口腔嚐到的口味互相連貫）。

後味〔Aftertaste，又稱「收尾」（Finish）〕

　　這兩個詞彙指的是，在「吞嚥下」咖啡液後，殘留在口

腔內不斷繚繞的感受（在正式的咖啡評鑑活動中，則是在「吐出」口中咖啡液之後，殘留的不斷繚繞之感受）。在品嚐到好咖啡時，「後味」的感受指的就是，之前出現過的所有氣味、口味、口感加起來的縈繞不絕之感受。

咖啡評鑑〔杯測（Cupping）〕敘述順序

接下來的內容，我會使用這一組 5 個項目類別來當作咖啡評鑑的基礎起始點——「香氣」、「酸度／結構」、「口感」、「風味」、「後味」。〔這裡有一個專業術語：由咖啡專業人士進行的正式咖啡評鑑活動，稱之為「杯測」（cupping）。假如你要在家裡嘗試如何杯測，第 63 頁有更多規則與建議。不過，在接下來的內容中，我會把「評鑑」（tasting）與「杯測」兩個詞彙交替使用，在步驟上也許不太一樣，但從本質上來看其實是同一件事。〕

請注意，這 5 個評鑑類別是有順序的。首先，要測試的就是香氣；其後則是要用口品嚐實際味道，也就是酸度／結構、口感、風味等，但這三者的順序誰先誰後都沒關係；想當然耳，後味就是最後一項評鑑類別，我們在 *Coffee Review* 進行正式的杯測工作時，時常會用「很短的收尾」（short finish）來表示當吞嚥下或吐出正在測試的咖啡液體後，這個感受持續的時間很短；而「很長的收尾」（long finish）則表示這個感受持續了至少 1 ～ 2 分鐘以上，才逐漸消失或轉變為別的風味。

這樣的評鑑順序讓我們有辦法察覺某一款咖啡的變化情形——狀態沒變、正在轉變、味道變更強了，還是已經開始老化了。

接下來，等到咖啡液稍微冷卻後，我們會再重新進行一

在咖啡烘焙的中間階段，會發生「轉焦糖化」作用，增加咖啡中的甜味，將水果調性逐漸轉變為巧克力調性。（圖片來源：iStock／tuchkovo）

次同樣的評鑑步驟，雖然香氣以及與香氣有關的風味調性（鼻後腔口味）在剛沖煮好的溫熱咖啡液中是最清晰的，但是我們的 5 大基本味覺是在咖啡液稍微冷卻一點之後，才有辦法更容易判別咖啡中的基本結構性元素（像是基本的味道、口感，而香氣以及與香氣相關的風味調性，也同時變得更具體），有一些咖啡在咖啡液冷卻之後，仍能維持令人驚豔的特質，有一些則是冷卻之後變得索然無味。

其他咖啡評鑑系統

前面剛提到的，這種用 5 大評鑑類別（香氣、酸度／結構、口感、風味、後味）進行咖啡評鑑的方法，是最傳統的模式，但我認為也是最容易操作、最實用的。我除了特別在酸度類別做了一些擴充說明（酸度的表現，應該連同其他基本味覺造成的綜合效果一起考慮），這樣的評鑑系統也被咖啡圈廣泛應用著（以 5 大評鑑項目作為基礎）。

同時也有其他傑出的評鑑系統（使用不同的評鑑表格）也被咖啡產業採用中，這些評鑑系統大部分會列出約 10 項評鑑類別，而非只有 5 項，較著重在百分制的數字化評量上，而非特別在意對一款咖啡進行較為接近的感受描述。這些有著 10 項評鑑類別的表格上（也包括這樣的系統）是經過非常詳盡的考慮設計出來的，也很實用；不過，即使是精通咖啡的愛好者，也時常會感覺到這類型的評鑑系統過於複雜，會讓人失去焦點。此外，這些評鑑系統較引起爭議的地方在於：較著重在分數表現上，讓人看著數字高低來決定採購咖啡生豆，或是依據數字來頒發生豆競賽獎項，而不是帶來一些議題上的關注點，以及像個鑑賞家般跟人們分享文字敘述性的觀點。

因為上述原因，我發現傳統的（以 5 個評鑑類別為基礎的）評鑑系統，對於了解、賞析咖啡風味是更好的出發點。有些讀者可能想讓自己往更專業的路線前進，如果一開始先學習使用的是這套較傳統的評鑑系統，那麼之後要再學習使用其他更複雜、以數字為重點的業界評鑑表格時（像是 SCA 官方的杯測表格，主要用來評估咖啡生豆的品質），應該會覺得相對容易些。你可以在網路上找到其他種類的評鑑表格。

深入探討 5 大評鑑項目

本章接下來的內容，是特別針對那些想要學習更完整、更具系統的咖啡評鑑方式之讀者所準備的，後面提到的會是，如何使用 5 大評鑑項目（香氣、酸度／結構、口感、風味、後味）來對一款咖啡進行更深入的細節描繪。

建議你可反覆參照第 44 頁的「**風味評鑑一覽表**」，對於理解本章後續內容可獲事半功倍之奇效。

從零開始：一種快速的、切中主題的評鑑實作練習

如果你想系統性學習咖啡的評鑑方式，可以直接閱讀本章接下來的內容，是關於 5 大項傳統咖啡評鑑類別的細節說明；假如你想先了解關於咖啡生豆的評鑑實作方式，請直接跳到第 59 頁；假如你想學習的是，不同烘焙深度的評鑑實作方式，請直接跳到第 60 頁。

假如你是屬於耐心有限的讀者，單純只是想要快速上手，在這個欄位中，會提供你快速切中主題的咖啡評鑑起手式。你只需要準備兩種咖啡、兩個杯子，用同樣的沖煮方式煮出來。

若想學習一些我們時常會用來描述品嚐到的味道或感受，第 44 頁提供的「風味評鑑一覽表」（Tasting table）可用來參照。不用太執著於本欄後面的說明細節，只需參考粗體字的小標題就好，在你進行評鑑時，快速地看這些內容會較有幫助。

挑選至少兩款咖啡

這個操作方式裡，你必須同時品嚐超過一種咖啡，持續來回、反覆地品嚐；因為透過對比，感受力會變得更敏銳。初學者的實作練習，只需拿兩款咖啡練習即可（如果有三款咖啡當然會更好），你可以任意選擇兩種，只要是從一家不錯的精緻咖啡烘豆廠商那裡買的、還算新鮮的咖啡就好，最好是淺烘焙到中烘焙之間（深烘焙會讓咖啡的某些感官特徵受到限制，如果你想購買用來練習評鑑的咖啡豆，盡量找淺咖啡色到中等咖啡色，咖啡豆表面上還沒有泛著油光的來使用）。

使用新鮮沖泡好的咖啡

這點很重要，使用分開的兩個杯子（或馬克杯），將熱水倒入杯中，直到接近杯口約 1 公分的位置，不要加糖或奶精。

沖泡過後，馬上將鼻子湊近到杯口嗅聞。請多次執行同樣的動作。

分辨香氣種類

在一些咖啡評鑑初學者口中，時常可以聽見他們這樣說：「呃……這個聞起來就是咖啡味啊！」假如你是認真地想審視自己到底聞到了什麼具體的氣味，可以參考第 44 頁「風味評鑑一覽表」第一個框框裡的內容建議。

問問自己：我聞到了像是焦糖的氣味嗎？還是巧克力味〔可能包含了各種不同類型的巧克力相關的氣味感受，從百分之百烘焙用巧克力，到有加糖的黑巧克力或巧克力法奇軟糖（chocolate fudge）〕？還是柑橘類水果的氣味（可能是各種柑橘類的水果，不過，如果這個氣味讓你有更具體的印象，像是檸檬、橘子或葡萄柚，也可以直接寫出來）？還是像其他水果的氣味（也許是櫻桃、杏桃或桃子）？還是像花一樣的氣味？或是帶有芳香氣味的木頭味（雪松）？聞到什麼就趕快記下來。

之後用口開始品嚐咖啡。

分辨風味種類

首先，品嚐的時候，先找找看是否有在嗅聞香氣時出現過的香氣／風味調性。有些味道很顯然可能會重新出現，也有些味道可能就不見了，另外還有些味道被轉變，或是變得更低沉，所以你可能會發現一些新的調性。在品嚐時，試著帶入一點空氣，讓咖啡液能夠在嘴裡形成小泡泡，這個動作可以讓你感受到更多風味。

針對你品嚐到的風味，做簡短的記錄。

觀察酸度與其他基本味覺的結構

這一步，進行到較困難的部分：支撐的香氣與風味調性之基本味覺結構。

從咖啡裡最常見的基本味道開始講起（酸、甜、苦）。所有的咖啡幾乎都是這三種味道重疊交錯的組合（只是各自的強弱比例不同），通常其中 1～2 種味道是主體（例如酸味），假如你泡了一杯還不錯的淺到中烘焙咖啡，你或許會在咖啡液中偵測到明亮的酸味——類似一些偏酸的水果：柑橘類、石榴、酸櫻桃或蔓越莓——這些都會被咖啡評鑑師稱為「酸味」。

如果這款咖啡的品質很棒，味覺感受裡就不會只有酸味，還會有甜味，就像吃到成熟的橘子一樣。對於初學的咖啡評鑑師來說，在黑咖啡中較難偵測到甜味的存在，因為他們覺得「甜」就是飲料裡的甜才是甜（砂糖的甜）。在黑咖啡裡，要辨識出甜味的存在，你必須很專心地鎖定甜味的位置、在腦子裡只想著甜味，並嘗試把甜味的感受從其他不同的味道裡分離出來，你可能會發現這個甜味會以加糖的黑巧克力調來呈現，也可能以一種水果來呈現，甚至是焦糖或花香的形式呈現。

與酸味相比，苦味較容易偵測到，因為苦味在咖啡中是相對突出的；不過，苦味也有可能因為與酸味的感受重疊，偶爾變得較模糊，有時也會與甜味融合，形成一種「苦甜感」（bittersweet）的套裝調性。

最後提到，有些咖啡還會帶著「鮮味」或「甘味」，這類感受是否討喜，取決於與它同時出現的其他風味組合。鮮味時常會以芳草、香料或香木（檀香或雪松等）的形式呈現；有時，當咖啡喝起來有較多苦味、在香氣調性上較為單純時，鮮味的呈現方式就會比較接近肉類或醬油。

這些在咖啡中的基本味道區分方式，需要不斷地反覆練習，直到咖啡完全冷卻，咖啡的結構與風味通常在接近室溫時變得最清晰。

觀察口感

感受液體在你口中緩慢流動的感覺，將那股重量感、質感記錄下來。這個液體感覺起來很薄（thin）或很水（watery）嗎？還是它很飽滿（full），甚至質地近似糖漿般厚實（syrupy）？又或是，既不飽滿又不稀薄，而是爽口（light）、滑（slippery）、順（smooth）、如絲（silk）或緞（satin）般的柔滑？或是非常有重量感（heavy）與密集感（dense），十分飽滿卻一點都不滑順、不活潑（lively），這類的質感有點近似於沙礫感（gritty）。

再次強調，這些質地的形容方式都是相對的，你必須使用兩種以上不同的咖啡，才能更清楚地比較出來。

最後要提到的是「澀感」（astringency）或稱為「舌燥感」（drying sensation），這類幾乎會影響到所有品嚐層面的觸感。在品嚐葡萄酒時，這類感受通常被稱為「單寧感」（tannic），葡萄酒與茶類都有著許多單寧酸的特質；品質優異的咖啡較少出現單寧酸的特質，但這個特質在咖啡品嚐中仍然是一個重要元素。我們時常會把澀感辨讀為苦味或酸味的一部分，在一杯咖啡中，假如出現太密集的澀感，許多人大概都會選擇加牛奶或奶精（為了平衡那股澀感）。

在最後一個評鑑咖啡的階段——後味——你還有一次對澀感或舌燥感最清楚的評估機會。

後味（或收尾）

感受一下，在前面的評鑑階段裡曾出現的一些香氣／風味調性，是否仍在口腔中不斷迴繞著？持續了多久（這個過程需要耐心等待）？所有的基本味道（酸、甜、苦）都會有迴繞的效果，只是我們大部分的人都希望那股微妙的甜感能夠存留多久就是了（甜味才是最討喜的基本味覺，酸跟苦都不是）。

再次強調，澀感或舌燥感一直都手握著外卡（wild card）。在品質最佳的咖啡中，舌燥感在後味中幾乎難以察覺，甜味與不斷迴繞的香氣／風味調性會是主軸；有時，澀感或許會以一種增加飽滿度的元素呈現，可以增加後味中其他元素的深度與辨識度；有時，很不幸地，也許會呈現出一種令人不悅的、使人分心的、讓所有風味調性與甜感都被抹除的效果。

大方向來說：用來加強形容的概略、總括性概述用語

在「風味評鑑一覽表」每個欄位的最頂端，就是這些「概述用語」（General descriptors），這些用語是用來形容各個評鑑項目中，概括描述風味印象的用語。概述用語的內涵，有的具正面涵義，有的具中性涵義，有的則具負面涵義。例如：「複雜的（complex）、層次豐富的（layered）、平衡的（balanced）、單純的（simple）」都是出現在表中的概述用語。

感官科學家對於使用概述用語這種方式，抱持存疑的態度，一來是因為概述用語無法量化，二來是概述用語無法成為可複製的經驗（所以參考價值較低）。但是我在本章一再強調，所有感官經驗最終只存在大腦內，而非存在飲品本身，更不是存在於鼻子或舌頭上的那些受器細胞裡，特別是香氣／風味調性，是經過由鼻腔與鼻後腔受器到大腦意識區中間那段超乎尋常且複雜的一連串編輯、強化、具體化的過程，才衍生出的感受。

再者，姑且先不管感官科學學者怎麼想，使用概述用語對於咖啡消費者與專業人士之間的溝通，是不可或缺的起始點，我們需要這些詞彙（複雜、單純、順、尖銳）。即使是十分有經驗的咖啡杯測師，通常若我們只使用一個詞彙如「複雜的」來形容一款咖啡的香氣，在不同杯測師的認知裡，會比使用很明確的字眼（例如：檸檬、葡萄柚、橘子或蔓越莓）容易取得共識。

香氣與風味調性：多樣化、普遍存在的

從「風味評鑑一覽表」中每個欄位最上方的「概述用語」這種廣泛性的總括概念，我們現在要進行到更精確或更具區別性的用語，特別是在香氣、風味的欄位裡，我們會使用更精確但數量多如牛毛般的香氣／風味調性用語。這些用語是從評鑑者的口中蹦出來的嚇死人的特殊詞彙，將咖啡的杯中特質以更津津有味的形容方式表達，並時常會印在咖啡袋上或烘豆商的網站介紹。這些詞彙從日常用語：香草（vanilla）、巧克力（chocolate）、檸檬（lemon）或茉莉花（jasmine）；到一些偶爾出現的流行用語：泡泡糖味（bubble gum）或橘子果醬味（orange marmalade）；再到更不常見的用語：檀香味（sandalwood）、荔枝味（lychee）、人蔘味（ginseng）、麝香味（musk）或乳香味（frankincense）。

請再次注意，這裡使用的這些香氣／風味描述用語，跟稍早提到的國際上標準的概略用語不太一樣，諸如：順口的（smooth）、均衡的（balanced）、深邃的（deep）、迴盪的（resonant）、清脆活潑的（brisk）、尖銳的（sharp）等，也與我們舌面上所能感受到的 5 大基本味覺（甜、苦、酸、鹹、甘）有非常大的差異。

假設，我們只使用鼻子嗅聞這些種類繁多且不斷變化的調性，其稱之為「香氣調性」（aroma notes）；假設，我們是透過口腔在呼吸之間傳送到後鼻腔時感受到的調性，則稱為「風味調性」（flavor notes）。但是，這兩類調性的感受路徑（鼻後腔的受器到大腦嗅覺皮層）基本上是相同的。

細微的（Subtle）與多變的（Shifty）

稍早，提到這些香氣／風味調性的多變性，是一種需要一再強調的重要關鍵，這些用語聽起來雖然十分明確，但是事實上，在本質上是模稜兩可且具有重疊性的說法。根據雪帕博士的《神經美食學》書中曾提到的科學共識，當我們刨下新鮮檸檬皮時所散發出的氣味分子，並不會在不同的個體

（人）中被聯想為單一的、直線性的「檸檬味」訊號，而是呈現出一種複雜的「氣味物件」（odor object）訊號，因每個人有不同的嗅覺經驗，而可能被聯想為不同的氣味訊號〔有人可能會說是檸檬味，也有人可能會說是檸檬馬鞭草味（lemon verbena）、香蜂草（lemon balm）、檸檬香茅草（lemongrass）〕。

更深入地來說，這個我們稱為「檸檬味」的氣味物件，不單單是透過鼻腔感受，還要經過口腔裡鼻後腔的路徑，在大腦裡受到其他基本味覺（經由味蕾感受到的甜、苦、酸等）影響，共同編寫成「檸檬味」的印象。我們印象裡的檸檬，最主要就是由酸味、甜味（成熟度很高的檸檬會有甜味）以及苦味共同組成。

這些被神經科學家稱作「味覺物質」（tastants）的基本味覺感受，其訊號是直接通往腦幹的，在腦幹的部位直接與情感中樞連接（在與鼻腔關聯的更細微、更多變的香氣／風味調性相結合之前）。因此，當腦內接收到與檸檬相關之口味／風味的印象或事件時，這個感官事件是一種複雜的、多層次的知覺組合，主要由情感中樞與記憶中樞協力運作。

對不同人來說，是不同的檸檬味

首先，會使用怎樣的詞彙來與一個香氣事件連結，就是記憶中樞的功能。記憶中樞會告訴你這個香氣事件讓你聯想到今早剛聞過的新鮮切片檸檬；或是我們用來料理的，那一撮帶著微微苦味的檸檬皮；或是在清潔劑裡出現的檸檬香精味；又或是一個統整性的、關於「檸檬味」的氣味記憶。

不論是雪帕博士那種較客觀的科學觀點，或是從我個人身為咖啡評鑑師的經驗來看，我敢保證，要將香氣／風味調性與一個氣味印象的現實做相關性連結，本身就是一種極其複雜的雙向對話。針對一個氣味物件，我們會從自己的記憶與外部提示中找出類似的經驗來對應，我們對於這個原始氣味物件的實際感受，最終也可能因為經過了反覆不斷更新的嗅覺或味覺訓練，進而有所改變，甚至更為優化（使用的詞彙更多、更精確），因為我們的經驗值更豐富了。

根據優化過的記憶與受器之間的雙向對話基礎，我們可以把一個與檸檬相關的氣味物件／感受，判讀為帶甜味的成熟檸檬，或是有點苦甜感的檸檬皮，甚至不是檸檬而是其他種類的柑橘類水果。我們可能對「檸檬味」會有好感，也可能對「檸檬味」沒有好感，也可能同時存在你喜歡的跟不喜歡的「檸檬味」（同時存在的意思是：新鮮切開的檸檬，其氣味可能讓你蠻喜歡的；清潔劑的那種檸檬香精味，你可能就不那麼喜歡）。

因此，我們不必期望在不同個體（人）身上，用完全一致的描述方式來形容同一組氣味分子。各種風味評鑑系統與訓練課程最終目的，就是要透過「增加可用詞彙」、「累積嗅味覺資料庫」與「資料提取的精確度」這三種技能，開啟

橙（orange）　　粉紅葡萄柚（pink grapefruit）　　白葡萄柚（white grapefruit）

橘子或甜橙（mandarin orange or tangerine）　　萊姆（lime）　　檸檬（lemon）

金桔（kumquat）　　柚子（pomelo）

在水洗或溼式處理法（詳見第 47 頁說明）中，淺焙到中焙的咖啡裡，時常會出現各種柑橘類的調性。（圖片來源：iStock／photomaru）

我們在咖啡風味中更深層的體會，我們希望能夠在增加咖啡感官體驗的同時，也能學習到與其他人溝通彼此嗅味覺經驗的方式。

奶奶衣櫥裡的味道

在某一次我舉辦的初學者咖啡評鑑工作坊中，我記得有一位學員在嗅聞到某一支衣索比亞咖啡時，很興奮地向我發表了他的發現：「這就是我奶奶家衣櫥裡的味道！」我們把這個描述方式暫時擱著，重新反覆不斷地針對這支咖啡進行品嚐測試，最後，這位新手學員將形容詞彙定調為「雪松」（cedar）與「薰衣草」（lavender），這樣的形容方式更具體且更精確，更貼近於他真實的體驗。特別注意，同桌的其他學員也許沒有跟他一樣聞過奶奶的衣櫥，甚至不同奶奶用的也不一定是同一種薰衣草芳香劑，但是他們的確可以感受到雪松與薰衣草的氣味，也坐實了新手學員後來更正的用語。

梳理出香氣與風味大千世界中的形容用語

知道了感官有著如此多變的特性之後，在測試與享用咖啡時，我們要如何從數百種香氣／風味調性中找出適合的形容用語？況且，我們應該也不太可能跟其他人說出完全一樣的形容用語吧？

我的回答是：千萬要記住，每個人對如此細微、複雜、高重疊性的某一種特定風味調性，是絕對不可能有完全一致

的感受，所以形容用語也不可能一模一樣。

　　所以給各位的第一個建議：在你發現聞不到或嚐不到其他人描述的香氣／風味時，別太緊張；如果你在本書提供的描述用語中，找不到最喜歡的香氣調性描述用語，也別緊張。只需要好好地聞、品嚐、學習，並且保持放鬆的心態就好，一次只需要試著找出一種風味調性（而且可以喝好幾次），反正從來沒有人可以說出「全部的風味」，特定的風味調性時常具有重疊性質（一個人品嚐到的巧克力調，有可能是另一個人品嚐的焦糖調；一個人認為的桃子味，可能是另一個人認為的李子味），你只要與其他人分享的描述用語大方向類似就好，不需要百分之百用一樣的詞彙。不過，使用本書提供的一種（甚至多種）工具，不但可以幫助你強化感受香氣與風味調性，同時還能提升感受的專注力，同時促進感受的一致性（當你很明確知道要用什麼詞彙來描述這個風味調性時，之後每次感受到類似的風味調性，都能夠毫不猶豫地說出這個詞彙）。

　　我建議（這個方式比較自然一點）你從第 44 頁的「**風味評鑑一覽表**」開始讀起。

　　此外，還有兩份廣泛被運用的「風味輪」（flavor wheels）圖表可以參考，圖表內會介紹香氣／風味調性，以及彼此的關係。風味輪圖表分別放在第 54、55 頁，內容介紹與建議使用方式則放在第 56 頁。

　　特別注意，上述提到的這三種工具中，並沒有列出百分之百相符的香氣／風味描述用語，雖然還是有大部分內容會重疊就是了；這三種工具中列出的描述用語，不代表所有能用來形容的用語（沒列出來的描述用語也可以使用，只要你說得出來），這些工具只是為了能夠讓所有人在各種好咖啡的香氣／風味中，找出一些共通用語的方法，畢竟，能夠形容香氣／風味的詞彙成千上萬，總是要先知道如何開始。

「風味評鑑一覽表」使用說明

第 44 頁的「風味評鑑一覽表」主要用途就是幫助、啟發使用者，對於一款咖啡如何進行感官上的剖析。我個人較喜歡使用「風味評鑑一覽表」這個工具，而不是使用「風味輪」，因為前者排列出 5 大評鑑項目（香氣、酸味、風味、口感、後味）的方式較為一目瞭然，你可以在同一份文件中，同時看到 5 大評鑑項目的內容；「風味輪」則並非如此，其內容大部分侷限在香氣／風味調性用語。

「香氣」與「風味」兩欄最為複雜

對於新手咖啡評鑑師來說，最困難的就是要辨識出特定的香氣／風味調性，因為每個人在風味記憶與關聯的先天條件上，就存在著巨大鴻溝。

但是，假如在一開始你聞不到或嚐不出任何特定風味，可以嘗試先用比較廣泛性的用語。舉列來說，你也許嚐到了像是水果的風味，接著你再試著找出是哪種類型的水果，是柑橘類？莓果類？還是其他種類的水果？然後，接著可能還會有第二種水果風味，甚至多種特定的水果風味同時存在。舉例來說，一開始形容為「水果味」（fruit）；接著再明確一點講出「柑橘調」（citrus）；然後再更明確地說出「橘子味」（tangerine ／

orange）或其他種類的柑橘類水果，或是像「百香果」（passion fruit）這種完全不一樣類型的酸味水果。你也可以從「莓果類」（berry）當開頭，接著辨認出到底是「黑莓」（blackberry）還是「黑嘉侖莓」（black currant），還是其他種類的莓果。如果你無法做到很細的辨識程度，那也沒關係，只需循序漸進地繼續進行品嚐、測試、學習就好。

特別留意，「香氣」與「風味」兩個欄位使用的描述用語完全一樣，但是在一開始聞到的香氣，可能會改變甚至消失。從嗅聞到這股氣味的時間點到吞嚥下口腔後的時間點都會改變，甚至會有新的調性取代原本的調性。基本味覺中的「甜味」、「苦味」，以及口感中的「澀感」，都會影響香氣調性的呈現（從一開始的嗅聞，到把咖啡含在口腔中或吞嚥下去，從鼻後腔再上衝回來的氣味感受），你只要用「連貫性」（continuity）的角度開始就好。

「簡易風味評鑑表格」

當你在進行品嚐時，也許會有記錄的需求，第 46 頁提供的「簡易風味評鑑表格」，可以配合「風味評鑑一覽表」一起使用。

風味評鑑一覽表（Tasting Table）

香氣（Aroma） （第 40 頁）	酸味及基本味覺（Acidity & Basic Tastes） （第 47 頁）
概述用語： ・ 複雜的（Complex） ・ 均衡的（Balanced） ・ 層次豐富的（Layered） ・ 單純的（Simple） ・ 令人昏厥的（Faint）	概述用語： ・ 明亮的（Bright） ・ 如果汁般的（Juicy） ・ 清脆活潑的（Brisk） ・ 細緻的（Delicate） ・ 柔軟的（Soft） ・ 扁平的（Flat）
水果調（Fruit）： ・ 柑橘類（Citrus） （檸檬、橘子、葡萄柚、萊姆等） ・ 莓果類（Berry） （草莓、黑莓、蔓越莓、成熟的藍莓、黑嘉侖莓、黑醋栗） ・ 帶核水果類（Stone fruit） （桃、李、梅、黑櫻桃、酸櫻桃、咖啡果） ・ 水果乾類（Dried fruit） 〔葡萄乾（raisin）、李子乾（prune）、無花果乾（dried fig）〕 ・ 其他水果類（Other fruit） （梨、蘋果、芒果、木瓜、奇異果、百香果） ・ 發酵水果類（Fermented fruit） （白蘭地酒、蘭姆酒、波特酒、水果西打酒、成熟的香蕉、成熟的藍莓、過熟的水果、腐爛的水果）	酸味（Acidity）： ・ 酸的（Tart） ・ 帶甜的酸（Sweetly Tart） ・ 順口的酸（Smoothly Tart） ・ 醋酸（Sour／Vinegar） ・ 尖銳的（Sharp） 〔舌燥感（dry）、澀感（astringent）〕 ・ 扁平的（Flat） 〔「帶甜的酸」是烘焙良好的中烘焙咖啡基本的酸味特質，酸味也會被苦味影響，往好的方向影響時，酸味會變得略帶氣泡感與清脆感；往壞的方向影響，則就會是更苦。「甘味的」調性會讓酸味變得更有深度，並使得酸味帶有飽滿的辛香感；但過度的甘味，也會讓酸轉為鹹味（salty）或牛肉味（beefy）。〕
花香調（Flowers）： ・ 帶甜的白色花朵（夜花系統） 〔忍冬花（honeysuckle）、茉莉花（jasmine）、梔子花（plumeria）、咖啡花（coffee flowers）〕 ・ 玫瑰花（Rose） ・ 百合花（Lily） ・ 薰衣草（Lavender）	其他基礎味道： ・ 甜 ・ 苦 ・ 苦甜味 ・ 甘味（Savory）／鮮味（Umamy） （在深烘焙的咖啡中，苦甜味是主要結構，往好的方向呈現，就會是甜的、帶有飽滿香氣的；往壞的方向發展，則會是澀口的滿嘴苦味，僅會感受到隱隱約約的甜味，通常這時都會伴隨著澀感出現。甘味會增加飽滿度的感受。）
普遍認知的甜味類型： ・ 香草甜（Vanilla） ・ 蜂蜜甜（Honey） ・ 焦糖甜（Caramel） ・ 黑糖甜（Brown sugar） ・ 糖漿甜（Molasses）	
巧克力調： 〔黑巧克力（dark chocolate）、烘焙用純巧克力 baker's chocolate、烘焙可可原豆 roasted cacao nib〕 堅果調： 〔榛果（hazelnut）、杏仁果（almond）、胡桃（walnut）、開心果（pistachio）〕	
木質調： ・ 香木系（Aromatic wood） 〔檀香木（sandalwood）、雪松（cedar）、冷杉（fir）、松樹（pine）、橡樹（oak）〕 ・ 死木（Dead wood）／老木（Old board）系	
香料調（Spice）： 〔肉桂味（cinnamon）、丁香味（clove）、小豆蔻（cardamom）、肉豆蔻（nutmeg）、八角茴香（anise）〕 芳草調（Herb）： 〔迷迭香（rosemary）、薄荷（mint）、薰衣草（lavender）、洋香菜（parsley）、芫荽葉（cilantro）〕	
因烘焙而產生的味道調性： 〔烤麵包味（toast）、木頭初期燃燒味（scorched wood）、木頭炭化後的味道（charred wood）、橡膠味（rubber）〕	

風味（Flavor） （第 40 頁）		口感（Mouthfeel） （第 52 頁）	後味（Aftertaste） （第 52 頁）
概述用語： · 明亮的（Bright） · 如果汁般的（Juicy） · 清脆活潑的（Brisk） · 細緻的（Delicate） · 柔軟的（Soft） · 扁平的（Flat）		**概述用語：** · 清淡的（Light） · 中等的（Medium） · 飽滿的（Full） · 厚重的（Heavy）	**概述用語：** · 悠長的（Long） · 迴盪不絕的（Resonant） · 具穿透感的風味（Flavor-saturated） · 單純的（Simple） · 逐漸暗淡的（Fading）
水果調（Fruit）： · 柑橘類（Citrus） （檸檬、橘子、葡萄柚、萊姆等） · 莓果類（Berry） （草莓、黑莓、蔓越莓、成熟的藍莓、黑嘉侖莓、黑醋栗） · 帶核水果類（Stone fruit） （桃、李、梅、黑櫻桃、酸櫻桃、咖啡果） · 水果乾類（Dried fruit） 〔葡萄乾（raisin）、李子乾（prune）、無花果乾（dried fig）〕 · 其他水果類（Other fruit） （梨、蘋果、芒果、木瓜、奇異果、百香果） · 發酵水果類 （Fermented fruit） （白蘭地酒、蘭姆酒、波特酒、水果西打酒、成熟的香蕉、成熟的藍莓、過熟的水果、腐爛的水果）		**質地（Texture）：** · 好的質地： 如絲般的（Silky） 如緞般的（Satiny） 稀釋後的糖漿感（Lightly syrupy） 糖漿感（Syrupy） · 不好的質地： 稀薄的（Thin） 水感（Watery） 沒有重量的（Lean） 像粉筆的（Chalky） 沉重的（Heavy）／凝滯感（Inert）	**特定的香氣／風味調性：** （參照香氣與風味欄位的詞彙，偶爾會發展出一些新的調性。風味調性通常會在後味中變得更密集，而且能感受到更多層次，可能會變得難以分辨主體調性是什麼，但是仍然保有迴盪不絕、令人愉悅的特質。）
花香調（Flowers）： · 帶甜的白色花朵（夜花系統） 〔忍冬花（honeysuckle）、茉莉花（jasmine）、梔子花（plumeria）、咖啡花（coffee flowers）〕 · 玫瑰花（Rose） · 百合花（Lily） · 薰衣草（Lavender）		**舌燥感（單寧感，第 53 頁）：** · 舌燥感（Dry） · 清脆活潑感（Brisk） · 銳利感（Sharp） · 澀感（Astringent）	**基礎味道：** · 甜 · 苦甜味 · 苦味
普遍認知的甜味類型： · 香草甜（Vanilla） · 蜂蜜甜（Honey） · 焦糖甜（Caramel） · 黑糖甜（Brown sugar） · 糖漿甜（Molasses）			**舌燥感（單寧感）：** · 極度乾燥（Richly drying） · 乾燥（Drying） · 澀感（Astringent） （過多的澀感與舌燥感，通常是負面評價。）
巧克力調： 〔黑巧克力（dark chocolate）、烘焙用純巧克力 baker's chocolate、烘焙可可原豆 roasted cacao nib） **堅果調：** 〔榛果（hazelnut）、杏仁果（almond）、胡桃（walnut）、開心果（pistachio）〕			
木質調： · 香木系（Aromatic wood） 〔檀香木（sandalwood）、雪松（cedar）、冷杉（fir）、松樹（pine）、橡樹（oak）〕 · 死木（Dead wood）／老木（Old board）系			
香料調（Spice）： 〔肉桂味（cinnamon）、丁香味（clove）、小豆蔻（cardamom）、肉豆蔻（nutmeg）、八角茴香（anise）〕 **芳草調（Herb）：** 〔迷迭香（rosemary）、薄荷（mint）、薰衣草（lavender）、洋香菜（parsley）、芫荽葉（cilantro）〕			
因烘焙而產生的味道調性： 〔烤麵包味（toast）、木頭初期燃燒味（scorched wood）、木頭炭化後的味道（charred wood）、橡膠味（rubber）〕			

簡易風味評鑑表格（Simple Tasting Form）

咖啡名稱				
烘焙程度 ・淺烘焙（Light） ・中烘焙（Medium） ・中深烘焙（Medium Dark） （豆表有少許泛油） ・深烘焙（Dark） （豆表油亮） ・極深烘焙（Very Dark） （快變黑色，豆表非常油亮）				
香氣 參照第 44 頁的「風味評鑑一覽表」第一欄，以及第 40 頁的細節說明。				
基礎味道結構與酸味 參照第 44 頁的「風味評鑑一覽表」，以及第 47 頁的細節說明。				
口感 參照第 44 頁的「風味評鑑一覽表」，以及第 52 頁的細節說明。				
風味 參照第 44 頁的「風味評鑑一覽表」第一欄，以及第 40 頁的細節說明				
後味 參照第 44 頁的「風味評鑑一覽表」第一欄，以及第 52 頁的細節說明。				
整體印象				

烘焙、產地對香氣／風味的影響

在「風味評鑑一覽表」或「風味輪」中，你會想要知道，自己在評測的咖啡，究竟烘到多深的程度；也會想要知道，這款咖啡的產地與後製處理方式。假如，你正在品嚐一款較深烘焙的咖啡，你給出的評價用語就會集中在「巧克力調、水果乾、帶香氣的木頭」，以及烘焙風味類別中的用詞。

假如，你在品嚐的是一款烘焙良好的中烘焙咖啡，你會較常使用到像「花香、水果味」，以及形容甜味的類別用詞。但是，你也可以參考全部的風味類別用語，因為即使是最深烘焙程度的咖啡，有時也會呈現撩人的帶甜花香前調，有些類型或產地的中烘焙咖啡，也可能出現沉重的、帶香味的木質調性（這個調性時常與深烘焙有直接聯想）。

某些咖啡產地、咖啡樹變種及後製處理方式，會與某些風味調性的類別直接對應，但是對應關係有可能因為一些原因而略有不同。非洲的阿拉比卡品種咖啡，時常呈現出「莓果調」（雖然也有些例外）；但像是衣索比亞的日晒處理法咖啡豆，時常呈現出「成熟的藍莓」般的調性，有時這個調性甚至是壓倒性的；而水洗處理法的肯亞咖啡，則時常呈現出一種微微的舌燥感、酸中帶甜的調性（這個調性通常會與黑嘉侖莓或黑莓產生聯想）。

第 7 章會介紹咖啡樹變種在感官調性上產生的影響；第 9 章則會介紹後製處理法的影響；第 11 ～ 14 章則會介紹咖啡產地與風味類型之間的關聯。第 58 頁關於「分辨咖啡產地帶來的不同風味特質」段落中，你可以開始照著內容來進行初學者的練習操作。

第 16 章會介紹由烘焙造成的感官風味特質；第 222 頁**「烘豆的各個階段」**（*The Drama of the Roast*）可以讓你快速抓到重點。要進行分辨烘焙深度的品嚐訓練的話，可以參照第 60 頁**「分辨不同烘焙深度的風味實作範例」**（*Tasting for Darkness of Roast*）。

基礎味道結構與酸味

我們在一款咖啡聞到的香氣，通常也會在口腔裡嚐到，原因就是香氣與風味調性皆透過同樣的鼻腔受器細胞來傳導，並且在大腦的同一個區域進行組織與具體化；但是，從鼻子聞到的時候，到口腔喝到的時候，這些非常相近的調性有時可能產生細微轉變，也許會出現新的調性，某些調性也有可能會直接消失，或是轉弱。

為什麼呢？有部分原因是受到口腔中基礎味道（酸、甜、苦、鹹、甘）的影響。

榛果、杏仁、肉桂棒是最常被用來描述「中烘焙」到「中深烘焙」咖啡的風味調性。（圖片來源：iStock ／ Farion O）

在咖啡中，「甜味」可能會把檸檬系的柑橘調轉變為橘子系的柑橘調，或是把烘焙用純巧克力（100%）轉變為較甜的黑巧克力（50% ～ 80%）；一款較具舌燥感或較苦的咖啡，則會把同一種香氣／風味調性轉變得較清脆（crisp），或者有時甚至讓這些調性完全不見，此時偏檸檬系的柑橘調，可能就會轉變為偏苦系的柑橘調〔像是佛手柑（bergamot）〕，而巧克力調則有可能變為烘焙堅果調。

這些轉變不是必然的，當然也不是可以提前預測的。

我們也許對於炙烤木質調性最為熟悉，在較深烘焙的咖啡中，那股辛香感就屬於這類；不過「鮮剖」木質調也是另一類在淺焙與中焙咖啡中重要的香氣、風味來源，像是「芳香的雪松」（在一些如照片裡以雪松木條打造的桑拿室中就聞得到）、「芳香的檀木」到「鮮剖的冷杉」（雖然當咖啡冷下來、變味或當香氣散盡之後，木質調可能只會讓你聯想到舊木板的味道）。（圖片來源：iStock ／ wanderluster）

在許多日晒處理法的咖啡中，形容其適切的發酵風味用語，幾乎讓所有酒精類飲品名稱派上用場，其中最受歡迎的幾種：渣釀白蘭地酒（grappa）、白蘭地酒（brandy）、蘭姆酒（rum）、黑麥威士忌酒（rye whisky）、蘋果西打酒（hard apple cider）或梨子西打酒（hard pear cider），還有各種不同類型的葡萄酒。（圖片來源：iStock／Paolo Paradiso）

「發酵過的水果風味」曾是舉世咖啡品鑑者皆棄如敝屣的存在，如今卻是精緻咖啡圈中最潮的感官風味類別之一。這堆咖啡漿果是即將要以「水洗處理法」製作的材料，在拍照當下可能已經開始發酵作用了，即便如此，發酵作用也會在其後的水洗流程中被縮短（果皮與果肉層會被脫除），最後僅僅以一種「帶著水果甜味」的輕微發酵水果風味面貌呈現。但假如讓發酵作用繼續進行，也就是讓果皮與果肉層完整保留著、一起進行乾燥程序（日晒處理法，見第93頁），那麼也許會讓發酵作用停在出現「帶甜的、有酒感的」階段，此時就會做出近似於「果香型紅酒」到「各種不同的烈酒」風味。要是沒有仔細地執行發酵作用，做出來的風味則會轉變為不討喜的、令人聯想到過熟水果、腐敗水果的風味。

酸味

在傳統的咖啡評鑑用語裡，為「酸」的感受取了一個專業術語「酸味」（acidity），在傳統咖啡評鑑系統中，「酸味」的感受是一個獨立的評鑑項目，許多人或許有這樣的疑問：為什麼對於咖啡專業人士及咖啡行家來說，「酸味」會這麼重要呢？

也許其中一個原因就是，在咖啡裡的那種「酸甜味」（sweet-tart）感受，相對來說較稀有且珍貴。舉例來說，羅布斯塔種的咖啡只有一點點酸，雖然經過化學分析後發現，它的有機酸含量比阿拉比卡種咖啡更多（也就是說，羅布斯塔種咖啡含有的有機酸種類嚐起來並不太酸）；而種植在較低海拔，或是酸度特質較低的阿拉比卡種咖啡，嚐起來也較為不酸。在全世界的咖啡中，那些最有趣、最活潑、最具獨特性的咖啡，都會有很明顯的「酸味」感受（「酸味」是整個風味群中，關鍵的一項成分），嚐起來較不酸的咖啡，通常會讓人覺得無趣、不活潑。

右頁「酸味」的文字框內容，會為大家介紹更多這個時常會被大家誤解的詞彙。

甜味（Sweetness）

假如說「酸味」是中烘焙咖啡帶來明亮感、活力感的基本味道；那麼「甜味」就是為咖啡帶來平衡感、優雅感、連貫性的重要味道。

在咖啡中，自然甜味的高低，與品質好壞有直接關係，比酸味更能當作品質指標。在咖啡莊園中，採摘完全成熟的咖啡果實，並且用最細緻的後製處理法製作，這款咖啡的甜味就能直接變強；如果再經過仔細地篩選，將未成熟豆、色差豆、破損豆都挑除，甜味就會再多一些；最後以正確的方式沖泡，同時在新鮮的狀態下飲用，就能喝到再更多一些的甜味（過度萃取，或是把煮好的咖啡放在電熱保溫墊上，會讓香氣、甜味都減少）。

所以，喝到咖啡中自然的甜味，就是代表了這杯咖啡背後、從上游到最終的這一杯咖啡，其過程都是只許成功不許失敗，這也是好咖啡的指標。

甜味與果實的發酵

從後製處理的「去果皮」到「乾燥」階段完成之間，咖啡果實內的糖分都在持續進行發酵作用，發酵作用的產物對於咖啡的感官特質有好有壞。假如，在發酵過程中沒有其他微生物參與反應，就不會有沉悶感、霉味或更糟的味道出現，而會是增加乾淨的、帶有酒感的甜味特質，同時，水果調性會增強，對於喜愛這類風味的消費者來說，真是天大的福音啊！

在咖啡中，某些香氣／風味調性裡發現的甜味，跟我們感受蔗糖的甜味不太一樣，這種濃烈厚重的甜味，通常會以

酸味（Acidity）

「酸味」是了解咖啡時，必須要知道的第一個詞彙。如果要與許多咖啡專家或行家討論咖啡，卻不用到「酸味」這個詞彙的話，實在很難溝通。不過，「酸味」同時也是個讓人搞不太清楚的詞彙，時常受到大眾的誤解，而有著較為負面的印象。

從三個方向來看「酸味」

為了要釐清這些困惑，我們可以從三個方向來看「酸味」：（1）是烘得很好的中烘焙咖啡裡非常重要的形容用語，通常都與正面的感官評價相關聯；（2）是一種廣泛用來代稱所有咖啡裡的複雜化學組成成分（特別在講有機酸）；（3）當下的一種流行，跟人體的長期健康維持，或者是短期的健康保健相關聯的議題〔特別是綠原酸（chlorogenic acids）之類的話題，近來的研究發現，咖啡內含的抗氧化成分——綠原酸——對人體的長期健康有許多好處；不過，很遺憾的是，綠原酸同時也可能是造成胃部不適的可能因素之一〕。

從品嚐的角度來談「酸味」

在好咖啡裡，「酸味」的感受並非單獨出現的味道，不像甜味、苦味、醋酸味一樣可以單獨呈現，「酸味」是總和甜、苦達到一種平衡狀態，有時會伴隨一絲絲隱約的澀感——些微的舌燥感或收斂感（就像品嚐葡萄酒時的那類似的輕微舌燥感）。在咖啡「酸味」中，最常見的缺陷就是過多的舌燥感或澀感，通常是因為背景中含有太多苦味而會增強這樣的感受，此時的「酸味」被舌燥感與苦味占據，就變得沒有「甜中帶酸」的特性了；此外，在一些較粗糙製程之下做出的咖啡裡，「酸味」的呈現方向偏向「醋酸」（sour／acetic）。

另一方面，當「酸味」明顯的時候，「甜味」似乎就不會太多。一般情況下，你在形容一款中烘焙咖啡時，用「甜中帶酸，帶有水果與花香調的層次」來形容，這樣的感受有可能純粹是因為使用了完全成熟的咖啡果實，那股「甜味」正是來自於果實本身成熟的甜，同時伴隨著輕爽的、如櫻桃般的酸味。

但是「酸味」也會因為樹種、海拔高度、氣候、後製處理法、烘焙方式等條件的不同，進而增添許多不同的層次，這也是為什麼我們這麼愛用「酸味」這個詞的原因。舉例來說，「酸味」可以是深邃的（deep）、迴盪不絕的（resonant），搭配一點點「苦-甘」（bitter-savory）的陪襯，就會讓「酸味」顯得更令人愉悅地飽滿。「酸味」也可以是帶著水果調（fruity）或酒調（wine-toned）；也可以是清脆活潑（brisk）與可可調（cocoa-toned）；也可以是超級酸（grand）或是很亮的酸（bright）。

咖啡專家也許就是特別推崇「超級酸」與「很明亮的酸」這種類型的「酸味」，才會讓一般咖啡飲用者懼怕喝到所謂「會酸的咖啡」。像這種超級酸的咖啡，即便是再稀有，有時對咖

啡行家也是種挑戰；不過，倒是很少聽到有人會不愛結構平衡、酸中帶甜的咖啡。

從烘焙的角度來談「酸味」

烘焙對於「酸味」感受的影響，是非常深厚的。隨著烘焙程度加深，「酸味」的感受會越來越低，「苦味」的感受則越來越高。

從化學的角度來談「酸味」

「酸味」這個詞，看起來什麼地方都可以用，感覺好像很滑頭，但我們還是維持用在描述品嚐咖啡風味這個方向就好，在化學的角度上，要用「酸」這個詞複雜多了。與「酸味」感受可以扯得上關係的化合物成分，族繁不及備載，而且因為咖啡品種／變種、烘焙方式與沖煮方式的不同，而有各種不同的組合變化。

但還是可以先介紹幾種已證實與「酸味」感受有直接關聯的化合物成分給大家認識，下方會列出這些化合物的名稱。不過，千萬要記住：（1）這些物質只是基本味覺中「酸味」的貢獻成分之一，與其他更細微的香氣風味層次無關；（2）下方列出的項目是經過極度簡化的，我們只是挑選出「明星級的酸」來介紹，其他還有很多不同的酸，在背景裡支撐著，只是我們沒辦法一一介紹。

在當今業界，最常提到的幾種酸類物質，通常都是較容易取得的，因此比較好拿來做實驗：這些物質通常會被食品化學家拿來研發新的軟性飲料，或者是口香糖的香料，並且通常會具備大量生產的特性〔舉例來說：「檸檬酸」（citric acid）每年的生產量就有數百萬磅之多〕，這些酸性物質沒辦法全然代表優質咖啡裡的酸味感受，就好比咖啡色顏料無法全然代表林布蘭的自畫像；用音樂的角度來比喻，在優質的肯亞咖啡裡品嚐到的蘋果酸（malic acid）調性，就像帕華洛帝的高音，再講得通俗一點，那個音調就像你鄰居家裡彈奏的鋼琴聲（也是指高音）。

我們列出的這些酸性物質，主要是引用於咖啡化學家約瑟夫·里維拉（Joseph Rivera）的原創研究，另外有一些則引用於伊凡·弗萊門特（Ivon Flament）於 2002 年出版的一本百科全書級曠世巨作——《咖啡的風味化學》（Coffee Flavor Chemistry）。如果你想獲得更多關於各種酸性物質與咖啡風味的對應關係，推薦大家到里維拉的網站參考（coffeechemistry.com），你也可以在網站上買到下方列出的酸性物質測試套裝（一組 6 種），依照里維拉的建議來做一些實驗。

不論如何，如果我們只是想簡單了解「酸味」感受的主要貢獻成分，並且快速地記錄，那麼就趕快來看看這些東西是什麼吧！

蘋果酸（Malic Acid）

　　這種有機酸，呈現出純淨的、清脆的水果調感受，通常可以與青蘋果聯想。蘋果酸也時常出現在葡萄酒、釀酒葡萄中，當咖啡評鑑師提到「品嚐到一款令人愉悅的、很明亮的咖啡」，讓他有這種感受的成分很有可能就是蘋果酸。蘋果酸會隨著烘焙程度加深而遞減，淺烘焙比深烘焙有著更高的含量，這也能夠解釋，為什麼越深烘焙的咖啡其酸味會越來越少，蘋果酸會被偏向苦味的物質所取代〔像是接下來會提到的奎寧酸（quinic acid）〕。將蘋果酸稀釋過後直接品嚐，味道還蠻不錯的，也很自然可以理解為什麼會被廣泛應用在食品、飲料中，當作提供正向水果風味感受的成分之一。

檸檬酸（Citric Acid）

　　在日常生活中，很常見的成分（有的應用在軟性飲料中，有的則應用在清潔用品上），檸檬酸在咖啡的酸味感受中，也是一個「甜中帶酸」怡人調性的主要貢獻成分，重要性或許僅次於蘋果酸。想當然耳，從字面上就可以看出，檸檬酸是柑橘類水果的主要風味成分（citric acid vs. citrus fruits），即使在中烘焙咖啡中，柑橘類風味成分也會呈現出強弱不同的型態，有時非常明顯，有時則很難察覺；有時你會嚐到甜甜的成熟萊姆味，有時嚐到帶著苦香氣味的葡萄柚，有時則是帶有生津感的橘子味，有時是略苦的佛手柑味，這些柑橘調性風味的形容方式，其核心成分都是檸檬酸。把檸檬酸稀釋為可飲用的程度後，與稀釋後的蘋果酸相比，要區別兩者是有點難度的，但經過反覆練習依舊可以分辨其差異，多數的評鑑師都認為蘋果酸較討喜、喝起來較過癮。

奎寧酸（Quinic Acid）

　　「奎寧酸」被推測為「綠原酸」（通常沒什麼味道卻又大量存在的物質，接下來內容會提到）經過烘焙後分解而成的。奎寧酸味道是苦的，並且帶有澀感，隨著烘焙程度加深，奎寧酸的比例就會變高，直到極深烘焙的程度，奎寧酸跟其他許多物質一樣都會消失。隨著烘焙程度變深，奎寧酸逐漸增加、蘋果酸逐漸減少的現象，或許正是導致越深烘焙的咖啡會越有苦味的感受，酸甜的感受則逐漸減少。

醋酸（Acetic Acid）

　　實際上來說，我們講的就是「醋」的味道，在咖啡裡出現這樣的味道並不是好事，因為醋酸在咖啡中的表現是尖銳感（sharp），而非像蘋果酸、檸檬酸一樣的酸甜感。這種不討喜的酸，通常來自生豆外表看起來偏褐色的那種「酸敗豆」（sour），在羅布斯塔種咖啡中很常見。因此，對於高品質咖啡而言，如何降低醋酸成分比例就是一個重要課題。雖然，如果在酸味的成分中有一絲絲醋酸的存在，或許能增加一些迷人層次，但我必須承認，醋酸在咖啡中所帶來的影響越少越好。

磷酸（Phosphoric Acid）

　　與其他列出來的酸性物質不同點在於，磷酸是一種無機酸，意指它是礦物質衍生的產物，而非來自於生物體本身。磷酸有許多廣泛的工業用途，從防鏽劑到清潔劑都有。乍看之下跟美味扯不上任何關係，不過磷酸也時常被拿來當作軟性飲料配方中的防腐劑使用，同時也能使風味變得更銳利、喝起來更活潑。並無明顯的科學證據顯示，磷酸在咖啡中對酸味感受有什麼重大關聯；與奎寧酸相同的是，磷酸成分會隨著烘焙程度加深，而變得越來越多（只是增加的幅度不大）。

綠原酸與咖啡奎寧酸〔Chlorogenic Acids（CGA）& Caffeoylquinic Acids（CQA）〕

　　在咖啡裡，「綠原酸」是眾多有機酸類中含量最高的一種，對於風味的影響，就是在經過烘焙之後，綠原酸會降解為其他種類的有機酸，也就是「咖啡奎寧酸」，後者對風味有直接的影響，其中一項就是前面提到過的「奎寧酸」（具有苦味與澀感的特性）。

咖啡的「酸味」與健康的關係

　　與其他酸性物質相比，綠原酸的各種型態產物，時常被拿來做科學研究，主要是因為人們很想了解咖啡對人體健康的好處與壞處。好的方面來說（看起來還蠻不錯的），咖啡中的「綠原酸」與其他許多物質，提供了非常強大的抗氧化成分，這大概就是為什麼頻繁、適度飲用咖啡的人，比起不喝咖啡的人更不容易被多種疾病困擾，同時也降低了死亡率（也就是說，適度飲用咖啡可以讓你活得更久，詳見第 19 章第 275 頁）。有一項關於飲食中抗氧化成分的主流研究報告顯示：在美國人的飲食中，大約有 66% 的抗氧化成分攝取自咖啡〔2004 年發行的《營養科學期刊》（Journal of Nutritional Science）〕；另外還有其他許多研究，皆證實了咖啡的重要性，因為它是抗氧化成分的主要來源。

　　不好的方面來說，「綠原酸」及其相關的「咖啡奎寧酸」被懷疑是增加胃食道逆流風險的元兇之一。第 284 頁會介紹更多關於「低酸度」咖啡，以及權衡到底要端給消費者怎樣的咖啡（要好喝，要對健康有正面影響，又要能提神，但是最好不要有胃食道逆流這類不舒服的體驗）。

「糖漿」或「楓糖漿」做主要聯想。甜味有時會包覆在某些種類的巧克力味之中，有時則是以焦糖味呈現，或者是以各種會甜的水果味呈現：桃子味、杏桃味時常被拿來與中烘焙咖啡的甜味聯想；葡萄乾、李子乾、椰棗乾（dried date）的味道，則時常拿來與較深烘焙的咖啡甜味聯想。

苦味（Bitterness）

很明顯地，人類天生就偏好甜味、厭惡苦味，只有在長大成人之後，經過文化的深度洗禮，才會開始在某些食物上對苦味做出評價。不過，我們通常也是會偏向要有甜味或甘味的存在，來平衡苦味。

咖啡中的苦味有許多來源，包括那些嗜起來苦苦的酸性物質（如第 50 頁的奎寧酸）。咖啡因也是苦的，不過，在整體來說占比較低。

總地來說，在中烘焙咖啡中，苦味只能出現一點點，要低到「很難感受到」的程度，只能作為酸味、甜味的低調背影存在著，好讓中烘焙咖啡的酸、甜及其他風味調性有適當空間可呈現。在較深烘焙的咖啡中，如果出現一抹類似甜味的「黑巧克力調」那種苦味，也是還蠻討喜的存在方式。

過多的苦味會掩蓋香氣／風味，同時會伴隨著「澀感」或「舌燥感」，共同聯手把香氣中的討喜調性全面淹沒。我們在 *Coffee Review* 的評鑑經驗中，時常因為苦味與澀感把原本應該很複雜怡人的香氣摧殘而感到震驚。

甘味或鮮味

感官科學家現在普遍接受「甘味或鮮味」是第 5 種基礎味道（與酸、甜、苦、鹹並稱「5 大基礎味道」），咖啡業界也認同甘味／鮮味在用來形容咖啡中某些特質時還蠻好用的。特別注意，在本文中使用的「甘味」〔英文 savory 在一般情況下，有「鹹香」的意思，但在本書使用的，主要是用來代表類似「肉類」或「肉湯」般鮮美的甘味，通常是由胺基酸類中的「L- 麩胺酸」（L-glutamate）帶來的感受〕一詞，指的並非是「甜味」的相反詞。

你喝咖啡時加入糖、奶的習慣，主要原因是：長久以來，許多地方飲用的咖啡品質都很糟糕，而且大多要靠深烘焙來遮掩缺陷風味。（圖片來源：iStock ／ Hiro photo_H）

有些正在學習咖啡評鑑的學生，特別是偏重技術層面問題的那些人，認為這種在咖啡裡出現的、很深邃的、飽滿的肉類／肉湯似的感受，應該是來自於鹹味與脂肪的結合而產生的，並非真正涵義上的「鮮味」。至於真正的答案是什麼，我對此保持開放的態度，希望未來的咖啡科學家能夠找出真正的答案，撇開牽涉到的化學結構層面，我們許多人都覺得「甘味」這個詞，在形容某些咖啡類型時非常實用。

舉例來說，在品質最佳的肯亞咖啡，以及許多「帕卡馬拉變種」（Pacamara）的咖啡中，我稱之為「甘味」的感受就非常明顯，而且在這兩類型的咖啡中，都是很重要的存在，讓這當中的甜味與複雜的香氣風味調性，添增了一種深邃的、肉湯般的迴盪感。當這種「甘味」走向更極端的邊緣時，可能就會出現「醬油」或「美式牛肉乾」的感受，通常這會出現在品質較差的咖啡中，屬於較不討喜的感受。

與其他基礎味道相同，我們對於「甘味」的容忍度是因人而異的，每個人的味覺經驗與偏好都不盡相同，在某些咖啡中出現的「甘味」，在與自然甜味重疊出現時最具吸引力；但是，如果鹹味的感受大過甜感時，「甘味」就會走向

苦味的救星：牛奶與糖

在許多地方，因為咖啡喝起來偏苦，人們發展出加糖飲用的習慣，他們也時常加入乳品或奶精來降低苦味的感受。

毫無疑問地，在咖啡飲用史的前幾個世紀中，因為人們飲用的咖啡可能都苦到不行，所以才漸漸演變成這樣的習慣。我們可以猜想，早期的咖啡果實都是隨便採來的，所以用這樣的果實（同時有成熟果、過熟果、未熟果、發霉果，有時甚至是從地上撿起來的落果）製造出來的咖啡，也同時伴隨著醋酸味與澀感。雖然這樣的咖啡擁有許多缺陷風味，但從另一個角度

來看，那股非常穩定又非常沉重的苦味與澀感，其實才是這杯咖啡的主體。

時至今日，不加糖或奶的純咖啡變得更普遍了，我們喝到的純咖啡，保有果實中具備的天然酸甜味，十分怡人、多變，同時還有其他許多天然的風味。或許，在美國及其他地方「飲用不加糖或奶的中烘焙咖啡」會成為一種風潮，是因為那些帶有天然甜味調性的咖啡在市面上越來越常見的緣故。

「梅納反應」（Maillard reaction）是一種化學反應，透過烘焙過程將咖啡中的胺基酸與糖分帶出，使咖啡豆表的顏色變深，讓咖啡發展出「甘味」或「鮮味」，在某些咖啡裡會發展出近似於成熟且烘烤過的蕃茄那種飽滿甘甜味。（圖片來源：iStock／mashimara）

更極端的邊緣，變得不討喜。

鹹味（Salt）

一般來說，經驗豐富的咖啡評鑑師都不喜歡（甚至不認同）在咖啡中出現很明確的鹹味感受，也許是因為，鹹味在咖啡的定義中是一種品質低落的指標，就好比自然的甜味是品質優異的指標一樣。在品質低落的日晒處理法咖啡中，時常會出現鹹味或海水味，同時還會有如「碘味」（iodine）或「阿斯匹靈」（aspirin）般的西藥味，那都是因為在乾燥、篩選程序中不夠仔細所導致的。所以，只要在咖啡中嚐到了明確的鹹味時，通常也會嚐到其他缺陷味，這也許就是咖啡圈如此不信任鹹味調性的真正原因。

「口感」或「咖啡體」

「口感」一詞，是用來形容食物或飲品在口腔裡的觸覺感受（感受其質地、重量等觸覺感受），在理解固態食物的口感時，毫無疑問地，比理解飲品類口感（像是咖啡）還要容易多了，因為我們可以透過咀嚼固態食物的動作，在大腦中直接將訊號轉換為明確的觸覺訊號（液態飲品無法咀嚼，只能靠舌面與口腔周圍來體會），在咖啡鑑賞的領域中，如何辨識、形容出口感的類型，是十分重要的評鑑元素。

如同訓練基礎味覺的方式，訓練口感時，需要先在精神上、感官上沉澱下來，把一小口咖啡液體含在口中，並嘗試讓它在口裡流動，用舌頭來感受它的重量。先不要管到底喝到了什麼樣的味道，或者聞到了什麼香氣，這些通通放一邊去，只要感受它的重量、密度、質地就好。執行這個步驟，

最好等咖啡放到適口溫度後再進行。

口感中的「質地」

在 *Coffee Review* 的日常工作中，我們會將「口感」以兩個方向來看：（1）感受重量〔厚實的（heavy）、飽滿的（full）、中等的（medium）、單薄的（light）〕；（2）感受它的質地（這點更為重要）：

- 順口的（smooth）、如絲般的（silky）、如緞般的（satiny）、如糖漿般的（syrupy），這些都代表好的評價；
- 漂浮感（buoyant）、冒泡感（effervescent），這些也代表好的評價；
- 顆粒感（grainy）、粉筆感（chalky）、沉重但呆板（heavy but dull）、凝滯感（inert），這些代表不好的評價；
- 稀薄的（thin）、無重量的（lean）、水感（watery），這些絕對是不好的評價。

特別要注意，如果是「清爽但如絲般順口」（light but silky-smooth）的口感，一定比「沉重但呆板且具凝滯感」的口感還要更令人享受；也就是說，「質地」比「重量」更能帶來明確的印象。

「口感」受到許多變數影響，從生豆本質到烘焙（在中烘焙到中深烘焙之間的咖啡口感，是最飽滿的狀態，在極淺與極深烘焙的咖啡口感較不具重量感），再到沖煮（沖煮時，使用濾紙過濾後的咖啡，口感質地較順口，但重量感也較輕；使用金屬濾網沖泡的咖啡，則相反）。把咖啡用加壓的方式沖煮成 espresso，很顯然會得到比其他方式沖泡的咖啡更厚實的口感。

「後味」或「收尾」

在品嚐「好咖啡」帶來的享受時，「後味」或「收尾」是十分重要的，即便我們有時並不會主動意識到它的存在。對於想要在享受咖啡的同時，能更深入了解咖啡的人來說，「後味」會是一個非常實用的診斷工具。某些缺點（過度單純的香氣、不平衡的味道結構、過多的澀感）時常會在「後味」的階段不小心露餡，即便在那之前，這杯咖啡原本的表現有多精彩。

「後味」中的風味

舉例來說，在大多數品質一般到品質低落的咖啡中，香氣／風味調性在收尾的階段會消失，最多只剩下隱約的甜味或苦甜味，最慘的情況下，則只剩下讓人入口乾舌燥的澀感，久久揮之不去。

喝到具渾厚或大量複雜香氣特質的咖啡時，其「後味」也十分精彩。有時，一些風味調性會一直延續著，直到收尾的階段還能夠很清晰感受到；有時，則會在收尾階段轉變為

感官知覺裡的鬼牌：澀感

「澀感」指的是在味蕾上那種「舌燥感」與「收斂感」，在描述與評價咖啡時，是一項非常重要的指標，它不屬於基礎味覺（甜味或苦味），也不屬於香氣調性（像是柑橘調或巧克力調），它是口感家族裡，一名偷偷摸摸的成員，在我們感受咖啡的其他特性時，它也悄悄地產生一些影響。當「澀感」成分較低、隱身幕後、與其他特質相容合時，會讓這杯咖啡產生「討喜的清脆感」，讓一杯原本就很甜的咖啡，增加了一些活潑的口感；但當「澀感」成分太高時，就會呈現不均衡的感受，會增強苦味，時常把酸味變得更銳利，最糟糕的情況下，「澀感」會掩蓋所有的風味調性，就像「白噪音」會蓋掉其他所有環境音一樣。

跟苦味一樣，過多的「澀感」是咖啡品質低落的指標，漫不經心地採收標準、乾燥程序、篩選程序，都是造成「澀感」的因素。

最具爭議的也許是，越深烘焙的咖啡「澀感」也會逐漸增強，在許多極深烘焙或法式烘焙中，「澀感」與「苦味」就是咖啡的主體，這也是為什麼深焙咖啡的飲用者時常會加入糖或奶一起飲用，牛奶中的脂肪成分會把「澀感」變的柔和，糖則能夠平衡「苦味」。雖然「澀感」對所有評價項目裡的每個元素幾乎都有或多或少的影響，但是「澀感」在「後味」的階段裡，時常被提及，也在這個階段特別容易感受到。

多層次感受，不斷迴盪。在「風味調性」階段中，品嚐到好咖啡的「回韻」（short finish，剛吞嚥下或剛吐出口中咖啡液時，立刻返回的那股韻味，與真正的「後味」發生順序不太一樣），有時會持續迴盪 1～2 分鐘，之後，變成「長韻」（long finish，就是「後味」本體），有時就會轉變為很明確的、新的層次。

「澀感」與「後味」的關係

很不幸地，許多喝起來讓人感到口乾舌燥的「澀感」與「收斂感」的咖啡裡，這些不好的感受通常會一直殘留到「後味」階段，對甜味與層次感發出襲擊，假如你能夠察覺到它的存在，那就代表「澀感」已經太多了。極少數的情況下，在一杯以甜味、複雜的風味調性為主體的咖啡中，一點點的「澀感」有時會增加一些飽滿度的印象。

感官科學家將「後味」定義為：「吞嚥下食物或液體之後，仍會殘存在口腔黏膜上的非常薄的一層風味物質。」因此，為什麼「澀感」會蓋過敏弱香氣與風味分子，也就變符合邏輯了（「澀感」會包覆敏感脆弱的味蕾組織，所以就難以感受到香氣與風味分子）。

辨識缺陷風味

有一些風味調性及杯中特質，被許多專業人士認為是品嚐咖啡時不該出現的，從高含水量的種子製作成表面堅硬的咖啡生豆過程中，產生出這些感官上的特質。

這些不該出現的風味特質（由後製處理階段所產生的）通常被標記為「較溫和的缺陷」（taints）與「較嚴重的缺陷」（faults），通常也被稱作「杯中瑕疵」（cup defects）或「隱藏的瑕疵」（hidden defects）。這些缺陷的成因，通常都是因為在後製處理的各個階段中，出現了重大缺失。舉例來說：執行乾燥程序時，咖啡豆因為沒有分散鋪平、堆疊在一起，所以產生惡臭，這股臭味就會在杯中呈現為穀倉裡的腐臭味，或者是令人作嘔的霉味等調性。這些缺陷風味，時常出現在廉價的、大量生產的咖啡中。

故意做出來的小缺陷

另一方面，有一些較無傷大雅且能增添趣味的小缺陷，有可能是故意為之的，它們或許並不是因為粗心大意而產生，反而是因為人們在某些關鍵步驟（例如：去除果皮、乾燥階段）刻意做出來的，目的是為了在最終的杯中特質裡，呈現出討喜的風味辨識度。

在實際進行品嚐時，許多咖啡愛好者對於這樣的小缺陷，抱持著分開來看或「不可知論」（agnostic）的態度，他們認為：「假如我喜歡這款咖啡，那麼某人跟我說它具有缺陷風味時，誰會在乎呢？我就是喜歡它的全部，包括那小缺陷在內；假如我不喜歡它，我以後也不會再買」。

不過，行家族群有可能會想更深入了解「缺陷瑕疵」是什麼，以及這些缺陷、瑕疵對風味上的影響，也想了解其成因，他們也想知道，哪些缺陷風味是普遍認為最不該出現的，哪些又是可以對杯中特質有正面貢獻的。

如果你是屬於這種非常認真的族群，可以參考第 10 章第 108 頁的表格「常見的咖啡風味缺陷一覽表」；在第 9 章與第 10 章（特別是第 86～96 頁）會更深入介紹缺陷風味的對應成因，以及帶來的問題。

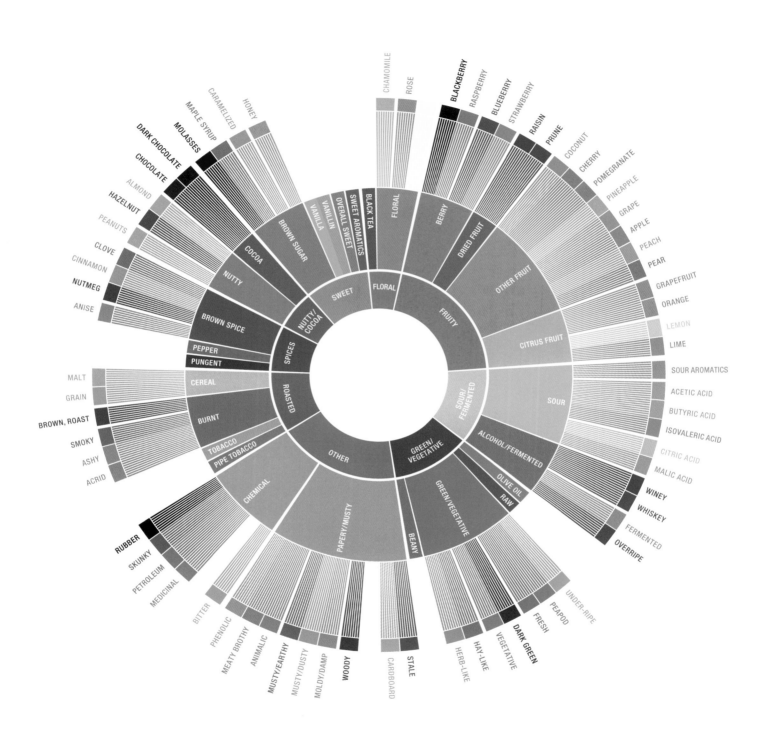

COFFEE TASTER'S FLAVOR WHEEL CREATED USING THE SENSORY
LEXICON DEVELOPED BY WORLD COFFEE RESEARCH
© 2016 SCA AND WCR

Specialty
Coffee
Association

WORLD
COFFEE
RESEARCH

UC DAVIS
COFFEE CENTER

V.2

「吧台文化咖啡」版本的風味輪

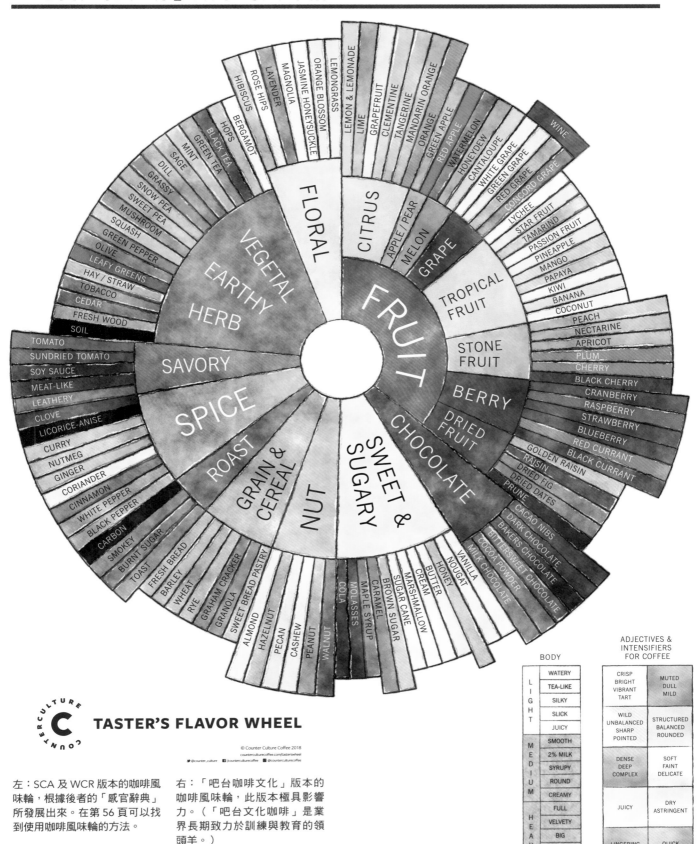

TASTER'S FLAVOR WHEEL

© Counter Culture Coffee 2018
counterculturecoffee.com/tasterswheel
🐦 @counter_culture ⓕ /counterculturecoffee ⓘ @counterculturecoffee

左：SCA 及 WCR 版本的咖啡風味輪，根據後者的「感官辭典」所發展出來。在第 56 頁可以找到使用咖啡風味輪的方法。

右：「吧台咖啡文化」版本的咖啡風味輪，此版本極具影響力。（「吧台文化咖啡」是業界長期致力於訓練與教育的領頭羊。）

BODY		ADJECTIVES & INTENSIFIERS FOR COFFEE	
L I G H T	WATERY	CRISP BRIGHT VIBRANT TART	MUTED DULL MILD
	TEA-LIKE		
	SILKY		
	SLICK	WILD UNBALANCED SHARP POINTED	STRUCTURED BALANCED ROUNDED
	JUICY		
M E D I U M	SMOOTH		
	2% MILK	DENSE DEEP COMPLEX	SOFT FAINT DELICATE
	SYRUPY		
	ROUND		
	CREAMY	JUICY	DRY ASTRINGENT
H E A V Y	FULL		
	VELVETY		
	BIG	LINGERING DIRTY	QUICK CLEAN
	CHEWY		
	COATING		

55

兩種「風味輪」（Flavor Wheels）圖表

「咖啡風味輪」是以圖表來介紹一系列特定的咖啡香氣與風味調性，我個人則是使用第 44 頁的「風味評鑑一覽表」來介紹這些香氣與風味調性。有一些人覺得，我這種更直覺式的表列方式較容易使用；也有些人覺得「風味輪」這種圖表式的模式，比較符合他們的需求。

特別注意，第 54 ～ 55 頁的這兩份咖啡「風味輪圖表」（跟我的「風味評鑑一覽表」第一、三欄內容相同），主要聚焦於某些特定的香氣／風味描述用語（與特定的水果或物質相關聯的用字）：檸檬味、桃子味、茉莉花香、糖漿甜、巧克力調、橡膠味等。認真說起來，在咖啡世界裡能用上的香氣／風味描述詞彙有數千個，甚至每一天都還可能產生新的詞彙，在在說明了咖啡極其複雜的化學組成結構，也證明了人類大腦中根據不同的個體經驗，能夠自行創造聯想的能力。

這兩張「風味輪圖表」及我的「風味評鑑一覽表」，目標都是讓我們理解嚐到了哪些風味，以及該用哪些詞彙形容，同時協助將這些詞彙做有效分類。

咖啡風味輪使用方式

在概念上來看，所有風味輪圖表的使用方式都一樣：越靠近中心點的大區塊，代表著較廣泛的香氣／風味類別（例如：水果味），再往外一圈則是更明確的類別項目，在第 54 頁的「SCA ／ WCR 風味輪」中，「水果味」大類別的外圈分為「柑橘類水果」、「莓果類水果」、「水果乾」與「其他類水果」，最外圈的則是更明確的用字，從「柑橘類水果」大項延伸到最外圈，也就是「葡萄柚」、「橘子」、「檸檬」、「萊姆」等十分明確的水果；從「莓果類水果」大項延伸到最外圈，就是「黑莓」、「草莓」等。

一群經驗豐富的咖啡評鑑師，有時會發展出屬於他們自己的咖啡風味輪或風味描述用語詞庫。第 55 頁提供的是由「吧台文化咖啡」（Counter Culture Coffee，是一間致力於咖啡業界教育的大型、極具影響力的咖啡批發烘焙公司）的咖啡評鑑師發展出來的，他們的風味輪有蠻大的影響力，有些消費者會覺得比第 54 頁的更實用，也比我的「風味評鑑一覽表」更有趣。

「風味輪」、「感官辭典」（Sensory Lexicons）與「香氣自我訓練組合」（Aroma Kits）

歷史上第一份「咖啡風味輪圖表」是由泰德‧林格（Ted Lingle，前 SCAA 執行長；SCA 前身）所編纂，第 54 頁的「風味輪」取代了林格的風味輪，成為了 SCA 與 WCR 官方正式使用的「風味輪」，這份最新的風味輪圖表是根據「WCR 感官辭典」來編列，這份「感官辭典」涵蓋了香氣／風味調性，以及基礎味覺、口感內容，是由經過學術訓練的評鑑師及複雜的統計分析，共同發展出的延伸性辭典，類似這樣的「感官辭典」在商業食品飲料圈蠻常見的。

與其他辭典相同之處，「WCR 感官辭典」提供了具體的香氣／風味調性參考用字，舉例來說，假如你很好奇標準的「黑莓」調性聞起來、嚐起來像什麼，跟你早餐吃的司康裡那股「黑莓」味有什麼差別？你在這份「感官辭典」裡就可查詢到：「黑莓」味是「甜甜的、深沉的水果味，帶點花香、微酸，帶有某種芳香的木質味」。假如你要更實際一點的參考目標，可以到超市買一瓶「斯馬克」（Smucker's）品牌的黑莓果醬，微聞它，再嚐一口果醬的味道，這就是專業人士定義中的標準「黑莓味」。

撰寫本文的同時，WCR 在其官方網站上開放了「WCR 感官辭典」的下載連結，這份辭典內容十分全面，編排得極具巧思（然而，這份辭典引用的文獻資料超過 100 處，全都有詳細出處來源列表），也因此才能發展出「SCA ／ WCR 風味輪」及我的「風味評鑑一覽表」這些工具。

番外篇：「香氣自我訓練組合」

假如你不想買斯馬克牌黑莓果醬，你可以考慮購買一組「香氣自我訓練組合」（詳見第 301 頁「參考資源：感官訓練工具」）香氣自我訓練組合是很精簡的解決方案，裡面提供了咖啡會出現的一些香氣風味，用一個個小瓶子裝起來，你只要打開瓶蓋聞一聞就懂了。舉例來說，在 SCA 官方網站上，目前就有銷售三套「香氣／風味自我訓練組合」：「36 味香瓶套裝」售價 350 美元；「100 味香瓶組」售價 450 美元；「144 味香瓶組」售價 1200 美元。

「風味輪」、「自我訓練工具」、「風味用語列表」的限制

這些感官訓練工具本身也存在一些遺憾，某方面來說，它們無法全面涵蓋我們喜愛的某些香氣／風味調性；另一方面，假如真的列出所有香氣／風味調性用語，那多到數不勝數的詞彙數量，也可能把新手咖啡評鑑師嚇跑。

為咖啡產業帶來秩序

「SCA ／ WCR 風味輪」並不只是想嘗試成為一種「提示」，它想要呈現的是一組有明確定義的香氣／風味調性，用這樣的出發點帶給咖啡業界一套共同的描述用語，用「風味輪」上出現的詞彙，來塑造咖啡產業裡的秩序。這個目標也許會有「機構效應」與「剝奪人權」的疑慮，但是有些人對於其帶來的確定感與共識，則表示肯定。

假如是要提高享用咖啡的樂趣，並且更了解咖啡，我覺得我的「風味評鑑一覽表」與「吧台文化咖啡的風味輪」會比「SCA ／ WCR 風味輪」好用，前兩者內涵更豐富、更不具專制性，當中的描述用語對我而言更實用。我的「風味評鑑一覽表」也提供了「描述性用語」（這是什麼？）與「評價用語」（我喜不喜歡這個味道？）在我們進行感知與描述時，能夠分辨自

身喜好與否，會是一項重要的基礎元素。

另一方面，SCA ／ WCR 想要建立共同語言的目標，就是為了過濾掉個人經驗與偏好的影響，將「評鑑風味」轉變為一種穩定的、相對客觀的描述性工具，只有透過如此客觀的工具，研究人員才能開始針對「如何製作出品質優異的咖啡」那些複雜的過程，有更完整的認知，也更能體會好咖啡帶來的享受。

「濃烈的」（Strong）咖啡

我們時常可以聽到人們這樣表達——「我喜歡濃烈的咖啡」，但是「濃烈的」這個字在咖啡定義中有點模糊且代表了多種涵義，下面提出幾種可以被稱為「濃烈的」情況：

用沖煮法來看「濃烈的」

在沖泡咖啡時，為了達到「濃烈的」目的，你可以使用較多的咖啡分量與較少的水量，如此一來，在水中就會溶出更多的咖啡成分，包括更多可以產生風味、口感的可溶性物質。從技術上的觀點來看，在這個層面用「濃烈的」來形容，應該是咖啡圈裡最恰當且精準的。

在深烘焙咖啡中定義的「濃烈的」

將咖啡烘焙得越深，就會得到更多的辛香感與苦味，以及更少的甜味與更多的口感。對許多咖啡飲用者而言，這種尖銳的、帶苦味的辛香感就是「濃烈的」指標，淺到中烘焙的咖啡風味中，具有較多自然的甜味、較多花香與果香調性，因此對於這些「濃烈咖啡」的愛好者而言，這一類的咖啡就顯得有點軟腳、不夠力。

然而，有些人猜測：「深烘焙的咖啡，比較淺烘焙的咖啡含有較多咖啡因，只因為深烘焙的咖啡嚐起來較苦，而且咖啡液顏色看起來較深」，這個想法是錯誤的；另一個角度的猜想：「深烘焙的咖啡含有較少咖啡因，因為在烘焙過程中，咖啡因會被燒掉」，這個想法也是錯誤的。事實上，「烘焙深度」對「咖啡因含量」的影響微乎其微。

羅布斯塔種咖啡的那種「濃烈」

唯一一種要得到純天然、較高咖啡因含量的方式，就是使用羅布斯塔種咖啡，而非使用另外添加咖啡因或濃縮精華這兩種額外添加的方式。相較於阿拉比卡種的咖啡，羅布斯塔種的咖啡因含量是前者的兩倍（當然，阿拉比卡種就是製造出世界上品質最佳咖啡的主要品種，也是本書主要談論的主題）。

在撰寫本文的同時，「用羅布斯塔種咖啡來獲取更多的咖啡因」這種方法來代表「濃烈的咖啡」一時蔚為風尚。就我所知，位在加州的「感恩節咖啡」的保羅·卡杰夫（Paul Katzeff）是北美咖啡烘焙師中第一個採用羅布斯塔種咖啡來製造綜合配方豆的人，用意就是要獲得更多咖啡因。「感恩節咖啡」的「小馬快遞配方」（Pony Express blend）從 1977 年就被開發出來，其成分為 100% 羅布斯塔種咖啡，是當地大學生與 101 號公路上奔馳的卡車司機的最愛（當然，「感恩節咖啡」也同時生產風味細膩的阿拉比卡種咖啡商品）。

還有一家較晚成立的「找死咖啡」（Death Wish Coffee），也採取這種較高咖啡因的方式來稱為「濃烈的」咖啡，他們用「全世界最濃烈的咖啡」這樣的標語宣傳，同時還採用「深烘焙」與「較高咖啡因」兩種模式來強調一種「大男人主義」的概念。不過，「找死咖啡」在其綜合配方豆裡，只使用了相對較少量的羅布斯塔種咖啡，它所宣稱的「濃烈」似乎指的主要是感官上的「濃烈」。較具決定性的吸引力，來自於深烘焙，還有那聰明的廣告行銷策略。

高咖啡因含量的配方綜合豆，在當代咖啡界裡發展出了一票跟隨者，其中有一部分就是跟隨現在廣受喜愛的「找死咖啡」品牌。羅布斯塔種咖啡比起阿拉比卡種咖啡，具有約兩倍的咖啡因含量，強調咖啡因含量的「找死咖啡」，以及圖中「感恩節咖啡」的「小馬快遞配方」都是使用高品質的羅布斯塔種咖啡製作；不過，感官上的「密集感」（intensity）與「強度」（strength）主要是來自「深烘焙」的手段。（圖片來源：感恩節咖啡）

CHAPTER 6

進階品嚐：實務練習與相關圖表

前一章的內容聚焦在「咖啡評鑑」的哲學面，主要是關注於感知與生理層面；本章聚焦在更實際的操作層面，讓你在家也能進行比較式品鑑。

系統性的比較式品鑑

要學習如何訓練在咖啡上的感官認知，最好的方法就是同時品嚐 2～4 種樣品，使用同樣的沖泡參數（包括使用相同的水溫）與流程。新鮮沖泡出來的所有樣品，因為同時測試的關係，個別的風味特質會變得更鮮明，不同樣品間的相似、相異之處也會更清楚。

在葡萄酒、烈酒、啤酒等領域中，執行這類比較式品鑑是相對較容易的；但用同樣的方法來品鑑咖啡則不是那麼簡單，因為咖啡是需要經過「沖煮」的步驟，也必須在沖煮完成後，馬上進行品嚐才有意義。

我建議你準備一套簡單的杯測用具（如第 63 頁介紹），或是準備幾個規格相同的保溫壺（用來裝泡好的咖啡），然後使用家裡的滴漏式美式咖啡壺，或是其他自己偏

這是其中一個在家裡進行咖啡品鑑的器材準備選項。每一個保溫壺裡，裝有一款以同一種方法沖泡（比如說，都使用同樣的全自動濾泡式滴漏美式咖啡壺沖煮，使用相同的咖啡粉水比）、新鮮沖煮好的咖啡，保溫壺的作用是讓沖煮好的咖啡液能夠盡量維持在相同溫度，因為在操作咖啡品鑑的過程中，必須反覆進行品嚐，才能完善對於風味的印象（重覆多次品嚐，可以分辨出樣品間的風味差異性）。（圖片來源：Digital Studio SF）

分辨咖啡產地帶來的不同風味特質：3 個案例

樣品	香氣	基本味道結構，包括酸味（第 47 頁）
範例 1 **水洗處理法（Washed ／ Wet-processed）** **衣索比亞耶加雪菲（Ethiopia Yirgacheffe）** 淺到中烘焙。進行這個練習時，先不要用日晒處理的耶加雪菲。	花香調性應該是主體（從清脆的薰衣草調，到迷人的忍冬花香調），同時也具備柑橘類果皮的調性（檸檬皮或橘子皮），有時可能會有突出的芳香木質調，例如：雪松或檀香，有時也會有一些堅果類或可可豆類巧克力的調性。	甜到苦甜，具有細膩但是很明亮的酸味，通常是帶著花香或柑橘調的特質。
範例 2 **高品質的日晒處理法（High-Quality Natural）** **巴西（Brazil）** 淺到中烘焙。這類型的巴西咖啡，被稱為乾式或天然式處理法，但兩種詞彙指的是同一件事──咖啡豆是在完整的果實中進行乾燥的，通常我們稱為「巴西聖多斯咖啡」（Brazil Santos）。	複雜性比範例 1 的耶加雪菲更低一些，整體調性較低調。堅果味、堅果調巧克力為主，通常會帶點新鮮木質調，例如：橡木（氣味較深沉、圓潤）、雪松、冷杉（香氣更強）。時常具有帶核水果類的調性（杏桃、櫻桃、李子、梅子），不常出現花香調性，偶爾會隱約感受到一點點柑橘調氣味。	通常是很溫和圓潤的苦甜味，酸味典型來說不太明亮。假如你嚐到了酸味的感受，通常可能都會較偏向圓潤、低調輕快感，而不是明亮感。
範例 3 **水洗處理法** **哥倫比亞（Colombia）** 淺到中烘焙。盡量向一家不錯的烘豆廠商購買高品質的哥倫比亞咖啡，可能是「優良級」（Excelso）或「特優級」（Supremo），品名裡可能是眾多產區中的其中一個。	幾乎都是巧克力調性，通常是飽滿的苦甜巧克力，或是烘乾的可可豆調性。幾乎總是會出現帶辛香感的芳香木質調，特別是雪松氣味。幾乎總是有成熟杏桃般的水果調，以及橘子皮類型的柑橘調。時常會出現一些烘焙堅果（通常是杏仁果調性），花香調性通常會在背景中出現，幾乎都是濃香型的花香，例如：百合花或香莢蘭（就是香草的花香）。	在 3 個範例中，酸味辨識度大概是最高的一種，與範例 1 的耶加雪菲相比，哥倫比亞的酸味較飽滿、較深邃。經典的哥倫比亞咖啡調性，它的飽滿特質裡帶有一種甘味或肉湯特質，讓酸味更有深度。

在家執行比較式品鑑

要了解咖啡的特性，最簡單的方式就是同時、在同一種溫度下品嚐一種以上的咖啡，其中一個選項就是在家中準備專業的杯測用具，器材準備並不會特別困難、麻煩，詳見第 58 頁開始的操作建議。

但你也可以單純地使用家裡的全自動滴漏式美式咖啡機，或是其他的咖啡沖泡器就好。除了咖啡沖泡器或咖啡機之外，你只需要準備幾個加蓋的保溫壺，有幾款咖啡就準備幾個保溫壺。保溫壺有許多不貴又好用的款式，在市面上也很容易買到，你可以嘗試在餐飲設備銷售點找找看。

用同樣的方式沖煮每一種咖啡樣品，用一樣豆量（重量／體積）的咖啡粉、一樣分量的水量〔詳見第 217 頁「沖泡比例」（*Brew Ratio*）的內容說明〕，沖泡完成後，立刻將咖啡液倒進預熱好的保溫壺內，再把泡好的每一款咖啡同時倒進樣品杯中，這樣一來，杯裡的咖啡就有著幾乎一樣的溫度，之後再進行嗅聞、品嚐，熱的時候執行第一次，稍微冷卻一些後再進行下一次。如何快速開始組織你的品鑑活動？你可以參考第 35 頁「從零開始」的內容，或是本章列舉出來的任一個品鑑實務操作範例。第 40 頁的「風味評鑑一覽表」會是一項很有幫助的工具。關於品嚐的深度討論，請詳讀第 5 章。

好的沖煮法來沖煮咖啡。使用手工沖泡方式（例如：手沖、法式濾壓、愛樂壓等）來進行比較式咖啡品鑑是個好主意，前提是你必須具備足夠的手工沖泡經驗，能夠穩定地操作每一個細節，到達「即使你閉著眼睛也能煮好每一杯咖啡」的境界。這個前提旨在減少因不穩定沖煮操作而帶來的誤差，假如你使用一台很棒的全自動滴漏式美式咖啡機，只需要使用相同的咖啡粉水比（詳見第 242 頁），就能很有效率地控制沖煮變因，並專心比較咖啡本身的差異。

「甜蜜點」（Sweet-Spot）假設與比較式品鑑

當然，對於強調「沖煮是一門藝術」的理想派人士來說，每一款咖啡都有其相對應的「完美甜蜜點」，要用相對應的沖煮變因才能完全呈現，不同的咖啡樣品，應該要經過個別的變因校正之後，把各自的最佳表現都呈現出來，這樣的比較才有意義。理論上來說，這個講法的確沒錯，通常在你拿到一款咖啡之後，是要經過一陣子或數週的時間來完善這一款咖啡的沖煮參數，整個過程也是一場值得追求的冒險。詳見第 18 章說明。

但是，當你同時要比較很多款不同的咖啡時，一款一款仔細調校是非常花時間的，有時因為花太長時間做這些事，也會讓人感到氣餒，也比較容易分心，整個流程就會進行得十分緩慢。

口感	風味	後味／收尾
重量感較輕，十分順口，帶有絲般的質感。	如同「香氣」欄位描述的調性一樣——花香、柑橘調、鮮切的芳香木質調、堅果系巧克力調——這些調性在杯中應該都能嚐到，雖然會被口腔裡嚐到的基礎味道結構所影響。有些耶加雪菲咖啡會帶點苦甜味，此時其花香就會偏向薰衣草、柑橘調，有時還會變成血橙或略帶苦味的佛手柑；它也可能會是一款很甜的耶加雪菲，此時的耶加雪菲會帶點具有生津感的花香（例如：紫丁香、忍冬花），柑橘調的部分則可能偏向橘子汁般的果汁感。	在這個部分，我們要看的是主要的風味調性能夠持續到收尾多久，收尾的風味可能是清脆略帶舌燥感的甜，再過去一點點可能就變成澀感，或是更帶有生津感的甜或飽滿感。幾乎所有具一定品質的耶加雪菲咖啡，其收尾應該都是高複雜度、高清晰度，而且持續性很長。
重量感中等（比範例 1 號的耶加雪菲略重，但比範例 3 的哥倫比亞略輕）。風味通常都非常順口，質地上偏向稀釋後的糖漿。	同「香氣」欄中引述。其杯中特質比起香氣表現，變得更完整、更圓潤。假如這個樣品是有較多甜味的巴西日晒處理法，呈現的巧克力調通常會被解讀為黑巧克力味；在較淺烘焙的樣品裡嚐到了苦甜味，這種巧克力調的呈現比較偏向烘焙用的純巧克力，或是未加糖的可可豆風味。堅果調性時常會與巧克力調重疊出現，有時也會完全取代巧克力調。在本類樣品中，柑橘類調性並不常見，且它們通常較偏向橘子調而非檸檬調。桃子或杏桃調性，有可能會浮現。	典型上來說，是以均衡感為主軸，僅有少許的風味調性會持續。
在 3 個樣品之中，重量感是最重的，質感偏向稀釋後的糖漿到標準的糖漿。	詳見「香氣」欄位說明。	很難概略地陳述，通常不是細緻型；屬於較密集、飽滿的類型，有時略帶苦味或舌燥感。某些風味調性的持續性非常持久。

分辨咖啡產地帶來的不同風味特質：實作練習

咖啡從生豆到轉變為一杯咖啡的過程中，分辨產地帶來的不同風味特質，是很複雜的程序，如本書第 7 ~ 10 章所述，能夠影響生豆特質的變因幾乎無窮無盡。

不過，要嘗試分辨生豆的不同特質，依然有一些起始點可著手。世界上有一些種類的咖啡具有悠久的生產歷史，並且是由整個供應鏈中的許多專業角色，進行很穩定的篩選工作，因此，不論我們從哪兒（或何時）購買到這些類型的咖啡，都可以期望這些類型的咖啡具有相當接近的風味表現（也許不是完全一樣的風味）。

為了放大風味的差異性，你在烘焙樣品時，盡量選擇淺到中烘焙，只買整顆原豆、中等褐色外觀、表面沒有油光（或是只有少許幾點油光）。

取得樣品

我建議你在購買熟豆樣品的同時，直接向同一家烘豆公司購買生豆樣品（如果對方願意賣的話）：

- 找一款水洗處理法的衣索比亞耶加雪菲咖啡，假如找不到水洗耶加雪菲，就改買水洗西達馬〔Sidama，又稱「西達摩」（Sidamo）〕。特別注意，不要買到日晒處理法的耶加雪菲或西達馬，日晒處理法的這兩種咖啡跟水洗的版本相比，嚐起來的風味差異性非常大。
- 找一款巴西的日晒處理法咖啡（有時會被稱為「巴西聖多斯咖啡」）。特別注意，不要買到標示為「帶果膠日晒處理法」（pulped-natural）、「半水洗處理法」（semi-washed）或「蜜處理」的巴西咖啡，這些類型的風味嚐起來與典型的巴西日晒處理咖啡非常不同。進行這個練習時，請避免買非巴西的日晒處理咖啡。
- 找一款哥倫比亞的水洗處理咖啡（比較少有機會買錯：大部分哥倫比亞出口的咖啡都是水洗處理法，但是請盡量向優質烘豆廠商購買品質好一點的，不要買超市架上的廉價品）。

如果你是以個人名義購買，我建議你從臨近的第三波精緻咖啡館，或是擅長淺到中烘焙的烘豆公司購買這三種類型的咖啡，也可透過網路尋找較小型的精緻咖啡烘豆公司（當

分辨不同烘焙深度的風味實作範例：4 種星巴克商品

樣品	香氣	基礎味道結構，包含酸味 （第 47 頁）
中烘焙範例 **星巴克「黃金烘焙維蘭達配方」** 這款咖啡並不是多麼獨特的中烘焙咖啡範例，但卻是一個很容易取得的指標性起點。	一開始你會聞到新鮮木頭的調性（想像自己在伐木場中聞到帶著水分的雪松），接著會聞到一些焦糖調性或焦糖巧克力。根據每個人不同的風味記憶庫差異，「焦糖巧克力調」有可能會是你的「堅果調」（例如：榛果味）。最後你應該會聞到一絲柑橘調（較偏向橘子皮氣味，而非橘子汁），或許還能聞到一種花香調性，有點甜甜的，但是較為隱約。	與咖啡相關聯的基本味覺（苦、甜、酸）在這個樣品中呈現平衡的狀態，沒有哪個味道特別突出。品質較佳的咖啡，在烘焙得較淺時，甚至可能比這個樣品甜味更高（可能帶點像蜂蜜或糖漿般的甜感），當然風味也較明亮，酸味也較多。
中深烘焙範例 **星巴克「派克市場烘焙」**	會聞到一股「烘焙味」的調性（像燃燒木頭表面的氣味），這股氣味會很清楚，同時夾雜著堅果、可可或黑巧克力與香草味。整體而言，香氣的表現較為單純、不複雜（與中烘焙維蘭達配方相比），風味中幾乎找不到水果調性，最多也許只會帶一點點葡萄乾風味。	在結構上，比起「中烘焙的維蘭達配方」有著更多苦味、更少甜味，但同時也較不酸；在酸味的表現上，幾乎察覺不到「甜中帶酸」的感受。對某些咖啡飲用者來說，這種偏苦的調性讓他們覺得有更飽滿、更多深度的印象（與中烘焙的維蘭達配方相比）。
深烘焙範例 **星巴克「義大利烘焙」** 這款與「派克市場烘焙」使用的配方內容不一樣，因此雖然「義大利烘焙」烘的比「派克市場烘焙」還深，前者的香氣與風味卻可能比後者更複雜。	具有獨特性的燃燒木頭表面氣味，黑巧克調性、隱約的香草或帶甜的花香，加上（我必須很精準地說）還帶一點點新鮮的輪胎橡膠味，新鮮、尚未落地前的輪胎氣味其實蠻乾淨的，聞起來還不錯。	理想情況下，你會嚐到一種均衡的苦甜味，完全沒有酸味，至於你會喝到多少苦味、甜味，主要還是取決於你拿到的那包樣品還保留著多少層次感，另一方面也取決於你的期望值。
極深烘焙範例 **星巴克「法式烘焙」**	這款香氣的密集度是 4 種樣品中最強的，不過也是最單一的。聞起來以燒焦或炭化後的木頭為主體，雖然你也許還可以聞到一些隱約的花香／香草氣味，加上一些很柔和的水果調（杏桃或葡萄乾）。	苦甜味為主，但較偏向苦味的一端，完全沒有酸味。

然要認明時常出現在 *Coffee Review* 評鑑中出現的那些店名，像是「吧台文化咖啡」、「知識分子咖啡」、「樹墩城咖啡」，他們都較有機會同時供應這三種類型）。

可以的話，盡量在同一家公司購買這三種類型的樣品，如此才能確保它們都在相似的烘豆條件下生產出來；假如你是向不同公司分別購買，那麼它們的起點就不相同了。不過，這三種類型原本的風味特質就天差地遠，而且相對有較穩定的表現，即使跟不同的烘豆公司分別購買，它們都會很明確地展現出各自的異同點。

千萬不要從星巴克或皮特咖啡購買這些樣品，這兩家並沒有販售真正的淺到中烘焙商品（並不是說他們沒有販售有趣的單一產地咖啡商品，他們有。雖然也販售一些具獨特風格的單一產地咖啡，有的甚至標示為「黃金烘焙」或「中烘焙」，但比起真正的淺到中烘焙卻還更深，較難明確展現出本練習需要的明確風味差異）。

分辨咖啡產地的差異實作：要品嚐什麼？

在這三類樣品裡，你可能會嗅到或嚐到的味道，在第 58 頁「**分辨咖啡產地帶來的不同風味特質**」表格中，提供

了非常詳盡的要點提示，在你進行比較練習時，會有很大的幫助。

第 58 頁的內容，是針對使用標準沖煮方式來進行比較式的風味評鑑者所提供的建議事項；第 63 頁則是，如何在家執行杯測，或是正式咖啡評鑑的建議事項。

分辨不同烘焙深度：實作練習

今日的精緻咖啡主流假設理想狀況：最佳的烘焙深度，是要能夠特別強調生豆中的獨特潛力，而且要極大化這些特質，這樣的措施通常是淺烘焙、中烘焙，甚至中深烘焙；不過，因為較深的烘焙程度有可能會帶來辛香感、苦甜感等，所以在此先不考慮這種焙度。較深的烘焙程度，一開始喝到的風味較細微，會隨著焙度加深呈現出越來越穩定的風味特質，到了極深烘焙時，生豆本質該有的風味也會變得以烘焙風味為主體。詳見第 215 頁「**烘焙著色程度的區分**」與第 222 頁「**烘豆的各個階段**」圖表有詳盡說明。

然而，許多咖啡飲用者還蠻喜愛較深烘焙程度裡的那股辛香感，尤其是當辛香感與甜味、巧克力調同時並存時（烘

口感	風味	後味／收尾
重量感中等（不是飽滿或厚實的），偏向稀釋後的糖漿感，很順的口感。	你在「香氣」欄位中感受到的調性，幾乎大部分都會在風味階段重新出現。「木質調」及偏「堅果調」的焦糖巧克力調性，有著較高的甜感；此時的「橘子調」較偏向橘子汁而非橘子皮，還會感受到一種「帶核水果」的調性（也許是桃子味，接續還會出現一股隱約的花香氣息）。	這個配方的後味較偏向甜感而非舌燥感或澀感（第 52 頁）。你在「香氣」與「風味」階段感受到的調性，可能會隨著那股甜感持續到「後味」階段，但也許會變得模糊。在「後味」階段，「帶著水分的新鮮木頭調性」可能是其主體。
重量感中等（不是飽滿或厚實的），偏向稀釋後的糖漿感，很順的口感。比起「中烘焙的維蘭達配方」再更輕一點的口感，有輕微的舌燥感與澀感。	燃燒木頭表面的調性可能是主體，伴隨著可可、香草的甜感。	比「維蘭達配方」擁有更多苦味、更多澀感，而且舌燥感更高，但對某些人來說，卻有更高的飽滿度與深度。帶點甜感，在「風味」階段感受到的調性，在這個階段也會有些微的調性存留著。
比起「中烘焙的維蘭達配方」，口感的重量感較輕；但是與「中深烘焙的派克市場烘焙」相比，更為順口。有可能是因為這個配方使用的原料比例不太一樣的緣故。	很明確的燃燒木頭香氣；比起「香氣」的階段，在這裡聞起來的黑巧克力調較為柔和，「新鮮橡膠味」也較少；接續著一絲香草或帶甜的花香調性。	苦甜感非常飽滿，舌燥感與澀感變低。在「風味」階段感受到的調性，在此階段也會隱約地呈現。
口感上也許是最輕、最薄的，對某些人來說，可能單薄得像水一樣。	「風味」階段感受是「扁平的」（烘焙到這種深度時，香氣的密集度都會快速消散）。炭化後的木質調性氣味為主體，但強度比起「香氣」階段減弱一些，帶著一些隱約的水果、花香、香草調性。	很甜，但舌燥感、澀感蠻明顯的。在「風味」階段感受到的調性，到此階段幾乎完全消失。

到極深焙時，很顯然地無法保留甜味或其他風味）。

若你無法確定喝到的焙烘深度，可嘗試執行以下實作練習

在理想情況下，我們會把同一款生豆烘焙到 3 ～ 4 種深度；不過，若你是購買已烘焙過的熟豆，其烘焙程度早已被其他人決定，這時我建議你選擇一家販售多種不同烘焙風格的賣家，向他購買 3 ～ 4 種咖啡，各種烘焙程度都來一點。千萬記住，購買的樣品一定要是整顆原豆、未經研磨的。

以星巴克的烘焙程度當作指標

接下來的模擬看起來更為明確，當中使用了 4 款還不錯的星巴克原豆商品，也可在網路上直接買到。星巴克為這種實作練習提供了一個相對不錯的來源，因為生產了眾多中到深烘焙類型的商品，其咖啡商品也遍布全球。

假如你想執行的是關於星巴克的模擬實作，請去購買一款星巴克的商品。可以選擇「黃金烘焙」，我個人較偏好使用「維蘭達配方」（Veranda Blend），它就是標準的中烘焙；「派克市場烘焙」（Pike Place Roast）則是標準的深烘焙；「義大利烘焙」（Italian Roast）代表更深一點的烘焙；「法式烘焙」（French Roast）則代表極深烘焙。再次提醒，一定要買整顆原豆的類型。

先知道正牌的淺烘焙是怎樣的？

假如你已嘗過星巴克這 4 種不同烘焙程度的咖啡豆，代表你依舊沒有喝到正牌的淺烘焙咖啡，因為星巴克壓根就沒有任何一款商品是真正的淺烘焙，但我們仍可以拿「黃金烘焙」（中烘焙）當作入門的起手式。

若只想認識 3 種烘焙程度，可省略「法式烘焙」而保留其他 3 種；假如你選擇星巴克外的烘豆公司，也請依照相同原則挑選 3 個不同烘焙深度的商品，如此才能獲得清楚的感官概觀（不同烘焙深度會對風味帶來不同影響）。

用其他烘豆公司的咖啡商品來進行基準實作

假如你選擇了其他烘豆公司，請試著購買最淺的、最深

的烘焙度，以及介於兩者之間的，三種各買一包；避免購買產地風味具高獨特性的種類（例如：衣索比亞、蘇門答臘、肯亞咖啡），因為它們的高辨識度特質通常會讓人失焦，讓人忘了到底是在比生豆的本質，還是在比烘焙深度的差異。像是哥倫比亞或哥斯大黎加的水洗咖啡豆，這類直來直往、常見的咖啡類型，就是最佳選擇；只是這兩種產地的較深烘焙版本，通常會被拿來當作配方原料使用罷了。

假設你已完整買到這些樣品，你可選擇「杯測」或「正常沖煮」兩種測試模式。第 63 頁有杯測的基本流程，第 58 頁則是關於「品嚐存放在保溫壺中的咖啡液」主題。

分辨烘焙深度的實作練習：究竟要喝到怎樣的風味才對？

第 60 頁「分辨不同烘焙深度的風味實作範例」表格中，提供了詳盡指標，讓你能夠清楚認知嗅聞與品嚐到哪些風味；如果你性子比較急，以下提供簡短的概括內容，可清楚知道星巴克的 4 種樣品會讓你有怎樣的感受差異。

烘焙味〔從輕微的木頭表面燃燒味（Lightly Scorched Wood），到徹底燒焦的木炭味（Outright Burned Wood）〕

在星巴克所謂中烘焙的「維蘭達配方」中，你應該嚐不太到「烘焙風味」；但「派克市場烘焙」與「義大利烘焙」都能明確感受到帶著苦甜味、輕微的木頭表面燃燒味，這在「法式烘焙」中幾乎完全是主體風味。

基礎味道結構

在「維蘭達配方」中，苦味、甜味、酸味呈現平衡狀態，此時會出現偏柑橘調的酸甜味，在其後的 3 款較深的烘焙咖啡中，就較感受不到類似的味道；在「派克市場焙烘」與「義大利烘焙」中，其苦味會與巧克力調或葡萄乾般的甜味所平衡；在「法式烘焙」中，苦味就是主導的味道。

「口感」或「咖啡體」

在 4 個樣品中，「維蘭達配方」在重量感的表現可能最為出色，帶來滑口、順口的印象最為深刻；「法式烘焙」毫無疑問是「咖啡體」最輕、「口感」最單薄的，不過有些咖

左一的樣品就是當今第三波烘豆公司最常採用的中淺烘焙風格；左二是星巴克的「維蘭達配方」（也是中烘焙的「黃金烘焙」）；左三是星巴克的「派克市場烘焙」，代表中深烘焙；右二是星巴克的「espresso 配方」，代表標準的深烘焙；右一看起來接近黑色的樣品，則是星巴克的「法式烘焙」，代表極深烘焙。（圖片來源：Digital Studio SF）

啡飲用者會把舌燥感、澀感的感受與重量感聯想在一起，對於這些人而言，他們覺得較深烘焙度的咖啡（包括「法式烘焙」），其「咖啡體」會比起順口的「維蘭達配方」更為厚實。

香氣與風味

「維蘭達配方」有最高的香氣與風味複雜度，比起「派克市場烘焙」與「義大利烘焙」的巧克力調性略低，「派克市場烘焙」與「義大利烘焙」因為有較多苦味與甘味的味覺成分，因此比起「維蘭達配方」讓人有更飽滿的感受；「法式烘焙」除了燒木頭（或炭化）的木頭調性、隱約的香草、一些李子乾之外，幾乎沒有其他的調性存留著。

後味或收尾

詳見第 60 頁「**分辨不同烘焙深度的風味實作範例**」的表格。

在家進行專業杯測儀式的其中一個版本

「杯測」指的是標準的咖啡感官測試專業程序（也就是有系統性地品鑑咖啡）。在此處使用的「不加蓋杯測法」（open cup）就是整個咖啡界最多人使用的方式，不過在拉丁美洲與歐洲的部分地區，仍舊使用小型的單杯份茶壺來進行「杯測」。

進行專業「杯測」時，每一款咖啡樣品必須準備 3 ～ 10 個杯子來進行測試，每個杯子用同一套流程分開沖泡，測試開始都是在鑑賞「香氣」。會同時測試數種不同的咖啡——舉例來說，在 *Coffee Review*，我們通常會一次測試 4 款樣品。因此，在同一次的「杯測」桌上，當你看到 20 個杯子時，就代表我們同時測試 4 款咖啡，每一款各有 5 杯，在杯測桌邊環型排列。假如我們懷疑某一款咖啡可能不如預期穩定，可能會特別增加該款咖啡的樣品數到 8 ～ 10 杯。

在「充分混合熱水」（infusion）與「破渣」（breaking the crust，見第 64 頁）後，刮除所有懸浮的咖啡顆粒與泡沫。

為什麼要用這麼多杯子？

用多個杯子分開沖泡同一款咖啡樣品的原因，是為了確認個別泡出的味道是否完全一樣（是的話，就屬於正面結果），或是找出含缺陷風味的樣品（如果有缺陷風味，就屬於不是那麼正面的評價）。

測試品質最優異的精緻咖啡時，只要出現一點點的杯中風味不一致，就足以成為淘汰的理由；在測試較廉價的咖啡時，一點點的風味不一致是尚可被接受的，除非某幾杯呈現噁心的腐臭味或瘋狂的藥味缺陷，才會淘汰那批咖啡。附帶一提，對於價位較敏感的市場區塊來說，缺陷風味的容忍度越高。

不過，大多數從知名烘豆公司出品的精緻咖啡，在杯與杯之間通常不太容易出現差異。即便如此，我仍建議在家進行「杯測」時，每款樣品至少準備 2 杯，如此在「破渣」步驟時，你可以至少體驗到兩次同一款咖啡的溼香氣。

在家進行「杯測」

「杯測」是一種相對簡單、直覺性的方法，執行時需要高精準度、高穩定性。進行「杯測」時，人們會較著眼於結果的準確性，較不注重咖啡風格，以及實際帶來的享受程度。

此處介紹的「杯測」方式，是為了解密此儀式，讓新手使用起來更加便利。不過，執行各步驟時還是需要精準性、穩定性，否則就不會產生預期中應該要出現的樂趣，也不會知道自己的眼光是否準確。

適合用於「杯測」的湯匙。

你需要準備的物品

· 每款咖啡樣品要準備 1 ～ 3 個規格一致的乾淨杯子（不是馬克杯，比較像傳統的無把茶杯），矮的寬口玻璃杯（老式雞尾酒杯，容量大約 5 ～ 6 液體盎司）也可以用。

· 每位杯測師要使用一個圓型的湯匙（湯匙頭的深度越深越好）；使用普通的橄欖型尖匙也可以，但前者較佳。

- 準備一杯熱水，用來清洗湯匙，每當換杯測式，就要清洗一次湯匙。
- 準備一個廢水桶或較大的馬克杯、塑膠杯，用來吐出每一口測試過的咖啡。
- 準備一個熱水壺，最好附有溫控的電熱水壺。詳情請參考第243頁關於沖泡水溫的內容。
- 準備一把量匙或一個電子秤，精準度至少是1公克，或是更小的單位。
- 準備商店裡販售的飲用水，適合每天飲用的那種，經過過濾之後再添加礦物質的飲用水，避免使用蒸餾水。
- 準備一個計時器。
- 準備一份第44頁的「風味評鑑一覽表」，在進行「杯測」時會是非常有幫助的參考資料。
- 準備一台咖啡磨豆機，最好是「刀盤式磨豆機」（burr grinder）而不建議用「砍刀式磨豆機」（blade grinder）。詳見第231頁介紹兩種磨豆機的差別。

　　假如你沒有上述的「杯測」用具組合，但是有類似的替代品，一樣可以使用；但有3點必須完全遵守：（1）杯子規格必須一模一樣；（2）咖啡必須是新鮮研磨；（3）必須使用品質很好的飲用水。

進行「杯測」之前

- **測量杯子的容量**：使用量杯或電子秤（精準度至少是1克）測量杯子的容量，因為你必須知道得使用多少分量的咖啡粉來對應杯子的容量。大多數附有小碟子的咖啡杯與茶杯容量都是150毫升（當然你並不需要用到小碟子），另外有一種常見的舊式玻璃杯，容量也是大約150毫升或5液體盎司，使用的杯子越大就必須用越多咖啡粉，下方會再說明。
- **每杯樣品使用的咖啡粉分量**：假如你是採取「體積／容量」的方式量測，大概使用2茶匙平匙的咖啡粉，對應150毫升的杯子；假如是180毫升的杯子，就使用2尖匙的咖啡粉（不用太尖）。
- 假如你有電子秤，使用9克以上的咖啡豆來對應150毫升的杯子（平常我們建議只用8克以上就夠了，在此我建議多用一點咖啡豆，你就可以更接近當今精緻咖啡界在使用的沖煮比例）。杯子容量每增加30毫升，就要多使用2克咖啡豆，這樣的沖煮比例大約是1:16～17的粉水比。
- **研磨粗細**：使用「細研磨」（fine grind，摸起來有沙粒感，但不是粉末狀），近似美式滴漏式咖啡壺使用的研磨細度。
- **把水加熱**：理想上來說，你會希望使用90～96℃的熱水來沖泡，如果你使用的是附有溫控的熱水壺就非常容易（見第252頁），如果熱水壺直接有鵝頸出水口更好，這種設計是每一個認真的咖啡愛好者都要必備的器具；假如你沒有，只要你住在海拔150公尺以下的地區，便可以直接使用瓦斯爐直火加熱熱水壺。加熱時，把壺蓋拿掉方便觀察熱水狀態，當熱水煮到開始呈現明顯的蒸氣與冒出小泡泡時，大約就是可沖泡的溫度。詳見第243頁關於「沖煮水溫及其他控制沖泡的策略建議」。

準備破渣的杯測匙（此時你的鼻子也湊近杯緣，只是照片中沒有拍到鼻子）。

破渣已完成，使用湯匙輕輕攪拌咖啡液，讓香氣能持續散發出來。

「杯測」實際步驟

- **研磨並秤重每杯咖啡粉量**：前面有咖啡粉用量，以及研磨刻度的建議。
- **將水加熱並倒水**：利用仔細倒水的重量，確保所有咖啡粉都充分浸溼，假如到了最後還有一些漂浮的乾粉塊，再用水柱將其打溼。在這個時間點不要攪拌。
- **等候3分鐘（使用計時器）**：此時一部分的咖啡會沉到杯底，但大多數的咖啡粉會形成一個粉層浮在咖啡液上。如果使用的是極淺烘焙的咖啡，粉層就會很脆弱（很容易散掉）；若使用中到深烘焙，粉層就會很厚且紮實。
- **破渣／嗅聞香氣**：拿起湯匙，將鼻子湊近杯緣，用湯匙破開

用湯匙撈除漂浮在咖啡液表面的咖啡渣與浮沫。

粉層，鼻子同時用力嗅聞咖啡的氣味。此時別在乎什麼禮節，在輕輕攪拌咖啡液的同時持續嗅聞，香氣在這時是最獨特強烈的；再繼續輕輕地攪拌咖啡液表面並持續嗅聞，避免把杯底的咖啡粉攪上來，這會讓咖啡液帶有混濁的口感。使用極淺烘焙的咖啡時，粉層厚度較薄，此時你別無選擇，必須用湯匙把沉到底部的咖啡粉攪上來一些（才能均衡萃取）。第44頁的「風味評鑑一覽表」第一欄有相關提示。

· 撈渣：在破渣之後，大部分的咖啡粉會沉落到杯底，別再繼續攪動它，使用湯匙把仍漂浮在表面的咖啡渣與浮沫一同撈除，將渣與浮沫舀入事先準備好的廢水杯／廢水桶中。

· 啜吸咖啡：現在要進行到最有名的（對某些人來說最嚇人的）動作，就是使用湯匙啜吸咖啡液。步驟是：先用湯匙撈起一些咖啡液，將咖啡匙湊近嘴唇下緣，用嘴巴快速吸入咖啡液（這個動作同時會發出很尖銳的、吸入的聲音）。此動作的目的在於打散液態咖啡，讓它呈現霧狀，霧狀的咖啡液可以把香氣帶上鼻腔通道，如此就可以同時體驗到香氣與風味充分結合的感受。

· 「關於啜吸」的重要警告（不要太賣力啜吸）：要完成上述經典的啜吸動作，需要充分地練習，對我來說，太執著於啜吸也是一種干擾，最好不要執著於「啜吸的動作是否正確」上，這會讓你忘了「品嚐」才是重點。曾經有段時間，在咖啡專業領域中「發出很大的、颼颼作響的啜吸聲」是代表正牌咖啡專家的徽章，在生豆競賽裡的杯測室中，聽起來就像噴射機的測試機房一樣吵；現在則流行較安靜的啜吸，但巴西仍崇尚很大聲的啜吸方式，因為從一開始他們就被如此教導，一定要讓杯測桌上的鄰居耳朵都聾了才甘心。我建議大家，只要用你覺得最舒服、最簡單的方式就好，把專注力放在「品嚐」上比較重要。

· 進行比較：先把所有咖啡嚐過一輪，得到一個總括的「相似或相異」處的概念，之後再重新仔細地一一品嚐每支樣品，並做筆記，一款一款品嚐、反覆進行著，有助於培養你對這些樣品的異同之處有更高的敏感度。第44頁「風味評鑑一覽表」中有列出你聞到或嚐到了哪些味道的提示；第40～52頁針對各種品嚐類別有更詳細的說明；第58、60頁則是聚焦在分辨咖啡產地與烘焙深度的實作練習。

· 繼續感受其他項目：測試完「香氣」後，要繼續執行其他4個項目的測試——酸味／結構、口感、風味、後味——在口中含著一小口咖啡液來感受，之後再吐掉。執行每項測試時，最好都嘗試更深入地探索並加深感受。在咖啡液還是溫熱時，就要品嚐、嗅聞它；但並非只有這樣就夠了，直到咖啡液冷卻後，還是要回過頭來再跑一次測試。當咖啡液微溫或冷卻到室溫時，某些項目會更容易判讀。

· 記錄你的發現：「做筆記」是個好主意，一部分原因是這樣能加深你的印象。可以寫在另外的草稿紙，也能使用一份表格，用來提示自己重新檢驗測試結果，並且把你從習慣中解放，發現新的感受與樂趣；將第46頁的「簡易風味評鑑表格」與第44頁的「風味評鑑一覽表」搭配一起使用。但是不要過度執著於細節，只要把對你來說最明確的感受寫下就好；還可以寫下一些小小記錄或發現——不管是前面的香氣；風味調性、基礎味道的均衡性、口感；整體風味往「澄澈感、透明度」（clarity）方向發展……都可以寫下來，然後，你就會發現更多。

最後還是要使用這把湯匙進行品嚐。

7

風味成因：
從品種與變種說起

咖啡時常被理所當然地拿來與「日常的享受、便宜、容易取得」畫上等號；事實上，咖啡是世界上最複雜的飲品之一，從產地到末端市場中間歷經了最曲折、在技術上最具挑戰性的道路。咖啡的品質與特質，在從種子到變成一杯咖啡的過程裡，有可能完全走鐘，也可能變得更驚為天人，其中有數不盡的轉折點影響著。

每個步驟——把對的咖啡樹種在對的地方、只採收成熟的果實、去除果皮與果肉、把豆子晒乾／烘乾、儲存、運輸、烘焙、沖煮——都需要各自達到近乎完美的執行，才能造就一杯品質出眾的咖啡。

從種子到成為一杯咖啡的過程中，有些步驟不但跟最終的咖啡品質有關，也跟咖啡嚐起來是否有令人興奮的獨特感有關。在本書裡，我特別聚焦在介紹這些充滿創意的咖啡生產步驟上：

- 咖啡樹的「品種」（species）與「變種」（variety）。
- 「風土條件」（terroir），也就是氣候、土壤、種植海拔高度的綜合影響（見第 8 章）。
- 如何採收咖啡果實（見第 8 章第 84 頁）。
- 咖啡的後製處理法（是一連串的步驟，從去除果皮／果肉，到把咖啡豆晒乾／烘乾；見第 9 章）。
- 如何烘焙咖啡豆（見第 16 章）。
- 烘焙好的咖啡熟豆，要如何研磨與沖煮（見第 17、18、20 章）。

咖啡樹的品種與變種，對最終咖啡品質的影響

大多數的讀者都知道，我們喝的咖啡，是從一種介於大型「灌木」（shrub）與小型「喬木」（tree）之間的植物所生產出來的，這些植物的品種與變種在基因上的排列，對於咖啡最終嚐起來是什麼樣的風味，有非常大的影響。

品種

目前至少有 125 種被辨認出來的咖啡品種，並且還在持續發現新的品種。不過，全世界飲用的咖啡幾乎都是從兩種品種生產出來的：「阿拉比卡品種」及「羅布斯塔品種」（以下簡稱「阿種」與「羅種」）。

這兩大品種的基本風味差異非常簡單：「阿種」嚐起來較活潑、有較高的複雜度，「羅種」則反之；阿種的基因數量是羅種的 2 倍；阿種的含糖量是羅種 2 倍；阿種的咖啡因

是羅種的一半；阿種是人們消費咖啡飲品的主要品種，羅種是相對較晚開始的品種，而且羅種的種植條件較寬鬆、生產成本較低。

不過，撇開羅種在味道上的限制不談，它在咖啡領域裡還是有不小的重要性。它除了可以讓綜合配方豆的成本降低之外，比起阿種還擁有更高的抗病蟲害能力，在這個越來越熱的氣候變遷時代中，更顯得重要。此外，在經驗豐富的配方開發人員（通常就是烘豆師本人）手裡，巧妙地使用羅種咖啡，可以為配方綜合豆（特別是 espresso 配方豆）帶來一種細膩又充滿爆發力的特質，在第 69 頁內容「羅布斯塔種咖啡：價格、風味、禁忌」可了解更多。

其他具商業價值的咖啡品種

「賴比瑞亞品種」（以下簡稱「賴種」）在馬來西亞與鄰近地區種植，並廣泛被飲用。在印度，賴種被用於與阿種混血，培育出具抗病力的新變種。雖然有些人試圖努力要將賴種以純種的方式介紹給消費者飲用，但它那帶著煙燻感、堅果調的調性，讓精緻咖啡世界裡的較大族群仍然難以接受。

「尤珍諾伊底斯品種」（Coffea eugenioides，以下簡稱「尤種」）則獲得了較多的認同，尤種在很早以前就透過大自然的力量與羅種混合授粉，之後才誕生了阿種，這是發生在大約 1 ～ 5 萬年前的事。針對尤種本身風味可能性的探索才剛要開始，在我曾測試過的 3 個可能是純血尤種的樣品裡，它那種低調的甜味、帶點甘味的調調，以及一種不尋常的複雜水果調性，令我印象深刻。

還有一種我更驚訝的就是，豆型很小的品種「拉瑟模薩品種」（Coffea racemose，以下簡稱「拉種」），主要在南非的東部地區與莫三比克島（Mozambique）進行商業化種植。拉種是天然的低咖啡因品種，我們在 *Coffee Review* 測試過的少數樣品中，表現都非常有趣：有帶著柑橘調苦甜味的辛香感及深沉感，也有「芳草類花香」（savory flowers）。

（接續第 69 頁）

創造風味獨特性：從咖啡樹到生豆的歷程

咖啡樹：品種與變種
「阿拉比卡品種」是風味最佳的品種，但它實際上是屬於哪種變種，才是品質與風味獨特性的關鍵。詳見第 7 章。

風土條件：
指的是：氣候、土壤、生長海拔高度的綜合影響。對於杯中特質的影響尚未被廣泛了解，但是一般來說，種在越高海拔的品質越好，不同的「變種」對應的風土條件也有所差異。詳見第 8 章。

農園管理：
指的是：咖啡樹被如何照顧，包括修剪枝、施肥、灌溉、遮蔭。這個部分對於產量的多寡影響較大，跟農民的生計、永續發展性有較多關聯，與杯中特質較無關。詳見第 8 章。

乾式打磨（去殼）：
乾燥程序之後，必須將一層外殼脫除──會將種子本體之外的果皮／果肉，以及一層硬殼狀的「內果皮」（parchment）全部去除──之後再進行清潔、篩選、分級。這些都是為了品質而必須執行的重要步驟，對於杯中特質有一些間接影響。詳見第 10 章。

採收：
決定要採收哪種熟度的果實（最佳情況是只採收剛好成熟的果實，未成熟、過熟的都不摘），這對於咖啡豆品質與杯中特質的表現，有全面性關鍵的影響。在採收之後進行仔細的果實篩選作業，能夠多少彌補一些「無差別採收」造成的熟度不均問題。詳見第 8 章。

乾燥程度：
使用日晒處理法時，是將整顆果實帶著果皮、果肉進行乾燥程序；使用水洗處理法時，則是在去除果皮、果肉之後，才進行乾燥程序。咖啡是必須持續執行乾燥程序，直到達到較穩定的含水率（約 12 ～ 13%）。乾燥程序如何執行，對於品質與杯中特質也有很大的影響。詳見第 9 章。

去除果皮／果肉，以及乾燥程序：
這個步驟稱為「後製處理」，就是將鮮摘下的果實轉變為狀態較穩定的咖啡生豆。採用何種後製處理法，以及去除果皮／果肉、執行乾燥程序的時機掌握，對於咖啡品質與獨特性而言，是至關重要的因素，想要了解咖啡，就不能不先認識這些流程所帶來的影響。詳見第 9 章。

創造風味獨特性：從生豆到成為一杯咖啡的歷程

熟成、儲存、運輸：
在這些我們不一定會知道的步驟中，仍然必須仔細地執行，才能夠讓生豆保持穩定狀態。咖啡生豆非常容易受到（霉菌）感染，還有溼氣與極端溫度的影響。詳見第 10 章。

調配比例：
在咖啡生產中，屬於一種額外的（具選擇性的）步驟選項。大量採購型的烘豆廠商，為了維持咖啡口味穩定性及控制成本，就會使用已事先調配過的咖啡生豆；較小規模、高端的烘豆公司主要販售的則是未經調配的單一產地咖啡（在產地就會先替客戶執行）。詳見第 10 章最後面的內容。

沖煮：
極具關鍵性的最後步驟。沖煮失敗會讓前面的所有努力付諸東流；沖煮成功則會彰顯前面每個步驟的用心良苦。詳見第 18 章。

烘焙咖啡豆：
是將帶著一點點菜味的堅硬種子轉變為充滿芳香的咖啡豆之必要步驟，對於杯中特質與品質有深刻的影響。烘豆步驟可以是「先混後烘」，也可以是「先烘後混」（看烘豆師的功夫與經驗）。詳見第 16 章。

研磨：
在沖煮之前才進行研磨，對品質也十分重要。詳見第 17 章。

維持咖啡熟豆的新鮮度：
最佳情況下，當然是在烘豆公司剛出爐、包裝完成的當天售出最為理想；其次則是使用具備良好隔絕條件的外包裝。對品質的維持非常重要。詳見第 17 章。

羅布斯塔種咖啡：價格、風味、禁忌

羅種是唯一能與阿拉比卡在商業上競爭的「品種」，世界上品質最佳的咖啡幾乎屬於「阿種」的子系。「羅種」的發源在烏干達及非洲中部，於 19 世紀晚期開始發展為商業化規模種植。大約在 1990 年前後，羅種占全世界咖啡產量約 28%；2013 年提高至 39%；最近則已超過 40%。

造成羅種咖啡市占率持續不斷增加的原因，可從下方統計數據看出端倪：2018 年初，它的生豆成交價平均為 0.88 美元／磅，阿種咖啡生豆則平均為 1.29～1.48 美元／磅。羅種咖啡的價格優勢，在更早之前的數十年間更為明顯。

毫無疑問地，羅種咖啡的低廉價格對於現實主義者來說，極具誘惑力，因此讓羅種的重要性在過去幾年中得以快速成長。

為何「羅種」比「阿種」還便宜？

- 因為大多數情況下，羅種的後製處理都蠻糟的——較隨便、較不穩定的日晒處理法（見第 13 頁，通常味道也帶有許多缺陷）。採用如此粗糙的採收與後製處理法，都可以省錢。
- 羅種的生命力較旺盛，因此也能降低生產成本。羅種具較高抗病力，並且能栽種於較低海拔，適應各種不同的風土條件，這些都是阿種的劣勢。總地來說，羅種咖啡的「淨產量」高出阿種許多。

廉價羅種咖啡的問題，只有糟糕的後製處理方式嗎？

假如把它的後製處理法改良，整體風味就會跟阿種咖啡一樣迷人嗎？

- 不會。雖然我曾經真的喝過例外的樣品（但那是極少狀況下才會出現）。
- 「阿種」的基因數比「羅種」多 1 倍（阿種有 44 條基因，羅種只有 22 條），阿種其中的 22 條基因，承襲了相對具有較多甜味、風味較活潑的「尤種」母系血統，這大概就是為何阿種咖啡風味比羅種更為複雜、更多層次，而且還有更高均衡度的其中一個原因。羅種咖啡本身平均的含糖量（以重量看）是阿種的一半，這也是為何羅種咖啡嚐起來甜度較低、味道偏苦的主要原因（羅種咖啡的咖啡因含量，是阿種的 2 倍，咖啡因也是偏苦的成分）。
- 印度生產「後製處理非常優異」的羅種咖啡。舉例來說：最出名的「皇家咖啡」（Kaapi Royale）等級水洗處理羅布斯塔咖啡，在生豆外觀的缺點數上，達到了無懈可擊的 0%。

但即使是處理到這麼乾淨的羅種咖啡，風味依然太苦，帶有太多穀物／堅果調性，巧克力調、水果調不太夠，因此要拿來當作單品咖啡還不夠迷人。

除了價格優勢，羅種咖啡還有其他優點嗎？

- 有的。
- 品質不錯的羅種咖啡在 espresso 沖煮模式下，會有不錯的表現，例如：它的苦甜味、甘味都有不錯的呈現；原本的穀物／堅果調性，也會增強為堅果巧克力調性。
- 羅種咖啡會替 espresso 配方綜合豆帶來更高的感官強度，羅種咖啡會在風味中增加深度與風味迴盪感的背景效果，將配方裡阿種咖啡的明亮感修飾得更為圓潤，並且增強更好的深度。
- 在北美，羅種咖啡被廣泛使用於超市裡那些廉價的罐裝咖啡粉、即溶咖啡之中（是這類商品的主要成分）；另一方面，對北美精緻咖啡的「上流社會」來說，羅種咖啡仍代表著不光彩與禁忌，像一種宗教狂熱。我認識一位義大利裔美國烘豆師，他在 espresso 配方綜合豆之中，巧妙地放入一點點高品質羅種咖啡；在他倉庫很不起眼的角落裡，存放著他要使用的羅種生豆，生怕被人發現自己是個羅種咖啡用戶，尤其是網路上的一些咖啡瘋子或他的競爭對手。
- 但是在歐洲，因為與非洲、亞洲等殖民地有著很長的歷史關係，當地的咖啡文化也與羅種咖啡有著更多的緊密連結。在這裡，人們可以放心地大膽使用羅種咖啡；這裡會使用處理較粗糙的日晒式羅種咖啡，也會使用風味較順口的水洗式羅種咖啡。在歐洲販售的廉價配方中，羅種咖啡的成分會帶來一些類似穀倉裡那種令人厭惡的味道；在中價位配方中使用的羅種咖啡，則會帶來一種具野性、偏水果調性的巧克力風味；在最高級的配方中，使用的羅種咖啡則會帶來更深邃、細緻的存在感。
- 最後，相較於阿種咖啡而言，羅種咖啡在面對全球暖化與越來越頻繁的極端事件等問題上，顯得更有彈性，對於那些信奉「品質至上」的北美咖啡領導者而言，這一點也許是羅種咖啡的優勢。也是該重新思考羅種咖啡能對未來咖啡產業帶來怎樣的可能性了，你知道的，總有個什麼萬一。

比「品種」更重要的：「變種」

「品種」本身並不直接決定最終飲品的風味走向，在「品種」與「亞種」（subspecies）分類之下的「變種」，才是主要與咖啡風味有直接關聯的核心因素。

在開始討論「變種」的話題與爭議前，我們必須先釐清一些名詞定義可能帶來的混淆。

變種、人工選育變種（cultivar）、當地選育變種（landrace）

這三個詞彙有重疊性的意義。從技術層面來說，「變種」是野生的；「人工選育變種」則是經過人為介入而選擇出來、較強勢的「變種」。在咖啡圈中，「變種」一詞時常出現，但其實指的都是「人工選育變種」，所以在本書中我也就從善如流。

更複雜的一個詞就是「當地選育變種」——這個「變種」是經過人工選育的，但只有在當地種植，並且與當地的環境（包括當地的人、天然環境）共生發展。

許多傳統的、發展良好的「變種」（不管是植物或動物），一開始都屬於「當地選育變種」的範疇；但是經過「選育」（selective breeding）與成功移植到新的環境等途徑，這些「當地選育變種」就被認可為一般認知的「變種」。舉例來說：北美的本地「短毛貓」一開始只是「當地選育變種」的角色，很長一段時間都保持這樣的地位；如今我們認知裡的「北美短毛貓」，就代表著一種血統的貓，是全世界都認可的血統貓。另一個例子，有一種沒尾巴的短毛「曼島貓」（Manx），也是一種很獨特的血統，或是貓的「變種」；起初也是「當地選育變種」的角色，在「曼島」（Isle of Man）上突變而來，然後為了維持牠外觀上的特徵（包括「沒有尾巴」這個招牌），人為選育了這個突變，並繼續讓這個血統延續下去。

介於家貓與曼島貓之間

大多數傳統咖啡樹變種的實際處境，大概就是落在上述兩種極端之間。它們各自被選育、被帶到世界上的其他地方，之後，在身體外觀上的特徵，維持了與「被選育」時一樣的條件；但牠們有時會透過「突變」（mutation）來做出改變——「突變」讓培育專家感到挫折，不過對於浪漫主義的咖啡愛好者來說，是一種趣味，他們也許會希望，讓這種最喜愛的飲品保持著神祕感與一定的自主性（自主演變），這樣才能帶來更多驚喜。

近期，有些咖啡植物培育專家的目標，不僅僅是要創造新的變種，更是要控制這些新變種的傳播能力，如此一來才能讓這些新變種維持其正面特質並保持穩定，農民才會明白

自己種植的是哪種變種，消費者才能知道自己喝的又是哪種變種。

只用「變種」這個詞彙

前面曾提到「專業名詞重疊性」的問題，在咖啡世界中，「當地選育變種」用來形容的是，發現於衣索比亞的阿拉比卡種誕生地，並於當地人工栽種的咖啡種類；另外也形容的是，來自葉門的那些人工栽培的咖啡種類。除了這兩處以外的地區，我們傾向於使用「變種」來描述那些已被辨認出的、基因相對穩定的阿拉比卡種中那些人工栽培的各種變體，在本書裡，「變種」也是我最常拿來使用的泛稱用詞。

「變種」在杯中特質裡帶來的關鍵影響

「變種」（或「當地選育變種」、「人工選育變種」）對於咖啡品質與杯中特性，到底有怎樣的重要性呢？

簡單來說，阿種的某些變種在風味上較「偏中性」，也有一些變種風味較佳，另外還有一些變種則會有特別突出的風味表現。一個邏輯：從一個風味較普通的咖啡變種樹上摘下的普通風味咖啡豆，假如把它種在越高的海拔環境下，就可能生產出一杯更完整、更集中風味的咖啡；假如使用一些創意的後製處理法——在去除果皮／果肉與乾燥程序階段之間——這種普通的變種也有可能生產出一杯風味十分不同的咖啡；另外，透過謹慎地烘焙與沖煮，這種普通變種風味裡的細節，可能會被特別增強。但很不幸的是，上面這些步驟對於增加風味獨特性的效果十分有限。

這就是世界上大多數生產出來的咖啡樣貌，為什麼呢？為何世界上有這麼多阿種的「變種」風味會如此接近？

第一個原因，阿種的各種變種在基因關聯性上非常密切，植物學家口裡的「母株」（plant material）主要來自於當初從葉門輸出的來源（第 5 頁）；因此，除了衣索比亞與葉門之外，全世界的阿種咖啡樹，它們的祖先幾乎一模一樣。

第二個原因，在大部分的咖啡歷史中，「選育咖啡樹變種」時，風味的好壞時常被忽略。在最早時，要選擇培育哪種咖啡變種，都是由歷史的巧合來決定，並非因咖啡的風味潛力來決定，當時的農民有什麼種什麼；後來，由於咖啡病害在全球散布，當時選育出的變種都必須具備抵抗疾病的能力，風味的考量最多只是第二或第三順位。

綜觀以上兩點，在咖啡世界中，大多數咖啡園裡種的，都是風味十分相近的那些變種。

「變種」：印度的案例

從技術修正層面來看，印度南部最好的傳統莊園是最佳典範。在這些莊園裡，咖啡樹栽種在分布完善的遮蔽樹下，同時與其他作物（果樹、黑胡椒等）交叉栽種；在後製的去除果皮／果肉與乾燥階段中，他們使用一些傳統方法，盡可

發生在薩爾瓦多的咖啡葉鏽病。假如不留心，咖啡葉鏽病就會快速蔓延，摧毀整棵咖啡樹，最終甚至會摧毀整個咖啡園。在中美洲與其他任何一個地方，全球暖化增加了咖啡葉鏽病的威脅程度。〔拍攝者：傑森·沙利（Jason Sarley）〕

能地達到完美無瑕的標準；另外，在咖啡豆分級上更加嚴厲，他們甚至做出「零瑕疵」（zero defect）等級的咖啡，也就是說，你用肉眼是找不到任何一顆形狀或顏色不完美的豆子。當地的勞力使用，似乎擁有很完善的一套制度。

不過，即使印度的阿拉比卡咖啡擁有再高的穩定性、風味厚實度，卻很少有突出的表現，它的獨特性不足，帶給人的興奮程度沒有很高。少數一些例外，則是與衣索比亞本地一些具備風味獨特性的變種，進行交叉栽培而來（讓它們具備這樣的基因）；另外還有一部分的印度咖啡樹，則是與具有抗病能力的其他變種進行交叉培育，其次才是注重杯中的風味特質。

這並不代表印度的咖啡農不在乎咖啡風味，他們在乎得很。主要原因還是，印度在 19 世紀末爆發了毀滅性的咖啡葉鏽病，將當地咖啡產業毀滅殆盡，從那時開始，他們就採取防衛性的「安全第一」策略，把主要栽種的咖啡樹變種全都改為具備抗病力的變種，而非以往只看重風味獨特性的那些變種。

「變種」：薩爾瓦多的案例

我有一個從小在印度咖啡產業裡長大的同事，有一次他問我：「我們有次在設計一款高級配方綜合豆時，為什麼在加入『薩爾瓦多的咖啡』當作其中一個成分時，比起加入『印度的阿拉比卡咖啡』，前者的風味更活潑、更複雜呢？」

這發生在 2005 年，我向他解釋：「在當時之前的至少 20 年間，薩爾瓦多的咖啡產業將栽種主力都放在具風味獨特性的阿拉比卡各種變種上，包括偉大的古老變種「波旁」，以及其相關血緣的版本變種。」當時，我與這位印度同事嚐到的那種活潑複雜度，都是來自於這種「波旁類型」的變種，在細節與穩定度的表現上，跟他家鄉最頂尖等級的印度咖啡嚐起來就是十分不同（因為印度目前種植的，都是為了抗病力而選擇的那些混血變種咖啡樹）。

但是到了 2012 年，同樣的悲劇也發生在薩爾瓦多。19 世紀末摧毀印度咖啡產業的咖啡葉鏽病，此時也狠狠地襲擊了中美洲，當然也摧毀了薩爾瓦多咖啡產業，連帶影響周邊產業一起遭殃。有些經濟條件較優渥的莊園，提前預測到這個風暴的來臨，很早就採取細心的農業手段來保護這些珍貴的變種，並策略性地使用「真菌防制劑」（fungicides），但薩爾瓦多選擇的這條路，顯然讓他們歷經了不短的陣痛期。到了 2020 年，他們仍堅持要種植這些高風險、高回報的變種（他們不想種植味道沒那麼好的高抗病力變種）。

「藝伎／給夏變種」帶來的震撼：變種對杯中風味影響極大的證據

咖啡生產者開始競逐於「變種」遊戲中，主要歸因於

2004 年「藝伎／給夏」這個阿拉比卡的變種在世界舞台首次閃亮登場。「藝伎／給夏」是源自於衣索比亞其中一個阿拉比卡的變種，但卻是在巴拿馬的一個莊園中被重新發現，這個重新被發現的變種，在 2004 年舉辦的「最佳巴拿馬咖啡」競賽中，獲得國際評審團史無前例的高分評價，其後也以當時歷史上的每磅最高單價售出。

它初嚐就有很高的複雜度，以及與眾不同的特質。只要種植栽培的環境跟品種的復興地（巴拿馬）相近，即使在其他咖啡產國種植，也幾乎都維持這樣的風味印象。

每磅 1300 美元

在 2020 年，每年舉行一次的「最佳巴拿馬咖啡」生豆競賽競標活動中，有一個特別令人印象深刻的「藝伎／給夏」小批次，以每磅 1300.50 美元得標價售出（未烘焙的咖啡生豆）。提供一個對比數字讓大家參考，在當時，世界上其他咖啡農製作出一磅味道乾淨、處理完善的一般阿拉比卡種咖啡豆，在當天的國際期貨成交價是每磅 1.14 美元。

正因為有這樣的案例出現，有些農民才會考慮不改種高抗病力、高產量的混血變種，而是繼續種植這種產量較低、經濟價值較高的變種；另外，許多以前與世隔絕的咖啡農與農業專家，現在都搖身一變成為全球性的咖啡行家，他們都在比「誰能做出世上品質最佳、風味最好、最獨特的咖啡？」最後，因為一般批次的阿拉比卡咖啡豆，目前的期貨成交價持續低迷，許多咖啡生產者特別傾向於在低產量、高附加價值的變種上賭一把，希望能跳脫期貨價格的框架。

高抗病力的混血變種咖啡樹群，仍默默進行它們的工作

同時，至少到目前為止，有越來越多證據顯示，這些新的阿拉比卡混血變種咖啡樹群，在「增加產量」與「對抗疾病」的表現都很成功。近期，在中、南美洲肆虐的咖啡葉鏽病疫情中，有兩個國家提早重資投入在替換高抗病力混血變種咖啡樹上——哥倫比亞、宏都拉斯，它們的咖啡產量明顯地增加，但其他同期的鄰近產國則在產量上有巨大損失。

因此，持續面對的這些不確定性，咖啡農與那些支持咖啡農的全球性組織，都在這樣的兩難問題上做思想的角力：到底是該種植高風險、高回報的變種（像藝伎／給夏、波旁類型，這些具風味獨特性、單價較高的變種）；還是要採取較安全的措施，種植這些新的混血變種，雖然市場行情較低，但產量很高；還是要抵抗疾病的侵襲？

能不能全都要？──未來會有味道好、具抗病力的新變種咖啡樹嗎？

科學家之前將主要研究重點放在研發高抗病力、高產量的新混血變種上；最近，也開始將杯中品質與風味特性放在改良的重點上，我猜想大概是因為市場上對於具風味獨

特性的咖啡需求量變多了的關係。「法國國際發展農業研究中心」（CIRAD／French Agricultural Research Center for International Development）與近期成立的「WCR」都在努力尋求這樣的解方。他們把具風味獨特性的衣索比亞變種咖啡樹群，拿來與風味較中性、具有較高生命韌性的新混血變種咖啡樹群進行交叉栽培（詳見第 80 頁「**咖啡變種一覽表**」或直接瀏覽 WCR 官方網站）。

不過，雖然這些努力已小有成果，具備雙贏特性的全新混血變種咖啡樹種子也已符合大規模種植的條件，農民們卻仍然猶豫著：一方面擔心氣候變遷加劇了疫病威脅，同時期貨價格的低迷讓「品種更新」（replanting fields）這個舉動顯得格外冒險；另一方面，高端的精緻市場對於高價值、風味獨特的咖啡，有著爆發性的需求。新冠肺炎疫情的肆虐在撰寫本文的當下，仍對許多國家與經濟產生重大影響，這讓農民與這些組織機構在抉擇時面臨更大的困難。

氣候變遷的救星？

「史黛諾菲利亞品種」（Coffea Stenophylla）！正當我要替本書做最後的修改時，我收到來自專業評鑑圈的最新消息，證實了一個鮮少被人工栽培、「被遺忘」的「史黛諾菲利亞品種」（以下簡稱「史種」），其風味表現有跟阿種咖啡類似的吸引力。在這些專業評鑑圈裡使用的是最嚴格的評鑑機制，與「史種」同時對比的對照組是來自衣索比亞高海

拔的阿種咖啡（其血統是曾經生產出世界上最受推崇的幾種咖啡），實驗中發現，前者與後者的風味表現十分相近。

還有個同樣重要的條件——「史種」可以在較高溫下生長，能夠克服全球暖化的威脅；換句話說，「史種」被證實為「阿種」的替代品種，具有較高抗熱性、可在較低海拔種植，同時還能兼顧相似的感官體驗與刺激感。

很不幸地，要立刻看到精品咖啡圈捲起「史種」咖啡浪潮不太容易，它的咖啡產量比「阿種」還少，與「羅種」相比更是遠遠不及。「史種」提供的優勢在於，能夠兼顧「風味有刺激感、獨特性，可在較低海拔、較溫暖的氣候生長」的長期潛力。詳見亞倫·戴維斯（Aaron P. Davis）在 2021 年 4 月於《大自然的植物》（Nature Plants）發表的一篇文章「味道像阿拉比卡品種，但對於高溫有抵抗性的野生咖啡品種」（Arabica-like flavor in a heat-tolerant wild coffee species）。

分辨杯中不同的咖啡變種：消費者觀點

本章前半段的主要內容，是從生產者、全球性社會經濟學家的角度來看咖啡樹的變種與其面臨的挑戰；那麼對於一般咖啡愛好者（消費者）來說，到底哪些變種（阿種的子系）才能生產出他們會很享受的風味？

咖啡變種一覽表

在第 76 頁的表格中，試著為消費者提供解答。根據「如何生產出品質優異、風味特殊或具有經典風味的咖啡」來進行阿拉比卡變種的分類，分類的方式與感官上的評斷用語，都是以我個人超過 30 年、特別留心在「變種與風味關聯」的杯測經驗、經由同事們的協助、觀察不同的咖啡生豆採購趨勢、咖啡生豆進口商的風味描述資料、咖啡生豆競賽的最終結果與我們實際上針對各個變種的品嘗……種種元素共同架構而成的。

另外也要注意一點，我針對「變種的咖啡風味」所做的描述只適用於以下情況：消費者向具可靠生豆來源的烘豆公司購買指定的「變種」咖啡商品，必須是淺至中烘焙的，在這個烘焙程度裡，「變種」的特質較能充分展現出來。

「**咖啡變種一覽表**」的排列順序是照著「風味獨特性高低」來排列，風味獨特性越強就排在越前面，反之則在越後面（尤其是那些與羅種有相關血緣、風味較呆板的變種）。最後，我還增加了一個「開放式的類別」，特別介紹了一個全新的高級變種「F1 變種」，它有機會打破目前「品質 vs. 產量」的兩難困境。分類項目如下：

- **風味獨特性最高，最受推崇類型**：超級巨星。
- **具有獨特外觀與獨特風味類型**：指的是具有不尋常豆型

在阿拉比卡咖啡花上停留的蜜蜂，攝於夏威夷。阿種的咖啡樹大部分是「自花授粉」，僅有大約 20% 的咖啡花，是透過蜜蜂與其他昆蟲來進行的。（拍攝者：傑森·沙利）

外觀，以及明顯的獨特杯中特質之阿種系統變種。

- **廣泛種植的、傳統的、熟悉的、被看重的類型**：涵蓋一些重要的傳統變種，阿種系統變種中那些較廣為種植的類型；通常有著討喜且紮實的風味，但在風味獨特性上表現較一般。

- 具備抗病力，但風味上較具爭議性的「**跨品種混血交叉變種**」類型：承襲了「羅種」或「賴種」基因的變種，時常被指責為咖啡很難喝、很呆板的元兇（有時對，有時錯）。

- 具備抗病力，但也有很獨特風味的「**F1 混血變種**」類型：這些新發展出來的變種，同時具備抗病力與風味獨特性。截至目前，測試的成果都是正面的，讓我們繼續期待。

在咖啡園或處理廠中進行不同變種的調配

一定要隨時記住這點：在一些嚐起來還不錯但不到特別優秀的咖啡裡，即便它是單一莊園或單一產地，大多情況下都是不同變種的混合體。除了一些具足夠獨特性、被許多人追捧的變種，而且可以獨立於一個園區單獨栽種的一個品種（例如：藝伎／給夏變種、波旁變種）之外，大多情況下，對於農民來說，在同一塊園區裡同時種植、採收、進行後製處理多個不同變種，是較為簡單、較具經濟效益的做法。

即使是高端的肯亞咖啡，通常也是由「SL28 變種」與「SL34 變種」這兩個備受推崇的變種混合而成，有時還會混入像是「盧伊盧 11 號變種」（Ruiru 11）或「巴堤恩變種」；一款非常棒的哥倫比亞咖啡，則可能是傳統的「卡度拉變種」與新的「哥倫比亞混血變種」（Colombian hybrids）、「卡思堤優變種」、「哥倫比亞變種」（Colombia）的混合體；中非洲一些閃耀的咖啡（例如：盧安達、蒲隆地）也大多是由許多很棒的中非洲本地變種群混合而成。將不同的變種進行混合，不全然是一件壞事，當然你也不該因為如此去購買這些咖啡。

事實上，不管是在非洲或印尼，即便是最高品質的咖啡，似乎都避免不了要將不同的當地變種群進行混合調配。另一方面，有許多產自拉丁美洲備受推崇的精緻咖啡，是由單獨一種變種，獨立採收、獨立進行後製處理而成的。

咖啡樹的「變種」如何產生：選育、配種，以及咖啡的未來

傳統上，阿拉比卡種的「變種」都是透過「選育」（selections）而來，意思就是，農民（或研究人員）在一大片咖啡樹裡找到一棵跟其他不太一樣的，而這些不同的特徵可能會讓它們有一些正向的發展潛力：在外觀、生長模式、果實或生豆的形狀、每棵樹的結果量有些不同，對於乾旱、洪水、疾病是否有更高的抵抗性。假設農民（或研究人員）將摘採的咖啡種子特別保存起來，然後再種下；假如這棵長得不太一樣的咖啡樹的優點能夠存留在其後代，假如這些後代咖啡樹在其他地方也被廣泛種植，然後這些優點也能歷經時間與距離的考驗而持續留存下來，那麼這個「選育品種」就可能變成公認的「變種」或「人工選育變種」。

順帶一提，在過去約 30 年間，從來沒有一個人想過，單純為了杯中特質（或品質）來選育新的變種。一些很有名、選育出來的變種像是「波旁變種」，事實上是一個很明顯的、歷史上的意外，這個變種不小心發展出比其他變種更獨特的風味特質。

因為阿拉比卡種系統的咖啡樹大部分是「自花授粉」（self-pollinating），只有約 20% 是透過蜜蜂或其他昆蟲來授粉的，因此阿拉比卡種系統的咖啡樹基因變動機率不大；然而，偶爾會發生「突變」及「自然的混血交叉授粉」狀況，而這些「突變種」及「自然的交叉混血種」必須在某人發現了它，再把它量化種植、介紹給其他人知道，然後其他人在世上其他地方種

下更多的「它」之後，它們才會被認可為「變種」或「人工選育變種」。

在這裡介紹幾種阿拉比卡種系統下有名的「選育變種」：首先是「鐵皮卡」，歐洲人從葉門帶出的最早的咖啡變種；「波旁變種」，在 18 世紀從葉門帶往波旁島（今日的留尼旺島），到了 19 世紀被廣泛傳播出去；「象豆／馬拉哥吉佩變種」（Maragogipe），在 1870 年左右，於巴西的「馬拉哥吉佩市」（Maragogipe city）被選育出來的「鐵皮卡突變種」，看中的就是它那超乎尋常、巨大的豆型；「卡度拉變種」（Caturra），在 1937 年，從一株「波旁」的突變種中選育而來，看中的是它精巧的咖啡樹尺寸。另外還有許多其他範例。

交叉授粉混血變種（Hybrids）

這個詞彙時常會讓人感到困惑，因為它具有重疊性的意義。在咖啡上，它主要是用來形容一種農業技術，就是把原本需要靠蜜蜂來執行的「異花授粉」工作，以人工介入，在受控制的情形下讓咖啡花進行異花授粉；植物配種人員將咖啡花裡的雄蕊切下，再將另一個變種的雄蕊花粉拿來跟這朵咖啡花的雌蕊進行授粉。要注意一件事，這項農業技術並不牽涉到轉基因工程，只借由人力的幫助，完成自然會發生在咖啡樹上的異花授粉現象。

在精緻咖啡圈中，許多對於「混血交叉變種」的異議在於，

通常去培育它的目的都是為了提高產量、增加抗病力，而不是為了杯中特質與品質。

事實上，透過「混血交叉授粉」的技術可以製造出很棒的咖啡變種，其中最受推崇的「全阿拉比卡血統」混血交叉變種，就是豆型很大的「帕卡馬拉變種」（Pacamara）及「馬拉卡度拉變種」（Maracaturra），最初是因為它們巨大的豆型而受到注目，但現在則是因為它們非常獨特的杯中特質而廣受推崇。

跨品種的混血交叉變種（Interspecific Hybrids）

然而「混血交叉變種」一詞有時在講的則是，讓兩個完全不同的品種，透過異花授粉技術來製造新的變種：配種人員將來自「羅種」或「賴種」的雄蕊與「阿種」的雌蕊進行授粉，具備羅種基因的一些「跨品種混血交叉變種」，像是廣受批評、味道呆板的「卡帝莫變種」（Catimor）及「薩奇莫變種」（Sarchimor）；另外也有一些風味較好也較複雜的類型，像是哥倫比亞的「卡斯堤優變種」（Castillo）與肯亞的「巴堤恩變種」（Batian）；由印度培育出來的「第 795 號選育變種」（Selection 795）是結合了「賴種」與頗受好評的「阿種」子系「肯特變種」（Kent，是波旁變種的其中一個選育變種）的基因而成，這個變種在許多地方廣為種植。

轉基因工程製造出的變種（GMOs／Genetically Modified／Engineered Varieties）

在此要特別強調：沒有任何轉基因／基因改造過的咖啡樹被釋出到大自然環境裡，轉基因的咖啡樹只存在於某些實驗單位的溫室，或是其他與世隔絕的狀態。基因改造工程的目的五花八門：有的是為了做出無咖啡因的變種，有的是為了讓咖啡花提早綻開，以便讓結果與成熟的時間能趨向一致（這讓採收時間較容易預測，在一定的時間內就能完成，使得採收過程大幅簡化）。再次強調，前面提到的這些基因改造變種，並未獲得授權，只能存在於實驗室中，無法在大自然種植。

一些由 WCR 贊助的「為未來發聲」的企劃案，主要都著眼於傳統的農業技術上（像是人工授粉）；不過，光靠這樣的「混血」技術，就已經能夠讓科學家找到影響感官特性與風味的基因記號〔也因此發展出另一種「基因標記選育法」（MAS／Marker-Assisted Selection）〕。

超級巨星變種與基因測試的追求

在 2004 年，有一個咖啡變種名叫「藝伎／給夏」，它的原生地在衣索比亞，但是被帶到巴拿馬種植，並在當地重新被人們看見（見第 71 頁）。這個變種在一次的生豆競賽中打破了所有記錄，評審們給出史無前例的高分，同時，這批咖啡生豆也以史無前例的得標金額售出；自此之後，咖啡世界就開始了尋找下一個像是「藝伎／給夏」一樣驚人的新變種，期待它能從某個農民的莊園裡蹦出來。的確出現了一些還不錯的驚喜，但這些驚喜比起巴拿馬（藝伎／給夏）最純粹、最佳批次，在杯中的表現還少了那麼一點觸電感，「藝伎／給夏」在複雜度、獨特性上，仍是最令人吃驚的變種。

追求下一個「藝伎／給夏」不僅是農民們追求的目標，各個杯測室與實驗室也同樣在追尋，因為在現今這個時代裡，要進行基因或 DNA 檢測來確認咖啡是哪個變種，其成本越來越低，也越來越容易。舉例來說，「西爪變種」（Sidra）是主要種植在厄瓜多的一個變種，它有著非常迷人的杯中特質，它被推測為「鐵皮卡」與「波旁」的天然混血變種；但最近從一分西爪的基因鑑定報告中卻發現，事實上，這個變種可能比較接近其中一種同樣具複雜風味的衣索比原生當地混血變種，與「鐵皮卡」或「波旁」沒有任何關係。

你從杯測室還是實驗室開始找起呢？

直到最近，我們都還是先從杯測室中開始尋找下一個「藝伎／給夏」。假如在一整個咖啡園裡都種著一種已知的咖啡變種，卻在其中恰好發現一些外觀長得有點不同的咖啡樹，而從中摘下的果實能穩定製作出令人興奮、有趣的咖啡風味，接著生產者便可能會把它拿去做基因測試，來確認到底是哪裡讓風味產生如此大的差異。

從實驗室的角度出發

然而，到了 2021 年，針對葉門中部（商業化種植咖啡樹的發源地）種植的傳統咖啡樹變種，一份相關的完整基因鑑定報告帶來了一些驚喜。其中一項被鑑定出的全新基因群，是葉門獨有的，這項獨特的基因遺傳物質組被研究人員命名為「新葉門簇」（new-Yemen cluster），但在行銷推廣時則使用了「葉門尼亞變種」（Yemenia）。

長期來看，「葉門尼亞變種群」在杯中風味表現是否具有獨特性？現在要談論這點還言之過早，雖然我個人是抱持著肯定的態度。

準備好迎接新變種帶來的鼓聲

不過，有件事是十分確定的，咖啡行家與從業人員聽到這些神奇的新咖啡變種之相關報導，已經一頭熱地興奮了好幾年，其中有一些新變種，最後可能淪為純粹公關炒作的產品（實際的風味令人沮喪）；另外有一些新變種，才是真正能夠靠著優異的獨特性與優雅特質震撼大家。

從非常小顆粒到極大顆粒的咖啡豆照片，圖為烘焙過的部分咖啡變種。詳見下頁「咖啡變種一覽表」。
（圖片來源：Digital Studio SF）

左上：非常小顆、如豌豆一般的稀
　　　有「摩卡變種」咖啡豆。
左中：也是偏小顆粒、像是小魚干
　　　的形狀的「尖身波旁變種」
　　　（Bourbon Pointu）。
左下：典型的衣索比亞原生或當地
　　　混血變種，也是生產出最多
　　　衣索比亞南部品質最佳咖啡
　　　的變種群。

中上：尺寸中等、豆型偏圓的偉大
　　　的「波旁變種」。
中中：外觀最普遍的「帕卡斯變種」
　　　與「卡帝莫變種」的混合豆。
中下：偉大的「SL28變種」，外觀
　　　很普通，但是杯中風味表現
　　　非常出色。

右上：相對較大顆、豆型較長的、
　　　著名的「藝伎／給夏」變種。
右中：大顆粒、偏橄欖型的「帕卡
　　　馬拉變種」。
右下：巨大的「象豆／馬拉哥吉佩
　　　變種」。

咖啡變種一覽表：選錄名單並非阿拉比卡品種下全部的變種

最具風味獨特性，以及最受喜愛的類型		
變種／人工選育變種	杯中特質、簡短介紹、外觀與價值	農學觀點
藝伎／給夏 （Geisha／Gesha）	「藝伎／給夏」變種首先在 2004 年的巴拿馬大放異彩：各種花香、清脆的可可豆、飽滿的柑橘調、檀香木與完全無瑕的結構。這個變種的確切外觀通常是偏大的豆型，並且很有辨識度的長型豆（有點像船的俯瞰角度形狀）。在世界上的其他地方也有別的變種共用了「藝伎／給夏」的稱呼，有的是基因有關聯，有的則是跟它有著同樣的發源地〔衣索比亞「藝伎村」（Gesha Village）〕，但風味爆發性通常不能與巴拿馬的「藝伎／給夏」相提並論。	樹型高大，中等產量，對咖啡葉鏽病有部分抵抗能力，容易受到「咖啡漿果疾病」（CBD／coffee berry disease）的影響。需要相對較高的種植海拔。
其他衣索比亞變種 **（種在非衣索比亞產國）** （Other Ethiopia Varieties Grown Outside Ethiopia）	基因分析報告證實，有更多其他衣索比亞變種群（跟「藝伎／給夏」變種一樣，種在非衣索比亞的產國，卻有著近似衣索比亞咖啡的相關風味特質）。不過，目前可以說完全沒有任何一個其他的衣索比亞變種跟巴拿馬的「藝伎／給夏」一樣，具有壓倒性的風味獨特性。	因不同變種而異。
衣索比亞原生當地混血變種群 （Indigenous Ethiopia Landrace Varieties）	時常有奢華的風味感受，不過結構通常會比最具代表性的「藝伎／給夏」略薄弱一些，香氣則呈現更多不同的樣貌，時常會帶著曲折、多層次花香，以及可可豆、柑橘調、芳香木質調。通常豆型偏小，生豆的中心線較深，容易殘留較多「銀皮」（silverskin）。因為這些衣索比亞原生種有著高品質與風味獨特性，使得這個類別的咖啡對「購買好咖啡的消費者」來說，就是「必買的超值物件」。	大部分都樹型高大，產量中等，對於咖啡葉鏽病與咖啡漿果疾病有不一的抵抗性（也有毫無抵抗性的變種）。
波旁 （Bourbon）	在最佳表現時，會有非常甜、複雜、帶果汁感的表現，有時會帶著一種獨特的莓果類酸味，同時還有一股甘味出現，這樣的風味呈現通常會被杯測師形容為黑嘉侖或黑醋栗。豆型偏圓，與「鐵皮卡」相比尺寸也略小一些。	在大多數地區需要遮蔭樹。樹的形狀高大，甚至到了沒有限制的巨大程度。中等產量，對各種疾病抵抗力較低。
SL28 **SL34**	這兩個變種幾乎代表著所有品質最優異的肯亞咖啡。「SL28」與「波旁」的風味走向類似，但是明亮度、複雜度、酸甜感都更高一些，在明亮的莓果調性之外，常會帶有甘味或芳香木質調的背景風味；比起前者，「SL34」的風味稍微內斂一些，但是仍受到許多人喜愛。	兩個變種的樹型都高大，而且產量中等。可以抗乾旱，但是對各種咖啡疾病抵抗力較低。
非洲中部的各種變種 （Central Africa Varieties）	像是「傑克森變種」（Jackson）、「米必里奇變種」（Mibirizi）、「波旁·馬亞蓋茲」（Bourbon Mayaguez）還有其他變種，這些變種大多種植於盧安達與蒲隆地，在剛果民主共和國東部、坦尚尼亞西南部、烏干達的部分區域也有種植。這些變種的風味通常都有一種獨特的細膩感，擁有帶著甘味與甜味的複雜表現。	樹型普遍高大，產量普遍中等。抗乾旱，但低抗病力。
葉門當地混血變種群 （Yemen Landrace Varieties）	有許多都被葉門當地的生產者直接命名，因為各自有不同的獨特風味，所以咖啡觀察家也認同這樣的命名；但是直到 2020 年，進行了基因相關研究之後，這個混血變種群的獨特性才被世界所認可。	樹型較小，特別適應乾燥氣候與寒冷的冬季。

歷史	備注
發源地在衣索比亞，1953 年前後被移植到哥斯大黎加，之後再輾轉移植到巴拿馬，直到 2004 年「最佳巴拿馬」咖啡生豆競賽時，才重獲世人關注。它在這個比賽中帶來了許多震驚與討論度，最終以創記錄的價格售出。巴拿馬仍舊是出產最具代表性風味的「藝伎／給夏」咖啡產國，即便現在全世界有許多其他產國也種植這個變種，風味表現也頗出色，但也不乏種壞或做壞的失敗品。	「藝伎／給夏」變種屢破世界最高咖啡售價的記錄（不包含經由動物消化系統處理而成的那些咖啡種類）。撰文當下，最具代表性的「藝伎／給夏」咖啡主要生產於中美洲（特別是巴拿馬）與哥倫比亞；直到最近，在「藝伎／給夏」變種的原始家鄉——「衣索比亞西部」才開始重新建立單一變種的種植園區。
有許多不同的歷史發展（因為本列是在說明多個不同變種的集合欄位）。「爪哇變種」（Java／Abyssinia／Adsenia）是具有最清楚文獻記錄的一個變種，19 世紀時，由荷蘭人從衣索比亞移植到爪哇島上，其後在當地自行繁衍發展。其他像是哥倫比亞的「奇羅索變種」（Chiroso）與厄瓜多的「西爪變種」，還有其他許多的變種。	待續（資料尚未完整）。
在這個類別下，初分為三個區塊： （1）辨認中、嘗試獨立種植中、研究中的阿拉比卡原生選育變種（發源地為衣索比亞南部與西南部），其中有大部分被稱為「當地混血變種」，指的是從野生咖啡樹上以非正規選種手法繼續繁衍後代咖啡樹。 （2）以正規方式進行仔細選育，通常是為了找到具有對抗某些疾病的高抗性變種。 （3）未被研究與歸類的其他原生衣索比亞混血變種。	從衣索比亞變種或與其相關的一些當地混血變種製作出的咖啡，時常會有著不遜於「藝伎／給夏」變種的風味表現，對於消費者而言更經濟實惠。在衣索比亞的一些種植區域中，像是耶加雪菲村的蓋德奧地區（Gedeo）、西達馬地區（Sidama）、古吉地區（Guji）及波雷娜地區（Borena）等地，出產的咖啡都有著這般獨特的風味特質，在「透明感」的表現上尤為出色。
與「鐵皮卡」同為阿拉比卡品種底下最廣為種植的變種之一，同時也是許多其他重要變種群的母源。發源於葉門，其後被移植到位於馬達加斯加島東方、印度洋中的波旁島（後改名為留尼旺島）。	「波旁變種」生產出的咖啡風味幾乎都很棒，偶爾會喝到一杯令人印象深刻的水準。目前被廣泛種植的有「黃波旁」、「紅波旁」與「橘波旁」，都是以果皮顏色分類（譯注：還有「粉紅波旁」與「紫波旁」）。
「SL」是「史考特農業實驗室」（Scott Agricultural Laboratory）的縮寫，該研究所於 1922 年由當時的英國殖民政府在肯亞建立。「SL28」與「SL34」是該實驗室分別於 1935 年及 1939 年選育出來的變種，近代的基因研究顯示，「SL28」具有「波旁」的血統，「SL34」則有「鐵皮卡」的血統。	種植於肯亞中部高海拔區域的這兩個變種，採用細緻的水洗處理法進行後製，生產出全世界最可靠的特優品質、最具獨特性的咖啡。「SL28」變種在其他的咖啡產區與不同的風土條件下，也能生產出令人印象深刻的獨特風味咖啡。
這些變種的確切來源只有部分資訊可參考，但是它們在盧安達、蒲隆地有著很長的種植歷史。	非洲大湖區有一種典型的「低調又獨特的甘味 - 甜味、辛感調性」，可能跟這些當地變種有直接的關係，當然，各地的水洗處理法與不同區域的風土條件，也都可能是貢獻這些風味特性的因素之一。
未明。現今正透過基因驗證的方式來進行研究，並且與阿拉比卡種傳播的歷史進行比對。可能與衣索比亞的變種有血源關係，但尚未確認，也有可能是適應環境後產生的演化變種。	在杯中表現可能出現令人興奮的水準：熱帶水果、巧克力、芳香木質調（像是燃燒薰香的氣味）等特質。至於這種興奮感有多少成分是來自於「變種」本身？有多少是來自於「日晒處理法」？有多少是來自於「高種植海拔」？這就不得而知了。

具獨特外觀、獨特風味的類型		
變種／人工選育變種	**杯中特質、簡短介紹、外觀與價值**	**農學觀點**
象豆／馬拉哥吉佩 （Maragogipe ／ Maragogype ／ Maragojipe）	主要因為它巨大的豆型而種植，杯中風味有時會略顯單薄，並偏向木質調，但也可能出現高複雜度且迷人的風味（種在適當的風土條件下，才會出現這樣的調性），通常是甜帶甘味，並伴隨著花香的綜合體。	樹型高大，低產量，低抗病力。
帕卡馬拉及 馬拉卡度拉 （Pacamara and Maracaturra）	雖然時常因為其較大的豆型而受到矚目，這兩種混血變種在杯中風味表現其實蠻具獨特性的：有深邃感、甘味、甜甜的花香味，一喝就馬上可以發現這樣的特質。	這兩種混血變種基因尚未穩定下來，農民必須在苗圃就事先進行整理，之後製作成生豆，必須把較小顆的咖啡生豆篩選出來，才能得到最具有獨特感的杯中風味。樹型矮小，產量一般，低抗病力。
摩卡 （Moka ／ Mokka ／ Mocca）	豆型很小顆，像是豌豆一般的豆型尺寸，風味出眾，通常帶著花香、水果調。非常稀有。	樹型非常小，適合全日照種植，低產量，年與年之間的產量不穩定，低抗病力。
尖身波旁或 羅琳娜 （Bourbon or Pointu Laurina）	豆型小顆，像是小魚干的形狀，頭尾兩端尖尖的。風味偏向波旁變種，具有帶甘味的甜味結構，以及莓果調、花香調的綜合調性。最特別的是，它天然就是低咖啡因的特性，咖啡因平均來說是其他阿拉比卡系變種含量的一半。	樹型矮小，長得有點像聖誕樹，產量相對低，低抗病力。
廣泛種植的、傳統的、熟悉的、被看重的類型		
鐵皮卡 （Typica）	最早被開始傳播的變種，數個世紀以來，傳播幅度最廣的阿拉比卡系變種。與其他變種相比，「鐵皮卡」有著優異的風味均衡性，以及直接的香氣走向，讓全世界的飲用者將這樣的風味聯想為「咖啡的代名詞」，喜愛這種經典風味調性的人就會持續喜歡它。目前「鐵皮卡」仍屬於很普遍種植的變種，但正緩慢地消失中，許多產自秘魯的好咖啡都是「鐵皮卡變種」。	樹型高大，低產量，低抗病力。
卡度拉 （Caturra）	在香氣與風味表現上沒有太高的獨特性，但是在一些中美洲與哥倫比亞咖啡裡，仍然可以喝到它令人印象深刻的、迷人的一面（處理得宜時，也會呈現良好的風味結構，堪稱經典風味）。	樹型精簡，廣泛種植於全日照的環境，高產量，低抗病力。
帕卡斯 （Pacas）	在香氣與風味表現上沒有太高的獨特性，但是在一些中美洲咖啡裡，仍然可以喝到令人印象深刻的、迷人的的一面（處理得宜時，也會呈現良好的風味結構，堪稱經典風味）。	樹型精簡，廣泛種植於全日照的環境，高產量，低抗病力。
卡圖艾 （Catuaí）	根據個人經驗，這個變種是所有樹型精簡或侏儒型變種之中風味最佳的其中一個變種，在香氣與風味上較不具獨特性，但在風味結構良好的批次中，則會呈較高的複雜度及較多果汁感（與「卡度拉」相比）。	樹型精簡，廣泛種植於全日照的環境，高產量，低抗病力。

歷史	備註
是「鐵皮卡」的突變，在 1870 年的巴西東北部，首次有「馬拉哥吉佩」單獨種植的記錄。	目前「馬拉哥吉佩」的重要性，是作為「帕卡馬拉」與「馬拉卡度拉」的父系變種，而非因為它本身多特別。
這兩個都屬於較新的混血變種，透過波旁系的「帕卡斯」與「卡度拉」這兩個樹型精簡的變種，與「馬拉哥吉佩」這個鐵皮卡系的巨大豆型變種混血而成。「帕卡馬拉變種」是在薩爾瓦多發展出來的，「馬拉卡度拉變種」則是在尼加拉瓜發展出來的。	也許是因為這兩個變種具有「波旁／鐵皮卡」系統的特性，因此時常會得到風味獨特性高的特質。
相關歷史很模糊。在基因分析中，「摩卡變種」近似於「波旁變種」，因此有些人猜測它是波旁島（留尼旺島）上被選育出來的波旁系侏儒種。目前新世界種下的摩卡種，大多來自巴西，並非來自原生地。	豆型小顆、低產量的兩個特性讓農民不太想種「摩卡變種」，雖然它有著很高的風味與外觀獨特性。撰文當下，「摩卡種」的主要生產地在夏威夷的茂宜島及哥倫比亞，各有一個農園專門栽種。
是「波旁變種」的天然突變，首先在 1947 年左右，在波旁島（留尼旺島）被發現，不過應該在更早之前就經過人工選育了。	「尖身波旁變種」有著怪異的豆型與樹型，它還是天然的低咖啡因變種，因此有許多農民抱著實驗性的心態種植它，不過目前在零售市場中仍然非常罕見。
基因相關研究證實：全世界所有的「鐵皮卡變種」都源自於葉門。第 5 頁的內容介紹過「鐵皮卡」在 18 世紀的熱帶地區的傳播歷史。	「鐵皮卡變種」是秘魯與厄瓜多主要的咖啡變種，「鐵皮卡系」的選育變種在全世界其他咖啡產國也被廣泛種植著。某些「鐵皮卡系變種」會跟知名的咖啡產地共同被提及：像是牙買加的「藍山鐵皮卡」（Blue Mountain Typica），另外在夏威夷的可娜產區（Kona）則是有另一個「瓜地馬拉鐵皮卡」（Guatemala Typica）。
是「波旁變種」的其中一個選育變種，於 1937 年，在巴西開始單獨分離種植。大概是因為其精簡的樹型與高產量，所以才被選育出來。	這個變種在過去數十年間，在哥倫比亞、哥斯大黎加、其他拉丁美洲國家與亞洲的產區，都占據了主要生產地位。在哥倫比亞，「卡度拉」目前已被高抗病力的「卡斯堤優變種」所取代。
1949 年，在薩爾瓦多被選育出來的波旁系選育變種。	在中美洲廣泛種植。是「帕卡馬拉變種」這個明星變種的母系，父系則是「馬拉哥吉佩」。
血緣很複雜，其中一個父系為「卡度拉變種」，母系則是「蒙多·諾沃變種」（Mundo Novo），而「蒙多·諾沃變種」本身就是「鐵皮卡」與「紅波旁」的混血變種。	在巴西與幾乎整個美洲，以及其他世界上的咖啡產區都廣泛種植。有黃色果皮、紅色果皮兩種不同的變種外觀。

具抗病力，但風味上較具爭議的「跨品種混血交叉變種」類型		
變種／人工選育變種	杯中特質、簡短介紹、外觀與價值	農學觀點
帝汶混血變種 （HdT ／ Hibrido de Timor）	大致上共識是很乏味、風味扁平的杯中表現；不過它被證實對葉鏽病有很高的抗病力，因此也成為建構後續新的高抗病力混血變種之重要基因素材（都是為了得到祖輩「羅布斯塔品種」的高抗病力基因）。它被拿來與「卡度拉變種」及「維拉·薩奇變種」進行混血培育，發展出了「卡帝莫變種」及「薩奇莫變種」，這兩個變種也成為要發展新混血變種的主要素材（除了要具備高抗病力的基因，更想要兼備美好風味而開發的新變種）。	具備高抗病力且生命強韌，特別對於毀滅性的咖啡葉鏽病有極佳的抵抗力，適合在低海拔環境種植。
卡帝莫 與薩奇莫 （Catimor and Sarchimor）	與「帝汶混血變種」一樣都有呆板、扁平的杯中特質（因為它們都是一家人），不過將它們種在較高海拔的環境時，也會呈現出活潑的、傳統阿拉比卡種的風味特質。	具備高抗病力且生命強韌，特別對於毀滅性的咖啡葉鏽病有極佳的抵抗力，適合在低海拔環境種植。與「帝汶混血變種」不同的地方在於，這兩個變種樹型較為精簡。大多在全日照的環境廣泛種植。
哥倫比亞 與卡斯堤優 （Colombia；Castillo）	「哥倫比亞變種」較早發展出來，「卡斯堤優變種」緊隨其後，哥倫比亞的咖啡科學家嘗試創造出新的變種，讓它們同時具備「卡度拉變種」（在哥倫比亞有很直接的地緣關係，因為早先哥倫比亞的主力品種就是「卡度拉」）的杯中表現，以及「卡帝莫變種」高抗病力的兩種特質。	相對有較高的抗病力、強韌的生命力，兩個變種都是精簡的樹型尺寸，適合在全日照環境廣泛種植。「卡斯堤優變種」對於提高哥倫比亞產量具有特別顯著的貢獻，哥倫比亞在 2009 ～ 2014 年間遭受一連串像是極端氣候帶來的損失，以及咖啡葉鏽病的疫情摧殘。
盧伊盧 11 號 與巴堤恩 （Ruiru 11；Batian）	「盧伊盧 11 號變種」較早發展出來，其後才有「巴堤恩變種」，是肯亞的咖啡科學家精心培育出來的兩個新變種，保留了 SL28 及 SL34 兩個變種的杯中風味特質，同時襲承了「卡帝莫變種」的高抗病力基因。	兩個變種的研發重點都在於抵抗病害與蟲害，特別是針對「咖啡漿果疾病」，在1960 年代，大幅摧毀了肯亞的咖啡園，造成肯亞咖啡減產 50%。「盧伊盧 11 號」是精簡的咖啡樹型尺寸，「巴堤恩」則是高大的樹型尺寸。
S795 〔在印尼稱為「珍貝兒變種」（Jamber）〕	在印度及東南亞地區其中一個最廣泛種植的變種。具有紮實的經典風味特質，通常具備良好的風味結構與均衡感，在香氣表現上並不會特別的複雜或突出。	對於咖啡葉鏽病有抵抗力（咖啡葉鏽病在印度、印尼的咖啡產業中，是特別大的禍害）。有些人認為這個變種的抗病力正在減弱中。
具抗病力，但也有很獨特風味的「F1 混血變種」類型		
史塔馬雅 （Starmaya）	種植在高海拔環境時，據說杯中風味特性較明亮，具有不錯的複雜度。	具備高抗病力與高產量，樹型精簡，在中海拔地區就有不錯的產量。與其他新型F1 混血變種群有不太一樣的地方，例如：「史塔馬雅」可透過種子傳播，不需要用相對昂貴且費時的複製技術。
卡西歐沛亞 （Casiopea）	種植在高海拔環境時，據說會有極優異的杯中特質與獨特性。	產量極高，但不具備抗病力；精簡的樹型尺寸。
蒙多·馬雅 還有其他 （Mundo Maya, more）	據說具有迷人的杯中特質、獨特性，是為了結合抗病力、高品質的杯中特質、獨特性而培育出的變種。	產量極高，抗病力極佳，樹型精簡。

歷史	備註
是「阿拉比卡種」與「羅布斯塔種」的天然混血變種，於 1950 年代在東帝汶被發現。在帝汶廣泛種植，隨後被葡萄牙的科學家帶回歐洲，在歐洲開啟了關鍵的新混血變種研發實驗（用帝汶混血變種當作研發基礎），目的在於創造出生命力強韌並具抗病力的混血變種。	「帝汶混血變種」對於「品質至上族群」來說，原本是憎惡無比的東西，在它的原生地東帝汶及印尼的部分區域〔在印尼稱「丁丁變種」（Tim-Tim）〕廣泛種植，在其他地方較不常見。它的最大價值就是為後續的高抗病力新變種提供了基礎基因素材。
兩個變種都是人為刻意進行的混血變種（使用傳統的授粉技術），將「帝汶混血變種」與「卡度拉」及「維拉薩奇」分別混種而成。兩種都是樹型精簡的「波旁系」選育變種。	對於品質至上的「族群」來說，就是風味的流氓，各自有一組相關的變種群；而這些緊密相關的變種群，在不同國家可能會有不同的名稱。例如：「卡帝莫變種」群中，在墨西哥稱為「黃金阿茲提克」（Oro Azteca），在宏都拉斯稱為「倫皮拉」（Lempira，為宏都拉斯的法定貨幣，在此就是指錢的意思）。
兩個變種都是由「哥倫比亞咖啡研究中心」（CENICAFE／Colombian National Coffee Research Center）所研發出來的，這項研究長達數十年之久，目的在於提高哥倫比亞咖啡的抗病力與產量，同時還要保留主力品種「卡度拉」的杯中風味特質。	因為前提是要保留「卡度拉」的杯中特質經典風味，看起來特別是「卡斯堤優」達到了這樣的目標，它變成了具備強韌生命力、高抗病力版本的「卡度拉」，在杯中風味的表現也與純血「卡度拉」相去不遠。
這些變種都是「多血緣」的產物，意思是：用來製造的素材不止兩種，而是有好多種。其中包括「卡帝莫」（為了它的抗病力），還有「SL28」、「SL34」，以及「波旁」（為了維持肯亞傳統的杯中特質）。「盧伊盧 11 號」在 1985 年由肯亞咖啡局釋出第一批，當時造成不小的懷疑論；「巴堤恩」則是「盧伊盧 11 號」系中具備高大樹型的一個選育變種，在 2010 年釋出，後者的爭議較少。	特別注意，這兩種混血變種可能會因為進行較多的人為介入，而產生較高的風險；相比之下，哥倫比亞的「卡度拉」搭配「卡帝莫」的混血實驗較為簡單安全，主要原因是裡面有較多肯亞的瀕危變種。「SL28」是一個特別且獨一無二的風味珍寶（你不會希望它的風味特質因為經過混血就變弱或消失）。
是「S288 變種」（是「阿拉比卡種」與「賴比瑞亞種」的天然混血變種，具備抗葉鏽病的能力）與「肯特變種」（是波旁系的其中一個選育品種，在印度受到許多人喜愛）兩者混血培育而成。	組成方式類似「卡帝莫」與「薩奇莫」類的模式，但是它的抗病力是承襲自賴比瑞亞種，而非羅布斯塔種。
由具備平淡風味特性但有抗病力的「馬瑟雷莎變種」（Marsellesa），以及野生的天然突變種「蘇丹 - 衣索比亞變種」（Sudan-Ethiopia）混血而成，後者具備天然的絕育特性，此特性可避免它再繼續自己授粉，如此才能製造出穩定的後代咖啡樹（都要靠人工授粉來繁衍）。	高產量，對葉鏽病具抗病力，能在中海拔區域生長，透過種子傳播／繁衍，不靠複製技術，這是一項創舉，假如杯中風味特質長期維持不錯的吸引力，那麼這個變種就算是成功的。
由生命力強韌、樹型精簡的中美洲主力品種「卡度拉」與「衣索比亞 41 號」（ET41，在衣索比亞野生咖啡中採集的其中一個當地變種）共同混血培育而成。	為了中美洲咖啡產業特別設計的，聚焦於產量、杯中風味特質。
將具備高生命力、平淡風味、抗病力的「薩奇莫」與「衣索比亞 01 號」（ET01）野生當地變種共同混血而成，目的在於得到具良好杯中風味特質，並且增加基因多元性。	是其中一個「F1 混血變種」群中，為了獲得來自「羅布斯塔種」子系混血變種的抗病力，與野外採集的「衣索比亞當地變種」共同混血培育而成（在咖啡圈裡，衣索比亞的野生咖啡中，較有可能找到風味突出的素材）。

風味成因：風土條件、農園管理與至關重要的採收方式

許多作家很喜歡這樣老派的行銷策略：將咖啡種植的環境與它的風味做聯想。舉例來說，我們時常會被告知：因為這款咖啡種在「肥沃的火山土壤」，或是種在「高海拔地區、水源充足的某某山坡地上」，消費者一定會喜歡它。

事實上，種植環境對於一款咖啡的風味是否有那麼多影響，目前尚未能百分之百確定，最主要的原因就是：環境因素有非常多的重疊性影響，不確定到底哪個因素會與風味直接關聯。舉例來說，即使單就推測某個單一變數（例如：土壤的成分與杯中特質的關係），仍必須考量到其他像是「氣候」、「微氣候」（microclimate，每一季都會有些微變化）、「咖啡樹的變種類型」、「施肥狀況」、「去除果皮／果肉與進行乾燥程序的執行細節」等因素的綜合影響。

海拔！海拔！海拔！

然而，有一個變因的重要性是十分明確的：種在較高海拔的咖啡，其風味表現傾向於更為密集、複雜、明亮（與較低海拔相比）。

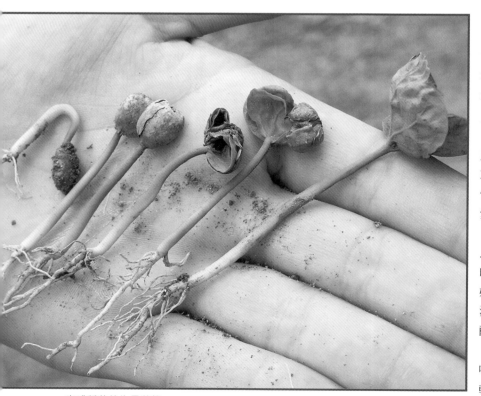

咖啡種苗的生長狀態。

請留意，「較高」是一個相對性的形容詞，特別要考慮到「種植地距離赤道」的距離有多遠。在中美洲的「高海拔種植」指的通常是種在超過 5000 英尺（約 1500 公尺）的海拔高度；而夏威夷的可娜產區，其地理位置離赤道就有點遠了，加上信風帶來的冷卻效應，這裡的「高海拔」就低得很多了，大約 2500 英尺（約 750 公尺）以上就叫高海拔。不論咖啡種植在距離赤道多遠的地方，都有著共同的特性——「種植的海拔越高，杯中風味呈現的酸味密集度，就會相對較高」。種在可娜產區海拔 2500 英尺以上的阿拉比卡種主流變種，嚐起來的酸味密集度感受會非常接近種在海拔 5000 英尺以上的哥斯大黎加咖啡（當然，種植的樹種也要很接近）。

另外還有一些跳脫「海拔高度／緯度」規則的例外範例，不過你可以從一些概略性的條件來解釋這些情況，例如：秘魯咖啡，有著非常舒適怡人的酸味表現，它通常種在非常高海拔的區域，但也許是因為另外受到了亞馬遜盆地帶來的暖化效應，所以整體表現風味會相對較溫和些。

主要的重點

假設這些條件是相同的（樹種、後製處理方式、產區），種在較高海拔的咖啡就是會比較低海拔的有著更飽滿的「咖啡體」、更明亮、更複雜。此外，許多備受喜愛的變種——「藝伎／給夏」、「波旁」、「SL28」等——都必須種在較高海拔才能有良好的風味表現。然而，當到達了種植海拔的最高點之後，再往更高的地方就不會比較好了，在此環境下種植的咖啡樹與果實都會活得很慘，而且通常風味都會較薄弱或具低酸度。

造成較高海拔的咖啡有較高複雜度、風味密集度的標準成因，就是因為——「氣溫較低會讓咖啡果實的發展速度較慢，因此就讓咖啡豆變得更緊密、更堅硬」。

除了「海拔」，其他大多因素都不可估量

撇開「種得越高，風味越明亮」這個規則不看，其他關於種植環境與杯中特質的「可靠對應關係」則很難界定。對於咖啡樹而言的正面生長條件（例如：「及時雨」、「沒有極端氣溫出現」）能讓它結出較多健康的咖啡果實，至於這些因素對於咖啡風味有什麼特定的影響，則難以判別；甚至還有不少證據顯示，因為「結果量變少」，就會讓咖啡的風味更複雜、更密集。

農園管理對咖啡風味的影響

很顯然地，「農園管理」跟咖啡做得好不好有非常大的關係，農園管理得好就可能有較高產量，接著就會出現較為富足的農民，以及更穩定的農業社群；此外，某些農園管理的步驟對於環境的永續發展性具正面影響，對於咖啡本身、種咖啡的人、消費咖啡的人來說，未來的發展不論朝著何種方向前進，這些步驟都是至關重要的。

然而，什麼樣的農園管理步驟，才能做出更具獨特性、辨識度的咖啡？用其他的農園管理步驟會做出更好的嗎？答案都不確定。再次強調，這樣的不確定性，都是因為有太多「變因」（例如：樹種、風土條件、微氣候條件、後製處理細節等）需要控制，在這些變因都完全控制住的情況下，才能單獨看個別農園管理步驟對杯中特質是否有特定影響。

不過，在此提出兩種不同的農園管理模式，而且咖啡飲用者可能會特別感興趣（關於環境保護議題）。以下是兩種模式的杯中特質簡短介紹。

「遮蔭種植」（Shade Growing）與杯中特質的關係

阿拉比卡原生於衣索比亞西部、蘇丹東南部的山區原始林中，那裡的咖啡都是受到大樹的遮蔭；然而，種在其他產地的阿拉比卡咖啡樹，到底需要哪種程度的遮蔭，才能保持咖啡樹的健康？──這取決於樹種（變種）、種植環境、氣候條件。舉例來說，在潮溼且多雲霧的森林中，可能根本不需要遮蔭，因為遮蔭或許會導致產量受到影響；另外，在距離赤道較遠的產區，遮蔭也不是必須的。除了上述兩個例外，對其他的產區而言，「遮蔭」都是基本要件。不過，「遮蔭種植」的議題也造成兩派人士更高的對峙情勢──有一派支持「高密度單一種植咖啡」的人士認為，咖啡應該種植在全日照環境，並且大量使用各種不同農藥；另一派支持「咖啡永續發展」的人士，通常同時也是強調「遮蔭種植」、「與其他作物交叉種植」、「降低農藥使用」的支持者。這樣的爭論從很早就開始產生分歧，把咖啡種植從單純的「技術性與感官性」問題，提升到「環保的政治議題、它的急迫性、對環境的熱愛與否」問題。詳見第 207 ～ 208

頁，關於「遮蔭 vs. 全日照」相關議題與情勢的爭論，包括各種定義上的問題。

感覺比較好，但喝起來沒什麼不同？

然而，從環保的觀點來看，雖然「遮蔭種植」是迷人的作法，但它並沒有讓咖啡的風味獨特性有實質上的改變（與非遮蔭種植的同一樹種咖啡相比）；不過可以確定的是，與「全日照」種植的咖啡相比，在「遮蔭」條件下做出的咖啡，在某些環境條件下會讓咖啡的風味更棒（複雜度更高、風味更活潑、更飽滿等），主要原因就是「遮蔭」可能會讓咖啡豆的發展速度變慢，並且讓單位產量降低，這兩個原因都會直接導致咖啡豆結構更密實、風味更密集、複雜度更高。

但是，對於購買「遮蔭種植」咖啡的消費者而言，主要賣點在於買這種咖啡會有「幫助做環保」的感覺；這類消費者會面臨兩個層面的挑戰：首先，要確定他們買到的是否真為「遮蔭種植」？而且「遮蔭種植」的定義是什麼？其次，要怎樣找到「遮蔭種植咖啡」裡最棒、最有趣的版本來享用呢？詳見第 207 ～ 208 頁會探討更多關於這些抉擇的內容。

「有機種植」（Organic Growing）與杯中特質的關係

消費者購買「有機認證」咖啡時，最主要被說服的原因與杯中特質沒什麼關係。對於種植者來說，「有機種植」的模式對他們的身體健康較好，對於種植地塊也是好事；但對於整個地球來說到底有沒有比較好，還尚待討論，因為在「有機種植」條件下，每英畝的咖啡單位產量較低，所以如果消費者購買越多的有機咖啡，可能會有更多的森林被砍伐，開發成種植有機咖啡的園區（才能賣給那麼多人）。詳見第 204 頁。

「有機認證咖啡」對於消費者的健康來說蠻好的，雖然飲用它對健康帶來的好處比起直接食用「新鮮果實」還來得少（食用新鮮果實可獲得「有機種植」模式中較多的有益成分；而經過乾燥再烘焙的咖啡豆，則含有較少的有益成分）。詳見第 286 頁。

但是，為了生產出喝起來不同或風味更佳的咖啡，「有機種植」是否為其主因？尚未確定。假如在透過變因控制的實驗中，確定了這種關聯性是成立的，這樣的結論也毫無意義；因為「有機種植」所採用的一些步驟（為了一點點杯中特質的改變，而做的步驟），有很大機率會被其他在產地可能發生的各種因素（從樹種、採收、後製處理，到乾燥程度等步驟）推翻。

「有機種植」與品質的關係

不過，有件事是確定的：世界上，某些品質最棒的咖啡就是「有機種植」出來的。這些咖啡的品質有部分成因反應出了生產者對於有機農業規範的投入，這種規範幾乎涵蓋了

所有生產者在種植時需要做的每件事，當然也包括所有關鍵步驟（例如：果皮／果肉的去除、乾燥程序）。然而，另一種反面現象也可能會發生：某些有機咖啡在品質上參差不齊，它們通常是由小農組成的合作社所生產的，而小農偶爾會在果皮／果肉去除及乾燥程序階段做得較不穩定。

儘管如此，對於消費者而言，想要買到高品質及具有風味獨特性的有機認證咖啡，當然也能夠找到想要的，不論他們要的是單一莊園，還是合作社生產的咖啡。

採收咖啡：目標簡單，執行面卻極具挑戰性

在中美洲拍攝，典型的咖啡樹結果狀態，都是混雜著恰好成熟、未成熟、過熟果實。

「採收步驟」對咖啡品質的影響是非常直接的：好咖啡只能是從「成熟得剛剛好的果實」製造出來的。

想像一下，當你喝到從「不成熟的橘子」榨成的果汁（會帶有醋酸感、澀感）；再想像一下，當你喝到從「成熟的橘子」榨成的果汁（帶有明亮的酸，但又有迷人的甜味）。咖啡的狀況大致相同，當採收下的果實有太多未成熟果，就會讓這批咖啡帶有醋酸味、尖銳感、澀感，而且風味單薄；如果採收下的果實都恰好成熟，這批咖啡就會具有甜中帶酸、討喜的微微舌燥感（尚未到達澀感）、口感飽滿的特質。

面臨的挑戰

農民的目標很明確——只採收恰好成熟的果實——但要達到這個目標就非常不容易。阿拉比卡種的咖啡果實成熟時間不一致，在同一個時間點裡，同一個枝條上就會同時出現：完熟果、乾掉的果實、過熟果、青果，甚至是綻開的咖啡花與花苞都同時存在。

在上圖中，中美洲的咖啡樹上，只有一小部分的果實是恰好成熟或是快要成熟的，假如農民要等到目前的青果成熟才採收，那麼現在已經成熟的果實到時就會變硬或乾瘤。在照片裡也可以看到，已經有一些過熟果，而且看起來轉變為褐色／黑色的乾瘤狀態。

目標性手選採收（Selective Hand-Picking）

農民要如何只採收完熟果實，而不會連同未熟果、乾瘤果（無法脫除果皮，風味帶有霉味或過度發酵味）一同採收下來？

「目標性手選採收」就是最佳解方。一整隊的採收工在採收季中，可能會需要在咖啡園裡進行 3～5 回採收，因為每回都必須只採下「恰好成熟的果實」，而乾瘤果、過熟果、未熟果都會留在樹上（如下圖）。

他們採完當天的果實後，有時會進行「漿果篩選」的步驟，挑除未熟果、過熟果（如右頁右上圖所示）。

透過人工手摘來選取恰好成熟的果實。（圖片來源：iStock ／ superoke）

全面式採收（Strip-Picking）

與「目標性採收」不同，「全面式採收」在一個採收年度中只會進行一次，通常只會在「開花期」與「果實成熟期」相對容易預測的區域才進行。在枝條的中段，結有最多成熟果實的地方，只用一個「向下滑動」的手勢就能全面剝除（當然也會剝除未熟果、過熟果，還有一些小樹枝、樹葉），讓果實落在底下預先鋪好的帆布上。

機械化採收（Machine-Picking）

在像巴西這樣的產區裡，因為咖啡果實成熟時間相對一致，加上擁有平坦地勢，就能使用大規模的採收機具進行採收（如右頁的左下圖所示）。像塔一般高的採收車在咖啡園裡滾

動前進，跨越那些平時就修剪過的咖啡樹上，藉由採收機上的玻璃纖維棒組發出震動，震動的幅度恰好可以讓「完熟果實」震鬆、落下，但並不會震落「未熟果」。

假如震動力道設定完善，搭配仔細的後置機器漿果篩選，「機械化採收」的效果就可以達到很理想的狀態。不過，世界上只有非常少數的產區擁有足夠平坦的地勢，適合讓大型採收機運作，例如：巴西、夏威夷，以及澳洲一些靠近海岸線的大型農場。

在某些產地裡，會執行一種折衷的半機械式／半人工式採收，採收工揮動的機械手臂，讓機械手臂震動咖啡枝條，希望震落只有恰好成熟的果實。果實會掉落在預先鋪好的帆布上，隨後再將它們進行機械化清洗與漿果篩選（此步驟就是後製處理的第一階段）。

採收後的漿果篩選

使用「機械化採收」或「全面性採收」兩種模式時，在採收完成後，會立刻進行漿果篩選。傳統的篩選方式就是利用了「水的浮力」。過熟果、乾癟果、未熟果都會浮在水面上，「恰好成熟的果實」比較重，就會沉在水底（當然也會有一些較重的「未熟果」沉入水底）。經過浮力篩選後的果實，之後還會再進行一次機器選別（漿果顏色篩選）。

「純人工採收」的成本，以及面臨的挑戰

在全世界大多數的咖啡產地中，為了做出精緻的「工匠級」咖啡而執行的「目標性人工採收」，面臨著許多挑戰。認真的採收工工錢很高，持續低迷的咖啡國際期貨價格，使得這個方案難以落實，因為農民的收入不足以支付如此高的工錢。

優異的「目標性人工採收」只有在微型的家庭式農場才能夠準確地執行（當作全家人的例行公事來做）；在中等規模的農園或咖啡合作社裡，若要以此模式執行採收，那麼他們必須銷售品質特優的咖啡生豆、獲取更高的收入，才能夠支付較高的工錢給認真的採收工。然而，即使咖啡農有辦法支付優渥的工錢，但是因為咖啡採收的工作在一年裡只有短短的一季，屬於短期工作，因此招聘的困難度也是一大問題。

一位印度女性將她一整天採收的果實裝進麻袋中。裝進麻袋前，她會先進行最後一次的漿果品質篩選，將「未熟果」或「過熟果」挑除。

在巴西拍攝的「全面式採收」實況。咖啡枝條的中段，帶有最大比例的完熟果（此處的完熟果是黃色的），採收工僅用單一動作就能採下所有果實。巴西大多數的產區，因為果實的成熟度普遍較容易預測，因此才能夠執行這種採收模式（因為大部分的果實成熟時間較接近）。

巴西的「機械化採收」實況。採收機中的玻璃纖維棒，針對結滿果實的枝條發出震動，震動程度也要恰好能夠震鬆成熟度剛好的果實，讓其掉落，但不能讓未熟果也震落。（圖片來源：iStock／alfribeiro）

風味成因：
去除果皮，以及生豆乾燥程序

採收後，咖啡果實的狀態是充滿水分且易碎的，必須要將之轉變為堅硬的、像是石頭一樣的生豆，為了達到此目標，咖啡種子外面有三層軟質的外層必須去除——外果皮、果皮底下的黏液層、薄且黏的果肉層，而剩下來的種子則必須進行乾燥程序，這兩道程序（去除果皮／果肉，以及乾燥程序）通常在後製處理時會放在一起討論。

除了樹種與烘焙之外，去除果皮／果肉及乾燥程序，對於咖啡特質的影響最大。處理得當，得到的風味會是清透且穩定的；處理不當，就會出現缺陷風味或腐敗味。

這兩個步驟通常也是可以讓人發揮創意的階段，能讓咖啡產生不同的層次與差異性，也是讓各個不同文化能夠與大自然共同譜出獨特且優異的感官體驗之關鍵方法。接下來的內容中，將特別聚焦於後製處理的創意層面，我們可以看到「去除果皮／果肉」及「乾燥程序」的進行方式與細節，了解這些步驟如何帶來咖啡風味的差異性（有時差異性會非常巨大）。

咖啡果實的結構，以及關鍵的果肉／黏液層

右圖就是咖啡果實的剖面結構。果皮是由兩層結構組成：薄薄的、亮紅色的外果皮；較厚的底層（通常是橘色或黃色），這層東西稱為「果汁層」（pulp）。當果實成熟了，果皮與果肉只要輕輕用手一按就能輕鬆脫除，就可以看到裡面的咖啡豆，以及一層甜甜的、黏黏的果肉〔也稱為「果膠層」（mucilage），就是圖中半透明的、橘黃色的那層〕，在「果膠層」底下還有兩層東西——「內果皮／紙皮／羊皮」（parchment skin，圖中黃色的那層，在乾燥後會轉變為木質化且易碎的狀態）；另一層則是非常薄的「銀皮」（silverskin，在此圖中看不到）——不論是「內果皮」還是「銀皮」，都對杯中特質沒什麼影響。

甜甜的果肉或「果膠層」對風味的影響可能是最多的，在後製處理的所有步驟中，「何時」與「如何」去

除果膠層，就是最重要、最具挑戰性、最能夠發揮創意的步驟。

「去除果皮／果肉」及「乾燥程序」總共有 4 大類做法，另外還有從這 4 大類衍生出的許多非常重要的新做法，每種做法對於杯中特質都具有決定性的影響。第 88 頁「**後製處理法一覽表**」有詳細的介紹，第 96 頁也會說明最近期的變化與創新做法。

假如你在閱讀後面的內容時感到疑惑，都可以回頭參考一下「**後製處理法一覽表**」。

水洗處理法

第 88 頁表格中的第一、二欄內容，就是一般俗稱的「水洗處理法」。這兩個欄位裡的「水洗處理法」略有不同；不過相同的是，在進行乾燥程序之前，外果皮、果汁層、果膠層都會先去除。

之後，在完成乾燥程序後，內果皮會變得木質化且較為

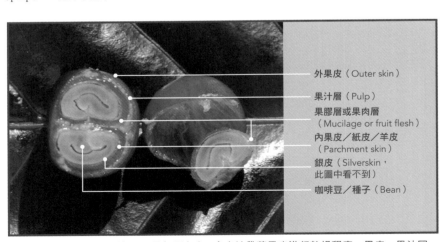

外果皮（Outer skin）

果汁層（Pulp）

果膠層或果肉層
（Mucilage or fruit flesh）

內果皮／紙皮／羊皮
（Parchment skin）

銀皮（Silverskin，
此圖中看不到）

咖啡豆／種子（Bean）

將咖啡果實切成兩半。使用日晒處理法時，會直接帶著果皮進行乾燥程序，果皮、果汁層、果膠層都會收縮，之後轉變為像皮革一般的外殼，在使用前（或出貨前）會將此硬殼用機器脫除；使用蜜處理法時，會先去除外果皮與果汁層，保留剩下的部分（包括圖中半透明的果膠層）一起進行乾燥程序；採用水洗處理法時，外果皮、果汁層、果膠層在富含水分的狀態下就會直接脫除，只保留內果皮進行乾燥程序（如第 87 頁右下圖所示）。

易碎的狀態，將這樣子的帶殼豆脫除內果皮的步驟就叫做「脫殼」（hulling）；內部還有一層「銀皮層」，將其脫除的步驟稱為「拋光」（polishing），不過可容許有少許銀皮殘留在咖啡豆上。對於商業期貨咖啡等級來說，「水洗處理法」就是這個類別裡的最高等級，類別名稱是「溫和型咖啡」。直到最近，大多數精緻咖啡才漸漸選擇「水洗處理法」為其中一個主流處理法（今日還有許多其他新式處理法也是精緻咖啡業界重要的主流處理法，像是「新式蜜處理法」與「新式日晒處理法」，將在本章後面篇幅介紹）。

第 88 頁表格第一、二欄「水洗處理法」的主要差別在於「如何去除果膠」這個重點上，可以是透過發酵作用搭配較為輕柔的洗滌來去除果膠，也可以使用機器（離心脫膠機）透過水洗與摩擦作用來去除。

傳統式「發酵搭配水洗」處理法（第 88 頁表格第一欄）

兩種「水洗處理法」雖略有不同，但是都有著相同的第一步：透過「脫膠」（pulping）的步驟，將外果皮、果汁層、果膠層脫除。

然而，在傳統的「發酵搭配水洗」處理法中，脫除果皮後的咖啡豆仍保有黏黏的果膠層，需將之存放於發酵槽或發酵桶中靜置 8 ～ 24 小時（極少情況下會靜置長達 64 小時），過程中，由天然的酵母及細菌引發了含有很多複雜變因的天然發酵作用，「發酵」會將果膠層中的糖分與膠質體消化，在發酵過程的最後階段，這層很頑強的、黏黏的果膠層就會轉變為鬆鬆的、沙沙的狀態，此時就很容易洗掉果膠層。傳統上來說，會使用多通道的水洗槽來洗滌，期間還可用多種工具輔助洗滌（例如：水管、水桶、各式洗滌機）。

這個傳統的「水洗處理法」，其原型是在 18 世紀由荷蘭人在爪哇產地所研發出來的，到了 19 世紀，在中美洲進化。這種「水洗處理法」在操作得宜時，可以做出外觀非常乾淨的咖啡生豆：看起來飽含水分，而且會發光，豆表不帶有任何果膠。

然而，此處理法的「發酵」階段，有一些地方很弔詭但又是必要的：發酵的時間必須控制得恰到好處，否則咖啡豆不是「過度發酵」（overferment），就是「發酵不足」（underferment）；此外，發酵桶或發酵槽在使用後必須徹底清潔，以避免前一批發酵的殘留物在桶／槽中二度發酵〔二度發酵會形成惡名昭彰的噁心臭酸豆（stinker beans）〕，只要有一顆臭酸豆出現，就能毀了一整批咖啡。

再來，非常重要的是，用來進行發酵與洗滌的水，也會產生一些環保問題：在排出廢水之前，必須事先將漂浮在水面上的有機廢渣清除，這個步驟會用到「靜置槽」（settling tanks）、「濾網」（filters）及「酸鹼中和處理」。

當果實是完熟狀態時，外果皮及果汁層可以很輕鬆地脫除，只需要兩根手指一捏就行了。因此「去除外果皮、果汁層」只是一個簡單的「平均加壓」流程，給予足夠壓力，就能推出帶著果膠層的帶殼豆，不需要過多的壓力，因為那可能會壓裂豆子。（圖片來源：iStock ／ andyjkramer）

在「水洗處理法」中，去除果膠層後，就會進行帶殼豆的乾燥程序（如圖中所示，拍攝於厄瓜多）。內果皮與果膠層的不同之處在於，內果皮與風味沒有直接關係，它的主要功能就是在進行乾燥程序時保護內部的咖啡豆。乾燥程序完成後（通常會再靜置數週，讓咖啡豆內的水分布更均衡），內果皮會在「脫殼」步驟中去除，這是「乾式打磨」（dry milling）的第一個步驟。（圖片來源：iStock ／ Andres Court）

「機器脫膠」水洗處理法
（第 88 頁表格第二欄）

　　因為前一項的傳統「水洗處理法」會製造出大量有機汙水，故而才會發展出「機器脫膠」的模式，只需要靠著機器擠壓與摩擦作用，就能讓果膠層脫除，不再需要透過發酵、水洗兩個步驟才能脫除。

　　「機器脫膠」操作起來很直接且相對較容易管理，使用較新型的脫膠機〔像是最多人用的「佩那果斯」（Penagos）品牌脫膠機〕時，在操作過程中幾乎不會產生廢水，所以就不需清理靜置槽中大量殘留汙染的水。

　　傳統的「發酵搭配水洗」與「機器脫膠」這兩種水洗處理法，都能製作出非常純淨的咖啡，只要乾燥程序做得仔細，就能夠得到帶著「明亮感、乾淨的水果調」風格咖啡，而這個風格通常都會與「水洗處理法」相關聯。假如處理中有失誤，兩種「水洗處理法」都可能製作出帶有缺陷風味的咖啡，缺陷風味通常會在乾燥程序中發生，尤其是殘留在內果皮上、未徹底去除的果膠層持續發酵（此時還繼續發酵是一件很不妙的事），讓微生物作用帶來近似「霉味」或「泥水味」這些不討喜的特質。

後製處理法一覽表（去除果皮／果肉及乾燥程序）

	（1）發酵後水洗 （Fermented and Washed Method）	（2）機器脫膠後水洗 （Mechanically Washed Method）	
概述	這種處理法是商業期貨豆中最高等級，以及許多優異的精緻咖啡會使用的處理方式。有時會改稱為「全水洗式」（fully washed），用來與右側的「機器脫膠後水洗」／「脫膠式」進行區別。	這是最近才發展出來的機械化版本，又被稱為「脫膠式」或「環保式脫膠」水洗處理法。但對於消費者而言，這種方式與傳統式「發酵後水洗法」沒什麼區別。	
果實篩選	未熟果、完熟果、過熟果藉由水的浮力來進行篩選，只有最完熟果能夠保留下來，再繼續進行下一個後製處理步驟。	未熟果、完熟果、過熟果藉由水的浮力來進行篩選。理想狀態下，只有最完熟果能夠保留下來；不過，「脫膠機」在果實成熟度的標準上，有時會較為寬鬆。	
去除果皮（脫膠）	使用「脫皮機」（pulpers）去除外果皮及內部的果汁層。	去除外果皮，以及內部的果汁層（離心脫膠機）。	
發酵	脫除果皮後的帶殼豆，通常靜置 8～24 小時後，天然的酵素與細菌會將果膠層（果肉）鬆開，這個步驟可以是不加水的「乾式發酵」，也可以是加水的「溼式發酵」。雖然「發酵」在傳統的意義上來說，只是設計用來鬆開果膠層，以便洗去內果皮上黏黏的那層果膠，但是在今日，「發酵」逐漸成為發揮創意、提升咖啡品質與獨特性的重要步驟。	沒有發酵的步驟，果膠層被「脫膠機」推擠並摩擦而完全去除，過程中使用的水非常少。	
清洗	果膠層透過發酵作用被鬆開之後，就會被沖洗掉，傳統上的做法是會用數個清洗槽，以流動的清水洗去果膠層，有純手工清洗，也有藉由機器輔助清洗。	沒有清洗步驟，原因同上。	
乾燥	去除果皮、果膠層後，會把咖啡豆靜置在棚架上或院子裡（地上）進行乾燥，有時也會使用機器乾燥，甚至兩種方式合併使用。	去除果皮、果膠層後，會把咖啡豆靜置在棚架上或院子裡（地上）進行乾燥，有時也會使用機器乾燥，甚至兩種方式合併使用。	
脫殼、生豆篩選、分級	咖啡豆被收乾到含水率約 12% 時，就會收起來靜置數週，之後內果皮才會被脫除（脫殼），之後還會進行複雜的生豆篩選與分級等程序（詳見第 10 章）。	咖啡豆被收乾到含水率約 12% 時，就會收起來靜置數週，之後乾燥的果膠層與內果皮才會被脫除（脫殼），之後還會進行複雜的生豆篩選與分級等程序（詳見第 10 章）。	
處理法對杯中風味的影響	非常謹慎地執行好每個步驟時，「發酵後水洗法」會讓咖啡的風味特質呈現乾淨與透明感，明亮度特別好，同時有水果調、花香調的傾向。「乾式發酵」的模式可能會犧牲一些透明感，但也會提升風味的厚實度。	非常謹慎地執行好每個步驟時，「機器脫膠法」會讓咖啡的風味特質呈現乾淨與透明感。然而這個版本的做法有時會呈現「較單純化」的風味調性，原因就是處理步驟中少了「發酵」步驟，同時也減少了發揮創意的機會。	

充滿爭議的（卻又能發揮創意的）發酵步驟

在「全水洗」與「機器脫膠」兩者之間，其風味最主要的差異，不在於它們能否做出乾淨穩定的咖啡，因為兩種方式都具備這樣的特點；真正的差異在於，能否做出具豐富層次、有趣的咖啡。針對這點，有兩派不同的思維：

第一個派別：將「發酵」視為發揮創意的工具

許多精緻咖啡的採購者堅持這個論點，認為「發酵」步驟可以為咖啡增加複雜度與細微的變化。廣泛地說，這樣的細節差異主要是來自於「發酵」的進行模式——發酵時未添加一滴水，稱為「乾式發酵」；發酵時讓清水完全覆蓋住咖啡豆一起發酵，稱為「溼式發酵」——這兩種發酵模式會讓杯中特質完全不同，也因此產生了「獨特性」。

在進行發酵作用時，有些人會加入釀造葡萄酒用的商業酵母，也有些人則使用專為咖啡而開發的商業酵母。在我個人的品飲經驗中，可以向各位保證，使用不同類型的酵母進行發酵，會非常明確地改變最終杯中風味，有時還很戲劇性。這種做法對於不同發酵批次之間的穩定性也有所貢獻。使用酵母發酵的做法才剛起步，就已為高端咖啡精緻市場中

（3）蜜處理法 （Honey Methods）	（4）日晒處理法 （Dry or Natural Methods）
這個處理法在巴西又被稱為「帶果膠日晒法」（pulped natural，巴西於 1980 年代首先發表此處理法）。	最古老、最簡單的流程。一開始，將採收的咖啡果實直接進行乾燥程序，之後當果實與內部的咖啡豆充分乾燥後，會將表面那層堅硬如皮革般的果皮外殼用機器脫除。商業期貨等級的這類型咖啡又稱為「非水洗處理」（unwashed）。
未熟果、完熟果、過熟果藉由水的浮力來進行篩選，只有最完熟果能夠保留下來，再繼續進行下一個後製處理步驟。	在較低品質的日晒處理咖啡中，並不會進行果實篩選步驟——未熟果、完熟果、過熟果全都會一起進行乾燥程序；品質最佳的日晒處理咖啡則會篩選出全是完熟果，才進行乾燥程序，篩選標準非常嚴格。
去除外果皮，以及內部的果汁層。	整顆果實（包含外果皮）一起乾燥。
去除外果皮之後，就會靜置在院子裡或棚架上，保留著果膠層（「帶果膠日晒處理法」、「黑蜜處理法」或「紅蜜處理法」）；也可使用「脫膠機」去除約 50% 的果膠層再進行乾燥（「黃蜜處理法」）；甚至是脫除幾乎全部的果膠層再進行乾燥（「白蜜處理法」），詳見第 92 頁。另外還有一些非正規的選項步驟：將果膠層加熱到開始轉焦糖的程度，或是將去皮後帶著果膠的咖啡豆密封在低氧環境中，進行發酵（業界稱為「厭氧處理法」或「乳酸發酵法」，詳見第 96 頁）。	一般來說，沒有「發酵」步驟。帶皮的全果自然乾燥，雖然果實中內含的糖分在乾燥過程中也許會有一些發酵作用。另外還有一些非正規的選項步驟：刻意讓整顆果實進行發酵作用，目的是為了在最終的那杯咖啡裡，增加更多水果調性風味；或是將去皮後帶著果膠的咖啡豆密封在低氧環境中，進行發酵（業界稱為「厭氧處理法」或「乳酸發酵法」，詳見第 96 頁）。
沒有清洗步驟。	沒有清洗步驟。
去除果皮與部分果膠層後（有保留另一部分的果膠），會把咖啡豆靜置在棚架上或院子裡（地上）進行乾燥，有時也會使用機器乾燥，甚至兩種方式合併使用。	帶著果皮的全果，靜置在棚架上或院子裡（地上）進行乾燥，有時也會使用機器乾燥，甚至兩種方式合併使用。「日晒處理法」的乾燥程序，比起其他處理法需要更長時間，因為咖啡豆被包覆在完整的果實之中。
咖啡豆被收乾到含水率約 12% 時，就會收起來靜置數週，之後乾燥的果膠層與內果皮才會被脫除（脫殼），之後還會進行複雜的生豆篩選與分級等程序（詳見第 10 章）。	整顆果實充分乾燥後（含水率約 9～11%），將外部的乾果皮、果膠層、內果皮都脫除，之後還會進行複雜的生豆篩選與分級等程序（詳見第 10 章）。
風味會因保留果膠層的比例高低而有所不同（果膠層保留越少，明亮感、透明感會越高），乾燥程序執行的仔細程度也有影響（翻動帶殼豆的頻率越高，可能有助於增加甜度及明亮感）；在處理步驟中增加「發酵」步驟，有助於提高風味複雜度；進行「厭氧發酵」步驟（第 96 頁）則會提高更高的複雜度（有好有壞）。	存在許多變數。一般來說，外果皮會讓乾燥程序變得緩慢，進而讓內部的糖分產生發酵作用，在標準較寬鬆的採收批次中，就會出現「霉味」或「藥味」的調性；在頂尖的精緻咖啡批次中，則會有許多不同正面且頗具獨特性的成果，其中包括增強的甜味、迷人的水果調與巧克力調性等。若乾燥程序相對較快、時間較短（用較高溫乾燥），則可能會製造出較為清脆的堅果調性，而非水果或巧克力調性。

攝於夏威夷，照片中是一台「機械式脫膠機」運作的情形。這種偏向捷徑的機器處理法，取代了需要大量勞力的傳統全水洗處理法（如第 91 頁介紹）。機器首先會將外果皮輕輕地擠壓（在照片中間的位置，可以看見咖啡的外果皮通過一個滑道向一個盆子滑落），黏黏的果膠層被摩擦而從豆表被脫除，脫除果膠後的帶殼豆會落在左下方的桶裡。在機器脫膠的水洗處理法中，幾乎會將豆表上所有的果膠層都脫除；在「白蜜」或「黃蜜」處理法中，則會保留少部分果膠層。（圖片來源：傑森·沙利）

豐富多樣化的風味特質做出貢獻。

從「發酵實驗」中找到樂趣

本章最後會介紹最近世界上正在進行的、非傳統的後製處理法概述，其中也包括許多採用較偏激模式進行的發酵實驗。

第二個派別：忘掉「發酵」，那只是無意義的麻煩

另一方面，在咖啡領域中，有許多機構與技術本位型領導者認為，「機器脫膠」這種水洗處理法對於生產效率及性價比較為理想，他們對於產品的多樣性沒什麼興趣，不像精緻咖啡圈中的烘豆師與咖啡行家一樣熱衷；他們著眼於「將大多數的咖啡生產者推往製造出最大量、穩定性高、品質尚可接受的產品」這條道路上。另外，雖然使用濾網及沉澱槽等工具可以解決「全水洗」模式帶來的水汙染問題，他們仍認為「機器脫膠」模式所提供的解決方案更有吸引力（幾乎不會產出任何廢水），這種模式的失敗率較低，因此才會被他們納入生產體系中。

比較風味差異：
「傳統式全水洗法」vs.「機器脫膠水洗法」

撇開生產效率與生態方面的議題不談，這兩種水洗法中，究竟何者才能製作出較佳的品質與較為有趣的咖啡呢？除此之外，其他的一切都一樣嗎？

一個沒有實際意義的問題？

這個問題在幾年前曾被拿來激烈地辯論過，但是到了今天，許多優異咖啡的生產者們忙著進行各種後製處理的實驗，以致於根本沒時間去管「傳統」（先發酵後水洗模式）或「效率」（機器脫膠式）哪個重要，因此現今的咖啡市場就變成了一個沒有藩籬的現狀（一切都為了創新）。

然而，為了嘗試找到此問題的解答，有許多研究試著拿這兩種模式做出來的咖啡執行盲飲測試，相關的測試結果似乎都倒向「兩種處理法在品質上或品飲者的偏好上，沒有任何差別」這個結論；同樣地針對「乾式發酵」與「溼式發酵」所做的盲飲測試，也得到類似的結論。不過，在 2007 年發表於墨西哥的一篇較嚴謹的研究報告〔由岡薩雷斯·里歐斯（Gonzales-Rios）與其他研究者共同發表的「環保式後製處理法對於咖啡豆中易揮發物質的影響：第二部分」（Impact of "ecological" post-harvest processing on the volatile fraction of coffee beans: II）〕中，得到完全相反的結論，研究中發現，發酵作用（特別指「溼式發酵」）會帶來「更多水果、花香與焦糖調性」。

不過，我個人對前述兩種較為片段式的研究不會發表太多意見，對我而言最重要的事實是：當下世界上擁有最精彩與獨特風味的水洗處理式咖啡，都是由咖啡生產合作社（例如：肯亞、衣索比亞）或是一些較具規模的莊園（例如：哥倫比亞、巴拿馬、其他中美洲咖啡產國），用規範良好、優化版本的「傳統式發酵後水洗處理法」製作而成，咖啡採購人士與杯測師選擇了這些咖啡並為之喝采，願意支付很高的採購價，不是因為他們傻，他們都是受過良好訓練、有經驗的專業人士，大多數還擁有多次在咖啡生豆競賽擔任盲飲評審的經歷，另外根據我與 *Coffee Review* 同仁們大量的品飲經驗，讓我也跟他們站在同一陣線。

蘇門答臘風情：「水洗處理法」的變形「溼剝處理法」（Wet-Hulled）

在第 182 頁文字框「溼剝處理法與蘇門答臘的咖啡風味」中，會介紹更多關於這個源自「全水洗處理法」的後製處理方式，它很簡單，但卻能對杯中風味造成巨大的改變。

（接續第 92 頁）

「傳統式水洗處理法」奇觀

在創新處理法開始到處散播之前（本章大篇幅內容都在談論這個主題），世界上最受歡迎的咖啡幾乎都是「水洗處理法」製作出來的。「水洗處理法」指的是「在進行乾燥程序之前，就先將外果皮與果肉／果膠層都脫除」，傳統做法是使用大量清水浸泡帶著黏黏果膠層的咖啡豆，用最不會破壞高含水量咖啡豆的方式來去除果膠層，因此才被稱為「水洗式咖啡」。用「機器脫膠」是較新的做法，如第 90 頁的照片說明，這個方式可以直接把黏黏的果膠層從豆表刮下。但是，「傳統式水洗處理法」仍存在於整個咖啡世界裡。

照片中為一座傳統的發酵槽，正在用「非典型的方式進行發酵」：在印度，兩個工人在發酵槽裡反覆踩踏，靠這個動作提高化學反應的速度，同時也可將果膠層軟化變鬆。

在左方的照片裡，透過一台「脫皮／脫膠機」的輔助，新鮮「脫皮／脫膠」後的帶殼咖啡豆其豆表仍被一層薄薄的金色果肉層覆蓋。

發酵作用

脫除果皮／果肉後的帶殼生豆，接著會流進發酵槽，在發酵槽中靜置 8 ～ 64 小時不等（最典型是靜置 24 小時）。過程中，利用存在於大自然的酵母、細菌進行發酵，有時也會使用商業酵母來促進發酵，將含有高糖分的果膠層降解為鬆鬆的、沙沙的質地。「發酵」是整個後製處理過程中最難控制的一環，同時也是能發揮最多創意、影響最終風味的關鍵步驟。

一些最新的創新咖啡後製處理實驗，都是在「發酵」環節下了功夫。上方照片拍攝到的是其中一種很不尋常、看起來也

「傳統式水洗處理」的第一個步驟：新鮮採收的咖啡果實，在一台夏威夷的小型機器中「脫皮／脫膠」，從機器滑落下來的帶殼豆，表面仍覆蓋著少許黏黏的果膠層。攝於夏威夷。

去除外果皮與果汁層／果膠層

透過水的浮力篩選之後，成熟的咖啡果實會與不成熟的分離，下一個步驟就是「去除外果皮與果汁層／果膠層」。假如果實是完熟狀態，只需要輕輕擠壓就能將內部的帶殼豆擠出來。

拍攝於瓜地馬拉，經過發酵作用分解果膠層後的咖啡豆，正在進行傳統式水洗的步驟，帶殼生豆浮在水洗通道上，工人們會用木製的釘耙輕柔地攪動。

剛清洗好的帶殼生豆，內果皮仍充滿了水分，準備在院子裡的平台鋪平晒乾，攝於泰國。（圖片來源：iStock ／ Musicphone1）

不太高科技的變形做法：在印度的一座農場裡，工人們藉由腳踩帶著果膠的帶殼豆，以加速鬆化果膠層。

另外還有較為典型的做法，就是使用「商業酵母」介入發酵作用，將商業酵母與帶著果膠的生豆一同放進可密封的發酵槽，阻斷氧氣的作用，進而讓乳酸作用帶出明顯的酸甜感，此做法稱為「厭氧發酵法」，如第 96 頁介紹。

清洗

最後，帶著沙沙質感的果膠層會被輕柔地洗去，這個獨特

的傳統處理法會使用流動的水道與木製釘耙攪拌，如第 91 頁攝於瓜地馬拉的照片所示。在使用較多先進設備的處理廠中，他們使用「低用水」需求的機器，來將咖啡的果膠層輕輕刮除。

乾燥程序

接著，清洗過、表面呈金黃色澤的帶殼豆，會被鋪在院子裡的平台上晒乾（如左方攝於泰國的照片），或是鋪在棚架式的日晒桌上（這是目前主流的做法，如下方的照片所示）。

拍攝於衣索比亞，清洗過後的帶殼豆，在棚架式的日晒桌上進行乾燥程序。

蜜處理法：中間選項

很諷刺的是，原本為了提高生產效率、減化生產步驟而生產出來的機械式脫膠機，最後竟被拿來用在一種全新的創新優化後製處理法中：也就是俗稱的「蜜處理法」（第

所有在哥斯大黎加使用的「後製處理法」未脫殼狀態。左 1 樣品，幾乎去除了全部的果膠層才進行乾燥程序，因此才能稱為「全水洗處理法」；右 1 樣品則是「日晒處理法」的咖啡，生豆連同外果皮與全部的果汁層／果膠層一起進行乾燥程序；左 2、左 3 分別是「白蜜」跟「黃蜜」，都是保留了一部分果膠層（而非全部的果膠層），之後才進行乾燥程序；右 2、右 3 分別是「黑蜜」跟「紅蜜」，僅去除外果皮，保留大部分的果膠層一起進行乾燥程序，「黑蜜」的乾燥速度比「紅蜜」更慢。詳見右頁，會有更多關於這些處理法的杯中特質差異性的內容。〔圖片來源：法蘭西斯可·梅尼亞（Francisco Mena），獨家咖啡公司（Excluxive Coffees）〕

89 頁表格中第三欄內容）。「蜜處理法」是介於「水洗處理法」（第 89 頁表格中第一、二欄內容）與古老的「日晒處理法」（第 89 頁表格中第四欄內容）之間的折衷處理方式。

同一個做法，在中美洲及其他世界上的咖啡產國裡稱為「蜜處理法」，在巴西則稱為「帶果膠日晒處理法」，偶爾也會被稱為「半水洗法」。不論是何種稱呼，這個處理法都會跟「水洗處理法」一樣：先把外果皮與果汁層去除，保留不同比例的果膠層（依照要做成何種顏色的蜜處理來決定保留多少比例的果膠層），之後再進行乾燥程序。

咖啡生產者要如何控制去除果膠層的比例呢？其實就是用「機械式脫膠機」（如第 87 頁介紹），脫膠機上可以設定要脫除多少比例的果膠層，能全部脫除，也能保留自行設定的比例。

從巴西發源

大約從 30 年前開始的，巴西的咖啡生產者原本是使用「日晒處理法」來製作咖啡，為了加快乾燥程序，他們開始把外果皮與果汁層脫除，保留著果膠層一起晒乾，新鮮去皮的帶果膠生豆表面黏黏的，需要特別勤奮地翻攪換面，才能夠避免因結塊而導致的乾燥不均衡。但是，如果將這個處理法操作得宜，帶著果膠一起晒乾的這種方法，有可能會替杯

中風味增添更多細緻的、明亮的調性（與傳統的日晒式巴西風味相比）。

「蜜處理法」的不同顏色區別

在今天，由哥斯大黎加領軍（詳見第 130 頁「哥斯大黎加的微型處理廠革命」段落），「蜜處理法」的製作方式日漸優化，在這個領域中特別精心製作如左頁左下方照片所示，哥斯大黎加製作的各種處理法（在中美洲的其他產國也會製作），「紅蜜」（red honey）代表脫去果皮後、帶著全部果膠層的生豆直接進行乾燥程序，這個做法跟巴西的「帶果膠日晒處理法」一樣；「黃蜜」（yellow honey）代表用脫膠機去除一部分果膠層的帶果生豆進行乾燥程序；「白蜜」（white honey）代表將幾乎所有果膠層都脫除的帶殼生豆直接進行乾燥程序。最後，介紹哥斯大黎加製作的「黑蜜」（black honey），除了保留全部的果膠層之外，還延長乾燥程序的總時間（讓乾燥的速度變慢），這個步驟使得「黑蜜」成為所有蜜處理咖啡中最難掌握的一種，因為生產者這麼做的話，其實是在冒險，在通常較為潮溼的環境狀態下，將乾燥速度放慢，會非常容易滋生霉菌，並且讓風味變得艱澀。

品嚐不同的「蜜處理法」咖啡

消費者時常聽到的只有蜜處理的「顏色」，而且已知的條件只有「這是一種蜜處理咖啡」，除此之外，要靠著顏色、種類來概略推測它的杯中特質是挺困難的，因為不同的咖啡生產者在製作蜜處理咖啡豆時，使用了不同的方法，而且在進行乾燥程序時，空氣中的溼度也有可能發生戲劇性的變化（會讓乾燥的時間長度產生不確定性）。中美洲處理得最棒的蜜處理咖啡，會用較為仔細的態度來處理，乾燥程序也會選擇使用能夠主動控制的模式（例如：使用烘乾機），嚐起來的風味特別甜，幾乎接近蜂蜜般的甜度，同時還會有飽滿刺激的輕柔花香與帶甜水果調性；其他像是「紅蜜」與「黑蜜」處理的咖啡，口感表現是飽滿的，但有時會帶一點點粗糙的毛邊，有著偏向於辛香料與芳香木質調，另外還有偏明亮的水果與花香調。

我想，我們可以得出一個結論：只要是蜜處理法的咖啡，它們的風味特質比起傳統的水洗處理法還難以預料，即便是同一個莊園或產地製作的；而蜜處理的咖啡口感較為飽滿圓潤，偏向非柑橘系的水果調性，像是蜜桃、哈蜜瓜（cantaloupe）、甜櫻桃等。

日晒處理法

最後，我們回過頭來談這個最古老、最原始的後製處理方式，也就是第 89 頁表格中第四欄的「日晒處理法」。

這種處理法簡單來說就是兩個字——「簡單」，整顆咖啡果實採摘下來後，直接放在太陽底下進行乾燥程序，外果皮、果膠層、內部的生豆全都一起晒乾，最後外果皮會變成接近黑色的外觀，表皮皺皺的、有點像是皮革的觸感；乾燥程序完成後，會使用脫殼機將這層堅硬的外果皮去除（古早時候是用石磨來脫除外殼）。這種看起來非常簡單的後製處理法，即使到了今日仍能在葉門境內隨處可見，這樣的處理方式在當地已持續了 500 年以上，他們仍然使用石磨來去除外層乾燥的果皮，只是今日使用的石磨是靠著小型汽油引擎，而非像古代靠著動物獸力驅動。

葉門是一個半乾燥、多山的區域，位在阿拉伯半島西南端，恰好是執行「日晒處理法」的最理想環境。在咖啡樹生長期的那幾個月，剛好會下一陣及時雨，在採收季時，整個山區徹底的乾燥，這意謂著：咖啡果實可以快速地收乾，完全不需要擔心霉菌問題。事實上，表現最佳的葉門咖啡，通常還需要透過遮蔭來刻意放慢乾燥的速度。

從乾燥的葉門走入潮溼的爪哇，以及「水洗處理法」的發源地

葉門典型的咖啡產區場景：採收下的咖啡果實，會在房子前的地上鋪著一層帆布進行曝晒。品質較佳的葉門咖啡，在今日則會放在棚架式桌板上晒乾，棚架的樣式請參閱第 133 頁照片。

在夏威夷的可娜產區，跟在世界上其他產區的做法一樣，改良型的日晒處理咖啡都會用淺鋪法，將咖啡漿果鋪在架高的棚架進行乾燥程序。可娜產區的採收季節時常會有午後細雨，因此才會使用照片中這種「溫室」來擋雨。另外也有其他類似的設施，但會額外加裝抽風扇，讓空氣能在不同時間間隔裡，以不同風速吹送至溫室內部，用意是讓內部溫度維持穩定，並控制乾燥程序的步調。（圖片來源：傑森·沙利）

殖民時期的荷蘭，將商業化咖啡種植帶到世界的其他地方，爪哇島就是其中之一，荷蘭人很快就發現，在這個常有毛毛雨的潮溼環境下，是不可能像在葉門一樣讓咖啡快速乾燥的（不可控）；我猜想，這就是為什麼荷蘭人與當地協作的土著們會發明這種早期版本的「發酵後水洗處理法」：在進行乾燥程序前，去除較堅韌的外果皮與甜甜的果膠層，如此一來，咖啡豆就能更快變乾，風味也更棒。

在我剛開始學習咖啡的 1970 年代初期，「發酵後水洗處理法」幾乎就是高品質咖啡的必要條件，放諸四海皆準，當時品質尚可的日晒處理咖啡，只有在少數擁有可靠的乾燥採收季之處存在：葉門、巴西、乾燥的衣索比亞東部哈拉爾產區（Harrar）。

在這些地方以外的所有產區，品質好一點的咖啡都是使用「發酵後水洗處理法」，只有爛咖啡才會用「日晒處理法」（古時候），這些日晒處理的咖啡，絕大多數都是為了節省成本：採收時因為想省工，會同時將完熟果、未熟果、過熟果一起採下，然後直接一起晒乾，晒的時候會堆成好幾層，因此容易滋生霉菌或腐敗。這些粗糙處理的日晒咖啡，不論是羅布斯塔種或阿拉比卡種，到了今天仍然是廉價即溶咖啡、廉價期貨咖啡粉的主要原料，你可以在一般雜貨店或超市看到。

「日晒處理法」的革命

在上一個 20 年間，用二分法來區別品質高低幾乎是全面性的，代表高品質的溫和型咖啡都是「水洗處理法」，代表低品質的咖啡大多是「日晒處理法」。今日的生產者開始採用越來越精細的技巧來執行全果的乾燥程序，並且創造出更具有獨特性的新型態日晒處理咖啡，足以讓「水洗處理法」的咖啡顯得無趣且多餘。

品質更好的「巴西日晒處理咖啡」

舉例來說，過去數十年中，巴西的「日晒處理法」生產者發展出越來越好的果實篩選科技，以及更能控制乾燥程序的流程，他們製作出了風味特質較低調、圓潤、帶著吸引人的堅果可可調日晒咖啡，通常會以莊園名或處理廠名進行銷售，有的則會在期貨市場中用分級名稱銷售〔像是「聖多斯·紐約·2／3 極度溫和優級品」（Santos New York 2/3 Strictly Soft Fine Cup）〕。有些人不喜歡高海拔咖啡的明亮酸味，就可能會喜歡這一類高品質的巴西日晒處理咖啡，因為它們種植的海拔相對較低，酸味較柔和，還會有很多堅果巧克力調。

其他產地的「新式日晒處理法」：水果風味、白蘭地、可可與檀香木

特別是在衣索比亞與中美洲的產國，過去約 15 年間，咖啡生產者重新將注意力放回「日晒處理法」上，即使像在衣索比亞南部那種潮溼的環境，只要在乾燥程序上有良好的管理，那些完熟的果實也能生產出令人驚豔的日晒處理風味。

在其中一些「新式日晒處理法」中，果實內的糖分會進行發酵，不過因為整個乾燥程序是經過嚴密監控的，並且是在棚架式桌面上、遮雨棚內進行，因此正在發酵的糖分也不會滋生霉菌或其他微生物，當然也不會產生負面的霉味、混濁感等缺陷；更重要的是，它們仍然很甜，甜味的呈現範圍從「完熟果實的甜味」到發酵作用臨界點上「接近酒味」的發酵調性（從白蘭地、蘭姆酒、黑麥威士忌到波特酒，以及其他各種不同的蘋果西打酒）。當然也有可能處理失敗，做出恐怖的風味：發酵風味呈現令人昏厥的腐敗味，有點像從堆肥裡拿出來的腐敗水果一樣難聞。

另外，有些生產者製作的日晒處理咖啡，是在幾乎沒有發酵的情況下製作出來的（他們有辦法控制），用這種方式處理出來的日晒咖啡，風味較近似於討喜的堅果或可可類型的特質，不像前者一樣帶著水果或烈酒類型的調性。

這些精心製作的高端日晒處理咖啡，唯一的重點就是，它們的風味調性時常會以難以預料的方式變化，有時會得到像白蘭地般的水果調性，有時則是深邃如百合花香般的調性，有時甚至會得到薰香似的芳香木質調。顯而易見地，這些「新式日晒處理咖啡」也是近代咖啡創意發展史中重要的成員之一。

「發酵作用」與「厭氧處理法日晒咖啡」

當下最新、最潮的「日晒處理法」會增加一個「發酵」的步驟，讓整顆果實在可以密封的袋子或桶子裡，以「無氧」或「低氧」的環境進行發酵作用。如果是有氧環境，發酵作用可能會產生酒精；無氧環境則不會有酒精，而是透過乳酸菌生成產生香濃的乳酸風味調性（舉例來說，乳酸菌中的克菲爾菌就是其中一種厭氧菌），用這種方式處理的目標就是要增強美味的水果調性，詳見第96頁。

結論：4 種類型的日晒處理法

在今日，「日晒處理法」可分為 4 種類型：

（1）廉價的、大量生產的類型，很有可能出現負面的缺陷風味，例如：腐敗味、穀倉裡的發酵味還有霉味，北美的消費者購買即溶咖啡、廉價的研磨咖啡粉商品時，喝到的都是這類等級的日晒處理咖啡。

（2）品質不錯、帶有圓潤堅果調性的巴西日晒處理咖啡，在這個類別裡的咖啡，面對採收期可能摘下的不良果實，都會透過漿果篩選科技，來降低缺陷風味出現的可能性。

（3）小批次、高端日晒處理咖啡，精心篩選的完熟果實，經過仔細的乾燥程序製作，加上許多不同的發酵策略，生產出的日晒咖啡，大多數具有水果調，或是因為發酵而產生的烈酒調性。

（4）小批次、高端日晒處理咖啡，精心篩選的完熟果實，經過仔細的乾燥程序製作，使用較為激烈的人為介入手段進行發酵作用，通常會將咖啡果實密封在袋中或桶裡進行發酵。

好的、不好的、介於灰色地帶的：
定義缺陷風味（Cup Taints）、瑕疵風味（Faults）

本章主要在介紹後製處理法中的「去除果皮的方式」及「進行乾燥程序的方式」，這兩者對於咖啡最後嚐起來的風味有著戲劇性影響，在專業咖啡人與行家圈中，對於這兩個步驟是否（應該）影響咖啡風味，有兩大類極端的思維（當然，他們對風味的要求也不同）。

極端純粹主義者眼裡的「缺陷風味」

在這個極端中的人們，認為「去除果皮／果肉」及「乾燥程序」應該盡可能不要影響到咖啡最終的風味。這一派較傾向於擁護「全水洗處理法」，也就是當果實採摘之後，立刻去除果皮與果肉層，讓這兩種因素不要影響到咖啡豆的風味；去除果皮／果肉必須執行地非常徹底，不能有任何殘留物留在咖啡豆表；乾燥程序必須能夠人為控制，並且盡可能在潔淨的條件下進行。假如「全水洗處理法」執行得很仔細、各項控制都精確的情況下，加上無懈可擊的乾燥程序，如此製造出來的咖啡（至少在中烘焙的程度時）會具備明亮感、帶有乾淨的甜味，也會呈現出純粹咖啡果實的風味，不會有髒髒的灰色地帶風味。

根據這一派人的思維，任何咖啡中的風味變化，都不應該來自於後製處理法，這樣才能確定樹種與風土條件是影響風味差異性的主要因素，這也是為什麼他們會將後製處理法帶來的那些味道稱作「缺陷風味」（風味較溫和時）或「瑕疵風味」（風味較密集時）。

這個角度的看法，在某種程度看來就像是大部分商業等級咖啡期望條件的加強版，其目標就是要生產出符合預期的杯中風味特質，這樣才能讓商業化配方維持風味的穩定性。但是各派別若矯枉過正，最糟的情況就會變成一種假道學，變得習慣性去苛責咖啡生產者，認為他們漫不經心，對於咖啡本身及消費者都缺乏尊重。不過，很荒謬的是，這一類純粹主義者吹毛求疵的態度，卻被商業期貨咖啡界拿來套用，在這樣的規則底下，咖啡生產者在 2020 年初時，只能拿到每磅 1 美元的實際收入！但是隸屬於這派的精緻咖啡烘豆商（目前僅剩為數不多還存活著），他們願意開高價去採購接近完美處理的咖啡豆（符合他們對完美的定義），這些人所堅持的原則，有著令人欽佩的熱情與情操。

另一個極端：
不管「缺陷風味」，「差異化」才是王道

另一派的杯測家認為，我們應該也要享受跳脫常軌的任何差異性風味，這個「常軌」指的通常是純粹主義派強調或喜愛的那種「全水洗處理法」風味。在一些最新、最潮的後製處理實驗中（見第 96 頁），時常會製造出完全無法用常理來評價的瘋狂風味特質，從純粹主義者的觀點來看，「乾淨的風味」（clean cup）才是對的，而這類型的咖啡所呈現出來的幾乎都是他們眼裡的「缺陷風味」，不過這部分卻也是能夠發揮創意且有趣之處，雖然這樣的風味也有可能讓消費者產生距離感。不過，這些反傳統的風味調性，在許多生豆競賽中偶爾會爬到前幾名的位置，很顯然地就是因為它們嚐起來與其他味道不錯、但風味容易預測的咖啡非常不同，才會有這麼突出的條件吧。

該如何定義「中間地帶」？這是件弔詭的事

對於許多烘豆廠商來說，要推廣那些通常價格很高的實驗型咖啡，解決的辦法就是，當銷售的需求（願意付瘋狂的高價，來致敬這些瘋狂咖啡的消費者）滿足了一定條件，店家才會進更多貨來賣。

另一方面，我們之中有些人認為，應該要與消費者好好溝通，讓消費者充分了解這些跳脫傳統的杯中風味特質有哪些潛力，他們才能具備購買這類咖啡的眼光與信心。在許多不錯的日晒處理法咖啡裡，那種帶著水果調風味、微微發酵味的風味特質，都會出現在這種類型的咖啡風味裡，以往像是白蘭地酒或蘋果西打酒這類的發酵風味，都是會被退貨的類型，而且對於純粹主義者來說，那就是「缺陷風味」；但到了今天，我們都會給「發酵風味」一個機會，讓它有機會能夠好好表現，也許它的甜味、水果調為中心的潛力，真的能夠誘惑到我們也說不定。不過，有一些日晒處理咖啡，帶著輕微的堆肥或腐敗味（也是發酵風味，只是已經發過頭了），就讓人很難欣賞；也有一些單純就是做太乾了，以至於連水果味或發酵味的調性都不見了，取而代之的是乏味、讓人覺得沒勁的堅果或木質調。

兩派人士都同意的論點

姑且不論這兩派支持者，在後製處理法差異帶來的不同風味特質上有哪些不同的態度，幾乎所有人都同意一個論點：同一個批次的咖啡，應當要具備風味的穩定性（「同一個批次」的意思就是，在銷售合約中，通常列在同一種品名、同一個產區，而且其他任何可辨別的識別項目其內容必須一致，還必須有一定的數量）；也就是說，同一批次的咖啡嚐起來應該要十分接近，不能有很明顯的差別，假如這批咖啡是帶著「溼土壤味」（earthy）或「菸草調性」（tobacco）風味的蘇門答臘咖啡，那麼這一個批次的蘇門答臘咖啡都必須呈現相近的、甚至完全一樣的「溼土壤味／菸草調性」風味特質，不能有任何一個杯裡出現霉味或臭鞋味（杯測中每一種樣品都會沖 2 ～ 6 杯樣品出來）。

另一個兩派人士都會同意的論點則是，採摘的果實都必須是完熟果。不論那些具豐富經驗的採購專家或他們的顧客群多麼有冒險精神，只要在這些實驗豆裡發現「醋酸味」、「澀感」、「單薄的口感」等未熟果才會有的調性，這個批次就十分可能被捨棄。

假如你對「缺陷風味」帶來的實際問題有興趣，請參考第 108 頁的表格「常見的咖啡缺陷風味、瑕疵風味一覽表」，以及第 104 頁文字框「你在家裡時常會碰到的 7 種缺陷風味」。

從細微到狂野：當下最新的後製處理法，以及後期實驗

全世界咖啡產國的生產者們，都在進行 3 種主要處理法——水洗、日晒、蜜處理——的變形實驗，有的獨自前行，有的則是與出口商或烘豆公司成為夥伴、一同實驗。有些實驗很古怪，純粹是瞎猜的做法（把百事可樂加進咖啡裡一起發酵）；有的則是經過較為精確、仔細計算的實驗，成功達到杯中風味差異性的目的；有的造成的差異是細微的，有的則做出十分驚人的效果。下方將會介紹這些新實驗的範例，排列順序從最不極端到最極端。

雙重發酵，「蒲隆地處理法」（Burundi Process），雙重水洗

在蒲隆地、非洲中部及肯亞等地，咖啡都會經過雙重發酵與雙重水洗，最後會浸在水裡一段時間，才進行乾燥程序。第二次的浸泡有時也被稱為「第二次發酵」，雖然這時果膠殘留物已經非常稀少，發酵作用也非常低了。不過，就像在肯亞與非洲中部實行的情況一樣，這種處理程序似乎對杯中風味造成正面的影響，並且增加風味複雜性，這可能與許多在肯亞與非洲中部出產的咖啡，時常出現的獨特感及特別突出的甜帶甘味、酸味那種豐富深度都有點關係，即使大部分的觀察家都將功勞歸因在那些當地樹種（詳見第 7 章）。

全果發酵再全果日晒的「釀酒處理法」（又稱「發酵式日晒處理法」）

你還記得嗎？「水洗處理法」必須先將果皮與果膠層預先去除（在進行發酵前），在這一個非傳統的處理方式中，整顆咖啡果實會事先浸泡在水裡，通常是浸泡於熱水中，水的熱度能讓咖啡果實裡的糖分開始發酵。之後進行乾燥程序時，也是將整顆未去皮的果實直接乾燥，因此這種處理方式就像同時結合了水洗處理法中的「發酵」步驟及日晒處理法中「整顆果實晒乾」的綜合體。整體的影響似乎會增強酒精類的發酵感，時常會產生極度過頭的水果調、釀造酒調性，所以有些生產者會稱之為「釀酒式處理法」，另外還有些比較重視字面意義的人，則稱之為「發酵式日晒處理法」。

還有另一種相關的變形處理法，是將完熟的果實加入熱水浸泡，同時發酵，之後將外果皮去除，有時會直接做成蜜處理法，有時也會做成一般的水洗處理法，這種變形手法似乎可以讓風味中的酒精水果調以一種較細微的方式呈現（與上方的發酵式日晒處理法相比）。

厭氧發酵處理法，二氧化碳靜置法，乳酸發酵處理法

這三種較為極端的處理法，實驗的細節各有所異，但它們都有一個共同目標——在發酵過程中減少氧氣的含量。在採收之後，咖啡果實會立刻被密封在袋中或桶中，讓它在發酵過程中盡量不受到氧氣的影響。發酵過程中產生的二氧化碳在袋中或桶中不斷增加，這個現象也會再降低氧氣的接觸；若有單向閥則可將過多的二氧化碳排出（但外面的空氣不會進入）。持續將咖啡密封在這樣的環境下約 1 ～ 6 天，袋中的氧氣成分大部分都不見了，之後才將其進行乾燥程序（通常在袋中或桶中作用的時間越長，厭氧發酵的影響就越大）。

在進行發酵與乾燥程序時，整顆果實完整跑完所有程序的，就叫做「厭氧日晒」（anaerobic natural），這也是目前最受歡迎的製作方式；假如在乾燥階段刻意放慢乾燥速度到 60 天或更久，則會稱為「厭氧慢速乾燥日晒法」（ASD／anaerobic slow-dry natural）；假如在發酵過程中，額外注入二氧化碳來阻斷與氧氣的接觸，這個方式就稱為「二氧化碳靜置法」（carbonic maceration，「carbonic」代表使用了二氧化碳的輔助；「maceration」是「發酵」的一個粗略同義詞）。

不過，這個定義其實還有另一層涵義。前面提到的這些方法，全都是保留整顆果實進行發酵到乾燥程序步驟，所以這三種處理法都屬於「厭氧日晒法」的變形版本；另外還有「厭氧水洗法」，是將全果一起進行厭氧發酵之後，將外果皮與果膠層都立刻去除之後進行乾燥程序；還有一些處理法，在進行了有限的含氧發酵作用之後，將外果皮脫除再進行乾燥程序，這種處理法稱為「厭氧蜜處理法」。

「厭氧式發酵」的風味

像這類限制氧氣作用的手法，通常會讓風味中的甜味增加，但也時常出現一些不尋常的風味調性〔例如：粉紅泡泡糖（pink bubblegum）、墨西哥巧克力（mexican chocolate）、成熟的波蘿蜜（jackfruit）、香乳菇（candy cap mushroom）〕，隱隱約約出現在像是優格或起司這些較重的調性之中。圍繞著這兩大核心調性周圍，還有其他像水果或巧克力的調性聚集在一起，偶爾還會有與食物完全不相關的調性，像是「麝香味」，這是一組深邃的、帶有辛香調性的、通常較接近汗味的香氣，時常會被當作香水的基底（源自於雄性麝香鹿分泌物）。

這些風味類型都是以前從未出現過的，會出現這麼多不尋常調性的原因，或許是因為通常他們用這種不尋常的處理法來處理「藝伎／給夏」變種咖啡，這個變種不論你套用哪一種後製處理方式，總是會得到戲劇性的、令人驚喜的風味。

技術上的懷疑論

有一些偏技術性思維的專家提出不同論調，不是針對過程有意見，而是針對這些過程如何被稱呼、如何被理解有點意見，最常見的說法就是：所有的發酵方式都或多或少都是屬於「厭氧」的條件，因為在發酵過程中，不論你有沒有密封容器，氧氣都會快速地被消耗完。

僅管如此，這個詞彙在精緻咖啡圈裡就這麼定了。根據我個人的豐富品嚐經驗，我可以作證，這些採用厭氧環境發酵製作的咖啡，如果讓厭氧發酵的效果達到極限，最後都會得到一個相對容易辨別的風味特質，其中有許多可以讓人聯想到近似撲鼻的糖醋醬氣味，也跟許多發酵過的食物、乳酸相關。

加入人工培養的酵母與菌種一同發酵

在一般情況下，咖啡的果膠層會在發酵的過程中，透過天然環境中的酵母與菌種反應而鬆開，為了要讓最終的杯中風味變得更具獨特性，咖啡界的創新開發者沒有漏掉「將額外的人工培育酵母與菌種加入發酵槽中」這個選項。有一家大型技術本位的加拿大公司「拉雷曼德」（Lallemand），長期專注於製造人工培育各種用途的酵母與菌種，其中有一條酵母的產品線列在「拉爾咖啡」（Lal-Café）這個品牌底下，這些酵母能夠讓發酵的作用更有效率、更能控制成果，並且能夠幫助達到杯中特質差異化的目的。咖啡生產者用一些現成的人工培育酵母及乳酸菌來培育菌種，並且執行類似的實驗，一組韓國的研究團隊加入釀酒酵母（Saccharomyces cerevisiae）與一種人工培育的乳酸菌（從傳統的韓國發酵食物中提取，用來製作泡菜的乳酸菌）來執行一組發酵實驗，這樣做出來的咖啡在杯測桌上的表現十分出色〔實驗主題為「使用共生的釀酒酵母與乳酸菌進行受控的發酵作用，達到咖啡風味調性差異化之目標」，尹智桓（Jihwan Yoon）團隊於「2021 年的咖啡科學與資訊聯盟大會」（ASIC Conference 2021）中所發表〕。關於這類的探索，似乎才剛剛開始而已。

使用葡萄酒桶或威士忌酒桶進行「桶藏」（Casking）

這類程序都是在正常後製處理完成之後才進行的「後加工」方式，舉例來說，像是傳統的「陳年咖啡」（aged）與「風漬咖啡」（monsooned）都是屬於這類後加工手法（詳見第 180 頁）。而在「桶藏」程序中，後製處理完的生豆會被封存、陳放在酒桶中，這些酒桶之前可能是拿來陳放威士忌、白蘭地、蘭姆酒或葡萄酒，咖啡生豆吸收桶裡殘留的氣味，整個過程從數日到數週不等，製作完成後就直接銷售或烘焙。

「桶藏」加工類的咖啡在最佳狀態下，本身的風味特質仍然保留著，只是額外多了烈酒或葡萄酒調的層次（如果是酒味蓋過咖啡味，就不算很成功）。我們在 *Coffee Review* 的品嚐經歷中發現：本質原來就擁有較高獨特性的咖啡，將其進行「桶藏」後加工，得到的也會是較佳的成果。總地來說，將具備強勁風味特質的單一產地咖啡拿來這樣做，會比沒個性的配方用豆（不知名的阿拉比卡種咖啡，或是風味較低沉的巴西咖啡，都是許多烘豆師時常喜歡拿來做配方的用豆）效果更好；做壞的時候，大概就像用那些沒個性的配方用豆，加上封存在桶內過長的時間，其風味就會呈現出宿醉後嘔吐般的噁心氣味；但如果做成功了，「桶藏」可以為一款原本已經很棒的咖啡增添豐富的層次與獨特性。

「人為操作」vs.「純天然」的咖啡？

熟悉飲品世界長期論戰的人們，應該也會覺得很驚訝，目前在葡萄酒界正在推崇「自然酒」（natural wines），就是回歸到以往最基本的釀酒程序，僅使用天然存在於某一處風土中的酵母與菌種；然而在咖啡界如火如荼進行的一大堆實驗，則與前者完全反向而行。「自然酒」使用傳統的技術與最低程度的人為介入，這在葡萄酒界越來越流行，強調葡萄本身品質與風土條件而非「人為操作」。假如將「自然酒」的概念套用到咖啡後製處理法上，那麼我們可以以將那些經典的傳統處理法像是「傳統式發酵水洗法（第 87 頁）」、「日晒處理法（第 93 頁）」，歸類在「天然的」或「非人為操作的」類別，我們或許也可以把各種「蜜處理法（第 92 頁）」一起列入，因為它的步驟非常直接、簡單。

那麼，越來越複雜的「厭氧處理法」又是如何呢？將人工培育酵母與菌種加入發酵程序中的做法（通常已使用許多人為操作條件，例如：使用可密封的桶子、使用二氧化碳等）又是如何呢？事實上，還有更多更複雜的狀況存在。一家致力於推廣葉門咖啡的公司「奇馬咖啡」（Qima Coffee，有著充足的資本額與明確目標的一家公司，qimacoffee.com/alchemy），在網站裡宣傳著使用「鍊金術」（alchemy），就是運用「壓力」〔10 bar（大氣壓）／ 145 psi（每平方英寸磅力）〕、「溫度控制」、「氣體調節」、「受控的乾燥程序」這些手法。近期有許多咖啡生產者被揭露使用了肉桂、玫瑰水或濃縮果汁這些物質，將之與咖啡生豆「加味」（infuse），目的是要為咖啡增加獨特性〔詳見 2021 年 8 月號發行，《完美的每日咖啡網路月刊》（*Perfect Daily Grind*）文章主題「加味咖啡有什麼問題？」〕。

我們就看看這類的實驗會把咖啡後製處理帶往什麼方向吧。在目前這個階段所使用的人工添加物、人工介入的程度都還差葡萄酒甚遠，僅管如此，我們喜歡好咖啡、進而購買的原因之一，就是因為咖啡並不是一種「機械化生產的產品」，咖啡豆在「生」的狀態下無法被飲用，所以它的起始點就是必須經過技術十分複雜的加工程序。咖啡之所以吸引人，正因為它是一種富含文化內涵、擁有透明生產過程的天然產物。

風味成因：從「乾式打磨」、「分級制度」再到「缺陷豆」的定義

在「咖啡生豆」乾燥程序過後，直到它呈現穩定狀態，能夠存放、烘焙或出貨的時間點之間，發生了哪些事？撇開前面的細節不談，此階段一系列的步驟統稱為「乾式打磨」（dry milling）。詳見第100頁表格「**乾式打磨步驟**」。

首先，乾燥完成後的帶殼生豆會經過「脫殼」的步驟（在日晒處理的咖啡生豆中，此時是包覆在完整的果皮／果肉層之中的狀態，其他兩種處理法則是無果皮的帶殼生豆狀態），脫除堅硬的內果皮或外殼。「脫殼」之後，會進行一連串的步驟，都是為了一個重要目標：將不好的咖啡豆從好的裡面挑出來。所謂「不好的咖啡豆」指的就是發霉豆、蟲咬豆、破碎豆、畸形豆、白豆、過輕豆（順帶一提，這些不完美的咖啡豆並不會被丟棄或製成堆肥，反而可能會被拿來用鍋炒黑，讓農工們喝掉；或是摻混入廉價的配方豆，販賣給產地的本地人，因為這些人也買不起品質較好的咖啡；也可能出口製作成即溶咖啡，販賣到世界各地）。

在乾式打磨廠中進行的「挑豆」（sorting）是非常重要的，此步驟最重要的影響是品質的高低（同樣的咖啡，挑得越乾淨品質越高，風味也越純粹），而非影響風味走向（喝起來不一樣，或是具有不同的獨特性）。

在同一批咖啡生豆中，將受損或不完美的生豆挑掉越多，它最終呈現在杯中的風味會更純粹、更明確，烘豆公司及消費者較偏好採購可以穩定展現風味特質的咖啡，杯與杯之間的差異越少越好，不論風味的特質是哪種都好。

喜愛帶著甜甜發酵風味的「日晒處理法」咖啡愛好者，

照片裡都是夏威夷可娜產區的不同等級咖啡。「特優級」（Extra Fancy）表示最高等級；「特製一級」（Special No.1）則是照片裡的最低等級（比這個差的也還有）。這種分級方式在咖啡界中十分典型，主要取決於咖啡豆的尺寸（豆子越大顆，等級越高），以及色差豆與不完美豆的含量比例（比例越低，等級越高）。（圖片來源：傑森．沙利）。

就想要喝到每一杯咖啡都有一樣甜甜的發酵風味，他們不希望偶然被一股像垃圾般的味道驚嚇，這股垃圾般的味道就是從發酵過頭甚至在乾燥過程中腐敗的咖啡豆所帶來的；喜愛「水洗處理法」咖啡那種純淨明亮感的愛好者，則不希望這種感受被酸豆或帶著木質調的衰退豆汙染，更不希望裡面有一顆腐敗豆、過度發酵豆，或是二度發酵豆帶來一股爆炸性的噁心味道。

打磨廠的規模與地點

第9章提到的，去除果皮／果肉與乾燥程序這兩個步驟，通常會在靠近種植地之處進行，主要原因就是為了縮短採收到乾燥程序之間的時間，避免採收後的果實在不穩定、不太理想的條件下開始發酵，進而影響到咖啡風味。

然而，一旦咖啡豆被乾燥到含水率在10～12%（羅布斯塔則是13%）時，生豆的狀態就會相對較穩定，因此沒有急需將它們立刻「乾式打磨」。此外，執行「乾式打磨」、後續的生豆篩選／分級等程序所使用的設備都非常昂貴，只有需要大量處理咖啡生豆的大型處理廠才能負擔得起，這些處理廠通常會處理非常多農園或來源的生豆。也就是說，乾式打磨廠通常是由出口商、生產者聯盟或合作社所營運的較大型設施，當然也有較為精簡型的選擇，可以在一般農園裡裝設。

本書特別聚焦的小批次精緻咖啡，其農民或合作社通常會從上到下一貫化處理他們生產的咖啡，直到乾式打磨、生豆篩選與分級步驟完成；有的是從頭到尾獨力完成，有的則會將後段那些步驟，以契約方式交給大型乾式打磨廠代為處理。在代工的乾式打磨廠裡，不論做了哪些步驟，都希望能夠妥善保留這款咖啡該有的特質，而這些固有特質的極大部分在前面步驟中就已決定了（樹種、海拔高度、後製處理就決定了大部分的風味）。

不過，不論是商業期貨咖啡或是一些精緻咖啡中，從多個農園或農園組織交來的咖啡，時常會在乾式打磨廠裡被直接混合，並由出口商按照等級、概略性的風味描述售出，有時也會以出口商自有品牌的形式銷售。

（接續第101頁）

乾式打磨步驟：清潔、生豆篩選與分級

步驟	使用機器	目標	過程	對杯中品質與特性的影響
清潔，除石（Cleaning，Destoning）	除石機（destoner）	去除外來物質，特別是石頭、金屬。	利用重力的原理，將石頭與咖啡豆分開，利用磁鐵將金屬分開。	對於磨豆機來說，石頭、鐵釘、皮帶釦是不妙的。
脫殼（Hulling）	脫殼機（huller）	去除生豆外層的果膠殘留物與內果皮。對於水洗處理的咖啡來說，就只需要去除內果皮；對於日晒處理咖啡，則是需要將整個乾掉並萎縮的果皮／果膠／內果皮全都去除。	這類型機器有許多不同種類的設計。機器前端採切割方式的設計，比起輾壓式那種前期輾壓的機種更為理想，因為輾壓型機種可能在過程中讓咖啡豆溫度升高，使最終的咖啡有喝起來較為呆板的風險。	此步驟對風味沒什麼太大影響。只有在某些情況下會對風味產生些微的負面影響（豆子在脫殼過程中被加熱，有可能會讓風味喪失活潑性）。
拋光（Polishing）	拋光機（polisher）	藉由「摩擦」脫除黏附在生豆表面的銀皮，假如仍然還有一些黏在生豆上，那麼在烘焙過程中就會轉變為銀皮皮屑（chaff）。	這個具爭議性的步驟時常會被省略，因為「拋光」會讓咖啡豆溫度升高，使最終風味可能會變得呆板。也有可能在所有打磨程序的最後階段才執行。	豆子在拋光過程中被加熱，有可能會讓風味喪失活潑性。
第一道密度篩選（First Density Separation）	風選機（catador）	將脫殼步驟中產生的皮屑吹掉，並粗略地利用密度原理將咖啡豆與皮屑分離。	在機器中，有許多空氣柱會吹掉皮屑，並形成一種「咖啡豆的彩虹噴泉」（譯注：此處的「彩虹」並無意義），較重的咖啡豆會先掉落，之後就會落在最靠近空氣噴嘴的斜道；較輕的咖啡豆就會掉落在距離空氣噴嘴較遠的另一個斜道；有時中間還會多1～2個斜道，專門收集介於兩者之間那種不重不輕的咖啡豆。	此步驟是在進行真正的挑豆之前，預先排除廢豆的步驟。
尺寸篩選（Size Screening）	尺寸選別機（screener）或尺寸篩選機（size-sorter）	將不同尺寸的咖啡豆分開。類似尺寸的咖啡豆放在一起，會讓後續的篩選變得更簡單，也更容易烘焙，外觀看起來也更好。咖啡豆的尺寸是分級制度中很重要的指標。	在機器中，會有多個打孔的平面篩網（至少會有兩層篩網，也有多達八個以上篩網的設計），利用震動的原理讓最大的咖啡豆留在最上方篩網，越小顆的咖啡豆就留在越下層的篩網。	咖啡豆越大顆通常品質都越好，但也要看是哪種咖啡類型，有一些備受喜愛的變種，天生就是小顆粒，也有一些天生就是巨大尺寸。但只要同一批咖啡豆尺寸相近，通常都會有正面好處。
第二道密度篩選（Second Density Separation）	重力床（gravity table）或密度床（densimetric table）	進行第二次的密度篩選。	請參考第95頁的照片。機器中的咖啡豆會在一個有斜度的檯面上移動，檯面同時會震動，並搭配一道輕柔的空氣柱協助攪拌。空氣柱吹不動較重的咖啡豆，因此它們就會留在檯面最上端，重量輕輕、品質較差的咖啡豆，則會往較下層移動。	密度較高、豆型較整齊的咖啡豆，在烘焙時也會較均衡、較容易判斷烘焙程度，通常也最有可能喝到同一批咖啡豆中最高的風味複雜度與密集度。
色差選別（Color Sorting）	人的眼、手，或色差選別機（color-sorting machines）	外觀看起來有色差的咖啡生豆，特別是黑色豆、深棕色豆、淺棕色豆，都會嚴重影響正常咖啡豆的風味，使正面特質受到干擾。	・純手挑：由一組挑豆工執行，通常以女性為主。經過訓練後，靠眼力找出不完美或有色差的咖啡豆。 ・機器挑豆：機器中的咖啡豆會從上方滑落，經過一組顏色偵測裝置（一組鏡頭），只要不符合機器設定的顏色參數，這些咖啡豆就會被一股加壓空氣吹掉。也有人會再添加一台「紫外光挑豆機」（UV sorters），用來挑除那些外觀看似正常、實際卻是臭豆（發臭的、過度發酵的生豆）的東西。	對於好咖啡而言，進行「色差選別」的步驟是很關鍵的，可以造就出一杯具有純淨特質的高品質咖啡。

乾式打磨步驟：分級與篩選

上頁表格「乾式打磨步驟」已經提供了一個概觀，帶你認識這些不太浪漫卻很重要的程序。

「脫殼」

這通常是在乾式打磨廠進行的第一個初始步驟（在這個步驟之前，還有「清潔」程序，將咖啡豆中殘留的樹葉、樹枝、石頭、皮帶釦等異物都排除），「脫殼」就是要去除生豆外層的內果皮（如果是「蜜處理法」，則會連同內果皮上的果膠殘留物一起脫除；如果是「日晒處理法」，就會把包含外果皮果膠層與內果皮在內的硬殼整個脫除），此步驟對於操作者而言具有挑戰性，過程中必須十分仔細。雖然這個步驟對於提升咖啡品質或特性沒什麼影響，不過至少也是為了維持住咖啡豆應有的品質而存在。

照片中這台機器裡，有一組不同尺寸的篩網，會將咖啡豆區分為不同的尺寸，每個尺寸的咖啡豆會有對應的出口斜道，就像照片中最右邊那個柱狀通道一樣。

使用「風選機」進行初步的密度篩選

從脫殼機輸送出來的咖啡豆裡含有大量碎屑，通常就會使用「風選機」進行初步篩選。機器的運作原理就是：利用多個空氣柱翻攪咖啡豆，較重的咖啡豆首先落下，掉落在最靠近空氣噴嘴的那個斜道；最輕的咖啡豆碎片，則會掉落在離空氣噴嘴最遠的那個斜道；重量在兩者之間的咖啡豆，則會落在中央的一、兩個斜道中，內果皮的碎片與灰塵都會被吸出，之後被製成堆肥。

「尺寸篩選」

經過初步的「風選機密度篩選」，再來就會進行「尺寸篩選」，這對於依照分級制度銷售的咖啡種類是很關鍵的步驟。機器中會有一組打孔的平面篩網，孔洞的尺寸大小號數是用非常小的計量單位「1／64英寸」為一個號數單位。舉例來說，在咖啡尺寸篩選中，通常會使用的最大孔洞篩網「18號篩網」，它的尺寸就是「18／64英寸」；最小的篩網大約是「10號篩網」，孔洞尺寸則是「10／64英寸」。咖啡豆的尺寸取決於它最終停留在幾號篩網上，只要掉落下去，就算是再小一號的尺寸。

有時候會增加額外的特殊尺寸篩網，用來收集一種尺寸較小、偏橢圓型的咖啡豆，又稱為「小圓豆」（peaberries），正常的咖啡豆型是單面扁平的，又稱為「平豆」（flat beans）。「小圓豆」在西班牙文稱為「卡拉寇兒」（caracol），有時會被當作一個獨立的等級來銷售（但不是到處都這樣做）。詳見下頁文字框「橢圓型的孤單小圓豆」。

對於等級略高的期貨咖啡及某些精緻咖啡來說，咖啡豆的尺寸是很重要的分級標準，尺寸一致的生豆較容易烘焙，而且賣相較佳。

不過，並非越大顆越好

然而，消費者應該要知道，「越大顆越好」只是一個簡化的假設。咖啡豆尺寸的重要性跟咖啡種類、產地都有關聯，舉例來說，許多衣索比亞南部原生的當地混血變種，其傑出的咖啡豆都很小顆，而這些很小、圓圓的豆子時常會帶來一杯全世界風味最棒、最具獨特性的咖啡。另一方面，極具代表性的「藝伎／給夏」變種，其生豆尺寸較大，豆型有點像俯視的船型，假如你拿到一款「藝伎／給夏」變種的咖啡生豆，尺寸較小且偏圓，那麼這批豆子很難不辜負這個在巴拿馬被重新發現的偉大衣索比亞變種。

照片中就是「重力床」，有一片傾斜的大金屬片，底下會發出震動，比起重量較輕的生豆，密度較高的生豆對於金屬片表面的接觸附著力較高，所以這些密度較高的生豆最終會從斜坡的最上端出口落下，這些就是我們普遍認為優異品質的咖啡豆，因為它們面對震動與氣流的擾動仍然不受影響，有較高的密度；而較輕的生豆則較容易被震動與氣流擾動，因此會一直跳動到偏下方的斜坡出口，由這個出口落下的，就是那些品質較差的咖啡豆（從同一批次中挑選，尺寸相近但重量較輕的生豆，就是品質較差的）。

橢圓型的孤單小圓豆

左下方為「小圓豆」，右上方為正常的「平豆」。照片中的「小圓豆」烘焙度比「平豆」略深一些。（圖片來源：iStock／bonchan）

「小圓豆」的英文有兩個寫法：「peaberry」或「peabean」；西班牙文也有兩種寫法：「caracol」或「caracolillo」，意思就是「小蝸牛」。其成因為：一顆咖啡果實內，通常應該有一對單邊扁平的豆子，但卻只結出了一顆橢圓型的豆子，它是一個發育不全的產物；原本一個咖啡果實內應該要結出兩個單邊扁平的「平豆」，卻因為分裂不全而只結了單顆小圓豆，小圓豆由上而下蜿蜒一道深深的裂縫，就是它發育不全的證據（譯注：就像連體嬰一般，沒有完全分裂）。植物學家觀察到原本應該授粉的兩個「子房」（ovary）只授粉了一個，因此只會結出一顆種子──只有一個孩子（咖啡這個物種，雙胞胎通常才是常態）。

因為阿拉比卡種咖啡樹是「自花授粉」（同一朵花的雄蕊，可以讓雌蕊直接授粉）的，假如在一顆咖啡樹上，有著過多的小圓豆產量，在某種意義上，這棵咖啡樹就像得了不孕症。阿拉比卡的一些新混血變種（有承襲像是羅布斯塔種基因的那些），時常會結出高比例的小圓豆，不過這個問題可以透過「回交」（backcrossing）來糾正，或是再引入阿拉比卡種的基因，讓這個生育率不全的混血變種能夠補足其生育能力。每次收成的咖啡豆中，「小圓豆」的產量大約有 5～30%。

在正常情況下，小圓豆可以被混合在正常咖啡豆中，也可以獨立挑出（使用特殊尺寸的篩網）販售。篩網有許多不同的尺寸，因此某些特別熱衷於推廣小圓豆的咖啡打磨廠，就會把「小圓豆」依照尺寸再進行更細的分級。

「小圓豆」講的不是產地、不是咖啡的類別，而是咖啡的一種「等級」

你在這一段應該要有以下認知：「小圓豆」指的是一種「等級」（或是一組相關的等級），打磨廠有時會刻意將小圓豆分開挑選，有時則不會這麼做；當然，你也可以選一包自己喜愛的咖啡豆，自己在家裡的廚房桌上動手挑出一批小圓豆。

「小圓豆」的 傳說：公豆或母豆？還是單身狗？

「小圓豆」的外觀與意義，觸動了一種豐富的、有時會被認為帶點猥褻的傳說（小圓豆只有一顆 vs. 平豆有兩顆；小圓豆是橢圓型 vs. 平豆都是單邊扁平）。在這些產國裡，「小圓豆」時常被稱為公豆，拿來與男子氣概聯想，假如這關聯是一種性別與解剖學的比喻，對我來說，好像從哪方面看都不太通──從形狀上來看，「小圓豆」像是男性的蛋蛋（因為圓圓的），然而它那橢圓且中間還有一道裂縫的外觀，也可以看作是女性的性器。也許這種傳說會比較偏向另一層涵義吧：將「小圓豆」視為一個自由的單身漢，而非成雙成對的已婚人士？

「小圓豆」的杯中特質與品質

在此，我們遭遇到另一個可能更為寫實的傳說──同一批次的咖啡豆裡，「小圓豆」煮出來的咖啡會比「平豆」煮出來的更好喝。會有如此一說，通常是引自一個概念：原本應該有兩顆豆子吸收的養分，全都讓一顆豆吸收了，所以「小圓豆」的味道較豐富。當然也有人持相反意見：「小圓豆」是一種從生育力不全的花朵發育而成的畸形豆，因此先天上比起正常（成雙成對）的咖啡豆來說應該更虛弱才對。

單純從「杯測」的結果來看，我個人發現上述的正反觀點很難證實，因為在同一批次的咖啡豆中，不管是「小圓豆」還是「平豆」都很難分出真正的高下。在我個人的品嚐經驗中，的確發現「小圓豆」嚐起來與正常的「平豆」有那麼一點點不同，但如此的不同也還不足以讓那些廣泛性結論成立（品質到底孰優孰劣的結論）。

時常聽到「小圓豆」的風味有著較輕的「咖啡體」，比起「平豆」的明亮度略高一些，但我偶爾還是會杯測到，從同一批咖啡豆製作的「小圓豆」其「咖啡體」與風味的明確度都比「平豆」來得稍微更高一些。要將這些觀察到的差異性與豆型來做關聯，其實還蠻複雜的，因為「小圓豆」橢圓的豆型可能較有利於均衡烘焙，圓滾滾的形狀在烘豆機中也較容易翻滾。

使用重力床進行「密度篩選」

「尺寸篩選」之後，第二個重要的步驟就是：依照密度進行篩選。使用的機器稱為「重力床」（gravity table）或「密度床」（densimetric table），請參閱第 101 頁圖片。咖啡生豆被投入一個傾斜的金屬片上，底下會發出震動，上方會吹送一股輕柔的氣流，密度較高的生豆會持續貼在金屬表面上，最後會在靠近最上端出口的斜坡滑落，由此通道落下的生豆就是品質較佳的咖啡豆，因為密度較高；而較輕的咖啡豆較容易被氣流震動、攪動，因此會一直跳動到偏下方的斜坡出口，由此出口落下的，就是那些品質較差的咖啡豆。「重力床」有許多不同的參數可調整，包括坡道的斜率角度、震動頻率、空氣噴嘴的氣流強度，設定這些參數需要十分豐富的技術與經驗。

色差選別

最後，就會依照生豆的外觀進行篩選，特別是依照「色差」。有一些風味上最嚴重的缺陷，通常會與某些不對勁的生豆顏色相關：「黑色豆」（blacks）指的就是完全或部分變黑的咖啡生豆，這些黑色豆會讓一杯咖啡的風味變得呆鈍；「酸化豆」（sours）指的是咖啡生豆完全或部分呈現褐色外觀（而非綠色或黃褐色），它在一杯咖啡裡會貢獻出類似醋酸或醋的缺陷風味。

不幸的是，還有許多風味缺陷是無法透過生豆外觀或顏色來偵測，這些看不見的瑕疵與缺陷豆對於烘豆師來說是最大的麻煩（請參考第 108 頁「**常見的咖啡缺陷風味、瑕疵風味一覽表**」及第 104 頁文字框「**你在家裡時常會碰到的 7 種缺陷風味**」）。

「色差選別」可以是全人工，靠眼睛、雙手來進行；也可使用專門的機器。

人工手挑咖啡豆

此方式是最簡單的版本，只需要一個人坐在地上，將成堆的咖啡生豆慢慢挑選；也可以像工廠一樣的配置方式，工人坐在如同輸送帶般的「挑豆桌」前手挑，將顏色不對勁或不完美的生豆挑除。

機器挑豆

使用機器來挑豆，流程上就是將咖啡生豆輸送到機器最上方的漏斗，生豆由漏斗落下，在落下的路徑上會經過一組設定好的感應器，若不符合設定的外觀標準，就會被一組空氣噴嘴噴除。挑豆機目前進化到偵測色差、不規則豆的能力已不遜於最強的人工手挑標準，但挑豆機仍然變昂貴的，許多打磨廠（乾式處理廠）較傾向於雇用一組本地勞工（這些勞工沒有其他工作可以選擇）來進行人工手挑，而不是投資一台昂貴的挑豆機（還要支付昂貴的工程技師費用）。再者，儘管有一些大型處理廠中，其人工手挑生產線看起來較偏向於無人性的舊式組裝生產線，也還是有一些處理廠的挑

攝於泰國，照片中即為手挑咖啡豆，就像在大多數的咖啡產國一樣，經過前一輪機器篩選流程後的生豆，裡面仍存在不完美豆或顏色不對勁的生豆，都會再經過「人工手挑」去除。

攝於巴西，一台「色差選別機」的內部構造。從上方落下的咖啡生豆通過設定好的感應器，只要不符合設定的外觀標準，就會被一組空氣噴嘴挑除。

豆工們在工作時看起來一派輕鬆，而且仍然可以閒話家常，同時還能帶著新生兒，讓他們在腳邊搖籃裡睡覺。

仍有搞砸的機會：儲存與運輸

相對於烘焙好的熟豆，咖啡生豆是相對穩定的產物；不過隨著時間，咖啡生豆的風味也會漸漸消逝，有些生豆在乾燥程序後僅僅幾個月內就嚴重衰退，有的則能夠維持穩定 1 年以上。假如，將生豆曝露於「高熱、高溼」的環境底下運輸或儲存，就會很快變質。

咖啡儲存與運輸模式的轉變

過去 20 年間，在精緻咖啡圈內一項最重要的改變，就是針對「保護咖啡生豆不受外在條件破壞或變質」的各種方法與基礎設施之疾速發展。舉例來說，最高等級的咖啡批

你在家裡時常會碰到的 7 種缺陷風味

在第 108 頁「常見的咖啡缺陷風味、瑕疵風味一覽表」，我將 7 種不論是在家或在咖啡館都常遇到的主要風味缺陷／瑕疵列出，它們主要都是在杯中才能被偵測到，若單純靠一般人工手挑的標準（將顏色不對勁或畸形豆挑除，也就是咖啡產地用來控制缺陷豆數量的主要手段）也很難找到這些缺陷豆，這些缺陷豆就很有可能出現在你日常購買咖啡豆的地方。在咖啡產業裡，會將這種類型的缺陷豆稱為「隱形的缺陷／杯中的缺陷」（hidden taints／cup taints），「缺陷」一詞主要是用於強度較弱的情況下；「瑕疵」則是用在很明確且強烈的情況下。

在一覽表中，這些「杯中缺陷」會按照順序排列，最戲劇性、最容易辨認的類別以紅色區塊標示；略溫和一些的缺陷風味放在中間，以橘色區塊標示；最底下則是對許多咖啡界人士來說或許稱不上缺陷的類型，可能還有一些正面杯中特質的潛力，以黃色區塊標示。以下，我也按照一覽表的順序一一介紹。

酚類；艱澀感、藥味、里約味

這種缺陷類型稱為「酚類」，在品質良好的咖啡中極少會感受到，但在一些較便宜的全阿拉比卡配方綜合豆中偶爾會出現（在速食餐廳，以及一些日常餐飲店），你在這些地方點一杯咖啡喝，就要有心理準備──像是突然嚐到「有人在你杯裡偷偷丟了一片阿斯匹靈」，或是丟入其他味道尖銳、帶有澀感的藥片。想確認你嚐到的到底是不是「酚類」的味道，最快的方法就是改天在同一家店再點一次咖啡喝看看，有很大可能性會跟上次不同。在品質還不錯的商業等級「溫和型」或「水洗處理」咖啡中，「酚類」缺陷味通常是零星出現的，其成因是：有一小撮帶缺陷風味的咖啡豆，團聚在一起的數量剛好足以壓過好豆的味道。

「帶著里約味」或穩定呈現艱澀風味的咖啡

另一方面，嚐起來有藥味的缺陷也稱為「艱澀感」或「里約味」，時常會出現在大批採收的日晒處理巴西咖啡中，在整個大批次的咖啡豆中，這種缺陷味的強度也會時強時弱。這種尖銳的、像阿斯匹靈的缺陷味，對於許多傳統中東與東歐咖啡飲用者來說，是一種重要元素；但對於北美、西歐、東亞地區的咖啡飲用者來說，就是難以入口的風味。這種缺陷風味，讓不同文化之間對味道的偏好看起來相對帶有戲劇性。假如你很想親口體驗（對某些族群來說，也許不能稱為「缺陷」，因為它在那蠻受歡迎的），你可以在土耳其或黎巴嫩買一包綜合咖啡配方，並使用傳統土耳其式「煮滾再浸泡」的沖煮法，就可以得到。

「生馬鈴薯味」瑕疵（Potato Defect）

這個類型的缺陷味很容易在杯中偵測到，要預防它出現卻很困難。想像一下，從廚餘堆裡撿起來並切成塊的、已經發芽的馬鈴薯，它聞起來的氣味，你可以在某些非洲大湖區產國（盧安達、蒲隆地、剛果中部）的咖啡中嚐到這種風味，在一般批

次的盧安達咖啡裡特別常見。諷刺的是，這些產國也出產全世界品質最佳、最具獨特性的咖啡，因此，假如你在這些產國的咖啡中喝到了「生馬鈴薯味瑕疵」，千萬別放棄，還是有機會找到好咖啡。

很顯然地，這種瑕疵味是由一種「泛菌屬細菌」（Pantoea coffeiphila）所生成，這種細菌存在於一種叫「椿象」（antestia）的臭蟲翅膀下，透過接觸咖啡果實而產生這種瑕疵味。這種細菌會在咖啡豆周圍產生一種化合物，讓咖啡發展出令人印象深刻的「生馬鈴薯生味」調性，帶有這種風味缺陷的生豆在目測檢查階段就能辨認出來（溼的帶殼豆階段），這些遭受汙染的生豆在日晒棚架上必須靠人工一顆一顆挑除。在這些產區的咖啡裡，假如沒有喝到這一類瑕疵風味，主要原因就是多虧了這些經驗／技術老道的種植者與挑豆工。

「腐敗味」（Rotten）或
「腐爛的發酵味」（Putrid Ferment）

這種風味時常出現在廉價咖啡中，介於「腐敗」與「發霉」之間的氣味，在全世界極廉價的日晒處理咖啡中，是一種常見的瑕疵味。這樣的咖啡通常是快速大量採收，在乾燥程序也是堆了好幾層的狀態。北美的商用咖啡產業要角都是採購這種帶有缺陷的咖啡豆（通常是羅布斯塔種，因為價格低，加上會經過蒸氣做前期處理，造成杯中風味呆鈍，進而將那股具有侵略性的腐敗味也同時掩蓋），就是這樣的原料造了美國市場裡的大品牌、乏味的、甜味很隱約的「預研磨咖啡粉」商品。

儘管如此，假如你拿這種廉價超市咖啡粉煮來品嚐，你可以耐心地去感受，在如此中性的風味中還能偵測到一絲帶甜味的腐敗味，這種缺陷風味也可以在南歐的許多廉價 espresso 配方綜合豆中發現，特別是從西班牙買到的。

「霉味」（Musty／Mildewed）與
「麻袋味」（Baggy）

回想一下，當你打開洗衣機，發現裡面還有兩天前就洗好的微溼衣物氣味。這種霉味是當咖啡生豆在潮溼環境下存放過久，或是一開始的乾燥程序沒有做好才會出現。很不幸地，這種缺陷味時常在中價位咖啡中出現。

「奎克風味」（Quakery）

「奎克豆」（quakers）就是顏色偏淺的咖啡豆，即使經過烘焙也不太容易變色，在高端檔次的咖啡中也許是最常見的風味缺陷。在烘焙完成後，可以很輕易地辨認出來，這種特性使得奎克豆可能會順利通過前期各種篩選程序，才會摻混到較高價位、精緻等級的咖啡裡。絕大多數的奎克豆都是「未熟果」所製成（雖然不是全部的未熟果都會呈現奎克豆的樣貌），嚐起來的風味就像木頭碎片，是一種很空洞的感覺；另外有一些外觀帶著斑點的類型，對於杯中風味的影響更大，嚐起來有時

會像變質的花生或花生皮。

奎克豆的另一個功能，就是讓咖啡愛好者多了一個獨特的機會在家進行「測試缺陷風味」的實驗。你想知道奎克豆對你的咖啡會產生什麼影響嗎？在研磨咖啡豆前，請先仔細看看咖啡豆的顏色，只要看到明顯的偏淺豆，就把它挑出來、收集在一起，分量足夠後就把它煮成一杯咖啡。你最後得到的那杯咖啡，很有可能嚐起來是這樣的：風味單薄，帶木質調、隱約的甜味，加上不明確的各種微弱風味，以及非常清晰的澀感收尾。

在一杯咖啡裡，只要存在 1～2 顆奎克豆，就足以鈍化其活潑感、明亮感、層次感，對於單份沖煮的沖泡模式來說，奎克豆是最大的麻煩，因為只要有一顆奎克豆就足以毀了你所做的全部努力。

在烘豆廠裡使用「色差選別機」挑豆

色差選別機（見第 103 頁）目前售價變得較便宜，有一些高端檔次的烘豆公司，會在烘焙完成後使用它挑咖啡熟豆，將奎克豆及其他較淺色、看起來不太正常的咖啡豆剔除，這些豆子只有在烘焙後才能夠顯現出色差。

水果調，帶甜的發酵味

對於某些咖啡飲用者而言，這項缺陷風味反而是一種迷人的恩賜，也是目前為止所有缺陷風味中最具爭議性的一種，從化學層面來看，也不是那麼好懂，因為野生酵母與菌種參與了咖啡果肉的天然發酵過程，整個就是一件很複雜、多變的組合事件。執行到最佳狀態下，就會出現比起腐敗發酵味更為溫和的帶甜水果調風味。這類型的風味最常出現在日晒處理法咖啡中，不過有時也會出現在全水洗處理法中（在後製過程中，加入一段較溫和的發酵步驟，不論是有意還是無意為之），很顯然地，這種風味就是酵母將糖分轉化為酒精過程中的產物。

這些野生酵母群可能包含了「酒香酵母菌屬」（Brettanomyces）這一組酵母族群，這類酵母菌群在葡萄酒與啤酒釀造圈有著重要地位，但同時也極具爭議，因為它們可能會讓啤酒、葡萄酒產生令人興奮的水果風味，也有可能產生讓人不舒服的乾草味、馬味、金屬味，甚至像糞便一樣的調性。

不論如何，假如所有的步驟都沒有出任何差錯，用的是完熟果實，仔細控制乾燥程序，就會得到一種較乾淨的發酵風味。在發酵風味最溫和的狀態下，就會以「高熟度香蕉」或「藍莓」的風味呈現；發酵程度再重一些時，則會令人聯想到葡萄酒（特別是波特酒）、波本威士忌或黑麥威士忌，還有蘭姆酒、白蘭地、渣釀白蘭地、各種含酒精的水果西打酒；不過，假如這類型的風味變得太集中，或是在發酵過程中有類似霉菌參與了反應，得到的結果就會不討喜，氣味會偏向穀倉味、腐敗味、霉味，或是宿醉者口腔的氣味。請參考本文字框前面內容。

好的發酵味，還是不好的發酵味？

在 *Coffee Review*，我們非常努力區分出這類型咖啡的「成

功」版本與「不太成功」的版本（走在不討喜的發酵味那頭），我們嘗試去理解，並將這種水果發酵風味咖啡的驚人之美呈現出來（藉由文字）讓大家知道，也讓大家理解當發酵風味過量時該如何分辨。我們在進行杯測時，時常會發現有一些走在「發酵水果味極限邊緣」上的咖啡，一開始你會感覺到它們帶有迷人的甜味，很有吸引力，但當咖啡液冷卻後卻出現苦味，或是在收尾時出現些微的腐敗味。

與此同時，科學家與咖啡生產者也對這類型的發酵風味有了更精進的理解，他們已經可以製作出具備上揚香氣、複雜風味、極高甜味這些特質的咖啡（通常只有非比尋常的水果調日晒處理咖啡才會有的特質），一般人很難想像，要製作出這麼棒的層次感，背後需要經歷多少努力與掙扎。事實上，為了要在乾燥程序中控制發酵程度，有時控制得太過頭就會做出一種風味較「虛」（timid）的咖啡，缺乏了水果調或其他發酵類型風味，當然也缺乏了厚實度或個性。這類型的咖啡偏向堅果調而非水果調，有些人可能會喜歡，但卻因為水果味及戲劇性效果的缺席，反而讓另外一些人失望。

新型態咖啡挑戰「缺陷風味」的概念

最後要提到，近來有一些實驗在後製處理時刻意加入發酵步驟（非傳統正規方式）並控制發酵，其創造出的新咖啡型態，在感官上也擁有更加複雜的感受。以此方式製作的咖啡，有一些的杯中特質與我們認知裡的缺陷風味有所衝突，讓我們不得不挑戰以往對咖啡裡「討喜風味」與「正常風味」的認知。請參閱第 96 頁文字框「從細微到狂野：當下最新的後製處理法，以及後期實驗」。

溼土壤味

這是另一個具「正反兩面」評價的瑕疵風味。雖然在咖啡中嚐到了「溼土壤味」即代表在乾燥程序時讓咖啡豆直接接觸了地面（通常是水泥鋪成的院子），但還有另一個很典型的成因是，稍早曾提到過的「霉菌感染」問題，雖然較溫和，不過仍是一種缺陷。

「溼土壤味」最常出現在蘇門答臘與印尼產的「溼剝處理法」咖啡（第 182 頁內容），這種處理法在乾燥程序中分為 2～3 階段的程序，將「霉」調性帶往一個特別複雜的境界——風味飽滿、帶辛香刺激感、甜中帶甘。這種感受通常與潮溼的腐植土或剛落下的潮溼葉片相關，也能聯想到新鮮菸草氣味，通常會伴隨一些相關的調性出現，例如：芒果或麝香調。

帶著「溼土壤味」但卻較不被喜愛的版本，這種咖啡就會帶著更明確的霉味，十分尖銳。再次強調，在 *Coffee Review*，過去關於蘇門答臘咖啡的相關評鑑檔案記錄，都代表著我們持續不斷地努力將那些成功的範例（具有獨特深邃感、珍貴的、不斷迴盪的複雜性風味表現）與失敗的範例區隔開來。

次，可能會存放於特殊的溫控倉儲內（生豆存放的溫溼度條件，就跟人類感到舒適的 20°C、相對溼度 50～70% 環境一樣）。

跟以往我們常見到「裝在 60～70 公斤編織的麻袋中進行運輸」不同，現今最佳批次的咖啡豆都會裝在特殊設計過、多層壓製的塑膠袋內（最常見的品牌如 GrainPro、Ecotact 等）進行運輸，這類塑膠袋一次通常能裝約 50 磅的咖啡豆，並讓其避免外在環境、水氣的影響，使用這種新型態穀物袋保護的咖啡豆通常也會採用空運。另外，還有較大尺寸的袋子，能自動排出多餘的氧氣與溼氣，適合包裝更大分量，即使是走海運，那些較大批次、裝在麻袋內的一般咖啡豆，產國出口商在運輸時程的安排也變得較有效率，對於生豆存放也有更多彈性。

包含品質略佳的商業期貨咖啡在內，除了靠缺陷數量來界定品質之外，還需要靠品嚐或杯測。每一種咖啡生豆會準備多個樣品杯（一種最多準備 10 個杯子）進行杯測，主要目的就是要確認這款樣品的穩定性：是否有一些缺陷豆在複雜的篩選步驟中成了漏網之魚？假如這批次的咖啡沒問題，所有樣品杯裡的咖啡嚐起來都會一致；假如裡面含有缺陷豆，其中有些樣品杯嚐起來就會不太一樣——有時會非常不一樣，有時則只有些微不一樣。在高端檔次的精緻咖啡中，絕對的穩定性是必要條件。（圖片來源：iStock／gumpanat）。

「水活性」與咖啡生豆的衰退

在今日，咖啡進口商與技術人員嘗試著找到適當的數據，以理解並預測咖啡生豆的穩定性會被哪些因素影響，他們監測生豆的「含水率」，同時也監測「水活性」（指的是沒有與生豆分子綁定的游離性水分含量），關於這些方面的研究，目前得到較為實際的結論是，確認了在儲存、運輸時一定要保護好咖啡生豆，讓它不受極端溫度與溼度的毀滅性影響。

採收時程

咖啡是一種季節性產品，通常沒有固定的採收季，一般來說，會在冬至後的幾個月之間。南半球與北半球的冬至剛好相反，北半球的主要採收季約在 12～3 月之間；南半球則介於 7～10 月。不論在哪裡，每年的採收季即便是同一產區都會不太一樣，可能在某些年開始得較早，某些年則開始得較晚，主要取決於開花期何時降下第一陣雨，這也直接影響到開始結果的時間。採收的時間點也會因海拔高度而有所不同，在同一個產區裡，較高海拔的咖啡樹，採收的時間較晚。

在一些咖啡產國裡，會有官方認可的「次採收季」（secondary harvest），在此時製造的咖啡稱為「次產季作物」（fly crop，西班牙文拼為「mitaca」），次採收季大概在主採收季的 6 個月後開始。靠近赤道的幾個區域，像是蘇門答臘島、肯亞和哥倫比亞中部，次採收季與主採收季的時間點就很模糊，因為咖啡果實在某些地方是整年都可以採收。哥倫比亞的採收時程特別複雜，北部、南部產區的開始時間正好相反，哥倫比亞北部的採收季與北半球模式大致相同，南部產區則於南半球相同。

更別提全球暖化了，讓農民與咖啡界都更難預料採收季到底何時開始。

「採收年度」的概念

先把主採收季、次採收季那些模糊與困擾放一邊，咖啡產業要看的其實是「採收年度」概念。舉例來說，在哥斯大黎加有一批新鮮採收的咖啡豆，當它準備好可以「運輸」時，哥斯大黎加的「採收年度」就正式開始了，而新的採收年度必須等到下一季新的咖啡收成、開始能夠運輸才起算，時間長度大約就是 1 年上下。因此，對於哥斯大黎加來說，每個「採收年度」就是從 3 月下旬左右開始，一直到隔年的同一時間。

有一些較一絲不苟的烘豆公司只烘焙「新採收豆」（new crop）或「當季豆」（current crop），他們不烘「過季豆」（past crop，指的是當新到貨的咖啡豆抵達時，仍然有庫存的同一個產區咖啡豆）。主要是因為，他們認為同一

個咖啡的「過季豆」版本，其風味或許已經衰退，可能沒人想購買。

「採收年度」與消費者的關係

然而，對於行家消費者來說，理解「採收年度」循環較不重要（對於大型烘豆公司來說較為重要），因為消費者買到的咖啡都是烘焙過的熟豆。假設你從一家不錯的烘豆公司購買咖啡豆，你只需要選擇季節性新品發售區的單品咖啡就好（假如你是在家烘焙的玩家，就選擇當季新品的單品咖啡生豆），這些新品咖啡豆通常會在最巔峰的狀態發售，即便有時發售的時間點與標準的採收時程不太相符也沒關係。假如你購買的是綜合配方豆，可以找那些季節性、期間限定的配方，而不是去買固定發售、整年都有的配方（後者時常會使用風味已衰退的過季豆當原料）。

當你購買一些知名產區，它們剛好靠近赤道，又有著較模糊的採收季特性——像是蘇門答臘島、肯亞、哥倫比亞——「採收年度」的概念就顯得不太重要。有些烘豆公司有辦法維持生豆品質（透過仔細的採購方針，以及細心地儲存），一整年都可以讓他們販售的蘇門答臘林冬咖啡、肯亞AA咖啡、哥倫比亞特級咖啡喝起來一樣精彩。

尖峰採購月份

儘管如此，對於想要吸收咖啡一切知識的讀者，我個人提供概略的「尖峰零售採購月份」資訊給你參考，詳參閱本書第 12～14 章咖啡產國介紹的內容。

陳年咖啡

在過去的時代，「陳年咖啡」通常指的是：某個人單純把咖啡存放在倉庫裡太久，拿出來喝了以後覺得很特別。狀態最佳時的陳年咖啡，有著厚實的「咖啡體」、中性風味、木質調、如糖漿般的甜度，以及非常細微的明亮感或酸度；狀態最差時，喝起來就有尖銳的霉味。艾弗瑞・皮特在那神聖的皮特咖啡初創期，特別鍾愛那種不經意間陳年的印尼咖啡，有時甚至會動用他的關係把貨全都掃了，他喜歡將陳年印尼咖啡加入他的配方中，有時也會單獨當作特殊的單品咖啡販售。

不過，在今日標示為「陳年咖啡」（通常是蘇門答臘咖啡）的，大部分都是刻意陳放在特殊環境的倉儲，這樣的倉儲通常是在新加坡。請參閱第 180 頁文字框「**風漬與陳年咖啡情懷**」。

巴西的咖啡倉儲。（圖片來源：iStock ／ dolphinphoto）

常見的咖啡缺陷風味、瑕疵風味一覽表

	風味缺陷／瑕疵	概述	風味描述	
非常糟	酚類；艱澀感、藥味、里約味	分為兩種情況：其中一種較難預測的，就是有一小撮缺陷豆散布於正常品質的咖啡豆中，這個情況通常稱之為「酚類味」；另一種情況則是發生於整個批次的日晒處理咖啡中，情況較輕微時稱「艱澀感」，情況最嚴重時稱「里約味」。	嚐起來帶有藥味（阿斯匹靈與碘片）或像氯一般的氣味。穩定出現這類瑕疵風味的咖啡，通常在中東、東歐某些地區、北非特別受到喜愛，不過，假如你不是從小就喝習慣的人，大概也不會喜歡。	
	生馬鈴薯味	是一種很鬼鬼祟祟的狀況產生的瑕疵豆。帶有缺陷風味的咖啡豆呈現出生馬鈴薯味的調性，但在外觀完全看不出來，這種馬鈴薯味有時非常密集，最糟的情況下，只要有一顆這樣的咖啡豆，就能讓整壺咖啡都毀了。	生的、發芽的馬鈴薯。	
	腐敗味或腐爛的發酵味	通常會在整批咖啡裡穩定出現，而非零星在某一部分的咖啡裡才出現。通常會與廉價的低品質日晒處理咖啡相關。在北美，大型商業烘豆公司會將受到影響的問題豆，預先用蒸氣處理，以降低這類缺陷風味。	狀態最佳時，嚐起來像是廚餘裡的腐敗水果味；狀態最糟時，會有下水道氣體味（沼氣）或單純的腐爛味。	
糟	霉味與麻袋味	這是一種時常會在背景出現的缺陷風味，咖啡豆外觀部分看起來都很好。	・霉味：主要有兩種——（1）musty：像存放在地下室或衣櫥後面很久的、溼掉的臭鞋味；（2）mildewed：洗好的衣物悶在洗衣機裡太久的味道。 ・麻袋味（baggy）：類似繩子或布袋般的背景風味。	
	奎克風味	「奎克豆」通常是顏色較偏白一點的咖啡豆，密度較低，分散於良好豆之間，只有在烘焙之後才能清楚辨認，因為它們上色較淺。在品質較佳類別的咖啡中，奎克豆大概是最主要的風味缺陷來源。	奎克豆會產生一種背景風味，屬於干擾型的風味缺陷：奎克含量太多的一批咖啡，風味會較扁平並帶木質調，強度在杯與杯之間不太一樣，主要是看每一杯裡含有多少奎克豆。	
視情況而定	水果調，帶甜的發酵味	取決於實際嚐到的風味特質和強度。此缺陷風味對某些咖啡愛好者／專業人士來說，可能屬於負面風味，但對另一些人則屬於正面風味。主要會出現在日晒處理咖啡中。咖啡裡的糖分透過酵母作用而發酵產生的風味，但是沒有遭到微生物汙染，尚未轉變為尖銳的發酵味或腐爛味。	會產生近似於高熟度莓果、水果西打酒、葡萄酒、白蘭地或其他烈酒類的水果風味。許多咖啡飲用者特別重視此特質，只要發酵作用沒有走到腐敗或宿醉者口腔味的程度就好。不過，不論這種風味多乾淨、多香甜，咖啡純粹主義者仍對其抱持懷疑態度。	
	溼土壤味	對某些咖啡愛好者／專業人士來說，可能屬於負面風味，但對另一些人則屬於正面風味。在負面的狀態下，就會呈現尖銳的霉味（1），請參考上方的霉味說明；狀態最佳時，則會呈現出非同一般的深邃感、複雜度與獨特感。	以正面狀態呈現，會有類似新鮮菌菇或剛落下的溼樹葉那樣的氣味與風味；也近似於剛灌漿完成、還溼溼的水泥；帶著水分的菸草味，或是像在木桶中發酵過的「珀里克菸草」（perique tobacco）。	

成因	最可能出現在何種咖啡裡
成因不明,極有可能在生產過程中的「乾燥程序」裡遭到汙染。	「酚類」與「艱澀感」這兩種缺陷風味十分相近,差別在於:前者是零星出現於水洗處理法咖啡中,大部分的咖啡豆風味是正常的;後者則出現於較低品質的日晒處理咖啡中,特別會與巴西的日晒處理相關聯。巴西有著最強烈艱澀感的咖啡就叫「里約味」,通常是整個批次都會有艱澀感。
咖啡果實被一種臭蟲翅膀底下夾帶的細菌所感染,而生成的瑕疵風味,唯一能夠挑除這種瑕疵豆的時機,就是在剛去除外果皮、內部的果膠層仍然潮溼的狀態時。	時常在出產高品質又具有獨特性咖啡的非洲中部大湖區,特別是盧安達咖啡。偶爾會在臨近的蒲隆地、剛果東部產的咖啡中發現。
在日晒處理咖啡中,果皮與果膠層以粗心的方式進行乾燥程序,不是所有咖啡豆上的果肉都會腐爛,但只要腐爛的比例高到一個程度,整個批次都會受影響。	在低品質的日晒處理咖啡中很常見,特別是越南的低品質羅布斯塔咖啡,並不是羅布斯塔咖啡本身的錯,而是它如何被採收、如何執行乾燥程序。在高品質咖啡中,出現的頻率很低。
後製處理完成的咖啡生豆,因乾燥程序不當,或是在運輸、儲存時處於潮溼的環境。許多「陳年」與「風漬」咖啡會刻意把這種較為溫和的霉味當成一種特色(詳見第 180 頁)。	通常會在含水率過高或未充分養豆完成的咖啡中出現,如果在乾燥程序中較仔細、在運輸過程中使用有效率的保護措施,就能提前預防這種情形發生。
主要從「未熟果」而來,也會因不當的乾燥程序而導致同樣的結果。	任何種類的咖啡都可能存在奎克豆,但是在較高等級的咖啡與一些響亮名號的咖啡莊園出品的產品裡,通常奎克豆也較少。奎克豆就是那些在正常熟豆裡顏色看起來很明顯較淺的那些豆子。
隨著含水分的果肉慢慢變乾、糖分發酵(透過酵母發酵,將糖分轉變為酒精的過程),同時沒有其他霉菌或會影響風味的微生物汙染。有一些咖啡生產者對於這類型風味掌握度很高,能夠維持咖啡中的純淨甜味。	主要出現在仔細收成、細心管理乾燥程序的日晒處理咖啡中;也會出現在某些黑蜜或紅蜜處理的咖啡。另外還發展出了許多其他種類後製處理變形手法,都是為了刻意在杯中特質裡帶入那些令人驚訝的發酵類風味(詳見第 96 頁)。
兩種成因:第一種是較溫和型態的霉味(1),成因是分段式的乾燥程序,這也是蘇門答臘咖啡與其他帶著溼土壤味的印尼咖啡、風漬咖啡、陳年咖啡的成因(詳見第 180 頁);另一個成因則是在水泥地上直接進行乾燥程序,有可能是刻意為之,但不是很常見。	「溼土壤味」常見於蘇門答臘島,以及其他使用溼剝處理法的印尼咖啡(詳見第 182 頁),從帶著霉味的那種令人較不舒服的溼土壤味,到具備非比尋常、獨特複雜性的溼土壤味,都在此類型的範疇之內。較正面的溼土壤味類型有:菸草味、奶油糖(butterscotch)、辛香味、葡萄柚類型的柑橘調等。在最佳批次的風漬咖啡與陳年咖啡中,也會出現迷人的溼土壤味。

咖啡配方綜合豆：不流行卻必要的存在

之所以會開始討論咖啡配方綜合豆，主要是由最陳腐的開頭啟始：需要一個定義。更糟的是，這是一種沒有固定結尾的模糊定義：「配方綜合豆」就是同一個單元的咖啡——不管是一杯、一壺、一麻袋或一個貨櫃的咖啡——這個單元的咖啡豆由兩種以上不同類型的生豆所組成；假如是同一個種類的咖啡豆，烘焙成兩種以上的風格——一把烘得較深，另一把烘得較淺——之後再將兩把不同烘焙程度的咖啡結合起來，如此的組合方式在今日的咖啡語言裡稱為「米朗其」（mélange），而不稱為「配方」（blend），後者被保留為將不同種類咖啡組合在一起的那種模式。

在當今全球主流精緻咖啡市場中，我認為「配方」這種概念算是不流行了。「配方」被拿來與「每日咖啡」這種單調乏味的世界做聯想；反之，「單一產地咖啡」則提供了消費者一種刺激感——時常更新的單一產地咖啡供應表，讓消費者能享受特別的時光，彷彿可以置身於特定的地點、體驗特定的處理法、聆聽特定的人物故事。

儘管如此，大多數的烘豆公司仍然有維持招牌風味的需求，招牌風味必須大致上始終如一，才能達到「品牌化」目的，這樣的需求只有透過「配方」的手段才能達到。

「高級配方」（Premium Blends）的組成結構

在傳統的「配方」調製世界中，用來調配「每日咖啡」這種全年度都能銷售的類型，其組成物通常都是在咖啡供應鏈中長久以來為了特定風味類型目標而製作出的原料，常會以「產國名稱」和「分級名稱」來標示，這些組成物的風味即使經過了數十年也幾乎維持得一模一樣。舉例來說，某一款高級的「全阿拉比卡」配方，一直到最近都還持續在不錯的北美速食店或日常餐飲店販售，其主要組成物就是那些可靠的咖啡類型：哥倫比亞「精選家常優良品質等級」（Excelso Usual Good Quality）、中美洲「極硬豆等級」（Strictly Hard Bean）或「極高海拔等級」（Strictly High Grown），以及巴西的「聖多斯」（Santos 2／3）。

用極度簡化的方式來說，這些類型的咖啡對於這款配方各有什麼功能呢？

哥倫比亞咖啡提供了重量感、風味密集度；中美洲咖啡則提供了明亮感、活潑感；巴西日晒處理咖啡則能夠平衡成本，並且將其他兩款咖啡的酸味變得較圓潤，同時又增加了一些巧克力或堅果調的甜味。像這樣的配方公式，通常也告訴了我們還能使用哪些咖啡類型當作替代物，公式中也有每個組成物的百分比，如此一來，假如其中 1～2 種組成物的狀態有變，烘豆公司也能及時反應、修改配方組成比例，以求盡量維持風味穩定。

「高級配方」公式的變形

然而，咖啡葉鏽病的肆虐，尤其是在中美洲，特別威脅到

了「哥倫比亞／中美洲／巴西」的配方公式，以往專屬於中美洲咖啡的明亮感與活潑感，現在也能被其他產國生產的水洗處理阿拉比卡咖啡取代（當然也是具備明亮感、活潑感的類型）。

每個國家、地區、市場的「標準配方」略有不同。幾年前，我參與德國一家大型烘豆公司的顧問工作時，很驚訝地發現，他們經常會在配方中放入一款已在業界認證標準倉庫存放超過 1 年的中美洲咖啡豆，這是一款有著明亮感、活潑感的高海拔咖啡，經過了時間作用，風味變得較圓潤、較柔和，但也沒有減損其迷人之處。這種咖啡類型因為有著前述的風味特質，因此在較淺烘焙度之下，仍能呈現低酸度的調性，這種調性在某些德國市場特別受歡迎，但如果是在北美或斯堪地那維亞半島可能就行不通了，因為這兩個地區的高檔咖啡消費者特別偏好風味較明亮、較夠力的風格。

類似的情況，在許多市場中（包括歐洲的大部分地區）販售的高級配方都會使用品質較佳的、低酸味、帶苦甜味的羅布斯塔咖啡豆；但是，正如同我一再提到的，即便使用的是最高品質的羅布斯塔咖啡，在北美咖啡圈中仍然是一種禁忌，因為在北美咖啡市場中，只要是羅布斯塔咖啡，人們就會聯想到「廉價」的即溶咖啡、「低品質」的罐裝超市配方咖啡粉這類商品。

精緻咖啡配方（Specialty Blends）：從「可預料的風味」到「令人意外的風味」

在精緻咖啡的頂級市場中，出現了許多不同風格、不同組成方式的配方，儘管如此，即便是較小型的烘豆公司也有製造穩定風味配方的需求，特別是用在他們咖啡店裡出杯的 espresso 類飲品，咖啡店的消費者期待的是每天都有穩定的味道，而不是每天都有驚喜。

直到最近，原本在北美精緻咖啡圈中的這種「基本配方」也可能加入一款具備飽滿辛香感的「溼剝法蘇門答臘咖啡」當作主要基底，加入具備明亮感、活潑感、花香調的衣索比亞水洗咖啡當作主調性，再加入具低酸度、圓潤感、有時可能有巧克力調的巴西日晒處理咖啡當作另一個基底。

但是在精緻咖啡的世界裡，配方的公式與概念時常改變，並且進化得十分快速，即使是全年度販售的招牌配方也一樣。舉例來說，在今日，帶著些微發酵風味的衣索比亞日晒處理咖啡，因為它們迷人的風味調性與巧克力調水果風味，讓這類型咖啡成為了許多高端 espresso 配方裡不可獲缺的組成物；有會與具備明亮感、帶著花香調性的衣索比亞水洗處理咖啡一起調配，達到活潑感與上揚感的效果；還可能會加入一款巴西咖啡，讓風味變得更圓潤；再加入一款哥倫比亞咖啡，來增加配方的重量感與風味密集度。

開架式商品區全都是配方綜合豆

在商業咖啡圈中，即溶咖啡與預先研磨好的罐裝或瓶裝咖啡粉，幾乎都是配方綜合豆，這類型產品調配的主要目標就是

降低成本。很顯然地，這個區塊的消費者要的只是一種有高咖啡因的飲品，只要喝起來像咖啡、夠便宜就好，許多大廠牌的咖啡粉商品，主要都是由「低品質」、「高咖啡因」類型的羅布斯塔咖啡，也許搭配一些一般品質的阿拉比卡咖啡（可能來自巴西，也可能來自其他產國的特價咖啡豆）共同調配而成。

假日配方（Holiday Blends）：
很少見的、無拘無束的、「創意至上」的配方

　　提到另一個極端，在精緻咖啡圈最頂端，尤其是在北半球冬季節日期間（應該都是耶誕節到新年）販售的「配方咖啡」，也許才是真正具有藝術特質的型態。這些由小型到中型烘豆公司出品、只有在節日期間限定發行的一次性配方，會將一些品質卓越的、獨特的單品咖啡豆放進這個一次性銷售的組合產品中，這種配方帶來的細微獨特感官體驗，就跟品嚐任何一種最高品質的單一產地咖啡一樣充滿驚喜，風味出乎意料。根據我們平常在 *Coffee Review* 品嚐的多款來自北美、東亞的「假日配方」經驗中，有一些達到了令人震驚的成就。

味道與地域等因素的關聯性：
剖析咖啡地圖

任何有在關注新聞的人應該都了解「民族國家」（Nation-State）的概念有多麼武斷，「國界」時常把相似的人們隔開，又讓相異的人們擠在一起。從文化層面來看，一個住在溫哥華的加拿大人，可能與靠近邊界、住在西雅圖的美國人十分相近，卻與住在魁北克的加拿大人有著些許差異。

「國家」的概念，在咖啡鑑賞領域中，時常扮演著看似實際卻又武斷、帶點誤導性質的角色。「國家」是一個「大」的概念，在一個國家裡，卻可能有許多不同的咖啡生產方式。

即使是從同樣的咖啡樹採摘下同樣的咖啡果實，那些在小茅草屋前地面上晒乾的日晒處理衣索比亞咖啡，嚐起來的風味必然與大型合作社處理廠製作出來的水洗處理衣索比亞咖啡十分不同；即使是種在同一個農園的臨近地塊上，不同變種的咖啡樹生產出的咖啡豆，嚐起來的風味也會明顯不同。

另一方面，不論種在世界上哪一個地方，只要它們是同一個變種、使用大致相同的後製處理法、種植在大致相同的海拔高度，風味就會非常相似。同樣是高海拔的水洗處理法阿拉比卡咖啡，不管種在印度或宏都拉斯，其風味相似度必然比種在同一農園、同一國家但卻使用不同後製處理法的咖啡還來得高。

「咖啡產地」概念的起源

儘管如此，大約在 10 或 15 年前，世界上的咖啡都是用「產國」或「產區」的名字來區分與交易。

一個哥斯大黎加的案例

舉例來說，在咖啡館的菜單或包裝袋上，我們可以看見產國的名稱——哥斯大黎加——加上產區資訊〔塔拉珠（Tarrazu）〕以及等級〔極硬豆（Strictly Hard Bean，是哥斯大黎加分級制度中的最高級）〕，這些資訊在包裝袋上會標示為「哥斯大黎加・塔拉珠・極硬豆」（Costa Rica Tarrazu Strictly Hard Bean）。此外，同樣標示為「哥斯大黎加・塔拉珠・極硬豆」的另一款咖啡，在風味上也可視為是非常類似的咖啡，至少直到最近仍是如此。為什麼呢？

供應鏈中一致同意

因為從種植者、處理廠、出口商、進口商到烘豆公司，整個供應鏈都同意同屬「哥斯大黎加・塔拉珠・極硬豆」

的咖啡，嚐起來的風味應該要很接近，並且應該要維持讓它產生那種風味的製作方式。

舉例來說，在哥斯大黎加的生產者，過去傾向於種植同一款變種，屬於經典的風味均衡但卻較缺乏風味獨特性的卡度拉變種；再者，卡度拉的咖啡果實採收下來後，都會使用非常接近的水洗處理法進行後製處理，這也是為什麼哥斯大黎加咖啡風味都這麼類似的另一個原因；最後，這些咖啡樹大多種植在高海拔地區，也是哥斯大黎加極硬豆等級咖啡通常具有飽滿口感、明亮酸味的主要原因。為了確保極硬豆等級咖啡豆的水準，分級人員與出口商也會事先挑出「海拔沒那麼高」的類型風味生豆，並將這些咖啡打入較低等級販售；這些較低等級的批次，最終就是成為配方用豆，或是當作一般低價版本的哥斯大黎加咖啡販售。

與此同時，只有品質最佳、具有同類型最佳風味特質的哥斯大黎加咖啡，會被當成「哥斯大黎加・塔拉珠・極硬豆」最具誠意的範例來銷售，因此能夠讓行家們在喝到這種咖啡時發表以下論述：「嚐起來就像一款很棒的『哥斯大黎加・塔拉珠・極硬豆！』」

強加「產區調性」的概念

前面提到的供應鏈全體共同意志，就是將「產區調性」的概念創造出來並維持住這些產區風味，造就出許多令人耳熟能詳的咖啡類型，例如：「衣索比亞水洗式耶加雪菲」（Ethiopia Washed Yirgacheffe）、「肯亞 AA」、「瓜地馬拉安提瓜」（Guatemala Antigua）、「蘇門答臘林冬」（Sumatra Lintong），都是世界上幾個最有名、最受喜愛但也是被刻意編輯出來的咖啡種類名稱。從農民選擇栽種哪款變種的咖啡樹開始，到如何將外果皮與果膠層去除、用何種方式進行乾燥程序，再到出口商抉擇該販售哪些咖啡、烘豆公司抉擇該採購哪些咖啡，這些過程中，每個階段都有一個共同目標：不管是有意或無意，就是為了要維持住一種杯中特質，這個特質與供應鏈全體所編輯出的「品牌」有所關聯（也就是以前述幾種類型咖啡產區為名稱的風味調性）。

咖啡的「地域風味」消失了

過去數十年來，穩定的產區樹種類型與後製處理法，造就了「區域性風味調性」的特性，哥斯大黎加咖啡嚐起來就是哥斯大黎加味，蘇門答臘咖啡嚐起來就是蘇門答臘味，諸如此類。這些以往建立起來的穩定產區風格，現正快速改變或崩解中。

更均一化
全世界越來越多咖啡嚐起來越來越像，因為種的樹種很類似、使用的後製技術（採用脫膠機去除果膠層）也很類似。

更高的多樣性
越來越多咖啡嚐起來具有不同的獨特風味，主因就是種植了新型的獨特樹種，以及使用了充滿創新的後製處理法。

兩種潮流同時進行中，它們取代了什麼？
它們取代了以誠信為本的傳統區域性風味特性，
也取代了長期建立的當地咖啡樹種與後製處理法方式。

在夏威夷可娜產區，傳統的風味調性越來越不明確。左方照片是剛製作完成的水洗處理可娜咖啡，果皮與果膠層在進行乾燥程序前就完全去除，這種類型的咖啡較符合傳統對於可娜咖啡的風味期待：溫和且明亮、風味細緻、有熟悉感。一直到 2010 年左右，可娜產區的所有咖啡都像這樣採用水洗處理法，前述的風味調性也成了全世界期望喝到的「經典可娜風味調性」。右方照片是近年拍攝自另一個不同的可娜咖啡生產者農園，這個農民把他的可娜咖啡帶著外果皮一起進行乾燥程序，目的是為了創造出近年來在咖啡圈中十分受歡迎的「像葡萄酒或白蘭地的酒調、水果風味為主的咖啡」，這樣的咖啡有可能風味非常迷人，但卻不符合傳統對於可娜咖啡的風味期望。（圖片來源：傑森・沙利）

「產區」概念的優缺點

我們先從優點開始講起。所有受惠於這些「經典咖啡類型」分類方式的愛好者，都應該感激這種長期的業界規範（為了發現、優化、維持產區調性的穩定性與風格，而制定的標準），它們是咖啡世界中珍貴的遺產，數十年以來，讓咖啡愛好者與專業人士有一種雖然較為粗略卻十分實用的風味導覽地圖，在浩瀚的咖啡飲品宇宙中，還有個方向可以依循前進。

缺點

儘管如此，也有許多壞處產生，主要的缺點就是，懷抱著一種天真的無知，認為某個產國或產區就「一定會」有某些風味特質。

舉例來說，這種曖昧的假設前提會鼓勵「種植者聯盟組織」與其盟友，花大筆資金去定義某種地理區域上法定的「獨特咖啡生產者」身分，完全不管下述事實——「風味」其實與樹種、後製處理法較有關。另一個可能讓咖啡生產者產生的錯誤假設就是：只有他們種在這個地理區域中的咖啡喝起來才會如此獨特與出色，卻忽略了另一個現實——世界上還有許多其他區域，也可生產出類似品質、風味的咖啡。

還有一個最危險的情況就是，這種框架可能會導致某個「產區」或「產國」的咖啡當局（政府機構的官方單位）有一種錯覺，認為同一產區內可種植其他樹種或使用其他後製處理法，也不會改變原本樹種、原本處理法組合才能出現的「經典產區風味」（譯注：只要「樹種」或「後製處理法」當中任一個條件不同，風味調性就會明顯改變）。

「咖啡產區」不再是單指一個地方，而是傳統的一連串抉擇

「咖啡風格，是種植區域自然而然出現的副產物」，越來越多人認同這個天真的概念只是一種無知的假設。舉例來說，近來越來越多人使用風味較中性但具有抗病力的樹種來替代傳統咖啡樹種，雖然這個措施或許是能幫助種植者生存的必要手段，但仍需考慮對於杯中調性等因素是否會產生不良後果。

當抉擇的項目改變，「產區概念」就變了

此外，越來越多咖啡生產者認為，他們並不受全球咖啡供應鏈設立的期望地理界線所拘束；換句話說，一個哥斯大黎加生產者製作的咖啡，不一定要嚐起來跟傳統的哥斯大黎加「正常風味」一樣，他可以刻意將咖啡做成與其他哥斯大黎加咖啡完全不同的風格，這種做法正是某些當地生產者約在 10 年前就開始進行的工作，開啟了哥斯大黎加「微型處理廠革命」（見第 130 頁內容）。在今日，全世界各地都進行了類似的實驗（新式後製處理法實驗，以及改種具有異國風情的樹種），而這些實驗逐漸變為許多產區的日常。在 10 年前，原本賴以成名的原始產區風味調性，到了今天可能正走向瀕臨絕跡的道路，被新式、非正規的後製處理法實驗所取代。

與此同時，也開始有人提倡要維護傳統的區域性咖啡調性，並且加以優化。有些在蘇門答臘島的出口商認為，蘇門答臘那種獨特的「溼剝處理法」（見第 182 頁），是讓受到高度推崇的咖啡類型（例如：蘇門答臘林冬咖啡、蘇門答臘曼特寧咖啡）造成風味差異的主要原因，因此他們現在應該感到十分自信，會將這種珍貴的、獨有的本地處理方式保留下來，即便有任何局外人建議他們改用世界上其他產地的新式處理法，這些意見也不見得會被採納。

倘若如此，以往的咖啡地理該何去何從？

儘管如此，杯中特質因為有了如此的變動，使我在寫書時產生了一種新的地理問題挑戰，我們再也不能得意地說「哥斯大黎加、蘇門答臘、可娜咖啡嚐起來如何如何」，因為從這些產區出品的咖啡有可能與以往大大不同，也可能已有新型態的哥斯大黎加、蘇門答臘、可娜咖啡了。另一方面，這些產地的咖啡，仍有許多符合原本的風味期望值，而且在傳統框架中屬於非常傑出的咖啡。

從兩個面向來看「產區風味特質」

接續前面的內容，在下方篇幅中，我會介紹傳統與新式定義的優點。首先，我會從產國或產區的方向來介紹「標準的風味特性是什麼」，還會介紹其他與這類風味調性相關的因素：典型的種植海拔高度、樹種、後製處理法。然後，我會盡力描述出可能改變傳統產區風味調性銜接性的因素，例如：我會介紹新的混血變種咖啡樹、具有異國情調風味的新樹種、新式後製處理法；我也會間接影射，為何各產國或個別種植者會想採用這些不同的做法（不論是為了應對如疫病、氣候變遷帶來的威脅與否），或是帶著雄心壯志想藉由引進新型變種咖啡樹、使用新式後製處理法，替他們生產的咖啡增加獨特性與價值。

讀懂「咖啡產國資訊」的各項條目

第 12 ～ 14 章的每一個條目，都是介紹該「產國」或「產區」的概論，像下方的標題排列方式：

傳統風味（The Traditional Cup）
典型的全球描述用語
描述與該產區相關聯的概略風味調性。

常見的香氣／風味調性
在杯中可能感受到的特定典型香氣與風味調性。這些暗示性描述並不代表全部，只是為了引導讀者透過這些典型的「產區風味」描述，來認識當下喝到的某種具獨特風格的討喜咖啡風味。更多關於咖啡風味的描述，詳見第 5 章與第 44 頁的「風味評鑑一覽表」。

典型的風土條件
「風土」（terroir）是從葡萄酒圈借用來的一個咖啡術語，用來涵蓋一個區域的典型種植海拔，加上氣候、地形，以及像是「交叉栽植其他作物」、「遮蔭式栽培方式」這些流行的農技資訊。因為一個產區的範圍通常都很大，而且會有許多不同變因，這些必要資訊的描述方式會較偏向概略性。

樹種
「樹種」或稱為「人工選育變種」是決定咖啡杯中特質的一項重要指標。

傳統型變種
某些產國與產區會與阿拉比卡的某些傳統變種直接關聯，只要這個關聯性時常出現，我就會特別強調。

新型變種
對一個產國或產區來說，引進新型變種咖啡樹的原因，不是為了抗病力，就是為了創造出更高價值的咖啡。誠如我在本書時常提到的，這兩種浪潮正同時進行著。想了解更多咖啡樹變種的內容，請參考第 7 章及第 76 頁的「咖啡變種一覽表」。

後製處理法
為了將高含水率、精巧的咖啡種子，轉化成能夠耐得住長時間存放、航行運輸的穩定型態「咖啡生豆」，必須進行複雜的必要程序，這些至關緊要又能夠發揮創意的程序統稱為「後製處理」。

傳統式後製處理法
直到最近，幾乎全部的咖啡生產國或產區，大致上都遵循這樣的方式處理──有時也可能會以更精確的執行方式製作。執行得精確與否，對這些地方生產的咖啡典型風味調性有很深遠的影響。後面篇幅提到的傳統式做法，都會歸類在這個標題之下。

較新型的非傳統式後製處理法
在某一個產區或產國的咖啡生產者中，有的可能會堅持採用傳統式後製處理法，也有些人為了生產效率，或是為了讓咖啡有不同風味，所以採用了新的後製處理方式。後面篇幅提到的新式潮流類型做法都會歸類在這個標題底下。若你想更進一步了解不同的後製處理法，以及各自對品質與風味特質有什麼影響，請參閱第 9 章及第 88 頁的「後製處理法一覽表」。

產區
一個國家的生產區域，以及其標示性的風味調性，有可能是極其傳統且相對穩定的，是由數十年來為了維持同一目標（做出專屬於該產區的風味調性）而產生的人為規範，當一切都按照規範執行時，所謂「傳統式的產區，相關杯中特質描述」就值得參考。不過，僅供參考，這些概略性的描述並不能代表全部，但卻能幫助你了解、享受該產區的咖啡。

另一方面，「產區」的界定有可能是被「產國」本身的咖啡主管單位及行銷團隊所定義的，利用此概念可以增加人們對該產國咖啡的興趣，也為不同產區的咖啡增加魅力。假如是因為這種情況而區分的產區名稱，就會跟典型的杯中風味調性較少關聯。

在我的經驗與見證中，當有一些我信任的人對我暗示著，某產區的咖啡使用某種方式來品嚐會有非常值得期待的表現時（只告訴我一些非常廣泛的參數），我會試著小心地替讀者分析杯中風味調性與產區之間的關聯，假如這樣行不通，我就會簡單帶過重要的產區名稱與概論，然後繼續寫其他內容。

在許多介紹產國的篇幅中，很多詳細的產區咖啡名稱，會標示在每個產國條目下的地圖上。

產區地圖
詳細的產區咖啡地圖，是由精緻咖啡進口商 Café Import 與其主理人傑森‧隆恩（Jason Long）所提供，產區地圖內容的研究與設計者是安迪‧里蘭（Andy Rieland）。

分級制度
在今日，「分級制度」變得越來越不重要，尤其是在描述高端檔次時，因為這些品質最優秀的精緻咖啡是按照批次風味來銷售，而非像商業等級、其他分級模式般的銷售方式。

然而，在商業期貨咖啡的世界中，大批次的期貨咖啡也是由風味描述的基礎來交易，所以「這批咖啡被分配到哪個等級」就顯得格外重要。期貨咖啡的賣方，依照某個大產區或某種咖啡類型（某個特定的咖啡豆尺寸，以及最高肉眼可見的缺陷豆──破碎豆、黑色豆、不上色豆、外來物質像是小石頭或樹枝）來訂定買賣契約，通常在契約中也會界定杯中風味特質，作為契約中部分與等級相關的描述內容。在中美洲，種植的海拔高度也是一項重要標準，越高海拔的咖啡等級就越高。

SCA 特別為精緻等級的咖啡制定了一套很有幫助的通用分級標準（及格標準），這個分級標準與產區無關，個別產國還

會在這個基礎上再各自增加強化的標準。在後面的篇幅中，針對某個產國，我會介紹其概略的分級術語與分級標準，但只特別強調某些可能會出現在精緻咖啡包裝外袋上、網站說明上的描述內容。

咖啡日程表，以及採購、沖煮、享用的最重要時機

咖啡生豆是一種相對較嬌貴的產物，在採收、後製處理、乾燥程序完成後，最佳狀態能維持數個月。有些咖啡特別嬌貴，在它們有限的尖峰期會展現出非常亮眼的表現；另外還有些咖啡能在倉儲中整年度都維持不錯的水準。

每個產國典型的採收月份與最佳採購、沖煮月份，都會列在這個條目底下。使用這項資訊時一定要很小心，因為年與年之間，採收期與運輸期都會略有不同，而且因為全球暖化、氣候變遷的影響，採收與運輸的期間界線變得越來越模糊，而且不斷改變。

環境與永續發展

這些條目之所以會出現，就是因為有些咖啡消費者特別關注環境、勞動人口福利等議題，特別是針對勞工與小農。

一項關於在傳統環境或人為控制遮蔭環境下種植的咖啡百分比統計研究〔2014 年 5 月由夏琳‧嘉（Shalene Jha）與其研究團隊在《生物科學期刊》（*BioScience*）中發表的「遮蔭咖啡：關於逐漸消失的生物多樣性庇護所資訊更新」〕，其引用的數據到 2012 年，所以這份統計報告算是有點過時且涵蓋範圍較廣的，但仍將提及產國其兩個基本模式的「遮蔭種植」概略畫面描繪出來。

另一份關於認證咖啡的百分比統計報告，其引用數據也是到 2012 年，甚至還有一些是 2011 年的數據。引用的內容來自於《永續發展倡議的局勢 2014 評論報告：永續發展的標準與綠色經濟》（*The State of Sustainability Initiatives Review 2014: Standards and the Green Economy*）第 8 章，這份研究是由「國際永續發展機構」（IISD）的傑森‧波提斯（Jason Pottis）研究團隊所發表。

剖析咖啡地圖：
中美洲及南美洲

新的世界咖啡產區劃分方式，將中美洲及南美洲分為 5 個廣義的區域群組：墨西哥及中美洲；南美洲的安地斯山脈沿線（北從哥倫比亞向南經過厄瓜多、秘魯及玻利維亞）；巴西的複雜與單一兩種世界；加勒比海群島；美國種植的咖啡，主要從夏威夷州生產，還有一個非常小規模的產區正在加州發展。

墨西哥及中美洲

南美洲的安地斯山脈沿線

南美洲：巴西

加勒比海

夏威夷州及加州

墨西哥及中美洲

傳統的墨西哥／中美洲產區有某些廣義層面上的相似點，尤其是在傳統的咖啡生產方式及杯中特質上。在這個區域種植的所有咖啡幾乎是阿拉比卡種、在中高海拔區域，通常種植的是傳統型、風味獨特性可能沒那麼高的樹種；直到最近，這個區域的後製處理法都是使用傳統型的多種版本水洗處理法（現在則是五花八門，從日晒、蜜處理到厭氧處理都看得見），都是為了讓這個地區出產的咖啡擁有乾淨、純粹、明亮的杯中風味，沒有後製處理的缺陷味或怪味。

經典的中美洲咖啡風味

在中美洲高海拔的咖啡豆中，具有優異表現的一杯咖啡會有以下特質：乾淨、均衡感、溫和的明亮度，加上略微沉靜但卻引人入勝的獨特層次感。

中美洲咖啡趨勢，以及變革

在第 113 頁呈現的兩種相互抵觸的趨勢，在中美洲被一股特殊力量解開，這必須從 2012 ～ 2013 年講起，當時中美洲正在與災難性的二次咖啡葉鏽病疫情博鬥，一方面來說，因為很多產區與產國改種了抵抗疫病樹種，加上標準化的機械輔助後製處理法，我們發現杯中調性開始有越來越單一化的趨勢；另一方面來看，還有另一群人種植阿拉比卡種底下具異國情調的變種咖啡樹，並且使用不同的後製處理法做實驗，因此也做出了具有區隔性的杯中調性。

兼顧一致性風味／產量的「宏都拉斯模式」

一直以來，宏都拉斯似乎都採取兼顧一致性風味與產量的策略，並且是非常成功的模範。種植具備抵抗葉鏽病的混血變種阿拉比卡咖啡樹，在宏都拉斯逐漸成為一種常態，許多小型農園生產大量乾淨、風味紮實、一致性高的水洗處理法咖啡，可用極具吸引力的價位買到，其中偶爾還會出現特別優異的驚喜。不過在我撰寫本書的同時，在宏都拉斯最廣泛種植高抗病力的「倫皮拉變種」（Lempira），被證實仍容易受到變異後的咖啡葉鏽病影響。組織完善的宏都拉斯咖啡產業，展現積極主動的應對措施，並取得了一些成功，但我們必須考慮到一點：現在的評審人員仍不習慣那種「混血變種趨動、產量取勝」的咖啡發展方式（就像宏都拉斯追求的那種方式一樣）。

高價值／高差異化的「巴拿馬模式」

　　這個模式與前者恰好相反，是透過「差異化」來提高價值的「巴拿馬模式」。有一小組巴拿馬農園彼此互相競爭，看看誰能生產出更具有高獨特性、原創性、昂貴的杯中調性，方法就是種植具異國情調的阿拉比卡變種咖啡樹，包括著名的「藝伎／給夏」，並使用各種不同的替代性後製處理法。大部分的巴拿馬農園都經營得很成功，而且很有組織，他們使用真菌類防治劑來控制咖啡葉鏽病，農園管理也十分優良。其他產國大致介於這兩種模式之間，這些產國裡的傳統咖啡組織及眾多小農也在抉擇中：一方面要應對咖啡葉鏽病的威脅，另一方面又要著眼於差異化的高價值咖啡需求市場。有些產國像是哥斯大黎加、尼加拉瓜、瓜地馬拉，似乎調適得很成功，但薩爾瓦多這個優秀的傳統咖啡產國，則是因為特別珍視原本種植的波旁與帕卡馬拉變種（這兩個變種都是無抗病性、風味獨特性卻很高的變種），因此在葉鏽病疫情中損失特別慘重，薩爾瓦多在如此極端的壓力下，仍維持著「咖啡寶庫」的作風。

價格危機與中美洲杯中風味調性

　　在撰寫本文的同時，許多中美洲咖啡產業面臨著更大的壓力，因為基本期貨「C 指數」的價格正處於災難性的下滑期。在 2020 年，中美洲的咖啡生產者每單位獲得的報酬，低於他們生產標準等級的水洗阿拉比卡咖啡（高海拔溫和型類別，如第 16 頁介紹）成本，這可能是其中一個原因，讓越來越多的咖啡生產者開始著手實驗製作蜜處理、日晒處理法的咖啡，讓他們的咖啡風味跟以前有所區隔，同時也將之推往精緻咖啡，期望能用更高的價格出售。經典的水洗處理法中美洲咖啡正面臨危機，也許正在消失中，取而代之的是許多新的咖啡類型（因為使用各種不同的新式處理法）。

　　所有偉大的中美洲咖啡產地最終都能獲得成功，不過仍然需要全世界優秀的烘豆公司、熱情的消費者持續支持，當然也很需要來自政府單位、基金會、發展機構的慷慨支持。

分級名稱造成的混淆

　　所有墨西哥／中美洲的咖啡都是按照生長海拔分級，然而有些國家——墨西哥、宏都拉斯、薩爾瓦多、尼加拉瓜——使用的是「高海拔種植」（High Grown）當作分級的用語；另外有一些國家——瓜地馬拉、哥斯大黎加、巴拿馬——則使用「硬豆」（Hard Bean）來表示（越高海拔種植的咖啡樹，通常會生產出密度較高或較硬的咖啡豆）。因此，墨西哥的最高等級咖啡就是用「極高海拔種植」（SHG，高於 5200 英尺／1600 公尺），而在瓜地馬拉類似等級、一樣是種在 5200 英尺／1600 公尺的咖啡，就稱為「極硬豆」（SHB）。主要的重點：粗略地來說，這兩個詞彙在中美洲的分級語言是相等的。

墨西哥：永續發展與小農

　　墨西哥是主要的咖啡產國，2018 年產量位居全球第 9，幾乎所有的墨西哥咖啡都是由小農生產的，其中有許多必須透過處理廠及其他中介單位運輸，透過大型出口商調配分裝，以滿足墨西哥咖啡商業定義的杯中風味期望：酸味溫和、帶甜味、相對細緻、巧克力調及堅果調。通常是普遍認可調配配方綜合豆的原料，而且價格不貴。

　　不過，墨西哥的小農創造出市場需求的另一個不同潮流：絕大多數流入市面的墨西哥咖啡，都經過有機認證或公平交易認證，這也是墨西哥對於精緻咖啡世界的最大意義。

以小農為主體的原因

　　造成墨西哥咖啡產業以小農為主體的原因，通常被解釋為數個歷史上的重疊性偶然所導致。其中一個偶然，在墨西哥南部早期的歷史中，西班牙殖民政府沒有在墨西哥執行如同其他美洲殖民地一樣的大型、破壞社會和諧之土地重劃政策，這使得當地原住民的農業社群得以維持完好狀態；多年後，在墨西哥革命以後，執行了土地重新分配政策，許多小農因此受惠；同樣地，到了 20 世紀（一直到 1980 年代）更執行了多樣政令，目的在鼓勵、支持小農咖啡生產者。

　　最後，也許不是最重要的一點，墨西哥南部重要的咖啡產區原住民，傾向於維持自治、公共社會制度、群體經濟的傳統生活方式，這讓他們成為現代合作社運動及公平交易認證的理想候選代表；這群原住民生產者，一直以來都沒錢購買殺蟲劑或石油提煉的化學肥料，因此也符合有機認證的願景。估計約有 85% 的咖啡農，都是原住民人口。

「有機種植」在墨西哥的重要性

　　一項由「國際永續發展機構」（IISD）所進行的研究顯示：在 2012 年，大約有 17% 的墨西哥咖啡具備有機認證，僅次於秘魯（約 19%）。在 2012 ～ 2013 年開始爆發葉鏽病之後，這些數據毫無疑問已經改變，因為對於有機種植的生產者而言，葉鏽病特別難防治；儘管如此，假如你正在享用一杯有機認證咖啡，那麼有非常高的機率是墨西哥或秘魯的咖啡。

　　這些墨西哥的小農咖啡，通常會以合作社及產區名稱來行銷，在巴拿馬與其他中美洲咖啡產國，藉由區分不同咖啡樹種來讓咖啡產生差異化的行銷手法，似乎對墨西哥沒什麼影響，墨西哥小農似乎很安於用公平交易及有機認證來當作他們主要的、增加附加價值的選項。

　　「以『合作社』名義區隔，並銷售咖啡」的手段，讓「恰帕斯」這個靠近瓜地馬拉「薇薇特南果」的產區特別受到鼓舞。「恰帕斯」的咖啡通常擁有具極度特色的風味密集度，主要歸因於很高的種植海拔，以及在當地後製處理法做

了一點小變化，因此讓「恰帕斯咖啡」跳脫了墨西哥咖啡在業界的刻板印象（風味柔和，帶巧克力調、堅果調性）。

傳統的墨西哥咖啡風味特性
典型的全球描述用語

　　傳統上來說：風味柔和、均衡感、帶甜味、輕到中等的「咖啡體」。合作社出產的咖啡（特別是從「恰帕斯」產區來的）可能有較密集、較強勁的整體風味，加上帶甘味的甜味收尾，有可能是因為後製處理有點不同。

常見的香氣／風味調性

　　烘焙過的堅果、巧克力（或可可豆）、黑糖、雪松、麥芽、莓果，以及有時會帶點迷人的、像是百合般的花香。

典型的墨西哥風土條件

　　墨西哥是一個蠻大的國家，有許多咖啡產區，也有許多不同的氣候條件。墨西哥的咖啡總出口量，光是「恰帕斯」及「瓦薩卡」這兩個產區就占了將近一半，它們的風土條件都是介於中高海拔。舉例來說，「恰帕斯」的種植海拔在 3300 英尺（約 1000 公尺）～ 5200 英尺（約 1600 公尺）；「維拉克魯茲州」（占墨西哥總產量的 25%）的咖啡產區，大部分都位在較低海拔的區域。

墨西哥種植的咖啡樹種
傳統型變種

　　古老的鐵皮卡變種〔當地稱為「克里歐里歐」（Criollo）〕及波旁變種，主要種植在較受歡迎的「恰帕斯」與「瓦薩卡」產區；較新型、較抗日照的變種，例如：卡度拉、蒙多·諾沃種、卡圖艾、及「嘎爾尼卡」（Garnica，在墨西哥選育出來的卡圖艾相關之變種）也廣為種植；另外有一些古老的、與羅布斯塔血緣相關的混血變種，例如：卡帝莫、薩奇莫，這兩種風味不太優的變種雖有零星種植，但並沒有成為流行。

　　在墨西哥，各種不同的咖啡樹種，會混合種植在同一塊地上，銷售時也是混合在一起的狀態，而非區分成不同的混種單一批次。不過，只有最獨特且最珍貴的傳統巨型象豆「馬拉哥吉佩」是唯一例外。

最新引進的變種類型

　　墨西哥咖啡當局透過與羅布斯塔交叉授粉，而發展出具葉鏽病抗病力的「黃金阿茲提克」（Oro Azteca／Aztec

娜雅利特
Nayarit

瓦薩卡
Oaxaca

普威布拉
Puebla

聖·路易斯·波托西
San Luis Potosi

維拉克魯茲
Veracruz

恰帕斯
Chiapas

寇利瑪
Colima

葛列羅
Guerrero

伊達哥
Hidalgo

雅利思科
Jalisco

米求阿岡
Michoagan

墨西哥咖啡產區細節地圖。
本地圖由安迪·里蘭替 Café Imports 繪製。

Gold）變種，我至今尚未杯測過這個變種的任何一支樣品，其種植的範圍多廣，資訊也不夠充足，但墨西哥咖啡當局已開始著手進行一個確定的計劃——將傳統的樹種全部改種為「黃金阿茲提克」及其他對抗葉鏽病的混血變種。

　　另一方面，墨西哥咖啡生產者從來不曾試種「藝伎／給夏」、「帕卡馬拉」或是其他高價值的變種，即使這是一條能帶來改變的道路。

墨西哥的後製處理法
傳統式後製處理法

　　大多數的墨西哥咖啡維持著經典的「先發酵後水洗」方式，偶爾會有一些是使用「機械脫膠式水洗法」。初期由小農執行的外果皮／果膠去除及乾燥程序手法五花八門，有的很仔細，有的很隨便。

較新型的非傳統式後製處理法

　　墨西哥生產較低品質的日晒處理法咖啡歷史已有數十

年之久，主要是本地人飲用，或是賣給即溶咖啡公司當原料；但現在也陸續進行較高品質的日晒處理法、蜜處理法（因為精緻咖啡市場的需求）。

墨西哥的咖啡產區

位於東南部的恰帕斯州，緊臨著瓜地馬拉邊界，是全墨西哥產量最高的一州（約占墨西哥總產量 30%），同時也是某些墨西哥最高品質咖啡的出產地，有著該產國最明亮、風味最密集的特質；在恰帕斯州西邊的瓦薩卡州，生產出的風味較溫和型咖啡，有著略遜一些的酸味密集度，這就是咖啡業界認知中的「墨西哥風味調性」類型；另一個沿著墨西哥灣延伸的「維拉克魯茲州」，生產風味更柔和的咖啡，種植海拔也更低；但前述的這些產區中，偶爾還是會有些例外。其他墨西哥北部與西部的咖啡產區，較不常出現在精緻咖啡供應單上。有關種植區域的更多詳細信息，請參閱前頁的墨西哥產區地圖。

墨西哥的分級制度

墨西哥的基本分級方式是看種植海拔：「極高海拔種植」代表最高等級，種植在 5200 英尺（約 1600 公尺）以上區域；「高海拔種植」為第二個等級，種植在 3300 英尺（約 1000 公尺）～ 5200 英尺（約 1600 公尺）之間的區域，這是精緻咖啡市場裡最常見的等級；「基本水洗法」（Prime Washed）則出產於較低海拔〔從 2300 英尺（約 700 公尺）～ 3300 英尺（約 1000 公尺）〕區域，在精緻咖啡市場上鮮少出現。然而，對於墨西哥咖啡來說，產區名稱或特定的咖啡合作社名稱，甚至是農園名稱，其重要性可能都比「它是什麼等級」還來得高。幾乎所有品質較佳的墨西哥咖啡皆採用「歐規」（EP ／ European Prep.）篩選標準，意思是在出口之前採人工手挑、色選機挑豆，或是兩種方式都做，讓肉眼幾乎看不到不良豆。

咖啡日程表，以及採購、沖煮、享用的最重要時機

屬於北半球的產地，採收季大約從 11 月～隔年的 3 月；在烘豆公司端，典型的最佳採購時機則大約落在 8 ～ 12 月。

環境與永續發展
環境

《生物科學期刊》於 2014 年發表的研究報告指出：在 2012 年，大約有 30% 的墨西哥咖啡是種植在傳統的、具備生物多樣性的遮蔭條件之下；另外有 50% 的墨西哥咖啡，則是種植在人為營造的遮蔭條件下（只有少數種類的遮蔭樹是以「公園型式營造的環境」），這也是其它中美洲產國的

常態。不過，我十分確定那些具備有機認證的「恰帕斯產區」合作社出品的咖啡，必定是種植在傳統的原始林遮蔭條件下。

種在原始林、具備生物多樣性遮蔭條件的有機認證咖啡，對於關注生態議題的咖啡迷來說，是一項正面的採購指標。當中，最佳的採購指標是「史密斯索尼恩友善鳥類認證」（Smithsonian Bird Friendly certified），這個認證很少見，雖然很可惜，但它是同時確保有機農法的施行／嚴格規範、監測的生物多樣性遮蔭標準。目前有 5 家墨西哥咖啡合作社或農園具備此認證，是全世界第二多的，僅次於鄰國瓜地馬拉（有 8 家）。

社會經濟層面

對於那些希望把錢用在支持小農走出經濟困境上的人來說，來自許多墨西哥合作社出產的有機／公平交易認證咖啡，是一個較符合邏輯的選擇。

瓜地馬拉：傳統與多樣性

瓜地馬拉雖然國土面積相對較小，但卻擁有非常多樣化的咖啡地理風貌，不同風土條件的環境多到超乎尋常，採用了多樣不同的後製處理方式，但也擁有傳統的咖啡樹種。瓜地馬拉曾是商業期貨等級咖啡的大量生產國之一，總出口量在過去 10 年間下滑，但其出口品項的品質與獨特性，整體來說都大大提升了。到了 2019 年，瓜地馬拉是全世界第 10 大咖啡生產國，過去生產大部分瓜地馬拉商業等級的低海拔大型莊園，如今都棄種咖啡，改為種植橡膠樹或進行畜牧業，因此目前主要的咖啡生產來源，都是追求品質的中型莊園及數量逐漸增加的小農（至少在最近的葉鏽病危機爆發之前是如此），還有一些由原住民生產者組成的、經過有機／公平交易認證的咖啡合作社。

在這樣的背景條件下，對於咖啡行家來說，應該是能夠擁有更多值得期待的杯中風味調性、更豐富精彩背景故事交織而成的結局；但很不幸地，瓜地馬拉並沒有按照這個方向發展，在高端精緻咖啡圈的市場裡，幾乎都是由屈指可數的莊園、咖啡合作社主導，並非百家爭鳴。

傳統的瓜地馬拉咖啡風味特性
典型的全球描述用語

均衡感、柔和到圓潤的酸味、明亮感、（通常具備）細緻感、飽滿似糖漿般的口感（也有一些是較輕盈如絲般的口感）。嚐起來有文雅的感覺但又十分不同，換句話說，瓜地馬拉咖啡有著經典的結構與均衡感，但時常會有令人驚喜的原創性與細節表現。

常見的香氣／風味調性

多種花香、堅果調巧克力、梅子、蜂蜜（較淺烘焙時會

有的調性）、帶甜味的柑橘調與雪松。小農
與咖啡合作社出品的咖啡，有時會呈現後製
處理層面的一些缺陷味（例如：帶甜味的發
酵風味、帶著芳草類的辛香感），這可能會犧
牲咖啡風味的純淨感；但另一方面，也可能替杯中風味帶
來一些機緣巧合的趣味。瓜地馬拉一些較大豆型尺寸的變
種（例如：馬拉哥吉佩、馬拉卡度拉、帕卡馬拉），通常
有較深邃、甘味更強的傾向。

典型的瓜地馬拉風土條件

一般來說，瓜地馬拉咖啡通常都種植在高海拔區
域，主要產區（安提瓜、阿卡特南果、阿提蘭）的土壤
都是較年輕的火山土，也有一些像是「科斑產區」
（Cobán）則是石灰石與黏土。在一些最有名氣的
產區，例如：安提瓜、阿卡特南果、薇薇特南果，
有較明顯的季節區分，因此開花期較固定，日照時
間（採收季開始，需要透過太陽直接日晒進行乾燥
程序）也較穩定；不過，氣候變遷因素可能會改
變這些支撐著品質的規律。

瓜地馬拉種植的咖啡樹種
傳統型變種

瓜地馬拉種植了許多傳統的「波旁」變
種，不過通常會與其他風味獨特性較低的卡
度拉、卡圖艾、鐵皮卡混合後，成為一個
批次進行銷售。瓜也馬拉是稀有的巨型豆
「馬拉哥吉佩」變種的一個重要來源。

新型變種

有些積極的中型咖啡生產者，正在實驗種
植一些具備獨特風味的變種，像是「藝伎／給夏」、較大
豆型的、具備獨特風味的「帕卡馬拉」與「馬拉卡度拉」
混血變種。不論是因為政局不穩，或是瓜地馬拉人民較保
守，在那裡並沒有廣泛見到種植具抗病力、但杯中風味較
差的羅布斯塔相關混血變種，此情形有可能因為 2012 ～
2013 年爆發的咖啡葉鏽病疫情而逐漸改變。

瓜地馬拉的後製處理法
傳統式後製處理法

整體來說，瓜地馬拉出口的所有咖啡豆幾乎都是水洗
處理法，大部分都採用傳統的「先發酵後水洗」流程，發
酵步驟通常是「乾式發酵」，意思就是在發酵槽內不添加
一滴水，與「溼式發酵」不同，後者會讓發酵中的生豆完
全浸泡在水中。一般來說，「乾式發酵」製作出來的咖啡
風味較飽滿、複雜性較高，不過透明度較低。

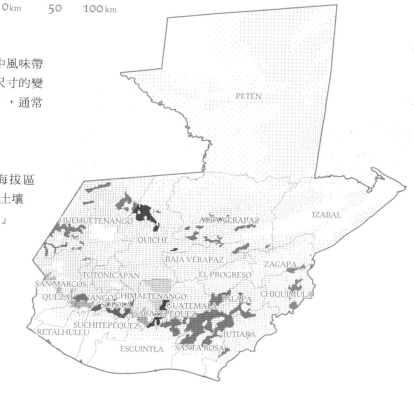

瓜地馬拉
GUATEMALA

0km   50   100 km

PETÉN

HUEHUETENANGO
QUICHÉ
ALTA VERAPAZ
IZABAL
BAJA VERAPAZ
ZACAPA
TOTONICAPAN
EL PROGRESO
SAN MARCOS
CHIMALTENANGO
JALAPA
CHIQUIMULA
QUEZALTENANGO
SOLOLÁ
SACATEPÉQUEZ
GUATEMALA
SUCHITEPÉQUEZ
JUTIAPA
RETALHULEU
ESCUINTLA
SANTA ROSA

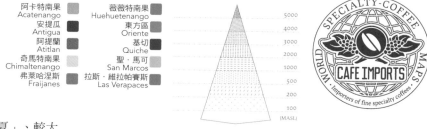

阿卡特南果 Acatenango
安提瓜 Antigua
阿提蘭 Atitlan
奇馬特南果 Chimaltenango
弗萊哈涅斯 Fraijanes
薇薇特南果 Huehuetenango
東方區 Oriente
基切 Quiche
聖·馬可 San Marcos
拉斯·維拉帕賽斯 Las Verapaces

5000
4000
3000
2000
1000
500
200
100
(MASL)

瓜地馬拉咖啡產區細節地圖。
本地圖由安迪·里蘭替 Café Imports 繪製。

新型的非傳統式後製處理法

大多數的咖啡生產者都維持傳統式「先發酵後水洗」的
處理法，不過有一些農園正開始實驗替代性的後製處理法，
像是「日晒處理法」或「蜜處理法」。儘管如此，瓜地馬拉
較不熱衷這類的實驗，不像其他中美洲產國（巴拿馬、哥斯
大黎加做最多相關實驗，薩爾瓦多、尼加拉瓜略少一些）那
樣百花齊放。

瓜地馬拉的咖啡產區

「瓜地馬拉國家咖啡組織」（Anacafé）劃定了 8 個瓜
地馬拉咖啡產區（www.guatemalancoffees.com），這些產區
在整體地理、氣候、粗略的風土條件因素看來，都十分合
理，但在杯中風味調性的連結上則較為模糊。在咖啡的世界

攝於瓜地馬拉「安提瓜」產區，照片是在苗圃中種下咖啡種子的畫面。

裡，風土條件帶來的細微風味差異，似乎遠遠不及「樹種」與「後製處理法」的影響。

在這 8 個產區中，精緻咖啡供應單裡最常見的就是「安提瓜」，這個產區位在一個地勢相對較平坦且土壤肥沃的山谷中，圍繞著古老的殖民城市——安提瓜市；另一個常見的就是「薇薇特南果」，它是一個臨近墨西哥邊界、較為乾爽且高海拔的偏遠地區；靠近安提瓜的「阿卡特南果」產區，以及擁有壯麗美景的「阿提蘭」產區（因臨近「阿提蘭湖」而命名）也是供應單上的常客。請參閱前一頁的瓜地馬拉產區地圖。

瓜地馬拉的分級制度

對於高品質的瓜地馬拉咖啡來說，既定的分級方式並不是主要的品質區分因素，幾乎所有頂尖的瓜地馬拉精緻咖啡都被分級在「極硬豆」等級，意思就是種植海拔高於 5200 英尺（約 1600 公尺）。在此需特別注意，在中美洲區域，「硬豆」一詞大概就與「高海拔種植」是相同的意思；詳見第 118 頁「分級名稱造成的混淆」段落內容。幾乎所有的高品質瓜地馬拉咖啡都是「歐規」（EP），意思是在出口之前，採人工手挑、色選機挑豆，或是兩種方式都做，讓肉眼幾乎看不到不良豆。

咖啡日程表，以及採購、沖煮、享用的最重要時機

屬於北半球的產地，採收季大約從 11 月～隔年的 3 月；在烘豆公司端，典型的最佳採購時機則大約落在 8 ～ 12 月。

環境與永續發展
環境

一般而言，瓜地馬拉咖啡都是種在某種型態的遮蔭之下，少數例外的農園則是因為地處雲霧森林或其他非常潮溼的環境，在這些地方的咖啡，需要盡可能地吸收時間不長的日照。然而，大多數的莊園咖啡都是種在人為營造、像公園遮蔭般的條件下，而非種在具有大量原生植物、像原始林般的混合遮蔭條件下（後者是環保人士、愛鳥人士夢寐以求的環境）。根據 2012 年的統計，約有 40% 的瓜地馬拉咖啡是種植在傳統、具備生物多樣性的遮蔭條件下，其餘大多數則是種植在人為營造的公園式遮蔭條件下。

一樣是根據 2012 年的統計，約有 3% 的瓜地馬拉咖啡具備「有機認證」，25% 具備「雨林聯盟認證」或「烏茲認證」（UTZ certified）。這類型經過認證的瓜地馬拉咖啡合作社，其生產的咖啡擁有有趣的杯中風味調性，時常可以在北美與歐洲市場見到。撰文當下，已經有 8 家瓜地馬拉農園或咖啡合作社持有「史密斯索尼恩友善鳥類認證」，是全世界獲此認證最多的產國，它也是所有與環保議題相關的咖啡認證中最嚴格的。

社會經濟層面

瓜地馬拉咖啡產區中的社會結構，主要還是由貧困階層（多數是原住民）與一小群歐洲移民的菁英所組成。在過去 20 年間，菁英階層的莊園主採取了更積極的態度與策略，不過與此同時，被迫要在農園裡種植其他可維持生計作物的小農、原住民農民們，其數量逐漸攀升；到了 2013 年，大約有 50% 的瓜地馬拉咖啡是由小農所生產的，2012 ～ 2013 年爆發的咖啡葉鏽病疫情可能讓這個數字下降許多；小農生產者通常較難取得對抗疫情的資訊與資源。

薩爾瓦多：波旁與帕卡馬拉

在咖啡歷史上，薩爾瓦多歷經了多次驚濤駭浪。它曾經是世界上咖啡產國領導者之一（在 1970 年代早期，它的咖啡產量是世界第 4 名或第 5 名），在 1980 ～ 1992 年間，國內發生凶惡的內戰，右翼敢死隊刺殺了咖啡合作社領導者（當然還刺殺了許多其他人士），之後到了最近，薩爾瓦多成功成為菁英精緻咖啡生產國之一。

波旁、帕卡馬拉與咖啡葉鏽病

從 2012 年開始，另一個災難襲擊了薩爾瓦多的咖啡產業，令人惋惜的是，使薩爾瓦多在過去 20 年間成為精緻咖啡產國的主要原因之一，竟然也是導致這次大災難的主因之一：薩爾瓦多咖啡農與菁英領導階層特別忠於傳統、具風味獨特性的阿拉比卡變種，其生產者在過去 20 年來，都避免種植那些風味不太優、具抗病力的混血變種，而維持種植偉

大的「波旁」與「帕卡馬拉」變種（還有其選育變種）。其中，帕卡馬拉是在薩爾瓦多首先發明出來的獨特變種，是由巨型「馬拉哥吉佩」變種與樹型精簡的「帕卡斯」變種交叉授粉而成。

過去十多年間，薩爾瓦多種植的「波旁」與「帕卡馬拉」咖啡品質特別優異；不幸地，這兩個變種對於咖啡葉鏽病沒什麼抵抗力，2012～2013年於中美洲爆發的葉鏽病疫情，讓薩爾瓦多兩個採收年度（2012～2013年；2013～2014年）的總產量下降60%。

根據「美國農業部」（USDA）在2018年一份關於薩爾瓦多咖啡的研究報告指出：從咖啡葉鏽病疫情爆發開始，該國與咖啡相關的工作機會已減少了約4萬份，同時也造成更高的犯罪率、社會動盪、向北移民潮。「移民政策機構」報告指出，目前有將近20%的薩爾瓦多移民，居住在美國境內。

勤奮的薩爾瓦多咖啡生產者，目前仍持續生產精彩、具風味獨特性的咖啡，他們正在尋找可以保護珍貴的「波旁」與「帕卡馬拉」的方法，使其免受咖啡葉鏽病的威脅；但是直到目前為止，都還是一場令人絕望的戰鬥。

傳統的薩爾瓦多咖啡風味特性（越來越難找到）
典型的全球描述用語

一般而言，非常香甜順口，風味通常很乾淨純粹。一個「100%波旁」批次的薩爾瓦多咖啡，風味有紮實的果汁味，並且帶有辛香感與水果調；「100%帕卡馬拉」批次通常則是帶有深邃感、甜中帶甘、迴盪不已，還會帶有花香的前調。「極高海拔種植」等級的薩爾瓦多咖啡，通常有較高的明亮度與「咖啡體」；「高海拔種植」等級的薩爾瓦多咖啡，風味則較為纖細。

常見的香氣／風味調性

「波旁」與「帕卡斯」：隱約的花香、帶核水果、莓果、微帶辛香感的柑橘調（橘子與葡萄柚），偶有巧克力相關的調性（烘焙可可豆）、烘焙用巧克力／黑巧克力等。「帕卡馬拉」：芳香木質調、麝香、莓果乾、甜中帶甘的芳草、如百合般的花香調性。

典型的薩爾瓦多風土條件

大多位於「中海拔」而非高海拔區域，因此酸味表現較走均衡路線。

薩爾瓦多種植的咖啡樹種
傳統型變種

從1930年代起，薩爾瓦多咖啡領導者與農民是偉大的「波旁變種」忠實支持者，在2012～2013年咖啡葉鏽病疫情侵襲之前，約有70%的薩爾瓦多是來自於波旁咖啡樹〔包括廣泛種植的波旁選育變種「鐵起西」（Tekisic）〕。在薩爾瓦多，「100%波旁」批次的咖啡很常見，不過也有少數會與其他變種混合後銷售的批次，特別常與「帕卡斯」一起混合做成一個批次（「帕卡斯」是一種樹型精簡的波旁系選育變種，風味較不具獨特性）。

最新引進的變種類型

薩爾瓦多咖啡研究機構從1958年開始研究，最後成功開發出「帕卡馬拉」變種，這個偉大的變種是由巨型「馬拉哥吉佩」變種（鐵皮卡的天然突變種）以及「帕卡斯」（波旁的精簡樹型突變種）交叉授粉培育而成。其豆型較大顆（比「馬拉哥吉佩」略小一些），杯中風味頗有特色，通常具有深邃感、甜中帶甘、複雜度高。很不幸地，大約有10～40%的「帕卡馬拉」種苗會與父系或母系完全相同，

薩爾瓦多
EL SALVADOR

0km　25　50km

CHALATENANGO
SANTA ANA
CABAÑAS
CUSCATLÁN
MORAZÁN
AHUACHAPÁN
SAN VICENTE
LA UNIÓN
SONSONATE
SAN SALVADOR
SAN MIGUEL
LA LIBERTAD
LA PAZ
USULUTÁN

阿帕內卡 Apaneca	卡卡瓦提克 Cacahuatique	美塔旁 Metapán
阿帕內卡·亞馬特佩克 Apaneca Llamatepec	查拉特南果 Chalatenango	聖塔·安娜 Santa Ana
艾爾巴薩模-給叉特佩克 El Bálsamo-Quetzaltepec	奇瓊特佩克 Chichontepec	特卡帕-奇那美卡 Tecapa-Chinameca

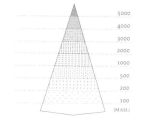

5000
4000
3000
2000
1000
500
200
100
(MASL)

SPECIALTY-COFFEE
CAFE IMPORTS
WORLD · Importers of fine specialty coffees · MAPS

（薩爾瓦多咖啡產區細節地圖。本地圖由安迪·里蘭替Café Imports繪製。）

因此農民必須在正式種入咖啡園前，仔細區分種苗；更不幸地是，這個珍貴的變種對於咖啡葉鏽病沒有抵抗力。

撰文當下，在期貨咖啡市場中出現的薩爾瓦多咖啡，有越來越多可能是由具備抗病力的混血變種咖啡樹生產而來，因為咖啡葉鏽病疫情仍在持續中。不過薩爾瓦多的精緻咖啡生產者，似乎仍在努力找出能繼續生產「波旁」與「帕卡馬拉」精緻咖啡的辦法。

薩爾瓦多的後製處理法
傳統式後製處理法

傳統高海拔種植薩爾瓦多精緻咖啡都是「水洗處理法」，採用嚴謹的傳統「先發酵後水洗」流程。

較新型的非傳統式後製處理法

不過，精緻咖啡生產者也對替代性後製處理法（包括：日晒處理法、蜜處理法）進行了多年的研究實驗，成效頗彰。日晒處理的「帕卡馬拉」是其中最特別的享受：甜中帶甘、迴盪不已的深邃感，搭配麝香般的花香調性。這些實驗性的替代處理法，早在咖啡葉鏽病的疫情初期與全球咖啡期貨價格下跌時，就已開始加速進行，因為農民們嘗試要透過生產具有辨識度的杯中風味調性，來增加收入。

薩爾瓦多的咖啡產區

雖然，眾多的薩爾瓦多產區是按照地理與氣候的共通性，加上風土條件概略的一致性來劃分，但卻無法透過產區

名稱就能直接預測杯中風味。在薩爾瓦多中西部的一大串產區（包括阿帕內卡與聖塔・安娜產區）占全國總產量最高比例；在偏遠的西北部、靠近宏都拉斯邊界的山區則有部分的產量，在這裡時常可以找到品質極佳的咖啡。請參閱前頁的薩爾瓦多產區地圖。

薩爾瓦多的分級制度

基本的分級方式就是看種植海拔：「極高海拔種植」代表最高等級，種植在 4000 英尺（約 1200 公尺）以上區域；「高海拔種植」為第二個等級，種植在 3000 英尺（約 900 公尺）～ 4000 英尺（約 1200 公尺）之間的區域，薩爾瓦多的大部分最佳品質精緻咖啡都是「極高海拔種植」等級，不過偶爾也會出現例外。幾乎所有品質較佳的都採用「歐規」篩選標準，意思是在出口之前，採人工手挑、色選機挑豆，或是兩種方式都做，讓肉眼幾乎看不到不良豆。

咖啡日程表，以及採購、沖煮、享用的最重要時機

屬於北半球的產地，採收季大約從 11 月～隔年的 3 月；在烘豆公司端，典型的最佳採購時機則大約落在 8 ～ 12 月。

環境與永續發展
環境

至少一直到最近的咖啡葉鏽病疫情之前，薩爾瓦多咖啡的主力都是「波旁」樹種，這個樹種很需要遮蔭。根據 2012 年的統計，大約有 25% 的薩爾瓦多咖啡是種在傳統的、生物多樣性的遮蔭條件底下，74% 種植在人為營造的、像公園一般的遮蔭條件下。

同樣來自 2012 年的統計，有 5% 的薩爾瓦多咖啡具備「有機認證」，24% 具備「雨林聯盟認證」（十分優秀）。毫無疑問地，2012 ～ 2013 年的咖啡葉鏽病疫情讓總產量與有機種植的百分比同時下降。

社會經濟層面

薩爾瓦多咖啡產區的社會結構，持續以眾多居住在郊區的原住民貧困族群、少數歐洲移民菁英為中心。儘管如此，薩爾瓦多政府在 1980 年代發布一項備受質疑的土地改革方案，估計僅將 40% 的咖啡種植地面積分配給小農生產者。更進一步，薩爾瓦多咖啡當局在過去 10 年間，將目標指向精緻咖啡市場銷售的政策，同時鼓勵了較大型農園採取更積極的措施，也讓一些小農合作社獲得成功。不過，必須再次提到 2012 ～ 2013 年的咖啡葉鏽病疫情，毫無疑問地，它讓小農數量和成功案例都下降，原因都是因為小農缺乏能夠對抗植物疫病的相關資訊與資源。

攝於薩爾瓦多「拉斯・梅賽迪斯莊園」（Finca Las Mercedes），圖中為正在進行乾燥程序的蜜處理咖啡，果皮與部分果膠層都事先去除。在左手邊的黑板上，標示著這個區域正在處理的是「波旁變種」，處理的方式為「S Lavado」，意思就是「半水洗」，也稱為「黃蜜處理法」（見第 93 頁）。（圖片來源：傑森・沙利）

宏都拉斯：產量與可信度

宏都拉斯本身就是一個咖啡的矛盾體。一方面來說，它擁有很大的產量，且大部分的咖啡品質都是中等到非常棒的水準，其產量在中美洲常常位居第 1、在整個拉丁美洲位居第 3、在全球排名則是第 5。這對一個國土面積相對較小的產國而言，是一項巨大的成就，咖啡產業帶來的經濟收入對於宏都拉斯人民也是至關重要的。

另一方面，宏都拉斯的咖啡並不像其他中美洲產國（哥斯大黎加或巴拿馬），它的咖啡在精緻咖啡圈中並未激起太多漣漪。它的主要產區都在很高海拔的區域，而且近來也出現了許多積極又有學識素養的咖啡領導者。不過，在宏都拉斯種植的咖啡樹種，即便是傳統樹種，也都是風味較不具獨特性的類型，咖啡生產者也正要開始嘗試進行「藉由後製處理法來達成風味差異化」的相關實驗；儘管如此，現在已漸漸可以發現一些小批次品質優異、具有風味獨特性的咖啡，我相信未來還會出現更多。

傳統的宏都拉斯咖啡風味特性
典型的全球描述用語

經典的均衡度。一些高海拔種植的咖啡，可能會帶有強度較高的酸味與亮度，但是大多數品質不錯的宏都拉斯咖啡，在酸味表現上多是令人討喜的均衡呈現、口感滑順，只要所有製作步驟都正確，時常會出現明顯的甜味與巧克力調性。

常見的香氣／風味調性

時常有各種不同的巧克力調性。高海拔種植的咖啡中，由傳統樹種用較為乾淨的後製處理方式製作出的咖啡樣品，會有額外的多種花香、隱約的柑橘調、焦糖調、堅果調。某些小農咖啡會在乾燥程序時刻意拉長時間，就會製作出較厚重粗糙的調性——糖漿、菸草、芳草類調性。

典型的宏都拉斯風土條件

在宏都拉斯靠近薩爾瓦多邊界的典型偏遠西部地區，其種植海拔非常高；在中部區域，則是中到高海拔。

宏都拉斯種植的咖啡樹種
傳統型變種

在宏都拉斯廣為種植的各種變種之中，大概只有「波旁變種」是唯一具有風味獨特性的變種，雖然波旁時常會與其他較不具風味獨特性的變種（例如：卡度拉，卡圖艾等）一起混合成為一個批次銷售。

最新引進的變種類型

一些具備風味獨特性的變種，例如：「藝伎／給夏」、「帕卡馬拉」正開始在宏都拉斯萌芽茁壯；另一方面，許多咖啡園也已改種具抗葉鏽病能力的混血變種咖啡樹（具備羅布斯塔種基因），其中最主要的兩個混血變種就是「倫皮拉」與「IHCAFE 90」。很不幸地，「倫皮拉」在 2017 年被證實對於一種新型態的咖啡葉鏽病沒有抵抗力，而且在宏都拉斯咖啡園中，目前已辨認出 4 種新型態的咖啡葉鏽病。這個進化後的植物疫病所帶來的長期影響，目前狀況尚未明朗，不過在 2019 年，宏都拉斯的咖啡產量已大幅下跌。

宏都拉斯的後製處理法
傳統式後製處理法

「水洗處理法」的各種變形手法都有。

較新型的非傳統式後製處理法

大多數的咖啡生產者還是堅持採用「水洗處理法」的各種變形手法；品質最佳的宏都拉斯咖啡，會以毫無瑕疵的後製處理方式製作，風味純淨；不過，在乾燥程序採取

宏都拉斯
HONDURAS

0km　　　100　　　200km

亞加爾塔
Agalta

寇馬亞瓜
Comayagua

科旁
Copan

蒙特西優
Montecillos

歐帕拉卡
Opalaca

艾爾・帕萊索
El Paraiso

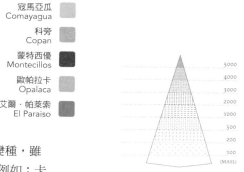

宏都拉斯咖啡產區細節地圖。
本地圖由安迪・里蘭替 Café Imports 繪製。

此為種植在山丘地帶的咖啡樹，這個地方位於宏都拉斯最受推崇的「科旁產區」。（圖片來源：iStock/urf）

的不同措施，有可能會製作出風味較粗糙的類型，其中較為討喜的會帶有一些芳草類、糖漿般調性，處理不好時則會出現不討喜的混濁感。

有越來越多的咖啡生產者都開始進行「替代性後製處理法」的實驗——「日晒處理法」、「蜜處理法」、「厭氧處理法」——有時會得到非常出色的結果。

宏都拉斯的咖啡產區

宏都拉斯咖啡當局，採取與其他中美洲咖啡產國相同的「一產區一品牌」行銷策略，雖然他們做了許多努力，不過全國栽種的咖啡樹種先天風味都十分接近，採用的也是非常類似的「水洗處理法」流程，所以在不同產區出產的咖啡也很難區分出差異；只有一些較有名的咖啡合作社或農園中生產的小批次咖啡，會有較具意義的風味差別（大產區之間的基本調性，基本上是一致的）。

儘管如此，宏都拉斯咖啡當局還是劃分了 6 個咖啡產區。其中最高海拔、出產最高品質的就是位於瓜地馬拉、薩爾瓦多邊界山脊上的三個產區：「科旁」、「歐帕拉卡」、「蒙特西優」。有一個時常讓人感到困惑的產區叫做「馬爾卡拉」（Marcala），這是一個非常有名的區域型咖啡名稱，「馬爾卡拉」是中美洲第一個成立的（2005 年）、第一個有註冊的「產區稱謂」（Appellation of Origin），並且涵蓋了靠近薩爾瓦多邊界、宏都拉斯西部，那些最有名、最高海拔咖啡產區直轄市與相關單位，因此這個產區名稱與官方訂定的 3 個產區品牌（「科旁」、「歐帕拉卡」、「蒙特西優」）範圍重疊。請參閱宏都拉斯產區地圖。

宏都拉斯的分級制度

除了產區命名的工作之外，宏都拉斯咖啡當局也積極進行分級制度。他們在既有的 3 項（種植海拔、肉眼可視缺點數、咖啡豆尺寸）中美洲分級系統上，增加了一項關於杯中風味品質的分級標準；因此傳統上宏都拉斯最高等級的咖啡就會是「最高海拔種植」，這個等級底下再細分為「精緻級」（Especial）、「第 1 級」（Grade 1）與「第 2 級」（Grade 2）。其中「精緻級」擁有最低的肉眼可見缺點數、豆子最大顆，最重要的是，一群受過專業訓練的杯測師給予了它最高品質評價。這種新的分級系統，很少出現在市售的高端宏都拉斯咖啡外袋、網站說明內容上；儘管如此，我仍認為它是咖啡當局為了改善該國基礎品質所做的決心，這個分級系統算是相對成功的範例。

咖啡日程表，以及採購、沖煮、享用的最重要時機

屬於北半球的產地，採收季大約從 11 月～隔年的 2 月；在烘豆公司端，典型的最佳採購時機則大約落在 8 ～ 12 月。

環境與永續發展
環境

根據 2012 年的統計，宏都拉斯約有超過 35% 的咖啡是種植在傳統、生物多樣性遮蔭的條件下，稍微高於中美洲其他產國的均數；約有 45% 種植在人為營造、物種有限的遮蔭條件下；另外還有 20% 種植在無遮蔭條件下。大多數宏都拉斯小農對於化學物質（化肥或農藥）的使用比率是相對偏低的。

同樣根據 2012 年的統計，大約有 5% 的宏都拉斯咖啡具備「有機認證」，5% 具備「公平交易認證」，而「雨林聯盟認證」或「烏茲認證」則合計約有 20%。

社會經濟層面

宏都拉斯的咖啡生產主力就是小農，有些小農共同組織成為成功的咖啡合作社。

尼加拉瓜：永續發展與變革

在 21 世紀初，尼加拉瓜搖身一變成為明星產區，是咖啡生產國中「代表進步的左派」，同時也是高品質永續發展認證咖啡的主要來源國，特別是那些從小農咖啡合作社出品的「有機認證」／「公平交易認證」咖啡。

在冷戰時期，尼加拉瓜的社會主義「桑迪諾民族解放陣線政府」（Sandinista）因為參與了當時蘇聯的代理人戰爭而被美國針對，美國對其實施貿易制裁的經濟隔離政策（1985 ～ 1990 年），當時美國精緻咖啡社群中的進步派人士選擇站在尼加拉瓜咖啡農這邊，他們認為這些咖啡農是被這項誤導的美國政策之下的無辜受害者。「感恩節咖啡」

的保羅・卡杰夫是開創「永續發展」及「追求咖啡行業進步」兩項議題的支持者，他用行動來反對這項貿易禁令（他進口了尼加拉瓜咖啡）；而另一位保羅・萊斯（Paul Rice，是在美國推動「公平貿易活動」的領導者），則是選擇搬到尼加拉瓜居住了 11 年，幫助建立當地的咖啡合作社。

在 1999～2003 年的全球性咖啡價格大跌災難中，尼加拉瓜成為了一個時常被提及的受災產國範例，媒體企劃團隊將尼加拉瓜視為正在推動的「公平交易活動」之主要宣傳範例。最後，舊的「桑迪諾政權」在 1990 年轉移為「民主政體」之後，透過美國方面的努力，協助穩定該國的經濟發展（包括資助咖啡品質提升相關的教育訓練，以及支持小農的計劃），尼加拉瓜咖啡產業因而受惠了許多年。

咖啡合作社與永續發展

在這樣的歷史背景發展之下，結果就是：尼加拉瓜咖啡合作社變成了一種指標性框架，咖啡產業自然而然地調整為往永續發展的方向前進，除了實際執行層面外，更增添了行銷方面的吸引力。根據 2012 年的統計資料，18% 的尼加拉瓜咖啡產量是經過「公平交易認證」的，另外將「公平交易認證」、「有機認證」、「雨林聯盟認證」、「烏茲認證」總數加起來，其認證咖啡占總產量的 33%。在 2004 年首屆有國際評審參與的「卓越盃」咖啡生豆競賽中，有人告訴我大約有 80% 的優勝咖啡是來自於小農合作社。

儘管小農合作社的重要性在尼加拉瓜仍然很高，那些以往用來增加附加價值的認證（特別是「公平交易認證」）影響力逐漸減弱，尼加拉瓜的咖啡農現在似乎對於另一個概念「直接貿易」更有興趣，因為農民可以跟不同的採購者訂定不同的收購價格合約，在利潤保障方面更有彈性。詳見第 205 頁。

政治層面的危機

自 2018 年起，直到撰寫本文當下，尼加拉瓜的獨裁總統丹尼爾・奧蒂嘉（Daniel Ortega）用尖銳的報復行動回應公開反對其執政的抗議人士，這使得抗議強度再次提升，讓尼加拉瓜的政局動盪，這顯然對咖啡產業沒有帶來太多好處。

傳統的尼加拉瓜咖啡風味特性
典型的全球描述用語

甜、均衡、飽滿，酸度適中，咖啡體飽滿，較為低沉的巧克力調與帶核水果調是主要的風味調性，較少上揚型

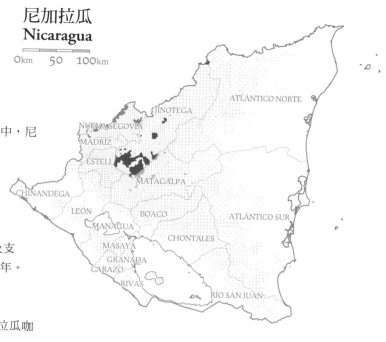

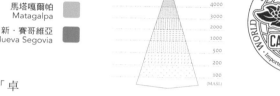

西諾特加
Jinotega

馬塔嘎爾帕
Matagalpa

新・賽哥維亞
Nueva Segovia

尼加拉瓜咖啡產區細節地圖。
本地圖由安迪・里蘭替 Café Imports 繪製。

的花香與柑橘調……以上的描述，是符合近代傳統定義標準下的一般尼加拉瓜優質咖啡的標準風味。目前有許多實驗性的後製處理法與不同樹種，加上許多從不同風土條件生產出來的小批次咖啡，尼加拉瓜咖啡已開始有較寬廣的選擇性出現：從風味純淨、略微明亮的類型，到迷人的、有白蘭地風味、帶水果調的類型，還有那種風味不斷迴盪、甜中帶甘的類型。

常見的香氣／風味調性

這裡只提「傳統型尼加拉瓜水洗處理法」的類型：巧克力調、帶核水果調、芳香木質調（冷杉或雪松）、成熟橘子調，時常有隱約帶甜的花香調性。

典型的尼加拉瓜風土條件

總地來說，整體偏中海拔，因此經典的尼加拉瓜杯中風味偏向圓潤、隱晦的活潑感（較無明亮的柑橘調）。

尼加拉瓜種植的咖啡樹種

塔妮亞・費魯菲諾（Tania Ferrufino）近期與兄長接手經營了父母創立的尼加拉瓜「法蒂瑪莊園」及其他相關農園。正當年輕一代的烘豆公司與生豆進口商，在主要消費國市場替精緻咖啡進行大力轉型之際，費魯菲諾家族則是在農藝、後製處理法、產區內與生產者的人際關係上努力著。法蒂瑪莊園憑藉著一款具備高度原創性的咖啡批次（未在內文中提及），在 2020 年的「尼加拉瓜卓越盃生豆競賽」中贏得第 7 名殊榮，該批次是採用新開發的 H3 人工選育變種咖啡樹，並以厭氧處理法製作。照片中的咖啡則是採用常規日晒處理法製作的咖啡。（圖片來源：塔妮亞・費魯菲諾）

傳統型變種

尼加拉瓜種植了一般中美洲產國常見的傳統變種：古老的、無處不在的「鐵皮卡」種；樹型精簡的、耐日照的「卡度拉」；風味討喜的「波旁」。撰寫本文的同時，尼加拉瓜似乎有相對少數區域開始種植新的、具抗病力、高產量的混血變種群。尼加拉瓜、瓜地馬拉、墨西哥三個產國，是世界上少數稀有巨型豆「馬拉哥吉佩」變種的主要來源。

最新引進的變種類型

也許是對於巨型豆「馬拉哥吉佩」有著傳統的情感，尼加拉瓜咖啡生產者近來特別鍾愛兩種具備風味獨特性的大型豆混血變種：「帕卡馬拉」首先在薩爾瓦多被開發出來，目前在尼加拉瓜境內廣為種植；「馬拉卡度拉」〔又稱「馬拉卡度」（Maracatu）〕，是「馬拉哥吉佩」與「卡度拉」的混血變種，由尼加拉瓜農民拜倫・可拉列斯（Byron Corrales）與父親共同開發的。在過去十多年間，上述兩種變種在尼加拉瓜都生產出品質優異的咖啡。

尼加拉瓜的後製處理法
傳統式後製處理法

幾乎所有的尼加拉瓜咖啡皆採用「水洗處理法」（經典

的「先發酵後水洗」步驟），通常由小農生產者在各自的農園直接執行。在過去，將尚未進行乾燥程序的半成品帶殼生豆，從農園（通常在較高海拔、較多雲霧的環境）運送到最終的乾燥程序場地（通常在較低海拔、日照較充足的大型處理廠）途中，因為時間上的延遲，故時常會製作出帶有「輕微霉味」缺陷的批次；近年來朝向品質改善的道路，已將這種問題解決了。

較新型的非傳統式後製處理法

相對於其他中美洲產國而言，尼加拉瓜進行替代性後製處理法的實驗起步較晚，但是在近年來的精緻咖啡市場上，我們時常可以發現一些極具吸引力的日晒處理、蜜處理尼加拉瓜咖啡。

尼加拉瓜的咖啡產區

幾乎所有的尼加拉瓜咖啡都種植在宏都拉斯邊界、中北部多山的區域裡。「馬塔嘎爾帕」產區擁有境內的最高海拔高度，或許也是名氣最大的產區；但是在「馬塔嘎爾帕」北邊的「西諾特加」與「新・賽哥維亞」也出產受人喜愛的高海拔咖啡。咖啡當局似乎沒有特別依照杯中風味調性來界定不同的產區，也沒有將這些產區名稱當作品牌來行銷。

尼加拉瓜的分級制度

主要由生長海拔高度來界定：「極高海拔種植」是最高等級，「高海拔種植」是第二等級；不過，在尼加拉瓜精緻咖啡中，很少出現分級名稱。

咖啡日程表，以及採購、沖煮、享用的最重要時機

屬於北半球的產地，採收季大約從 11 月～隔年的 3 月；在烘豆公司端，典型的最佳採購時機大約落在 8 ～ 12 月。

環境與永續發展
環境

在尼加拉瓜咖啡圈中，對於「永續發展」概念似乎有特別濃厚的興趣，絕大多數的咖啡種植在環保人士最愛的、傳統具備生物多樣性的天然遮蔭環境下。根據 2012 年的統計，約有 1／3 的尼加拉瓜咖啡具備前面提到的任一種認證標章（有的可能還有 2 ～ 3 種認證）。

社會經濟層面

「咖啡合作社運動」在尼加拉瓜咖啡圈中運作得十分良好，還有許多與咖啡合作社相關的勵志故事可以聽；其中，包括我最喜歡的「拉斯・迪歐薩斯」（Las Diosas），這是一家位於艾斯德麗（Estelí）產區的「全女性經營」咖啡合作社。

哥斯大黎加：
從經典路線走向實驗路線

　　傳統的哥斯大黎加杯中風味調性是經典的類型，因為其穩定性、均衡性、低缺陷風味等特性而備受喜愛，也正是因為這樣的「乾淨、均衡性」，大家才願意買單。偶爾會有人埋怨其咖啡風味缺乏驚喜、獨特感、層次感，但對於許多咖啡內行人而言，傳統的哥斯大黎加杯中風味就像「本田汽車」一樣可靠，但沒什麼花俏感、華麗感。

　　對於如此的名聲，我們必須為它找一個最合理的解釋：在哥斯大黎加的咖啡園裡，主要栽種風味較一般的樹種，特別是樹型精簡的「卡度拉」變種；加上他們原本就有一套完善且複雜的咖啡製作基本框架，將所有果實集中用一種穩定的方式脫除外果皮與果膠層，而且乾燥程序、分級制度也都是集中處理，為的是盡可能減少缺陷風味；但這種做法就無法像小農生產者一樣，利用一些後製處理法或風土條件的微小差異為咖啡增添一些層次感。不論在過去或現在，各個小農生產者製作的傳統型哥斯大黎加咖啡，都必須透過大型處理廠（通常是由跨國貿易公司所擁有）分裝。

微型處理廠與變革

　　哥斯大黎加經典的咖啡樣貌正在改變中，而且是非常激進的改變。新一代的精緻咖啡生產者成功替原本就容易預測的哥斯大黎加杯中風味印象，注入了一種「多元化發展」的元素，通常是透過非正規的後製處理方式（下頁「哥斯大黎加的微型處理廠革命」內容有詳細介紹），若傳統型的哥斯大黎加風味在「可預料性」上是一種「錯誤」，近來一些微型處理廠出產的咖啡似乎都在修正這樣的「錯誤」；同時，該如何應對從 2012 年開始的咖啡葉鏽病疫情，目前皆尚未明朗，最後有可能因為要對抗葉鏽病，全面改種具抗病力的各種混血變種，導致最終還是會回歸到「風味很單一」的那條老路上（具抗病力的混血變種，風味表現目前都較單調乏味）。

傳統的哥斯大黎加咖啡風味特性
典型的全球描述用語

　　均衡、風味不斷迴盪、乾淨、直接；風味結構完整，帶點「經典」的感覺，不過在香氣表現上較缺乏衝擊感或驚喜感。

常見的香氣／風味調性

　　傳統的哥斯大黎加杯中風味描述用語，較偏向籠統的

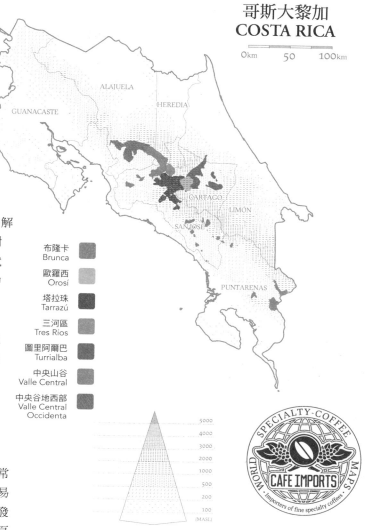

哥斯大黎加咖啡產區細節地圖。
本地圖由安迪・里蘭替 Café Imports 繪製。

概念而非具體的。例如，哥斯大黎加咖啡帶有的「花香調」不會用特定的花來聯想，而是一種「反正就是花」的概念；我們嚐到的「烘焙堅果味」指的不是榛果、核桃或胡桃的任何一種單項堅果。依照這種概念，傳統的哥斯大黎加咖啡會呈現出「堅果調、完熟柑橘調、巧克力調、帶核水果調」。

微型處理廠咖啡的風味

　　翻回第 92 頁的照片，能看到哥斯大黎加微型處理廠目前採用的各式後製處理法（多到令人驚嘆）。要特別用一概而論的方式來形容這些杯中風味特性是有困難的，因為製作方式的差異非常大。第 89 頁介紹的、受歡迎的蜜處理法咖啡，其杯中風味就有多種樣貌：從帶有些微霉味、粗糙感的一個極端（某些紅蜜及大多數的黑蜜）到帶有細緻感、花香、真的有點蜂蜜味的另一個極端（白蜜或黃蜜）。

129

照片為哥斯大黎加一家微型處理廠內的標示掛牌，表示這個批次是「日晒處理」的紅色「卡圖艾」變種。〔圖片來源：金・韋斯特曼（Kim Westerman）〕

典型的哥斯大黎加風土條件

隨著海拔高度的不同，而有不同的風土條件，但整體而言都是位在「高海拔」地區，其中最高海拔的產區是位於傳統最受喜愛的「塔拉珠」產區。咖啡樹通常都種在半日照到全日照的環境條件下，目的是為了將每英畝（或每公頃）的單位產量最大化，還要算上廣為種植的、樹型精簡的、耐日照的「卡度拉」樹種（因為樹型精簡，所以每單位面積可種植的咖啡樹數量較多）。像這樣的咖啡園，通常傾向使用石油提煉的化學肥料，這也是為何哥斯大黎加的「有機認證」咖啡相對稀少的原因。

哥斯大黎加種植的咖啡樹種
傳統型變種

哥斯大黎加到處都種「卡度拉」，只有一些「卡圖艾」、「鐵皮卡」及少量具抗病力的早一代「卡帝莫」混血變種；有些地方也種植「波旁」，還有波旁的天然突變

種「維拉・薩奇」，是另一種從哥斯大黎加「西部山谷」（West Valley）產區首先選育出來的樹型精簡變種。因為近來高端精緻咖啡市場對於咖啡變種的興趣，「維拉・薩奇」有時會成為一個獨立的「單一品種批次」銷售，不混入其他變種。雖然我曾測試過的「100% 維拉・薩奇」咖啡風味非常討喜，但放在同樣是「波旁」突變種的「卡度拉」或「帕卡斯」（這兩種也都是樹型精簡、耐日照的特性）旁邊一同品嚐時，風味就有點近似。

最新引進的變種類型

哥斯大黎加農民透過種植新的、具獨特風味的樹種，來開始執行各項能達到「風味差異化」的實驗，其中包括知名的「藝伎／給夏」，不過於撰文的當下，相較於鄰國巴拿馬，種植「藝伎／給夏」的規模還算普通。另一方面，直到近期咖啡葉鏽病的襲擊之前，哥斯大黎加境內都沒有種植那些風味平淡、具抗病力的混血變種。

哥斯大黎加的後製處理法
傳統式後製處理法

一直到最近，哥斯大黎加一直都與嚴謹製作的「水洗處理」咖啡有強烈相關，採用模式都是傳統的「先發酵後水洗」步驟。

較新型的非傳統式後製處理法

然而，「先發酵後水洗」的模式現在被便宜行事的「機械式脫膠」取代。果膠層原本應該透過發酵作用變鬆，然後再洗去，如今則是用脫膠機直接刮除豆表的果膠層，會有此轉變主要是環保因素的考量，傳統的「先發酵後水洗」模式會汙染水源，要重新淨化水源就會增加成本；不過，如果採用「機械式脫膠」模式，就會替咖啡生產者提供其他的優勢：脫膠機較有效率、成果較容易預期、需要較少勞力。這些優勢似乎呼應了哥斯大黎加人對於效率、穩定性的偏好，更別提對於降低「高人力成本」的需求。

不過，轉變為「機械式脫膠」的模式，讓哥斯大黎加咖啡同時擁有具備「產品差異化」與「產品同質性」特點的商品櫥窗。脫膠機的製造商「佩那果斯」（哥倫比亞製造）與「品阿倫瑟」（Pinhalense，巴西製造）都推出了「精簡式水洗處理站」（compact wet mills）機種，脫膠效率都很不錯，它們的用水量很省，幾乎可安裝在任何地方，開啟了哥斯大黎加咖啡的新一頁。

哥斯大黎加的「微型處理廠革命」（Micro-Mill Revolution）

這些精簡的脫膠機（見第 90 頁照片）為咖啡農、咖啡實業家打開了一條新道路，以往他們會將咖啡果實直接賣給大型處理廠，如今他們可以自行處理自家的咖啡，或是幫忙鄰居處理，在實驗各種後製處理方式的路上，就可能創造出

全新的杯中風味調性。在脫膠機上有技巧地調整脫膠程度，就能脫除部分果膠層，但也同時保留部分果膠層，雖然此方式的做法原本是由巴西咖啡農開發出來的，不過，哥斯大黎加的微型處理廠經營者將此處理方式升級了，並且將這種處理方式命名為「蜜處理法」。

假如，脫除外果皮並保留大部分的果膠層進行乾燥程序，哥斯大黎加人稱之為「紅蜜」；而保留部分但並非脫除全部的果膠一起進行乾燥程序，則稱為「黃蜜」。微型處理廠也會製作日晒處理咖啡，也就是包含外果皮一起晒乾的方法；將紅蜜的乾燥程序時間放慢，則會製作出另一種稱為「黑蜜」的產物。這些不同類型的製作方式，各自對杯中風味調性有明顯影響，至於製作成功與否，還是要看微型處理廠是否夠精明、技術夠好。欲知更多後製處理法的差異，以及對杯中風味調性的影響，請參閱第 9 章。

哥斯大黎加的微型處理廠還嘗試玩「品種收集」的遊戲，他們將某些單一品種的咖啡套用在這些具區隔性的後製處理方式上，基於傳統在哥斯大黎加種植的樹種沒有獨特的杯中風味調性，微型處理廠開始種下其他能為杯中風味調性帶來改變的樹種，像是「藝伎／給夏」、肯亞的「SL28」。

哥斯大黎加的咖啡產區

集中在中部山谷區，從中央山脈一路往東南延伸到巴拿馬邊境。「哥斯大黎加咖啡機構」（ICAFE／Instituto del Café de Costa Rica）仔細地定義出哥斯大黎加的 8 個產區。

然而，雖然仔細劃分產區原本是為了要區分出不同的專屬風味調性，不過在這些產區之中，風土條件造成的杯中風味差異似乎沒有很明顯，一方面是因為種植的樹種與後製處理法彼此都太過相近；另一方面則是因為每個產區會將不同變種混在一起，微型氣候與採收年度帶來的細微差異並不明顯；再加上近來為了刻意擺脫過往「風味單一性」的標籤而開始的微型處理廠實驗投入者越來越多，要按照產區來劃分杯中風味調性的可能性，就變得越來越低。

「塔拉珠」、「中部山谷」、「西部山谷」與「三河區」

之前提過，位在聖・荷西（San José）首府南方的「塔拉珠」產區，有著平均最高的種植海拔，同時也是最知名的產區名稱；「中部山谷」、「西部山谷」、「三河區」都更靠近聖・荷西，以往都是經典的哥斯大黎加風味知名產區，如今也有了各種不同的風味可能性。這 4 個產區有明顯的「乾季」、「溼季」之分，這使得採收時間較容易預測，果實成熟時間也較一致。另外一些從聖・荷西向東南方延伸至巴拿馬邊界的一連串小產區，則出產較難預測採收季、有時卻蠻有趣的咖啡，這一連串的小產區被「哥斯大黎加咖啡機構」標示為一個集合性的產區名——「布隆卡」（Brunca）。詳見哥斯大黎加產區地圖。

哥斯大黎加的分級制度

基本的分級方式是看生長海拔高度。「極硬豆」代表最高等級、最高海拔〔超過 4400 英尺（約 1350 公尺）〕；第二級稱為「優良硬豆」（Good Hard Bean，簡稱 GHB）。哥斯大黎加的所有高端檔次咖啡都屬於「極硬豆」等級，不過這種等級的描述用語太常見，所以在行銷時不常出現。

咖啡日程表，以及採購、沖煮、享用的最重要時機

屬於北半球的產地，採收季大約從 11 月～隔年的 3 月；在烘豆公司端，典型的最佳採購時機大約落在 8 ～ 12 月。

環境與永續發展
環境

整體而言，從環境保護的觀點來看，哥斯大黎加的咖啡園沒什麼特別，因為大部分的咖啡是種在全日照（或將近全日照）的條件下，選擇的樹種也是耐日照類型，種植密度很高，因此必須頻繁使用化學肥料，才能在同樣的地塊上持續種植。另一方面，政府將國土面積的 26% 設為國家公園與保留區，反應出哥斯大黎加的社會與法律針對環保議題具高度的敏感性。

社會經濟層面

根據 2012 年的統計，哥斯大黎加的總產量約只有 1% 具「有機認證」，但有 24% 經過「公平交易認證」，整體而言，勞工權益的法律保障較為先進。

巴拿馬：各種實驗與卓越品質

假如在 15 年前有人問我：「哪個咖啡產區會是你認為第一個咖啡的『納帕山谷』（Napa Valley）？」我當時絕對沒辦法猜到會是巴拿馬遠西部「巴魯火山」（Volcán Baru）的山坡上；我可能會猜：夏威夷可娜、瓜地馬拉安提瓜山谷，或是哥斯大黎加中部這些產區。

但事情就這樣發生了：巴拿馬擁有世界上最勤奮的農園；種植著全世界最獨特的阿拉比卡變種群；用最精緻的實驗處理法來製作這些咖啡；更神奇的是，這產地在一個到處是高級餐廳、精品店的小城（戴維城）附近。

為什麼是巴拿馬？我認為主要的原因是：這個產區雖然很精簡，但是由這些中等規模、家族經營的工匠型農園主導，這些農園的經營者與經理人都是一群閱歷豐富、技術層面很成熟的專業人士，而且與廣大的全球社群、高端咖啡市場有著緊密的網絡連結。巴拿馬在政治局勢上相對穩定，並且有發展完善的基礎設施，也許這就是能成就目前知名的、改變賽局的「藝伎／給夏」變種成功的原因之一〔「藝伎／給夏」是由巴拿馬其中一個技術很成熟的家族「普萊斯・彼

得森家族」（the Price Peterson family）選育並開發出來的〕。

傳統的巴拿馬咖啡風味特性

目前，整個咖啡世界關於「哪個產國會有哪樣的杯中特質」這種關聯性概念已經被打破，這樣的概念在巴拿馬更行不通，因為這裡到處都在做實驗處理法。儘管如此，即使在「藝伎／給夏」與各種處理法盛行的當下，傳統的巴拿馬杯中風味特質還是存在的，而且是一種非常優異的特質。

典型的全球描述用語

（非「藝伎／給夏」；傳統式「水洗處理法」咖啡）乾淨、風味柔和，但有著清脆的明亮度、均衡度，溫和的水果與花香調。

常見的香氣／風味調性

經典的「水洗處理」巴拿馬咖啡（非「藝伎／給夏」）呈現的是拉丁美洲整體優質水洗咖啡的共同香氣風味調性：堅果調、芳香木質調、帶核水果調、完熟柑橘調、花香調。由「波旁變種」製作而成的批次，則有酸中帶甜、乾燥莓果的調性。

「藝伎／給夏」的咖啡風味調性

密集度高，但結構仍然均衡，酸味的呈現從深邃的迴盪感到明亮的果汁感都有；香氣與風味調性通常都十分壯麗且有很高的複雜度，花香奔放且多樣化，通常帶有芳香木質調（檀香）及清脆的可可調，其柑橘調從略帶微苦的佛手柑到迷人的橘子味，其帶核水果調從杏桃到芒果調都有。

換句話說，畫面一直都是很完整的。另外有一些喝起來較「虛」的「藝伎／給夏」（豆型較小、長得較像一般咖啡豆；可能是從較年輕的咖啡樹採摘下來，或是風土條件不太適當，甚至咖啡樹本身的基因還不夠穩定）也有前面描述的香氣風味調性，只是密集度、明確度都較弱。

「藝伎／給夏」與後製處理法

整體而言，「水洗處理法」傾向於增強「藝伎／給夏」的花香與柑橘調，會製作出具有較高明亮感、層次較清晰的特質；「日晒處理法」則會增強水果調與花香調，可可調會被加深成黑巧克力調，原本的檀香調轉變為雪松調，並且會增加令人陶醉的烈酒調性。此外，採用一些較新式的實驗處理法像是「厭氧處理法」（第96頁），有可能會把「藝伎／給夏」的某些風味帶出極限值。優秀的「藝伎／給夏」咖啡屬於高價值作物，如果採用小批次、高成本的「實驗處理法」製作，有可能可用更高價位出售，或是具潛力在生豆競賽中拿到更高分。

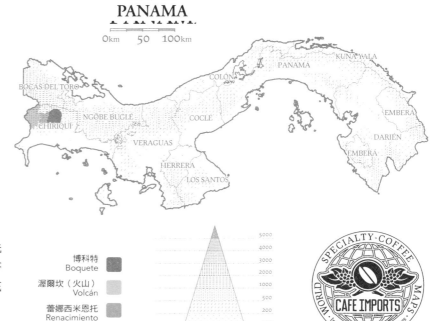

巴拿馬咖啡產區細節地圖。
本地圖由安迪·里蘭替 Café Imports 繪製。

博科特
Boquete

渥爾坎（火山）
Volcán

蕾娜西米恩托
Renacimiento

典型的巴拿馬風土條件

巴拿馬的「巴魯火山」（就是「渥爾坎」）產區的種植海拔非常理想，平均來說都在 4400 ～ 5400 英尺（1350 ～ 1650 公尺之間），屬火山土壤。至少在氣候變遷的影響變得較大之前，巴拿馬西部擁有明確的「乾季與雨季」，因此採收季較一致，果實也在較接近的時間成熟。這些都是優秀的經典中美洲風土條件應該具備的要點。

巴拿馬種植的咖啡樹種
傳統型變種

「卡度拉」、「鐵皮卡」與「波旁」。

非傳統變種類型

「藝伎」，「藝伎」，「藝伎」（Geisha）！這個知名的變種是在巴拿馬被重新發現的，英文有另一種拼法「Gesha」（通常在巴拿馬以外的地區，會用此拼法），有著較大、像船一樣的豆型，還有密集的、華麗的香氣調性。在更之前，「藝伎／給夏」曾在哥斯大黎加、坦尚尼亞、肯亞這些產國駐足，一路追溯回到它的發源地「衣索比亞西部」。目前，在巴拿馬已辨認出「藝伎／給夏」的多種不同人工選育變種，其中包括「綠芽尖」（green-tip）及「紅銅色芽尖」（bronze-tip）兩種變種。

巴拿馬的後製處理法
傳統式後製處理法

經典的「先發酵後水洗」處理法。

較新型的非傳統式後製處理法

巴拿馬已成為「實驗型處理法」的溫床，許多優秀批次（不論是傳統樹種，或是「藝伎／給夏」）都會採用較細緻的「日晒處理法」；偶爾會有一些批次是用「蜜處理法」。另外也有許多具異國風情的後製處理法越來越流行，其中包括在初始、帶著果皮的狀態進行發酵作用，通常也是會在低氧（或厭氧）環境下發酵（詳見第 96 頁）。

巴拿馬的咖啡產區

環繞在巴拿馬「巴魯火山」周圍有 3 個主要的咖啡產區，其中兩個最知名的就是位在其東南方與東方的「博科特」產區，以及西南方與西方的「渥爾坎」產區。

巴拿馬的分級制度

在品質優異的巴拿馬咖啡中，分級標準可說是毫無意義，因為幾乎全部都符合「極硬豆」的標準〔「極硬豆」代表超過 4400 英尺（約 1350 公尺）的等級〕。幾乎所有巴拿馬出口的咖啡都是採用「歐規」篩選標準，將肉眼可視的不完美豆去除。不過，採購巴拿馬咖啡時，這兩種分級的術語基本上是無意義的，絕大多數的巴拿馬咖啡都是看莊園名稱、樹種、後製處理法。有時，某一個特別高的生長海拔，被認為是某一款巴拿馬咖啡品質好壞的重要區分指標，通常也會在包裝袋標籤或官方網站上特別標註海拔高度。

咖啡日程表，以及採購、沖煮、享用的最重要時機

屬於北半球的產地，採收季大約從 11 月～隔年的 3 月；在烘豆公司端，典型的最佳採購時機大約落在 8 ～ 12 月。

環境與永續發展
環境

一般來說，巴拿馬的咖啡農園都是出色的工匠型農園（是指採用的後製處理模式，而非指技術層面的比重），其中只有少部分是採用純粹的「有機農業」方式管理，有些具備「有機認證」或「雨林聯盟認證」的咖啡品質都非常優異，有時會在高端的零售市場見到。

社會經濟層面

幾乎所有的高端巴拿馬咖啡，都是由中等規模的、家族經營的工匠型農園生產，經營者大多遵循近似於先進經濟體才有的勞動法規。在精簡的巴拿馬產區中，會僱用季節性的人力，這些人力幾乎全部來自「恩哥貝‧布格勒自治區」（Ngöbe-Buglé）的原住民，與這些咖啡農園形成一種共生

攝於巴拿馬的「博科特產區」，成熟的咖啡漿果鋪在架高的棚架上進行乾燥程序。巴拿馬、哥斯大黎加、衣索比亞 3 個產國都是改良式日晒處理法的先驅。巴拿馬目前仍舊在精緻咖啡生產鏈的各個面向中，扮演極度活躍的創新者角色。（圖片來源：iStock ／ IAM-photography）

關係。巴拿馬咖啡產業的主力是中等規模的農園，而非咖啡合作社或小農，這意味著巴拿馬較不常見「公平交易認證」的咖啡。

南美洲：哥倫比亞、厄瓜多、秘魯、玻利維亞、巴西

南美洲的咖啡產國主要區分為安地斯山以西，以及安地斯山以東的巴西。在西側由上往下沿著安地斯山脈延伸，有一串咖啡產國（面向太平洋）——哥倫比亞、厄瓜多、秘魯、玻利維亞——在東側朝向大西洋，則是有許多山丘與高原地型的單一咖啡產國——巴西。基本上，西側產國的官方語言都是西班牙語；巴西則是葡萄牙語。整個南美洲是以出產阿拉比卡種咖啡聞名，安地斯山西側的產國主要是生產「傳統式水洗」的阿拉比卡咖啡，巴西則是主要生產「日晒處理」的阿拉比卡咖啡。

但厄瓜多、巴西也出產羅布斯塔咖啡——巴西的羅布斯塔產量很大——不過它們的傳統地位是透過生產阿拉比卡咖啡來定義的。在哥倫比亞、秘魯，完全沒有種植羅布斯塔咖啡。

整個南美洲的總產量，加起來大概就接近全世界總產量的一半，在過去數十年間的平均實際數字約為 47%。巴西是全世界最大的咖啡產國，占全世界產量的 34%（2019 年統計）；哥倫比亞是第 3 大產國，產量占全世界 8%；秘魯通常位居第 10 ～ 11 位，占全世界產量超過 2%。

哥倫比亞：
新世界與舊世界的楷模

　　哥倫比亞可能是最接近「新世界與舊世界楷模」地位的咖啡產國。一方面，標準的哥倫比亞期貨咖啡仍然持續銷往超市，成為架上「100% 哥倫比亞咖啡」標示的鐵罐或玻璃罐裝咖啡粉，這種類型的商品還是能夠將那些嘗起來乏味、帶木質調、含有羅布斯塔成分的咖啡粉商品比下去。

　　與此同時，在安地斯山山坡邊緣一些受到祝福的小區域，從 2010 年起超過 10 年的時間裡，開始生產小批次、品質令人驚豔的特優級精緻哥倫比亞咖啡，其中有許多是採正規的「水洗處理法」，目的在於增強經典風味中的力道、風味完整性；換句話說，他們希望傳承「標準的哥倫比亞杯中風味調性」，但是要把風味做得更好。另外，一些近期的哥倫比亞咖啡則擁有五花八門的做法，都是為了催生出極限風味所做的實驗型處理法，高端咖啡市場從 2015 年起開始流行這類型咖啡，因此這樣的做法也開始加速成長。

成功的官方組織模範

　　哥倫比亞生產的咖啡全都是阿拉比卡種，幾乎所有都種植在相對高海拔的小農咖啡園裡，而且在採收時、進行水洗處理步驟時，也用相對較仔細的執行方式，這使哥倫比亞成為世上最大「頂級商業類別高海拔溫和型咖啡」的產國。

　　哥倫比亞之所以能夠成功地生產大量高品質咖啡並銷往全世界，最大的功勞莫過於「FNC」（中文：哥倫比亞國家咖啡種植者聯盟；英文：National Federation of Coffee Growers of Colombia；西班牙文：Federación Nacional de Cafeteros de Colombia），FNC 是一個準政府組織，擁有 51 萬 3000 位小農會員，是一個成功的咖啡組織典範，該機構歷史悠久，但也懂得使用花俏的行銷手法，其發展了 10 年以上的創新行銷專案（就是那個指標性的農民「胡安‧瓦爾德茲」肖像，多年來由一系列實際的咖啡農扮演），至今在北美消費者心目中，仍是個引人注目的、屢獲殊榮的成功故事（曾獲得多項廣告行銷類大獎）。

　　同時在生產端，FNC 希望能夠達到一個目標：將所有會員的咖啡產品統整為一致的風味樣貌（盡可能讓其 51 萬 3000 會員種的咖啡，喝起來越像越好）。

哥倫比亞精緻咖啡面臨的兩難

　　無疑地，本書讀者應該能感覺到 FNC 的目標在精緻咖啡觀點中好像有那麼一些不對勁。FNC 的系統中有數十萬名小農生產者，他們在各自的農園裡使用相似的技術來進行水洗處理，然後將處理過的咖啡豆送往集貨點，最終送進 FNC 營運的處理廠，在那裡以國家標準進行篩選、分級。這樣的流程安排有一種「抹平的效果」，某位農民的水洗處理技術、微氣候條件可能非常出色，另一位農民的處理技術、微氣候可能很普通，但是這兩者的咖啡最後都會被混合在一起、淹沒在咖啡麻布袋的大海之中，而此制度唯一的區分方式就只有官方的分級標準。其他與 FNC 營運無關的哥倫比亞咖啡出口商，也採取相同的運作模式。

定義哥倫比亞的風土條件

　　為彌補前述的缺失，FNC 在過去 10 ～ 20 年間做了一些努力，他們很謹慎地定義轄下眾多不同的風土環境（透過區分不同的杯中風味特質），並以此來品牌化、行銷這些具特殊風土條件的咖啡。不過，因為 FNC 在宣傳那些風味相對較中性的樹種、機械化水洗處理法的咖啡時，也施加了同樣大的力道，因此對於這些區域型較精緻化的咖啡來說，宣傳效果並沒有特別好，因為沒什麼說服力。

　　在撰文當下，FNC 透過「胡安‧瓦爾德茲」行銷標章，為消費者提供 7 個依照地區來定義的咖啡類型，將基本的水洗處理哥倫比亞咖啡風味，仔細地「策畫」出一些細微但又穩定呈現的不同風味類型。咖啡種類的數字與這種區分方法，在將來也可能改變，因為 FNC 不斷嘗試要維持「哥倫比亞咖啡」成為一個永續的、一致的風味樣貌「品牌」，同時也要在同樣框架底下強調、行銷這些「細微的不同」。詳見下方「哥倫比亞的咖啡產區」內容。

正在改變中的哥倫比亞咖啡風味

　　「標準」的哥倫比亞咖啡風味，在過去 10 年左右似乎開始改變。可以說是，現在的哥倫比亞咖啡標準風味變得更簡單、更粗糙，部分原因就是 FNC 鼓勵農民使用脫膠機，但農民偶爾不當操作，當脫膠機沒經過適當調校，會有一些果膠殘留在豆表，假如未謹慎操作乾燥程序，果膠層有可能會產生輕微發酵，並發展出缺陷調性。儘管如此，我在近幾年測試到一些大批次、標準品的「哥倫比亞優良級」樣品，風味跳脫於以往既定印象，有出色甚至特別優異的風味表現。

現在進行式，不設限的「創新後製處理法」

　　此外，直到 2015 年以前，FNC 都不核可「替代性後製處理法」（「日晒處理法」與「蜜處理法」）的咖啡出口，但在 2015 年後也開放了，讓這些類別的咖啡有機會呈現出各自的美好，並震驚我們。在 2021 年初，*Coffee Review* 的主題式（杯測）評鑑「單一莊園的哥倫比亞咖啡」（Colombia coffees from single farms）中，分數最高的 10 款咖啡裡，有經典的哥倫比亞水洗處理風味「特優」版本，也有替代性後製處理法的「特優」批次。

傳統的哥倫比亞咖啡風味特性（標準的哥倫比亞咖啡，僅以「分級名稱」銷售的類別）

典型的全球描述用語（整體偏中等到低端的哥倫比亞咖啡，脫膠機不當操作）

　　密集、圓潤且帶有辛香感的酸味（不是明亮的那種酸），口感飽滿到黏稠，不過有時口感也會出現單寧感或舌燥感。

常見的香氣／風味調性

　　杏桃或其他帶核水果調、冷杉、葡萄乾巧克力球，時常有類似百合的花香；某些情況下會有輕微的霉味。

傳統的哥倫比亞咖啡風味特性（中等到高端批次，淺烘焙到中烘焙）

典型的全球描述用語

　　酸味明確但很甜，「咖啡體」飽滿濃稠，有時也會有較清淡、偏絲滑感的呈現，風味結構均衡，乾淨且飽滿的收尾。

常見的香氣／風味調性

　　恰如其分的完整風味（沒有不該出現的多餘風味）：咖啡花香、酸中帶甜的咖啡果實味，巧克力調、帶核水果調及芳香雪松調。

全新的哥倫比亞咖啡風味（替代性後製處理法，淺烘焙到中烘焙）

　　漸漸地，只要在哥倫比亞農園中做出了什麼東西，那些東西就有可能出現在精緻咖啡市場中：精巧的、帶有乾淨水果調的日晒處理咖啡（成功的）；帶有悶悶的發酵風味的日晒處理咖啡（做壞的）；或是厭氧處理法咖啡，有些會出現起司與醋酸味（做壞的），有些則會呈現很帶勁的明亮感、撲鼻的香氣、很高的複雜度（成功的）。

典型的哥倫比亞風土條件

　　大多數種植在「高海拔」區域，但是風土條件卻有非常大的差異。

哥倫比亞種植的咖啡樹種
傳統型變種

　　以往哥倫比亞幾乎種植的全是「卡度拉」，這個由「波旁」選育出來的精簡樹型變種（在哥斯大黎加、整個中美洲也都十分流行種植「卡度拉」），「卡度拉」的咖啡風味帶有經典的均衡感、低調的完整風味，不過通常缺

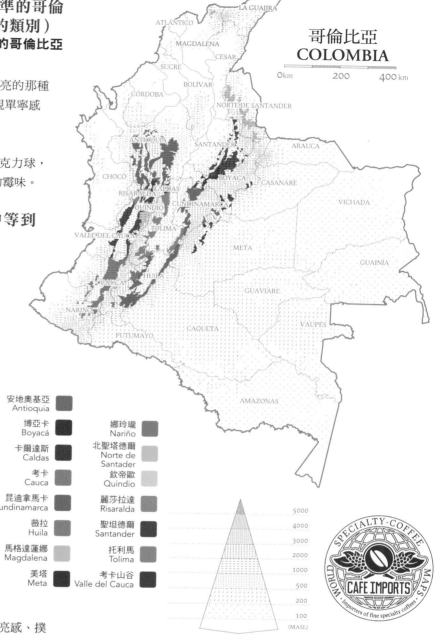

哥倫比亞咖啡產區細節地圖。
本地圖由安迪·里蘭替 Café Imports 繪製。

乏了獨特的層次感。其他的傳統型樹種就跟在整個拉丁美洲其他地方種的類型大同小異，大多是「鐵皮卡」與「波旁」。

最新引進的變種類型

　　FNC 是擁有自我風格的完整性、嚴明紀律的組織，他們正忙於將傳統的「卡度拉」咖啡樹替換成「卡斯堤優」樹種，後者是一種具備羅布斯塔血統的抗病型樹，而且是精心設計過的版本。正因為「卡度拉」的風味討喜但並不具有風味獨特性的本質，全面替換為「卡斯堤優」咖啡樹的計劃，

在哥倫比亞看起來似乎是成功的，因為「卡斯堤優」的咖啡風味維持了「卡度拉」的特性。

在 2014～2015 年間，一場由第三方（天主教救濟會）贊助的大型、嚴謹的研究活動，邀請了經過篩選的美國精緻咖啡買家群（就是各生豆進口商、烘豆公司的採購人員），讓他們進行盲飲測試「卡度拉」與原本有風味疑慮的「卡斯堤優」兩個變種。進行的方式：將兩個變種的樣品放在一組，在同一個莊園種植、使用類似後製處理設備與步驟的放在一起測試，最後得到的結果顯示：兩者之間的平均杯中風味特質差異極小；當然也有些買家認為「卡度拉」在風味獨特性上的表現，比起「卡斯堤優」更有潛力。

經濟層面的顯著成功

但是衡量一個殘酷的現實，將「卡度拉」咖啡樹全面替換為「卡斯堤優」咖啡樹的計劃，幫助哥倫比亞的咖啡產業走出困境（氣候異常、葉鏽病疫情導致的產量大幅下滑），並且提供非常強勁的復甦力道；在葉鏽病疫情高峰期時，單單是 2011～2012 年產季，哥倫比亞的咖啡產量就從 10 年前平均的 1150 萬袋掉到只剩 760 萬袋；到了 2015～2016 年產季，產量回復到 1250 萬袋，此回升現象的極大部分原因可能是全面改種「卡斯堤優」咖啡樹的計劃。關於此計劃與其帶來的爭議，第 7 章有較大範圍的探討。

新的花俏變種

正如幾乎所有的拉丁美洲產國一樣，有些哥倫比亞咖啡生產者想賭一把，選擇種植高風險、高回報的「藝伎／給夏」（第 71 頁）。撰文的當下，從精緻咖啡市場傳來一則與前述有出入的消息：目前大部分的哥倫比亞咖啡農，會較傾向於使用創新的後製處理法以達到產品風味差異化的目標，並且種植原本較熟悉的樹種，而非去做高風險／長期性投資在新奇的新樹種上。

照片攝於哥倫比亞，顯示的是正在將「帶殼生豆」取樣出來的畫面，準備進行樣品測試。（圖片來源：iStock／andresr）

獨特的本地變種：「奇羅索」（Chiroso）及「粉紅波旁」（Pink Bourbon）

在哥倫比亞與其他許多產國裡，生產者期待能夠在他們的咖啡園裡找到下一個像「藝伎／給夏」一樣的「鍊金」樹種。有些在薇拉產區的咖啡農認為他們找到了一種：一個精巧的、風味中甜味很明顯的變種，當地人稱「粉紅波旁」，咖啡農猜想這可能是「紅波旁」與「黃波旁」天然交叉授粉所產生的新變種，不過至目前為止，進行的基因鑑定顯示它其實沒波旁的血統。儘管如此，它仍然能夠製作出薇拉產區一些令人印象深刻、具備輕快調性的咖啡批次，很可能產量才會越來越多。「奇羅索」是種植在烏拉烏直轄市（Urrau，位在「安地奧基亞」產區內），同樣引起了類似的討論，這個變種似乎也能製作出特別活潑、特別甜、複雜度很高的杯中風味。也許未來幾年，在哥倫比亞及其他拉丁美洲產國裡，還會發現更多其他類似有趣的杯中風味、尚待考證血緣關係的變種（技術上來說，是「當地選育」變種）。

哥倫比亞的後製處理法
傳統式後製處理法

傳統的「先發酵後水洗」處理法，搭配純日照乾燥程序。

較新型的非傳統式後製處理法

傳統的「先發酵後水洗」模式如今已大多被「機械式脫膠」模式取代（兩者的差異詳見第 87～88 頁），會有這樣的轉變，主要都是環保因素的考量。傳統的「先發酵後水洗」模式會汙染水源，要重新淨化水源就會增加成本。哥倫比亞的設備製造商「佩那果斯」開發出了精簡版本的脫膠機（有不同產能的型號），目前在世界各地的咖啡產國都有人使用。

同時，少部分（數量仍持續增加中）的農園，正在執行各種實驗性的後製處理法，製作成果通常也都蠻成功的，其中包括：「日晒處理法」、「蜜處理法」，以及最近流行的創新「厭氧處理法」。

哥倫比亞的咖啡產區

假如要區分杯中風味的走向，較實際的方式就是將哥倫比亞的產區簡單分為北、中、南三區。哥倫比亞最北方的聖塔·馬爾他市（Santa Marta），其附近的「內華達山脈」（也就是「馬格達蓮娜」產區），該區域是一個面向加勒比海的獨立多山區域，生產的咖啡有著柔軟的、甜而圓潤的杯中特質；在中西部這個較多高地的經典產區，所生產的咖啡具有明亮的酸味、豐厚的「咖啡體」、很直接的香氣；在南邊山區的「薇拉」、「娜玲瓏」、「考卡」產區，生產的咖

啡有最具獨特性的杯中風味——均衡的明亮度、較複雜的香氣（跟哥倫比亞中部產區的典型咖啡風味相比）；在過去15年左右，這些南部產區的生產量也大幅提高，恰好彌補了中部產區減產的缺口。請參閱哥倫比亞產區地圖。

哥倫比亞的分級制度

銷售標準的哥倫比亞咖啡時，通常會將等級標示在咖啡袋上或烘豆公司的官方網站。哥倫比亞的兩個等級就是：「特優級」（Supremo，代表最大顆、豆型最整齊、不含小圓豆的批次），以及「優良級」（Excelso，代表較小尺寸、較多不同尺寸混合在一起、包含小圓豆在內的批次），兩種等級都可能被歸類在「第一組」（Group 1）或「第二組」（Group 2）的瑕疵數分類底下，「第一組」代表的是較低的肉眼可視缺點豆，「第二組」則是含有較多的缺點豆；歸類在「第一組」的這兩個等級，都能當作精緻咖啡銷售。另一個較少在哥倫比亞咖啡看到的分級名稱就是「歐規」（EP），此規格會將所有肉眼可視的缺點豆以特別嚴謹的標準挑除，有時你可能會看到在「優良級」的咖啡分類後，增加了一個「歐規」的標示，看起來就是「優良級 - 歐規」（Excelso EP）。

當然，如果你購買了高端、小批次的哥倫比亞咖啡，在銷售文宣中看不到分級類型也是很正常的，因為烘豆公司可能認為，將分級名稱加入這樣特別優異的哥倫比亞咖啡裡，沒什麼意義，就像你在介紹一個很有名的賽車手時，跟大家說「他是有駕照的人」一樣多餘。

咖啡日程表，以及採購、沖煮、享用的最重要時機

哥倫比亞地理位置位於南、北半球分界線上，因此全年度都可產出新鮮咖啡豆。最受喜愛的南部產區咖啡，通常在12月～隔年的5月，可以在零售通路買到最新的貨，也反應出南部產區的南半球模式採收期；但是，其他風味厚實、水準尚可的哥倫比亞咖啡，在全年的任一個時間點都能買到。

環境與永續發展
環境

整體而言，哥倫比亞有著多樣性的綜合環境樣貌。有很大一部分的咖啡是種植在全日照或少許遮蔭的條件下，種植時也會使用化學物質（化肥或農藥），除了農舍建築、山溝、少數香蕉樹之外，咖啡樹林幾乎布滿整座農莊。根據2012年的統計，僅有1%哥倫比亞咖啡是採「有機種植」的，另外僅有略多於6%的哥倫比亞咖啡是具備「雨林聯盟認證」或其他主流的環保議題相關第三方認證。另一方面，一份2012年的學術研究指出，當時大約有1／3的哥倫比

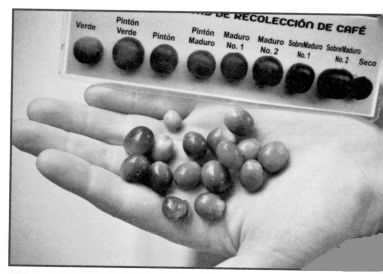

照片中是用來訓練專業採果人員的果實熟度指引，拍攝地點位於一家非常有創新能力的哥倫比亞農園／處理廠「棕櫚樹與大嘴鳥」（La Palma y El Tucàn）。

亞咖啡是種植在傳統的遮蔭條件下，就像在其他大多數產國一樣，哥倫比亞也有十分認真經營有機農園的農民，他們都是充滿熱情的環保人士。

社會經濟層面

FNC是全世界組織最完整、經營最成功、給予小農最多支持的機構，然而在高端的精緻咖啡烘豆公司、行家的眼裡，FNC那種「老大哥式」的官僚風格、制定規則卻讓他們有點反感，他們可能會忽略了FNC對於超過50萬小農會員生計帶來的貢獻，更遑論他們對其他哥倫比亞生產者的生計有多大影響（因為FNC提供的支援是多面向的）。

厄瓜多：
在即溶咖啡洪流中仍然有珍寶

厄瓜多是一個面積很小的安地斯山脈國家，沿著太平洋被夾在哥倫比亞與秘魯中間，所具備的種植環境與秘魯多為相近，其中包括高海拔風土條件（是阿拉比卡咖啡理想的種植環境）還有以小農組成的、風格較為保守的產業，他們較傾向於種植傳統拉丁美洲的樹種，特別是「鐵皮卡」。傳統的厄瓜多杯中風味特質至今仍存在，有點類似經典的秘魯杯中風味特質。

但是厄瓜多近代的咖啡歷史發展，開始與秘魯走向完全不同。在1990年代初期，厄瓜多曾是主要的咖啡生產國之一，當時幾乎所有的咖啡都是阿拉比卡種；然而，之後它的總產量跌到只有1990年的40%。最近數十年間，厄瓜多的領導階層將重心放在石油、鮮蝦、香蕉、即溶咖啡等出口貿易上。與秘魯、哥倫比亞不同的是，厄瓜多如今種植了非常多的羅布斯塔咖啡（當地稱為「café en bola」，意思是「咖

啡小圓球」，因為羅布斯塔咖啡豆外觀看起來通常是圓滾滾的），並將低海拔區域也納入種植的範圍，這些低品質的咖啡都是用來供應給國內蓬勃發展的即溶咖啡產業；厄瓜多在 2014 年的咖啡相關出口有 87% 是即溶咖啡粉，僅有約 13% 是咖啡生豆。即溶咖啡目前的產量已有降低，主因是當地電費、勞工的工資都上漲了。儘管如此，本國產的羅布斯塔咖啡產量仍不足以供應即溶咖啡工廠需求，因此他們也會進口為數不少的廉價越南羅布斯塔咖啡。

精緻咖啡的回歸

不過，從咖啡行家的角度來看，仍有一些正面的事情在發生。正因一般品質的商業期貨咖啡在厄瓜多沒有其他替代性市場，有越來越多積極的小農開始轉往小批次、高端檔次的特優咖啡發展，通常會以「直接貿易」的模式交易。為了鼓勵這樣的風氣，厄瓜多「國家咖啡出口組織」（ANECAFE／Asociación Nacional de Exportadores de Café）舉辦了一年一度的咖啡生豆品質競賽「金盃大賽」（Taza Dorada），獎勵生產頂尖品質的小批次咖啡生產者。

舉辦這個活動的成果就是：發現了為數雖不多卻持續增長的極優異厄瓜多微批次咖啡，其風味純淨，風味獨特性也與日俱增。這些咖啡除了能夠展現出某些厄瓜多風土環境的特殊本質之外，也能夠展現出傳統樹種如「鐵皮卡」的優點。

傳統的厄瓜多咖啡風味特性（2010 年後出現的頂尖精緻批次）
典型的全球描述用語

酸中帶甜，具有回甘的傾向，複雜度蠻高的。

常見的香氣／風味調性

香料、花香、成熟的柑橘調、帶核水果調、芳香木質調、堅果調、堅果巧克力調。

典型的厄瓜多風土條件（頂尖精緻批次）

高海拔，大多數都種植在遮蔭條件底下。

厄瓜多種植的咖啡樹種
傳統型變種

主要是「鐵皮卡」，它已非常適應厄瓜多的風土條件。也有種植其他經典的拉丁美洲變種，特別是「波旁」與「卡度拉」。

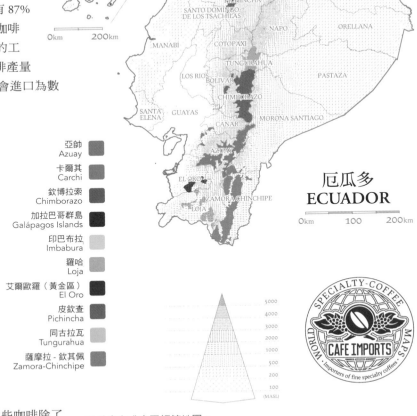

亞帥 Azuay
卡爾其 Carchi
欽博拉索 Chimborazo
加拉巴哥群島 Galápagos Islands
印巴布拉 Imbabura
羅哈 Loja
艾爾歐羅（黃金區）El Oro
皮欽查 Pichincha
同古拉瓦 Tungurahua
薩摩拉 - 欽其佩 Zamora-Chinchipe

厄瓜多 ECUADOR

厄瓜多咖啡產區細節地圖。
本地圖由安迪‧里蘭替 Café Imports 繪製。

最新引進的變種類型

在高端市場的咖啡樹種實驗裡，我們曾經發現至少有一家精緻咖啡生產者，有出產很小批次但品質優異的「SL28」，這個變種也是許多肯亞精緻咖啡的主要成分之一；另外還有一些農民種植「西爪」，這是一種很稀有、甜味非常明顯的變種，近來的研究顯示，它可能是其中一個來自衣索比亞的相關變種。

厄瓜多的後製處理法
傳統式後製處理法

在製作精緻咖啡時，通常會採用傳統的「先發酵後水洗」處理法，跟秘魯一樣都是由小農直接在農園執行；製作廉價的咖啡（銷往即溶咖啡工廠）時，採用的就是較粗製濫造的日晒處理法，同樣也是在農園直接執行。

較新型的非傳統式後製處理法

有一些精緻咖啡生產者，正在實驗製作出較仔細的日晒處理法，成果蠻令人驚喜的。

厄瓜多的咖啡產區

厄瓜多有兩個產區是以精緻咖啡聞名：一個是較傳統的、高海拔的「羅哈省」，位在南部臨近秘魯邊界的區域；另一個則是較具活力的、中北部的「皮欽查」產區，臨近於首都基多。詳見厄瓜多地圖。

厄瓜多的分級制度

在零售優質厄瓜多咖啡的場合中，不常見到分級名稱，其阿拉比卡咖啡的傳統最高等級是以咖啡豆尺寸來定義，顯示為「特優」（Extrafino，或稱 Extra Fine）。

咖啡日程表，以及採購、沖煮、享用的最重要時機

因為厄瓜多橫跨赤道兩端，因此全年度都有採收季，品質優良的厄瓜多咖啡，在整年度的任何時間點都可能生產。不過，在烘豆公司端，通常是 11 月～隔年 4 月可買到最多樣、品質最好的厄瓜多咖啡。

環境與永續發展
環境

根據 2012 年的統計，大約有 80% 的厄瓜多咖啡種植在傳統式的遮蔭條件下，這項出色的數據毫無疑問必須歸功於厄瓜多咖啡產業在「技術性介入」層面上的缺乏，而且沒有政策上的刻意加持。在厄瓜多時常會看到隨意生長的咖啡樹林，甚至可以說是「野生」的狀態，因為農民可能轉行去做其他收入較高的行業了。根據一份 2014 年「國際永續發展機構」的研究顯示，在 2012 年，僅有不到 1% 的厄瓜多咖啡具備「有機認證」，「雨林聯盟認證」則是掛零；儘管如此，我們在日漸增加的高端厄瓜多咖啡批次中發現，這些厲害的咖啡幾乎都種植在環境保護區附近，並採用最低衝擊的方式進行種植。

社會經濟層面

僅有在南部高海拔的「羅哈產區」有一家組織完善的「小農咖啡合作社」（FAPECAFES），除此之外，其他產區的小農很顯然都必須自食其力。

秘魯：隱晦感、經典的、永續發展的……以及改變

對於關注社會、環保議題的精緻咖啡消費者而言，秘魯一直是個特別的保障產國，在拉丁美洲沒有任何一個地方像秘魯一樣，可同時結合「有機」、「公平交易認證」與咖啡合作社架構緊密連結，並且由發展基金大力支持著，成功地提升品質、增加產量，並將這些更好的收入與榮譽感，大部分回饋給（大多是）原住民的小農生產者。

不幸地，2012～2013 年的咖啡葉鏽病疫情，殘酷地讓秘魯咖啡產業倒退，葉鏽病感染了 50% 的咖啡園，讓過去 10 年來的進展化為泡影；再加上近來持續低迷的咖啡期貨指數價格，以及整個咖啡產業界很明顯地不再願意支付更高價格採購「有機種植」咖啡，危機仍持續縈繞在秘魯的咖啡產業周圍，就像在某些中美洲產國一樣，有個聲音一直嚷嚷著要改種其他具獨特杯中風味特質、能夠吸引高價的獨特樹種，而非堅守著種植傳統樹種。

加拉巴哥群島（Galápagos Island）的咖啡

著名的「加拉巴哥群島」是厄瓜多屬地，但是它產的咖啡必須當作單一現象來看待。當地的主要咖啡生產者是「艾爾·卡菲塔爾莊園」（Hacienda El Cafetal），是位於聖·克里斯托巴爾島（San Cristóbal，是最東邊的小島）上一家非常古老的莊園，這家莊園之所以特別優良，有許多原因：其生產的咖啡全都從「波旁變種」製作而成，其中有些咖啡樹樹齡據稱超過 150 年，它創立於 1869 年，中間曾荒廢了 120 年，到了 1990 年才重建；這家莊園具備「有機認證」及「史密斯索尼恩友善鳥類認證」，同時具備這兩種認證代表了——是採用最嚴謹的環保規範來種植咖啡。

雖然「艾爾·卡菲塔爾莊園」的種植海拔偏低——僅有平均 1650 英尺（約 550 公尺）高——但是這裡出產的咖啡嚐起來像是高海拔咖啡的特質，主要是因為「洪堡德涼流」（Humboldt current，也稱「秘魯涼流」，屬寒流性質）的影響，它從寒冷的智利南端向北掃過「加拉巴哥群島」。在我對這款咖啡有限的杯測經驗裡，它呈現出溫和的酸味、優秀的均衡感，最有趣的是那種迷人的「波旁」獨有香氣調性，帶著清脆感、莓果乾、烘焙用巧克力調性的風味。

市場上也有從「加拉巴哥群島」的其他島嶼（聖塔·克魯茲島）出產的咖啡，也大部分採「有機種植」，因為整個島鏈都禁止使用農用化學物質，自然資源保護主義者很顯然地支持在島上種植咖啡，他們認為這是一種良性的、低衝擊的農業型態，並且能夠替島上居民提供工作與收入。根據「加拉巴哥保護協會」在 2008 年春季電子期刊發表的內容指出：「咖啡產業能夠與生態、保育、復育、重新造林的動機，融合得恰到好處。」

背景故事

秘魯通常是全世界產量第9或第10的產國，所有的咖啡都是阿拉比卡種，而且都由小農種植（平均農園規模3～3.24公頃不等）。根據2012年的統計，將近90%的咖啡是種植在傳統的遮蔭條件下，過去大多數的時間裡，秘魯都是世界「有機認證」咖啡的第1名產國。

雖然秘魯咖啡沒有特別獨特的風味，但幾乎所有都是傳統的阿拉比卡種，種植在高海拔區域，這兩種因素造就了秘魯咖啡的最佳風味，有著隱晦感的完整風味，有時則是呈現經典的拉丁美洲風格那樣「精巧的純淨感」。

整體架構上的挑戰

秘魯要能夠持續穩定發展咖啡產業，其所面臨的主要障礙，除了低迷的咖啡期貨價格、近來的咖啡葉鏽病疫情之外，就是「產業結構」的問題。在秘魯有超過10萬個小農園處於與世隔絕、崎嶇無比的安地斯山脈中，所以「去除果皮／果肉」與「乾燥程序」這些關鍵的步驟，農民都必須靠自己完成。他們通常使用最簡單的設備——手搖式去皮機，並在木桶裡透過發酵作用鬆開黏黏的果膠層，最後再用任何可取得的水源將果膠層清洗掉。很顯然地，有些農民會很仔細地執行這些步驟，但也有些農民做不到。

歸功於多方的貢獻，包括多個發展機構、政府代理人的成功介入、原住民生產者也做好學習的準備，在前述令人氣餒的生產條件下，所能製作出的最佳秘魯咖啡，通常有較優雅的風味與甜味（譯注：其他產國最佳水準或許可達到93分以上，秘魯的先天條件限制下，其最佳批次的表現只能達到約85分）。

未來：改變及傳承？

現在，關於種植新的、更前衛的樹種，有望帶來類似的成功。近來由「卓越盃聯盟」（Alliance for Coffee Excellence）舉行的兩場咖啡生豆競賽，評鑑結果顯示：幾乎所有的得獎咖啡，都不是秘魯傳統主流種植的「鐵皮卡」，也非來自有風味疑慮的羅布斯塔變種；幾乎所有的得獎咖啡都是「水洗處理法」加工的，這個現象也表示過去秘魯咖啡賴以成功的重要元素傳承（微妙的優雅感，帶著經典風味的咖啡）。

傳統的秘魯咖啡風味特性
典型的全球描述用語

最佳表現的秘魯咖啡會有柔和但清脆的明亮感、風味均衡、溫和的水果調及隱晦的花香調；有些不屬於精緻咖啡渠道銷售的批次，可能會帶有明顯的風味缺陷（由小農親自做後製處理與乾燥程序，因此或多或少會產生風味缺陷），通常是過度發酵味或輕微霉味調性。

常見的香氣／風味調性

最佳表現的秘魯咖啡，其香氣／風味調性特質接近於品質良好的拉丁美洲水洗處理法咖啡：帶核水果調、某種成熟的柑橘調、堅果調、細緻的巧克力調與花香調。

警語

秘魯已經開始有新的咖啡樹種，特別是「藝伎／給夏」，毫無疑問會替其基本風味帶來更多的複雜度；另外像是日晒處理法的引進，也會帶來其他的差異性。

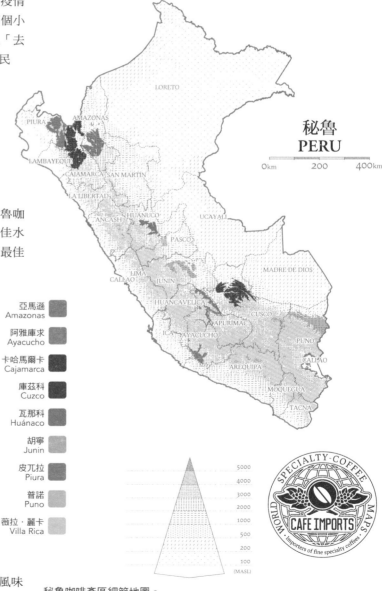

秘魯咖啡產區細節地圖。
本地圖由安迪・里蘭替 Café Imports 繪製。

典型的秘魯風土條件

高海拔，或是更高海拔的區域。大多數的咖啡產區也有明顯的溼季（生長期）與乾季（採收期），因此有利於（採收時）採下的主要都是完熟果，並讓整個生產流程更有效率。咖啡產區的土壤都很年輕，通常含有豐富的有機物質（黑色腐質土），且有時在谷底明顯可見多沙的地形。位在迷人的東部咖啡產區、安地斯山山坡地面向亞馬遜盆地的那側，其高海拔帶來的衝擊較為緩和（因為朝著亞馬遜盆地那側空氣較溫暖），這有可能降低酸味的明亮感，並且造就了經典的秘魯咖啡風味——柔和，帶有均衡感的調性。

秘魯種植的咖啡樹種
傳統型變種

傳統在秘魯種植的主要阿拉比卡樹種就是世界上其中一個最古老的「鐵皮卡」變種（雖然這個變種風味不太有獨特性）；其他的人工選育變種則有「卡度拉」、「波旁」、「帕切・寇蒙」（Pache Comun，是一種精簡樹型的「鐵皮卡」天然突變種）。

最新引進的變種類型

就像在其他許多產國一樣，高價值的「藝伎／給夏」樹種也出現在秘魯的咖啡園裡。「藝伎／給夏」咖啡樹在高海拔區域生長得特別好，因此秘魯的先天條件恰好跟它的需求沾上了邊，這讓秘魯有機會在「藝伎／給夏」賽局中有參與的機會；有些咖啡生產者也種植「西爪」（在鄰國厄瓜多較廣為種植的、一種具衣索比亞相關血緣的選育變種）。目前看來，秘魯不太可能走向種植具咖啡葉鏽病抗病力、風味卻有疑慮的混血變種這條路，其咖啡當局已宣布明確的「精緻咖啡導向」策略，未來將會朝著特別強調品質、風味獨特性的方向發展。

秘魯的後製處理法
傳統式後製處理法

繼續保持著傳統。秘魯有很大一部分的咖啡園，都保持著經典的拉丁美洲水洗處理法——先將外果皮脫除，採用常規的發酵步驟鬆開果膠層，最後再用清水洗去果膠層。

較新型的非傳統式後製處理法

在 2018、2019 年，我們在 *Coffee Review* 破天荒地首次收到秘魯製作的日晒處理法咖啡，雖然不是每個樣品都做得成功，但是其中表現最佳者，除了呈現出秘魯經典的柔和風味與優雅性之外，也成功擺脫日晒處理法常會出現的一些風味挑戰（過度發酵味、輕微霉味、腐爛水果味等缺陷風味）。

秘魯的咖啡產區

主要分布在迷人的「安地斯山」東部山坡上向下延

照片來自《連接不同的世界：咖啡足跡》（*Connecting Worlds: The Coffee Trail*），這是「歐拉夫・漢默伯格」（Olaf Hammelburg）的動態攝影集。秘魯的一位女性正從院子中的乾燥平台上掃動咖啡豆，她也是整個拉丁美洲、秘魯當中的一位原住民小農。（圖片來源：歐拉夫・漢默伯格）

伸，面向亞馬遜盆地。較明確的產區通常分為 3 個大區域：北部產區「卡哈馬爾卡、聖・馬汀、亞馬遜」；中部產區「胡寧、庫茲科」；南部產區「普諾」。北部產區是主要的「咖啡合作社運動」、「公平交易」、「有機認證」及如今「直接貿易」等活動盛行的產區，許多精緻咖啡烘豆公司都喜歡在這裡尋找他們需要的秘魯咖啡；中部產區則是秘魯出產傳統型咖啡的主要區域，時常以「強恰馬悠」（Chanchamayo）這個商標名稱標示，此產區的農園規模較大，溼式處理廠的規模、工作流程也較為制式化；南部產區大多是小農，不過目前這些小農並無完善的組織與產能，無法與北部產區相比。請參閱秘魯的產區地圖。

就我個人所知，雖然有粗略區分為 3 大產區，但是並沒有任何一個大產區宣稱它們有獨特的風味調性，主要原因可能還是在風土條件。如果想要知道某個特定的咖啡批次會有怎樣的杯中風味特質，先了解種植海拔、微氣候、樹種、後製處理方式這些資訊，可能比知道這個批次是從哪個大產區來的還要更有意義。

秘魯的分級制度

秘魯的商業期貨豆分級系統，對於精緻咖啡的消費者而言沒有特別意義，通常在零售外袋標示上或零售商的網站上，都不會標示等級資訊（雖然在商業期貨咖啡圈裡，分級制度仍然很重要）。秘魯的咖啡等級是按照「外觀」的品質高低來分級，包括肉眼可見的不良豆、色差豆等。分級名稱還蠻直截了當的：「一級豆」（Grade 1）代表最高等級；「五級豆」（Grade 5）則是最低等級。大多數品質較佳的秘魯商業期貨豆都屬於「二級豆」（Grade 2）或

「三級豆」（Grade 3）；精緻咖啡則都是「一級豆」。除此之外，「一級豆」還能再增加一個標示類別「MCM／Machine Cleaned Mejorado」，意思是除了常規的篩選標準之外，再額外以更嚴謹的標準進行機器篩選。

咖啡日程表，以及採購、沖煮、享用的最重要時機

屬於南半球的產地，採收季大約是 6 ～ 10 月；在烘豆公司端，典型的最佳採購時機大約落在 12 月～隔年 4 月。

環境與永續發展
環境

從宏觀的角度來看，秘魯咖啡的種植環境整體都是「混合型」的。其優點是，即使是一般批次的商業期貨等級秘魯咖啡，都極有可能是產自具備生物多樣性的遮蔭條件下；「有機認證」的秘魯咖啡通常品質都不錯，也很容易找到。其缺點則是，因為秘魯咖啡正快速增加總產量，環保人士指出，這樣會為了種植咖啡而砍伐森林處女地，雖然咖啡樹仍是種植在具生物多樣性的遮蔭條件下，但也同樣失去了對抗全球暖化的立足點。從消費者的角度來反應，很顯然不是要拒買秘魯咖啡，而是改買歷史較悠久、組織完善的合作社咖啡（具備良好的溯源資訊），這些資訊通常都會標示在咖啡外袋或烘豆公司的網站上。

社會經濟層面

幾乎所有的秘魯咖啡都是原住民小農所生產的，那些未加入合作社的小農，其所得金額很顯然低於他們的勞動付出，用左派人士那種絕對又精準的講法：「他們被商業期貨咖啡系統『有系統地剝削了』」；另外，即使是具備「有機／公平交易」認證、咖啡品質穩定的合作社會員小農，他們的實際收入也可能偏低。秘魯的咖啡在阿拉比卡咖啡市場上屬於售價較低的那端，主因就是缺乏風味獨特性及產國名稱認同度；換句話說，品質不錯的秘魯咖啡，其感官風味表現跟其他許多產國不錯的咖啡風味表現差不多，但因為秘魯不是靠近北美的觀光區域（相比之下，觀光客較容易抵達哥斯大黎加），加上秘魯沒有像哥倫比亞一樣運作了數十年的行銷計劃，因此它的售價與其他產國相近等級咖啡相比，都還要低。

玻利維亞：很少數，但很到位

就像在秘魯一樣，玻利維亞崎嶇的地形與高海拔，提供了優良的咖啡種植風土條件，但這兩個條件也同時造就了令人困擾的運輸、基礎建設問題，這個問題在安地斯山脊沿線的任何地方都存在著，產業的主力都是小農生產者，水洗處理步驟也都是由小農直接在農園內進行。在過去，較大型的農園主導著玻利維亞的咖啡產業，但是近來因為進行了土地的重新分配，大部分土地都歸還給原住民小農，目前原住民小農生產的咖啡總量占玻利維亞的 85 ～ 90%。整體而言，玻利維亞的總產量僅占全世界的 1%，全都是阿拉比卡種。

小農獲勝

與秘魯一樣，玻利維亞的小農過去十分依賴古柯鹼產業，美國援助機構為了讓小農脫離古柯鹼產業，特別籌措了一筆資金來讓他們改種咖啡、改善咖啡的品質，並協助他們取得「有機」與「公平交易」認證。根據 2012 年的統計，玻利維亞幾乎所有的咖啡都具備「有機認證」，其中大部分都出產自小農組成的咖啡合作社。

這些經過認證的咖啡杯中風味，很有趣且具備一定的獨特性（過去是如此，希望現在仍然如此），「有趣的杯中風味特質」加上「有機認證」這兩項優勢，讓玻利維亞咖啡在精緻咖啡圈裡獲得了一些認同。

希望這樣的發展能夠在 2020 年晚期的總統大選後恢復，溫和派社會主義的總統當選人「路易斯‧阿爾塞」承諾會讓先前動盪的政治情勢、極端主義畫下休止符。

傳統的玻利維亞咖啡風味特性
典型的全球描述用語（頂尖的精緻咖啡批次）

清脆感、風味飽滿、深邃感、均衡感。
常見的香氣／風味調性（頂尖的精緻咖啡批次）

通常帶有各種不同的巧克力調性（烘焙用純巧克力、黑巧克力、烘焙可可豆）、杏仁調、偏橘子的柑橘調、百合花香或其他香氣濃郁的花香調性，以及芳香木質調。

整體風味調性仍在拉丁美洲咖啡風味框架底下，最佳批次的玻利維亞精緻咖啡（在過去 5 ～ 6 年政治動盪期之前）一直有著低調但令人驚喜的獨特性，時常呈現出令人意想不到的豐富層次，大概是從不太一樣的後製處理手法加上高海拔、潮溼的風土條件而共同造成的差異（不論是刻意為之，或是無心插柳）。其純淨度也許不算出色，但絕對是很有趣的咖啡。

典型的玻利維亞風土條件（頂尖的精緻咖啡批次）

高海拔。通常是潮溼的種植環境，這大概也是為什麼玻利維亞咖啡大多不是種在遮蔭條件下的主因。

玻利維亞種植的咖啡樹種
傳統型變種

主要是「鐵皮卡」，該樹種十分適應當地的風土條件。拉丁美洲的「鐵皮卡」變種稱為「克里歐里歐」（Criollo）。

最新引進的變種類型

在玻利維亞，不論是具抗病力的混血變種，或是具高辨識度的新奇變種，都很少種植，雖然現在情況有點改變了。在撰文當下，至少有一個農園（或許還有更多）正在出產「藝伎／給夏」變種的咖啡。

玻利維亞的後製處理法
傳統式後製處理法

採傳統的「先發酵後水洗」處理法，由小農生產者在農園內直接執行。

較新型的非傳統式後製處理法

在精緻咖啡市場裡，偶爾會出現一些謹慎製作的日晒或蜜處理法咖啡批次。

玻利維亞的咖啡產區

玻利維亞咖啡種植在「雍伽暖谷」（the Yungas）中，從最高的玻利維亞高原往下，有著亞熱帶到熱帶的高山與山谷地形，也是首都「拉巴斯」的所在地，面朝亞馬遜雨林。「美國國際開發總署」（USAID）對於「拉巴斯」轄下「卡拉那維省」的咖啡產業發展特別關注，這大概就是為何在北美市場時常可見到許多來自「卡拉那維省」的品質優異咖啡。另外，也有一些不錯的玻利維亞咖啡產自「卡拉那維」東方的「科恰班巴」（Cochabamba）；在更往東走的「聖塔·克魯茲」及靠近南端阿根廷邊界的「塔里哈」（Tarija）也都生產咖啡。

玻利維亞的分級制度

在品質最佳的玻利維亞咖啡中，不常標示等級名稱。主要識別的重點是：咖啡合作社、產區、認證標章。

咖啡日程表，以及採購、沖煮、享用的最重要時機

屬於南半球的產地，採收季大約是 6 ～ 10 月；在烘豆公司端，典型的最佳採購時機大約落在 2 ～ 6 月。

環境與永續發展
環境

極少種植在傳統式遮蔭條件下，主要原因就在於「雍伽暖谷」原本就是潮溼、多雨的氣候，不太需要遮蔭；在多霧、多雨的氣候下，咖啡樹需要盡可能地吸收陽光。儘管如此，在北美與大多數歐洲精緻咖啡市場中，出現的玻利維亞精緻咖啡幾乎都具備「有機認證」，對於環保議題較注重的買家而言，可放心購買大多數玻利維亞的單一產區咖啡。

社會經濟層面

在咖啡生豆期貨指數價格下降到致命新低時，那些未加

入組織完善合作社的玻利維亞小農，毫無疑問地遭受重創；合作社成員的小農因為擁有較完整的認證標章，因此收入較佳，不過也算不上富有。

巴西：龐大又多元

超過 150 年來，巴西的咖啡生產量都是世界第一，咖啡期貨指數價格的漲及跌、好消息或壞消息，都跟巴西的下個年度收成狀況息息相關。巴西也是全世界咖啡生產國裡使用最多先進技術的國家。

但是對於高端單一產地咖啡的採購者來說，它的精緻咖啡規模萎縮到比巴拿馬還小。舉例來說，巴西在 2018 年的產量大概占了全世界 37%，同年的巴拿馬僅占 0.1%；儘管如此，巴拿馬生產的單一產地咖啡比起巴西，更容易出現在高端咖啡公司的供應單上，舉例來說，在一個普通年份裡，當年度出現在 *Coffee Review* 網站上的「100% 巴拿馬咖啡」比起「100% 巴西咖啡」多了 5 倍。

儘管如此，仍然必不可少

不過，巴西也出產一些品質非常棒的高端咖啡；另外，品質尚可的基本款「巴西聖多斯 2 ／ 3」類型，對於許多咖啡飲用者來說還蠻有吸引力的，全世界優質的 espresso 配方綜合豆，也都仰賴巴西咖啡「溫和的繚繞感、巧克力與堅果調性」。

巴西咖啡唯一的問題就是：風味不像煙火秀一樣絢爛精彩，做不出優質水洗處理肯亞咖啡一樣令人興奮的帶甜莓果乾般優雅；做不出巴拿馬「藝伎／給夏」那般令人目眩神迷的複雜香氣；也做不出優質衣索比亞日晒處理咖啡，那種迷人的花香水果調。但是，也有可能只是尚未出現而已，因為有些巴西的咖啡生產者，持續在高端市場做實驗且不斷精進。

傳統的巴西咖啡風味特性
典型的全球描述用語

巴西傳統以來最擅長的風格就是日晒處理法，因此傳統的風味印象就是：圓潤，酸味低沉，咖啡體中等，香氣與風味中帶有巧克力與堅果調，時常會伴隨著缺陷風味（腐敗的發酵味、艱澀感、藥味或輕微的霉味），主要就是因為採取大量採收、大批次進行乾燥程序的緣故；但是那些喝不出缺陷風味的、令人滿意的批次也時常出現。

巴西聖多斯等級 2 ／ 3 極溫和優質咖啡風味

在商業期貨咖啡圈裡，這種咖啡類型的最佳批次通常會標示為「巴西聖多斯」（Brazil Santos，聖多斯是一個港口名稱，不是產區名稱，恰好與這種咖啡類型有直接關聯），「等級 2 ／ 3」（Grade 2/3）；「極溫和」（Strictly Soft，完全沒有藥味或艱澀的缺陷風味）；「優質咖啡風味」

（Fine Cup，有甜味與均衡感）。這類型的咖啡是以工業規模生產，巴西的咖啡生產者仰賴許多規劃完善的機械化篩選程序，用來去除帶著霉味、藥味、腐敗發酵味的咖啡豆（大量採收、大量乾燥時容易發展出的缺陷豆），其成果就是生產出大量價位合宜、品質尚可、帶一點點缺陷風味的咖啡，偶爾會出現一些帶超高甜度、低沉卻有活潑酸味、帶巧克力調且均衡的最佳批次。

典型的巴西風土條件

大多數的巴西咖啡種植在海拔高度約 2600 ～ 4000 英尺（約 800 ～ 1200 公尺）的高原或丘陵地，中海拔的生長環境大概就是優質巴西咖啡通常帶有溫和酸味的主因。土壤類型多元，其中最有名的就是「摩西安娜區」（Mogiana）及部分「南米納斯區」（Sul de Minas）稱為「Terra Roxa」的紅土區，這種土壤可能就是讓這兩個產區出產的最佳批次咖啡有「豐厚甜味特質」的主因。

巴西產區的乾、溼季分明（至少在全球暖化效應加劇以前都是如此），因此咖啡樹能夠在接近的時間開花，果實也能在幾乎一致的時間成熟，巴西傳統的乾燥程序是將帶著外果皮的整顆果實直接晒在水泥地平台上，此時正好是乾季，較不容易降雨（若此時降雨，就容易讓咖啡產生腐敗味、霉味）。

在充滿丘陵、山谷的「南米納斯區」與「摩西安娜區」這兩個最經典的產區中，農園裡通常沒有灌溉系統；但是在較新的產區，像是位於相對較乾燥的高原的「喜拉朵區」與「巴依亞區」，農園通常都會裝設灌溉系統。

霜害與旱災

霜害分為兩種「黑霜」（black frost）會殺死咖啡樹；較常見的「白霜」（white frost）則不會，但它會毀了果實。在傳統巴西咖啡產區中，曾經一度頻繁地發生霜害，造成全球性的咖啡期貨價格飆升。如今，這種災難性霜害較少發生，因為巴西將生產基地往北遷移，從溫帶地區往赤道附近遷移。旱災則是現今比較嚴重的問題，不過巴西在 2021 年同時遭遇了旱災與霜害，損失慘重。

巴西種植的咖啡樹種
傳統型變種

巴西種植了許多「阿拉比卡系」底下不同的傳統變種，其中大多數都是混合在一起採收並銷售，唯一例外的可能就是「波旁」變種，它曾一度是巴西咖啡園中的主力樹種，如今已被其他樹型精簡的變種取代。儘管如此，在

精緻咖啡市場中，仍然可見最受喜愛的黃色果皮「100% 純波旁」巴西咖啡批次，這些批次的咖啡有時會有亮眼的表現：圓潤，有迴盪感，並且帶有溫和的辛香氣味。

在巴西，由「鐵皮卡」與「波旁」交叉授粉的混血變種十分受歡迎，其中包括樹型較高大的「蒙多・諾沃」及樹型精簡的「卡圖艾」。根據我的品嚐經驗，在巴西的種植條件下，「卡圖艾」有非常棒且均衡的風味表現。巨型象豆「馬拉哥吉佩」雖然在巴西首先被發現、選育的（就在巴西的「馬拉哥吉佩鎮」），但在巴西幾乎沒人種植，目前只在中美洲、墨西哥、哥倫比亞有小規模種植。

最新引進的變種類型

較現代的混血變種（具備羅布斯塔種基因）像是「卡帝莫」與「依卡圖」（Icatú，首先使用一個「波旁／羅布斯塔」的混血變種，將其與 100% 阿拉比卡混血變種「蒙多・

巴西咖啡產區細節地圖。
本地圖由安迪・里蘭替 Café Imports 繪製。

諾沃」再次交叉授粉，培育而成的新一代混血變種）；很顯然地，「依卡圖」在巴西農園中能夠生產出很棒的咖啡風味，不過在巴西的生豆競賽中，目前仍然是「純波旁」與「卡圖艾」兩個變種的天下。整體而言，巴西看起來並沒有對具備羅布斯塔血統的混血變種有太多著墨，不過我猜想，也許人們對「巴西追求工業化生產手段超過了對於咖啡傳統的維持」這樣的刻版印象有點太超過了（譯注：此處應為褒揚之意，意指巴西沒有為了方便增加產量，而大量種植具有羅布斯塔血統的混血變種）。另一方面，巴西咖啡生產者似乎對於新奇的變種（「藝伎／給夏」或「SL28」這些具風味獨特性的變種）興趣缺缺，因為種植海拔相對較低，可能不適合發展那些新奇變種。

巴西的後製處理法

傳統式後製處理法

與巴西關聯最密切的經典後製處理法就是「日晒處理法」：將咖啡果實採收下來後，帶著外果皮在水泥平台上鋪平、直接日晒，為期數週，在乾燥程序完成之後，才會將外果皮、內果皮一同脫除；有時單靠純日晒還不夠，需要借助烘乾機的輔助來完成。以往在商業期貨產業圈中，將這種咖啡標示為「未經水洗的」處理法這種簡單的稱呼，目前則全面改稱為「自然／日晒」處理法，很顯然是巴西人發明的，就是為了擺脫「未經水洗的」這種不太乾淨的聯想。

較新型的非傳統式後製處理法

巴西的咖啡生產者對於種植新奇、風味獨特的阿拉比卡變種興趣缺缺，但是他們很喜歡採用創新的後製處理法。

在 1990 年代，巴西將兩種後製處理法推廣到十分受歡迎的程度，這兩種都介於「日晒處理法」與「水洗處理法」之間。第一種處理法在巴西稱為「去果皮日晒法」（pulped natural，在中美洲稱為「紅蜜」或「黑蜜」，詳見第 92 頁），這個處理法只有將外果皮去除，保留大多數黏黏的果膠層進行乾燥程序；第二種處理法在巴西稱為「半水洗」（semi-washed，在中美洲稱為「黃蜜」），將外果皮與部分的果膠層一起脫除，保留部分果膠層進行乾燥程序。

除此之外，有些巴西生產者使用經典「水洗處理法」的兩種不同做法，包括使用「脫膠機」將果膠層完全去除，也包括「先發酵後水洗」的做法，這兩種都不算繁瑣，也會帶來一些獨特性，對於最後杯中風味特性都有影響。較大型、具備先進技術的巴西農園，在同一個採收季有時會採取三種後製處理法（純日晒、去果皮日晒、水洗處理法）。詳見第 9 章有更多關於各種後製處理法的內容。

巴西精緻咖啡的後製處理法

僅管如此，大多數巴西的商業期貨交易等級咖啡，都是採傳統的日晒處理後後製處理法（圓潤感，溫和型，強調堅果與巧克力調）；較高端的精緻咖啡較傾向於採用「去果皮日

巴西咖啡生產的兩種面向，上方照片攝於「喜拉朵區」一家大型工業化的農莊，農民駕駛著一台曳引機，後方就是耙子，開過水泥平台上的「半水洗」咖啡豆進行翻攪；下方照片攝於「南米納斯區」一座中等規模的農園，農民使用傳統的犁田方式，藉由駝獸的輔助拖拉耙子，翻攪水泥平台上的「日晒」處理咖啡。這兩家農園都出產品質優異的咖啡，雖然他們使用的科技、生產規模看起來有很大的落差。

晒」或較細緻版本後製處理法；正規的「水洗處理法」較不受精緻咖啡種植者或採購者的青睞，也許是因為巴西咖啡的水洗版本與其他一般中高海拔的水洗處理咖啡，喝起來大同小異的關係。

巴西的咖啡產區

由南向北開始看：「帕拉那」是巴西最古老、最傳統的產區，不過該產區出產非常少的精緻等級咖啡；位在聖保羅州的「摩西安娜區」也是其中一個最傳統的產區，具有許多人喜愛的特質（圓潤，很甜，咖啡體飽滿，非常適合調配espresso）；臨近摩西安娜區的「南米納斯」位於小傑瑞斯

州境內，其生產的咖啡總量大過於其他所有產區，整體而言也出產較多品質優異的咖啡（過去數年來，「南米納斯區」的咖啡在許多生豆競賽表現都很出色）；「馬塔斯米納斯區」（米納斯的森林區）及與其相連的臨近「埃斯皮里托・桑多區」也都是傳統產區，有著相對較高海拔、較小規模工匠型農莊等優勢，其中有些農園是生產小批次、品質特優的咖啡，也時常在生豆競賽中表現傑出。

「喜拉朵區」（或稱「喜拉朵・米內羅區」）境內大多是高原地型，有著適合製作日晒處理咖啡的理想氣候——多雨的夏季，以及乾燥的採收月份（5～8月）。較大型、具備較先進設備與技術的「喜拉朵區」農園，不僅可生產品質非常穩定的大批次咖啡，也能在巴西的咖啡生豆競賽中獲取殊榮；最後，在巴依亞州的眾多北部新興產區中，「鑽石丘陵區」（Chapada Diamantina）最近數年也出產一些品質不錯的咖啡，巴依亞州整體而言還是以不知名、工業化規模的農園為主體。

巴西的分級制度

與今日世界上多數其他產國一樣，品質最佳的巴西咖啡在行銷時，不會將「等級」視為重點，而是看產區、農園、後製處理法類型等資訊，有時還會看樹種類型（特別是當這個批次是「純波旁」時）。第143頁有提過巴西咖啡商業分級的最高等級描述方式，有興趣可參考。

咖啡日程表，以及採購、沖煮、享用的最重要時機

屬於南半球的產地，採收季大約是6～9月；在烘豆公司端，典型的最佳採購時機大約落在11月～隔年5月。

環境與永續發展
環境：「大西洋雨林」（The Mata Atlântica）

19世紀的巴西，因大量砍伐「大西洋雨林」而提高了巨大的咖啡產量，「大西洋雨林」的範圍是從巴西的東北角延伸到烏拉圭南部邊境一帶，面朝著大西洋沿岸。這個區域的原始林地都位於崎嶇的丘陵、山地之中，但最後都被夷平用來種植咖啡、甘蔗，到了今日，僅剩20%的原始「大西洋雨林」仍被保留著，大多是在人煙罕至的地區。

在巴西的歷史中，其實很早就開始努力減少破壞雨林並加以復育，在1861年，巴西君王「佩德羅二世」曾提議將面對里約熱內盧山丘上的咖啡園都移除，並且開始造林，這個森林復育計劃在提議幾年後就開始執行，也就是後來在里約非常知名的「提胡卡森林」（Tijuca Forest），這大概是當今世上最大的市郊人造森林。

位於「大西洋雨林」區內的較大型咖啡農園，都被法律強制要求保留30%的森林地，但這個補救措施還是受到生態保育人士的諸多批評。很顯然地，在巴西很難看到跟印度南部咖啡園一樣雄偉的森林遮蔭場景，也見不到中美洲那樣位於叢林裡具有機認證的咖啡合作社；在巴西的咖啡樹，幾乎都是全日照的環境種植，經過精心仔細地修剪且整齊排列，而且農園中會零星點綴分布著一些森林地（至少在傳統的大西洋雨林區是如此），通常還會與生態廊道連接。

較新興的熱帶草原區（Savannah）

在較偏北部、新開發的半乾燥氣候咖啡產區（喜拉朵區，以及巴依亞州內的幾個產區），當地的生態環境通常是稀疏的熱帶草原，咖啡種植必須仰賴灌溉系統，採收通常也以較「工業化」的模式（機器採收與機器篩選）進行，與「南米納斯區」的傳統大型莊園做法形成對比。但是從這些產區製作出來的咖啡，也有出色的品質。

社會經濟層面

在巴西的傳統咖啡產區中，典型的咖啡園並不是大型、具先進技術與設備的那種形式，雖然這些區域的確也有後者的存在。典型的巴西咖啡園通常面積都在50～150英畝（20～60公頃），大多是家族經營模式，採收都是純人力手摘，並且將果實鋪在水泥平台上進行日晒處理（仔細程度不一）；日晒乾燥程序完成後，咖啡豆被送往非常大型、具先進設備與技術處理廠進行後加工，利用機器設備剔除缺點豆，最後分裝成大批次的咖啡銷售。

在這裡要特別提及現代的勞工法令與慢性的本地勞力短缺，這兩種情形對於小型或大型的巴西咖啡園工人都提供保障，讓他們不至於像拉丁美洲小農一樣遭遇殘忍的經濟打擊；另一方面，同樣的勞工法令與勞工短缺，讓大規模的咖啡生產者傾向機械化生產模式。

巴西的羅布斯塔咖啡：「科尼永」（Conillon）

前面提及巴西咖啡的內容，都是在講阿拉比卡種，也是整個巴西咖啡產業建立時的基礎；然而，巴西生產了越來越大量的羅布斯塔種咖啡，目前約占巴西總產量的25～30%（在巴西，羅布斯塔種咖啡稱為「科尼永」），讓巴西成為僅次於越南的世界第二大羅布斯塔產國。羅布斯塔種的主要產區是「埃斯皮里托・桑多」，當地長期的旱災讓羅布斯塔的產量嚴重下跌，迫使這個世界第二大的咖啡消費國（巴西本身消費人口也很多）必須暫時從越南進口羅布斯塔咖啡（內需消費幾乎都是羅布斯塔相關產品）。

巴西的羅布斯塔咖啡主要都是用人工手摘——「全面式採收」（strip-picking），並且用傳統的日晒處理法製作。撰文當下，巴西的羅布斯塔產業並沒有生產任何精緻等級的羅布斯塔咖啡，目前大多數精緻等級的羅布斯塔咖啡都產自於印度與烏干達。本書第69頁有關於羅布斯塔咖啡與其產地的簡短討論。

加勒比海：牙買加、海地、波多黎各、多明尼加共和國

「加勒比海」的主要島嶼群擁有悠久、複雜的咖啡歷史，在 1720 年代，咖啡在「加勒比海」世界初登場；到了 18 世紀晚期，因為當時整個經濟系統都採奴制度，咖啡產業也因此開始大力發展，當時的「海地」咖啡產量就占了全世界的一半；自此以後，在歷史上的許多不同時間點，特別是來自「海地」、「波多黎各」、「牙買加」的咖啡都曾有過商業與美味輝煌的一頁。

「牙買加」至今仍出產全世界其中一種最受推崇的咖啡，然而在精緻咖啡供應單上，「海地」及「多明尼加共和國」只能零星出現，而且這個區域的咖啡產業如今正面臨許多困境。

颶風與萎縮的「咖啡帶」

「氣候變遷」是其中一個罪魁禍首，或許也是最主要的原因。越來越多、越來越頻繁的毀滅性颶風及熱帶風暴，以一種極殘忍的方式癱瘓了整個加勒比海咖啡產業，可能需要花費數年才能恢復；「瑪莉亞颶風」於 2017 年 9 月侵襲「波多黎各」，這只是最近的一個案例，絕不會是最後一個；此外，某些島嶼的種植海拔相對較低，加上氣溫因全球暖化而開始攀升，這些島嶼上的農民也沒有更高的地方可種植咖啡了。

除了氣候的問題之外，在不同產國還有不同的怪異因素：在「海地」，不穩定的政局讓它很難從 2010、2021 年兩次毀滅性的大地震中恢復；在「多明尼加共和國」，則是因為結構性的問題，阻礙了高經濟價值的咖啡產業發展；除了「牙買加藍山」這個特殊的案例之外，其他產國都有一個共同的問題──他們的咖啡內需也非常高，本地市場將各種品質參差不齊的咖啡都消化了，這也讓發展更高品質、具出口水準咖啡的可能性大大降低。

傳統的加勒比海咖啡風味特性

歷史上傳統的加勒比海咖啡風味特性，都因為有著低調但深邃的特性而備受喜愛：酸味適中但活潑，飽滿的口感，具有回盪感與均衡性的結構；在最佳表現狀態下，可能會呈現出類似肉湯般的飽滿風味，在過去的品嚐經驗中，我曾多次嚐到這種風格，感覺很棒，特別是從牙買加「藍山」產區測到的樣品，偶爾也會從加勒比海其他產國的樣品中發現；但是該區域近期出產的咖啡大多只有飽滿與均衡度的特質，其他就乏善可陳，有時候甚至還會有一些較溫和的缺陷風味出現。

希望在經過一陣子的喘息之後（歷經世界末日般的颶風、大地震摧殘），這些偉大的、具歷史意義的產國能夠重新穩定恢復供應經典的加勒比海咖啡風味，也希望看到他們可以開始著手於不同咖啡樹種或後製處理的實驗，就像在中美洲與世界其他產國一樣。

「牙買加藍山」：名氣的代價

「牙買加藍山」咖啡一直到不久之前，都是全世界最具知名度的咖啡名稱之一，即便到現在仍是如此，不過僅限於某些小圈圈內，其名號、聲望開始被新的咖啡名號與對咖啡的全新認知等洪流所侵蝕（本書不斷提到的那些由全新樹種、實驗型處理法所製造出來的特優水準咖啡）。

「牙買加藍山」地區的中部是一處非比尋常的地標，在較高的區域總是雲霧繚繞，因此這裡的熱帶陽光有著一種超脫凡塵的光芒，加上原本就有許多樹木，讓光線的強度早已減弱不少；雲霧讓咖啡的生長變慢，因此比起其他一樣是在中海拔 3000 英尺（約 900 公尺）的產區，結出的咖啡豆密度較高。

「牙買加藍山」咖啡自從 19 世紀初起就持續非常有名，甚至在一個短暫的期間裡，牙買加領導著全世界咖啡產業的發展；在第二次世界大戰後，英國殖民政府發出警告，聲稱那些毫無規範的生產行為很有可能打壞「藍山咖啡」的名號，因此他們新成立了「牙買加咖啡產業理事會」（Coffee Industry Board of Jamaica）這個具嚴謹規範、品質管制標準的機構，來引導「牙買加」咖啡產業的發展。

在牙買加脫離英國獨立之後，新政府仍延續相同的咖啡政策，對於生產的每個環節都訂下規範並嚴密監測，在行銷宣傳「藍山咖啡」的同時，也積極保護這個名號（透過證照核發與監測的系統來達成此目標）；雖然「牙買加咖啡產業理事會」時常被控訴以高價販賣品質一般的咖啡，等於是在賣名氣一樣，但「藍山咖啡」品牌的成功，「牙買加咖啡產業理事會」的確功不可沒（相對於其他加勒比海產國，其咖啡產業的失敗發展）。

產量提高了，品質卻下滑了

在 1970 年代中期，當時我首次嚐到「牙買加藍山咖啡」，是從一家很有名的「瓦倫福莊園」（Wallenford Estate）出口的，味道真的不錯：雖然香氣較缺乏廣度、戲劇性，但均衡度特別出色，迴盪感、風味完整性也同樣出色；不過，在 1970、1980 年代，「牙買加咖啡產業理事會」開始接受來自日本的投資（為了發展「牙買加藍山咖啡」），成立了一些新處理廠，這些新處理廠都採機器脫膠模式的「水洗處理法」，雖然將產量大幅提升了，但品質卻下滑了，讓「咖啡產業理事會」的努力有點打水漂了。

今日該如何選購「藍山咖啡」？

「藍山咖啡」的最佳表現是一種經典的、具細膩獨特性的加勒比海風格：風味圓潤，酸味低但卻活潑，口感飽滿，具深邃、如肉湯般的風味迴盪性。目前出產最多優質「藍山咖啡」的處理廠是「梅菲斯坡咖啡工廠」（Mavis Bank Coffee Factory），這家處理廠向藍山較高海拔的小農收購咖啡果實，並在處理廠內以傳統的後製處理方式製作咖啡，所有步驟都在廠內完成。「咖啡產業理事會」也允許一些私有農園自行處理其所生產的咖啡，這些私有農園的咖啡跟「梅菲斯坡處理廠」一樣，都能出產較具說服力、風味較接近完整的經典藍山風味咖啡。

「牙買加藍山」的名氣與高售價，讓一些欺騙性的配方名稱變得盛行，我們時常可見到「藍山配方」（Blue Mountain blends），這些咖啡中僅有極小部分的「真‧藍山咖啡」含量；也可見到「藍山風格」（Blue Mountain Style）的名稱，這類咖啡則是連一顆「真‧藍山咖啡」都沒有。這兩種類型的風味可能都不錯，但都不是真正的「牙買加藍山咖啡」。

分級制度與「藍山咖啡」

牙買加的分級系統十分嚴謹，因為他們十分重視「品牌」與「許可證」，只有種植在海拔高度 3000 ～ 5600 英尺（約 910 ～ 1700 公尺）的咖啡能夠被核發許可證，稱為「真正的藍山咖啡」；種植在海拔高度 1500 ～ 3000 英尺（約 460 ～ 910 公尺）的咖啡，則用「牙買加高山咖啡」（Jamaica High Mountain）品牌名稱銷售；種植在

1500 英尺（約 460 公尺）以下，只能稱為「牙買加特選」（Jamaica Supreme）或「牙買加低海拔咖啡」（Jamaica Low Mountain）。

「藍山」也被當作「咖啡樹種」的稱呼

「藍山」也是阿拉比卡種品系底下一個很有名的變種名稱，它是在藍山產區「鐵皮卡」的其中一個選育變種，這個樹種如今也在肯亞的部分地區、巴布亞紐幾內亞種植。不論在哪個地方種植「藍山變種」，都能夠製作出優異的傳統風味咖啡（但獨特性通常也較低）。

波多黎各：嘗試突破

在 19 世紀時，波多黎各曾是世界上其中一個咖啡產地。舉例來說，在 1896 年，波多黎各島是世界第 6 大咖啡產地；但是到了 20 世紀，因為複雜的政治、經濟情勢發展，波多黎各似乎迷失了方向，從早先西班牙殖民時期的農業經濟角色，轉變為美國治理下的「聯邦自治州」。在 2017 年 9 月世界末日等級的毀滅性「瑪莉亞颶風」發生前，這裡生產的咖啡幾乎全都被內需市場消化，當時波多黎各進口的咖啡比出口的還多。

儘管如此，在「瑪莉亞颶風」襲擊前的數十年間，有許多企業家曾不斷嘗試要復興波多黎各咖啡（成為精緻咖啡的主要產地），也許這樣的努力有一天終能成功，或許到那時，也是人民從颶風中恢復正常生活的時候吧。

表現最佳的高端波多黎各咖啡，是加勒比海咖啡風格中令人印象深刻的典範：柔軟中帶著剛強，帶著芳香水果調性的甜味；但也時常出現少數的案例，會有後製處理方面造成的背景瑕疵，通常是一股較重的霉味。

然而，「瑪莉亞颶風」的摧殘卻迎來了一些國際組織的援助機會，像是「WCR」、「技術服務組織」（TechnoServe）等，在協助重建之外還結合了精緻咖啡市場中最新的咖啡科學所帶來的新契機。

海地：陷入困境的經典產國

「海地」與「多明尼加共和國」同在加勒比海最大島「伊斯帕尼奧拉島」，有著悠久的咖啡歷史。在法國殖民時期（約 1788 年），「海地」出產的咖啡總量占世界約一半，當時的咖啡產業幾乎都仰賴奴隸勞力；3 年後（也就是 1791 年），因為受到法國大革命後續發酵的影響力，奴隸人口發生叛亂，咖啡農莊都被燒毀；到了 1804 年，在「杜桑‧盧維杜爾」（Toussaint Louverture）的領導之下，海地擊敗了法國並宣

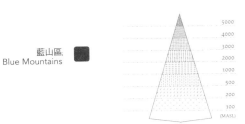

牙買加
JAMAICA

0km　25　50km

藍山區
Blue Mountains

牙買加咖啡產區細節地圖。
本地圖由安迪‧里蘭替 Café Imports 繪製。

大多數的「牙買加藍山咖啡」都會以「桶裝」形式銷售給烘豆公司（如照片中所示），這是一種很聰明的品牌批發銷售策略，明確地將其定位放在「珍藏等級」，與其他地區的咖啡有所區隔。

布獨立，成為當時拉丁美洲第一個獨立建國的國家，也是全世界歷史最悠久的黑種人共和國、西半球第二老的共和國（最老的是美國）。

不過自此之後，由法國提出的「懲罰性貨幣賠償」對海地經濟產生了一瀉千里的禍害（賠償期間從 1825 年起，直到 1947 年才結束），不僅經濟重創，同時也重重大擊了咖啡小農生產者。為了持續給付賠款，海地向外資銀行提取巨額的高利息貸款，大約在 1900 年時，光是要償還的金額就占了海地年度總預算的 80%，加上歷任領導者的腐敗作風，讓問題更是雪上加霜，更別提持續發生的多次大地震、颶風等天災。在 1990 年代中期，情勢變得更危急，美國為了抵制當時的獨裁者，對海地實施了「禁運」懲戒，許多農民乾脆將咖啡樹都燒了，做成木炭在當地市場銷售。

歷經 20 年的政治失序與一連串的天災，讓這個曾世界知名的咖啡產國也遭遇了品質低迷的下場。在今日，也許在海地以外還有極少處能喝到海地咖啡，並欣賞到那圓潤、低調、飽滿又帶著具有迴盪性的巧克力調性（這曾經是讓全世界精緻咖啡供應單都必備的單品咖啡）。海地的小農雖然仍持續在生產，但幾乎全都以粗糙的日晒處理法製作，僅在國內市場販售。

「海上藍」（The Haitian Bleu）實驗

在 1990 年代，「美國國際開發總署」決定投資 600 萬美元幫助海地人民脫貧，並同時復興成為精緻咖啡產地，期望能複製出類似盧安達那樣成功的專案計劃（在 1994 年的種族滅絕事件之後）。當時成立了一個由 7000 位農民組成的小農合作社聯盟「在地人咖啡合作社」（Cafetières Natives），並建立了許多水洗處理廠，同時也為了推廣而啟動市場行銷計劃。當時將這個品牌名稱定為「海上藍」，命名方式十分聰明，借用了隔壁名震天下「牙買加藍山咖啡」的那個「藍」，加上法國人唸的「海地」口音〔英文唸法「海地」（Haiti）；法文唸法「海上」（Haitian）〕組合而成；背後支撐的品牌精神是一則感人故事，內容關於「海地農民面臨的困境，以及不屈不撓的意志」。然而，與盧安達發展計劃的走向不同，「海上藍」最終宣告失敗，更因為 2010 年的大地震衝擊而墜入無盡深淵。

後續為了復興海地咖啡而做的努力

儘管如此，懷抱著理想主義的私營企業家們不願意放棄海地咖啡，很顯然地，也不願意放棄那些長期窘迫的咖啡小農。同時身兼烘豆公司與生豆進口商雙重身分的「克雷尤咖啡公司」（Cafe Kreyol）採取「直接貿易」模式（見第 205 頁），發展出了一款具有精巧加勒比海咖啡風味的海地咖啡，同時也將品牌名定為另一個「海上藍」（Haitian Blue，「藍」的拼法不同，可能是為了規避原來的商標）。我嚐過的樣品中，大多呈現輕微的糖漿觸感，順口，低調的酸味但卻具備迴盪感，具有討喜的活潑感，但不會太明亮；我也杯測過其他不同來源的海地咖啡（大多是常規批次、較傳統的「鐵皮卡」相關樹種所製作而成），杯中表現也令人印象深刻，擁有類似的低調甜感、順口的可可調風味特質。

多明尼加共和國：潛力待開發

「多明尼加共和國」出產的咖啡偶爾會被稱為「聖・多明哥」（Santo Domingo），承襲著這個國家的舊名，也許是因為「聖・多明哥」在咖啡袋上看起來比較浪漫，而「多明尼加共和國」看起來一點也不浪漫。多明尼加的咖啡產業未曾經歷如海地一般的曲折歷史，更不如牙買加有著成功的光環，精緻咖啡圈對多明尼加的咖啡沒有投入太多關注，特

別是近幾年；儘管如此，它的風土條件整體而言是非常優異的，有著相對較高的種植海拔，種的大多是「鐵皮卡」，多數的咖啡是小農種在具備遮蔭條件的環境裡，完全不使用化學物質（農藥或化肥）。

從歷史上來看，多明尼加咖啡的問題一直在「水洗處理法」與「乾燥程序」的品質上。當地盛行種植「鐵皮卡」相關的樹種，加上中到高海拔的種植條件，很容易生產出具經典加勒比海風格的咖啡：飽滿的口感，低調但又活潑的酸味，以及一種熟悉度很高、很完整的香氣風味調性（簡單版的好喝）；不過，這類型的經典風味調性很難遮掩因後製處理法產生的缺陷風味，即便是較溫和的缺陷風味也蓋不住，特別是一種在背景中隱約會出現的輕微霉味，時常出現在大多數的多明尼加咖啡中。

多明尼加面臨的兩難困境

其咖啡產業目前正陷入「是雞本身，還是蛋本身比較重要」的問題，無法建立精緻咖啡產業並進軍國際市場，因為品質不穩定；但也因為沒能力進軍，因此無法發展「穩定性」的條件。因此咖啡生產者只能賣給「內需市場」或以「配方用豆」的形式低價售出。目前，該國的咖啡產業仍尚未從 1998 年的颶風災害中恢復。

多明尼加的咖啡產區

多明尼加的咖啡主要種植在 4 座相連的山岳區域坡地上。咖啡當局認可的 7 個正式咖啡產區如下：「西寶」（Cibao）、「巴拉歐那」（Barahona）、「諾羅埃斯黛」

照片中為「瑪麗安・梅麗西爾」（Mariane Merisier），她是 COOPACVOD 咖啡合作社的領導人，該合作社擁有 850 位農民成員，並且是海地歷史最悠久的咖啡合作社。（圖片來源：克雷尤咖啡公司）

（Noroeste）、「內巴」（Neyba）、「南部山脈」（Sierra Sur）、「西部山脈」（Sierra Occidental）、「中部山脈」（Sierra Central）。目前因為沒有足夠的多明尼加咖啡符合精緻咖啡市場之需求標準，因此這些產區在精緻咖啡市場裡也無法有明確定位；此外，其實粗略的產區區分對風味造成的影響，還不如微氣候、後製處理法帶來的影響更大。

儘管如此，過去幾年來，傳統的產區命名對於品牌力的維持，多少還是有點影響力。較常出現在烘豆公司零售咖啡袋標示與網站上的多明尼加咖啡產區名稱有二：第一個是「巴拉歐那區」（Barahona），擁有平均較高海拔的種植區域，酸味有較高明亮度，風味較密集且具均衡度；第二個是「巴尼區」（Bani），一樣具有均衡度，但風味較為溫和圓潤。

美國：「可娜產區」到「加州產區」

夏威夷群島擁有悠久的咖啡種植歷史，當中的「可娜產區」尤其出名，在夏威夷的其他地區也種植很有趣的咖啡樹種。在過去數年之前，一位具遠見的有機水果生產者，在加州中部海岸沿線的丘陵地上開啟了咖啡種植事業，目標是要與加州聞名的葡萄酒產業一樣，發展為精品的加州咖啡產業。

從世界的標準來看，美國這些產區的總產量可說是滄海一粟，但這些地方出產的咖啡對於行家、剛入門的愛好者而言都極富趣味。首先，這些產區咖啡代表的就是在高工資經濟體下、小規模、高價值咖啡類型的成功範例；其次，這些產區受到持續創新的北美與東亞精緻咖啡文化影響，其生產者（尤其是「可娜產區」）並沒有因為具前兩者的優勢條件而停下腳步，當中有些生產者持續地向前邁進，並達到了十分出色的成就。

夏威夷：「可娜」與「卡霧」（Ka'u）

雖然在夏威夷群島中 5 個主要島嶼都有生產咖啡，但最有名的產區就只有「可娜」。它位在夏威夷的「大島」上，有集中在一起的小農園群，沿著火山山坡地、面朝太平洋向下延伸。經典的「可娜咖啡」風味特性（至今仍有機會品嚐到）擁有細微的討喜風格：具備均衡度，低調但完整的風味，酸味具備溫和的明亮感，口感滑順，就像中美洲咖啡的較溫和版本（有時也可看成較悠揚版本）。在 1990 年代，這種「柔和、芳香」的杯中特質是由觀光產業、有限產量這兩個因素共同催生出的，使「可娜」成為全世界其中一個售價最高的咖啡產區。

撇開目前四處吹捧的「藝伎／給夏」與「麝香貓咖啡」這兩種昂貴咖啡不談，「可娜」咖啡雖然價格昂貴，然而它的經典風味調性（柔和但又活潑的風格）在今日可能很難穩定呈現了，其原因為：首先，有兩種毀滅性的害蟲在「可娜」產區出現，第一種是本地的寄生蟲──咖啡根節線蟲（coffee root-knot nematode），專門攻擊咖啡樹的根部；另一種則是外來的蟲害──咖啡果小蠹（又稱「咖啡果甲蟲」），這種甲蟲會產卵在咖啡果實內，並在果實內孵化成蠕蟲，從內部啃食咖啡豆。

更大的警訊就是在 2020 年晚期，於「可娜」產區發現了令人恐懼的葉鏽病蹤跡（詳見第 71 頁）。咖啡葉鏽病首先於 1869 年的錫蘭出現，自此之後就在全世界玩起了跳房子遊戲，所到之處的咖啡產區一個接一個消滅，從 2012 年起，中美洲與南美洲的大部分產區都遭受其蠻橫的攻擊。希望夏威夷這個相對較小、組織較完善的咖啡產業能找到有效的應對方式，度過這個嚴峻的挑戰。

「可娜調合配方」（Kona Blends）與「可娜的自滿」

相對於病蟲害帶來的傷害，「可娜」咖啡產業對自身造成的傷害更大──成也「可娜」敗也「可娜」，因為「可娜」的名氣太過響亮，讓本身也受害了。

與其他世界上最棒的咖啡一樣，皆由工匠型的生產者在農園裡製作而成，農園規模從 1～30（或 40）英畝不等，就是低於 0.5～12（或 16）公頃，採用人工手摘（通常是「目標性手選採收」），農民的身分不是本地人就是從美國本土城市遷移而來（為了追尋熱帶氣候、有趣的生活方式）。到目前為止，「可娜咖啡」一切都還發展得很好，這個由工匠型農園種植的經典型咖啡，經由兩條不同的路線走入市場。

其中一條路線是：較大型、集中化生產的處理廠向小農採購咖啡果實，小農在早晨用貨卡將果實載往處理廠或某個收集站。處理廠使用「水洗處理法」（可能有多種不同細節版本）進行後製處理，通常是採用較粗糙的做法。

賣的是名氣，而不是杯中風味

為什麼會用粗糙的方式進行後製處理呢？因為「可娜」的名聲讓其很容易販售，而不是因為本身的品質。舉例來說，在夏威夷本地最常買到的「可娜咖啡」其實是「調和式可娜配方」（Kona blends），根據法律規定，裡面只要含有 10% 真正的「可娜咖啡」就可以了，因此在這些咖啡袋裡存在的「真．可娜咖啡」只是為了能夠合乎法令規範這樣一個原因而已，其他成分可能來自於任何產國──中美洲、巴西、哥倫比亞；通常這些「非可娜」的成分都不會很貴，其品質較差，有些甚至還帶著缺陷風味；少數情況下才會有一款使用品質較佳原料製作的「10% 可娜配方」，有時甚至比售價更高、製作得較粗糙的「100% 可娜咖啡」還好喝。「可娜」的名氣讓不管是何種品質的「可娜咖啡」都很容易銷售。最後順帶一提，還有稱為「可娜式風味」（Kona Style）或「可娜烘焙」（Kona Roast）的調和配方豆，完全不含任何「真．可娜咖啡」的成分。

小農生產的「可娜咖啡」

請從前段所述的不堪畫面走出來，有另一群可娜小農自行生產的咖啡，讓人還能獲得一絲安慰，除了製作咖啡生豆以外，他們也自行烘焙咖啡豆賣給觀光客及網購族群；就我所知這些小農並非在搞什麼欺騙行為，這些小農就是「10% 可娜調和式配方」線下的最強大對手，他們的熱情與投入讓一切變得不同。但是「可娜」名聲的包袱仍存在，正因為只

夏威夷
HAWAIIAN ISLANDS（USA）

卡霧 Ka'u	
可愛島 Kaua'i	
可娜 Kona	
茂宜．卡安娜帕利 Maui Ka'anapali	
茂宜．庫拉 Maui Kula	
摩洛卡伊 Moloka'i	

夏威夷咖啡產區細節地圖。
本地圖由安迪．里蘭替 Café Imports 繪製。

照片中為許多夏威夷「可娜產區」精品咖啡生產者的咖啡麻袋牆。
（圖片來源：傑森・沙利）

要是「可娜」就賣得出去的原罪，許多小農零售商在後製處理上並不是十分有經驗，加上烘焙可能更沒經驗，因此原本應該要有「柔和、具均衡度、有細膩香氣」的可娜咖啡，時常會被烘焙得太深，將這些優雅的調性都毀了，變成油油亮亮、烘焙過度的普通咖啡，而且這種普通咖啡比其他地方貴了 3 倍以上。

新的精緻咖啡世界與「可娜咖啡」

儘管如此，全球性的潮流（藉由咖啡樹種、後製處理法搭配中度烘焙這樣的區分方式）也對「可娜咖啡」產生了一些影響。有一些小農園透過學習專業知識，來有效維持經典的「可娜咖啡」風味，也有些小農園嘗試著種植新樹種與新的後製處理法。假如你有興趣知道這些農園的名稱且購買他們的咖啡，你可以從「夏威夷咖啡協會」（HCA ／ Hawaii Coffee Association）的咖啡生豆杯測競賽得獎名單中參考。我希望不論是「維持經典派」或「創新實驗派」都能夠在夏威夷蓬勃發展，同時也希望那些讓「可娜咖啡」蒙羞的大型公司不要蓬勃發展。

傳統的可娜咖啡風味特性
典型的全球描述用語（高端精緻批次，非深烘焙）

純淨，溫和但清脆的酸味明亮度，具均衡性，溫和的水果花香調。

常見的香氣風味調性（高端精緻批次，非深烘焙）

帶核水果風味（桃子、李子），低調的成熟柑橘風味（橘子、甜橙），芳香木質調，堅果與堅果巧克力調。

典型的全球描述用語（一般批次的 100% 可娜咖啡）

低調，最佳情況下有著溫和的酸味明亮度，帶苦甜感（最糟情況下，則是風味很扁平），具備某種帶核水果調、芳香木質調、堅果調。

典型的可娜風土條件

其種植海拔以世界的標準來看還蠻低的，約 900 ～

2700 英尺（約 275 ～ 825 公尺），但因為夏威夷位在較涼爽的緯度，加上海洋調節、適中的夜間溫度等因素，「可娜咖啡」嚐起來有點像更高海拔區域的咖啡。根據我多年的經驗，在可娜產區 2500 英尺種植的咖啡，就跟中美洲種在 4500 ～ 5000 英尺的大概相同（我指的是酸味的密集度、口感的黏稠度）。多數的「可娜咖啡」樹都種植在沒有遮蔭的條件下，因為下午總是會有雲霧遮蔽，減緩太陽的光與熱。

可娜種植的咖啡樹種
傳統型變種

在不久之前，許多人都認為「可娜咖啡」是從傳統「鐵皮卡」變種分支之一的「瓜地馬拉鐵皮卡」所生產而來；也有人說，其實是血統非常接近鐵皮卡的其中一個分支稱為「第 502 號後代」（Progeny 502）。我們知道「鐵皮卡」是一種較不具風味獨特性的樹種，這也可能是傳統的「可娜咖啡風味」（具均衡性，但卻沒有什麼突出風格）的主要成因之一。然而，再更深入一點觀察可娜產區的咖啡樹，我們發現有許多不同的其他變種混雜在鐵皮卡之間種植，其中包括樹型精簡的「卡度拉」與「卡圖艾」，或是枝條細長的（通常也是較具獨特風味的）波旁。有些小農成功地將「波旁變種」區隔開來，並且以「獨家銷售」的名義行銷。

最新引進的變種類型

直到不久之前，可娜產區才倖免於咖啡葉鏽病的摧殘，因此早先並沒有任何改種具抗病力、但有風味疑慮的混血變種咖啡樹之計劃。但毫無疑問地，隨著 2020 年底可娜產區、茂宜島出現令人震驚的葉銹病，這種情況終究會改變。

另一方面，在可娜產區也正在種植高價值、具風味獨特性的樹種實驗，*Coffee Review* 於 2017 年的「年度最佳 30 排行榜」，第 2 名的就是一款種在可娜產區的「SL28 變種」，這個有名的樹種來自偉大的咖啡產區「肯亞」；2018 年最高得分的咖啡，則是從極稀有的「小摩卡變種」（詳見第 159 頁）製作而成；前面提到的這兩款，都是由可娜產區的「呼拉老爹可娜咖啡莊園」（Hula Daddy Kona Coffee）所製作。另外，還有其他小農也正進行類似的實驗。

可娜產區的後製處理法
傳統式後製處理法

直到不久之前，經典的「先發酵後水洗」處理法都還是整個可娜產區的常態，不論處理廠的規模大小皆然，乾燥程序都是採太陽純日晒，不過也會使用各種傳統的權宜手法，來保護日晒中的咖啡豆，使其免於可娜常有的午後細雨。

較新型的非傳統式後製處理法

然而到了現在，許多較大型的處理廠都改用脫膠機（見第 87 頁），並搭配烘乾機進行乾燥程序，在這兩個步驟的執行程序都較為粗略、不仔細。其實，使用這兩種機器，只

要仔細、謹慎，一樣可以達到不錯的效果，然而可娜這個長期被遊客標準寵壞的產區，使得這些較大的處理廠似乎沒有意願朝仔細、謹慎製作的方向努力，至少我從杯測經驗觀察中的感覺是如此，他們只想利用這兩種機器降低生產成本、提高生產效率而已。一些小型農園也改用了脫膠機，希望他們能夠比較用心操作。

可娜的咖啡產區

傳統上被區分為「北可娜區」〔位在凱魯瓦 - 可娜鎮（Kailua-Kona），有著大片深土壤層的山坡區域〕，與「南可娜區」（土壤較年輕，甚至有些區域完全沒有土壤：咖啡樹都是種在火山熔岩鑽出的洞中，熔岩底下才有土壤層），兩個產區都有能力出產品質優異的可娜類型咖啡，但是目前來說，擁有較多農園、較老土壤的「北可娜區」，整體似乎較具優勢。

可娜的分級制度

可娜咖啡的分級方式是按照咖啡豆尺寸、肉眼可視的缺點豆數量多寡來分級。「特優級」（Extra Fancy）是最高等級，「優級」（Fancy）是第二等級；不過這兩個等級的咖啡豆在杯中風味的表現上並沒有「穩定的差異性」（一般來說，將同一個農園的兩種等級咖啡豆相比，風味應該會有較明顯的區別；但在可娜產區的這兩個等級，風味區隔並不顯著）。不過，假如你正在禮品店或超市猶豫著要買哪一種「100% 可娜咖啡」，選擇「特優級」或「優級」會是較保險的（只要烘焙日期相對新鮮就好），其他等級名稱的「100% 可娜咖啡」通常都是更低等級的，第三等級為「一級豆」（No.1），第四等級為「精選級」（Select），第五等級為「基本級」（Prime），並占了更大的商品比例。

咖啡日程表，以及採購、沖煮、享用的最重要時機

屬於北半球的產地（採收季大約從 10 月～隔年 2 月）；在烘豆公司端，通常在 12 月～隔年 7 月可買到最多樣、品質最好的可娜咖啡（夏威夷因交通較便利，因此可在較短的運輸時間內抵達北美、東亞市場）。

環境與永續發展
環境

在可娜產區的山坡地上，沒有大規模的工業化農園，產區中有一些管理完善的「有機認證」農園，但近期剛開始的咖啡果小蟲蟲害及咖啡葉鏽病，讓這些「有機認證」農園倍感壓力。

社會經濟層面

可娜產區是世界上能讓小農獲得整體較高收入的少數

照片中為「可娜產區」的工匠級咖啡生產者，正在將剛完成「脫除外果皮」的咖啡豆，倒入另一個大桶子裡，在裡頭執行傳統的發酵步驟，目的是為了鬆開黏黏的果膠層，其後再使用清水將果膠層沖洗乾淨，最後才進行乾燥程序。（圖片來源：傑森·沙利）

產區之一，有些抱怨可娜價格過於昂貴的咖啡迷必須體認到一個事實：也許它光靠產區名氣就能賣得很好，不一定要靠咖啡豆品質，但即便如此，可娜咖啡也並沒有售價過高的疑慮，反而是全世界其他產區的價格過低了。

卡霧與夏威夷大島上的其他產區

「卡霧」是較新的咖啡產區，位於可娜區的西南方，有著優異的深土壤層，整體的風土環境都是位在山坡地上、面朝南方的區域，生產出的咖啡風味近似於可娜的風格，但價格略低，而且製作水準比起一般由大型處理廠出品的「100% 可娜咖啡」好上許多。

有一家精品的小型咖啡生產者「洛斯提的夏威夷農園」（Rusty's Hawaiian farm），其主理人名為「蘿莉·歐布拉」（Lorie Obra），該莊園在精緻咖啡圈中具有十分崇高的名聲，因為他們素來以處理的謹慎態度、成功的咖啡樹種實驗、後製處理法聞名業界。

另外，在大島的其他區域也有一些小型、管理得當的農園存在，其中包括在「普納區」（Puna）與「哈馬庫瓦區」（Hamakua）的一些小農園。

夏威夷的「其他島嶼」：茂宜島、摩洛凱島、歐胡島、可愛島

夏威夷的其他主要島嶼開始出現小型精品咖啡農園，特別是在「茂宜島」上巨大的「哈雷亞卡拉火山」（Haleakalā）山坡上涼爽的高地區域。

但是這些「其他島嶼」的咖啡景象全然不同於大島，那個景象是：在岩石、生鏽的汽車、木造房舍之間，可以看到

一小叢咖啡樹群，在曾經種植鳳梨與甘蔗的海岸沿線平原上，如今都種著一排排長長的、規則排列的咖啡樹，如同深綠色的樹籬隨風起伏。其散發著光芒，與大島上那些景象（人力採收工靠著岩石摘採咖啡果實）不同；在這些其他島嶼上，可看見靈巧的採收機具在幾近平坦的地域上，經由數百支玻璃纖維棒發出震動，打落樹枝上的成熟果實，如同不停工作的手指般（詳見第 85 頁，有更多關於機械化採收的內容）。這些島嶼上的土壤層都很深厚，屬紅土性質；降雨跟可娜或卡霧相比較少，必須依賴灌溉系統。

前述的大型咖啡農園包括：茂宜島上的「卡安娜帕利莊園」，現改名為「茂宜本地咖啡莊園」（MauiGrown Coffee）、摩洛凱島上的「馬路拉尼莊園」（Malulani Estate）、歐胡島上的「威阿路亞莊園」（Waialua Estate）、可愛島上的「可愛咖啡莊園」（Kauai Coffee，該莊園種植面積是驚人的 3100 英畝／1250 公頃），這些大型莊園在很早就有種植咖啡的歷史，只不過現在是以商業化規模在沿岸平原上復興咖啡種植產業。在 19 世紀時，這些咖啡莊園曾改種當時較有利潤的甘蔗與鳳梨，當時的咖啡產業僅在可娜產區保留著，而可娜產區的崎嶇火山岩地形也限制了農園規模擴大，因此那裡通常都是小農。

從甘蔗、鳳梨再度回歸咖啡種植

然而到了 1980 年代，其他國家生產的鳳梨、甘蔗價位更低廉，衝擊到夏威夷的大型鳳梨園、甘蔗園，因此夏威夷州政府與這些大型農園經營者苦思尋找替代性作物，不但要能吸引光觀客，更要能提供旅館工作人員、觀光直升機飛行員住宿的需求，「經營精緻咖啡莊園」似乎就是能同時滿足這些需求的高價值替代方案。

不過，從經濟與咖啡的角度來看，從甘蔗與鳳梨「重新種回咖啡」的策略帶來的結果有點令人感到迷惑，這 4 家從 1980 年代就重新轉種咖啡的大型莊園，雖然仍能以某種型式持續生存，但目前依舊在「能否獲利」的課題上掙扎著；夏威夷是一個高勞力成本的市場，雖然這 4 家大型莊園透過機械化採收省下了可觀的人力成本，但生產出來的咖啡也必須要讓消費者願意花較高的價格購買，其商業模式才能算是成功，不幸地，這些沒有「可娜」名號的夏威夷咖啡並無法像「可娜咖啡」一樣擁有高售價光環，這些咖啡本身的特質在行家圈中無法建立足夠的討論熱度。

4 家大型莊園的咖啡

從這 4 家大型莊園生產出來的咖啡，杯中風味特質整體而言受限於低海拔的條件，加上種植的是阿拉比卡樹系中較不具風味獨特性的樹種，主要的後製處理法都是「水洗」（通常是機械脫膠模式），諸多因素加起來，製作出來的就是嚐起來還不錯、但很標準低海拔的阿拉比卡風味：酸味適中，有著討喜但較微弱的帶核水果調、巧克力調、堅果調與芳香木質調。

這些大型莊園也會製作「日晒處理」咖啡，並搭配巴西式的篩選系統（也就是，將在樹上就已乾燥的果實，從恰好成熟的果實中分離，同時使用烘乾機、水泥平台等模式執行乾燥程序），這些大型莊園製作的日晒處理咖啡，通常有著稍微過頭的發酵水果味、一絲絲輕微的霉味，風味在中深烘焙時較有趣，特別是拿來當作 espresso 飲用，有較令人振奮的效果，但在撰文當下，這類的夏威夷大型莊園日晒處理咖啡，還是很難與中美洲、衣索比亞及其他產國製作的精緻化「日晒處理咖啡」相提並論。

儘管如此，對於想來個咖啡莊園之旅的咖啡迷來說，這些大型莊園仍然值得前往，特別是在採收期間（大約在 10 月～隔年 3 月間），即便莊園內販售的咖啡商品，可能會讓行家族群有點失望，因為烘焙程度通常是深烘焙的。

茂宜島與摩卡變種

「茂宜本地咖啡莊園」前身為「卡安娜帕利莊園」，是行家族群在這 4 大莊園中公認最有趣的一座，它依照不同樹種銷售其咖啡商品，其中有 3 種在其他國家產區中時常見到：「黃卡度拉」（Yellow Caturra，是「波旁」系統下一種樹型精簡的選育變種）、「紅卡圖艾」（Red Catuaí，是一種全「阿拉比卡」血統的混血變種，風味突出），以及可娜體系的「鐵皮卡」，這個體系的「鐵皮卡」種在潮溼的可娜區之外，被證實風味表現不太優，尤其是種在較為乾燥、低海拔的茂宜島上，不過「卡度拉」與「卡圖艾」在這樣的環境下表現得還不錯。

該莊園種植的第 4 種樹種，在咖啡行家圈中十分受歡迎，但對於種植者來說它很難搞，它就是「摩卡種」（Mokka／Moka），該變種在印度洋中的「留尼旺島」首先被選育出來，途經巴西才轉進夏威夷。「摩卡種」的豆型極小，如同豌豆，很不幸地，它還是一種產量很低、不穩定的難搞樹種；儘管如此，這些由袖珍「摩卡種」咖啡豆製作而成的咖啡風味並不簡單，在中烘焙或中深烘焙時，擁有迷人的花香、複雜的水果調性、具有獨特性的巧克力調。「茂宜本地咖啡莊園」通常會採「日晒處理法」來製作「摩卡變種」的咖啡豆。

加州咖啡：絕非華而不實

在 2002 年時，傑伊‧羅士奇（Jay Ruskey，一位具創新力的加州「有機果農」）受到「加州大學戴維斯分校」的顧問馬克‧蓋斯凱爾（Mark Gaskell）鼓勵，在他位於「聖塔巴巴拉市」的珍稀亞熱帶果園旁種植多種不同樹種的咖啡樹，過了 12 年，*Coffee Review* 收到了羅士奇在他「有機好所

在莊園」（Good Land Organics Farm）種植並烘焙的「卡度拉樹種」樣品。羅士奇目前也鼓勵其他農民在南加州一帶種植咖啡樹，並將他們的咖啡一起用「福令吉」（Frinj）的品牌共同行銷，這款樣品其來源資料顯示的樹種與種植海拔，測試到的風味出奇迷人：甜味佳、堅果調、低調但複雜度高；風味獨特性表現沒有特別突出，但是強度夠，而且風味怡人。羅士奇現在也開始生產少量的「藝伎／給夏」。

同時，加州大學戴維斯分校組織了一群技術人員、學術專家，成立了「咖啡中心」（Coffee Center）促成當地產學合作相關事宜，在 20 世紀後期，加州大學也曾經在葡萄酒產業裡，執行過類似的產學合作方案。

新型態的產學合作

正由於北美咖啡烘焙零售與消費的文化擁有非常活潑的本質，特別促進了這種最新型態的產學合作夥伴關係，除了能夠讓具風味獨特性的咖啡獲得獎勵，也讓創新思維能夠在此蓬勃發展。其他時期及其他咖啡產國，類似的產學合作關係較傾向於發展農藝、產量，而非發展咖啡本體的風味特質與吸引力。

也就是說，羅士奇與他在聖塔巴巴拉市的夥伴所做的相關實驗，在本書日後的更新版本可能還會增加許多篇幅。

照片中的人物就是傑伊・羅士奇，他領導著加州地區的咖啡種植產業。照片攝於他在聖塔巴巴拉附近自家咖啡園中，他的身後種植著一排珍稀的「羅琳娜／尖身波旁變種」咖啡樹（屬於阿拉比卡系）。（圖片來源：福令吉咖啡）

CHAPTER 13｜剖析咖啡地圖：非洲與葉門

非洲是全世界許多品質最佳、風味最獨特咖啡的發源地，之所以多元且傑出，部分原因可能是因為非洲大陸是兩個主要品種——阿拉比卡與羅布斯塔——的起源地；同時也是許多其他咖啡品種（尚未被商業化種植，或者不具商業化價值而未被廣泛種植的品種）的發源地，而且很有可能在不久的將來因為林地砍伐而漸漸絕跡。儘管如此，在所有種植咖啡的大陸中，非洲目前就是擁有最多野生與人工栽培阿拉比卡變種類型的大陸。

非洲的咖啡地理介紹

非洲最佳的阿拉比卡咖啡都產自東部高原地形中，北起葉門（阿拉伯半島的西南角）的高山區域，跳過亞丁灣（Gulf of Aden）經過衣索比亞，向南繼續延伸經肯亞、坦尚尼亞，最終到尚比亞、辛巴威。

其中風味最受推崇的，是衣索比亞南部那些香氣特別突出的咖啡，以及肯亞中部那些具備經典風味獨特性的咖啡；環繞著「非洲大湖區」的其他產國（盧安達、蒲隆地、剛果中部）所產的咖啡擁有複雜的甜帶甘特質，也是屬於獨具特色的寶藏產地。

然而，在咖啡帶的極北、極南區域上，有些偉大且備受喜愛的產區正面臨著危機。在北邊，葉門及衣索比亞的哈拉爾都是古老的產區，皆出產十分有名的咖啡，但目前受到諸多因素挑戰，從內戰到商業孤立（貿易制裁或禁運）都讓整體產量嚴重下降，不過葉門目前在發展高端咖啡的路上似乎開始有所作為；在南邊，尚比亞及馬拉威似乎完全停止咖啡產業的運作，辛巴威則是正在重啟中，該國才剛結束歷時悠久的政治與經濟動盪期。

特別備註一下，雖然本章主要是介紹非洲的產國，但也會涵蓋「葉門」這個位於阿拉伯半島西南角、多山的國家（隔著紅海、亞丁灣與衣索比亞遙遙相望），產自葉門與衣索比亞東部哈拉爾產區的咖啡有著緊密的關聯性，除了類型相近，這兩個地方的咖啡歷史也有直接的關聯。

非洲與咖啡的物流

在咖啡世界裡，許多非洲產國都有著一個很不尋常的問題：缺乏直接出海口與運輸點。雖然世界上其他產國也有某種程度的運輸問題，但大多數都沒有額外的複雜因素來增加運輸咖啡的難度，衣索比亞、盧安達、蒲隆地、烏干達、尚比亞、馬拉威、辛巴威都存在額外的物流層面問題。將一些高價值的小批次咖啡以空運的方式運輸，並且在物流層面下更多功夫，就已經能改善大部分過去會拖累咖啡品質的問題（過去這些產國的咖啡，時常會因運輸造成許多延誤，新鮮的咖啡運到客戶手上時，都變老豆了）。

非洲的羅布斯塔咖啡

烏干達是「羅布斯塔品種」的原生地，目前也是羅布斯塔咖啡的主要生產國（2020 年統計，產量居世界第 4），更是精緻等級羅布斯塔咖啡中的最重要產國。其他非洲產國也有生產較少量的羅布斯塔咖啡。詳見第 69 頁，可獲得更多關於羅布斯塔咖啡與其爭議性的內容。

葉門：咖啡歷史的復興

產自葉門中部山區（阿拉伯半島西南角）的咖啡是世界上歷史最悠久、目前仍持續出產的商業化咖啡。葉門的許多產區至今仍繼續種植著咖啡，就像 500 年前一樣，將咖啡樹種在半乾旱氣候的山地梯田平台上，底下是古老的石造村莊，看起來就像山的本體幾合延伸一般。夏季時，小小的咖啡樹叢準備開花，迷濛的細雨將葉門山區點綴為鮮綠色；到了秋季，雲層消退，空氣變得十分乾燥，此時咖啡果實正好成熟，採收後就會在石造房舍的屋頂上、鋪著防水布直接靠太陽晒乾；在乾燥的冬季，存在小水塔的水源通常會用來灌

溉咖啡樹的根部，直到下一個夏季（雨季）來臨前都要如此，才能讓咖啡樹保持生命力。

古老的後製處理法

葉門的大多數咖啡，至今仍採用數個世紀以來皆相同的後製處理法，也就是「日晒處理法」，果皮與果膠層完整保留著直接晒乾，乾燥程序完成後，整顆咖啡果實看起來就會有點乾癟，之後會使用傳統的石磨來去除這層堅硬的外殼，也正因為這個原因，許多葉門咖啡豆的外觀看起來較粗糙不規則（較常出現破碎豆）。

脫除下來的堅硬、乾燥果皮外殼，會呈現中間裂開的形狀（石磨破開外殼時，自然形成的裂縫），這層外殼會拿來做成一種甜甜的、帶點咖啡因的飲品，葉門人稱之為「機奢」（quishr），製作方式就是加入香料後一起煮沸，最後冷卻至室溫，在午後時光飲用，除了可解渴還能驅散睡意。

葉門咖啡的風味與存續：從蘇非教徒到伏爾泰，再到你的手上

雖然阿拉比卡咖啡樹種起源於衣索比亞西部，在早期的衣索比亞文化中也很顯然已開始服用咖啡，並將其視為有價值的作物；但首先使用烘焙咖啡豆來製作飲品的，極有可能是葉門，葉門是第一個將咖啡進行系統化耕種、進行商業交易的國家，在超過 200 年的期間裡（約 1500 ～ 1750 年），全世界銷售的咖啡都是葉門種植的，其中絕大多數是經由紅海上的「摩卡港」運輸出口。

時光飛逝，當時的國際地位如今已不復存在，葉門咖啡的出口量也大幅下滑，直到 2010 年，葉門因持續的內戰壓力，看起來似乎走到了一個歷史分界點上了。

如今，許多方面都與以往大不相同了，世界重新流行了那種帶著「輕微發酵水果」特性的日晒處理咖啡，葉門是這種類型的始祖；更重要的是，葉門咖啡的支持者近年來將以往略為粗糙、亂槍打鳥版本的葉門日晒咖啡，改造為更細緻、品質更卓越的風貌。

傳統的復興與優化

這些全新的葉門咖啡仍然屬於傳統式的「日晒處理法」，唯一不同的是，在採收時只摘取「完熟」的果實來製作，並在乾燥程序採用較仔細的流程，搭配棚架式日晒床，而非以往那種較為漫不經心、直接在屋頂上快速曝晒的老方法。這些高端的葉門咖啡，通常會使用真空包裝，並且以空運運輸，避免在運輸過程中減損芳香成分（這是數十年來葉門咖啡風味嚐起來較呆鈍的主要原因），採用

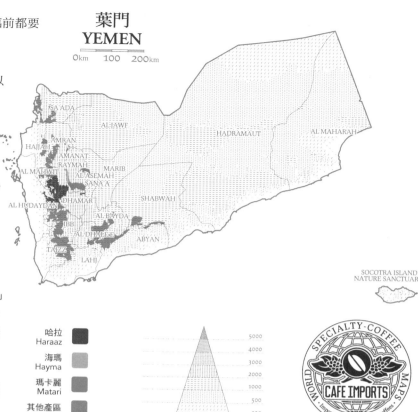

葉門
YEMEN
0km　100　200km

哈拉
Haraaz

海瑪
Hayma

瑪卡麗
Matari

其他產區
Other

SOCOTRA ISLAND
NATURE SANCTUARY

5000
4000
3000
2000
1000
500
200
100
(MASL)

WORLD SPECIALTY-COFFEE MAPS · CAFE IMPORTS · Importers of fine specialty coffees ·

葉門咖啡產區細節地圖。
本地圖由安迪·里蘭替 Café Imports 繪製。

典型的葉門中部咖啡園地景。咖啡樹及其他作物都種植在用石頭堆砌邊緣的梯田中，梯田邊有許多高聳的村莊建築。（圖片來源：iStock／DavorLovincic）

照片中為葉門「泰伊茲行政區」（Taiz Governate）的一位農民正在手摘咖啡果實。（圖片來源：iStock／Dimitry_Chulov）

這些優化措施後，這些優異的葉門咖啡變種得以展現它們最純粹、迷人如詩詞般美妙的風味變化性，不受到澀感、苦味或麻袋味那種輕微的霉味所阻礙（這些問題在過去時常存在）。

對於懷抱著浪漫情懷的咖啡迷而言，葉門咖啡仍保留著一項紅利特質：我們今日品嘗到的葉門咖啡，與1510年蘇非教徒在開羅、18世紀狄德羅及伏爾泰在巴黎嘗到的，都來自相同的梯田農園，而且也是同樣的樹種，唯一的差別在於，今日我們可以品嘗到更新鮮、更芳香的完整風味。

傳統的葉門咖啡風味
典型的全球描述用語（高端精緻批次）
深邃感，甜味高，具備熱帶水果調、迷人花香調、巧克力調、辛香感與香料木質調等複雜變化。
典型的全球描述用語（一般批次，未經特殊處理）
通常帶有較高發酵水果味，有點過熟水果調及些微的苦味收尾；另外有些批次的風味在運輸過程中就開始減損，水果與花香調轉變為香料、雪松調這類較為壓抑的類型。
常見的香氣／風味調性（高端精緻批次）
荔枝，杏桃，黑巧克力，檀香木，帶甜的花香（忍冬花、紫藤花以及紫丁香），及帶點蘭姆酒或白蘭地的調性，也會帶著芳草植物的香甜味，常出現芳香的新鮮菸草味。

典型的葉門風土條件
通常種植在極高海拔的半乾旱區域，搭配零星的灌溉系統。大多數的葉門咖啡種植在山坡上的梯田農地，或是種在山谷底下稱為「瓦地斯」（wadis）的谷底平原中。完全沒有遮蔭樹，通常會與其他類型的樹木、糧食作物交錯栽植。

葉門種植的咖啡樹種
傳統型變種
葉門種植著非常多種類的本地混血變種，其中有許多呈現不尋常的咖啡豆外型，或是十分具有衝擊性的杯中風味特性。不過，這些當地混血變種的葉門名稱時常互相重疊，有時嘗起來風味也不是那麼穩定。
隨後，「葉門尼亞變種」這顆重磅炸彈出現
然而在2021年，有一篇關於「137個葉門咖啡樣品基因足跡」的研究公開發表，這些樣本取自超過25000平方公里中的各地咖啡園——「揭開獨特基因多樣性的神祕面紗：葉門，人工栽種阿拉比卡種咖啡樹的主要發源中心」，研究人員 C. 蒙塔農（C. Montagnon）與其研究團隊共同發表於《基因資源與作物演化期刊》（Genetic Resources and Crop Evolution），2021年2月號，研究中發現，除了有許多在世界上其他產國也看得見的人工栽種阿拉比卡變種之外（也包含許多來自衣索比亞系統的本地混血變種），研究人員還發現了一組全新的基因序列，只有在葉門咖啡裡出現過；換句話說，這個序列的葉門咖啡只存在於葉門本地，就連衣索比亞這個咖啡原生地也沒有這種基因序列存在。研究人員將這些新辨識出的「葉門限定」咖啡本地混血變種標示為「新葉門基因簇」（new-Yemen cluster），之後有一個組織為了宣傳、推廣這類型的本地混血變種，就將其命名為「葉門尼亞變種」。

這項最新的研究，為當前葉門咖啡的復興運動增添了更多曲折離奇感，確立了葉門是個偉大且獨特的咖啡產國地位。將來這些「葉門限定」的變種在經過基因鑑定確認後，會以何種方式被帶入市場並推廣，尚且不得而知，也許會以更有創意的新名詞來行銷，但是這樣的發展對於這個單獨的產國，已經足以成為另一個咖啡傳奇篇章了。

葉門的後製處理法
傳統式後製處理法
前面內容已介紹過，採摘下的咖啡果實，通常會鋪在石造房舍屋頂上的防水布進行乾燥程序（日晒處理法），採收模式通常不是「目標性手選採收」；而脫殼步驟是靠著石磨完成，脫殼後的咖啡豆之後會再以人力進行清理與篩選。
較新型的非傳統式後製處理法
仍然是「日晒處理法」，但採取更仔細的流程製作，其中包括「延長乾燥程序時間」策略，目的在於讓水果味更濃、甜味更強。有些出口商已經成功整合整個生產鏈、進行改良式後製處理法，從採收、乾燥程序再到乾式處理步驟都打點好了。

消除歧義的摩卡港
（Mocha ／ Moka ／ Moca ／ Mocca ／ Mokka）

不論你是用哪一種拼法，「摩卡」一詞在咖啡辭典裡一直是個具有較高混淆性的詞彙。大約有超過 200 年的時間，全世界喝的咖啡都從葉門而來，其中大多數是經由「摩卡港」這個古老的港口運輸（因此「摩卡港」看起來還帶點廢墟風美感）；儘管如此，「摩卡」一詞在咖啡辭典中占據了永恆地位，直到今日，「摩卡」甚至成為了一款品質最佳的葉門咖啡之代名詞。

讓整個情況變得複雜的是，衣索比亞東部鄰近哈拉爾鎮的產區，其生產的咖啡其風味及生豆外觀也非常近似於葉門咖啡，這些日晒處理的衣索比亞哈拉爾咖啡，有時也會用「摩卡」名稱出品。

另一個容易產生混淆的機會，則是來自葉門摩卡咖啡風味中的巧克力調性，因為這個調性讓某些愛好者將一種結合熱巧克力與咖啡的飲品也命名為「摩卡」。因此「摩卡」這個詞彙同時代表著：咖啡的老派暱稱；葉門咖啡的老派代名詞；甚至也是結合熱巧克力與咖啡的飲品名稱。

「摩卡」也被拿來套用在一種知名的爐火加熱型 espresso 沖泡器上〔尺寸很小，形狀有點像沙漏，由畢亞列提公司（Bialetti）製造，事實上「畢亞列提沖泡器」變得無處不在，「摩卡壺」（Moka pot）也變成同款設計概念咖啡壺的泛稱。

最後，「摩卡」還是阿拉比卡系底下一款具獨特風味的變種名稱，「摩卡變種」的咖啡豆尺寸很袖珍、偏圓型，有點像豌豆仁，這個變種與葉門其中一種本地混血變種「伊詩邁麗」

十分相近。不過，目前我們在全世界可以喝到的「摩卡」變種，都是從巴西的城市「坎皮那斯」（Campinas）其著名的咖啡研究機構所培育出來的。雖然「摩卡變種」有著獨特且迷人的風味，然而卻因為豆型太過袖珍，加上難以預料的低產量，因此沒有被廣泛種植，目前僅在夏威夷、哥倫比亞各有一個小規模農園成功種植「摩卡變種」。

照片中為葉門「摩卡港」今日的景象，港口設施依舊，只是周圍都已被淤塞而荒廢了。摩卡港是 16 ～ 18 世紀早期全世界咖啡貿易輸出的唯一港口。

葉門的咖啡產區

其產區名稱跟葉門的咖啡豆一樣，沒有規則可尋。舉例來說，有次我在葉門工作時，當地的咖啡貿易商提到他們手上有一款「伊詩邁麗」（Ismaili）咖啡，但這個形容方式不夠明確，因為同樣叫「伊詩邁麗」的東西，有可能是從「巴尼・伊詩邁爾」（Bani Ismail）產區來的；有可能是採收自一個稱為「伊詩邁麗」的咖啡樹種上的咖啡豆；也有可能指的是同時符合兩個條件的咖啡。

「瑪塔麗」、「哈拉茲」及更多其他產區

如同前述的情形，葉門咖啡的傳統市場名稱也許都是以類似的命名方式而來，當中最有名的兩個傳統名稱，都與靠近首都沙納（Sana'a）向西往紅海的艾爾・胡戴達港（Al Hudaydah）的高速公路鄰近區域有關，其中最有名的兩個產區名稱就是「瑪塔麗」（有多種拼法，Matari 或 Mattari）與「哈拉茲」（也有多種拼法，Haraz ／ Harazi ／ Haraaz，還有其他很多拼法）。「瑪塔麗」指的大致上就是從「巴尼・瑪塔」（Bani Matar）這個極高海拔產區來的咖啡，恰

好位於首都沙納的西南方；「哈拉茲」指的是從首都正西方山區附近區域所生產的咖啡。在精緻咖啡市場裡，偶爾會出現標示為「海瑪」（Hayma ／ Haymah）的咖啡，也是從沙納正西方、巴尼・瑪塔北方的區域來的；另一個標示為「沙納尼」（Sanani）的咖啡指的是一種綜合配方豆，內容物是首都沙納正西方、多個不同產區咖啡豆。

在葉門西部之外的許多地區也種植咖啡，其中包括靠近泰伊茲市的西南部，以及靠近沙烏地阿拉伯邊界西北部的「沙達行政區」（Sa'dah Governate）。至少在近期野蠻又毫無意義的代理人戰爭發生之前，這些區域都還有種植咖啡。

在沙達行政區裡那些高大、優雅、多樓層的土磚造建築物，是我這輩子見過最具詩意的雄偉景象之一，希望這些建築物、咖啡、人民依然健在。

葉門的分級制度

在葉門咖啡的零售名稱中，未曾出現過等級標示，因為沒有官方主管單位來制定分級制度並加以維持。

咖啡日程表，以及採購、沖煮、享用的最重要時機

　　屬於北半球的產地，採收季大約從 10 月～隔年 1 月；在烘豆公司端，典型的最佳採購時機大約落在 12 月～隔年 7 月。最佳批次的葉門咖啡則是全年度都可能見到（因為是採空運）。

環境與永續發展
環境

　　在葉門中部的乾燥山區梯田，將咖啡種在遮蔭樹下是毫無意義的，因為其他樹木會跟咖啡樹搶水分；再者，傳統的葉門咖啡樹種似乎已適應了全日照種植環境。

社會經濟層面與巧茶（Khat）

　　傳統的葉門咖啡都是由村莊為體系，透過本身複雜的內部部落忠誠度與關係來生產咖啡，或是家族經營的小農園體系所生產，這樣的情形似乎開始有些轉變，因為現在多了很多發展計劃與直接貿易，讓買賣雙方的關係更多元、更符合客製化需求。

　　小農永遠是最慘的，不論在世界的哪個產國都是如此，但是葉門人還種植另一種作物「巧茶」（Khat／Qat），當地人會嚼食新鮮葉片，當作較溫和的午後提神用品，這種作物似乎為小農提供了經濟層面永續發展的出路，雖然帶點爭議性就是了。新鮮的巧茶葉片全年度都能採收，並且以少量的方式銷售，巧茶的樹木跟阿拉比卡咖啡樹的種植環境幾乎一模一樣。

　　然而，對於環境層面來說，巧茶比起咖啡樹較不友善，種植巧茶需要較多水分，但是在乾燥的葉門產區，水源供應越來越短缺。

衣索比亞：咖啡行家的盛宴

　　對許多人來說，「衣索比亞」一詞帶來的印象就是「沙漠、乾旱、飢荒」；但是在衣索比亞的南部、西南部，卻有著鬱鬱如蔥般的綠色山丘，遊客如果造訪也許會讚嘆這裡是人間仙境。另外，雖然衣索比亞仍是世界上最貧困的國家，但對於咖啡行家而言卻是地球上最富有的地方，因為它是全世界所有最具風味獨特性咖啡的起源地。其咖啡產量占全世界總量約 4%，但全都是阿拉比卡種，其中有一大部分的品質令人印象深刻，有的甚至具非比尋常的水準。

衣索比亞的南部、西部

　　衣索比亞南部／西南部的咖啡產區，在世界上的所有優秀咖啡產區中占有獨特地位，看看以下幾點：

- 衣索比亞西南部的原始林區，是阿拉比卡種的最早起源地，目前還有許多未被發現的品種存在其中。

- 衣索比亞絕大多數的咖啡，都是產自這些阿拉比卡當地原生品種，這些當地原生品種與混血變種之間帶有交響樂般的協調感，香氣、風味都十分複雜，其中最獨特者，甚至能夠讓其他有名的變種（例如：SL28、波旁）風味相形見絀。目前唯一能與衣索比亞原生最佳批次分庭抗禮的人工栽培競爭者，只有風味、複雜度同樣精彩的「藝伎／給夏」變種，不過它也是來自衣索比亞的變種，只是後來被帶到新世界（詳見第 7 章，有更多關於咖啡變種的內容）。

- 從衣索比亞西部／南部出產的「符合標準出口等級」的咖啡，通常較少出現後製處理或乾燥程序不當而產生的缺陷風味。這些產區中的「水洗處理咖啡」都是在管理完善、集中處理的水洗處理廠，採用經典的「先發酵後水洗」流程製作；銷往精緻咖啡市場的「日晒處理咖啡」通常也會進行格外仔細的處理流程。

- 幾乎所有的衣索比亞咖啡都是小農種植，其中絕大多數的小農可能從來都沒使用過化學物質（農藥或化肥），這對消費者來說除了是個好消息之外，要將它們轉型為正式的「有機認證」咖啡也變得相對容易，這也是為什麼目前市面上許多已具備「有機認證」的衣索比亞咖啡其品質都很優異，而且很容易取得。

- 衣索比亞人很在乎咖啡也很了解咖啡，相關的知識深深地編織在文化裡，他們不是那種「種出厲害的咖啡，但回到家卻在喝茶或即溶咖啡」的人（肯亞人就是回家喝茶；其他咖啡產國則因為更貧困，只能回家喝廉價即溶咖啡），衣索比亞人將自身所產的咖啡留下約一半給內需市場，其中大多數都是新鮮烘焙的。

- 對於缺乏現金的衣索比亞小農村莊來說，是一件不幸的事；但是對於全世界的咖啡迷來說，卻是很幸運的事。大多數優質的衣索比亞咖啡都是性價比極高的，從「耶加雪菲」產區出品的一款極具獨特性的咖啡，品質非比尋常、光芒四射，但它的售價可能只是普通精緻咖啡那樣的價位。

例外的「哈拉爾」產區

　　衣索比亞西南部產區的咖啡〔經由首都「阿迪斯·阿貝巴」（Addis Ababa）進行交易，包括知名的「耶加雪菲」與「西達瑪／西達摩」產區〕獲得熱烈的讚揚與肯定；但衣索比亞東部「哈拉爾」產區的咖啡〔經由「迪雷·達瓦」（Dire Dawa）進行交易〕則未受到太多關注。「哈拉爾」咖啡風味較近似於葉門咖啡，與衣索比亞西南部產的差異較大，「哈拉爾」咖啡樹已適應了當地相對乾旱的種植環境，幾乎全都是採「日晒處理法」製作。

　　與衣索比亞西南部相對活躍的咖啡產業不同，「哈拉爾」產區在過去 20 年間的發展呈現憔悴狀態，缺少創新與

品質的改良，許多咖啡農現在更偏好種植巧茶（一種新鮮樹葉，可嚼食並用來提神。販售巧茶新鮮葉片能讓農民全年都有收入，銷售咖啡豆則只在採收季才有收入）。

　　撰文當下，要在北美精緻咖啡市場裡見到「哈拉爾」咖啡的機會並不多，在北歐市場可能較常見。期許「哈拉爾」產區能出現有力的領導者、合作夥伴，將它帶回跟 40 年前一樣的偉大精緻咖啡產區地位。

傳統的衣索比亞咖啡風味：水洗處理法的衣索比亞西部／南部咖啡

典型的全球描述用語

　　帶有清脆感的甜味，精巧的明亮度；口感輕盈但略帶絲滑感；香氣奔放且多變。

常見的香氣／風味調性

　　通常有著複雜、上揚的花香，從略帶苦甜感的薰衣草花香，到迷人的忍冬花香都可能出現；時常會呈現帶甜味的柑橘調，總是會有可可粉般的巧克力調，時常會有線香類的芳香木質調：檀香、雪松調。

傳統的衣索比亞咖啡風味：高端日晒處理法的衣索比亞西部／南部咖啡

典型的全球描述用語

　　水果調，甜味明顯、具備飽滿的明亮度；口感近似略稀的糖漿；香氣奔放且多變；時常會伴隨一絲發酵水果調性。

常見的香氣／風味調性

　　幾乎都是水果調的前調，特別是深色的莓果（藍莓）與熱帶水果（芒果）；時常出現迷人的花香調（百合花）；時常呈現出線香類的芳香木質調，特別是檀香或「沒藥」；偶爾會出現一絲白蘭地或其他桶藏烈酒的調性。前面這些形容詞彙只是剛開頭而已，因為「日晒處理法」會讓咖啡豆與果膠層持續接觸，加上衣索比亞擁有如此多樣的咖啡變種，兩兩相乘必然會蹦出更多預期之外的香氣與風味火花。

衣索比亞東部「哈拉爾產區」日晒咖啡風味

典型的全球描述用語

　　在過去 10 年左右，哈拉爾產區的咖啡品質持續惡化，在這段期間裡，在咖啡市場裡能嚐到的哈拉爾咖啡都帶有木質調且風味扁平；傳統上來說，它應該是具備水果味前調，通常甜味很棒，但也時常伴隨著明顯的發酵風味，在

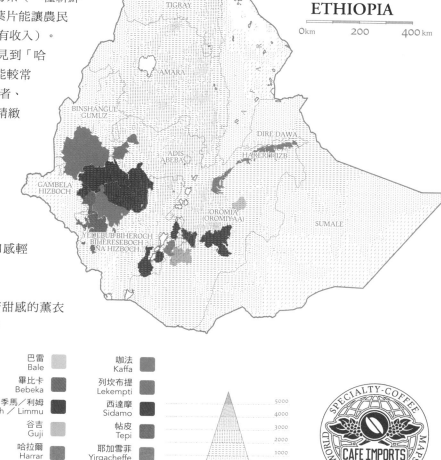

衣索比亞咖啡產區細節地圖。
本地圖由安迪·里蘭替 Café Imports 繪製。

最佳表現時，這股發酵風味有點近似白蘭地；口感通常頗為迷人，類似略稀的糖漿質感；假如有任何缺陷風味——苦味、穀倉內的發酵味，或是像木質味般的扁平風味——通常在「收尾」階段最容易喝到。

常見的香氣／風味調性

　　再次說明，哈拉爾咖啡在最佳表現時，會具備水果前調，特別是深色莓果（藍莓），並且帶著白蘭地或威士忌韻，通常也會出現芳香木質調（最佳批次則會出現檀香或雪松調；假如生豆在運輸過程中已經衰退，則會呈現乾口的木質調風味）。

典型的衣索比亞風土條件

　　中高到高海拔，地勢通常是丘陵般的地型，而非崎嶇蜿蜒的類型。在南部、西南部的產區雨水豐沛，在東部哈拉爾產區則是乾燥型氣候。

照片中為衣索比亞人平時進行的咖啡儀式（不是在飯店內表演給觀光客看的那種）。當地人的咖啡儀式是一種延伸性的、充滿魅力的、以咖啡為中心的活動，各個家族會使用一具鐵鍋為賓客烘咖啡豆，利用杵、臼研磨，再使用一具細頸陶壺燉煮咖啡，之後再用馬鬃製成的過濾器將煮好的咖啡過濾到小杯中，最後就如同照片中的人一般，享用這杯咖啡。

衣索比亞種植的咖啡樹種
傳統型變種

在衣索比亞本地所有的原生種及本地混血變種群，擁有極優的特質、風味獨特性，目前才剛要開始收錄這些以往未被分類的樹種。以往傳統上對於不同產區的咖啡風味描述，其差異性很有可能就是因為「不同產區裡，有不同組成的咖啡樹種或本地混血變種」，很顯然地，村莊與村莊之間，可能各自擁有不同類型的本地混血變種群。

最新引進的變種類型

衣索比亞咖啡當局為了維持各產區風味差異性、風味特性，同時兼顧抗病力、耐旱度的農業需求，進而「精心設計」出了許多新樹種，其中絕大多數都是透過「選育」而來，僅有少數是具備羅布斯塔血統的混血變種。所有的新樹種各自在某個海拔高度環境有著最佳的生長條件。

換句話說，他們在為特定的生長環境條件「客製」不同咖啡樹種。目前我們無從得知，我們喝到的這些從偉大衣索比亞南部出產的咖啡，有多少比例是來自發展久遠的「本地混血變種群」，又有多少比例是來自於近期由咖啡當局研發出的那些新樹種（「選育變種」及「具備羅布斯塔血統的混血變種」）。

衣索比亞的後製處理法
傳統式後製處理法：水洗處理法

從 1980 ～ 2000 年左右，衣索比亞南部／西南部的精緻咖啡全都採用經典「先發酵後水洗」模式的「水洗處理法」，由當地的集中化處理廠以嚴謹態度統一製作；水洗流程完成之後，咖啡豆會被鋪在架高式的棚架上進行細緻乾燥程序（幾乎所有東非、中非產國都採取這種方式）。

傳統式後製處理法：哈拉爾產區，以及一般批次的日晒處理法咖啡

在乾燥的哈拉爾產區，長久以來都採用「日晒處理法」。在衣索比亞的其他產區，未送入集中化處理廠的咖啡，也幾乎都是「日晒處理法」（較簡易版本，風味較粗糙）。

在衣索比亞任何一處，只要有長出一棵咖啡樹的地方，就會有人採下果實並將其晒乾。我記得我在衣索比亞西部被當地人載著，車開在一條幾乎渺無人煙的公路上，突然間我看到一小區被排列整齊的小石塊圍起來的路面區域，裡面正晒著咖啡豆，這種較非正規的日晒處理咖啡鮮少有機會出口，大多是在本地市場販售，或是在製作者自家內用簡單的方式脫殼、烘焙並飲用；萬一這樣的咖啡有機會出口到海外，也僅僅是成為廉價咖啡配方裡、拿來充數的存在。

集中化處理「水洗處理廠」的來臨

在 1970 年代之前，幾乎所有的衣索比亞咖啡都像前段描述的那樣，用較簡易的方式製作日晒處理咖啡；但自從1972 年開始，集中化處理的水洗處理廠（水洗處理站）系統被引進衣索比亞南部產區，這一步伴隨著「水洗處理法」本身的品質控管標準，讓衣索比亞南部的咖啡從「粗糙不穩定」走向「乾淨複雜又優雅」的風貌，後者也是如今我們對偉大的南部產區咖啡擁有的印象。

在這些集中化處理的水洗處理廠建立之後，那些因為較粗心的採收而被剔除的咖啡果實，以及採收後太晚才送到水洗處理廠的果實（不得其門而入，因為處理廠已下班），就會由小農本身以老方法製作成日晒處理咖啡，成為較低等級的咖啡銷售出去。

日晒處理法的革命：全新的衣索比亞日晒處理咖啡

在 2005 年左右，星巴克的生豆採購專家群，應該是第一批鼓勵農民只採完熟果實來製作日晒處理咖啡的人（在採收階段，就直接排除未熟果或過熟果），製作出來的商品，就是星巴克於 2005 年的特賣商品「雪奇那日晒西達摩」（Shirkina Sun-Dried Sidamo），這款咖啡從各個層面來說都改變了高端咖啡的規則，「雪奇那」向大眾展示了「只採完熟果實並精心製作而成的日晒處理咖啡」可以發展出全新、更令人興奮的感官體驗，不論是任何一種咖啡都能得到這種效果，從衣索比亞南部產區出產的、那些原本就風味獨特的咖啡，效果特別突出」。自此之後，許多其他規模較小、策略較靈活的咖啡公司，也製作出一系列非比尋常、經過優化處理的日晒處理咖啡，除了在衣索比亞製作，也在全世界的

首先,要選擇後製處理方式——看你要買「水洗法」或「日晒法」。後製處理法的類型會讓咖啡風味的出發點有戲劇性的不同(咖啡產區名稱則沒有這種效果)。「水洗處理法」的咖啡通常具有明顯的甜味、溫和的明亮度(有時會帶點辛香感),有著細緻的花香與水果調,如可可粉般的巧克力調,以及略微辛香的芳香木質調(近似檀香或雪松);「日晒處理法」的咖啡通常具有較迷人、較豐富的水果味(通常是熱帶水果),時常會帶有一絲葡萄酒或烈酒的韻味,口感更偏向糖漿一般的濃稠,帶有黑巧克力調,偶爾會有線香般的芳香木質調。比起「日晒處理法」,「水洗處理法」的咖啡穩定性更高,但是前者在最佳表現時,風味更令人興奮。

接著,要觀察是否有傳統的產區名稱標示,雖然許多位於衣索比亞南部的產區都生產優質咖啡,然而其中最具特色、品質最佳的,都是沿著「阿拜亞湖」(Lake Abaya)南緣 6 號公路以東的區域所生產,此區域的主要大產區名稱就是最受歡迎的「耶加雪菲」,但是最佳批次的那些耶加雪菲風味特質,則會用鄰近的城鎮命名,包括「科切雷」(Kochere)、「潔蒂普」(Gedeb)。在潔蒂普的東南邊過去一點,則是稱為「谷吉」(Guji)的區域,其所出產的咖啡風味與耶加雪菲相近,也是非比尋常的類型。前面提到的這些名稱,都是南部產區的好咖啡指標。「西達瑪/西達摩」是位於「耶加雪菲產區」東邊到北邊區域的傳統產區名稱,那裡的咖啡風味比起耶加雪菲略為圓潤一些,花香與風味密集度則略弱一些。

但是剛提到的內容只是粗略的入門指標,因為目前有越來越多的咖啡是用合作社或特定的水洗處理廠名稱來標示,加上衣索比亞咖啡裡常見的花香、可可粉風味調性,這種基本型態也開始有了更精彩的延伸發展(譯注:所以前面這些內容,只是採購時可參考的部分資訊罷了,最終還是要看風味描述、實際品嚐的感受來決定)。你可以從喜歡的處理法種類、優質的烘豆公司商品中開始探索。

其他產國製作。

在今日,高端批次的衣索比亞咖啡可能是日晒處理法製作的,也可能是水洗處理法製作的,對於市場需求敏感度較高的出口商、咖啡合作社而言,兩種後製處理法都有。

衣索比亞的咖啡產區

衣索比亞的咖啡地理名稱正在改變中,在傳統的「大產區名稱」(特別是「耶加雪菲」與「西達摩/西達瑪」這兩個近代咖啡史中最有名的產區)之上,現在都改為標示「小區域名稱」(小區域的英文:regions / zones / districts),用意在於彰顯衣索比亞多元的傳統、部落內涵。這些較新被標示出來的「小區域名稱」形成了當下複雜的「ECX」(中文:衣索比亞期貨交易平台;英文:Ethiopian Commodity Exchange)分級制度(見第 165 頁),在咖啡熟豆外袋或烘豆廠商的官方網站裡,你可以看到舊式、大產區的名稱,或是新式、更具族群正確性的小區域名稱,有時兩者會同時標示;有時,標示中的內容可能只會有那些知名的咖啡合作社或水洗處理廠名稱(不標產區或小區域名稱)。請參閱衣索比亞地圖,以及上方的文字框「如何購買衣索比亞咖啡?」內容,可獲得更多產區的細節。

衣索比亞的分級制度

優質的衣索比亞咖啡在零售端不常標示等級名稱,除了因為分級系統設計得極其複雜之外,也因為目前正處於重新定義與改變的狀態中。此外,大多數精緻等級的衣索比亞咖啡,目前不是透過大型的合作社聯盟銷售,就是透過處理廠(自 2017 年起),因此其咖啡的主要標示內容,通常會著重於後製處理法、大產區名稱、合作社/處理廠名稱等資訊上,而非將重點放在等級。

但是為了方便記錄:官方發布的衣索比亞咖啡架構大綱介紹

這個分級系統目前主要被用在「ECX」(見第 165 頁)買賣較大批次的咖啡時使用。

依據杯中風味品質、肉眼可見的缺點豆數量多寡,衣索比亞咖啡被分為 9 級:「第 1 級」與「第 2 級」普遍被認定為「精緻咖啡等級」;「第 3 級」~「第 9 級」為「商業咖啡等級」;看起來是十分簡單的系統。此外,所有的衣索比亞咖啡都會被冠上一個粗略定義的大產區名稱、簡略的杯中

攝於衣索比亞「耶加雪菲產區」的一家水洗處理廠,婦女勞工正在從架高式棚架日晒桌上以人工手挑不良豆,照片中的咖啡豆是「水洗處理法」的帶殼豆。

特質描述，舉例來說，有的會標示為「耶加雪菲第 1 級」（Yirgacheffe grade 1），有的則會被標為「西達瑪第 1 級」（Sidama grade 1）。好了，分級標示中的第三個元素可能會帶來一些困擾，每一款咖啡的第三項分級標示是一個「大寫字母」，舉例來說，在哈拉爾大產區的咖啡中，標示出一個「大寫字母」的第三元素，很明顯地是在標示「大產區內的小產區名稱」。

針對區域性咖啡風味調性的強化標示

不過在其他情況下，「大寫字母」代表的可能是「杯中風味特質」。舉例來說，一款來自著名的「耶加雪菲」大產區的咖啡，假如杯測師根據 ECX 定義的標準，明確地感受到「耶加雪菲該有的杯中風味特性」，就會將第三元素標示為「大寫 A」；但假如它嚐起來不像「耶加雪菲該有的風味」，第三元素就會被分配為「大寫 B」。雖然這樣的區分方式聽起來不會造成混淆，尤其對於原本就極具有風味獨特性的耶加雪菲咖啡來說，應該是更明確的一種標示。ECX 的杯測師對於區分類型都十分有經驗，因此我在過去的杯測經驗中，才能夠時常品嚐到一些標示為「A」的華麗型耶加雪菲咖啡，也就是代表「來自耶加雪菲產區、嚐起來也像耶加雪菲典型風味」的那種咖啡。

但是這個新系統用來與消費者溝通時略顯複雜，若要完整標示出來，名稱看起來就會太長。ECX 仍持續進化中，我相信分級系統還有可能再改變。

咖啡日程表，以及採購、沖煮、享用的最重要時機

屬於北半球的產地，採收季大約從 11 月～隔年的 3 月；在烘豆公司端，典型的最佳採購時機大約落在 4 月～隔年 1 月。衣索比亞的咖啡大多十分耐存放，在全年度的任一季都可能品嚐到優質的咖啡。

攝於衣索比亞「耶加雪菲」鄰近區域，一位採收工正在摘採成熟的咖啡果實。

環境與永續發展
環境

衣索比亞咖啡中有很高的比例是「實質上的有機咖啡」，在那裡的咖啡產區村落中，只要是你的獨輪車有一個輪子是金屬製的，就已經是奢侈品（譯注：產區村莊普遍都很貧困，沒有多餘的錢可以買化肥或農藥）。因此在傳統的產區中，咖啡合作社要與出口商共同建立「有機認證」的工作就變得相對簡單許多，因為大多數的農園本來就採有機方式種植，只是還沒拿到認證而已。

「後院咖啡」（Garden Coffees）與「原始林咖啡」（Forest Coffees）

衣索比亞咖啡當局將全國的咖啡區分為 4 大類別：「後院咖啡」、「半原始林咖啡」（semi-forest coffees）、「原始林咖啡」、「莊園咖啡」（plantation coffees）。南部產區（包括耶加雪菲、西達瑪產區）的後院咖啡，通常會與其他種類的果樹與糧食作物混合栽種在農民的自家後院，雖然這種混合種植的模式跟生態學家推崇的「傳統型多元物種遮蔭」條件不盡相同，但此模式對於環境友善的程度卻高得令我驚訝（大多數遊客應該也同樣驚訝），咖啡樹就種在靠近農民小房舍的周邊區域，期間還種植其他小農賴以生存的作物（當然咖啡也是他們賴以為生的其中一項作物，會拿來當水果吃、當飲料喝）。

衣索比亞西南部產區的「半原始林咖啡」，通常都種植在不算是正式被開墾的高大原生樹木底下（看起來像是森林中的較下層樹木），原本的下層樹木被替換成咖啡樹；而西南部產區的「原始林咖啡」，則是從原始森林裡的野生咖啡樹上直接採集而來，因此這種類型的咖啡就是終極版本的「環保正確型咖啡」；「莊園型咖啡」則是出產自規模較大、有時是政府經營的國有農園中，但在撰文當下，這種類型的衣索比亞咖啡僅占總產量的 5%。

擴充產量，以及即將發生的「去森林化」

雖然大多數的咖啡都種植在對環境相對友善的環境之下，近來衣索比亞發布一項新的政策，甚至鼓勵人們在以往不能開發的森林區擴充咖啡的生產基地，此舉受到一些永續發展領域的專家大肆抨擊。

社會經濟層面

因為衣索比亞的咖啡合作社運動力道足夠強勁，所以「公平交易認證」十分普遍；在全世界同樣具備雙認證（「公平交易」與「有機」）的咖啡中，衣索比亞咖啡是當中最具風味獨特性、最迷人的一種。

ECX（衣索比亞期貨交易平台）及其爭議

儘管如此，衣索比亞生產 95% 產量的小農族群仍持續過著貧困的生活（過去 50 年來，歷屆政府雖然都曾經努力

要幫助他們生產品質更佳的咖啡、同時支持其生計，但依舊沒辦法讓他們脫貧），「門格斯圖」政權（Mengistu，1974～1991年，一個信奉馬克斯主義的軍事政權）雖然受到冷戰時期的美國大肆抨擊其獨裁行動，但該政權將前任政權開啟的「集中化水洗處理廠系統」大肆擴張，從許多方面來看，這個措施造就了日後衣索比亞南部產區成為偉大的水洗處理咖啡產區；門格斯圖政權也鼓勵建立強大的咖啡合作社體系，這也是讓他們的咖啡在今日獲致成功的重要關鍵。

2008年，衣索比亞政府成立了「ECX」，這在當時是非洲大陸的第二個期貨交易平台。這個平台將芝麻、豆類、玉米、小麥、咖啡的交易模式變得更現代化也更有規範，這個系統讓農民能更即時收到貨款、讓買家能即時付款，也提供了可靠的分級制度與品管，同時還整合了倉儲、分級、交易、金流等功能，農民可獲得交易價格資訊，也能透過電話專線了解他們的咖啡果實要繳往哪個當地的集貨點。從許多層面來看，ECX成功梳理了整個衣索比亞的產業，讓買方增加了許多信心，同時也有效降低小農財務上的困境。

精緻咖啡產業對 ECX 的抗拒

然而對於精緻咖啡產業、烘豆公司而言，ECX一開始並不受歡迎，因為這個平台將「買方與賣方直接進行金流」的機會抹殺了（這種模式在之前就代表了精緻咖啡的核心價值），系統原先就被設計成「不論是誰生產的咖啡，全都必須透過這個交易平台進行買賣」，這樣的模式雖然能確保在末端可得到非常謹慎分級的咖啡，但你卻不知道它的來源是哪裡，你只能看到大產區、等級的標示，看不到村莊名、處理廠的名稱。

精緻咖啡的救贖：咖啡合作社聯盟

很幸運地，當ECX創立時，咖啡合作社聯盟被豁免於平台交易的專斷介入之外，它被允許直接與出口商、烘豆公司直接交易。這項豁免政策極具意義，因為衣索比亞的4大合作社聯盟規模都挺龐大的，也是許多最優秀的衣索比亞咖啡主要來源。

舉例來說，「西達瑪咖啡農民合作社聯盟」（SCFCU／Sidama Coffee Farmers Cooperative Union）是由47個較小型的主要咖啡合作社所組成的後製處理、行銷、出口聯盟，位在「西達瑪／西達摩」產區，小農會員約8萬名。該聯盟出口的咖啡具有明確的溯源資訊，不但可以知道確切的水洗處理廠名稱，有時甚至還能知道村莊名或農民本人的資訊。

毫無疑問地，這個管道正是點亮了近年高端精緻咖啡市場的天賜良機，讓合作社聯盟能夠直接與買方交易，我們才能品嚐到這麼多令人驚豔的小批次特優衣索比亞咖啡；同時，規模較大的咖啡公司也能透過ECX嚴謹的品質控制，買到品質更好的大批次咖啡（期貨等級的水準也提升了）。

攝於衣索比亞「耶加雪菲產區」的鄰近區域，工人正在執行乾燥程序，咖啡被鋪在自製的架高式棚架上曝晒。

最新的市場開放政策

終於，ECX近來發布了另一項非常重要的進化政策，在2017年3月，ECX內部投票同意讓個別的處理廠能夠進行直接交易，這使生產方、烘豆公司／消費者方有更多彼此互惠的機會，也讓精緻咖啡的發展有更多動力。我相信在未來幾年，消費者有機會品嚐到更多品質非比尋常、獨特的衣索比亞咖啡。

肯亞：穩定的偉大產國

業內人士都知道「肯亞」是舉世認可的其中一個備受推崇的咖啡產國，雖然肯亞出產的咖啡一年比一年少，但它一直都是世界上最棒、最穩定的。它那獨具風格的杯中表現，都必須歸功於咖啡生產者們，對於其獨特的傳統咖啡樹種、傳統水洗處理法、乾燥程序等流程都維持著一貫的忠誠度，這些製作流程是經典的優化成功範例，就跟衣索比亞的狀況類似，品質優異的肯亞咖啡都是由嚴守紀律的小農合作社所生產出來的。

傳統的肯亞咖啡風味
典型的全球描述用語（高端精緻批次）

通常酸味都很明顯，酸味密集度高，但較少情況會出現尖銳的酸；偏向酸中帶甜的調性，以迴盪感的形式出現，層次很豐富；口感的重量感中等，但時常是出色的綢緞到糖漿質感；後味悠長、乾淨，仍可感受到多重風味。

常見的香氣／風味調性（高端精緻批次）

黑醋栗，黑莓，紅酒，黑巧克力，多種柑橘調性（較常出現葡萄柚調性），清晰明確的花香；經常出現帶甘味的芳草及線香類的韻味。

165

肯亞的自相矛盾

優秀的經典肯亞咖啡會以多種不同形式呈現其優雅的自相矛盾特質，它與生俱來一種迷人的誘惑力，同時也具有令人振奮的挑戰感。誘惑力的來源是來自風味的深度、甜味、巧克力調、花香韻味、順口的口感、整體的均衡度；挑戰感則來自其風味中的辛香調、轉折度，時而乾口，時而帶著酸味的水果調，咖啡業界對於這種辛香／帶甜水果調，最愛用的形容詞就是「黑醋栗」，這種莓果滋味略帶刺激感，我們通常可以在果醬、黑醋栗利口酒中發現，也時常被拿來當作「甜中帶甘」醬料的組成成分。在優質的肯亞咖啡中，黑醋栗調性時常會伴隨著香甜的成熟蕃茄味、多種柑橘調（例如：甜葡萄柚、橘子、血橙）等風味一同出現，有時還會伴隨著帶甘味的芳草或線香類的韻味。

像這樣帶著甜味的誘惑力，以及令人振奮的辛香調性，正是為什麼咖啡愛好者、只喝黑咖啡的族群會覺得它特別有魅力的原因；但對於只喝普通等級咖啡的人來說，肯亞咖啡也許就沒什麼吸引力。通常不會用淺烘焙呈現，只有少數情況會用；經典中烘焙會發展出巧克力與辛香莓果調，淺烘焙則無法發展出這些風味。

典型的肯亞風土條件

非常高的生長海拔、相對乾燥的氣候，造就了緩慢的生長期、質地堅硬的咖啡豆。土壤通常是很深的火山土。間歇性的乾旱在肯亞中部時常造成一些問題。

肯亞種植的咖啡樹種

傳統型變種讓肯亞咖啡風味如此獨特的關鍵主因，就是偉大的「SL28」、「SL34」這兩個樹種，而且目前仍是肯亞咖啡頂尖批次的主力品種。「大寫SL」代表的是「史考特農業實驗室」，是「英屬殖民地農業部」轄下的研究實驗室，該實驗室在1934～1939年間，選育出了前述兩個變種及其他多個以「SL」開頭的「選育變種」。「SL28」因為有特別優異的杯中品質而出名；「SL34」則因為有較高產量、耐乾旱的特質而聞名。

關於這些著名選育變種的歷史起源記錄並沒有很完整，不過最近的基因分析研究顯示：「SL28」與「波旁」相關的基因接近，而「SL34」則與「鐵皮卡」相關的基因相近；不過最重要的訊息則是，這兩個選育變種都是在肯亞中南部區域自然演變而來的，當地農民與出口商也對它們有固執的忠誠度。

最新引進的變種類型

因為肯亞已有種植「SL28」（世界上最具獨特性的咖

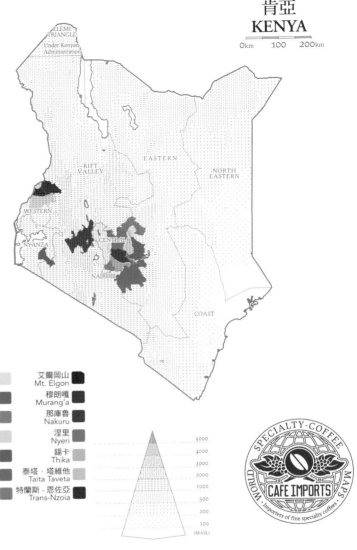

肯亞
KENYA

啡樹種之一），所以農民對於種植新樹種的實驗較不熱衷。

不過，肯亞咖啡當局一直都有積極推動發展具備羅布斯塔血統韌性與抗病力的混血變種，同時還要兼顧「SL28」那樣的傳統咖啡風味與品質。在過去的數十年間，肯亞咖啡飽受兩種真菌類的咖啡疾病摧殘，一種是咖啡葉鏽病，另一種則是咖啡果實的疾病。

「盧伊盧 11 號混血變種」（Ruiru 11）與「巴堤恩混血變種」（Batian）

「盧伊盧 11 號」在 1986 年被釋出，是一款具抗病力的混血變種，其後就開始廣為種植；另一個較新的混血變種「巴堤恩」則於 2010 年釋出，它除了具備更好的真菌類疾病抗性，在杯中風味的表現上甚至更優於「SL28」。這兩種都是採用了數款不同變種交叉授粉的成果，其中包括「卡帝莫」（為了其抗病力）、「SL28」、「SL34」、「波旁」（為了維持傳統的肯亞咖啡風味特質）。

然而，宣稱「巴堤恩混血變種」具有更優異的風味，其實是僅根據相對有限的測試。撰文當下，大多數的精緻咖啡進口商、烘豆公司、行家族群仍對種植新的混血變種懷有恐懼，深怕肯亞原本的珍貴風味特性會突然變得呆板；同時，花費數年努力創造出它們的科學家與技術人員，則深信它們能夠拯救肯亞咖啡，同時維護那珍貴的風味獨特性；咖啡生產者端，照例被夾在「科學家的保證」與「咖啡採購端、烘焙公司的懷疑論」中間游移不定。

肯亞的後製處理法
傳統式後製處理法

幾乎所有高品質的肯亞咖啡，都採用一種複雜的、無懈可擊版本的經典「先發酵後水洗」處理法。典型的肯亞版本處理法，分為「發酵」、「水洗」、「二次浸泡」、「二次水洗」等4個步驟，這種複雜、勞力密集的後製處理方式，讓風味特質變得乾淨、具透明感，而且層次豐富、具活潑的複雜度。發酵與水洗程序完成後，帶殼生豆會被鋪在架高式棚架上進行乾燥程序，而非鋪在水泥平台上。

肯亞咖啡非比尋常的風味獨特性，雖然有很大部分源自於樹種，不過這種當地採用的、特別仔細執行的傳統水洗處理法，再加上非常高的種植海拔，也是讓其風味如此獨特的主要因素。

較新型的非傳統式後製處理法

幾乎沒有。肯亞的咖啡生產者看起來很堅定地站在傳統的水洗處理法這一邊，我希望他們繼續保持。

肯亞的咖啡產區

所有經典的肯亞咖啡都產自中南部，略介於肯亞山（Mt. Kenya）與首都奈洛比（Nairobi）之間的區域。通常會標示特定的「產區名稱」（「涅里」及「錫卡」是最常出現的名稱，另外還有「梅魯」、「恩布」、「穆朗嘎」等產區名），但是目前咖啡合作社或處理廠的名稱也出現得越來越頻繁了。

肯亞的其他區域也有種植其他咖啡，特別是西南部靠近維多麗亞湖（Lake Victoria）及鄰近烏干達邊界的艾爾岡山山坡地。假如氣候變遷繼續讓經典的中部產區減少降雨量、造成旱災，未來我們可能會看到更多來自西南部產區的肯亞咖啡。請參閱肯亞地圖，以了解更多產區資訊。

肯亞的分級制度

主要以「咖啡豆的尺寸」大小來分級：「AA」是最大顆的；「AB」次之；「PB」代表小圓豆。在精緻咖啡市場裡，很少見到小於「AB」等級的肯亞咖啡，此外「AA」與「AB」有可能帶來一些誤解，尤其是在品質、風味獨特性方面，有時候一個「AB」等級的批次風味絕佳，有可能會

攝於「奇昂布」產區其中一個優質的咖啡合作社，照片中的工人正將剛曬好的帶殼生豆扛往儲存區。圖片來源：涂邦玨（Caesar Tu）

比「AA」等級的普通批次更令人驚豔。儘管如此，「AA」字面看起來非常具有正面意義，因此烘豆公司的官方網站、外袋包裝標示都會標示出「AA」。肯亞也出產品質尚可但通常較不具風味獨特性的類型，通常會標示為「一般平均級」（FAQ ／ Fair to Average Quality），因此在「AA」、「AB」等級之後還會額外增加這個標示，讓消費者能夠分辨買到的是否為優異精緻等級。

名震天下的「肯亞拍賣會系統」（Kenya Auction System）

讓肯亞咖啡有如此優異品質、獨特風味的主要原因，許多人歸功於成立已久的「肯亞咖啡拍賣會」。在東非的其他咖啡產國也存在拍賣會系統，不過肯亞的最具影響力、最受推崇。簡略來說，咖啡合作社將各自生產的批次交往「奈洛比咖啡交易平台」（Nairobi Coffee Exchange），這些批次的樣品會發送給50多家的合格貿易商，在12天之後，這些合格貿易商會自行出價或代表客戶（通常是烘豆公司，或是生豆進口商）出價；在拍賣會開拍之前，合格的貿易商會寄給烘豆公司或生豆進口商客戶指定的批次樣品，之後，合格貿易商就會依照客戶的指示、合意的價位範圍來出價下標。

肯亞拍賣會：爭議與改變

肯亞拍賣會系統提供的「資訊透明度」、「嚴謹程度」、「憑藉簡單分級與風味描述模式，強調杯中風味特質」這三項優勢，多年來在咖啡世界裡備受推崇；但是近年來咖啡合作社與精緻咖啡生豆買家圈，對於這個拍賣會系統多有訴病，咖啡合作社認為拍賣會體系的複雜性讓咖啡成本提高太多，但是卻沒有回饋給農民；精緻咖啡採購圈，則傾向於直接向咖啡合作社採購，因為他們想要有可追溯的資訊

與合作夥伴關係。

　　因此，肯亞政府在 2006 年鬆綁了相關政策，開始核發許可證給獨立的行銷代理人，他們可跳脫拍賣會系統在開放市場中進行交易。這項措施也帶來了一些爭議，在撰文當下，整個肯亞咖啡的貿易系統正經歷重新審查的階段；儘管如此，拍賣會系統仍持續運作著，不論他們最終要以什麼模式來交易，肯亞咖啡的最佳批次都還是會存在。

咖啡日程表，以及採購、沖煮、享用的最重要時機

　　屬於北半球的產地，主產季的採收季大約從 11 月～隔年 3 月，次產季的則是 6 ～ 7 月；在烘豆公司端，典型的最佳採購時機大約落在 6 ～ 11 月。品質優異的肯亞咖啡在全年度任何時候都有可能看到。

環境與永續發展
環境

　　大多數的肯亞咖啡都種植在低遮蔭的條件下；為了長期對抗咖啡漿果類疾病而採取的措施（採用農藥或疾病防制劑），使得它較難走向有機農業的發展，加上市場機制並沒有特別獎勵「有機產業」，因此肯亞咖啡較少有具備「有機認證」的。

社會經濟層面

　　另一方面，幾乎所有優質的肯亞咖啡都是由具備民主選舉制度的小農合作社所生產，這些咖啡合作社中的最優異者，採用極度挑剔的生產流程來製作，因此其品質比我曾參訪過的其他大型莊園都還穩定。

　　很不幸地，雖然世界咖啡市場付出較高的價格採購肯亞咖啡，但肯亞的咖啡農仍感覺他們實際收到的報酬低於其付出的辛勞（毫無疑問，的確如此），肯亞咖啡品質那麼突出，合作社的農民應該要獲得與葡萄酒生產者（許多知名的歐洲葡萄酒產國）類似的待遇才對。

坦尚尼亞：常年的競爭者

　　坦尚尼亞是一個有前途的競爭產國，雖然它未曾真正踏入過精緻咖啡巔峰時刻。坦尚尼亞在以下方面特別受到眷顧：擁有許多出色的咖啡風土環境；種植非常大量的、傳統型波旁變種（具備細膩的風味獨特性）。另外，它也受惠於咖啡傳統，因此獲得了一種詭異的行銷優勢，「坦尚尼亞小圓豆」（Tanzania peaberry）就是一種任意給予的「類精緻咖啡品牌名稱」。

坦尚尼亞小圓豆

　　「小圓豆」在全世界任何一處種咖啡的地方皆代表一種等級名稱（見第 102 頁），但在坦尚尼亞因不確定因素，使得「小圓豆」好像有特別不一樣的地位；換句話說，全世界的咖啡產國都有小圓豆，但只有坦尚尼亞會特別強調。在精緻咖啡的發展初期，「坦尚尼亞小圓豆」曾經是精緻咖啡店供應單上標準的必備品項，時至今日仍持續出現（雖然比起從前，出現頻率少很多了）。

政府的相關政策走走停停

　　不論如何，雖然坦尚尼亞擁有絕佳的風土條件、具備獨特風味的傳統樹種，但它在非洲的精緻咖啡產國中，卻仍只能算二流，精緻咖啡採購圈／行家圈更忙於追尋其北邊的鄰國咖啡——衣索比亞、肯亞。

　　讓坦尚尼亞難以從如此雄厚的明星產國條件中振翅高飛的主要原因，幾乎可歸究於政府政策那種不穩定、走走停停的態度。1964 ～ 1992 年間，主政的社會主義政權將傳統殖民地時期建立的咖啡莊園制度打破，但卻沒協助接手的小農建立有組織紀律的咖啡合作社（像衣索比亞、肯亞一樣）；事實上，坦尚尼亞政府曾在 1976 年全力取締無法無天的咖啡合作社，很顯然只是為了鼓勵傳統的鄉村民粹主義（譯注：民粹主義容易煽動底層人民，顛覆以資本主義為基礎的社會或經濟架構。殖民時期建立的咖啡合作社體系，被視為是資本主義的代表，因此必須被顛覆）。

　　另外，政府營運的拍賣會系統無法像在肯亞一樣運作得那麼完善，因此也較難鼓勵高品質咖啡的生產。最後，坦尚尼亞將精緻咖啡等級完全與小圓豆畫上等號，而這種做法似乎也幫不上忙，因為小圓豆通常僅占咖啡總量的 3 ～ 30% 而已。

仍然有成功之處

　　儘管如此，小農、咖啡合作社及少數重新營運的莊園，已經恢復生產有趣的、具獨特風格的、偶有傑出的咖啡，即便他們面對著游移不定的政府、突然的改變規則。政府無法決定要不要規範咖啡生產，也不知該如何做，撰文當下，生產者面臨如此的情況仍持續著（一種官僚主義的陰霾）。

傳統的坦尚尼亞咖啡風味（高端精緻批次，全都是水洗處理法）
典型的全球描述用語

　　近似於典型最佳風味的肯亞咖啡，不過風味密集度略低一些，均衡度更好，深邃且飽滿（有時是以較細膩的方式呈現），總是有酸中帶甜的特質；多數小圓豆批次的咖啡體較清淡、風味較細膩（與平豆或混合批次相比）。

常見的香氣／風味調性（高端精緻批次，全都是水洗處理法）

　　蜂蜜、橘子般的柑橘調、烘焙可可豆、深色水果調（李

子，黑櫻桃），帶有花香尾韻，背景中時常會出現芳草類的甘味或松木味。

典型的坦尚尼亞風土條件

中高到高海拔。

坦尚尼亞種植的咖啡樹種
傳統型變種

幾乎所有進入精緻咖啡市場的高端坦尚尼亞咖啡，都是偉大的「波旁變種」所生產出來的。熟悉波旁變種風味類型的人，應該都能在最佳批次咖啡中嚐到偏向飽滿莓果般的甜味，與一個略乾口、帶著辛香調的活潑感相互平衡，這是與波旁相關的大多數變種都會具備的特性。

最新引進的變種類型

撰文當下，坦尚尼亞並沒有引進新的變種，不過很顯然地，「坦尚尼亞咖啡研究機構」（TaCRI ／ Tanzania Coffee Research Institute）正在持續進行具抗病力混血變種的相關研究。

坦尚尼亞的後製處理法
傳統式後製處理法

幾乎全部的坦尚尼亞阿拉比卡咖啡都採取傳統的「先發酵後水洗」處理法，不論是小農在自家農園直接執行，或是由咖啡合作社、出口商、較大型的莊園在集中化管理的水洗處理廠執行。

看起來最佳批次的坦尚尼亞咖啡，都是採用「肯亞式水洗處理法」的流程（在集中化管理的水洗處理廠製作），分為 4 個步驟：第一次發酵、水洗、第二次浸泡／發酵、第二次水洗，其後會將咖啡豆鋪在架高式棚架上執行乾燥程序。

較新型的非傳統式後製處理法

與肯亞一樣，坦尚尼亞似乎很堅守傳統的後製處理法，雖然已經開始有一些改變在發生中，至少有一家較大型的坦尚尼亞莊園正在嘗試一些有趣的後製處理法實驗。

坦尚尼亞的咖啡產區

以非常廣義的角度來看，區分為 4 大主要阿拉比卡咖啡產區：

- 在北部區域吉力馬札羅山（Mt. Kilimanjaro）與梅魯山（Mt. Meru）的山坡地上（市場標示名稱為「吉力馬札羅」、「阿儒夏」、「摩西」等），這個區域的咖啡風味通常會呈現較明亮的酸味、較高的甜味、較密集的風味。這個概略的大產區會延伸到往西北方的維多利亞湖、塔里梅鎮一帶。在撰文當下，有一家肯亞咖啡公司

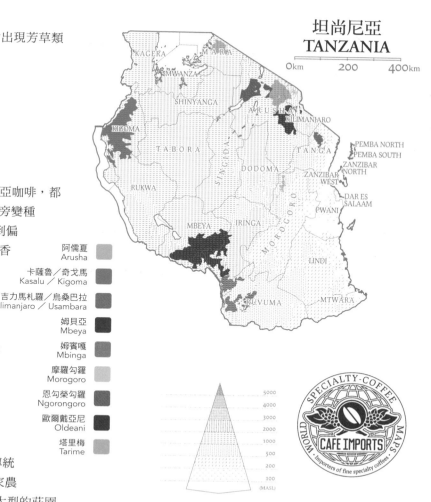

坦尚尼亞咖啡產區細節地圖。
本地圖由安迪‧里蘭替 Café Imports 繪製。

阿儒夏 Arusha	
卡薩魯／奇戈馬 Kasalu／Kigoma	
吉力馬札羅／烏桑巴拉 Kilimanjaro／Usambara	
姆貝亞 Mbeya	
姆賓嘎 Mbinga	
摩羅勾羅 Morogoro	
恩勾榮勾羅 Ngorongoro	
歐爾戴亞尼 Oldeani	
塔里梅 Tarime	

在當地營運的水洗處理廠，出產品質特別優異的坦尚尼亞咖啡。

- 西南部靠近「姆貝亞鎮」的區域，此區域出產的咖啡會以「姆貝亞」名稱行銷。比起北部產區，其咖啡風味更溫順柔和、花香味更明顯。

- 在坦尚尼亞國界西南角，界於恩亞薩湖（Lake Nyasa）、松潔雅鎮（Town of Songea）之間。此區域的咖啡通常會以「姆賓嘎」或「魯福馬」（Ruvuma，因附近有一條魯福馬河而得名）的名稱行銷。比起北部產區，這個區域的咖啡風味較溫和柔順、花香較明顯。

- 在靠近蒲隆地邊界、奇戈馬鎮鄰近坦干伊喀湖（Lake Tanganyika）一帶，出產一些非常有趣的高端檔次阿拉比卡咖啡，不過此區域因長久以來交通不便的因素，咖啡的發展一直有些阻礙。

請參閱坦尚尼亞地圖。在 *Coffee Review* 過去幾年杯測過的優秀坦尚尼亞咖啡中，大多數都在北部區域（鄰近肯亞邊界）所生產的，也有一些從西南部「姆貝亞」區所生產。

攝於坦尚尼亞北部「阿儒夏產區」的一座農園，這個產區出產許多品質最優秀的坦尚尼亞咖啡。（圖片來源：iStock／pilesasmiles）

坦尚尼亞的分級制度

與肯亞咖啡相同，坦尚尼亞主要是依照「咖啡豆尺寸」來分級：「AA」代表最高級，是咖啡豆尺寸最大、豆型最整齊的批次；「A」是次高等級；「AB」是第三的等級；當然「PB」也是一個等級，而且是當中最有名的。

咖啡日程表，以及採購、沖煮、享用的最重要時機

屬於南半球的產地，採收季大約是 5～10 月；在烘豆公司端，典型的最佳採購時機大約落在 1～4 月。但是不同的產區、採收年度會有略為不同的最佳採收時機，這個情形比起多數產國可能更顯戲劇性。選購坦尚尼亞咖啡時，必須看看販售的咖啡公司是否強調「小批次」與「新鮮度」。

環境與永續發展
環境

大約有 90% 的是由小農所生產，不過關於種植於何種環境條件下的統計數據目前則很難取得。然而，假如有一款是種在遮蔭條件之下，遮蔭的條件可能是來自交叉栽種的香蕉樹（對農民來說，這是一個能補貼收入的現金作物），很不幸地，香蕉樹那寬大的樹葉也會阻隔陽光熱力，同時也會讓土壤水分更快被吸收光。

關於坦尚尼亞咖啡園使用農藥、化學物質的相關資訊也很難取得。另外，更加浮上檯面的問題是，近來坦尚尼亞因為平均溫度升高、氣候變得更乾燥，進而造成咖啡產量大減，這個現象讓小農飽受摧殘（世界其他產國的小農也面臨相同處境）。

社會經濟層面

再次提到，坦尚尼亞大約有 90% 的咖啡都是由小農生

產，其中有些小農組織成立成功的咖啡合作社（其中有些包括具備「有機」與「公平交易」認證的合作社），但是整體來說，「咖啡合作社運動」並不像在肯亞或衣索比亞那樣成功，儘管坦尚尼亞的「吉力馬札羅在地人咖啡合作社聯盟」（KNCU／Kilimanjaro Native Cooperative Union）是非洲第一家成立的咖啡合作社（成立於 1924 年）。在飽受政府政策不斷改變的摧殘之下，「吉力馬札羅在地人咖啡合作社聯盟」最近終於重新復興，並且有著還不錯的成績，旗下目前已經有 13 萬 5000 名會員，分別來自當地 90 個主要的咖啡合作社。

蒲隆地與盧安達：衝突與成就

蒲隆地與盧安達都是面積較小、內陸型的國家，地處東非心臟地帶，鄰近尼羅河源頭的「非洲大湖區」。雖然這兩個產國的歷史背景不同，但在咖啡產國、社會發展現況這兩方面，卻有著蠻多相近之處：

- 兩個國家都是小國，歷史上充滿紛亂，不過都生產非常優異、通常具風味獨特性的精緻咖啡。
- 都有很高的平均種植海拔、傑出的風土條件。
- 都有大面積栽種的傳統樹種：像是波旁與相關聯的其他變種。
- 鄰近「非洲大湖區」的地理條件，可能會對杯中風味特質有一些影響，但是目前尚未明確被記載。
- 兩者出產的咖啡，時常都有同一種廣泛的區域性缺陷風味——惡名昭彰的生馬鈴薯缺陷風味，是一種很明確的、讓人很難喜歡的那種生的發芽馬鈴薯味。
- 這兩個國家與鄰近的烏干達、更東邊的剛果民主共和國，都有著不曾平息的政治、經濟衝突發生，都是胡圖族與圖西族的紛爭，這兩個族群說著相同的語言，文化習俗也大略相同，但是在歷史上、經濟上、階級等層面，被分為兩個不同族群，他們在政治與經濟上彼此競爭，最終演變成血腥衝突，導致兩敗俱傷的慘況。在盧安達發生了如此的慘劇，不過卻也因禍得福，盧安達獲得了國際組織援助，讓其在高端精緻咖啡市場得以有更好的發展。

蒲隆地發生的衝突：反覆不斷發生

蒲隆地的胡圖-圖西衝突，因為一系列政權交替、屠殺事件，最後造成 1993～2005 年間的血腥內戰；直到 2015 年，相關衝突終於走到尾聲，迎來久違的和平，開始能夠生產品質越來越好的咖啡。皮耶·恩古隆西薩（Pierre Nkurunziza）這位前胡圖族叛軍領袖被選為自 1993 年內戰以來首任民主政權的總統，但是在 2015 年，蒲隆地卻陷入另一次危機，恩古隆西薩在競選連任第三任總統時成功當

選，此舉引發了敵對陣營支持者強烈抗議，聲稱第三次連任是違憲行為。當我正在撰寫本書的 2020 年末，再次舉辦的民主選舉好像讓這個紛爭回歸平靜，同時蒲隆地這個紛擾不斷的國家，又開始可以生產品質優異（甚至非比尋常）的咖啡了。

盧安達種族滅絕事件，及咖啡業的復興

與此同時，鄰近的盧安達在 1994 年發生了胡圖族對圖西族發動種族滅絕式屠殺事件，有 50 ～ 100 萬的圖西族人被殺害，震驚全世界，並促使「國際發展代理組織」緊急尋找能夠讓盧安達恢復經濟成長、社會和解的方案。國際組織發現盧安達在生產高端精緻咖啡的潛力：風土條件對阿拉比卡種咖啡樹很友善；種植著具備獨特風味特性的傳統樹種；並且有一群勤奮工作的咖啡小農。

在發生種族滅絕事件之前，盧安達曾經是大批次廉價低品質期貨咖啡的主要來源之一；在種族衝突的最後幾年，國際發展代理人組織及許多來自精緻咖啡烘豆公司、生豆進口商的志工團隊提供了大量援助，讓盧安達建立了完善的咖啡基礎設施，同時解放了傳統樹種與優異風土條件的潛力。短短數年之內，就從期貨咖啡產國地位躍升進入風味獨特的精緻咖啡生產國之林。

近年來，因為保羅・卡加米（Paul Kagame）政權不支持咖啡產業，讓盧安達咖啡的品質開始不穩定、有衰退的跡象；但是截至目前為止，盧安達及蒲隆地仍生產一些具有獨特風格、讓人回味不已的咖啡。我們必須懷抱希望，在如此充滿掙扎的條件下，這兩個國家的咖啡能夠戰勝一切。

傳統的蒲隆地與盧安達咖啡風味
典型的全球描述用語

最佳批次精緻等級的盧安達與蒲隆地咖啡風味，表現都是很甜、均衡度很棒（酸味飽滿但不會過頭；口感近似較稀的糖漿，或是綢緞般的柔滑感）；風味讓人著迷，複雜中又帶有迴盪感，時常帶著芳草類或甘味的調性；另外，令人心曠神怡的迷人甜味、辛香感、酸中帶甘同時出現的風味特質（通常在優秀的肯亞「SL28」批次常出現這種特質），也會出現在許多盧安達與蒲隆地咖啡中，只是密集度稍弱一些。但在缺點方面也必須提一下，有些盧安達咖啡呈現風味扁平、帶著木質調的傾向，很有可能是因為在乾燥程序時不夠仔細，或是因為運輸時程過分延誤，因為盧安達是一個內陸型國家。

常見的香氣／風味調性

甜味明顯，但是花香味較為低調（較偏向蜂蜜中的花香），帶核水果調，成熟柑橘調，清脆的烘焙可可豆或

盧安達
RWANDA

北部省 Northern Province
南部省 Southern Province
西部省／基無湖 Western Province / Lake Kivu

盧安達咖啡產區細節地圖。
本地圖由安迪・里蘭替 Café Imports 繪製。

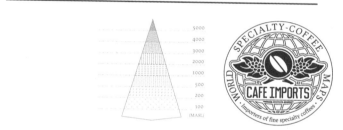

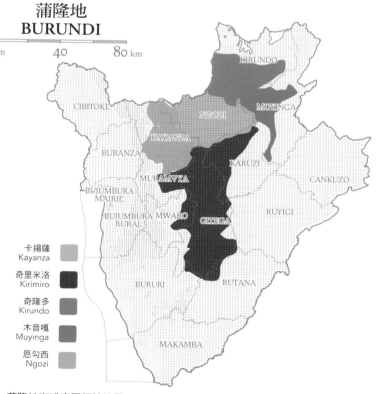

蒲隆地
BURUNDI

卡揚薩 Kayanza
奇里米洛 Kirimiro
奇隆多 Kirundo
木音嘎 Muyinga
恩勾西 Ngozi

蒲隆地咖啡產區細節地圖。
本地圖由安迪・里蘭替 Café Imports 繪製。

盧安達崎嶇不平、精心耕種的土地。

可可粉風味，偶爾出現酸中帶甜的莓果調（黑醋栗或紅醋栗），有時會出現麝香調的花香，偶爾會出現較深邃的木質調（橡木或紅木），有時會帶點澱粉味、根莖類植物的底韻（有些還蠻討喜的，但也有些會讓人不舒服）。

典型的蒲隆地／盧安達風土條件

高海拔；有些微氣候區可能會受到鄰近超大淡水湖（像是「基無湖」）的影響，可能因此讓酸味變得較柔和、圓潤，並為杯中風味增添了深邃感。

蒲隆地／盧安達種植的咖啡樹種
傳統型變種

最佳批次的盧安達與蒲隆地，多數都是由數個本地「人工選育變種」所製作出來的，其中許多都與「波旁變種」有關；「波旁變種」在 19 世紀末，從留尼旺島（以前稱為「波旁島」）被引進坦尚尼亞。其中最常見到的就是：「傑

克森」（Jackson）、「米必里西」（Mibirizi）、「波旁·馬亞蓋茲」（Bourbon Mayaguez），它們或多或少都具備波旁變種那種「多變風味」的調性：甜度飽滿又均衡，甜味、酸味、辛香感同時並存的那種獨特呈現。

最新引進的變種類型

很顯然地，一些在拉丁美洲常見的變種——「卡度拉」及「卡圖艾」——在盧安達也有種植，但在撰文當下，具備羅布斯塔血統的混血變種較少出現在盧安達或蒲隆地，幾乎所有出口的咖啡都是由在當地長期發展的各種本地選育變種所生產。

蒲隆地／盧安達的後製處理法
傳統式後製處理法

處理精緻批次咖啡時，都會在由出口商或咖啡合作社營運的「集中化水洗處理廠」進行後製處理作業，採多種模式的傳統「先發酵後水洗」，就跟許多東非、中非產國最佳批次用的方法完全一樣（肯亞式水洗）；水洗程序完成後，帶殼生豆會暫時被移往具有樹蔭遮蔽的架高式棚架，先進行表面風乾。

與惡名昭彰的「生馬鈴薯味缺陷」對抗

進行豆表風乾程序時，工人們一般都會在架高式棚架上反覆撿選，將被昆蟲損傷或在去皮階段被壓裂的生豆都挑除。在非洲大湖區，這個時常出現「生馬鈴薯味缺陷」的產區，執行「人工肉眼挑豆」的工作顯得格外重要，這種味道十分強烈的缺陷風味，是因為在咖啡果實的外果皮被去除後受到細菌感染所產生的，這種缺點豆只有在水洗處理廠端藉由人眼辨識的檢查才能發現，而且必須是在外果皮仍然潮溼、帶著透明感的階段，才有辦法挑出來。相關內容見第103頁。

盧安達非精緻等級的咖啡，通常稱為「一般等級」或「半水洗」，這也是一種較簡易版本的水洗處理法，由小農在自家農園直接執行，通常會保留果膠層，這會同時讓發酵與霉菌在乾燥程序時有機會繼續作用，這些類型的咖啡一般不會進到精緻咖啡市場內。

較新型的非傳統式後製處理法

目前看來，盧安達與蒲隆地的高端精緻咖啡產業，似乎都堅守傳統非洲式「先發酵後水洗」處理法的最佳版本，不過也有些地方會使用脫膠機的製作方式。

蒲隆地／盧安達的咖啡產區
蒲隆地

蒲隆地國土面積較小，大約是馬里蘭州（Maryland state）的大小，咖啡產區幾乎都聚集在中北部，就是從這個國家的正中間區域一直向北延伸到盧安達邊界一帶。請參閱蒲隆地地圖。購買蒲隆地咖啡時，通常會認明處理廠名稱，

較不會看從哪個產區來的。

盧安達

　　請同時參閱「盧安達產區地圖」一起看，雖然盧安達的精緻咖啡都會標示特定的水洗處理廠，以及其所從屬的出口商名稱〔像是著名的「布夫咖啡」（Bufcafe）〕，或是由咖啡合作社營運的水洗處理廠名稱〔像是「卡必里西」（COOPAC Kabirizi）〕，儘管如此，這些標示名稱在本質上也代表了產區名稱，因為這些水洗處理廠只有向所在地產區的小農收購咖啡果實。舉例來說，「卡必里西合作社」是從靠近基無湖的西部省產區收購咖啡果實，因此從卡必里西處理廠出品的咖啡豆，也常常會讓人感受到有深邃感、迴盪感的水果調；但是盧安達咖啡產業那種精簡、高度重覆性的本質（種的咖啡樹種相近，以及採用類似的後製處理法），加上生豆商已預先篩選過，這兩個因素加起來讓人感覺到不同產區之間的差異性似乎變小了。有些咖啡生豆進口商的網站，會詳細列出水洗處理廠名稱，以及他們所在位置、海拔高度。

蒲隆地／盧安達的分級制度

　　一樣是採用咖啡豆尺寸、肉眼可視的缺點數來進行分級。盧安達方面，最前面的等級叫做「A-1」、「A-2」、「A-3」；蒲隆地方面，傳統上稱最高等級為「恩戈馬溫和型咖啡」（Ngoma Mild），其後才是「AA」與「A」級。但在一般零售咖啡標示中較少提到等級名稱，反而較常標示水洗處理廠、咖啡合作社、出口商的名稱。

咖啡日程表，以及採購、沖煮、享用的最重要時機

　　蒲隆地與盧安達屬於南半球的產地，採收季大約是3～7月；在烘豆公司端，典型的最佳採購時機大約落在11月～隔年4月。

環境與永續發展
環境

　　蒲隆地與盧安達都是人口稠密的國家，小農生產者也很多（盧安達約有50萬座小型農園；蒲隆地則有80萬座），兩個國家都沒有較大規模或工業化等級的農場。另一方面，兩個國家的土地利用都很密集，對於柴火的需求很高，原始林在很久以前就已消失，只剩下一些保留區倖免於難；土壤的養分通常都枯竭了。儘管如此，透過國際發展代理人組織、非政府組織協同咖啡合作社共同朝有機或其他認證努力，倒也成功營造出一些環保、社會層面的的精彩故事。選購蒲隆地／盧安達咖啡時，不論是具備「公平交易／有機」雙認證（FTO）的咖啡，還是未經認證的，都有機會買到品質出眾、具備獨特風味的優質咖啡。

社會經濟層面

　　兩個國家都是世界上人口高度稠密區，同時也是最窮困的國家之二，兩者的主要財政收入都是來自於數十萬咖啡小農形成的咖啡產業，這也就是為什麼精緻咖啡運動能帶來族群和解、改變的重要原因之一，特別是在盧安達。

　　為了要在咖啡中取得更高獲利，小農生產者已不能再只採用簡易式的舊式處理法來製作咖啡，他們需要水洗處理廠提供集合式的資源。在處理廠中，能夠整合許多重要的處理步驟，雖然不可能事事完美，而且某些水洗處理廠無可避免地會發生貪腐，不過儘管如此，高端精緻咖啡產業的雙贏策略（消費者購買品質較佳的咖啡時，付出較高金額，讓製造的小農獲得更高的收入與尊嚴）在盧安達、蒲隆地似乎還蠻有成效的。

烏干達：高海拔種植的羅布斯塔咖啡，以及發展中的阿拉比卡咖啡

　　烏干達是羅布斯塔種的原生地，這個咖啡品種目前在整個熱帶地區都有人工栽種，在烏干達西部的原始林保護區，仍然保留著野生的羅布斯塔咖啡樹，對於烏干達來說，羅布斯塔咖啡一直都很重要。撰文當下，其生產的羅布斯塔咖啡占據世界第5位；烏干達的羅布斯塔咖啡種在特別高的海拔上，其後製處理的仔細程度同時也是世界最高水準。詳見第69頁，會有關於羅布斯塔種的簡短概論，以及它帶來的爭議與問題。

基無湖，位於盧安達、剛果民主共和國的邊界上，視角是從盧安達這一端拍攝。鄰近該湖泊周邊的區域，不管是盧安達還是剛果，都出產品質特優的咖啡豆；同時，在剛果屬的伊吉威島（Island of Idjwi）也有品質特優的咖啡。（圖片來源：iStock ／ Robert_Ford）

烏干達的阿拉比卡咖啡

烏干達也產阿拉比卡種咖啡，有期貨等級的日晒處理法，也有較高端檔次的水洗處理法。在 2020 年，烏干達政府啟動了一項雄心壯志的計劃，目的是要提升阿拉比卡咖啡的產量與品質。多數精緻等級的阿拉比卡咖啡都種植在龐大的「艾爾岡山」西側山坡地上，鄰近肯亞邊界，此區域出產的阿拉比卡咖啡通常會以「布吉蘇」（Bugisu）名稱行銷，該名稱也是居住在此區域裡種植咖啡的主要民族名稱；另外還有一個「錫皮瀑布」（Sipi Falls）的名稱行銷，這也是一個非常壯麗的三段式瀑布知名景點。許多從這個產區出口的咖啡豆，都是透過「錫皮瀑布咖啡計劃」（Sipi Falls Coffee Project）所生產，該計劃始於 2000 年，執行得非常成功，其咖啡果實的來源就是住在此產區內的數千家小農生產者。

「布吉蘇／錫皮瀑布」咖啡風味調性

皆是傳統樹種的混合體，多數都顯示出「波旁變種」相關的風味影響，不過當地也有些與「鐵皮卡」相關聯（例如：藍山變種）。杯中風味特質偏向甜中帶甘的深邃感與飽滿度，加上黑巧克力與芳香木質調；不過，關於杯中特質，依照水洗處理法的不同會有所差異：由集中化製作的制式水洗處理廠（通常會標示為「全水洗」批次）；還是由獨立小農在自家農園裡製作。

由小農在農園自行製作的咖啡〔通常會標示為「在家水洗」（home washed）〕風味通常偏向粗糙的調性，帶麥芽／輕微霉味或溼土壤味這種風格，有時會被拿來當作蘇門答臘的替代用品（用於調配綜合咖啡配方）。撇開後製處理的細節不看，「布吉蘇」咖啡種植海拔相對較高，因此口感厚實度近似糖漿，而且具有豐沛酸味。在「家裡水洗」的烏干達咖啡中，酸味呈現的方式較為低調但飽滿；在「制式化水洗處理」的批次中，酸味較明亮乾淨。

環境與社會經濟層面

「錫皮瀑布咖啡」都具備「有機認證」，其中還有許多具備其他認證標章，對於偏好選購有社會與環保意識商品的消費者而言，是個不錯的選擇。不過最近數十年來，烏干達登上世界新聞的版面時，幾乎都是關於領導者的負面消息，而不是跟超過 30 萬戶咖啡小農及 300 萬憑藉咖啡產業維生的烏干達人有關。另外，還有一些品質優異的阿拉比卡咖啡種植在該國西北角鄰近艾伯特湖（Lake Albert）的區域〔標示為「白尼羅河咖啡」（White Nile coffees）〕，以及西南角靠近剛果民主共和國與盧安達邊界的區域；這些咖啡就跟「錫皮瀑布咖啡」一樣，都是由國際發展組織支持而生產出的小農咖啡，通常都會具備「有機認證」或同時具備「公平交易」雙認證。

剛果民主共和國：新的開始

在「剛果民主共和國」這個面積廣大的國家裡，其中一個角落近來建立了優質精緻咖啡的產區，部分原因是透過「團結農民陣線——為了咖啡促進行動與必要發展的推廣合作社」（SOPACDI／Solidarité Paysanne pour la Promotion des Actions Café et Development Intégral）這個位在遠東區的合作社，正好就在剛跨越「基無湖」的盧安達邊界一帶，撰文當下，這個快速成長的咖啡合作社已擁有 6000 名成員，並且很顯然地成功做到了合作社建立的目標：幫助東剛果人民從那看似永無止盡的恐怖叛軍及內戰傷痛中走出。剛果的咖啡樹就跟蒲隆地、盧安達一樣，大多是本地選育變種，通常都是具「波旁」相關血緣的變種，後製處理法也大致一樣，都是「水洗處理法」。

該合作社的咖啡一般都會具備「有機」與「公平交易」雙認證，風味也非常具有吸引力：帶著辛香感的香料味，甜轉甘的非洲大湖區風味模式（近似於臨近的盧安達與蒲隆地風格）。

尚比亞：曾經的輝煌，以及旱災的危害

尚比亞是位在南非洲正中心的大面積內陸型國家，並非典型的咖啡產國。咖啡樹主要種植在海拔較高、半乾燥氣候的高原上，而非種植在蜿蜒崎嶇或多山的地帶。咖啡大多產自大型莊園，而非小農或合作社，不過這些大型莊園在環保、社會經濟層面上特別積極；後製處理法採用集中式製作、較注重細節的水洗處理法製作；咖啡樹種則是有點自相矛盾的種法——除了種植「波旁」相關的變種之外，也混合種植了具抗病力、杯中風味較差的「卡帝莫」混血變種。

前面一整段文字都是在敘述從前的尚比亞，而非現在。在過去，尚比亞有著大約 60 年的咖啡種植史，其中涵蓋了成功故事也涵蓋遭受的災難，當然也包括近來似乎看到了其咖啡產業即將迎來復甦的曙光。

尚比亞的咖啡產業起步較晚，1940 年代起才開始種植；在 1980 年代，咖啡成了尚比亞高原地上與玉米、高粱、小米共同競爭耕地的作物之一；到了約 2000 年時，它已成為可靠的水洗處理咖啡產國之一（因為製作的品質還不錯），風味近似於肯亞咖啡的高海拔類型，當時的咖啡當局十分樂觀地投入於提升品質，鼓勵人民種植「波旁」相關血統的咖啡樹，同時並推動多項政策，希望能讓更多小農投入咖啡產業。

之後發生了旱災

咖啡產業在 2005 ～ 2006 年之間的產季達到了巔峰，但

同年也發生了大旱災，將大面積長條地帶的產區摧殘殆盡，在接下來的產季，咖啡產量直接減少 50%，自此之後，咖啡產業持續衰退到現在幾乎快要消失。在 2014～2015 年產季，咖啡總產量只有巔峰期的 2%，僅能視為咖啡的一抹涓涓細流；造成這個突然、幾近永久性的產量衰退之部分原因，可能是因大型莊園為了面對旱災威脅，因而轉向種植其他較低風險、低勞力密集、低投資的作物，而非繼續投入在緩慢生長的作物（例如：咖啡）。

期待咖啡產業的復甦

不過在撰文當下，有一群知名的咖啡家族系列莊園，正試著復甦咖啡產業，他們將目光投入到赫赫有名的「SL28」樹種上（譯注：具耐乾旱的生長特性），期許能帶來較穩定的產量。但惡劣的氣候及隨之而產生的壞消息，依舊持續著。

馬拉威：期望落空

馬拉威的國土狹窄，同時也是個內陸型國家，國土形狀呈鋸齒狀，被北邊的尚比亞及南部的莫三比克夾在中間，一旁緊鄰著「馬拉威湖」（非洲大湖區最南端的一個湖泊）。馬拉威具備量產咖啡的潛力，有著獨特的咖啡產區，不過近來也遭受氣候的毀滅性打擊（尤其是旱災），咖啡在這齣大型悲劇中只扮演了一個微不足道的小角色。

2005～2006 年產季，發生在大南非地區的旱災，讓原本發展得還不錯的咖啡產業嘎然而止；更糟的是，就連其他類型的作物都蒙受其害，包括玉米（是馬拉威高密度小農人口種植的主要糧食作物），自此開始，一個又一個旱災接續發生著，偶爾還會發生毀滅性洪災，馬拉威也因此持續處在飢荒狀態下。

是的，全球性暖化正是加劇這些氣候相關災難的主要禍端。

馬拉威的「藝伎／給夏」咖啡

會將馬拉威寫入本書的主要原因，當然不是因為那微不足道的產量，而是因為它具有作為精緻咖啡的潛力，特別是大量種植本地選育的「藝伎／給夏」變種分支（或許跟 2004 年在巴拿馬被重新看見的那個阿拉比卡種超級巨星，有著近似的關係，目前仍持續改變咖啡的高端市場生態）。

馬拉威版本的「藝伎／給夏」咖啡，豆型相對較小，外觀看起來跟一般咖啡豆形狀毫無二致，但是熟悉馬拉威「藝伎／給夏」的人，都說它擁有近似於衣索比亞咖啡系統的風味：多種花香、柑橘調、可可調。簡單來說，可以

剛果民主共和國
DEMOCRATIC REPUBLIC
OF THE CONGO

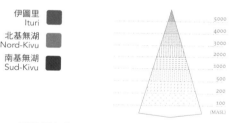

剛果民主共和國咖啡產區細節地圖。
本地圖由安迪・里蘭替 Café Imports 繪製。

稱之為「精簡版藝伎／給夏」（Geisha lite），也可看作是「甘味較多的藝伎／給夏」；不論從何種角度來看，它對於馬拉威與精緻咖啡世界來說仍是一種珍貴資產。撰文當下，在咖啡消費國裡正出現了一小批馬拉威「藝伎／給夏」咖啡，幾乎都是產自於「姆祖祖咖啡種植者合作社聯盟」（Mzuzu Coffee Planters Cooperative Union），該合作社聯盟由數千個馬拉威北部／中部的小農組成，這些「藝伎／給夏」咖啡批次都是以制式的水洗處理法製作，通常皆具備「公平交易」認證。

總之，馬拉威種植的咖啡樹種類，跟鄰近的尚比亞一樣有著自相矛盾的感覺：馬拉威種植著「藝伎／給夏」與「SL28」等優秀樹種，但同時也種植著低端的「卡帝莫」樹種。

辛巴威：動盪與復甦的訊號

　　辛巴威是東非延伸到南非、大的阿拉比卡咖啡帶最南端的產國，其咖啡的歷史與尚比亞、馬拉威一樣都是個悲劇，不過它主要的不幸是來自社會、政治層面，而非氣候。

風味細緻但具獨特性

　　尚比亞、馬拉威廣大長草熱帶草原的地貌，一路延伸到辛巴威這個精巧的內陸型國家（面積大約與「加州」相等），在辛巴威東部、鄰近莫三比克邊界的「齊平加產區」（Chipinge），有著較佳的風土條件、較溼潤的高地，適合種植咖啡。在該產區，一度曾經有許多由白人家族經營的大型、中型咖啡莊園，「外圍種植戶」（Out-growers）與小農則通常是非洲本地人，他們會透過販售自家種植的咖啡果實給較大型的莊園，來獲取財務、技術上的支援。

　　在整個 1980 ～ 1990 年代，這種體系生產出越來越多非常迷人的咖啡，其中大多是採用集中式、較細心的水洗處理法，通常也具備「波旁」相關血統的樹種（例如：「SL28」）。這些辛巴威咖啡有著令人印象深刻的均衡度、優雅的酸味，以及許多優質東非波旁血統咖啡都具備的辛香、甜帶甘水果調特質。

「穆加貝」（Mugabe）時代與全新開始的跡象

　　許多有在關注國際新聞的人大概都可粗略地知道接下來發生了什麼：羅伯特・穆加貝總統（President Robert Mugabe）為了要奪回國家控制權，鼓動支持者去騷擾白人農民，讓他們退出咖啡業，甚至逼他們離開辛巴威；整個咖啡產業（包括大部分的基礎設施）都被棄置或摧毀，為了施壓穆加貝政權而採取的國際制裁，更加深了經濟上的創傷。

　　撰文當下，制裁又再升級了，同時在辛巴威的咖啡產業也有著重建的跡象，國際援救組織開始支援咖啡園、設施的重建，雖然土地所有權、歸屬權的問題仍懸而未決。很難預料曾經如此活躍的辛巴威咖啡產業將來會以什麼形式復甦，也許等到經濟開始恢復後，咖啡產業的組成很有可能會變得比以前更為小規模（更多小農），讓咖啡產業充滿了更高的多元性，這也是目前高端精緻咖啡市場重視的價值。

CHAPTER 14 | 剖析咖啡地圖： 亞洲與太平洋

在亞洲南部、太平洋生產的阿拉比卡咖啡，量很大、種類也很多。最有可能出現在亞洲以外精緻咖啡圈的，就是印尼咖啡這種獨特的類型，尤其是：蘇門答臘島、蘇拉威西島、峇里島，加上來自巴布亞紐幾內亞（在澳洲北方、新幾內亞島東半部的國家）的高海拔咖啡。

印度同時是「阿拉比卡」與「高品質羅布斯塔」的主要產國，是一個高度投入、複雜的咖啡產國，但因為多種原因導致印度的咖啡較常出現在歐洲的精緻咖啡市場、較少出現在北美精緻咖啡市場；中國生產的、品質尚可的阿拉比卡咖啡，其產量越來越高，不過很少在中國以外的精緻咖啡市場見到；越南是咖啡生產界的小巨人，全世界 70% 的羅布斯塔咖啡都是越南產，較少種植阿拉比卡咖啡。

較小產量的產國

阿拉比卡咖啡產量相對較小的其他亞洲、太平洋國家——泰國、馬來西亞、菲律賓、台灣、澳洲——所生產的咖啡大多在國內消費、較少出口；目前稍微例外的就是泰國，有少量阿拉比卡咖啡出口，並持續增加中；東帝汶這個小國所出口的咖啡，風味近似於鄰國印尼，但咖啡產業的社會型態與印尼卻十分不同。

高度開發的台灣消費市場文化，是山區咖啡產業的主要支持者，產量雖然很少，但卻有著十分多元的抱負與個性；不過，台灣種植的咖啡大多都在充滿活力、創新思維的台灣精緻咖啡社群中被消化，較少有機會出口；澳洲有著世上最深、最具創意的咖啡文化，最早期是由義大利移民帶來的 espresso 文化，現在則有更廣的咖啡製作方式，從澳洲本地生產的小量咖啡，也大多在本地市場消費完畢，讓這種規模

不大的「自家栽種咖啡」現狀，形成一種蓬勃發展的大都會型咖啡產業。

亞洲的咖啡、山丘、森林與人之間的關係

亞洲有一種很有趣但很少被提及的現象——嘗試以生產高品質咖啡當作經濟、社會發展的工具。在某些亞洲國家的山區高地上，就是原住民族的家鄉，這些原住民族的遊牧風格或森林文化有時被主流的都市、平地文化邊緣化。最近數十年來，各國咖啡當局或私人慈善機構，都將精緻等級的阿拉比卡咖啡視為改善山地居民生活的方法，其中幾個計劃是我特別熟悉的：印度的「阿拉庫山谷計劃」（Araku Valley project，見第 180 頁）；泰國北部「象山村」（Doi Chaang village，見第 193 頁）。

亞太區生產的羅布斯塔咖啡

亞太區生產大量的羅布斯塔咖啡，包括：越南（目前產量是世界第 1）、印尼（世界第 3）、印度（世界第 4）。更多關於羅布斯塔種的內容，詳閱第 69 頁。

葉門、夏威夷的分區問題

葉門位於阿拉伯半島西南角多山的區域，技術上來說，屬於亞洲國家，但是以咖啡產國的角度來看，它的歷史與衣索比亞、非洲關係更為緊密；因此葉門在本書會被分配在非洲區塊（見第 156 頁），夏威夷則被歸類在美國區塊（見第 151 頁）。

印度：全球最好看的咖啡農園

印度中南部地區是一些全世界看起來最優美咖啡農園的家鄉：一種豐富、密集、複雜又富有詩意的咖啡風景。當地有巨大、古老的樹木（榕屬植物與紅木），分布在這些以咖啡為中心的森林各處，形成其頂層遮蔭樹。果樹與較年輕、細長的樹木，偶爾會被砍伐下來當作木材使用，這層通常都是中層樹木，前面兩層都是最底層咖啡樹的遮蔭樹。在咖啡樹的下方，還會種一些黑胡椒藤點綴。這個景象似乎就

是出自於農民之手及大自然的繁茂，共同譜出迷人的日常優雅風景。有許多印度的咖啡農園景象更為簡約，僅會有1～2種樹木提供單一層遮蔭，不過通常在咖啡園裡都會交叉栽種果樹，也總會種植黑胡椒藤蔓。

同等對待阿拉比卡、羅布斯塔

在這些古老又令人印象深刻的印度南部農園裡，同時生產著阿拉比卡、羅布斯塔兩大品種，這些印度農園投入在羅布斯塔的環境與照顧的仔細程度，都不亞於阿拉比卡，這也是為什麼印度出產的羅布斯塔咖啡也同屬世界最佳品質之列，與羅布斯塔最佳產地「烏干達」並駕齊驅（烏干達也是羅布斯塔種的發源地）。

在這些風景怡人的農園裡，也會製作精細版本的傳統「先發酵後水洗」處理法（搭配純日照的乾燥程序）；換句話說，許多印度農園規模都很大，他們的採收、去外果皮、乾燥程序都是以頑固的工匠式細緻型處理法來製作。

為什麼印度咖啡仍然不受主流青睞？

印度咖啡農對於製作程序如此投入，但為何其所生產的阿拉比卡咖啡卻沒那麼受歡迎、也沒那麼受到關注呢？在美國精緻咖啡供應商的官方網店或店鋪內，很難見到來自印度的阿拉比卡咖啡，它們較常出現在歐洲部分地區的精緻咖啡供應單裡，但即使在歐洲，也很少會將其美麗的農園、精細的工匠製作模式呈現給消費者看（我認為這些都應該特別強調，以彰顯印度農民的努力與投入）。

印度
INDIA

0km 400 800km

東高止山
Eastern Ghats

卡爾那塔卡
Karnataka

凱若拉
Kerala

塔彌兒．那度
Tamil Nadu

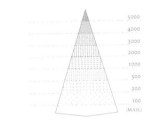

印度咖啡產區細節地圖。
本地圖由安迪．里蘭替 Café Imports 繪製。

印度南部的一座咖啡農園。

樹種帶來的限制

印度的阿拉比卡咖啡與世界上許多其他被低估的咖啡產國一樣，皆面臨相同困境：他們種植的樹種都沒有特別突出的風味獨特性。印度在過去數十年來，遭受咖啡葉鏽病的強力衝擊，因此幾乎沒有純正血統的阿拉比卡樹種繼續種植，只有一個罕見的意外——「肯特變種」，這是純正阿拉比卡血統的其中一種選育變種（1920 年代被選育出來）；幾乎所有廣泛種植的其他樹種都是具有羅布斯塔血統或賴比瑞亞種的混血變種（這兩類混血變種的咖啡風味都不太迷人）。

因此，印度的阿拉比卡咖啡在風味調性上大多呈現非常乾淨的質感（因為採收、後製處理法都很仔細），酸味適中（因為大多種植在中海拔～中高海拔區域），香氣與風味的獨特性沒有特別突出（因為大多數都是風味不突出的混血變種咖啡樹）。其中有一種廣泛種植的混血變種「選育第 9號」（Selection 9），它的阿拉比卡端血統來自衣索比亞其中一種原生變種「塔法里凱拉」（Tafarikela），在不同的採收年度或不同的農園裡，「選育第 9 號」製作出的咖啡豆有

時會呈現迷人、獨特的優雅花果細緻風味。目前有許多印度咖啡農在進行替代性後製處理法實驗，大多成效卓著。

傳統的印度咖啡風味特性
典型的全球描述用語

直來直往，乾淨，酸味是帶著甜感的明亮風格，均衡度佳；由「選育第 9 號」樹種製作出來的咖啡，則有較明顯的花香、乾淨的水果調，細緻度更佳。

常見的香氣／風味調性（高端精緻批次）

堅果調，烘焙用巧克力，成熟柑橘調（橘子），帶點芳香木質調與帶著甜味的花香調；「選育第 9 號」則呈現出更明顯的花香、柑橘、可可粉類調性。

典型的印度風土條件（高端精緻批次）

前面有提到，印度的風土條件大多是中海拔～中高海拔，種植在不同種類的遮蔭樹之下，與水果、堅果、黑胡椒、多種香料植物交叉栽種。

印度種植的咖啡樹種
傳統型變種

前面也曾提過，目前純正阿拉比卡血統的樹種，只剩下「肯特變種」仍有種植；其他多種具備葉鏽病抗病力的混血變種，因為種植在印度的歷史悠久，所以也被列在傳統樹種內，其中非常廣泛種植的「選育第 795 號」（Selection 795）有一半的賴比瑞亞種血統，另一半則來自於阿拉比卡的「肯特變種」；另一個稱為「考弗利」（Cauvery）的變種，則是具羅布斯塔種、樹型精簡的卡度拉之變種。

最新引進的變種類型

許多被引入到其他咖啡產國的混血變種（具葉鏽病、其他咖啡疾病抗病力）的樹種，很久以前就在印度成功存活，因為從 19 世紀後期開始，印度的咖啡農就開始與咖啡葉鏽病作戰。

印度的後製處理法
傳統式後製處理法

製作精緻等級的咖啡時，會採用「先發酵後水洗」模式，用很細緻的傳統技法來執行各個流程，一般在發酵與水洗流程之後，還會有一個長達數小時的「清水浸泡」步驟。

較新型的非傳統式後製處理法

就像其他世界產國一樣，有越來越多的印度咖啡生產者運用替代式的後製處理法，為咖啡增添獨特風味，其中包括：蜜處理／去果皮日晒法、優化版本的日晒處理法。這些後製處理實驗常常會製作出迷人又有趣的咖啡，很少在北美洲見到，但在歐洲的部分區域、澳洲則有可能見到這些印度咖啡。

此為印度的咖啡日晒場。位於左上方、較深色的咖啡豆為日晒處理法（帶果皮的整顆果實一起晒乾）；其他區域都是水洗處理咖啡，其中有一部分看起來顏色較淺，因為這些咖啡豆晒得比較久。

印度的咖啡產區

「印度咖啡理事會」（Coffee Board of India）非常仔細地區分、行銷其咖啡產區，這些產區可能有不同的主導種族（咖啡生產者），咖啡農園的平均規模也不太一樣，風土條件整體也不盡相同；但即使如此，也無法改變印度咖啡因為種植的樹種風味太過接近，加上後製處理法也十分類似，進而讓整體風味沒有太大區別的現狀。（譯注：即使不同產區，有著不同的微氣候、不同的風土條件，也難以扭轉「品種」加上「後製處理法」兩大因素的影響）。

儘管如此，印度產區的存在，對於咖啡地理學家來說，是一項有用的資訊。

歷史較悠久的傳統產區

這些古老產區正是印度咖啡的核心地帶，大多數的印度咖啡都產自於此，其中包括被受推崇的中南部產區「卡爾那

塔卡」、「凱若拉」、「塔彌兒‧那度」；在「卡爾那塔卡」產區中的「寇爾格山」（Coorg）及「契克馬加盧縣」（Chikmagalur）特別出名，產量也特別大。這些產區裡的農園大多歷史悠久、規模龐大，而且為傳統型農園。

較新的非傳統產區

「阿拉庫山谷」（Araku Valley）位於「奧里薩邦」（Orissa）與「安德拉邦」（Andhra Pradesh）交界處，面朝印度洋的山區，是這些較新產區中最有趣的一個；在印度東北角的茶葉主要產區，也有零星種植咖啡。在這兩個較新的產區中，咖啡都是由小農種植並製作，與中南部傳統產區的大型傳統農園呈現截然不同風貌。

「阿拉庫山谷計劃」（Araku Valley project）是由政府、民間單位資助的私人基金會所開啟，目標是保育原始林，並改善原生部落族群的生活水平（原生部落族群有「火耕」的傳統，會將活動範圍內的原生樹木砍伐並焚燒，對生態造成破壞），目標就是要說服原生部落族群能夠遷往村鎮定居，並成為咖啡小農。有些咖啡是出自於帶著細膩花果風味的「選育第 9 號變種」，因為當地夜間涼爽的氣溫與高海拔環境十分接近，所以結出的咖啡豆質地較緊密。

印度的分級制度

印度的分級標準十分嚴謹，大概是全世界最嚴謹的類別（但很諷刺地，這種嚴謹的分級標準也讓典型的印度咖啡風味變成了很單調的均衡型咖啡模樣），印度阿拉比卡

風漬咖啡、陳年咖啡的浪漫情懷

風漬咖啡（monsooned）、陳年咖啡（aged）兩者都屬於當代低酸味、帶著溫和霉味的人工重現版本，在 18～19 世紀初，首先在運送咖啡的木造船上被製作出來，當時咖啡被存放在潮溼的環境下封存著。這兩種懷舊的重現版本，前身都是傳統處理方法製作的類型——在印度所製作的風漬咖啡，前身都是日晒處理法；印尼的陳年咖啡，前身則是溼剝處理法（第182頁）。兩種製作方式都是透過「時間」與「受控制下曝露於空氣中溼氣」兩種條件來調整最終的風味；風漬咖啡是將咖啡放置於前後兩端開口的倉庫中，讓季風夾帶的溼氣不斷吹，時間長達 3～4 個月（具備此氣候條件的地區，是在印度西南沿岸）；陳年咖啡則存放在密閉的倉儲中（通常在新加坡），存放條件是潮溼的，但咖啡豆會被嚴密保護著，存放約 2 年或更長的時間。

外觀不同，風味呈現卻幾乎一致

這兩種方式製作出來的咖啡豆外觀非常不同——風漬咖啡看起來很光滑、澎鬆、顏色較為蒼白；陳年咖啡的豆型較小、表面帶皺褶、色澤較深。不過，兩者的咖啡風味概略地來說很相似，酸味大幅降低，咖啡體變得較豐厚，同時增添了一股輕微的霉味調性，這股輕微的霉味有可能以多種不同的風味型態呈現：有時是香科味，有時是雪松味，有時是煙燻味，有時是巧克力味，有時是葡萄柚味，當然偶爾也會很不幸地出現純粹像陳年潮溼的櫥櫃發霉味。

假如我們把拉丁美洲、東非洲那些非常優異的水洗處理咖啡（風味純淨，酸味明亮帶著明顯甜味）看作是「優質的餐酒」（fine table wines），那麼風漬咖啡、陳年咖啡是否也應該要換個角度來類比呢？試想，除了純淨風味、辛香調、衰敗調性之外，兩者還有可能出現以下特性：溼樹葉、溼土壤、皮革、芳草類植物、根莖類蔬菜、夜花、帶著辛香調糖果味（像奶油硬糖果或薑餅味。薑餅配方中還會有丁香、肉豆蔻、糖、蜂蜜共同調配）。

兩者在最佳表現時，有著優化、柔化過的溼土壤及麝香調性，相對較不容易出現尖銳感、澀感：屬於柔軟型的飽滿風格，前段氣味近似於剛落下的樹葉（即將轉變為腐植質之前）。這兩種咖啡假如做壞了，就可能呈現出尖銳的霉味調性，像一堆溼破布最底下的那種氣味。

品質的區別：用垃圾等級來製作，最後得到的還是垃圾

這兩種咖啡究竟是由哪些步驟造成品質的優劣差異呢？很顯然地，在製作時只要發生了任何失誤，都會增強霉味調性，讓整體風味變得不均衡。風漬咖啡在製作時，需要頻繁地將咖啡豆倒出麻袋外鋪平、翻攪、再重新裝袋，這也是為什麼風漬咖啡價位依舊相對較高的原因；陳年咖啡在製作時，咖啡豆一直維持裝在麻袋內，但是必須時常翻動揉攪再重新堆疊，讓整個批次的咖啡豆維持較一致的含水率狀態。

不過，決定最終兩者品質是否優異的關鍵因素就是——原料咖啡的「初始品質」。舉例來說，風漬咖啡的初始原料是日晒處理咖啡，印度大多數的日晒處理咖啡都是採用被水洗處理廠剔除不用的低品質果實來製作，不過最佳批次的風漬咖啡初始原料則會選用印度人稱為「完整漿果」（whole-crop cherry，完整的成熟果實，在採收季高峰期摘採下來）的果實來製作，假如這種高品質的日晒處理咖啡被拿來製作成風漬咖啡，初始的乾淨風味經過風漬處理後，只會讓複雜度、風味深度增加。類似的情況，溼剝處理法的蘇門答臘咖啡就時常被拿來製作成陳年咖啡，其初始狀態的優劣也會讓最終風味呈現出不同的結果——做壞了就會有尖銳感、不討喜的霉味；做成功了則會有圓潤感、明顯的甜味與辛香調。

只要是做成功的狀態，兩種類型的咖啡都是很正經八百的、不耍花招的，最佳表現時也可以視為是一種非正規的單一產地咖啡、有著多變的風味，這樣的風漬與陳年咖啡也可以為高端的 espresso 配方增添飽滿度、複雜度、優越性。

咖啡的最高等級稱為「麥索金磚特強級」（Mysore Nuggets Extra Bold），這個等級的豆型最大，幾乎不含任何肉眼可視的缺點豆，「麥索金磚」的名稱偶爾會出現在消費者導向的描述上。「莊園 A 級」（Plantation A）與「莊園 B 級」（Plantation B）是第二、第三的等級，其豆型尺寸越來越小、缺點豆含量越來越高；「莊園 PB 強級」（Plantation PB Bold）代表較大顆粒的小圓豆。

採用替代式的日晒或蜜處理法製作的精緻咖啡，很不幸地，在印度會被標記為「大批次」（bulk）等級（與期貨等級咖啡相同），即便這些可能是品質特別優異、豆型尺寸很大、缺點豆很少的咖啡。

咖啡日程表，以及採購、沖煮、享用的最重要時機

屬於北半球的產地，採收季大約是 1 ～ 3 月；在烘豆公司端，典型的最佳採購時機大約落在 6 ～ 9 月。

環境與永續發展
環境

在印度中南部，許多傳統農園會有原生樹林遮蔽，農民也會交叉栽種其他作物，農園的位置都十分鄰近森林保護區。我曾參訪過的一座莊園，不時傳出被大象踩踏的消息，大象在這個區域中是受到法律保護的，很顯然地，當地農民也接受並合理化這種事件。其中有些農園目前具備了「有機認證」、「雨林聯盟認證」或「生物動力法」（Biodynamic，自然農法），雖然印度咖啡很少出現在北美咖啡市場，較可能出現在英國、澳洲、歐洲部分地區市場中。

社會經濟層面

在歷史悠久、組織完善的農園中工作的工人，受到妥善的勞工法令保護。「阿拉庫山谷」出產的咖啡都是由小農生產，背後都有環保、社會經濟相關的動人故事（見第180頁）。

印尼：蘇門答臘、蘇拉威西島、爪哇島、峇里島

從馬來西亞南端一直延伸到澳洲北端一長串巨大、蜿蜒、複雜的島鏈，出產了一些全世界最有趣、最具吸引力的咖啡。印尼是約有 1 萬 5000 座島嶼的國家，但從印尼出產的咖啡在銷售端官方網站或袋上的標示都很少標為印尼咖啡，取而代之的是各個生產咖啡的島嶼名稱，特別是蘇門答臘、蘇拉威西島、爪哇島及較小的峇里島。印尼的其他島嶼也有生產咖啡，特別是「弗洛勒斯島」（Flores），不過它出現在精緻咖啡市場的頻率沒有很高。

除了阿拉比卡咖啡之外，印尼也生產大量的羅布斯塔咖啡。

蘇門答臘：溼土壤味到非比尋常的品質

自從精緻咖啡先鋒艾弗瑞·皮特於 1960 年代晚期在其知名的藤蔓街創始店大力推廣蘇門答臘咖啡開始，這種帶著溼土壤味／輕微霉味、辛香水果調的風格吸引了北美咖啡迷圈一群特別死忠的粉絲，部分原因是因為它本身具備強勁的風味特質，因此在皮特咖啡早期的深烘焙風格之下，仍能有很好的表現（其後的星巴克也以深烘焙為主要風格，也很喜愛蘇門答臘產區，星巴克將蘇門答臘咖啡推廣到全世界）。

在那個時期，典型的蘇門答臘咖啡有著輕微霉味的調性，當時業界將其美化為「溼土壤味」，另外再加上「辛香水果調」這種形容詞，是過熟、略為過度發酵風味的美化詞

蘇門答臘
SUMATRA
0km 200 400km

ACEH
NORTH
RIAU
RIAU ISLANDS
WEST
JAMBI
BANGKA
BELITUNG ISLANDS
SOUTH
BENGKULU
LAMPUNG

迦佑 Gayo	貝內爾·梅立亞縣 Bener Meriah
迦佑 Gayo	塔肯岡鎮 Takengon
林冬 Lintong	

5000
4000
3000
2000
1000
500
200
100
(MASL)

蘇門答臘咖啡產區細節地圖。
本地圖由安迪·里蘭替 Café Imports 繪製。

181

「溼剝處理法」與蘇門答臘咖啡風味的關係

「溼剝處理法」（wet hulling）不是一項鮮為人知的奧運划船項目賽事，也不是「划水」（waterskiing）或「寬板划水」（wakeboarding）這類運動的特別技巧。據我的經驗，它是一種變形的「去除外果皮與執行乾燥程序」的咖啡後製處理方式，也是讓傳統型印尼咖啡有如此獨特風格的主要原因，尤其是蘇門答臘島及蘇拉威西島。此處理法也被印尼其他島嶼所採用，只要是印尼的小農，不管在哪裡都會使用這種處理法，蘇門答臘島當地語言——巴塔克語（Batak）稱之為「吉令·巴薩」（giling basah）。

回想一下傳統的水洗處理法步驟，外果皮與果膠層經過了數個步驟才去除，之後進行乾燥程序，讓咖啡豆含水率降到 11 ～ 12%；其後，它們是以「帶殼生豆」的狀態保存著，直到準備運輸前，就在這個時間點（乾燥程序已完全做好的階段）內果皮才會被脫除。

在製作步驟中，一項細微又關鍵的差異

在溼剝處理法中，小農會將「果膠層脫除」步驟完成（去除外果皮後，透過發酵作用將黏黏的果膠層鬆開，之後再以清水洗去鬆開的果膠層，保留帶殼狀態的乾淨生豆）。

但是在製作溼剝處理咖啡時，內果皮會在乾燥程序執行到一半時就脫除，此時咖啡豆質地仍是很柔軟的狀態，含水率約 20 ～ 40%；脫除內果皮的生豆會再繼續執行後續的乾燥程序，直到生豆含水率降至 12% 左右。

這種非典型的作法，在印尼那種不尋常的供應鏈中變得更格外複雜，初始的外果皮去除及初期的乾燥程序都由小農執行，集貨人員將這些半成品生豆運到處理廠，在處理廠內接續執行第二階段乾燥程序，在生豆含水率達到 20% ～ 40% 之間時脫除內果皮，第三階段的乾燥程序也會在處理廠中執行，或是在出口之前於港口附近執行。

增添風味深邃度，但不搶戲

也許在經過費時的乾燥程序步驟（被分成三個階段）後，咖啡豆在期間吸附了輕微的霉味，讓知名的蘇門答臘咖啡那股獨特的「水果調溼土壤味」得以呈現出來。大約在 10 ～ 15 年以前，人們面臨的問題就是要找出特定批次的蘇門答臘咖啡，必須呈現這種意外出現的高度風味複雜度、甜味明顯、整體風味討喜而非尖銳的調性，也就是說要找到富含飽滿「溼土壤味」的批次，而不是要找到那種帶著過度霉味的批次。

但是在過去 10 年間，溼剝處理法被一些生產者、出口商再度優化，這個優化版本的「溼土壤」調性通常只會在背景中隱約呈現，並且轉化成飽滿、帶著甜味的辛香感，將其他芳香調性變得更深邃、基礎風味更紮實，但並不會搶戲。有時我們可以將這種「溼土壤味」聯想為帶著甜味的腐植質或潮溼的新落葉這類氣味，不過這種氣味恰好也近似於仍帶著水分的菸草味、鮮切雪松味／冷杉味，或是像粉紅胡椒、丁香這類的香料調性。在最佳批次的溼剝處理蘇門答臘咖啡中，這種辛香調的基礎風味會受到水果、花香調性的影響，讓畫面以「甜味為主調的酸味，絲綢到糖漿般的口感」這種乾淨的風味樣貌呈現。

溼剝處理法的未來式，以及咖啡類型的全球化

因為此技巧被越來越多人理解，所以我們能從其他更多地方（印尼以外的地方）找到溼剝處理咖啡。近來，我品嚐到一款令人印象深刻、有著溼剝處理咖啡代表性風味的夏威夷實驗批次，還有樣品是來自於中國南部、更大規模的生產者。

有些蘇門答臘島上的咖啡生產者，正朝著相反方向發展，他們摒棄了溼剝處理法，開始嘗試各種後製處理法方式，包括：日晒、蜜處理、傳統式的水洗處理法，這些處理法會製作出一些很有吸引力的咖啡，不過目前我尚未發現能跟溼剝處理的蘇門答臘咖啡一樣獨特的風格。

彙。因此，這些早期的經典蘇門答臘咖啡其實已違背了當時精緻咖啡神聖的教條：在去除果皮／果膠、乾燥階段時，不應出現任何失誤的風味；在當時那個精緻咖啡被奉為聖職的年代，任何會讓風味純淨度減損的步驟都會受到嚴厲譴責。因此約有數十年的時間，精緻咖啡產業都在打擦邊球：一方面在私底下譴責蘇門答臘與類似型式的咖啡，並拒絕了解這些咖啡；另一方面卻又因為人們喜歡這些咖啡，所以他們自己也賣這些咖啡。

蘇門答臘咖啡之謎解密

到了今天，在蘇門答臘島上那種怪異的後製處理方式（也是造就其獨特風格的主因）有一個正式名稱：「溼剝處理法」。我在 1996 年曾親眼見到這種非正規的處理方式，並在其後撰寫的書籍、文章裡替它取了許多不同名稱：「傳統式蘇門答臘處理法」、「後院式水洗處理法」等，我取的這些名稱蠻淺顯易懂；不過在 2009 年，於美國精緻咖啡協會大會上，由澳洲咖啡科學家東尼·馬許（Tony Marsh）所發表的一篇論文中，詳細描述了這些處理技巧，並將其冠以「溼剝處理法」的新名稱，不過這個名詞反而帶來了一些困惑。

升級版「溼剝處理法」

近年來，有些咖啡生產者與出口商，因為對傳統的溼剝處理法流程有較完善的認知，因此能夠用更精確的方式來有

效製作；換句話說，以往這種因偶然步驟而產生的咖啡風味型態，現在因為有了強大的品質控制技術，而能夠被刻意製作出來，讓蘇門答臘溼剝處理咖啡成為更穩定的版本。

適中的種植海拔、典型的風土條件、某些阿拉比卡本地變種三個因素，無疑地也與蘇門答臘及其他印尼溼剝處理法咖啡的獨特風格有所關聯，但溼剝處理法本身的怪異性與其所帶來的風味影響，似乎才是能定義其風格的首要因素。

傳統的蘇門答臘咖啡風味特性
一般批次、老派的溼剝處理咖啡

風味強烈又飽滿，口感略為粗糙，帶著不同程度的輕微霉味調性（從飽滿的腐植質氣味到尖銳的發霉味），不同程度的水果調性（成熟的水果風味與芒果般的調性，到過熟甚至腐敗的水果調）。這種老派的蘇門答臘咖啡通常會以深烘焙的方式，將帶著霉味的水果調轉變為略為乾口的飽滿巧克力調。

最佳批次的新型態乾淨版本咖啡

經過優化後的溼剝處理法步驟，「溼土壤味」調性只會在背景風味中隱約呈現，並轉化為飽滿、帶甜味的辛香調，到複雜的帶核水果調、深邃的花香與香料調性，這種風味調性是世界上最優異、最獨特的風味類別之一。

典型的蘇門答臘風土條件

中海拔～中高海拔。更多相關資訊，請見前方篇幅「蘇門答臘的咖啡產區」。

蘇門答臘種植的咖啡樹種

有許多不同類型的咖啡樹種，但自從 20 世紀早期咖啡葉鏽病肆虐之後，整個蘇門答臘島上存活下來的咖啡樹種或多或少都具備一定的抗病力，因此在印尼大多數廣泛種植的，都是具備葉鏽病抗病力的混血變種（風味較不突出）。目前種植的樹種包括：羅布斯塔血統的「卡帝莫」、來自印度的「選育第 795 號」變種（當地名稱是「珍貝兒」，具備一半賴比瑞亞種血統，以及一半的阿拉比卡肯特變種血統）；另一個樹型精簡的「阿騰混血變種」（Ateng），是由波旁與 50% 羅布斯塔血統的「帝汶混血變種」（HdT），當地稱為「丁丁」（Tim Tim）天然混血而成。

例外的「爪哇變種」

前述的概略樹種描述沒有涵蓋到例外的「爪哇變種」，它是當初從衣索比亞直接引進爪哇島上的種子培育出的咖啡樹後代所選育出來的（於 1928 年開發出來），在蘇門答臘島上的「爪哇變種」被稱為「阿比西尼亞」（Abyssinia）或「阿德賽尼亞」（Adsenia），這兩個名稱也就是衣索比亞的古時舊稱。在少數我曾杯測過的「爪哇變種」印尼咖啡

在蘇門答臘島上，某些區域小農生產者會預先執行水洗步驟後的第一階段乾燥程序，將咖啡豆鋪在路邊的防水布上（如照片中所示）；小型貿易商或大型處理廠的代表人會派貨車沿著公路將這些稍微乾燥過的咖啡豆載走（通常是在下午時段）；到了處理廠端，咖啡豆在含水率仍相對較高時就被脫除外果皮，這個程序是非正規的手法只有在印尼才看得到，稱為「溼剝處理法」；脫除內果皮的咖啡生豆，繼續在處理廠中或待出口時在倉庫裡執行最後第三階段的乾燥程序。這種看似傳統水洗處理法的小變化步驟，對於蘇門答臘咖啡的獨特風格有很大的貢獻。

中，我發現這類型的咖啡風味迷人且具備低調的獨特風格，但並不會讓人立刻聯想到衣索比亞的咖啡風味。

新引進的咖啡樹種

見前文。具備羅布斯塔血統的混血變種在印尼占據主導地位，因為它們對咖啡葉鏽病有抵抗力，所以從另一方面來看，它們也算是印尼的傳統樹種了。

蘇門答臘的後製處理法
傳統式後製處理法
「溼剝處理法」。詳見第182頁。

較新型的非傳統式後製處理法
在蘇門答臘島上，也有制式的水洗處理法咖啡，但這類型的咖啡缺乏了溼剝處理法那種曲折的風味（是該島的重要特色）；也有製作日曬、蜜處理法（見第9章）的咖啡，成效不錯。

島上有一個很奇妙的情況，原本普遍採用的標準蘇門答臘式處理方式「溼剝處理法」，本來就能製作出風味大異於其他世界產國的風味調性，然而一些當地生產者卻要摒棄這個原本在世界上就已是極具風格的「常態」，轉而去製作日曬與蜜處理咖啡。

蘇門答臘的咖啡產區
在蘇門答臘島上，有兩個傳統的、廣泛定義的咖啡產區，這兩個產區在地形、種植模式、當地文化等方面都不太一樣，但是杯中風味特性整體來說幾乎相同，因為都採溼剝處理法，種植的樹種也十分相似。特定批次之間的風味差異不是因為產區不同所導致，而是因為製作過程中從小農生產者端到複雜的供應鏈末端中間有太多變因存在，管理不易才產生批次風味差異。

林冬／曼特寧（Lintong ／ Mandheling）
林冬產區的範圍大約就是在「托巴湖」（Lake Toba）西南方的小區域、當地名稱為「凱卡馬當」（kecamatan）或「林冬尼胡塔區」（district of Lintongnihuta）一帶。這是蘇門答臘島上最受歡迎的咖啡產區，在當地高海拔、高低起伏的高原地形中，布滿蕨類植物的黏土土壤上，零星分布著小面積的咖啡園。當地的咖啡樹通常沒遮蔭，大部分也未使用化學物質，種植者幾乎全都是小農；另一方面，「曼特寧」一詞是綜合性的稱號，指的是林冬地區、鄰近托巴湖區域在相似條件下種植的咖啡；有時「曼特寧」也會用來形容整個蘇門答臘島所產的溼剝處理法咖啡，包括從「亞奇省」（Aceh）出產的咖啡。

亞奇／迦佑（Aceh ／ Gayo）
這個區域的溼剝處理咖啡都產自於鄰近山區與「塔瓦爾湖」（Lake Tawar，是靠近「塔肯岡鎮」的一座美麗火口湖）周圍。整體海拔高度略高於林冬區，山勢更為陡峭，當地的咖啡樹都種植在人為營造的遮蔭樹下；本區所產的咖啡風味，酸味明亮度略高一些。小農生產者通常都是咖啡合作社會員，這些合作社出產的咖啡通常會具備「有機」及「公平交易」認證。

詹比／凱林西（Jambi ／ Kerinci）
「詹比」是蘇門答臘中東部一個省分，主要生產羅布斯塔咖啡；但是近來有個市場行銷名為「凱林西」（也就是其

種植地、山谷所在地的名稱）的溼剝處理法阿拉比卡咖啡，風味非常有趣，我相信在未來也會有其他像這種新型態的蘇門答臘阿拉比卡咖啡出現在市場上。

蘇門答臘的分級制度
雖然蘇門答臘阿拉比卡咖啡有正式的分級制度，最高等級為「第1級」，不過還是會用「手工篩除色差豆、壞豆、畸形豆」的回合數，來更進一步界定咖啡豆的品質，最佳品質的蘇門答臘咖啡不是標示為「二次手選」（Double Picked ／ DP）就是「三次手選」（Triple Picked ／ TP），因為蘇門答臘整個生產供應鏈擁有極其複雜的本質，加上小農是用較粗糙的溼式處理法作為前置作業，「手選」的額外步驟可將明顯的肉眼可見缺點移除，這是十分重要的步驟。不過，最終特定批次的溼剝處理法蘇門答臘咖啡並不是靠這些標示來交易的，而是看杯中風味特質來決定：要看他們如何呈現溼剝處理咖啡中「溼土壤味」的優劣程度而定

咖啡日程表，以及採購、沖煮、享用的最重要時機
蘇門答臘島屬於北半球的產地，與其他印尼咖啡（爪哇島、蘇拉威西島）不同，後者因地處赤道南端，所以屬於南半球規則。蘇門答臘島的採收季很分散，開花期、採收期拖得很長；不過，雖然主採收季通常在10月～隔年的4月，但品質較優的蘇門答臘咖啡在烘豆公司端的典型最佳採購時機，幾乎整年度都會有。

環境與永續發展
環境
詳見前方「蘇門答臘的咖啡產區」段落。在亞奇產區，多數咖啡樹都種在人為營造的遮蔭條件下；在林冬／托巴湖產區，僅有少許遮蔭，甚至完全無遮蔭，因為當地的天空時常灰濛濛一片。在上述產區裡，化學物質的使用都相對較低，但是在亞奇省較常見到經過正式「有機認證」的農法。

社會經濟層面
島上兩個主要的阿拉比卡咖啡產區裡，都是由小農所生產。在亞奇產區，許多小農組織成為咖啡合作社，並取得「公平交易」及「有機認證」。

蘇門答臘咖啡的選購要點
假設你要買的蘇門答臘咖啡是「溼剝處理法」（有時會用較不精確的「半乾燥處理法」來稱呼）製作的，選購的重點要放在風味特質、品質上。在製作溼剝處理咖啡的一連串複雜處理程序中，一路上經由多個經手人與地點、執行了多種步驟的製作流程，最後由出口商／咖啡合作社端來控制成品的品質等級。出口商、咖啡合作社通常會為其所出品

的咖啡打造一個品牌（不同的品牌會有不同的得分範圍，由出口商或咖啡合作社內的合格評鑑師評分），有了這些分數才能讓生豆採購者較安心採購。撰文當下，在林冬產區有兩個很活躍又成功的溼剝處理咖啡品牌，一個叫「烏洛斯·巴塔克」（Ulos Batak），另一個叫做「塔諾·巴塔克」（Tano Batak）。

蘇拉威西島：原始的、難以預料的

　　蘇拉威西島就是以前的「錫麗碧島」（Celebes），位於整個印尼島鏈正中心，像是一個巨大四指手掌打開的形狀。今日在精緻咖啡店中見到的蘇拉威西咖啡很有可能是從島上西南方的多山區域生產〔靠近「蘭德包鎮」（Rantepao）〕，此產區名為「塔那·托拿加」（Tana Toraja），其出產的咖啡就稱為「托拿加」，都是當地原住民族的名稱〔在荷蘭殖民時期，托拿加咖啡被稱為「卡洛西」（Kalossi），這是當地一個區域性市場城鎮的名字〕。

　　撰文當下，蘇拉威西島的托拿加咖啡有兩種基本類型：第一個類型，是由一個大型計劃「TOARCO」（中文：托拿加阿拉比卡咖啡計劃；英文：TOraja ARabica COffee）所生產的水洗處理咖啡，基本風味調性帶有一股頗為迷人的層次感；第二個類型，則近似於蘇門答臘島曼特寧風格的小農製作咖啡，不論是風味的優點（具有深邃感、回盪感，以及辛香調的複雜度，以低調的方式呈現）或缺點（由「溼土壤味」衍生出的霉味艱澀感到死水般之缺陷味）都很像曼特寧類的咖啡。

傳統的蘇拉威西咖啡風味特性
托拿加阿拉比卡咖啡計劃生產的制式水洗處理咖啡

　　這類型的蘇拉威西咖啡會有一般制式水洗咖啡常有的甜、適中的酸味明亮度及均衡度，同時還會帶有意料之外的、低調的稀有香氣與風味層次：蜂蜜、堅果、李子、酸味水果（葡萄柚與芭樂）、近似百合的花香、巧克力或烘焙可可豆。

小農製作的較佳批次溼剝處理咖啡

　　帶「溼土壤味」的巧克力調、辛香水果調（葡萄柚與羅望子）、芳香木質調（雪松與松樹）、帶甜味的菸草味、帶麝香的花香。

小農製作的老派溼剝處理咖啡

　　風味強烈但口感較粗糙，前段時常有被稱為「森林中的地板味」（forest floor）氣味調性：類似腐植質般的溼土壤味，較偏向霉味、過熟到腐敗的水果味。有時也會呈現

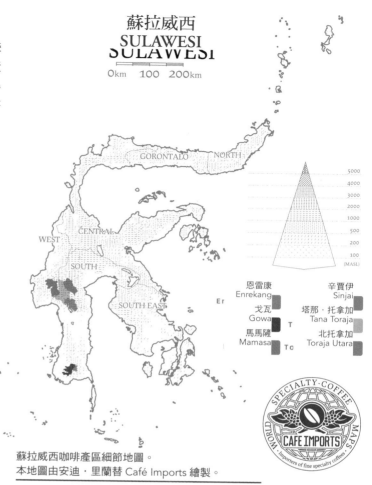

蘇拉威西咖啡產區細節地圖。
本地圖由安迪·里蘭替 Café Imports 繪製。

出池塘或一灘死水的氣息。這些小農製作較低品質的蘇拉威西咖啡，鮮少出現在精緻咖啡市場裡。

典型的蘇拉威西風土條件

　　中海拔～中高海拔，一般都會是具備低量遮蔭的條件。

蘇拉威西的咖啡樹種

　　與印尼其他地方一樣，具備羅布斯塔血統、抗病力的混血變種是主力樹種，不過有些報告顯示：蘇拉威西島上種植的樹種，在血緣上帶有更高比例的傳統樹種基因（與蘇門答臘島的樹種相比）。蘇拉威西的混血變種具備經典的「鐵皮卡」血統，另一半的血統則來自亞洲選育出來的抗葉鏽病知名混血變種「選育第795號」變種，當地人也稱其為「珍貝兒」（Jember）。

蘇拉威西的後製處理法

　　制式的水洗處理法（TOARCO 計劃所營運的處理廠），或是溼剝處理法（小農）。（第182頁對溼剝處理法有更多介紹）。

蘇拉威西的咖啡產區

　　雖然「托拿加」是一個相對連貫的咖啡產區，不過有時會再更細分為較小的產區：一個是「塔那‧托拿加」〔又稱為「托拿加地帶」（Torajaland）〕，另一個是「北托拿加」。詳見蘇拉威西產區地圖。在精緻咖啡市場裡，有時會看見來自托拿加西邊「馬馬薩」（Mamasa）產區的小農生產溼剝處理咖啡。

蘇拉威西的分級制度

　　「TOARCO 計劃」擁有自己的水洗處理咖啡分級系統，主要依據咖啡豆尺寸來分級：「AA」是最高級，「A」次之，另外還有小圓豆的「PB」等級；前述三個等級是主要精緻咖啡的來源。其他的蘇拉威西咖啡則依循一般印尼的分級系統，以缺點數多寡來分級，「第 1 級」為最高等級，缺點豆含量最低。

咖啡日程表，以及採購、沖煮、享用的最重要時機

　　托拿加產區屬於南半球的產地規則，採收季大約是 5 ～ 11 月。需特別留意，蘇拉威西島與蘇門答臘島的採收季不同，蘇門答臘島屬於北半球規則，採收高峰期在 1 月，托拿加產區的採收高鋒期則在 8 月。因此蘇拉威西咖啡在烘豆公司端的典型最佳採購時機約落在 1 ～ 4 月，不過因為採收期

攝於蘇拉威西「托拿加產區」，一位小農正在為一個小批次的收成執行乾燥程序。（圖片來源：iStock ／ lanabyko）

攝於蘇拉威西島的「托拿加產區」。此產區除了咖啡有名之外，其「洞穴墓」（cave tombs）也是十分著名的觀光景點，洞穴墓周圍會有人形雕刻，還會刷上顏料，是木造的真人比例雕像，也會替雕像穿上跟祖先一樣的衣著，就如照片中呈現的一樣。（圖片來源：iStock ／ rchphoto）

蠻長的，所以在零售市場端幾乎整年都可以買到優質的蘇拉威西咖啡。

環境與永續發展
環境

大多數的蘇拉威西咖啡種植在部分遮蔭的條件下，很少使用化學物質，不過一直到最近，才開始有從小農咖啡合作社出產的「有機認證」咖啡出現在精緻咖啡市場裡。總地來說，蘇拉威西的咖啡園以環保層面來看，屬於友善的類型。

社會經濟層面

關於托拿加產區的社會型態，我們獲取的資訊有點印象派，也像是奇聞軼事，不過卻是真實發生的。托拿加族一直保有他們那種令人震驚的傳統生活習俗（屬於「死亡是邁向重生」信仰概念的民族，他們每年會挖開祖先墳墓，替乾屍遺骸換上新衣，並舉行慶典，子孫與祖先的遺骸，時常會手拉手靠在一起同歡），「TOARCO 計劃」全力支持當地社群的生活習俗。

爪哇島：從輝煌墜落，逐漸復甦中

作為一個咖啡產區，爪哇島擁有一段悠長又精彩的歷史。在 1696 年，荷蘭殖民者首先將咖啡種植在爪哇島上；百年之後，爪哇在 18 世紀時成為全世界咖啡的兩個來源之一（另一個來源是「葉門」，也是首先將咖啡當作飲品與商業化種植的產國），這段歷史也就是為什麼「爪哇」（Java）一詞會被視為咖啡同義詞的典故；到了 1920 年代左右，爪哇咖啡威名遠播，甚至可以自訂高價販售，就像今日的夏威夷可娜、牙買加藍山一樣。

然而，今日的爪哇島，不論在商業期貨市場或精緻咖啡市場上，都是相對較小的龍套角色，重要性已經不如蘇門答臘島，後者也取而代之成為印尼咖啡的領頭羊。儘管如此，爪哇咖啡仍舊頻繁地出現在精緻咖啡官方網站與供應單中。

國營莊園——傳統型爪哇咖啡

如同印尼的其他產地一樣，咖啡葉鏽病在 19 世紀晚期將爪哇島上的咖啡產業毀滅殆盡，當時的荷蘭殖民政府將原本低海拔區域的全阿拉比卡血統咖啡樹，都改種為具天然抗病力的羅布斯塔咖啡，並將阿拉比卡咖啡樹遷往更高海拔的區域種植，特別是在爪哇島東部「伊真火山 - 拉翁火山」（Gunung Ijen-Gunung Raung）一帶多山高地上的大型莊園裡；印尼獨立建國後，這些原本由荷蘭營運的大型莊園，轉由印尼政府或私營企業接手經營。

目前仍有 4 座最大規模的咖啡莊園是由政府營運，莊園中只生產阿拉比卡咖啡，這些大型莊園統稱為「爪哇國營莊園」（government estate Java），從國營莊園生產的爪哇咖啡同時會出現在較高端的商業期貨市場及精緻咖啡市場。這 4 座國營莊園的名稱分別是：「卡悠瑪斯」（Kayumas）、「潘寇爾」（Pancoer／Pancur）、「珍彼特」（Djampit／Jampit）、「布拉旺」（Blawan／Blauan）。其中以最大規模的「珍彼特」與「布拉旺」產量最高，也是尋找代表性風味爪哇咖啡的主要來源。

爪哇國營莊園的風味特性

國營莊園製作出的咖啡，其風味調性與大多數的蘇門答臘咖啡不同，因為是採傳統式水洗處理法製作，而非溼剝處理法，處理法的不同是一項關鍵因素。最佳批次的爪哇國營莊園咖啡，沒有蘇門答臘與蘇拉威西溼剝處理的那種「溼土壤味水果調」特質，與其他全球高海拔種植的水洗處理咖啡（具抗病力混血變種的類型）較為接近。不同的國營莊園咖啡，其風味會因為後製處理法、乾燥程序、微氣候、種植海拔的不同，而有些微層次上的差異，其中有些特定批次還會有更多、更有趣的風味與獨特性。

新一代的小農產爪哇咖啡

爪哇已重新以精緻咖啡產地的角色再次出發，全球精緻咖啡網絡因為對於發掘不尋常與獨特的產地有極高興趣，加上他們對小農採取支持的態度，因而提供了許多新機會，讓新的咖啡類型、產區得以發展。與蘇門答臘咖啡相同，許多

爪哇 JAVA

班加內加拉 Banjarnegara
布羅莫火山 Bromo
伊真火山 - 拉翁火山 Ijen-Raung
普雷安加火山 Preanger
鐵芒恭火山 Temanggung
沃諾索博 Wonosobo

爪哇咖啡產區細節地圖。
本地圖由安迪・里蘭替 Café Imports 繪製。

新一代的爪哇咖啡採溼剝處理法製作，因此與蘇門答臘咖啡有相近的特質；有些小農維持常規的水洗處理法，但也會嘗試其他的後製處理方式，包括日晒、蜜處理法，相關的實驗越來越多人採用。

傳統的爪哇咖啡風味
國營莊園的制式化水洗處理法爪哇咖啡

酸味帶有適中的明亮度，口感近似於稀釋後的糖漿，香氣直接，風味帶有烘焙堅果、烘焙用巧克力、芳香木質調，某種柑橘或柑橘皮特性，偶爾還會帶點甜甜的花香韻味；有時可能會被一種純木質調的扁平風味毀了，但有時也會出現有趣的芳草植物或菸草般的調性，增添更高的複雜度。

新一代小農製作溼剝處理咖啡（爪哇東部、中部、西部）

近似於典型溼剝處理法製作的蘇拉威西或蘇門答臘咖啡，但有更佳的乾淨度與甜度。甜味近似糖漿，帶著辛香感的葡萄柚或羅望子調、芳香木質調（雪松或松樹）、溼潤的菸草調，以及具備麝香味的花香調。

警告事項

爪哇東部、西部的小農咖啡生產者，開始製作各種不同的後製處理法，包括日晒、蜜處理、厭氧慢乾式處理法（見第 96 頁），撰文當下，這些新的咖啡類型風味尚難以歸類。

典型的爪哇風土條件

中海拔～中高海拔，通常會種植在部分遮蔭或人為遮蔭的條件之下。小農生產的爪哇咖啡通常都屬於後院咖啡類型，會與蔬菜、果樹交叉種植。

攝於爪哇島東部的一家莊園。這家大型莊園在荷蘭殖民時期就已創立，不過現在完全由印尼接手，大部分由印尼政府直接營運。（圖片來源：iStock ∕ lrosebrugh）

爪哇種植的咖啡樹種
傳統型變種

如同印尼的其他產區，爪哇島上的主力樹種都是具備羅布斯塔血統、有抗病力的混血變種，不過有相關研究報告暗示，爪哇小農種植的樹種，其具備的阿拉比卡血統較多一些，當中包括經典的「鐵皮卡變種」與「肯特種」相關血統，後者是在亞洲發展出來的、具備咖啡葉鏽病抵抗力的混血變種之一。

爪哇的後製處理法

大規模的制式化「先發酵後洗洗」處理法，在爪哇中部的大型國營莊園中獲致成功；爪哇的小農可能會採用制式化的水洗處理法製作咖啡，只是規模較小，大多時候他們都會使用溼剝處理法、日晒、蜜處理法。欲知更多溼剝處理法，詳見第 182 頁。

爪哇的咖啡產區

爪哇的咖啡產區通常會區分為以下幾個區域：首先是爪哇東部的「伊真火山 - 拉翁火山」之間的高地，在這個多山區域座落著許多大型傳統莊園；在爪哇東部、中部、西部的高地上，也有許多小農生產咖啡。請參閱爪哇產區地圖。

爪哇的分級制度

按照慣例，杯中風味才是最重要的因素，而非等級名稱。儘管如此，爪哇島上大多數的咖啡（小農生產的溼剝處理法類型）都遵循著印尼咖啡的普遍分級系統，「第 1 級」代表最高等級，所含的缺點豆比例最低；由爪哇國營莊園製作的水洗處理咖啡，則是以咖啡豆尺寸來分級，最大顆粒叫「AA」級，「A」級次之，「AB」級再次之，「C」級則是最小顆粒，「PB」級代表小圓豆批次。

咖啡日程表，以及採購、沖煮、享用的最重要時機

屬於南半球的產地，採收季大約是 6 ～ 10 月；在烘豆公司端，典型的最佳採購時機大約落在 1 ～ 4 月。

環境與永續發展
環境

爪哇東部的大型莊園咖啡，一般都種植在部分遮蔭或人為營造的遮蔭條件下，採制式化的、非有機式種植法。小農製作的爪哇咖啡通常都屬於後院咖啡類型，會與果樹、其他糧食作物交叉栽種，較少使用化學物質，不過這一點也很難證實。目前有一些爪哇咖啡小農具備「有機認證」。

社會經濟層面

在大型莊園工作的咖啡工人們，其待遇相對較佳（不論

是國營莊園或私有莊園），雖然根據我短暫參訪及其他人的參訪經驗來看，都沒有可靠消息能證實這一點。小農生產的爪哇咖啡通常是與精緻咖啡出口商、採購專家以非正式的合作關係發展而來，這意謂著小農至少可以用不錯的價位銷售他們製作的咖啡，並且從出口商那接受訓練與改善建議。

峇里島：魅力四射，具備獨特樣貌的後製處理法

峇里島的面積很小，但卻很精巧又富文化內涵，島上的「欽塔馬尼高地」（Kintamani highlands）也出產咖啡，位置大概就是島上的正中心地帶。因為有著複雜、多彩多姿的文化，還有各式優雅的人群（包含來自世界各地的渡假遊客）及很棒的海灘，廣受全世界喜愛，因此峇里島的咖啡也同樣受到喜愛（愛屋及烏的概念）。不過，除了浪漫情懷帶來的吸引力，峇里島的咖啡本身也很有趣，雖然純淨度略差一些，但風味都很獨特、迷人。

傳統的峇里咖啡風味，以及後製處理法

峇里島有三種類型的咖啡：第一類是採正規方式製作的水洗處理法；第二類是跟蘇門答臘一樣的溼剝處理法；第三類則是日晒處理法。在北美精緻咖啡市場中，烘豆師與消費者族群似乎最鍾愛日晒處理法的峇里島咖啡，它的日晒處理口感較為粗糙：第一印象很強烈，通常帶有突出的水果風味、白蘭地般的調性，尾段帶有一種粗糙、些微霉味的調性，有點像是「帶著溼土壤味的巧克力調」。

峇里島的溼剝處理咖啡風味，有點像是蘇門答臘的溼剝處理咖啡（一般批次）；峇里島的水洗處理咖啡，則有點近似於爪哇島的水洗處理咖啡。其風味描述用語，可以參考前述兩個近似產區。

峇里的咖啡樹種

與大多數印尼種植的樹種相近，大都採用「鐵皮卡」與多種新型具抗病力的混血變種再次混血而成的新混血變種（「卡帝莫」、「S795／珍貝兒」）。

峇里的咖啡產區

主要種植在島上中北部的欽塔馬尼高地，這個產區有時會被稱為「邦利」（Bangli），因為它隸屬於「邦利省」行政區。

咖啡日程表，以及採購、沖煮、享用的最重要時機

屬於南半球的產地，採收季大約是 6 ～ 10 月；在烘豆公司端，典型的最佳採購時機大約落在 1 ～ 4 月。

攝於峇里島。在山坡地種植著咖啡樹，周圍有少許遮蔭樹，農園的較上方種植著相對密度很高但又規劃整齊的其他作物，這是峇里島典型的咖啡園景色。（圖片來源：iStock ／ Gfed）

環境與永續發展

峇里島的大多數農業（特別是水稻種植業）仍維持著最傳統的耕作方式，是由一個稱為蘇巴克‧阿比安（Subak Abian）的系統進行規範，該系統結合了精神上、社會上尊重環境的價值觀，咖啡產業當然也受到其規範。這不並代表可以防止「峇里當地人海削觀光客」的文化，但能夠進入到精緻咖啡市場，很有可能就是因為出自於這個農業系統本身對於社會、環境的尊重態度。對於傾向具備第三方保證的消費者而言，有許多種類認證過的峇里咖啡可選擇，包括「有機認證」與「公平交易認證」。

巴布亞紐幾內亞（PNG）：經典的杯中風味，風格獨具之地

巴布亞紐幾內亞時常被簡稱為「PNG」，該產國占據著新幾內亞島這個巨大又多山的島嶼東半部（新幾內亞島位在澳洲北邊、印尼群島的東邊）。

然而「PNG」是一個與印尼完全不同的咖啡產國──居住的種族不同，地形地貌不同，咖啡的風格也非常不同。

其中部那蒼翠卻又令人畏懼的山區，是世界上最受眷顧的阿拉比卡咖啡絕佳生長風土環境，這些清翠、高聳的山脈及迷人的封閉山谷，卻也恰恰好是咖啡世界裡最難運輸、最難建設的區域。

「大型莊園 vs. 部落」的二分法

現代的「PNG」咖啡產業主要由澳洲人於 1950 年代所開創，澳洲人當時引進了正規的「先發酵後水洗」處理法，生產比印尼溼剝處理咖啡更為乾淨、更令人感到熟悉的風

惡名昭彰的麝香貓咖啡，
以及其他透過動物消化道處理的咖啡類型

麝香貓咖啡（Kopi Luwak）是派對核心人物最愛拿來取笑的故事之一，這個令人好奇的「美味」其實是一種稱為麝香貓（luwak）或椰子貓（palm civet）小動物排洩出來的咖啡豆，麝香貓的消化道會將果皮與果膠層分解。多年來，蘇門答臘的村民中有部分會收集野生麝香貓的排洩物，不過在今日，大多數的麝香貓咖啡都是由關在籠中的麝香貓所生產的，牠們都被強迫餵食咖啡果實。雖然它的主要產地是印尼，但是在東南亞其他產國也可看到不同版本的麝香貓／果子狸咖啡。

初始的「野生麝香貓處理法」是讓野生麝香貓選擇牠要吃的果實，之後透過其消化道處理咖啡，乍聽之下還不覺得有什麼古怪，這假設麝香貓像是訓練有素的果實採收工一樣，只會選擇完熟的咖啡果實，因為它比未熟果或過熟果更好吃。回憶一下，在經典的水洗處理法中，有一個「發酵的步驟」能鬆開果膠層，它與消化作用概略相等，因此我們可以將麝香貓視為一座迷你型、有機、高機動性的咖啡採收與後製處理廠，就像我們餵牛吃草且將草轉變為牛奶一般，所以讓麝香貓幫我們採收咖啡、處理咖啡豆好像也不怎麼違和。

上圖是被關在鐵籠中、被強迫餵食咖啡果的麝香貓，攝於印尼。麝香貓被餵食咖啡果之後，排洩出來的屎（右下圖）會被收集起來，製作成「惡名昭彰的麝香貓咖啡」。大多數都是被關著的麝香貓所生產而來的，只有在數十年前才有一些是真正從野外收集來的麝香貓貓屎做成的。〔圖片來源：（上圖）iStock／kapulya；（右下圖）iStock／MelanieMaya）〕

現金與鐵籠

不過，目前有兩個問題讓麝香貓咖啡無法與「牛奶」達到一樣的合理性地位：首先就是「價位」，因為這種製作方式很顯然產量有限，因此它是世界上其中一種「稀有咖啡」類別，售價極高，目前每磅約 250 美元（鐵籠飼養）～ 500 美元（野生認證）。

第二個問題就是「鐵籠」，今日大概僅有極小一部分的麝香貓咖啡是真正從野外收集而來，麝香貓是一種蠻溫馴的小動物，過去人們會將其當寵物飼養，但如今卻時常會被關在鐵籠中強迫餵食新鮮咖啡果（人類採收）。我親眼見過的鐵籠內

部空間還算合理，但我相信有些會被關在更小的空間裡（很殘忍），牠們屬於群居動物，將其獨立、囚禁都是殘忍的行為。

從另一個角度來看，將麝香貓關起來、強迫餵食的行為，比起我們工業化生產肉類、雞蛋的系統性，其野蠻程度有過之而無不及。此外，較有責任感的麝香貓咖啡供應商強調，其產品都是來自於野生、非囚禁的麝香貓製作出的優秀產品，藉此試圖說服消費族群。

麝香貓咖啡風味特性

雖然在烘焙麝香貓咖啡時散發的氣味，會讓人聯想到咖啡豆在消化系統裡的那段旅程，但是杯中風味較沒有那麼不堪。我曾測試過的麝香貓咖啡，是一款帶著典型溫和霉味、溼土壤調性的印尼式咖啡，並且帶著一種怪異的額外調性，有點像是甜甜的未烘焙堅果一樣；其中品嚐過的最佳批次，還會有迷人的、不尋常的橘子與花香調，不過那種未烘焙堅果的韻味仍然存在。

我曾品嚐過的最佳批次，是在泰國野外收集的版本，由「象山咖啡合作社」出品。在這款樣品中，我嚐到了柔和的花香、橘子類的柑橘調，伴隨著溼土壤氣味，以及枯葉或蘑菇般的風味，但沒有嚐到那種未烘焙堅果的調性。我不能用平常測試到優異品質咖啡的標準來看待這款麝香貓咖啡，但它的確與我測試過的其他咖啡有著細微的不同特質，不能說是好或壞，不過對於那些口袋夠深、同時又對這類型咖啡感到好奇的愛好者來說，「象山咖啡」出品的麝香貓咖啡蠻值得一試。

怪哉：難道現在正進行著「全球性的消化道處理咖啡運動」嗎？

很不幸地，麝香貓咖啡的流行，導致其他無辜動物也被強迫成為「消化道處理咖啡的迷你處理廠」（同時要肩負著採收、後製處理的任務）。截至目前為止，市面上已經出現「泰國的象屎咖啡」（elephant dung）、「巴西的雀屎咖啡」（Jacu bird）、許多國家都有做的「猴屎」（monkey poop），還有「秘魯的浣熊咖啡」（coati／uchunari）。老天保祐啊！

味調性。多年來，「PNG」產的咖啡都被區分為「莊園咖啡」（plantation coffees，由該國中部產區唯一一條公路附近的幾座莊園及水洗處理廠所製作）及「部落咖啡」（tribal coffees）由小農製作的風味較粗糙、較原始的版本水洗處理咖啡，所在地通常都是較為封閉的山區。正規的水洗處理「莊園咖啡」會有分級標示（如「A」級、「B」級），「部落咖啡」則會全部被混合在一起湊成大批次，並分配為「Y」級（較差的等級）。

「PNG」近來的改變

在過去 20 年左右，情況變化頗大且複雜，有些小型咖啡生產者製作的品質大幅提升，因為他們在採收、後製處理時都更仔細了，他們生產的小農咖啡不再被混入大批次中。同時，一些較大型的莊園則有兩種方向的發展：其中一個就是成為集中化處理廠，向小農採購咖啡鮮果或帶殼豆；另一個方向則是改由部落協會或當地個體戶來營運（不再由澳洲人經營）。目前看來，在「PNG」只有相對較低比例的大型莊園仍然由外國公司主導，其中最主要的一家外資是澳洲商「卡本特莊園群」（Carpenter estates）及它的旗艦莊園「西格里莊園／天堂島」（Sigri estate）。

「PNG」生產的咖啡中，有些是非常精彩的，其中最佳表現者，通常是由使用傳統「先發酵後水洗」的那些處理廠出品（位在中部山區唯一一條公路附近）；由小農生產者製作的水洗處理咖啡（地處封閉山谷中，之後由出口商全部混合做成大批次），品質穩定性較差，時常會出現怪異的、帶著甜味的發酵風味。這些「部落咖啡」之中，有些品質較佳、較穩定的批次有時也會出現在精緻咖啡供應單上，特別是那些具備「有機」或「公平交易認證」的批次。

「PNG」的咖啡風味特性
高端精緻批次（由集中式處理廠出品的「A級」與「B級」咖啡豆）

酸味明亮度高但均衡度佳，溫和的水果與花香調，甜味佳。水果調性的呈現有多種方式，從帶核水果調、圓潤的成熟柑橘調到黑醋栗調；通常還會有多種巧克力調，從葡萄乾巧克力球到清脆的烘焙可可豆；花香調一般都在背景中呈現，但偶有較明顯花香的批次時，幾乎都會出現類似百合花或香味濃郁的夜花香。擁有最獨特風格的高端批次「PNG」咖啡，風味乾淨，有一種帶著甜味的辛香水果調（我會將其聯想為粉紅葡萄柚的調性）。

小農製作的大批次類型咖啡（「Y級」）
風味通常是粗糙的，但有時也會出現迷人的調性：溫和又獨特的輕度發酵水果味，以及些微的霉味／溼土壤味，形成一種迷人的高海拔咖啡均衡風味。

典型的「PNG」風土條件

幾乎都是高海拔的環境，大多數的咖啡種植在遮蔭或部分遮蔭的條件下，在小農後院中時常會見到其他交叉栽種的作物。

「PNG」種植的咖啡樹種

世界上許多最優秀的傳統咖啡樹種都可以在「PNG」的咖啡農園中看見，不過這些傳統樹種並沒有被單獨分開種植，也因此「PNG」咖啡中沒有單一樹種的批次。唯一的例外就是「藍山變種」，因其赫赫有名的出身而會被拿來單獨銷售；在「PNG」的其他樹種中，有些跟「藍山變種」一樣具備「鐵皮卡」相關的血統，另外也有一些則是「波旁」血統；有個比較神秘的「阿儒夏變種」一開始是在坦尚尼亞開發而來，目前在「PNG」境內被廣泛種植，這個樹種很有可能就是許多高端批次「PNG」咖啡中那股獨特、帶著甜味的辛香葡萄柚調性的來源。

很顯然地，在「PNG」也有種植一些具抗病力的混血

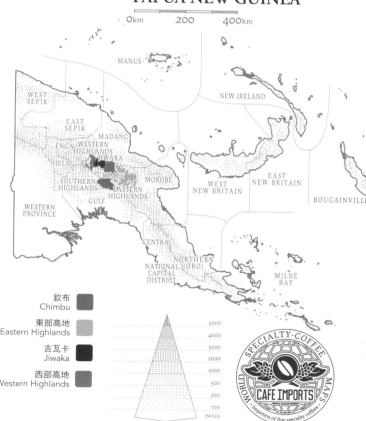

巴布亞紐幾內亞咖啡產區細節地圖。
本地圖由安迪・里蘭替 Café Imports 繪製。

變種，與其他傳統樹種一起交錯種植在咖啡園裡，但是這些混血變種似乎並沒有對經典的「PNG」咖啡風味造成太多不良的影響。

「PNG」的後製處理法
傳統式後製處理法

大多數的精緻等級咖啡，都在集中式的水洗處理廠以傳統的「先發酵後水洗」處理法製作；在封閉的山谷產區中，村民會在自家後院執行簡易後院版本的「先發酵後水洗」步驟，其使用的清水通常都是人力從遙遠的地方挑回來的山泉水。為了讓咖啡生豆能夠更容易搬往那條唯一的公路上，村民通常會預先以人工將外層的內果皮（羊皮／紙皮）脫除以減輕重量，我曾在一次參訪中親眼見到村民執行這個步驟，他們使用滾動的小鵝卵石反覆輾壓帶殼生豆，然後用風扇吹掉破碎的外殼。

較新型的非傳統式後製處理法

直到目前為止，傳統式的水洗處理法仍是唯一的常規處理法。

「PNG」的咖啡產區

大多數「PNG」咖啡都集中於 4 個緊緊相鄰在一起的高地省份中（都在「PNG」正中央區域）：「西部高地」〔Western Highlands，包括：芒特哈根鎮（Mount Hagen Town）及瓦吉山谷（Waghi Valley）〕；「東部高地」〔Eastern Highlands，位在哥洛卡鎮（Goroka Town）與凱南圖鎮（Kainantu Town）的正中間〕；在前兩者之間則是「吉瓦卡省」（Jiwaka Province）與「欽布省」（Chimbu

Province）兩個產區。在島上其他地方也有零星的小農咖啡生產，其中包括中部山區高地最東邊的摩洛貝省（Morobe Province）。

「PNG」的分級制度

「PNG」近來修正了它的分級命名法及標準，變得更偏向感官與風味的分級制度。現在的「A 級」代表著肉眼可見缺點豆最少、杯中風味最乾淨、均衡度最佳的咖啡；「B 級」容許略多一些肉眼可見的缺點豆，但是杯中風味仍然要求乾淨且均衡；「Y 級」則容許更多肉眼可見缺點豆，同時也容許風味中帶有一些水果風味調性（有時會出現迷人的那種粗糙感風味；有時則會出現惱人的過熟發酵風味）。咖啡豆尺寸變成附加的標準，有時你會買到尺寸較小的「A 級」咖啡，有時則會買到尺寸較大的「A 級」咖啡。

咖啡日程表，以及採購、沖煮、享用的最重要時機

屬於南半球的產地，採收季大約是 5 ～ 8 月；在烘豆公司端，典型的最佳採購時機大約落在 1 ～ 4 月。

環境與永續發展
環境

我敢打包票，大多數「PNG 小農咖啡」都是不使用化學物質耕種的，不過很少有小農具備正式的「有機認證」資格；在較大型莊園製作出來的「莊園咖啡」，則都會常態性使用化學物質輔助種植；某些規模略大的農園也具備「雨林聯盟認證」。

小農咖啡都種植在小農的自家後院中，通常是半遮蔭，並且交叉栽種其他作物。關於咖啡的認證問題，很少「有機認證」的「PNG」咖啡在美國、歐洲市場出現，多數都銷往澳洲，這些「有機認證」咖啡通常都是在摩洛貝省的小農所生產，而非西部、東部高地所產。「PNG」目前森林砍伐的情況仍在進行中，但不是增加咖啡種植的面積，而是單純為了木材。

社會經濟層面

出產「PNG」阿拉比卡咖啡的高地山谷，土壤都極度肥沃，多數村民為了維持生計而採取多元作物交叉耕作的模式，形成了根深柢固的文化，這也讓村民擁有特別健康的飲食方式，這是多數大型購物中心文化所欠缺的。這些咖啡產區中的村民幾乎沒有受到全球消費主義浪潮的影響，一份於 2010 年來自「世界銀行」（World Bank）的報告指出：約有 40% 的「PNG」人口過著「半自給自足」的天然生活方式，與全球資本毫無接觸。但這些村落還稱不上是小天堂，因為不同鄰近村落之間仍有暴力性的競爭行為。「PNG」有數百種不同的語言，這也代表了島上有數百種獨特文化存

攝於「PNG」某處高地上的咖啡種植村落。「PNG」的地形、地貌異常崎嶇，加上基礎建設極少，村民時常只能自行背著咖啡生豆前往山上唯一一條公路的集貨點，有些地處更偏遠的村落中，其所生產的咖啡豆甚至必須靠著傳教士的飛機才能運出。（圖片來源：iStock ／ Andersen_oystein）

在著。

儘管如此，像這種小規模、僅在村內循環的封閉性文化，看起來似乎是發展以咖啡合作社為中心的「公平交易認證計劃」的理想條件，多數具備「公平交易認證」的「PNG」咖啡似乎都出口到鄰近的澳洲了，這讓澳洲一直維持著與「PNG」的緊密經濟關係。

東帝汶：再登巔峰？

談起東帝汶（East Timor，正式官方名稱為「Timor-Leste」，是帝汶島上東半部的一個小國），說它擁有「混亂的近代史」還嫌不夠精確。以往曾是葡萄牙的殖民地，在數十年的殖民期間發展出不同文化（與鄰近的荷蘭殖民鄰國「印尼」不同）。1975年，葡萄牙殖民者自帝汶島上撤出後，印尼立刻對這個小鄰居發動侵略，自此開始的24年間，島上充斥著血腥的武裝衝突，對抗來自印尼的侵略者。

一個在殖民時期的重要咖啡生產者，在長期的反叛活動期間內卻因此荒廢了；直到1999年，東帝汶終於能夠宣布獨立之後，國際發展代理人組織想藉由「發展精緻咖啡產業」作為協助東帝汶重建的工具，如同之後幫助盧安達的那個模式。

在時間洪流中被遺忘的咖啡產地

最初，東帝汶因兩項優勢而能重回咖啡世界：一來，這裡有著勤奮的小農生產者，他們對咖啡一直有著尊敬的態度；二來，因為數十年間都不被重視，所有的咖啡園「事實上」都是有機的。東帝汶曾是在時間洪流中被遺忘的一個咖啡產地。

由於國際發展代理人組織及精緻咖啡世界帶來的許多資源，東帝汶的咖啡產業日益活絡，後來有段時間較容易在市面上見到它的存在，時常可以在精緻咖啡供應單中見到「有機認證」與「公平交易認證」的東帝汶咖啡。然後，在2006年又發生了一輪社會、政治衝突，讓當地咖啡產業再度受挫。

還會有再登巔峰的機會？

撰文當下，東帝汶咖啡產業似乎正迎來另一個復興的機會，它再次出現在精緻咖啡市場裡。2013年，星巴克開始販售「純東帝汶咖啡」，為這個小國的咖啡產業注入了一劑強心針。

東帝汶的咖啡樹種主要都是阿拉比卡與羅布斯塔的混血變種群，其中包括非常有影響力的「帝汶混血變種」（HdT），它於1950年代在東帝汶被發現，是天然的阿拉比卡與羅布斯塔混血變種（非人為），因為具備咖啡葉鏽病抵抗力而在島上被廣泛種植。自此之後，「帝汶混血變種」

就成為了提供抗病力的主要素材，幾乎所有現存的、具抗病力的混血變種，都與其相關，不論是從哪個地方開發出來的混血變種。

東帝汶咖啡通常會採用由「制式化水洗處理法」變化而來的各種「變形水洗處理法」製作，比起印尼的溼剝處理咖啡，東帝汶咖啡風味結構較為明亮、口感較清爽，不過由於乾燥程序有點問題，風味中多了一股輕微的霉味，某種程度上也會被判讀為「溼土壤味」。偶爾在市場上也會見到日晒處理的東帝汶咖啡。

泰國：象山咖啡的故事，以及更多……

泰國種了非常大量的羅布斯塔咖啡，這讓它在2021年成為羅布斯塔咖啡世界第9大產國。不過為了本書讀者考量，也要介紹種在泰國北部高地部落的小量阿拉比卡咖啡，這個區域就是俗稱「金三角」（The Golden Triangle）的泰國領地，這裡與緊臨的緬甸、寮國是一塊多山的區域，長久以來也因鴉片／罌粟產業而聞名；此區域也是許多高山部族、半原住民族群的家鄉，彼此之間的文化及語言都不相同，當然也與都市及平地農耕的主流族群不同，後者那些主流族群，也是鄰近國家的主導族群。

在泰國，這些「高地泰國人」（highland Thais）在整個國家裡仍被視為異類，不被視為公民，遭受孤立且生活貧困。自1970年代起，許多國際發展代理人組織希望透過種植咖啡以取代鴉片成為替代性的現金作物，並且開始鼓勵農民在金三角地帶的零星地改種咖啡。

邁入精緻咖啡領域

由於咖啡期貨系統對於價格的控制影響很大，前述的努力似乎沒有太大的成功；直到精緻咖啡產業開始發展，才提供了一條通往市場的替代道路。第一家抓住這個機會的泰國咖啡生產者就是「清萊省象山村（Doi Chaang village）」的「象山咖啡」（Doi Chaang Coffee），主要由阿卡族（Akhas）人組成，由已故的威查·普羅明（Wicha Promyong）領導整個合作社，他同時也是一位具有魅力的泰國藝術家、音樂家、企業家；「象山咖啡」的另一位關鍵人物就是加拿大籍的約翰·M·達奇（John M. Darch），象山村在這兩位的努力下，發展成世上其中一個成功垂直整合小農的咖啡合作社。

「象山咖啡」的最不尋常之處，就是它能夠有足夠資本對末端消費者直接行銷、銷售其烘焙過的咖啡熟豆，許多咖啡合作社（通常只有B2B的生豆銷售）時常嘗試要烘焙並零售他們生產的咖啡，但是基於諸多因素——主要是很難接觸到自己國家以外的零售市場——類似「象山咖啡」

這種垂直性的整合模式是很難達成的。不論如何,「象山咖啡」比起大多數咖啡合作社來說,已算是非常成功的,大部分合作社生產的咖啡豆,都以熟豆的形式並使用「象山咖啡」商標銷往泰國、其他亞洲國家、加拿大。「象山咖啡」的故事已經被咖啡歷史學家/作家馬克·潘得格拉斯特(Mark Pendergrast)在他那本會令人上癮的著作《超越公平交易:一家小公司是如何為泰國山邊的小村莊帶來改變》(*Beyond Fair Trade: How One Small Coffee Company Helped Transform a Hillside Village in Thailand*)中記錄下來。喜愛淺烘焙或中烘焙的咖啡迷可能較不適合購買「象山咖啡」的零售商品,因為大多數都是偏深烘焙的選項。

在泰國金三角地帶也有其他生產阿拉比卡的泰國公司,這些公司時常會在商品命名或行銷宣傳品中與「象山咖啡」產區扯上一點邊,當中有的風味也是挺討喜的,但很少在泰國及其他亞洲市場之外的高端咖啡市場見到。

越南:羅布斯塔之王,阿拉比卡令人期待

越南是目前世界上「羅布斯塔咖啡」的最大生產國,

照片中的人物為已故的威查·普羅明,他是泰國「象山咖啡」公司(第 193 頁)的先鋒領導者及共同創辦人。

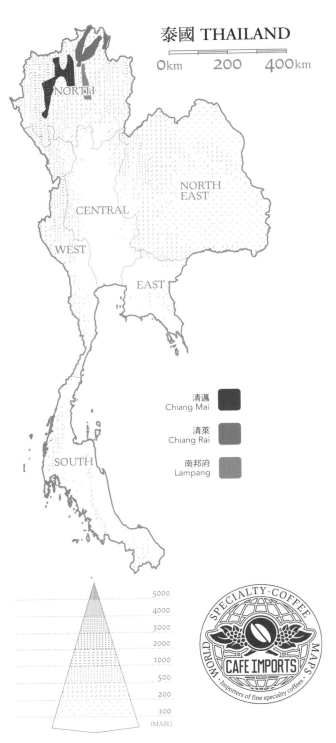

泰國咖啡產區細節地圖。
本地圖由安迪·里蘭替 Café Imports 繪製。

不過越南咖啡當局近來下定決心要推動阿拉比卡咖啡的生產,期許能夠成為主要生產國之一。目前看來,它在產量上的目標已經達成,但品質顯然還有段路要走。越南的阿拉比卡咖啡主要種植在該國的北部,雖然產量有戲劇性的暴增,但是因為較粗心的採收、後製處理、乾燥程序,其品質仍然

有所欠缺，因此鮮少出現在精緻咖啡供應單之中。

這個情形當然有可能會改變，我們都不應該低估領導階層的魄力與決心，因為他們將一個土地面積比巴西小了2400倍的國家，轉變為世界第2大咖啡產國；但是在撰文的當下，對於越南領導階層將要如何把一部分產能從巨大的期貨咖啡產量中分配給高品質咖啡（不論是阿拉比卡或羅布斯塔咖啡），情況尚未明朗。

中國：全力以赴

與越南不同，中國主要種植的都是阿拉比卡咖啡，僅有非常少量的羅布斯塔咖啡。事實上，阿拉比卡咖啡產量越來越多，根據「國際咖啡組織」（ICO）估計，中國在2018～2019年產季的產量是世界第13大。

中國的阿拉比卡咖啡很少出現在精緻咖啡供應單中，其種植的阿拉比卡咖啡樹種幾乎壓倒性地都是具備羅布斯塔血統的、風味較不出色的混血變種，特別是「卡帝莫變種」，本書時常提到這些混血變種風味均衡度雖然不錯，但風味結構卻太單調，雖然風味很紮實，但又沒有獨特風格或衝擊性。

透過後製處理法尋求風味辨識度

如同在印度，想要種植具風味獨特性但又相對生命力較脆弱的咖啡樹種（同時也是高端精緻咖啡市場主要驅動的元素），咖啡葉鏽病的威脅是一項令人畏懼的障礙；不過中國的生產者正嘗試用後製處理法實驗來創造出更具有辨識度的風味，其中包括：日晒、蜜處理，甚至偶爾還會看到厭氧日晒處理法（第96頁）。

目前看來，製作的成果好壞參半。一些像是採收、篩選、乾燥程序等基礎步驟有時並沒受到重視，因此原本應該有果汁感、水果調性的日晒處理咖啡，在這些批次中卻變成帶有稻草味或堆肥味。當然也有一些中國產的日晒處理咖啡具備完熟水果調，還有一些蜜處理批次具備甘甜、細膩的特質，而非帶著醋酸感或霉味。

儘管如此，生產者似乎正處於進退兩難的處境：一方面，精緻咖啡採購端對中國產的咖啡不感興趣，因品質不穩定；二來，因為沒有這些精緻咖啡採購端的購買，生產者也沒有足夠的動機去改善品質。

對於全球咖啡產業而言的大消息：中國的咖啡消費力

從消費者端來看，中國的咖啡消費正在繁榮發展，平均每年成長幅度約20%，雖然目前的人均消費力還偏低。消費人口主要的成長區塊在即溶咖啡、連鎖咖啡店。撰文當下，中國的小型、高端、自家烘豆零售咖啡館發展浪潮，似

攝於越南的多樂省（Daklak），照片中是一位咖啡農，身旁圍繞的是開花期的羅布斯塔咖啡樹。（圖片來源：iStock ／ xuanhuongho）

乎不若韓國、台灣如此密集發展，後兩國的主要城市道路上可能都是星巴克之類的大品牌連鎖店，但在小巷弄裡到處可見微型的高端精緻自家烘豆咖啡館。儘管如此，許多市場觀察家預測，中國應該已準備要開始發生這種「小型自家烘豆咖啡館運動」，而且每年的「整體咖啡消費量」還會持續以二位數的百分比成長。

中國的咖啡產區

幾乎所有中國的咖啡豆都產自於臨近越南、寮國、緬甸邊界的南部省分——雲南。長久以來以「全發酵茶」聞名的「普洱產區」（Pu'er），目前也是生產咖啡的繁華中心。

台灣：微型規模但十分繁華

從咖啡生產者的身分來看，台灣在某些方面正好是中國的相反對照：假如說中國最後將成為生產期貨咖啡等級大宗的生產者，那麼台灣的咖啡產量是很微量的，不過卻十分密集地發展品質與辨識度。咖啡生產者得力於台灣蓬勃發展的、高度創新的精緻咖啡產業，在台灣有數千家高度個性化的小型精緻咖啡烘豆商，互相競爭那一小塊對於好咖啡有強烈渴望的消費族群，因此也能朝精緻的方向發展。台灣的咖啡主要產自中部的高海拔茶葉產區（譯注：其實在北台灣少部分區域、中南部山區、東部山區，甚至中低海拔區域都有種植咖啡，只是品質好壞不同），其中最常提到的就是阿里山。

CHAPTER 15 | 咖啡行業蘊含的目標：經濟／慈善、環保永續性層面

在全世界受歡迎的飲品中，為何咖啡會是目前與社會經濟／環保相關議題最緊密連結的呢？
我認為有以下原因：

① 大多數的咖啡都產自生活貧困的小農，而非較大型的農園，這項小農的優勢讓咖啡成為可以「承載同情心」與「展望的媒介」，透過經濟發展與鄉村地區的貧困博鬥。

② 咖啡是一種果樹作物，能夠發展成混農林業，以及其他對環境友善的種植方式。

③ 在許多咖啡消費國裡，咖啡及咖啡館長久以來都與政治、社會的理想主義有所關聯。

社會經濟層面：小農生產者

「恩維利塔斯」（Enveritas）是一個非營利機構，致力於對抗咖啡領域中的貧窮問題，近來發布了一項仔細的分析數據，當中顯示：目前全世界的咖啡小農約有 1250 萬人，其中大多數都屬於「自給自足」類型，也就是說，這些農民除了種植一小塊咖啡樹之外，同時還要種植各種蔬菜並豢養雞隻。他們主要都依賴咖啡來換取足夠的現金，才能購買他們及家人賴以為生的少數工具與主食。

總是受到剝削，但現在更變本加厲

這類小農總是被以「利字擺中間，產品品質與小農生活品質放兩邊」那種無情的全球期貨市場機制所剝削，但在撰文當下，這種剝削的情形更變本加厲了：在 2020 年的大部分時間裡，小農每磅咖啡收到的報酬僅比 1 美元多一些（品質不錯的咖啡生豆完成品），這數字低於生產咖啡豆的成本，更別說還能有多餘的錢來支撐家用。有一些人提倡要提高咖啡的售價以支持咖啡生產者，希望藉此挑戰這個當下發生的不合理現象（同時也是咖啡產業能否繼續存在的一項威脅），然而截至目前為止，尚未有明確且廣泛的影響。

精緻咖啡產業的回應

然而，在過去 30 年間，咖啡產業中的精緻咖啡領域勢力、影響力日漸強大，因此開始有了「利用精緻咖啡的利基市場／小眾市場」當作協助農民與其社群走出貧窮的工具。

精緻咖啡產業給的報酬更好

「精緻咖啡交易指引」（The Specialty Coffee Transaction Guide）是近來一個組織完善的機制，能夠追蹤回溯「北美精緻咖啡烘豆公司」於每個年度實際付出的金額，也就是「美國精緻咖啡領域」對產地的合約價格持續有意義地超過「期貨咖啡系統」付給品質不錯的等級咖啡之金額；粗略地說，「精緻咖啡產業」的每磅價格比起「期貨咖啡系統」多付了一倍。關於這些議題的資料收集與解讀是複雜且隨時在變化的，但是隨著這份指引在資料收集變得更廣泛、在採取的方法變得更精密，其所獲致的成果基本上都維持在正面的發展方向。

葡萄酒產業的模型

再次提到一個本書時常提出的呼籲：假如咖啡可以像葡萄酒一樣，成為一個具複雜行銷策略的精緻飲品，而非停留在只是一種不知名（不知道誰生產的）、單純受價格驅動的商業期貨；假如用較具紅利的價格採購這些精緻咖啡，可以真正讓那些需要自給自足的農民拿到更多報酬，而不是維持著現在這種「大多數利潤都流入行銷廣告公司、經銷商」的狀況，那麼精緻咖啡產業就會因為恪守自律並採用同樣市場驅動的方法，協助改善許多熱帶地區困擾的鄉村貧困問題。

這個策略的最後一部分，就是要將溢價返還給農民，不過這也是最困難的部分，因為通常會牽涉到組織小農團體成為合作社並擁有自身營運的處理廠，或是在小農群體與鄰近的處理廠之間鼓勵兩者有穩定且公平的合作模式。從歷史的經驗中發現，咖啡合作社這種安排，對於精緻咖啡的生產是非常有利的，一些世上最棒的咖啡就是從咖啡合作社生產出來的；合作社的領導階層來自多種管道，其中包括農民本身、產國觀光代表、國際發展代理人組織、懷抱理想主義的烘豆公司、生豆進口商，加上公平交易運動的代表人。

但是仍有許多小農停留在視線之外

儘管如此，全世界的多數咖啡生產者（包含：大型農園、小農）仍然停留在高端精緻咖啡的迷人圈圈之外。有些農民因為其農園的所在地海拔沒有高到能夠生產高品質的咖啡（再加上全球暖化讓這個問題更嚴重）；另外還有許多農民，則是因為缺乏專業訓練、相關資源及能與精緻咖啡市場接觸的管道；還有一些農民有許多其他咖啡以外的作物要照顧，因此很難分心去做品質提升的工作。即使那些已經在

精緻咖啡圈內受到保障的農民，也不一定能夠獲得真正等值的報酬（有些可做出異常傑出的品質，但收到的報酬卻沒特別高）。詳見第 206 頁的文字框「咖啡經濟層面的自相矛盾：在肯亞賣 3 美元，在巴黎賣 40 美元」。

環境與咖啡生產的關係

以傳統模式種植的咖啡，只需在原生環境中就能生長，比起其他廣泛交易的作物而言，已是相對較容易種植的作物。許多必須自給自足的小農，從不曾使用農用化學物質，並將咖啡與其他作物混合交叉種植在具備遮蔭的條件下。我想起了那段參訪中美洲產國的回憶，在那些小農園裡，咖啡樹因為與果樹、各種蔬菜種植在一起，形成較緊密的糾纏，因此採收咖啡果實有點難度；在衣索比亞南部，大多數咖啡都種植在那些動人般優美的「後院」裡，咖啡樹與其他植物（是村民主要的糧食作物及建材來源）在整齊的共有田地裡舒適生長。

即使是以傳統模式規劃的較大型農園（擁有仔細整理過的遮蔭樹、防風林、適量的森林保護區），也是有潛力在執行農園管理時繼續維持較生態友善的狀態，這與種植甘蔗、大豆、玉米等現金作物的其他大型農園相比，狀況好多了。

從「遮蔭種植」轉變為「全日照種植」的劣質改變

然而，自 1990 年代起，特別是在拉丁美洲這些傳統工匠型咖啡產國中，開始轉變為更仰賴工具、更工業化的農業模式。將咖啡種植在具備多元物種的遮蔭條件下泛稱為「混農林業」，在這些拉美產國中改採高種植密度、高產能的方式取代了前者，他們選用能夠在全日照條件下良

攝於一座高海拔的哥倫比亞農園。雲霧咖啡？世界上許多地方其久久不散的雲霧讓當地農民很難在有遮蔭的條件下種植咖啡，就像這座莊園一樣，加上全球暖化帶來更多降雨、更濃密的雲霧遮蔽，「無遮蔭」似乎是一種無奈的必然趨勢。（圖片來源：iStock／andresr）

攝於蘇門答臘島。這是一位蘇門答臘的小農，與世界上其他咖啡小農一樣，他們使用一種「簡易手搖版本」的去果皮設備，脫除咖啡果實的外果皮，全世界可能有大部分的咖啡都是使用類似這台手搖脫皮機來處理的。照片中的這個版本，使用了切下的卡車輪胎側壁作為飛輪，再安裝上腳踏車的大盤與曲柄，機身的金屬部分則是由汽油桶與木材廢料打造而成，這台自製的手搖脫皮機看起來運作十分良好；儘管如此，在進料漏斗上依舊能看到許多未成熟果實，所以輸出的成品最終都會是低品質的咖啡；即使她只摘採完熟果實，當地的生豆採購者〔當地時常用貶抑的詞彙稱其為「中間人」（tengkulak）〕也不會因為品質更好而支付她更多錢。各種咖啡發展計劃的目標就是要打破這種惡循環：低品質→低價格→低品質。這些咖啡發展計劃會提供人民設備、專業訓練、接觸市場的機會，讓農民賺取更高收入，才能做出品質更棒的咖啡。

好生長的精簡型樹種來種植，將它們十分緊密地一列一列種植，改用更多農用化學物質（化肥）而非以往由落葉直接製作的天然養分。至少有一份研究〔1996 年由「貝爾菲克多」（Perfecto）研究團隊發表於《生物科學期刊》（BioScience）〕指出：拉丁美洲原本是多元物種遮蔭條件的咖啡農園，但在 1970～1990 年間，近 50% 的遮蔭農園轉型為低遮蔭系統，此潮流仍持續增長中，如此對於生物棲息地的破壞、環境的危害是很大的警訊。

儘管如此，現實總是遠遠更為複雜，無法單純用善（在遮蔭條件下種植）惡（在全日照下種植）二分法來解釋。舉例來說，在世界上的某些地方，假如種植在遮蔭條件下，阿

拉比卡咖啡根本無法在陰涼處生長並產生大量的果實；即使是在傳統採遮蔭條件種植的區域裡，改成「全日照種植」的折衷方案背後也有許多評估因素，特別是當考慮到農村人口增長的壓力時。

「土地的共享 vs. 土地的保留」矛盾之處

正因為鄉村人口成長而有更多的土地需求，將現有農地轉變為更高產能「技術型／工業型農業」，因此「透過技術型農業的模式，提高現有農地產能」是否會比「砍伐更多原始林，以生產更多有遮蔭的工匠型咖啡」來得更妥當呢？（更多關於這個充滿問題的權衡方案探討，請參閱第 204 頁文字框「土地的共享 vs. 土地的保留：全球暖化時期該買什麼咖啡？」）。

所以真正的問題是？

正因大多數人距離咖啡實際產地都非常遙遠，但在行銷層面上卻有著必須「將複雜議題精簡成單純的媒體金句」傾向，那麼，那些希望自己購買的咖啡能支持農民有更好生活與友善農法的消費者，要憑藉什麼來決定該買什麼咖啡呢？

一個大方向的答案

用最廣泛的概念來說，每當你向一家精緻咖啡零售商購買具特定標示的小批次咖啡時，你已經是在透過市場機制支持並解決了熱帶地區的貧困問題了，同時也可能為減緩或逆轉環境破壞做出了貢獻。

從某種意義層面來看，你幫助了全人類。你幫助了你自己買到品質更好、更有個性的咖啡；你可能還幫助了一位年輕咖啡吧台師，讓他除了在速食店處理訂單的工作之餘，還能做一些更有趣的工作；你幫助了烘豆公司、中間商、生豆出口商，讓他們不再只是過著坐著數數字的單調生活，而是因為能有共同熱情而過著更有趣的生活；你也賦予了這些辛勤工作的處理廠員工一些認同度與實質獎勵，在購買咖啡豆商品時，透過支付較高價格傳達你的認同，同時讓農民、處理廠員工也獲得更好的待遇。至於對環境的貢獻，你可以參考以下我說的這段話：大多數具備溯源資訊的單一產地咖啡（可追溯至特定莊園或咖啡合作社名稱資訊），都是由那些高度投入、投以個別關注的農業執行細節（採用的農法）所生產而來，這些執行細節幾乎總是可以連結到對於土地、環境的那股崇敬態度。

要做到上述這些貢獻，你通常只需在每杯消費的咖啡裡，多花幾分錢（美元）而已。

更具體的改善措施

然而，對於想透過購買咖啡來幫助保護環境、對抗郊區貧困問題的消費者來說，他們可能還需要比前述那些較為模糊、有點拐彎抹角的保證，更加明確的理由。

用廣泛的角度來說，下方的 4 大指標可讓消費者參考，至少有一些看得見的「保證」，讓他們知道所購買的咖啡商品是對社會、政治及環保議題有正面幫助的。

（1）認證標章：

由獨立的第三方組織進行認證，這些組織會定期（通常是每年一次）進行生產的各項流程驗證（但「有機認證」與「自然農法認證」實際上可能是 3 年一次），以確保所有流程都符合該認證規範的社會經濟或環保標準。目前主流的「第三方認證標章」在咖啡領域裡有：「有機認證」、「公平交易認證」、「雨林聯盟認證」、「史密斯索尼恩親善鳥類認證」（撰文當下，還有另一個涵蓋了「雨林聯盟認證」的所有規範標準稱為「烏茲認證」）。上述這些認證在某些方面的規範具有重疊性，但主要著重的焦點不同。本章後續的篇幅會對這些認證系統做更多描述，你可以在第 200 頁的簡表「主流的第三方認證：永續發展相關的咖啡認證標章」概略認識這些系統。順帶一提，「遮蔭種植」並不是一種認證標章，而是一種行銷詞彙，定義較模糊且在意義上具有高度重疊性，詳見第 207 ～ 209 頁。

（2）大型咖啡公司專有的「優先採購計劃」：

這些計劃是由「大型精緻咖啡品牌」執行管理與運作的，其功能有點像是「內部認證」（internal certifications），他們透過「優先採購」與「更高的採購價格」兩項措施，來獎勵符合計劃內容中規範的社會經濟、環保、品質標準的農民。

在此必須提到兩個主要的相關計劃：星巴克的「咖啡館與咖啡園公平計劃」（Café and Farm Equity ／ CAFE Practices）；雀巢咖啡的「AAA 永續品質計劃」（AAA Sustainable Quality Program）。星巴克的計劃內容看起來很嚴謹且紮實，他們與非營利的環保組織「國際保育組織」（Conservation International）及一家獨立的驗證、評估公司「SCS 永續發展認證系統全球服務公司」（SCS Global Services）共同合作來運作這個計劃；順帶一提，有許多類似的組織、公司會提供跟主流「第三方認證計劃」相同的驗證服務。雀巢咖啡的計劃似乎出發點也很不錯，並且有蠻嚴謹的規範，不過在撰文當下，該計劃的發展與執行的縝密度都不如星巴克那樣全面。

（3）會員制的組織機構：

組織中的會員宣誓自願遵守某些環保、社會經濟規範，這類型組織中最主要的就是「4C」（中文：咖啡社群統一法典組織；英文：4C Association）所營運的「行為準則」

（Code of Conduct）。該組織的會員組成中，有很高比例是來自與「期貨咖啡」相關的大型公司（也就是生產廉價即溶咖啡、超商廉價配方咖啡粉的大公司，他們用的原料都是粗製濫造、大批次的低品質咖啡）。

「4C」的計劃在涵義上看來還不錯，但是以精緻咖啡產業的標準來看，他們的規範標準、執行方式似乎不夠全面也不夠嚴謹。「4C」的計劃創始人原本希望透過此計劃為商業期貨咖啡產業至少帶來一些對社會、環保責任的重視，最終將生產者引導往更嚴謹的認證標準前進（像是「雨林聯盟認證」計劃）；「4C」法典中那簡單明瞭的標準與其設定的寬廣範圍，讓那些遵守規則的會員產生一種主流認知——「一般非精緻咖啡領域裡，有多少殘酷、高破壞性的情況仍持續上演著」。

（4）直接貿易，溯源性：

這波「能讓人消除疑慮」的潮流之中，目前最流行、在精緻咖啡圈中最容易見到的，就是「直接貿易」。基本上，烘豆公司端會要求消費者多花一點錢購買這些「直接貿易」咖啡商品，他們會告訴消費者，因為烘豆公司在採購這類型咖啡時，比採購其他一般來自知名農園／咖啡合作社的成本更高，目的是為了讓咖啡行業能永續發展、讓產地的勞工獲得更公平的待遇，並支持永續發展的農業準則（譯注：不破壞環境的方式）。

有時烘豆公司不會把這些正面意義說出來，有時就算說出來也只是說個大概，只有偶爾會用一些特定詞彙呈現給消費者看，特別是透過烘豆公司官方網站上的延伸描述內容。詳見第 205 頁。

第三方認證的各種認證系統

到了大約 10 年前時，「第三方認證系統」才成為北美精緻咖啡高端市場的主流區分標準。在 2000 年代時，許多小型的咖啡烘豆公司都是主打著「認證咖啡」的旗號蓬勃發展，特別是具備「公平交易」及「有機」雙認證的咖啡商品。

不過在過去 10 年間，「第三方認證系統」在北美市場中的重要性似乎開始降低，在其他地方的重要性也不太一樣：在北歐市場可能還蠻重要的，在某些東亞市場可能一點也不重要。

選購認證過的咖啡

雖然市面上仍然對「第三方認證系統」抱持懷疑論（特別是針對「公平交易認證」），但這些認證系統大多與刻意欺騙或弊端無關；不過，這些經過認證的商品售價很高，原因就是當中包括農民支付給認證機構的費用，即使消費者或

攝於巴西的有機咖啡園「卡丘艾拉莊園」（Fazenda Cachoeira）。照片中為莊園裡的天然有機肥，透過土壤裡的益蟲（例如：蚯蚓）的排洩物形成，照片中這雙手就是莊園女主人「米莉安·蒙太羅·德·阿吉雅」（Miriam Monteiro de Aguiar）的，她與丈夫「羅赫里奧」（Rogério）一同經營著「卡丘艾拉莊園」，憑藉積極的社會、環保理想主義投入在經營中。在咖啡世界裡，有許多類似這樣有機、永續發展的家族經營農園，甚至有更多具備「有機認證」、符合永續發展目標的小農合作社。

烘豆公司的採購專家付給農民較高的價格，農民通常也很難負荷額外的認證費用。

假如你還是希望購買具有認證標章的咖啡商品，那麼你只需要考慮「哪種主題是你最重視的？你希望認證標準有多嚴格？」

你也必須考慮，不同的認證咖啡可能會限制你能夠選擇的種類多寡，舉例來說，在「有機認證」的咖啡中，你可以找到許多迷人、多樣化的選擇；另一方面，假如你想購買「史密斯索尼恩親善鳥類認證」的咖啡，那可就很稀有了，全世界只有 30 個農園具備，其中大多數在墨西哥、中美洲。

我會濃縮「消費者取得不同認證系統的咖啡商品之便利性」在第 200 頁起的表格中，你也可以參閱第 12 ～ 14 章特定的產國介紹。

有機認證：首個「為達到某種目標」而誕生的咖啡認證系統

「有機種植類別」是所有「為了達到某種目標」的認證系統始祖。「有機認證」的咖啡必須在多個階段都符合「未接觸、未使用人工合成化學物質」（例如：殺蟲劑、除草劑、其他各種人工藥劑）：從育苗、生長期、後製處理、運輸、儲存、烘焙等階段，都不能接觸到。認證程序（世上有非常多執行有機認證的機構，全都遵照相同的準則）很冗長但完整，所需費用高昂，但是具可信度、幾乎沒有弊端。「有機」一詞在許多國家的法律中都有明確定義，美國法律近來也對於有機商品的定義與規範變得更嚴格、更符合實際

需求了。

當然，有機運動的部分原因是基於消費者的健康考量才能推動，人們有意識地會擔心吃進肚子裡的水果、蔬菜含有農業中的毒性物質；不過這部分的考量在咖啡上較不具說服力，像是蘋果或草莓等大多數其他農產品，我們都是整顆生食，但我們並不會食用咖啡果實，我們會將果實的外皮剝除，只保留種子本身，將種子完成乾燥程序後，以高溫烘焙、研磨，再以熱水浸泡，之後將煮完的咖啡渣丟棄，只飲用泡出來的液體。請參閱第 285 頁有更多「化學物質相關的健康議題與咖啡的關聯性」內容。

將「有機認證」當作開發工具

不過，在稍早之前，美國咖啡產業中的理想主義擁護者——「感恩節咖啡」的保羅・卡杰夫、「咖啡豆國際烘豆公司」（Coffee Bean International）的蓋瑞・托伯伊（Gary Talboy）、「伊蘭有機咖啡」〔Elan Organic Coffees，目前為世界三大咖啡商之一「沃爾卡啡精緻咖啡生豆公司」（Volcafe Specialty Coffee）其中一個部門〕的凱倫・賽布列羅斯（Karen Cebreros），以及「永續收成精緻咖啡生豆公司」（Sustainable Harvest International）的創辦人大衛・葛里斯沃德（David Griswold）等夢想家們，看見了「有機」這個概念的廣大發展性，他們發現可以與那些自給自足的農民合作社（在種植過程裡，沒有使用任何化學物質的農民）合作，協助這些他們取得「有機認證」，之後就將之推銷到精緻咖啡烘豆公司或消費者面前。

透過這樣的模式，能確保農民可透過銷售自己的咖啡

主流的第三方認證：永續發展相關的認證標章

計劃／認證名稱	焦點	包裝標示中，認證咖啡的含量	第三方驗證程序
有機認證 在歐洲稱為「生物友善」（Bio）。 USDA ORGANIC	健康與環保。	100%	1 年驗證一次；每年都會要求改善項目。「有機認證」的標準很容易理解，認證系統建立得很完善（咖啡領域中的有機認證始於 1967 年左右），而且整個程序受到嚴密監督，在許多國家的法律中都有規範「有機」的條文規則。
公平交易認證 FAIR TRADE CERTIFIED / FAIRTRADE	主要聚焦於支持小農／咖啡勞工的生計與社會經濟福利（透過「硬性規定的最低咖啡收購價格」及「額外的優質收購價格」兩個方式來達到此目的）。有些認證機制的標準也會涵蓋環保層面。	100%	1 年驗證一次。「公平交易認證」對其所宣稱的目標（改善小農生計）一直受到質疑，不過列出的標準規範用意是高尚且完整的。
雨林聯盟認證（RFA） 於 2021 年與「烏茲認證」合併，但對外只顯示「雨林聯盟認證」。 RAINFOREST ALLIANCE CERTIFIED	在環保、社會經濟議題上投入同等高的重視。	在 2019 年時，產品中至少 30% 是「雨林聯盟認證咖啡」的內容物，才能在包裝上標示此標章，而且必須標示「實際含量」的比例。烘豆公司必須承諾逐年增加雨林聯盟認證咖啡的內容比例，必須詳列時間表與達成指標，直到最終的產品內容物含量有 90 ～ 100%，這是終極目標。	1 年驗證一次。各項驗證標準範圍很廣，並且採用數據資料驅動的形式。在最新的「後合併」配置中，將會有兩套標準同時存在，其中一套是用來驗證中～大型農園（有聘僱勞工的規模），另一套則是驗證標準小型自家勞動的農園。環保人士過去時常抱怨雨林聯盟在環保規範上太過薄弱的缺失，直到撰文當下，「後合併」時期的這兩套驗證標準尚不知是否能滿足這些批評，還是又再更激化？
史密斯索尼恩親善鳥類認證 BIRD FRIENDLY HABITAT Smithsonian	很純粹以環保為焦點（而且標準很嚴格）。這個認證特別為了獎勵採取多元生物友善的遮蔭種植農法，期許農民能保留鳥候與其他野生動物的棲息地。	100%	農園必須先具備「有機認證」的資格，才能申請，驗證標準要求必須非常完整遵守其嚴格定義的多元物種遮蔭種植規範；必須每 3 年認證一次（有機驗證是每年都要持續執行）。

（有機咖啡）獲得更高的收入，有機咖啡就像其他普遍的有機商品一樣，零售價比起一般商品更高，除此之外，更能確保透過垂直整合、直效行銷等安排，農民可以賺取到銷售利潤中更佳的紅利比例，農民會因為賺了更多錢、贏得更多尊重而對於工作感到驕傲。有機栽培程序對環境帶來的好處受到了肯定，並且有相關機構背書；換句話說，這些早年的夢想家們，將現今咖啡相關發展的主要基礎概念都想好了。

「有機認證」與「品質」的關係

這些早期的有機認證合作社咖啡，之所以能發展成功，主要是因為其背景故事都很動人。由於要將制式化的後製處理程序、設備引介到偏遠地區具困難度，加上小農為數眾多，而且之間距離遙遠（不可能一人一套），所以造成品質常常參差不齊；儘管如此，早期具備「有機認證」的咖啡仍是很成功的範例，足以帶動其他咖啡合作社、農園、處理廠、國際發展代理人組織遵循相同模式來開發計劃。有些小農精緻咖啡發展策略具備一些缺失（例如：海地的計劃）；有些則獲得了短暫或部分的成功（例如：東帝汶的計劃）；還有些獲得了持續性、具深遠影響的成功（例如：衣索比亞、盧安達的計劃）。

在較大型的農園中，也生產品質不錯的有機咖啡，因為他們也在農法上符合有機的規範，隨著市面上出現越來越多有機咖啡商品，整體的品質也開始有所改善。時至今日，最佳批次的有機咖啡品質，也能與一般「非有機」批次相匹敵，而且種類選擇也變多了。

說明	品質上的問題	採購來源及取得便利性
歷史最悠久的環保相關認證計劃，時常會與「公平交易認證」結合為雙認證；不過在美國市場中，隨著公平交易運動的弱化趨勢，這種雙認證的模式開始被拆散。「有機認證」是「史密斯索尼恩親善鳥類認證」的前提必備條件。銷售「有機認證」商品的紅利收入中，有多少比例會分給農民，是採取「協商制」，農民平均會收到銷售額的15%，最高還能收到25%。	最佳批次的有機咖啡與其他非有機的品質同等優異。對於小農咖啡合作社（從來不使用農用化學物質）來說，「有機認證」特別具吸引力，他們的轉型期相對較簡單。雖然某些從管理較鬆散的有機咖啡合作社出品之咖啡品質仍然不穩定，但近年來這類問題已減少許多。此外，當然在許多集中化管理的中～大型農園中，也出現品質傑出的「有機認證」咖啡。	在大多數咖啡消費國裡，一般都能見到許多不同檔次的有機認證咖啡。以產國來講，頂尖水準的最佳來源是衣索比亞、墨西哥、秘魯；另外，整個中美洲與印尼也是很棒的來源。在肯亞很難找到符合此標準的有機咖啡。請參閱第12～14章「咖啡產國」的介紹。
它在所有認證系統中是一個獨特的存在，該系統會硬性規定認證商品的售價，農民會收到除了基本售價以外的額外紅利收入（通常會增加10～15%的收入）。在美國以外的國家，只有「小農咖啡合作社」具備公平交易組織認證的資格。在美國的認證代理人機構，也會對有組織、聚集在一起的勞工與農民團體進行驗證程序。	某些從管理較鬆散的有機咖啡合作社出品之咖啡品質仍然不穩定，但在近年來這類問題已減少許多。在較高端的零售市場中，有時會見到一些品質出眾的「公平交易認證」咖啡，特別容易在專注經營永續發展咖啡類型的烘豆公司商品中找到。	在歐洲部分地區及北美市場較常見，不過在其他許多精緻咖啡市場中很少出現。以產國來講，近期最佳來源地是秘魯、哥倫比亞、尼加拉瓜、坦尚尼亞；在衣索比亞、盧安達、瓜地馬拉的較小批次中，也有很棒的「公平交易認證」咖啡；在肯亞很難找到符合這個標準的有機咖啡。請參閱第12～14章「咖啡產國」的介紹。
只要符合雨林聯盟認證標準的任何咖啡生產者都可申請。具備此認證的農民，收到的紅利報酬比例不盡相同，在不久之前的平均數值是商品總銷售額的3～5%。在與「烏茲認證」合併後的新標準，還會規範額外付給農民的報酬，稱為「永續發展差價」與「永續發展投資」（見第203頁）。	許多品質不錯的「雨林聯盟認證」咖啡是同時以「單一產地咖啡」與「配方綜合豆」的型態在北美及日本零售市場出現。	在北美、歐洲、日本、澳洲市場時常可以見到，不過大多是調配配方綜合豆的原料，而非當作「單一產地咖啡」來賣。在歐洲較常看到「烏茲認證」的標章（RFA標章較少見），但是這個情形在兩者合併後應該會改變。最佳來源是巴西、中美洲、墨西哥、秘魯，印尼也有一些。非洲這個偉大咖啡的產地，目前沒有任何經過「雨林聯盟認證」的商品。
撰文當下，具備此認證的咖啡只能在北美、日本、荷蘭市場見到。具備本認證資格的農民，近年來能夠獲得平均3～7%不等的額外報酬，這是在原本15～20%以外的收入。	在北美零售市場中少數可見的認證咖啡，基本上都是從墨西哥、瓜地馬拉或秘魯生產而來；大多是風味較低調、迷人的咖啡，通常會比同產區的其他一般批次品質更好（或同樣好）。	全世界只有少數農莊有意願、有能力取得此認證，撰文當下，幾乎所有具備此認證標章的農園都在拉丁美洲，其中大多數在中美洲。儘管如此，至少在北美、日本市場中還能持續見到品質不錯且傑出的親善鳥類認證咖啡。

攝於衣索比亞南部，照片中一位女士與小孩在道路的一旁朝我們望過來。這個地處偏僻的家庭，可能會將他們自製的小批次收成直接自行飲用完畢，或是用每磅「幾分錢」（美元）的價格賣到當地市場。

「公平交易認證」與 「公平交易／有機」雙認證

雖然「公平交易認證」的標準中涵蓋了許多農法與環保上的條文，但這項認證其實是第一個為了改善小農與其社區經濟、福利的認證系統，在眾多認證系統中，只有「公平交易認證」的咖啡會擁有除了一個最低基本價格之外，再加上額外的紅利收入；最低售價與紅利是根據每年更新的公式計算，其所謂「公平」也只是依據其所計算出來的數字而訂——是最低限度經濟上的永續狀態（日子過得去，但不會發大財）。雖然最新的「雨林聯盟認證」標準中，針對經過該認證的咖啡，有規範買家於採購時必須付出更高的價格給農民，但是該認證並沒有設定如「公平交易認證」一般的「最低保障價格」。

再者，「公平交易認證」在美國的初始設定，以及在美國以外地區的後續設定，整體看來都較偏向社會經濟層面的焦點，僅會針對具有民主架構的小農聯盟執行認證程序，但不會針對個體戶、家族經營或企業型農園執行認證。不過，目前在美國的主要驗證單位「美國公平交易認證組織」（Fari Trade USA），現在也開放讓那些只與單一生豆出口商或水洗處理廠合作的穩定小農團體申請，同時也對某些符合資格的農園、莊園開放認證，儘管如此，其業務內容仍然以小農咖啡合作社為主要認證對象。

「公平交易認證」面臨的壓力

用全球性的角度來看，近來的資料顯示：「公平交易認證」咖啡的銷售額好壞參半。「國際公平交易認證組織」（FariTrade International）的年度報告顯示：在 2017 ～ 2018 年產季，全球「公平交易認證」咖啡的銷售額有 15% 的提升；但是在 2018 ～ 2019 年產季，則出現了 3% 的下跌，雖然此跌幅的主要原因可能是在遊戲規則上稍微有了一些改變所造成的。

儘管如此，至少目前在美國精緻咖啡市場裡，「公平交易認證」以市場區隔指標身分的認同度變得越來越低。

在 1999 年，美國首先開始了「公平交易認證」咖啡運動，當時的領導者叫保羅‧萊斯（Paul Rice），在當時除了「有機認證」以外，並沒有其他針對道德或咖啡永續發展的認證系統。然而，在撰文的當下，世界上已經有了許多不同選項，其中「雨林聯盟認證」就是一個例子，另外一個標準較寬鬆的模式則稱為「直接貿易」（第 205 頁）。

「公平交易」真的公平嗎？

必須先提到一點，任何人都可以使用「公平交易」（fair trade）一詞來形容咖啡，另外一個在不同作者間也很流行使用的詞彙是「交易時，是很公平地」（fairly traded）；這兩種描述方式都不是「美國公平交易認證組織」或其他國際公平交易認證組織的專屬智慧財產權。不過，要真正實現「公平交易」的目標，必須從農民到生豆進口商再到烘豆公司整個供應鏈都進行認證才有意義，有些人抱怨這種針對整個供應鏈如此嚴密的垂直監督模式有點過於強制性，可能會限縮其發展；另一方面，「公平交易組織」本身也針對未經過認證的烘豆公司，將「公平交易」這個詞彙或概念也拿來行銷自家產品的行為批評為「白吃白拿」。公平交易運動為了成立組織並廣為宣傳其理念，投入了很大的資金，同時也在協助小農咖啡合作社生產更多品質更棒的咖啡上，也下了重本（而且還是長期投資）。

「公平交易／有機」雙認證

在 2000 年代時，美國其中一家最大型的精緻咖啡烘豆公司，同時也是有機咖啡主要買家、公平交易認證的早期支持者「青山咖啡烘豆公司」（Green Mountain Coffee Roasters），做了一個決定——只賣具備「有機」與「公平交易」雙認證的咖啡。當時，因為「青山咖啡烘豆公司」強大的採購力所引導，供應端的產量也提高了；同時，這種具備雙認證的咖啡在許多北美積極的小型烘豆公司之間，也成為常態化商品。這兩項認證系統，互相彌補了各自的不足：「有機認證」滿足了大多數針對環保的考量因素；「公平交易認證」則滿足了社會經濟層面。

不過，這兩個認證系統近來也被分開了，也許是因為「公平交易」那端給的支持度較為薄弱，在烘豆公司端的咖啡供應單上，也因此越來越少出現雙認證的咖啡。

「雨林聯盟」（以及「烏茲」）認證

「雨林聯盟認證」（Rainforest Alliance ／ RFA）從 2021 年中開始在咖啡世界重新出發（與「烏茲認證」合併後），該認證代表對於原本舊式咖啡認證系統的重新審視，造成如此新思維的主因是：「雨林聯盟」與「烏茲」兩個認證系統合併了，其各自本身都是組織完善的機構，雖然目標不太一樣，但在認證的計劃中卻有許多重疊之處。傳統上，「雨林聯盟」較常在北美市場見到；「烏茲認證」較常在歐洲見到。而合併後的組織與新的認證標準，都會以「雨林聯盟」的名義運作。

這兩個認證系統在合併前的目標設定，其涵蓋範圍都是很廣的：原「雨林聯盟」認證的初始目標是為了達到環保的永續發展，另外也涵蓋了社區關係、勞工權益等層面的認證標準；原「烏茲認證」主要焦點是在薪資、勞動條件及勞工團體的集體權益方面，但是認證標準中也包含了對環境的關注。這兩種認證系統對於較大型的農園、烘豆公司特別有吸引力，可能因為他們的認證標準較具彈性、較少像「有機／公平交易」認證一般的硬性規定。

全新的「雨林聯盟」認證

合併後的「雨林聯盟」與「烏茲」認證，對於咖啡生產者、消費者都提供了明確的優勢。新的認證系統減少了認證費用，讓農民更容易做決定，許多農民在過去是同時具備舊的「雨林聯盟」、「烏茲」認證的標章。對於消費者而言，合併的認證標章減少了混淆感與疲勞感，讓合併後的組織能夠更容易打開與消費者之間的溝通議題與目標管道。

全新合併後的「雨林聯盟」認證標準還蠻複雜的，目前仍持續優化條文中，尚未具體成型。儘管如此，新的標準將會有很廣的涵蓋範圍，但同時又能有個別化的存在，標準雖然很嚴格但仍具有彈性，這是很難得的。用一個較大的概念來舉例說明，新的「雨林聯盟」認證會有兩套標準，其中一套是針對中大型農園設計的，另一套則是針對小農（小農的定義是：所有工作都是由農民與自家人獨力完成，沒有額外聘雇勞工）。

「永續發展差額」
（Sustainability Differential）

此規則是全新「雨林聯盟」認證系統中最戲劇化的一個規範，它規定採購方必須支付「永續發展差額」，這筆金額會支付給農民，並且高於市售價格（甚至其他紅利）。在大型與中型的農園裡，這項差額會付給農園負責人，並規定其

用於勞工福利上，勞工福利項目也必須與勞工組織團體先行協商。

除此之外，全新的認證標準中，也規定生豆採購方要做出「永續發展投資」（sustainability investments）及現今的捐款，用來改善農民執行永續農業的條件，同時也替農民支付認證費用。

這兩種款項的定義都不是像「公平交易認證」規定的「最低售價」，執行驗證程序時也會根據不同情況來決定應該要驗證到何種細節。儘管如此，此認證系統顯然正努力著要弭平那個以往「朝採購方傾斜」的錯誤方向。

雨林保育

然而，許多人也許會持續質疑「雨林聯盟」計劃關於咖啡方面的條文，是否真的很認真看待雨林的保育問題。

新的認證標準並不像「公平交易認證」一樣，特別為「小農咖啡合作社」那樣的生產型態所建立；也沒有像「有機認證」一樣，要求 100% 不使用人工合成物質（農藥、化肥、殺草劑等）；更沒有像「史密斯索尼恩親善鳥類認證」一樣，要求具備多元物種的遮蔭條件，甚至根本不需要有遮蔭。

著眼於「大方向」的永續發展

取而代之的方法，「雨林聯盟」會持續鼓勵農民採取「永續發展」的農法（目標就是透過通盤考量過社會經濟、農業層面的整個系統後，找到能夠保護環境、同時也讓居住在此的人民能長期安定生活的方法）。順帶一提，這種全面、彈性的永續發展方式，並不一定是模糊或粗

攝於薩爾瓦多。在照片中，「雨林聯盟」認證的咖啡被存放於倉庫中一個被鐵網圍籬隔開的區域。（圖片來源：傑森・沙利）

此為「感恩節咖啡」其中一個產品系列「鳴禽」（SongBird），它同時具備多項認證：「有機認證」、「公平交易認證」、「史密斯索尼恩親善鳥類認證」。卡其綠色的「親善鳥類」標章位於包裝正面的左下角，它是所有環保相關認證中要求最嚴格的，也是唯一一個保證咖啡是產自具有多元物種遮蔭條件下的認證。（圖片來源：感恩節咖啡）

糙的，這些規範都是持續經過全球研究人員在個別的大項目之下進行完整考量的設計，例如：「整合性蟲害管理」（Integrated Pest Management）、「整合性農耕法」（Integrated Farming）等，另外也有涵蓋社會、經濟層面的「永續發展」（Sustainable Development）條文。

目前的「雨林聯盟」認證是採非烏托邦式、較實際的方向來執行，在咖啡部分最顯而易見的一點就是，即使袋中含量只有 30% 的咖啡是通過認證的，其外袋標示仍然可以放「雨林聯盟」認證標章，不過也必須附帶申明「袋內認證咖啡的明確含量百分比」，烘豆公司或零售商也必須同意要讓袋內的認證咖啡百分比逐年提高（必須遵從特定的指標、時間表完成）直到達成最終目標——內容物含有 90 ～ 100% 的認證咖啡。

「史密斯索尼恩親善鳥類認證」

對於生態保育議題來說，「史密斯索尼恩親善鳥類認證」（Smithsonian Bird Friendly）是一套黃金準則，它是唯一一項強制規範咖啡必須種在多元物種遮蔭條件下的認證系統。它的先決條件就是：必須先具備「有機認證」，從「有機認證」的標準再增加生態層面的嚴格規範。它是由「史密斯索尼恩候鳥中心」（Smithsonian Migratory Bird

土地的共享 vs. 土地的保留：全球暖化時期該買什麼咖啡？

在過去，搞懂如何透過購買合適的咖啡來支持環境，似乎是再清楚不過的：你可以購買單純是「有機認證」的咖啡就好；也可以選擇「雨林聯盟認證」的咖啡；假如你是擁有更高環保意識的人，就可以選擇「史密斯索尼恩親善鳥類認證」的咖啡，不但是有機，而且還是在多元物種遮蔭環境下生產的。

然而到了今日，由於氣候變遷加上必須以全球觀點看待目前環境的需求，消費者要做下乾脆的選擇就變得更困難了。

有些環保領域的科學家，將這個情形稱為「『土地的共享』與『土地的保留』之間的抉擇」。

「共享土地」的策略

這個策略是傳統的做法。你購買的是「共享環境」類型的咖啡，它是在對自然系統造成最低限度影響的條件下生產的。舉例來說，你可能會選擇購買「有機栽種」的咖啡，單純只因為其生產過程中去除了會毒害土壤與農民的化學物質；又或者，你選購的咖啡是種植在具有多元物種遮蔭條件的環境〔此種植條件可提供更多植被來碳隔離（sequester carbon）和產生氧氣，相較於在全日照環境下能有更多的環境多元性〕。

「保留土地」的策略

不過，不論是有機還是種植在多元物種的遮蔭條件下，每英畝的咖啡產量與常規農法相比都較低（有時是低很多）；平均來看，每英畝有機農法的咖啡產量只有常規農法的 50% 左右。因此，假設全世界人口持續喝下與現在等量的咖啡，那麼就代表，假如要維持有機耕作法或其他較低環境衝擊性的農法，就會需要更大面積的咖啡園耕地；相比之下，常規農作法需要的耕地面積較小。

因此，這又帶來了新議題——是否該為了種植更多咖啡樹，而鼓勵砍伐更多成熟的森林？——換句話說，這個行為也是在鼓勵「去森林化」，這也是加速全球暖化、氣候變遷的一種重大危害。

不是假設

假如，沒有明確的真實案例來說明這兩種策略的執行模式差異，你也許會覺得這種疑慮只是假設性的。舉例來說，在秘魯採用的是「共享土地」的策略，大多數秘魯咖啡都是種植在具備多元物種遮蔭條件下的環境，通常也不使用化學物質，其中有許多都具備「有機認證」；另一方面，那些秘魯生產主力

的可憐小農們，似乎開始擴張他們那種迷人、低環境衝擊的咖啡種植方式到原本不該觸及的森林地，其擴張比例已達到環保人士認為可能會讓全球暖化更加惡化的地步。

另一個相反案例，大多數的哥斯大黎加咖啡都是種植在「全日照」環境下，也會使用一些化肥與除蟲藥劑，與秘魯這個全球第一的有機咖啡生產者相比，哥斯大黎加在 2012 年的統計中，僅有 1% 的咖啡具備「有機認證」，但由於哥斯大黎加長期對「砍伐成熟森林地」下達禁令，因此該國實際的狀態其實是「重新造林」，讓森林重新復甦，或是避免讓森林地被挪為其他用途，這項禁令已至少執行長達 10 年。

尷尬了，那注重環保的消費者要買什麼呢？

前面提到的，並非在暗示大家：不該買秘魯咖啡，而要去多買哥斯大黎加咖啡；本書的傳達的主要訊息是——購買能夠追溯來源到「特定農民或咖啡合作社」的咖啡。當你購買了一包秘魯咖啡，很有可能就是買到由組織完善咖啡合作社中的一位小農所生產的咖啡，而非一個絕望到只能砍伐處女林地的非

合作社成員生產的咖啡。一家運作良好的有機農園加上嚴格的管理，其每英畝的咖啡產量也能夠與運作良好的常規型農園（也就是「保留土地」策略）接近。

但是「共享土地 vs. 保留土地」的抉擇，也讓具有環保考量的消費者與烘豆公司（銷售者）感到氣候變遷威脅是一項很複雜的考量因素。

在此，我必須很小心地說，也許這代表新的「雨林聯盟認證」標準（第 203 頁）所強調的「大方向」永續發展及其複雜的權衡方案，有可能讓「雨林聯盟認證」成為目前對這個星球歷史背景最適當的環境永續認證方案，也更甚於「有機認證」（雖然「有機認證」的標準與農法對消費者有很高的吸引力）。新的「雨林聯盟認證」標準在必要時也可以很嚴格、毫無妥協可言，例如：其規範中有一條是完全禁止開發森林地或其他原生的生態系統。

但對於關注這個星球未來的人們來說，購買任何一種認證咖啡，很顯然還是強過購買不知名的商業期貨咖啡。

Center ／ SMBC）創立的，該中心是華盛頓特區「史密斯索尼恩國家動物園」（Smithsonian's National Zoo）旗下的一個單位。

在「史密斯索尼恩親善鳥類認證」條文中，沒有任何社會經濟層面或勞工相關的議題；不過，也可以如此肯定地說：具備該項認證的農園或咖啡合作社就像具備「有機認證」的農民一樣，一般來說，都會有共同的思維模式，都在道德觀、責任感上特別注重，不論是對人、對鳥還是對地球都抱持同樣態度。

從消費者的觀點來看，這類「親善鳥類認證」咖啡最大的缺點就是選擇性太少。在撰文當下，親善鳥類的官方網站上，只列出 31 家農園、咖啡合作社，其中大多都位於墨西哥與中美洲。假如你是非此認證不買的讀者，那麼你的咖啡感官歷險就會戲劇性地大幅受限。

直接貿易（Direct Trade）

「直接貿易」不是一種認證系統，而是一套辦法與原則，主要是由較小型的高端市場咖啡烘豆公司所主導。

・「直接貿易」的第一個（也是最重要的）重點就是「咖啡的品質與個性」：換句話說，「直接貿易」與認證系統不同，它的出發點就是「咖啡的風味」。

・「直接貿易」的執行模式就是——宣誓付給農民更優沃的報酬，獎勵他們生產具備頂尖品質、獨特性的咖啡。套用一家烘豆公司〔PT's 烘豆公司（PT's Coffee Roasting）〕於 2019 年官網上的說明：「付給農民、當地咖啡合作社、生豆出口商經得起檢驗的價格，這個價

攝於瓜地馬拉的「安提瓜」。照片中是我在 1990 年代初期拍攝的、咖啡樹叢裡的一對兄妹，我很後悔當時沒有記下他們的名字。當時他們正在一旁等候母親（她是一位咖啡採收工，當時正在將整天採下來的果實，進行篩選工作）。今天他們可能都已經成年了，也有可能成為想要越過邊界進入美國的人（譯注：可能是透過「災民安置計劃」，也可能是偷渡進入），災難性的咖啡葉鏽病疫情與期貨價格的歷史新低雙重打擊之下，讓中美洲咖啡產國（像是瓜地馬拉）的咖啡領域工作機會大幅減少。

格必須高於『C 指數』定價，以及／或是高過於『公平交易』規定的最低 25% 紅利收入，前提是杯測分數要超過 88 分。」事實上，實際透過「直接貿易」支付給品質優異咖啡的報酬，通常都比前面講的更多。

・「直接貿易」旨在減少生產者到烘豆公司之間的中間商數量，最理想的情況下，就是讓烘豆公司能夠與生產者直接進行轉帳交易。

- 「直接貿易」承諾會透過實際的農園參訪及文件等方式，來核實農園或咖啡合作社是否朝向「健康的環保模式、負責任的社區模式」前進。
- 「直接貿易」會針對其所採購的咖啡豆，坦率披露買賣雙方的價格。

撰文當下，在許多追求相同「直接貿易」原則的小型烘豆公司中，也出現了符合上述標準的另一個版本做法，不過他們並非使用「直接貿易」一詞。

「直接貿易」的捷徑：「夥伴咖啡」（Relationship Coffees）

「直接貿易」模式最常見的「含糊其詞」就是在「減少中間商」這個概念上。許多用「直接貿易」來行銷宣傳的咖啡，實際上大多是由精品或專業的生豆出口商／進口商挑選再轉推給烘豆公司的，這些專業的生豆出口商／進口商擁有同樣的「直接貿易」熱忱、態度與原則，他們將農民與烘豆公司之間的道路變得更平坦順暢。有些生豆進口商會刻意往「扮演格外負責的中間媒介」角色努力，舉例來說，一家生豆進口商「永續收成咖啡生豆公司」依循「直接貿易」中的

許多原則，創造了新的概念「夥伴咖啡」，不但結合了「有機」及「公平交易」認證的驗證模式，更符合「直接貿易」在產銷合作關係與品質的目標。

最後，我必須提到某些超大型烘豆公司的專案計劃，像是星巴克咖啡的「咖啡館與咖啡園公平計劃」、雀巢咖啡的「AAA 永續品質計劃」以及伊利咖啡公司的採購模式（契作），都是屬於「直接貿易」的大規模版本。

一種滑頭的非認證詞彙：遮蔭種植（Shade Grown）

阿拉比卡種的咖啡樹，其原生環境就是在森林的原生樹種遮蔭底下生長，在世界不的許多地方也仍維持著在傳統遮蔭條件下種植的狀態。在某些地方，咖啡樹需要避免熱帶陽光過度的日照；有些較濕涼的地方，遮蔭就不是那麼必要，因為可能會讓它長得很高、結果數量變少，甚至更容易染上疾病。不過，遮蔭有許多不同形式：有可能是經過人為仔細營造的非本地樹種來提供遮蔭，這些樹種通常是不能自行繁衍的類型，目的是避免種子發芽與咖啡樹競爭生長環境；也

咖啡經濟層面的自相矛盾：在肯亞賣 3 美元，在巴黎賣 40 美元

《咖啡的自相矛盾》（The Coffee Paradox）一書由貝努瓦・戴維宏（Benoit Daviron）及史特凡諾・朋特（Stefano Ponte）共同著作〔在 2005 年由「柴德叢書」（Zed Books）發行〕，書中用很長的篇幅分析一個令人困擾的趨勢：「咖啡在許多消費國變成一種流行飲品，零售價格也越來越高，但是付給產地農民的基本價格卻越來越低（低到很誇張）。」在 1997 年，未烘焙的阿拉比卡咖啡「溫和型」（處理乾淨、品質優秀的咖啡）期貨類別的綜合平均價格為每磅 1.89 美元；到了 2017 年（也就是 20 年之後），同類別的咖啡，每磅單價只剩 1.59 美元。假如再算上全球通膨率每年 3%，20 年前的每磅 1.89 美元如果品質維持相同的話，到了 2017 年應該要隨著通膨率調整到 3.41 美元才對。

然而，訂價卻沒有這樣發展；相反地，每磅單價還低於 20 年前。在我撰文的當下，「C 指數」的指標價格每磅只有超過 1 美元多一點點而已，這個價格還是給那種處理乾淨、水洗處理的高海拔阿拉比卡咖啡（期貨市場分類為「高海拔溫和型」咖啡）。

這是一個很詭異的價格，十分駭人聽聞，這個數字甚至無法支付農民的生產成本。大家要記得，咖啡並不屬於一種「工業型的期貨作物」（可透過科技增加產量，來平衡成本），咖啡仍然是一種需要動手勞作的「工匠型作物」，主要的生產者都是中到微型的家庭經營農園，只有在巴西才有那種例外的大型工業化農園。

矛盾之處

假如，咖啡在當時是某種被遺忘的利基型商品，那麼也許前面提到的那些數字就不會讓人感到驚訝；但是正如我們所知，咖啡在消費國從來沒有像現在一樣那麼蓬勃發展。在美國，小型烘豆公司如雨後春筍般一家一家地開，其中有許多經營得有聲有色，甚至連星巴克都還能成長；一般消費者從習慣購買罐裝咖啡粉，轉變為購買昂貴的 K-Cup 雀巢咖啡膠囊……。在這個歷史性時刻，咖啡農並沒有因為通貨膨脹而收到更多報酬，反而還越來越少；不過，在精緻咖啡的零售端，由於出現了越來越多具備風味辨識度的商品，售價呈現爆炸性的成長。

整體而言，精緻咖啡的增值的差額，大部分是流往消費國的烘豆公司與零售商。

肯亞的一家咖啡合作社

如此的差異也會發生在某些品質最佳的精緻咖啡上。幾年前，我參訪了一家位於肯亞中部的咖啡合作社，當時同行的還有一小群咖啡烘焙師、生豆進口商，我們跟大約 100 位左右的合作社小農會員進行了一場面談，在某個時間點我們被問到，是否有任何一位參訪者有話想對會員說。

其中一位參訪者，是巴黎一家小型高端精品咖啡烘豆公司的負責人，他率先回應、熱切自豪地宣告，他的店裡正好有銷售來自這家合作社的咖啡（這是肯亞其中一家因為高品質、風味獨特性而備受推崇的合作社），他提到這款咖啡豆的定價在他巴黎店裡是非常高的，不過，即便是這麼高的售價，在他那

個社區的高端消費者仍然搶購一空。

我其實不太記得他提到的實際售價是多少，但我們就姑且當作大約每磅 40 美元吧，這個價位在當時絕對是很瘋狂的。這位老闆的意圖當然是為了讓合作社會員有深刻的印象，讓他們知道，即使是在這麼引人咋舌的高價位之下，他們生產的咖啡在法國的接受度仍然很高，他希望藉此祝賀會員們，並同時提出合作社運作成功的實證。

一點都沒有感到意外

然而，聽完這個消息之後，全場啞然無聲。最後，其中一位合作社會員舉手並發問：「那麼，假如我的咖啡在巴黎每磅可以賣到 40 美元，為什麼我在這裡賣咖啡給你，卻只能得到 3 美元？」

上面提到的數字，是根據我模糊的記憶寫出來的，但是我記得非常清楚，兩種金額的對比大概就是同等概念。即使這些肯亞咖啡生豆在咖啡世界中以高價販售，其品質極優異、具風味獨特性堪與一瓶要價數百美元等級的葡萄酒相比，那些農民們卻只能獲得每磅約 3 美元這樣令人震驚又沮喪的報酬，他們辛勤地工作並十分投入於製作工藝，令我們這些咖啡愛好者非常尊敬，當我們聽到這樣的問題時，驚訝與沮喪的程度更不亞於農民本身。

更別提那些生產品質中上、但尚未達到傑出水準的咖啡了，農民於每磅獲得的報酬更低。

在這種矛盾中創造例外

戴維宏與朋特在《咖啡的自相矛盾》中提出了一種解決方案——將咖啡的附加價值，分配給農民再更多一點，分配給烘豆公司、零售商再少一點。

某種程度上，正如我在本書描述的精緻咖啡世界一樣，在產國的農園、處理廠或咖啡合作社生產出來的小批次傑出等級咖啡，會被拿來操作成一個「品牌」，烘豆公司則扮演著一種「商業夥伴」角色，而非以往的「期貨咖啡剝削者」，將這些品質優異的咖啡用特別高的價格販售給行家消費者族群，烘豆公司也是將其附加價值創造出來的人。正如我在本章不斷提到的內容，這種模式有一個很潮的稱呼——「直接貿易」，對於「直接貿易」應該如何被執行，其實存在著許多警告與謬論，儘管如此，有能力發展「直接貿易」的生產者，當他們獲得更多認同時，也能開出更高的定價。

另一方面，某些生產者自己烘焙咖啡，並且直接對消費者零售，跳過供應鏈中「烘豆公司」的角色，這個做法在某些消費國裡成效還不錯。在消費國販售自行烘焙商品的大型農園或咖啡合作社發現，為了與其他烘豆公司競爭，他們除了販賣自家產的咖啡外，也必須販售其他產國咖啡選項，才會有競爭力。

在自己家裡獲得成功

咖啡生產者直接對消費者販售咖啡所獲致的最大成功，就是發生在生產國本身也變成有意義的消費國時（譯注：產國自身消費力提升，也會轉變為消費國的角色）。咖啡巨人「巴西」就是一個例子，它是世界上最大的咖啡產國，同時也是世界第二大咖啡消費國；但是我也曾看見同樣的現象——生產者成功地掌控整個生產鍊——這種情形偶爾會發生在較小型的咖啡產國，例如：瓜地馬拉、泰國等。不過毫無疑問地，當你從一家名聲不錯的烘豆公司用合理的價格購買由農園或合作社精心製作的招牌咖啡時，你就已經是為解決這種矛盾問題做出了小小貢獻，你的這個小小舉動，在經濟上、榮譽感上都會回饋給勤奮工作的咖啡生產者們。

可以是由很多元的本地樹種、果樹、豆類、其他蔬菜共同組成的遮蔭環境，這是特別受到北美鳥類愛好者、鳥類科學家支持者所重視的遮蔭方式，他們在 1990 年代晚期時，聲稱這種遮蔭環境能夠提供候鳥鳴禽重要的棲息地，特別是那些會經由中美洲遷徙的候鳥。

愛鳥人士的逆襲

與此同時，中美洲原本種植於這種「多元物種遮蔭條件下」的咖啡樹，逐漸被「能夠在全日照環境下良好生長」的樹種取代，這類樹種通常都需要化學物質輔助耕作。為了回應這項改變，眾多北美的野鳥愛好者團體催生出一個新詞彙「遮蔭種植」口號，這個口號集合了所有在生態上、精神上對咖啡種植有益的條件（包括：較傳統的遮蔭、貼近自然、永續發展等）對抗所有邪惡與荒蕪的象徵（貪婪的資本家強暴地濫用土地）。

這類二分法，有部分還蠻真實的；不過「遮蔭種植」一詞自此也變成一個投機的口號，目前鮮少被人引用，因此實際上也變得沒什麼意義，跟「交易時是很公平地」這種模糊不清卻又具誤導性的詞彙一樣，都成為了認知混亂的代表詞。

事實上，唯一一個具備清楚定義的「遮蔭種植」規範就是「史密斯索尼恩親善鳥類認證」（第 204 頁），其認證標準非常嚴格，所以全世界大約僅 30 家農園具備。

「遮蔭種植」後續發展漸變體

若想更清楚了解「遮蔭種植」的漸變體，可以參閱第 209 頁的數字標示及第 207 ～ 209 頁的照片說明。「遮蔭種植」一詞可代表下方 3 種任意的基本種植配置模式：

（1）可代表「混農林業」的理想狀態：咖啡種植在大約有三層不同高度的遮蔭樹下，其中包括多種高大的原生樹群，咖啡樹一般會是這個複雜林系中最下層的樹種，這種配置模式稱為「粗遮蔭」（rustic shade，幾乎無人為管理）或

攝於印度南部一座大型咖啡農園。這是「傳統式混養」的模式，多種不同較高的原生樹種群形成遮蔭的最頂層，在其之下的一旁，會有略矮一些但仍是筆直的樹木，形成遮蔭樹的第二層。咖啡樹要接受多少日照，是透過修剪第二層樹木群枝條來控制，這些第二層樹木群也會被定期、選擇性砍伐來當作木材使用；在咖啡樹叢下，到處種滿了胡椒藤，這也是另一種現今作物。

攝於哥倫比亞一家咖啡園，顯示的是較日常版的「商業式混養」模式。在此處，咖啡樹與其他樹群及植物為野生動物提供了複雜的棲息環境，不過缺少了大型原生樹木群當作最頂層的遮蔭樹，因此也無法創造出更豐富的棲息地環境、無法有更大的二氧化碳吸收量，更無法讓水氣散失的情形穩定下來。

照片中呈現的是「有遮蔭的單一作物栽培」模式。提供遮蔭的樹木大多是同一個種類，與「混養」模式的配置相比，提供較少的野生動物友善棲息環境；另一方面，在咖啡樹之間的空隙走道，可能會用來集中堆放落葉，藉此幫助防治咖啡樹病蟲害，例如：咖啡葉鏽病、咖啡果小蠹。（圖片來源：iStock）

稱為傳統式的「混養模式」（traditional polyculture，會有部分甚至再多一些的人為管理）。這些做法最後成為「史密斯索尼恩親善鳥類認證」的基礎條件。若你想要看看「傳統式混養」的範例（證明能夠在大型商業規模操作下，仍然很有效率），可以在本頁左邊的印度南部老咖啡園照片中看到相關資訊。

（2）上方有兩層遮蔭樹，在咖啡樹旁還會交叉栽種其他作物，這種模式稱為「商業式混養」（Commercial Polyculture），與前一個類型相比，唯一缺少的就是高大的原生樹木群。這個版本的「混養」模式有許多不同的外觀樣貌，有可能是像衣索比亞南部那種「後院咖啡」的樣子，也有可能是像左方中間照片裡的哥倫比亞咖啡園那種。

（3）也可以代表由人為營造的非本地樹木群，營造出來類似公園一般的配置方式分散在咖啡樹叢之間，這種模式在全世界較大型的咖啡園中很常見，稱為「有遮蔭的單一作物種植」模式，如右頁手繪圖的定義，這種模式比起完全無遮蔭，對環境的友善程度好上許多，不過它也沒有很多野生動物的棲息空間，因為種植的樹種太接近，而且大多是外地來的遮蔭樹（本地的生物不習慣）。

從上述任何一種配置模式生產而來的咖啡，行銷人員都會將其標示為「遮蔭種植」，這些咖啡與全日照類型的咖啡形成強烈對比，你可以參考第 210 頁的兩張照片，看看全日照模式咖啡園的樣貌。

進一步區分「遮蔭種植」模式並拿來當作行銷詞彙的做法，原因是世界上有些產區的咖啡樹在遮蔭條件下可能很難順利生長（撇除農民可能有任何其他目的不談），在這些情況下，其他相關的條件也同樣必須列入「環境永續發展」參考，像是一座農園或咖啡合作社要將其園區多少比例劃定為森林保育區，以及長期承諾維護現有森林地並不進行開發等措施。

再者，就像在本章時常提到的一樣，有些環保人士認為：為了地球好，採用全日照種植方式的永續發展農業是更好的做法，因為這種種植方式可將土地解放，並將其重新恢復為森林地，甚至至少這些現有農地的高產量可以防止砍伐更多的森林地（大多數遮蔭種植咖啡的產量較低，反而需要更多種植面積）；但是另一派環保人士則認為，前者的論述是一種詭辯，可能會造成環境持續惡化。

我對「遮蔭種植」一詞主要的反對意見就是：咖啡產業允許「廣告文案人員」可任意使用這個詞彙，其規範標準太過寬鬆，使得這個很重要又複雜的議題出現了混淆空間，讓精緻咖啡產業蒙受「漂綠」（green-washing）的不合理指控。

「專案咖啡」及「慈善咖啡」

回到較正向的話題，有些咖啡的進步派人士發起了另一種有效率的方法：將某些咖啡的銷售所得部分比例用來捐助一些專案計劃，這些專案計劃通常都直接對多種社會或環保相關的主題有所注意。「咖啡孩童」（Coffee Kids）於 1989年由比爾・費許拜恩（Bill Fishbein）所創立，是其中一個最早創立的相關組織。咖啡烘豆公司、零售商不是直接捐款給「咖啡孩童」與其發展計劃，就是將銷售某些咖啡的所得提取一個比例的金額捐款給「咖啡孩童」。「咖啡孩童」的成立宗旨與任務一直以來都很單純，也鼓舞了許多其他類似的主張。

舉例來說，一家烘豆公司可以在行銷某個合作社的咖啡時，銷售之後返還零售價的若干比例金額給該合作社的社區，用來支持多種發展建設（例如：創辦學校或建立可靠的供水系統）。另外也有些專案計劃的主題更貼近消費者本身居住的環境：為輔導當地流浪漢的服務、在社區蓋一座運動場等目的；或是將這份支援導往慈善專案，或是作為其他慈善用途。

女性與咖啡

在全新的「雨林聯盟認證」標準中，其咖啡發展相關的條文與文件中，增加了越來越多性別平權的前提。在2017 年，「國家咖啡協會」（National Coffee Association／NCA）估算，全世界的咖啡農園裡約有 70% 的勞力是由女性提供，但是僅有 15% 的女性擁有土地或是可以直接交易咖啡豆的身分。經濟上、文化上的挑戰，讓女性很難有機會取得資金、資源或所需的醫療保健。

一份由「聯合國」的「農糧組織」（Food and Agricultural Organization／FAO）在 2011 年的報告〔「務農的女性：為了發展必須關上性別差異的鴻溝」（Women in Agriculture: Closing the Gender Gap for Development〕中，提供了性別差異存在著鴻溝的有利證據——女性缺乏了得到相同生產資源、接觸市場、接受服務的平等權利——這同時也妨礙了女性的生產力，更讓她們在廣義的經濟、社會發展目標中，難以有很大的貢獻與成就；同一份研究也預估，只要將性別鴻溝蓋上，將女性當作一種資源並讓她們在農業的所有層面都完全整合，開發中國家的生產力可能會增長2.5 ～ 4%，飢荒可能減少 12 ～ 17%，也就是說，只要達到性別平權就可以減少約 1 ～ 1.5 億的飢荒災民。

假如將此分析延伸到咖啡的生產上，賦予女性更多權力不僅能幫助實現性別待遇平等的基本承諾，更能保證咖啡生產社群長久的經濟利益。

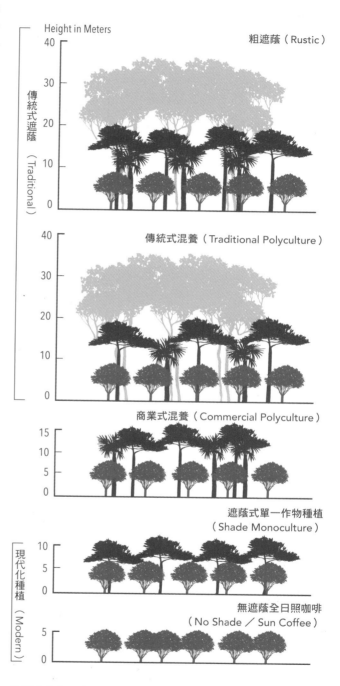

依照遮蔭條件來區分的不同「種植模式」。「粗遮蔭」就是最原始種植於森林中的咖啡樹。在第 208 ～ 210 頁會有其他類型種植模式的照片範例。此手繪圖引用自 1999 年發表的「墨西哥傳統咖啡系統的生物多元保育」（Biodiversity Conservation in Traditional Coffee Systems of Mexico），出版於《保育生物期刊》（Conservation Biology）。

巴西的全日照咖啡園，像照片中這種較傳統的農園，通常都會保留部分森林地。

「寸土不讓」的全日照咖啡園。這是巴西一家超級工業化的農園，位在較新的產區，這些在高原裡一望無際的咖啡樹排列成像圍籬般的樣子，採收都靠大型機具。這個模式並不是目前咖啡生產的主流，但是這類型的耕作模式會讓基礎價格指數變得更低，讓小農陷入更深的經濟困境。（圖片來源：iStock／wsfurlan）

「凱蒂亞拉咖啡貿易合作社」（Koperasi Pedagang Kopi Ketiara）是一家位於蘇門答臘島「亞齊產區」的成功咖啡合作社，成員全是女性，其中部分成員有出現在照片中。（圖片來源：Ketiara Cooperative／Royal Coffee New York）

支持「咖啡產業中的女性」相關協作計劃

撰文當下，除了最新成立的性別平權機構之外，目標在強調「咖啡產業中女性的重要性」議題之相關協作專案計劃，也特別蓬勃發展。

「國際女性咖啡聯盟」（International Women's Coffee Alliance／IWCA）成立於 2003 年，協助整合、分享、訓練咖啡產業中各個層面的女性勞工，在產國擔任女性議題遊說者的角色，並且尋求來自企業、發展代理人組織的支持，提供女性取得更多資源的機會。「國際女性咖啡聯盟」一開始僅在中美洲運作，目前已經在加勒比海、南美洲、非洲都有辦事處；「咖啡產業女性基金會」（Café Femenino Foundation）於 2004 年在秘魯成立，是為了對抗咖啡產業中貧窮問題及防止虐待女性為目標而成立的組織，目前也開始在其他拉丁美洲的國家運作；「健康的理由組織」（Grounds for Health）是一項創新的專案組織，他們募集資金對拉丁美洲、東非國家的咖啡生產社區，提供子宮頸癌篩檢與治療的服務。

這些協作計劃與組織十分仰賴無給職的志工來完成他們的任務，就跟許多由烘豆公司資助的各種慈善目的方案一樣。

我喜歡將這些志工的努力視為由同情心驅動的行為，這彌補了當代精緻咖啡產業中由其他類型的熱忱所驅動（例如：吧台師為了手沖技巧，做沖煮時間的實驗；高端烘豆公司彼此競爭搶購微批次的獨特咖啡等）的不足之處。這些都可以被視為我們為咖啡工作注入激情、同情、快樂地努力，以及將這份喜悅提升到更大的經濟系統上，否則我們只會在這份工作中淪為無感的自動機器，每天工作只為了等待週末。

「包容性」與精緻咖啡

在 2020 年 5 月喬治‧弗洛依德（George Floyd）的謀殺案之後，各地接連不斷的抗議活動都希望能夠爭取種族平等，希望美國政府能正面面對蓄奴傳統的問題。雖然有越來越多證據顯示，種族之間經濟的不平等地位越來越大，時常有警察打壓黑人的事件頻傳，喬治‧弗洛依德的謀殺案細節令人震驚，隨之而來的密集抗議活動讓美國精緻咖啡產業也為之震驚，連我都不得不感到尷尬。過去在精緻咖啡社群裡，時常聽見要支持種族平權、提高族群包容性的聲音，但我們大多數人只是點個頭表示同意，而非真正付諸行動。

我懷疑也是因為咖啡產業具全球性的本質，助長了這樣的自滿。早年，美國精緻咖啡世界投注於咖啡生產社群經濟發展的那股力量，主要來自於一群在美國被視為少數族群的咖啡人，這個背景也可能是讓我們看不見自己家裡還存在著如此明顯的種族不平等現象，此現象在大型的美國精緻咖啡

活動中時常可見，活動裡常會有來自非洲產國的人參與，但在活動中卻很少看見美國黑人。

「包容性」與未來

當喬治‧弗洛依德相關的抗議活動爆發時，來自精緻咖啡社群的支持立刻傾洩而出，但在撰文當下（2021年初），仍難以預料美國精緻咖啡圈在這一波種族包容性平權活動裡能有多少作為；不過我個人預測，未來這部分應該會有正面的發展與改變，如同後新冠疫情時期，我也預測精緻咖啡產業將會有許多改變一樣，而越多的改變能帶來越多的包容性。

小農生產者的解脫？咖啡生豆價格短暫的躍升

你在本書時常會看到我寫出「持續性的咖啡生豆低迷價格，對小農生產者有多大的毀滅性影響」，以及「期貨咖啡產業是如何建立在鄉村貧窮的基礎之上」。

不過當本書的內容流向媒體時，就開始有咖啡價格短暫變化的標題出現。

在巴西發生的極端氣候現象，是當地咖啡產區數十年以來經歷過最冷的氣候，加上同時發生的乾旱，讓巴西這個巨型世界咖啡生產主導國家從主宰地位暫時退縮，隨之而來的就是所有生豆的價格上漲，不論是在期貨交易上或全世界。除了巴西的咖啡生產者之外，其他地方的生產者都歡天喜地，很有可能零售價格最後也會上漲。

但是期貨咖啡的旋律仍在迴盪著

儘管如此，像這般的景氣循環模式是全球咖啡市場的特有現象。辛勤工作又被狠狠壓榨的小農生產者，現在可能會獲得1～2個產季較佳的報酬，假如因為氣候變遷又帶來更進一步的影響（也許還能繼續獲得較高的收入），但是無情的咖啡期貨市場機器總有一天會重新開機。

換句話說，本書其中一個要傳達的基本訊息依舊很明確──優質的咖啡不僅值得我們將它當作藝術、享受來欣賞，「有意識地選購咖啡」更能貢獻一己之力、對抗全球市場的無情剝削（對地球、農民的剝削）。

CHAPTER 16 | 由烘焙帶來的轉變

我們將「咖啡」這個字果斷地與「一杯熱熱的、芳香的咖啡色液體」聯想在一起,但我們也許不知道,這個聯想是人類經歷了多長時間才想到的型態(也許是 15 世紀從葉門開始才這樣做),花了很長的時間才發現咖啡最美味的型態,就是將從咖啡樹上摘下的果實乾燥後,烘焙中間的硬核,研磨後將粉末與熱水混合才做出來的一種飲品。另外,從咖啡樹中攝取有效成分的方式,仍然存在於非洲與亞洲的部分美味之中,咖啡的漿果可以用來發酵做成酒,咖啡葉、咖啡花可以在醃漬後用滾水泡成低咖啡因含量的咖啡茶。

「咖啡果皮茶」Cascara 與 「咖啡果實茶」Coffee-Cherry Tea

到了今日,許多有創意的人找到了能夠將咖啡商業化、享用的全新模式,這些替代性的享用方式,在世界上的大城市咖啡館中正逐漸增加。撰文當下,當中最突出的就是「咖啡果皮茶」(或稱「咖啡果實茶」),是用乾燥過的咖啡外果皮沖泡而成的飲品。

這種飲品在北美、亞洲、歐洲看起來是全新且很創新的品項,不過實際上它卻擁有著悠久的歷史,也許比我們現在所認識的「咖啡」歷史更悠久。這種飲品在葉門被稱作「璣奢」(quishr),在衣索比亞被稱為「哈夏拉」(hashara),在兩地飲用歷史長達數世紀,其咖啡因含量較低。這種用乾燥咖啡果皮泡出的茶飲,有微微的甜味、很芳香的木質味,有點類似玫瑰果(rose hip)或木槿花(hibiscus);葉門人會在早晨,將乾燥的果皮與香料一同煮沸,並在下午飲用冷卻後的茶飲,當作輕度提神飲料。過去數年間,有很多版本的「咖啡果皮茶」被許多精緻小店放

在葉門的乾式處理廠打磨階段時,「咖啡果皮茶」(如照片右邊,乾燥後的咖啡外果皮)會被仔細地從咖啡豆與銀皮(照片中的左邊)分開收集,並且單獨當作另一個商品銷售。人們購買這個商品帶回家加入香料一起煮成「璣奢」飲品,它是葉門人最愛的午間解渴聖品。近年來在北美、歐洲、亞洲的精緻飲品食譜中,都將咖啡果皮茶放進食譜裡,有多種不同版本。

進產品線中販售,在全世界精緻咖啡館裡也出現罐裝即飲的版本。

但是「烘豆」才是關鍵

儘管如此,將咖啡成功做成我們所認知、喜愛的狀態之關鍵步驟,就是「烘豆」。這個步驟能將生豆進行「焦糖化作用」(會產生糖類甜味),並且會發展出細膩又密集的芳香化合物成分,讓我們的鼻腔、舌頭、記憶區塊的神經系統受到刺激,就像咖啡因也會有同樣的激化效果一般。

我在一本 17 世紀發行的英文小冊子上讀到一段關於飲用咖啡的描述:「你可以在任何藥店買到咖啡果實,大概每磅 3 先令;買到你要的數量之後,將咖啡果實放在炭火上,裝在一個舊式的布丁鍋或油炸鍋裡,烘烤時要持續攪拌直到漿果變得很黑,但切記不要再烘得更深,假如你烘過頭了,你會浪費其中的『芳香油脂』,那是讓這種飲品變得好喝的關鍵;假如烘得不夠深,那麼『芳香油脂』就不會呈現出來,這杯飲品也就失去了最重要的靈魂」。

「直到它們看起來很黑」聽起來蠻極端的,但小冊子的作者仍保留了最重要的一點:烘豆步驟必須將咖啡中固有的感官內容物發展出來,尤其是那些會影響香氣、風味的揮發性芳香物質,我們不希望在烘豆步驟中將這些芳香物質耗盡。假如烘豆的程度不夠充分,沖泡出來的咖啡就會嚐起來像穀物或麵包、甜甜的草味或潮溼的木頭味;假如烘焙步驟太過頭,沖泡出來的咖啡嚐起來就會以燒焦的木頭(來自咖啡豆的纖維質燒焦後所產生的味道)那種苦味為主要調性,此時僅會殘留少許香氣的韻:有點葡萄乾類的甜味,以及很細微的上揚花香韻,像是百合花香殘留的那一縷氣息。

在這兩個極端之間不會只有單一個甜蜜點,而是會有多個甜蜜點。在較深程度的幾個烘焙度中,會呈現不完全的甜味,但是對許多咖啡飲用者來說,正好是很吸引他們的苦甜

味與辛香感。

理解「烘豆」的幾個方法

咖啡豆在烘豆的過程中經歷了哪些？我們可用以下幾種方式來描述：

・透過咖啡風味變化：

想了解烘豆，就必須先了解我們最終在杯中嚐到的風味有何細微的轉變。

・在烘豆過程中，透過目測、聲音、氣味來理解：

隨著烘豆持續進行中，咖啡豆的顏色會告訴你的眼睛一些訊息，顏色會緩慢變得越來越深，豆表狀態也會開始改變。咖啡豆也會透過「聽覺」傳達給我們知道現在烘豆走到了哪個關鍵時刻：「第一爆」（first crack）那陣像是爆米花的爆裂聲；以及「第二爆」（second crack）那陣沙沙的碎響聲。烘豆過程中，也會透過穩定變化的香氣、煙霧的濃密程度，來對我們的鼻腔傳達訊息。

・透過咖啡豆內部產生的化學變化：

大致上來說，咖啡豆內部在烘豆過程中會發生化學變化，這點各位應該都知道，只不過很難精準地追蹤到底發生了哪些變化，因為化學變化是持續進行且不斷轉變著。

・透過普遍認知的烘焙深度名稱：

咖啡產業術語例如：「淺烘焙」（light）、「中烘焙」（medium）、「深烘焙」（dark）、「極深烘焙」（ultradark）等，可能會讓我們在理解烘豆的過程中產生一些混淆感；另一種傳統式貿易、行銷用的術語例如：「義大利式烘焙」（italian）、「法式烘焙」（french）、「深城市烘焙」（full city）等，則會造成更多混淆感。

・透過數據、儀器：

烘豆的流程可藉由多種數據進行追蹤，其中包括：
・在烘豆的容器中，快速增加的溫度數據。
・烘焙後的咖啡豆重量會下降許多，下降的幅度也相對可以預測。
・烘焙完成後，可透過特別設計的熟豆成色儀器來測量數據。在北美，我們時常會使用「艾格壯儀」（Agtron），它測出的不同烘焙深度數據稱為「艾格壯號數」（Agtron numbers，是一組由艾格壯公司發展出來的對照號數色卡；這間公司是一家專門生產咖啡用途的分光光度劑先驅品牌）。不過，市面上還有類似功能的儀器被廣泛使

進行工匠型烘豆流程時，會使用「取樣棒」將一小份咖啡豆從烘豆機中取出，用以監測目前咖啡豆的發展狀態（透過目測或嗅聞兩種方式來監測）。（圖片來源：iStock ／ grandriver）

用，其中包括「普羅巴特」（Probat）公司生產的「卡樂瑞特儀」（Colorette scale），它在歐洲很受歡迎。

・全部放在一起看：

前面提到的所有方式皆引用自第 222 頁表格「烘豆的各個階段」，其細節在接下來的篇幅中也會介紹。

烘豆是怎麼一回事？

在烘豆過程的初期，「游離水分」（free moisture，就是沒有與細胞結構緊密結合的水分）會先蒸散，如果咖啡豆有任何氣味，那麼在這個第一階段聞起來就像灰塵或包裝生豆的麻布袋一樣。烘豆時，咖啡豆也會產生蒸氣，烘豆師稱之為「脫水期」（drying phase）；接下來到了「變色點」（turning point），就是正式開始「烘豆」的起點，此時烘焙鍋內與咖啡豆的溫度都開始上升，此階段的咖啡豆聞起來

在烘豆過程中，隨著糖分進行焦糖化作用，咖啡豆顏色變得更深、風味變得更飽滿。在照片中，我們用「烤焦糖布蕾」的情境來粗略代表焦糖化作用的過程。（圖片來源：iStock ／ EVGENII ZINOVEV）

照片中呈現的是，從商用烘豆機中釋出到冷卻盤的瞬間情境，透過迅速冷卻來中止烘焙流程，是追尋烘焙品質的一個重要步驟。冷卻較緩慢時，通常會讓咖啡風味變得呆鈍。（圖片來源：iStock／YakobchukOlena）

會像溫熱的乾草。

第一爆

之後，與細胞較緊密結合的水分開始蒸發，同時也產生二氧化碳，咖啡豆開始膨脹，但重量逐漸減少，水蒸氣、二氧化碳原本是被困在細胞內的，就是這兩個因素讓咖啡豆膨脹，同時發出像是「爆米香」一般的爆裂聲，烘豆師稱之為「第一爆」。

梅納反應（The Maillard Reaction）

該反應在第一爆開始前就啟動了，不過也是在「轉色點」之後才開始，「梅納反應」是一種珍貴又複雜的一系列化學變化。當咖啡版本的梅納反應開始啟動時，複雜的胺基酸與糖分的交互反應也開始了。梅納反應造成咖啡豆顏色變深的現象，主要是來自一項稱為「類黑素」（melanoidins）的物質，更重要的是，在這個階段還會生成帶來咖啡複雜香氣與風味調性的多種物質，其中包括深邃的甘味基礎調性，這在某些咖啡類型中是非常重要的元素。順帶一提，梅納反應在許多其他食品、飲料的製作過程中，也是很重要的反應，烹煮肉類、烘焙麵包、釀酒時麥芽處理的流程，都有它的參與。

「焦糖化反應」（Caramelization）

此反應與梅納反應發生的時間點重疊，而且很明顯地，它們之間有互相協作的現象〔兩者有時會被涵蓋在一起，稱為「糖轉色反應」（sugar browning）〕。在焦糖化反應作用中，「熱」能讓咖啡豆裡的糖分發展出飽滿與複雜度，降低原本「砂糖般甜味」這種單純的調性。

有個十分接近這種風味轉變模式的範例，就是在「焦糖烤布蕾」上層砂糖被燃燒形成焦糖的那種轉變一樣，這種作

用會將原本非常淺烘焙時、未完全發展的那種「單純帶著植物氣味的甜味」，轉變為在中淺烘焙時那種「如蜂蜜般的甜味」，甚至轉變為中深烘焙時「如焦糖、巧克力般的甜味」，有時甚至是「苦甜味」。這些甜味的變化都跟焦糖化反應都有十分密切的關係。

但這還不是全部！咖啡豆中含有數百種化合物成分被辨識出來是對風味、香氣有直接影響的，其中有大部分還是在烘豆過程中才被催化出來的。

回到主題

我們先回到烘豆階段中咖啡豆剛開始轉變為極淺咖啡色時，此時才剛開始發生梅納反應不久；在這個階段之後，氣味從原本烘烤穀物味或烤麵包味轉變為我們熟知的咖啡氣味時，會聽到像是爆米花的那種爆裂聲（實際上，比真正的爆米花聲再小一點），也就是「第一爆」，此時候水蒸氣與二氧化碳會將咖啡豆尺寸撐大。

烘豆過程對風味發展開始有實際影響的階段，就在「第一爆」開始之後。假如你在「第一爆」開始就停止烘焙，你會得到像是烘烤穀物、鮮剖樹木、草味或苜蓿似的調性，帶點細膩的甜味，在這個落點的咖啡通常會被描述為「發展不全」（underdeveloped），不過有些烘豆師透過特別仔細的管理烘焙模式（對熱能傳遞的控制；稍後會聊到這個主題），也能夠在這種極淺烘焙程度時，發展出迷人的風味特質。

讓「第一爆」完整爆完後，咖啡豆內的糖分有部分已經焦糖化，轉變為帶著香氣的「金砂糖」（demerara sugar）或「焦糖」，原本的草味調性轉變為花香調性，水果調性也轉為更成熟的風味，原本的木質調調性也轉變為芳香木質調、雪松調。

杯測用烘焙

這個程度的烘焙深度，通常被採用在測試咖啡的感官潛力時。任何在感官特質上不協調的風味，在這個淺～淺中烘焙的程度下，就會特別明顯，這種烘焙深度有時被稱為「杯測用風味」（cupping roast）。舉例來說，當一批咖啡豆中含有太多未熟果時，在杯測烘焙時，其水果調就會顯得有醋酸感、澀感，而非那種鮮活的明亮感及酸中帶甜感。不過，品質真正傑出與純淨的咖啡在這個烘焙深度時，可能會以很美妙的方式呈現——香氣特別奔放且明確，能夠充分展現咖啡豆本身的獨特性；也因此，許多擅長出品小批次稀有咖啡的烘豆師，都非常喜愛將咖啡烘在淺烘焙的位置。

邁入「中烘焙」這個沉淨又富含表現的領域

隨著「第一爆」爆音逐漸結束，焦糖化作用更完全了，

將甜味的表現變得更清脆、更具辛香感，同時，梅納反應生成的多種產物也持續貢獻深邃感與甘味的迴盪感，這個階段就是「經典中烘焙」的範疇。中烘焙的展現範圍從「第一爆」尾聲開始算起，此時有著仍然明亮的酸味與奔放的香氣調性，但又增加了一點深邃感，到「第一爆」完全結束（不再聽到爆裂聲），此時的風味呈現出辛香調、巧克力調，層次十分豐富，酸味明亮度、風味獨特性會稍微下降。

但是要特別留意一點，在中烘焙階段，那種「較深烘焙」才會出現的「輕微焦味調性」最好是完全不存在，如果有的話，只能接受很隱約出現的程度，如果是想要烘焙成這種風味調性，那麼我們必須等待靠近「第二爆」的發生訊號出現。

正宗「深烘焙」的序幕

在「第一爆」接續的那段寂靜之後，緊接而來就是「第二爆」，此時會聽到較為模糊、細碎的碎裂聲響，近似於揉捻紙張，或是將牛奶倒在爆米花上發出的聲響一般，此聲響代表咖啡豆細胞基質斷裂，同時細胞內的油脂成分開始轉移到豆表。在聽見「第二爆」聲響之前，烘焙煙霧產生的氣味就已經開始改變，從原本成熟的咖啡氣味，轉變為另一種帶點油味、更濃郁、更具辛香感的氣味。

一開始是烘焙煙霧氣味的改變，接著是「第二爆」開始的那陣細碎爆裂音，隨之而來較深烘焙的風味特質有：隨著細胞基質再燃燒而產生的更具辛香感的焦糖化風味；綠原酸更進一步地降解成為帶有苦味的奎寧酸；加上其他更細微但也不斷累積的各種奧妙變化。

深烘焙的風味特性

撇開複雜的化學變化不看，對於烘豆師、咖啡愛好者來說，烘進「第二爆」之後的咖啡風味會有戲劇性的明顯差異。在「第二爆」即將開始之前，當烘焙煙霧的氣味開始變重，咖啡的風味調性也隨之變得更深邃了，香氣、風味調性開始變得層次分明又簡化。原本的水果風味轉變為明確的巧克力調；原本的帶甜花香調（在淺烘焙時以苜蓿花呈現，中烘焙時以忍冬花或紫丁香呈現）在較深烘焙時轉變為更濃郁、近似於帶有迷人花香氣的白色百合或香草豆。在較淺烘焙時的那種芳香木質調性（近似於鮮剖冷杉或雪松），在中烘焙時可能轉為更深邃、更具辛香感，隨著烘焙深度更高，就會出現更密集的薰香木質調。原本的帶核水果調會從淺焙／中焙時的桃子或李子味，轉變為李子乾風味；原本的莓果調性也會逐漸失去明亮感，轉變為葡萄乾調性。風味結構從原本酸中帶甜的模式轉變為苦甜味模式，最後的這一個轉變部分原因是咖啡豆的有機酸成分改變，其中帶著甜味傾向的「蘋果酸」比例降低，帶著較多苦味的「奎寧酸」比例增加。

這就是「深烘焙」的範疇。剛開始的階段只是將某些風味的深邃感加重，加上一抹輕微的薰香木質調；接著再繼續加深烘焙，就會轉變為較單純、廣泛、大眾較為熟知的正牌深烘焙：烘焙得宜時會有苦甜味、辛香感，以及時常被描述

至少這不像政治一樣難搞：烘焙著色程度的區分

烘焙優質咖啡主要有兩種方式：

從「選擇生豆」開始

這個方向的目標，是為了讓烘豆師找到咖啡生豆最明確、最佳的感官風味潛力。從這個觀點出發的一款肯亞咖啡之最佳烘焙程度，就是將這款生豆中最能代表肯亞咖啡風味的所有特質都表現出來。當然，這個最理想的烘焙程度會發揮出生豆裡富有風味特質中的多寡，還是要看烘豆師個人的選擇與偏好（或是烘豆師的顧客族群偏好）。但是在大多數情況下，「甜蜜點」不會發生在非常深烘焙時，因為深烘焙總是會讓生豆的微妙特質朦朧化。這種「從咖啡生豆出發」的烘豆方向，幾乎總是與淺烘焙、中烘焙或中深烘焙脫不了關係。

從「烘焙深度」出發

另一方面，有些咖啡飲用者、烘豆師很喜歡享受經過刻意設計的較深烘焙型咖啡中的苦甜味強烈風格，因此「烘焙深度」本身就是舞台上的重心。在較深烘焙時，生豆本質當然是很重要的，但此時選擇的生豆，要看是否能夠撐得住深烘焙──生豆必須具備渾厚感、甜味高、內涵豐富，或是隨著烘焙程度加深仍能有深邃的香味複雜性。從這個方向出發的最主要目標，不是要將生豆富有感官風味潛力發揮到最佳狀態。

請特別留意，我並不是說「在深烘焙時，生豆的特質、品質沒有意義」，這點很重要；不過在較深烘焙的咖啡中，那種「偶爾出現巧克力調，偶爾讓人感到心曠神怡的強烈苦甜味」才是最重要的大前提，這個大前提是深焙咖啡愛好者期待、享受的元素（淺焙～中焙愛好者喜好的大前提，則是與之相反，他們會認為這類型的風味在他們的味蕾、生豆本質、風味故事之間，是一種可恨的干擾）。

更多關於不同烘焙深度的咖啡風味

假如，你想有系統地體驗「不同烘焙深度的咖啡風味」會有哪些影響，你也許可自行做品嚐比對的實驗，實驗必須準備各種不同深度的咖啡豆樣品。可參考從第 61 頁開始的「風味品嚐練習」，以及第 60 頁的相關表格內容。

出來的巧克力、葡萄乾、芳草類的甘味調性；烘焙處理失敗時，咖啡風味的苦味會比甜味更明顯，帶有燒焦味，甚至會出現橡膠味。

烘豆的末日審判：極深烘焙

繼續將咖啡往「第二爆」的後段前進。細碎的爆裂音開始增強，並且聽起來更為連貫，直到爆音逐漸變得低沉。

此時的咖啡豆已經走在「末日審判」的道路上。烘焙煙霧變得非常密集、濃郁，油味更明顯，此時已到達「極深烘」的領域──北美洲的使用名稱為「法式烘焙」或「深法式烘焙」。此時除了「炭化木質味」之外，幾乎所有的風味調性都消失了，包括口感也變薄了。香氣與風味調性顯而易見地變得更單純：在處理得宜的「法式烘焙」咖啡中，除了炭化木質味之外，還會有葡萄乾、些微巧克力調，偶爾會有些微的花香或香草般的前調。再繼續烘下去的話，只剩下焦炭一條路──沒錯！就只剩下「炭」的味道。

照片呈現的是「不同烘焙度的著色程度」，由上而下的順序來看，每個欄位的第一列都是較淺的焙度，最下方那一列都是較深的焙度。

①②③：由上而下依序是：極淺焙、淺焙、中淺焙。這三個烘焙度是許多第三波烘豆公司偏好的烘焙風格。

④⑤⑥：由上而下依序是：標準中焙、中焙略深、標準中深焙。④是「標準中焙」，其咖啡風味潛力是完整發展的狀態，此時僅有少許（或是完全沒有）較深烘焙時的那股辛香調性。⑤是介於「標準中焙」與「更深烘焙度」的轉折點，看烘豆師是如何分配烘豆曲線而定，有時會出現「烘焙風味」，有時則否，這個焙度是大多數第三波烘豆公司會做得最深的焙度，也是許多以深烘焙為主的烘豆公司（如星巴克）會做的最淺烘焙度。⑥「標準中深焙」，烘焙造成的辛香感變得很明顯，只是通常風味仍是圓潤與甘甜的。

⑦⑧⑨：呈現的是「深烘焙」的三階段，由上而下依序是：深焙略淺、標準深焙、極深焙。

欲知更多細節：可參考本章前面的篇幅，以及第 222 頁表格「烘豆的各個階段」。

（圖片來源：Digital Studio SF）。

①極淺焙　　④標準中焙　　⑦深焙略淺

②淺焙　　⑤中焙略深　　⑧標準深焙

③中淺焙　　⑥標準中深焙　　⑨極深焙

在劇情大綱之上：烘焙模式的規劃

現在，我們來到烘豆的深淵裡了，特別是「在不同的烘焙落點停止烘焙，就會產生不同的咖啡風味」這個基本認知。在較淺烘焙時，會有酸中帶甜與花香的特質；在中烘焙時，會有較圓潤、較高的焦糖化，但仍有明亮的酸味與水果花香調；在深烘焙時，則會轉變為巧克力調與苦甜味辛香調；到了極深烘焙時，最終會有薰香木質調、苦甜味、澀感，以及較簡化的風味調性。

在前段劇情大綱中，省略的就是「如何操作烘豆」——如何將熱能轉移到咖啡豆上。換句話說，將同一款咖啡生豆分為兩個烘焙批次，用不同的熱能傳導模式，將兩個批次的咖啡烘到同一個著色深度，這兩個烘焙批次的咖啡風味就會很不一樣。

一套簡易的烘焙模式規劃

烘豆時，烘豆機的烘焙室中溫度變化之軌跡，通常會被形容為「烘焙模式規劃」（roast profile）或「烘焙曲線」（roast curve）。使用「模式」（profile）一詞來表示，我猜測大概是因為在烘豆時，烘豆室內的溫度會隨著時間而上升，因此能夠製作成一個時間／溫度圖表（第222頁表格「**烘豆的各個階段**」第5欄），在這個圖表中還可以將許多其他的變因（烘焙室溫度／鍋溫或是氣流流量等）加入，這個表格可以讓我們觀察到烘焙過程中各項數據的影響。

請參閱本頁下方的向量圖說明，「概略的咖啡豆溫度」是位在「烘豆滾筒」中、靠近滾動咖啡豆的中心的位置，有一根溫度探針所測量到的，在向量圖中以藍色曲線表示，起點在「生豆進料」（charge）的位置，意指將生豆由上方漏斗導入烘豆室；藍色曲線繼續跑到「回溫點」（turning point），也就是咖啡豆溫度開始往上升、正式啟動烘豆的轉化過程；緊接著來到「第一爆」，此時咖啡豆的細胞壁開始破裂，咖啡豆開始放熱；最後來到「烘焙結束／出料」（drop）的階段，此時會打開出料口，讓烘豆室中的咖啡豆清空，導往冷卻盤迅速冷卻。在向量圖中，「溫度」顯示於垂直的「Y」軸（位在向量圖的最左邊），「時間」則呈現於水平的「X」軸（位在向量圖的最底部）。這張向量圖顯示的是「一鍋中烘焙咖啡」，因此在圖中並沒有出現「第二爆」。

現在，如果再增加一根「溫度探針」來測量烘豆室的環境溫度（在向量圖中，以紅色曲線表示），你就會得到一個粗略的圖示，可以了解烘豆機熱能輸入的比例與咖啡豆溫上升幅度的直接對應關係。

烘豆模式與咖啡風味的關係

前述那種簡單的交互對應關係模式（就是咖啡豆內部溫度的上升與外部附加給咖啡豆的溫度），會直接與最終的咖啡熟豆風味有直接關聯性。為了得到終極的美味成果，在烘豆過程中，熱能轉移的模式可稍做調整（調整火力），烘豆師在烘完一個批次之後，會進行風味測試，接著再做出調整，之後再次進行風味測試，一再反覆這個流程，直到找出

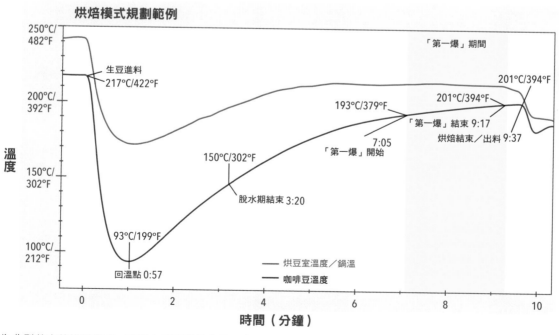

本圖為典型基本的烘豆模式，這張向量圖顯示的是：由一台小批次烘豆機操作的烘豆記錄。（圖表來源：Artisan ／ Marko Luthur）

最佳風味目標的那條曲線（對該款咖啡豆最佳的呈現方式，當然也必須考量顧客群的喜好）。

在烘豆進行中的某幾個段落，可以選擇加火或降火，藉此來改變烘豆模式。「降火」（slower heat transfer），這種方法又稱為「慢火烘焙」（slower roast），會讓咖啡豆由內而外的烘焙程度更一致，製作出來的咖啡通常風味較為圓潤、層次更明確（風味類型較簡單）。「加火」（faster heat transfer），又稱為「快速烘焙」（faster roast），會讓咖啡豆由內而外的顏色差異較大，其風味中酸味的明亮度較高，香氣與風味調性會以較密集的方式呈現。

過與不及都不是好事

當然，「慢」與「快」只是很概略的術語，假如將火力調得太弱（在某個溫度點上會呈現明顯的停滯），這種模式烘出來的咖啡豆風味較呆鈍，有時會呈現出焗烤味的缺陷風味；火力太強則會讓烘出來的咖啡風味呈現出某種生味、木質調或麥片調，雖然也會嚐到許多有發展完整的調性，

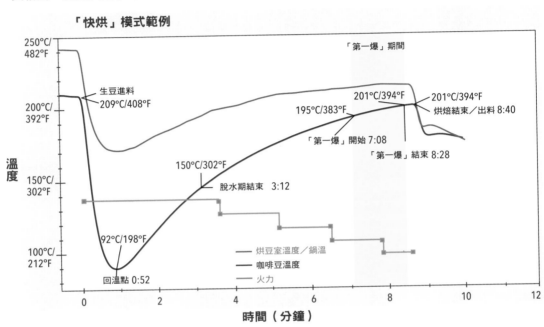

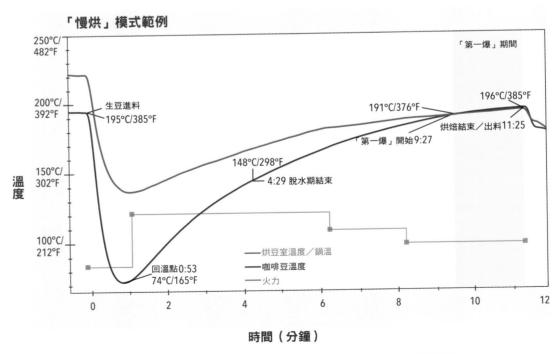

在同一台小批次烘豆機上，操作的兩種不同烘豆模式：上圖代表「快烘模式」，下圖代表「慢烘模式」。
詳見第 217 頁「烘焙模式規劃範例」內容。（圖表來源：Artisan ╱ Marko Luthur）

但整體而言，風味並不連貫。類似的效果也會出現在烘豆過程中，「溫度突降」（plummeting）也會造成咖啡風味呆鈍；「溫度突升」（flick）則會讓咖啡風味產生額外的燒焦味（可能原本的風味是平衡的、酸中帶甜的中烘焙，而溫度突升會讓這批咖啡多了一個不必要的風味毛邊）。

「烘焙斜率」（RoR ／ Rate of Rise）

烘豆模式的發展方式可以透過一個簡單的對應關係來監測，許多烘豆師將這種對應關係稱作「烘焙斜率」——烘豆時，豆溫上升（也可指「下降」）的速度或比率。烘豆師通常每 30 秒會記錄一次溫度變化，在烘豆初期的「烘焙斜率」可能會達到每 30 秒華氏 20 ℉；到了烘豆尾聲階段，「烘焙斜率」則會降至每 30 秒華氏 5 ℉，或更低。

監測「烘焙斜率」的好處是，它能夠提供即時的烘豆過程回饋，也能標示出烘豆過程是否照著規劃方式跑，沒有「停滯」、「突升或突降」這些潛在的毀滅性現象。在烘豆模式圖表中，「烘焙斜率」通常會用另一種顏色的曲線作為代表。

將更多複雜的數據輸入記錄

根據使用的烘豆器材其具備的儀器與功能不同，你可以在烘豆模式圖表中增加若干不同顏色的曲線，藉此來記錄其他變因可能對烘焙造成哪些影響。其中，在咖啡豆之間流動的熱空氣「風速」（air velocity）也可以被記錄下來。吹往咖啡豆的熱空氣溫度，可以在許多不同位置測量到——可以是在空氣進入烘豆室的入口；也可以是空氣排出烘豆室的出口；還可以是烘豆室內較靠近但未接觸咖啡豆的位置。烘豆滾筒（烘豆室）的「轉速」（rotation speed）也可以記錄下來。越來越多增加的曲線，需要藉由電腦程式的協助，來歸類、整理這些複雜的數據；這些數據資料也可以當作未來要抓出某些特定類型咖啡豆風味特性的援引資料使用。

烘焙模式記錄的範例

第 218 頁有兩張烘焙模式圖表，是用兩種不同模式烘同一種咖啡豆。上方的「模式 A」是設計為：要得到風格較明亮的模式，還要具備明確的爆發性香氣；下方的「模式 B」則是設計為：要得到風味較圓潤、酸味明亮度較低的目標。使用的生豆完全一樣都是水洗處理法、有機栽培的瓜地馬拉咖啡。特別留意，兩種模式的「烘焙結束／出料」溫度幾乎一樣，因此兩種都算是中烘焙；但是在「模式 B」中，總烘豆時間比起「模式 A」多了 3 分鐘左右，「模式 B」的火力（綠色曲線）是使用較緩和的模式，在烘豆滾筒（藍色曲線）中就會造成有一段溫度的緩慢上升期，同時咖啡豆溫度（紅色曲線）也會出現一個相對緩慢上升的現象。另一

典型的小批次滾筒式烘豆機，切面圖說明

這是傳統型滾筒式烘豆機的切面圖，近似於第 220 頁照片中的「舊金山牌 SF25 型烘豆機」。咖啡生豆從漏斗型的進料口被導入烘豆滾筒，在滾筒中藉由滾筒外部熱源與內部流動的熱空氣（由熱風扇導入）同時加熱。一組金屬製的葉片（示意圖中沒有繪出）在滾筒中讓咖啡豆翻動；當咖啡豆到達預想的烘焙程度，就會將烘豆滾筒前端的半圓型閘門打開，讓熱呼呼的咖啡豆掉落進冷卻盤裡；此時下方的冷卻風扇啟動，將冷卻盤上方的室溫空氣往下抽送（會經過熱咖啡豆），同時冷卻盤上的攪拌棒啟動，輕柔地攪拌咖啡豆，幫助冷卻。

滾筒中的熱空氣在離開烘豆滾筒後，會攜帶著從咖啡豆上掉落的銀皮與煙霧，吹送到「銀皮收集桶」（chaff-cyclone）區域，銀皮會掉落在收集槽中；之後，不帶著銀皮的熱空氣往「煙霧焚化爐／後燃器」（fume incinerator／afterburner），將煙霧與氣味做淨化處理。（圖片來源：舊金山牌烘豆機／Karen A Tucker）。

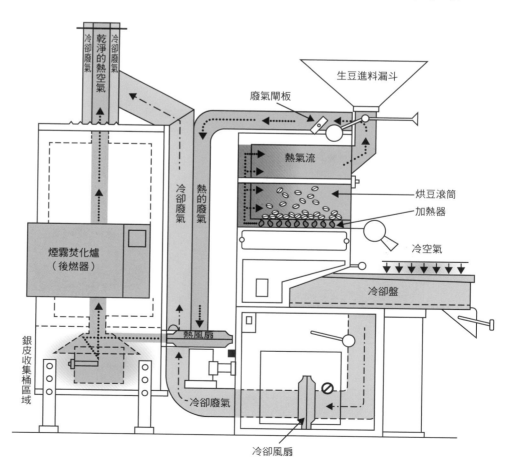

冷卻廢氣 | 乾淨的熱空氣 | 冷卻廢氣
生豆進料漏斗
廢氣閘板
熱氣流
冷卻廢氣 | 熱的廢氣
烘豆滾筒
加熱器
冷空氣
煙霧焚化爐（後燃器）
冷卻盤
銀皮收集桶區域
熱風扇
冷卻廢氣
冷卻風扇

此為「愛咖娃家用版流體床烘豆機」。與許多其他小型家用烘豆機一樣，它是利用同一道熱風來烘焙、翻攪咖啡豆；不過，與類型機種不同的是，「愛咖娃」是使用智慧型手機軟體來操控烘豆機（不論是運行原廠設定模式，或是使用者自訂模式來烘豆）。愛咖娃公司另外也推出「愛咖娃專業版」（IKAWA Pro）機種，這個版本是為了商業樣品烘焙特別設計的。（圖片來源：愛咖娃公司）

方面，快烘的「模式 A」中，「生豆進料」的溫度點比「模式 B」還高，在烘豆初期，使用的火力維持在較高的狀態，這個做法會讓熱能較快轉移到咖啡豆上，整體節奏較快，烘出來的咖啡風味較容易呈現明亮的酸味特質；「模式 B」中「生豆進料」的溫度較低，加上整體總烘豆時間較長，其目標就是為了發展出焦糖化更完整、層次更明確的風味調性。

烘豆設備

現在來到介紹烘豆設備的部分，這裡會提到非常多樣不同的儀器與科技。烘豆機有許多不同尺寸規格，從小型桌上式（小型自家烘豆咖啡館、業餘玩家才會使用）到巨型烘豆機（大型烘豆廠才會使用）。烘豆機可控的功能，也有陽春

此為「舊金山牌 SF-25 型烘豆機」，是傳統型滾筒式烘豆機的一個範例，十分堅固耐用。第 219 頁有簡化過的剖面示意圖。（圖片來源：舊金山烘豆機公司）

到精密之分，陽春型的烘豆機必須靠人類的眼、耳、鼻來辨別烘豆狀態到哪個階段了；精密型的烘豆機則有複雜的自動烘豆程式，可以在烘豆過程中的不同溫度階段，透過編寫不同變因來與咖啡豆互動（可程式化預先編寫要怎麼跑烘豆曲線，還可以在烘豆進行中改變操作）。

經典的滾筒式／鼓式烘豆機

全世界用來烘焙「最佳小批次咖啡」最常使用的機種稱為「滾筒式／鼓式批次烘豆機」（drum batch roaster）。「批次」（batch）代表「每一鍋都是烘不同的批次」，而非像非常大型商業化設備的「連續烘豆／單一類型」；「滾筒式／鼓式」代表咖啡豆在一個滾動的滾筒組中烘焙，滾筒內有攪拌葉片。這個滾筒讓咖啡豆在裡頭輕柔地翻動，有點像是乾衣機將衣物翻動一樣，一陣一陣的熱風在滾筒內循環吹送，並替咖啡豆加熱。

上頁有一張滾筒式／鼓式烘豆機的結構示意圖。滾筒通常是由堅固的鑄鐵或合金所打造，熱空氣在滾筒中從後端往前端吹送，加熱咖啡豆的熱源主要來自兩種：一是來自金屬滾筒的「傳導熱」（conduction heat，後來還要加上咖啡豆開始自行放熱時的那股熱能）；二是在滾筒中流動的熱空氣所產生的「對流熱」（convection heat）。

許多不同的設計風格

這種類型的烘豆機，隨著不同尺寸的增加，能夠選擇的種類也變多了。舉例來說，許多滾筒式烘豆機特別針對「對流熱」功能加強，相較於「傳導熱」，「對流熱」的加熱效率較高、操控性較即時，較不容易將咖啡豆烤焦。滾筒本身大多會打洞而非完全密閉，是為了讓氣流在整個滾筒中上下左右流動，而非僅有從後端往前端的流動模式，如此也可以降低「傳導熱」的影響；許多滾筒式烘豆機都有控制滾筒轉速的功能，讓烘豆模式中的可控變因又增加了一項。

精緻咖啡烘豆公司時常會使用數種不同尺寸的滾筒式烘豆機，一家公司可能會配置一台非常小型的滾筒式烘豆機，稱為「樣品烘豆機」（sample roaster），用來烘焙生豆樣品；還會有一台稍微大一點、但仍算小型的機種，用來測式烘豆模式，或是烘焙小批次、極昂貴咖啡；還會有一台再大一點的機種，用來烘焙量產型咖啡。

純熱風：「流體床」烘豆機與「對流式」烘豆機

某些烘豆機的設計中，滾筒被免除，在烘豆室中由同一陣熱風提供熱源，同時攪動咖啡豆，形成像是在翻騰的、如流體般的咖啡豆堆，這些類型的烘豆機通常被稱為「流體床烘豆機」（fluidized-bed roasters），在美國時常又被稱為

「熱風烘豆機」或「西維茲烘豆機」（Sivetz roasters），以麥可・西維茲（Michael Sivetz）姓氏命名，他是一位充滿創新力的工程師與工程技術作家，他將「流體床」概念帶入大眾視野，並且在 1970 年代晚期，利用此一概念生產出這類烘豆機。

另外還有一種混合型烘豆機稱為「對流式烘豆機」（convection roasters），是介於傳統滾筒式與流體床式烘豆機之間的機種，在這類優秀的設計下，咖啡豆仍然是採用「機械式攪拌」，但是烘豆的熱源主要來自於快速流動的熱空氣。

從微型到巨型

「流體床」烘豆機有兩種極端：其中一個極端是，這種類型的設計也是小型家用烘豆機最常見的型態，家用烘豆機的外觀與操作方式都有點像「熱風式爆米花機」，一次僅能烘焙幾盎司的咖啡豆，大多數這類小型家用流體床烘豆機在概念上、操作上都挺簡便的，不過在撰文當下，至少已經出現一台名為「愛咖娃家用版」（IKAWA At Home）烘豆機，提供可重現烘豆模式的功能，可透過智慧型手機軟體來控制。

另一個極端就是，配備了許多精密儀器與技術性結構的大型、高科技商用烘豆機，一次可以烘焙非常大量的咖啡豆，烘豆模式全程透過電腦控制。一般常規的滾筒烘豆機，其單一批次烘焙時間大約是 8 ～ 12 分鐘不等；工業等級超快速「對流式」烘豆機種，其單一批次烘豆時間僅需 2 ～ 3 分鐘。

「高產能烘豆機」與期貨咖啡產業的關係

這類高溫又快速的「對流式」烘豆機，有時又稱為「高產能」烘豆機，透過非常高效率的熱交換器吹送而來的熱風進行快速烘豆，能夠減少過程中咖啡豆的失重率，如此便能直接降低大型商業化咖啡公司的成本。生豆原料的使用量較低，超市中的罐裝或袋裝廉價咖啡商品只需要較少的生豆原料就能製作。

對於大型烘豆公司來說，另一項優勢就是：利用快速烘豆機生產的咖啡豆，看起來尺寸較大、質地較多孔洞（常規烘豆機烘出的豆型較小），因此這種咖啡豆較容易完整粉碎，在沖煮時較容易釋出更多可溶性物質（能做出更多分量的咖啡液）；最後，快速烘豆機烘出的咖啡酸味或明亮感密集度較高，能夠彌補羅布斯塔咖啡那種呆鈍、穀物般的風味特質不足之處，讓廉價的超市咖啡商品稍微出現了一絲亮點。換句話說，高對流熱、高產能的烘豆機種，對於除了特別在意咖啡品質而非咖啡價格的族群以外，幾乎是人見人愛的存在。

儘管如此，在我僅有的 1 ～ 2 次品嚐這種高產能烘豆機的產物經驗中，我發現這些超快速、不需人工、數位化控制

的機器人烘豆機，也能夠生產美味的咖啡，前提是使用優質的生豆原料；不過，在這個錙銖必較的商業期貨咖啡結構中，似乎是一項不可能的任務。

連續式烘豆機（Continuous Roasters）

最後，在離開大規模商業化烘豆科技的篇幅之前，我們必須稍微談一下「連續式烘豆機」的概念，正如字面上所指，這類型的烘豆機在運轉時只烘同一種咖啡（或是同一個配方綜合豆），連續不斷地烘。有許多不同的設計存在，但它們運轉的方式或多或少都是一樣的——咖啡生豆從一端進入連續式烘豆機內，接著穿過連續式烘豆機，最後從另一端輸出烘焙好的熟豆。有些連續式烘豆機的設計，是讓咖啡沿著一條很長的、單向的、如煙囪般的滾筒移動，滾筒內部有螺旋式葉片；另外有些則是設計為像一條輸送帶的模式。

高產能快速烘豆的相反模式：
慢火烘豆，或是中斷式烘豆（二次烘焙）

在許多義大利傳統型的烘豆公司中，「快速烘豆」的反面做法是主流。義大利的咖啡公司主要擅長於 espresso 沖煮類型咖啡，他們通常會採取較慢火烘焙的方式；事實上，許多義大利烘豆師很習慣性地先將咖啡豆烘到一半，冷卻後再將同一批次咖啡倒入烘豆機裡進行第二次烘焙，這種手法的目的最終是要做成「中烘焙」的其中一種模式，風味具有深邃感與明顯的層次分明感，同時酸味必須降低，這種烘豆模式是一些義大利咖啡專家認為特別適合用 espresso 方式沖煮與享用的烘豆模式。

「烘豆的各個階段」：前半段（以第二爆的爆裂聲為分界點）

在參考這份表格描述的各個事件之前，咖啡豆已經歷過前期「由綠色轉為淡黃色」的外觀變化階段，烘豆氣味也從輕微霉味、麻袋味，轉為溫熱的乾草味，但是此時的咖啡還未達適飲的標準。

	1	2	3	4	
	咖啡豆顏色	艾格壯美味色卡的號數（咖啡粉）	外部事件	內部事件（非常粗略地描述）	
	非常淺的褐色	艾格壯色卡 95 號（普羅巴特·卡樂瑞特色卡 134 號）	氣味變得更沉、更密集，聞起來像是烤麵包到更多一些帶甜味的辛香感，是我們開始認知的咖啡風味起點。	梅納反應啟動；焦糖化反應啟動。在咖啡豆的細胞壁內，水蒸氣與二氧化碳開始累積。「熱解反應」（pyrolysis，或稱「化學分解反應」）啟動。直到這個階段烘豆過程都是處於全然的「吸熱期」（endothermic period），尚未到達「放熱期」（exothermic period）。	
	淺褐色	艾格壯色卡 85 號（普羅巴特·卡樂瑞特色卡 121 號）	「第一爆」開始（會有很容易辨識的爆裂聲），並且持續進行著。香氣開始轉變為甜甜的辛香感，有點像是奶油糖般的氣味。開始出現少許煙霧。	咖啡豆開始膨脹，水蒸氣與二氧化碳衝破細胞壁，形成「第一爆」的爆裂聲。梅納反應持續進行中；焦糖化反應變得更密集。咖啡豆開始放熱，但仍同時吸熱，從這個時間點開始，必須小心調整輸入的火力，要讓咖啡豆的放熱、吸熱維持在一個平衡狀態，咖啡豆的溫度才能持續往上升，而非停滯或往下降。	
	略深一些的淺褐色	艾格壯色卡 75 號（普羅巴特·卡樂瑞特色卡 108 號）	「第一爆」的爆裂聲開始變得稀落；咖啡豆慢慢進入烘焙中期的「寂靜期」。	梅納反應持續進行中；焦糖化反應再度加深。在經典的烘豆模式中，只要是經過仔細控制熱能轉移的操作模式，吸熱與放熱反應就會達到平衡狀態，因此咖啡豆內部溫度是維持緩慢持續上升的狀態。	
	中等褐色	艾格壯色卡 65 號（普羅巴特·卡樂瑞特色卡 95 號）	烘焙中期的「寂靜期」持續進行中，氣味逐漸變得濃郁，辛香感更重。	梅納反應持續進行中；焦糖化反應再次加深。吸熱期、放熱期的平衡狀態與上一列內容發展方式相同。	

「烘豆的各個階段」表格的附注說明

第一欄：關於顏色的形容方式是根據「SCA」頒布的正式文件來描述。

第二欄：測量「最終烘焙著色度」的儀器有許多種類，這些儀器都有對應的色卡可使用。在最廣泛被使用的色卡系統中，號數越高代表烘焙程度越淺。此處提供的色卡號數是由「艾格壯公司」製造，稱為「艾格壯」（Agtron M-Basic）或「艾格壯美味色卡」（Agtron gourmet scale），主要測量研磨後的咖啡粉。另一個引用的色卡系統是「普羅巴特的卡樂瑞特」（Probat Colorette），也是測量研磨後的咖啡粉顏色。

在北美洲，「艾格壯儀」是最受歡迎的儀器；在歐洲，「普羅巴特的卡樂瑞特」則是最受歡迎的。除了這兩種之外，世界上還有其他類似的儀器與製造商品牌，其中包括「顏色追蹤」（ColorTrack）及較精簡、價格實惠的「多尼諾」（Tonino）等。另外要留意的是，「艾格壯儀」有兩套色卡系統，其中一套是「艾格壯」／「艾格壯美味色卡」（此處就是引用這個系統來測量咖啡粉顏色），另一套就是「艾格壯 E10／E20」又稱為「商用色卡系統」，此處對後者沒有任何描述。在第二欄位，多數較大號數的數字都是用「艾格壯」的色卡系統來對比而得到的號數，在這個色卡系統裡，會有一套現成的色碟（color disks），這套色碟是由「SCA」所生產製造，買不起「艾格壯儀」的烘豆公司可以買這套色碟回去使用。

第五欄：此欄位的數字都是由一支溫度計測量記錄下來的，這款溫度計被設計為可伸進烘豆室測量滾動中的咖啡豆溫度。測量到的溫度有時會被稱為「假豆溫」（pseudo-bean

	5	6	7	8	9
	豆溫 （概略）	失重百分比 （概略）	感官風味特質 （採高品質水洗處理阿拉比卡咖啡，也是非常概略性的說明）	零售時採用的烘焙色度名稱	咖啡豆外觀
	370 ℉～380 ℉ （約 188℃～193℃）	12%	風味細膩，從烘烤穀物味與鮮剖木質調，到偶爾帶點草味，偶爾是新鮮草原氣息、花香及酸中帶甜的水果調。在這個烘焙程度要獲得成功的成果，需要有策略性的烘豆模式。	淺焙	
	380 ℉（第一爆開始）～415 ℉ （約 190℃～213℃）	13%	風味細膩，芳香木質調、帶甜味花香調、酸中帶甜的水果調、堅果調、焦糖調。對於專注甜味發展並著重咖啡豆本身特性的烘豆公司而言，這個烘焙深度非常受歡迎。	淺焙	
	415 ℉～425 ℉ （約 213℃～218℃）	15%	風味較圓潤，但仍帶著清脆感。芳香木質調、更迷人的花香調、帶核水果調、莓果調、堅果調與烘焙用巧克力調。咖啡豆固有的風味特質仍然十分明顯，只是變得更為圓潤，甜味發展更飽滿。	中淺焙； 中焙； 美式烘焙； 正褐色烘焙	
	425 ℉～435 ℉ （約 218℃～224℃）	16%	又變得更圓潤、更深邃、更厚實，但風味仍帶著清脆感。花香調轉變為近似於玫瑰或百合；巧克力調轉變得更飽滿；帶核水果調與深色莓果調仍然存在。	中焙； 城市烘焙； 溫和型烘焙； 早餐式烘焙； 深城市烘焙	

temperature），因為個別咖啡豆的實際內部溫度是較低的，但沒有任何方法可進行測量，「假豆溫」在不同的烘豆機上有不同的數字出現，數字的差異是來自溫度計探針擺放的位置而定，另外還會受到探針設計與其他機器變因的影響，得到不同的「假豆溫」數字。不過，在同一台特定的烘豆機上，讀取到的「假豆溫」也是雖然粗略但很穩定的烘豆發展指標。

第六欄：烘豆過程中，咖啡豆的重量以一種可預測的曲線逐漸散失，因為內部的水分被蒸發，固態的物質部分轉為液態及氣體，最終細胞壁也會燒焦。

第七欄：這些描述用語，用來描述「水洗處理、高海拔種植的阿拉比卡咖啡在烘焙時產生的變化」是最貼切的。當一種特定的咖啡豆類型有著較不尋常的風味調性時，這些描述用語就會變得較不精確；此外，這些描述用語主要聚焦在前段香氣／風味的走向，在基礎味覺（酸甜苦鹹）結構與口感方面較不關注。

第八欄：這個欄位就是傳統英語系國家會用來形容「不同烘焙深度」的用語組合，其中有許多位置重疊且大多數套用在零售咖啡的廣大世界中時，幾乎全都沒什麼用，烘豆師 A 定義的深焙，可能是烘豆師 B 的中焙而已。另一種根據假設性的不同文化中偏好的方式來命名（義式烘焙、法式烘焙等），則更讓人感到模稜兩可；多年來，北美人士深信義大利人都將咖啡烘得很深，不過事實上，義大利烘豆公司在第二次世界大戰後，整體看來都比北美烘豆公司（例如：星巴克）烘得還淺多了。

「烘豆的各個階段」：下半部（從聽見「第二爆」的前幾聲開始算起

	1	2	3	4	
	咖啡豆顏色	艾格壯美味色卡的號數 （咖啡粉）	外部事件	內部事件 （非常粗略地描述）	
中等偏深的褐色 （烘豆完成後，養豆數日，咖啡豆表面就有可能出現些微的油脂）		艾格壯色卡 55+ （普羅巴特·卡樂瑞特色卡 82+）	即將進入「第二爆」但未密集爆 氣味中的辛香調、煙燻感變得更具辨識性。	梅納反應持續進行；焦糖反應再更進一步加深。視使用的火力強弱而定，在這個烘焙深度下，有少數機會可能會讓咖啡豆的細胞壁焦化，但機率不大。	
		艾格壯色卡 55 （普羅巴特·卡樂瑞特色卡 82）	正式進入「第二爆」 （細細碎碎的聲響，或是像紙張揉捏的聲音；「第二爆」開始的初期，這陣聲音較為不明顯），煙燻味增強，氣味有明確的辛香調。	此時細胞壁必定開始呈現微微燒焦的狀態，咖啡豆的「細胞基質」開始斷裂，同時內部的油脂成分由細胞內部開始轉移到豆表，造成「第二爆」的聲響。	
標準深褐色 （烘豆完成後，養豆數日，咖啡豆表面會出現薄薄一層油脂）		艾格壯色卡 50 （普羅巴特·卡樂瑞特色卡 75）	揉紙般的細碎聲響變得越來越密集；烘豆煙霧更濃，而且煙霧的量也增加。	咖啡豆的「細胞基質」持續斷裂，油脂從細胞內部向外滲出，細胞壁繼續焦化。	
標準深褐色 （烘豆完成後，養豆數日，會出現厚厚一層油脂將豆表包覆）		艾格壯色卡 45 （普羅巴特·卡樂瑞特色卡 69）	揉紙般的細碎聲響再度加劇；烘豆煙霧更加濃密，煙霧量持續增加。	咖啡豆的「細胞基質」持續斷裂，油脂從細胞內部向外滲出，細胞壁繼續焦化。咖啡豆在這個階段的放熱作用增強，火力必須小心控制。	
更深的褐色 （烘豆完成後，養豆數日，豆表會有厚厚一層油脂包覆）		艾格壯色卡 35 （普羅巴特·卡樂瑞特色卡 56）	揉紙般的細碎聲響再度加劇；烘豆煙霧更加濃密，煙霧量持續增加，氣味中帶有燒焦或炭化的感覺。	咖啡豆的「細胞基質」持續斷裂，油脂從細胞內部向外滲出，並且開始蒸發，細胞壁繼續焦化（開始有燒焦感），許多形成風味的化合物在此時也揮發掉了。	
黑褐色 （在咖啡豆剛烘完後不久，就有厚厚一層油脂包覆著豆表）		艾格壯色卡 25 （普羅巴特·卡樂瑞特色卡 43）	揉紙般的細碎聲響到達巔峰狀態；烘豆煙霧顏色變深，氣味中的油膩感／沉重感變得很黏膩。	細胞壁開始呈現燒焦狀態，即將炭化；糖分也分解了；大多數形成風味的化合物都被燃燒殆盡。	

5	6	7	8	9
豆溫 （概略）	失重百分比 （概略）	感官風味特質 （採高品質水洗處理阿拉比卡咖啡，也是非常概略性的說明）	零售時採用的烘焙色度名稱	咖啡豆外觀
435 °F～445 °F （約224℃～229℃）	17%	在烘豆過程中，這個階段是一個詭異又有趣的階段。在這個時間點似乎可以透過調整火力來讓糖類的焦糖化反應極大化，而在加深這種感官風味時，也能同時避免讓細胞壁燒焦（假如火力大到讓細胞壁開始燒焦，就會出現「烘焙風味」的前期韻味）。	中深焙； 深城市烘焙	
445 °F～450 °F （約229℃～232℃）	17%	從這個點開始算起——「第二爆」正式開始——風味中的燃燒木質調性是無法避免的。最初，這種調性較不明顯，隨著持續的焦糖化作用進行著，這股燃燒木質調也變得更深邃、更圓潤；咖啡豆固有的風味特質此時仍嚐得到，不過都是以較低沉的方式呈現。	中深焙； 深城市烘焙； 維也納式烘焙； Espresso 烘焙	
450 °F～455 °F （約232℃～235℃）	18%	前參考前一格內容。燃燒木質調性變得更明顯，香氣／風味持續往單純化發展；糖類物質向辛香調與苦甜味發展。	深烘焙； 濃厚烘焙； espresso 烘焙； 義式烘焙	
455 °F～465 °F （約235℃～241℃）	19%	此時是深烘焙感官風味複雜度的巔峰期。咖啡生豆固有的風味特質在此時已不明顯，甚至難以察覺；但是如果採取正確的烘焙模式，風味會雖然較單純但蠻深邃的，以苦甜味為主體，帶著巧克力調與葡萄乾調。	深烘焙； 義式烘焙； 濃厚烘焙	
465 °F～475 °F （約241℃～246℃）	20%	主體調性為焦味與煙燻調性。此時的苦味味覺開始覆蓋其他所有甜味的存在。	深烘焙； 義式烘焙； 濃厚烘焙	
475 °F～480 °F （約246℃～249℃）	22%	尖銳的焦苦味，苦味十分明顯。不論是如何配置烘豆模式，烘到這個深度時，都只會剩下一絲絲黑巧克力與葡萄乾的水果調性，這是大約只有 10% 北美咖啡飲用者特別偏愛的極端烘焙風格。	法式烘焙； 深法式烘焙	

上圖是「熱頂」（Hottop）家用烘豆機的一個系列，與「愛咖娃」（第220頁）不同之處在於：「熱頂」是採用「滾筒」來翻攪咖啡豆，熱源同時有傳導熱與對流熱。照片中這台就是「熱頂烘豆機」的最高階版本「KN-8828B-2K+」，它比「愛咖娃家用版」提供更複雜、由電腦調控的烘焙模式設定。它透過 USB 槽與電腦連接，可用「咖啡匠」（Artisan）烘豆記錄系統來操控，該系統是免費的公開資源軟體，能幫助烘豆師進行記錄、分析、控制烘豆模式。（圖片來源：熱頂烘豆機製造商／長鈺企業）

「工匠式烘豆」與「工業式烘豆」的差異

過去 15 年來，造成整個咖啡世界重大改變、創新的那一波大浪潮，都是由兩個看似互相衝突卻又有點重疊的動力所共同激盪而來。其中一方面，是代表過去那種親手製作手工藝技術的懷舊感：探究基礎、追求簡單、直接與對咖啡個人化知識，以及探究咖啡的奧祕之處；另一股動力，則是希望使用最新的科技來實現對咖啡的熱情，科技的使用層面幾乎無所不在，從農業層面到沖煮層面都有。

不過請特別留意，像這種「工匠」vs.「高科技」二分法中的兩個極端，其實是由一種相似的慾望所驅動（實驗精神與差異化）：為了推向極限，找出咖啡所有可能性的那種慾望。

像這類對立卻又重疊的趨勢，在咖啡烘焙方法與科技中特別常見。一方面來看，工業等級烘豆機配備電腦化的控制系統，可以讓烘豆機自動烘焙，憑藉的是一系列複雜的、預先設定好的烘豆曲線；另一方面，則是追求古董鐵鍋烘豆機的年輕愛好者，他們重新復刻這些古董烘豆機，學習如何靠著眼、耳、鼻來烘豆，將烘出的咖啡逐批次杯測，根據不斷累積來的個人經驗與記憶，然後為烘豆模式做細微的優化調整。

當然，兩者之間也是有可重疊之處。優質的復刻版老烘豆機也可能與最新的科技結合，烘豆師根據以往純手動時期累積的經驗，加上感官驅動與咖啡之間的對話（就是品嚐經驗），不過由於他們可能已習慣使用電腦記錄每個批次的烘豆曲線，因此也能夠利用這些記錄來診斷甚至重現這次的烘豆成果（同一種咖啡生豆就會得到相同的感官風味結果）。

「烘豆記錄程式」與「控制系統」

像是「Cropster」、「RoastLog」及公開免費的「咖啡匠」等系統，都是為了達到以下目的而設計出來的：
①幫助烘豆師（不論規模大或小）控制並記錄烘豆模式；
②進行生豆庫存管理；
③甚至可透過杯測追蹤咖啡園裡的特定批次咖啡；
④透過運輸方式、儲存方式來決定套用個別的烘豆模式；
⑤最後還能做到品質控管。

如此一來，電腦很單純地讓「精準」、「小規模烘豆」要達到的風味獨特性、差異化這兩個當代精緻咖啡核心思維，變得更容易實現了。

最棒的烘豆設備？

什麼才是最棒的烘豆設備呢？在 *Coffee Review*，我們每年要細心測試或品嚐數款咖啡，我敢拍胸脯保證在這過去 20 多年來，我們測試到的那些令人印象深刻的咖啡，都是由各種主流型號或品牌的商用烘豆機烘出來的（沒有哪個特定品牌就特別厲害）。

最大的差別——除了咖啡生豆的獨特性與品質差異之外——就在於整個團隊對於維護保養烘豆機的仔細與投入程度，團隊對於烘豆機潛力的認知程度深淺，如何決定烘豆模式、執行烘豆模式，且在週與週之間每次的烘豆是否能維持穩定。

也就是說，在過去 10～15 年之間，市面上最可靠、最具辨識度的咖啡，都是從小型到中型相對基本型設計的滾筒式／鼓式烘豆機所烘焙出來的；但要再次強調，要操作這些滾筒式／鼓式烘豆機，必須由兼具經驗、對品質與辨識度有高度投入的烘豆及生豆採購團隊來操作（譯注：必須受過專業訓練才能操作烘豆機，若未經訓練就進行操作，會有高度危險性，不小心可能會引發瓦斯氣爆或火災等危險）。

結語：烘豆與環保的關係

今日有一個重大且顯著的目標——減低咖啡烘焙對環境的影響。請翻回第 219 頁那張簡易的「滾筒式烘豆機剖面圖」，從烘豆室（滾筒）中排出的熱廢氣通常會夾帶咖啡豆的氣味與細懸浮微粒，熱廢氣會被導入一個稱為「後燃器」的焚化爐裝置進行清潔程序，處理完成的乾淨熱空氣才會被排放回大氣之中。有一個品牌「洛林智慧烘豆機公司」（Loring Smart Roast）製造了革命性的批次型烘豆機，他們將同一顆「後燃器」用來做原本清潔廢氣的焚化爐功能之外，同時也將乾淨的熱空氣回收利用在烘豆上，將其導回烘豆室中再利用，可節省能源並大幅降低烘豆機的「碳足跡」。

另外還有其他為了節省能源、降低碳足跡的全新設計，包括一種透過本地製造的太陽能來運作的小規模烘豆工廠。

令你頭疼的問題：
咖啡新鮮度與研磨

新鮮烘焙好的完整咖啡原豆能夠很有效地維持新鮮度，咖啡豆本身就像是一個有保護力的「包裹」（雖然相對較脆弱），將咖啡豆存放在密封容器裡，可降低造成老化的氧化作用；存放於涼爽、乾燥的地方，則能夠避免受到高溫與持續的溼氣所影響。有做好前面幾項，烘焙好的熟豆至少能有 2 週的最佳賞味期；最佳賞味期的初期風味會逐漸變得更好，大約到了第 7～10 天左右，風味達到最高峰；2 週過後或更久，大多數都會開始在香氣、風味上衰退（有時是非常緩慢，有時則會非常快速，取決於烘豆模式與生豆品質）；完整原豆存放超過 1 個月後，雖然通常都還能飲用（有時仍然風味迷人），但幾乎總是會嚐到明顯的衰退徵兆。

但前面提到的都是「完整原豆」狀態的情形。假如包裝內的咖啡是已經「破碎」的狀態——已被研磨成粉——那麼在研磨後其實就已經開始衰退了，用密封式容器只能短暫地降低氧化速度。一旦咖啡豆被研磨成粉，風味的精靈就被釋放出來了，並且開始走向消失的道路。

「預先研磨」商品使用的藉口

在咖啡業界稱為「烘焙後研磨好的咖啡粉商品」（roast and ground／R&G）指的是：預先研磨成粉，裝在鐵罐、塑膠罐、鋁箔袋中的咖啡商品；這些商品也是典型便利性食品註定會失敗的狀態。咖啡最棒的保護層就是「完整的原豆」本身，原豆被打碎後，用一個人造的、沒什麼效率的包裝（鐵罐、塑膠罐或鋁箔袋）來替代，這似乎有點本末倒置。

再者，這些商品不僅僅是預先研磨而已，在某種意義上，它還是「預先老化過的」。新鮮烘焙好的咖啡豆與咖啡粉都會釋放大量二氧化碳氣體，假如在咖啡仍新鮮的狀態下包裝，二氧化碳氣體可能會威脅到包裝的密封性，因為二氧化碳氣體會造成鐵罐頂端膨脹，或是讓密封的袋口被撐開；因此「預磨咖啡」必須先進行「排氣程序」（degas）——將咖啡豆放在儲存槽靜置 2～3 天——讓二氧化碳在包裝前消散，在最先進的烘豆工廠裡，咖啡豆會被放置在惰性氣體環境下進行排氣程序。

還有許多其他科技的解決方案被開發出來，用以解決二氧化碳排放的問題，像是鈕釦般大小的「單向透氣閥」（one-way valve），將「單向透氣閥」安裝在鋁箔袋上，可以讓袋內的二氧化碳排出，同時避免造成老化的氧氣跑進袋內（見第 228 頁照片），但是「單向透氣閥」只能夠保護完整原豆，無法保護咖啡粉。

「預磨咖啡」沒有比較好

當消費者一打開鐵罐、塑膠罐或鋁箔袋時，預磨咖啡粉商品一開始泡出來的咖啡風味很顯然地不是已經老化的味道，而是在「排氣」程序時因為已散失某些香氣成分而剩下不同程度的低沉風味；更重要的是，咖啡原豆自帶的原生保護層已被研磨破壞，每當我們打開人工包裝之後，咖啡的香氣會迅速散失（包裝前的「排氣」程序就已散失大部分香氣），很快地，這份原本只是風味變得較低沉的咖啡，會轉變為風味扁平、帶著木質調的咖啡。

因此，如果你想要嚐起來很新鮮的風味，最簡單、最有效率的方法就是盡可能在你要使用前才將咖啡豆打碎——換句話說，在沖煮前才研磨咖啡豆。

「新鮮研磨咖啡原豆」是你為了改善咖啡品質能做到最棒的其中一件事。

購買新鮮的咖啡原豆

在研磨咖啡原豆之前，你必須先買到夠新鮮的原豆。

精緻咖啡的初始願景還蠻簡單的：直接向烘咖啡的人購買原豆。舉例來說，你可以向一家在店鋪後方烘豆的本地咖啡店購買，或是向某個每週五在自家車庫裡烘豆、每週日在本地農夫市集賣咖啡的人購買；在這種情況下，購買他們從儲存槽或罐子裡直接挖出來的整顆原豆咖啡，就是很不錯的選擇。

然而，你也很有可能購買距離烘豆位置很遙遠的原豆咖啡，在這種情況下，你也不需詢問賣方，我直接就可以告訴你答案：你可能仍然無法知道在儲豆槽裡的咖啡豆是何時烘焙的，昨天？還是兩週前？假如你從超市的儲豆槽裡，或是從星巴克（或是任何一家大型連鎖店的分店）購買咖啡豆，你其實就是在購買「開架式商品」的咖啡豆，因為這些漂亮儲豆槽裡的咖啡豆，幾乎總是用「5 磅」裝的咖啡豆來充

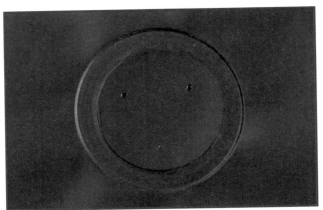

此為典型的「單向透氣閥」，（上）是從袋外看（光滑的黑色表面），（下）則是從袋內看的樣子。「單向透氣閥」能讓新鮮烘焙咖啡豆中的大量二氧化碳釋放，避免包裝袋爆開，同時避免造成老化的氧氣回流進咖啡袋。（圖片來源：Digital Studio SF）

填，這些咖啡豆可能是數週或數月以前就烘好的。

假如你就是買到這樣的咖啡，他們通常會被裝入「領帶型咖啡袋」（tin-tie bags）中，這種袋子材質通常是淋上膠膜的紙袋，袋口用鋁條來密封；這種包裝可以阻擋溼氣與陽

光，但是無法阻擋曝露於氧氣中造成的衰退或老化。

咖啡豆裝在具備「單向透氣閥」的鋁箔袋中

假如你不是購買前面提到的那種咖啡（從儲豆槽裡漏斗接來的），你很有可能買到的是包裝在具有「單向透氣閥」鋁箔袋裡的咖啡豆（見左方照片）。假如這些「單向透氣閥」的功能正常（大多情況下都是正常的，少部分情況會有較簡陋的透氣閥），就可讓新鮮烘焙咖啡豆中的大量二氧化碳排出袋外，同時避免氧氣回流。

不過這些包裝袋與「單向透氣閥」有著一個隱藏的祕密。某些具備「單向透氣閥」的包裝袋僅能保鮮 2 ～ 3 週，有些則能夠保鮮長達數個月，不過兩者從外觀看起來幾乎一樣，主要差別還是在於「咖啡豆是在哪個時間點被包裝進袋子裡」的。

「小批次」、「較小型烘豆公司」解決方案

較小型的烘豆公司通常會在烘豆完成後立刻將咖啡豆裝進鋁箔單向透氣袋內（純手工包裝），並且立刻用封口機密封包裝袋。這種方式依靠的是咖啡豆內釋放的二氧化碳氣體來稀釋並強制排出任何存於袋內的氧氣（包裝時是開放空間，因此也會連空氣一起存於袋內）。

這類型密封的鋁箔單向透氣袋，比起「領帶型密封袋」對咖啡豆提供更好的保護。儘管如此，在包裝當下總是會含有部分氧氣一起進入，根據我們在 *Coffee Review* 做過的實際測試顯示，袋內的殘存氧氣含量大約有 7 ～ 12%，約是大氣中氧氣含量的一半。一般來說，咖啡豆在高品質咖啡袋中若是被安全地密封住，則能夠維持 2 週以上的新鮮狀態，有時更能達到 3 ～ 4 週以上（前述的數字都是非常概略的，因為實際上還有許多其他變因）。這些包裝袋簡單來說就是能

Farm:	Hacienda La Papaya
Region:	Saraguro, Loja
Altitude:	2100 m
Harvest:	June-August
Process:	Washed
Varietals:	Typica

Roast Level:
Light

Roast Date:
Nov 4

LEXINGTON
COFFEE ROASTERS
· · · · · ·
LEXINGTONCOFFEE.COM

此為大多數「小型精緻咖啡公司」的咖啡袋資訊，袋上標示的烘焙「日期」（Roast Date）位在圈起來的位置。假如在烘焙完成後，咖啡豆立刻被包裝起來，咖啡袋只要保持良好密封狀態、儲存在涼爽／乾燥狀態下，袋內的咖啡豆就能維持巔峰新鮮狀態至少 2 ～ 3 週（滴漏式咖啡），甚至 4 週以上（espresso 沖煮法）。（圖片來源：Digital Studio SF）

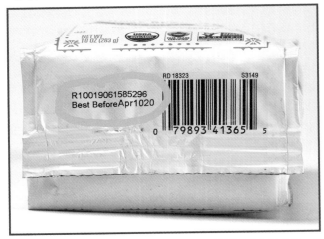

NET WT 10 OZ (283 g)

RD 18323   S3149

R10019061585296
Best BeforeApr1020

0 79893 41365 5

作為對比，在咖啡豆新鮮烘焙之後，立刻用惰性氣體包裝保存，其新鮮度可以維持更久。但是採用這種較複雜的包裝方式時，通常不會提供烘豆日期，而是會標示「保存期限」（best-before／best-by dates），通常會在包裝底部。保存期限短則為 3 個月（最有良心的標示法），長則會標示到 2 年（某些歐洲的烘豆公司會這樣做）。（圖片來源：Digital Studio SF）

夠減緩香氣的散失與氧化作用，但它們並無法「阻斷」這些必然會發生的事。

最重要的「烘豆日期」

這就是為什麼負責任的精緻咖啡烘豆公司會將「烘豆日期」標示在單向透氣袋上的原因。假設包裝是完整的，這家烘豆公司標示的日期也是值得信任的，你可以很有信心地拿這包咖啡來沖煮，你會得到一杯香氣表現很完整的咖啡液，至少在剛開袋的前幾天；保存好的話，甚至可享受這樣的美好長達 4 週。

高科技解決方案：將咖啡豆裝在氮氣充填的單向透氣閥鋁箔袋中密封

最後，我們來到目前原豆包裝解決方案中最先進的類型——當咖啡豆剛烘焙好，立即包裝進同一種鋁箔袋，袋上有附單向透氣閥，袋內填充惰性氣體（通常是食品級氮氣）；假如這個策略執行妥當，在袋內僅會殘存非常少量的氧氣。與氧氣不同，氮氣不會促進衰退或氧化作用，假設包裝線的運作正確、密封與單向透氣閥都很妥善，用這種方式包裝的咖啡豆可以維持數週新鮮度，有些人更聲稱能維持數月之久。

限制條件：設備很貴，而且保存期限模糊

然而，要執行這種包裝模式，需要使用的設備相對花費很高，而且通常只有在大量包裝同一種咖啡時才會用到這種設備（全自動化包裝，如果只包少量就有點浪費開關機、保養的程序時間），因此一般來說，你不會在小型精品咖啡公司（只烘焙小批次最佳品質咖啡的烘豆公司）中看到這種包裝解決方案。

另外，使用氮氣充填系統來包裝熟豆的烘豆公司，鮮少在包裝袋上標示烘豆日期，他們只會印出「保存期限」（expiration ／ best-before dates），如上頁照片，「保存期限」通常會印在包裝袋底部，但沒有任何相關說明。許多大型北美烘豆公司期望，使用氮氣充填的單向透氣閥袋能為他們的熟豆維持 1 年以上的新鮮度——以我個人經驗來看，這是不切實際的期望。用這種方式包裝，大約只能維持 3 ～ 6 個月的新鮮度；大型的北美烘豆公司甚至會期待能夠維持 2 年以上的新鮮度。

總結：包裝方式與新鮮度

- ### 裝在「領帶型咖啡袋」中的大包裝咖啡
  建議在烘豆日期起算 14 天內飲用完畢。

- ### 從較小型烘豆公司購買的熟豆，包裝在單向透氣閥、標示烘豆日期的鋁箔袋中
  這大概是整個咖啡產業的最佳解決方案了，它提供的資訊最透明。從烘豆日期起算 1 週內，風味絕佳；8 ～ 14 天，風味優異；3 ～ 4 週，風味尚可。假設這款咖啡是中烘焙且在烘好後立即包裝，賞味期甚至還能再更長一些。

- ### 從大型烘豆公司購買的熟豆，包裝在具單向透氣閥、惰氣充填的鋁箔袋中
  技術上來說，應該是最佳解決方案，但是通常使用這種方式包裝的咖啡豆，其包裝袋上都沒有烘豆日期這種有用的資訊，取決於咖啡豆在烘好之後過了多久（1 個月？6 個月？1 年？），袋中的咖啡可能從風味非常新鮮到普通新鮮；假如包裝過程中有所失誤，則可能會有木質調性，這包咖啡豆就完全掛掉了。我期許有更多烘豆公司仿效加州的「皮特咖啡」做法，他們也使用當下最先進的氮氣充填設備，同時也會將烘豆日期、保存期限一起印在包裝袋上；順帶一提，皮特咖啡的「保存期限」設定為：自烘豆日起算 3 個月。

咖啡豆的品質，以及烘焙後的架上壽命

我認為我並不是世上唯一一個發現「品質越好、風味獨特性越高的咖啡生豆，製作出來的熟豆可以在烘焙後、擺放在我們家中廚房時，品質與新鮮度能維持得更久」的咖啡飲用者，假如我們可以稱這個現象為一種「變數」，那麼這就是為什麼要精準預測中烘焙原豆咖啡的架上壽命會這麼困難的原因。舉例來說，我曾自行研磨、沖煮很棒的咖啡，其中包括日晒處理法的咖啡，從烘豆公司端出品接近 6 週的時間，表現依舊亮眼；我也曾研磨、沖煮不那麼優的咖啡，在烘豆日起算 2 週內，就衰退到只剩下木質調。

我猜想造成這種差異的原因，大概是因為那些較具風味辨識度（通常也是較珍貴）的咖啡，從乾燥程序、養豆期這段時間內，都被妥善地保護著，避免極端溫度變化與溼氣的影響；價位較低的咖啡沒有受到同等對待，較為珍貴的咖啡則被細心呵護著。

精緻咖啡的學習者嘗試要了解並將可能與感官風味特質好壞相關的因素量化，透過測量咖啡豆內沒有與分子結構緊密連結的「水活性」（active water ／ free moisture），同時也觀測其他因素。但截至目前為止，我們可以清楚地知道：「咖啡豆經過仔細後製處理、乾燥程序、養豆，運輸、儲存時沒有曝露在過量的高熱與高溼環境，烘豆時仔細保留生豆的穩定性與本質」，絕對比「沒有以同等方式對待的咖啡豆」來得好。

此為「咖啡保鮮系統」，這是一套有效率的「在家保鮮咖啡原豆」解決方案（雖然有點貴）。一個裝著咖啡豆的容器可以扣在「底座」上，底座的功能就是將加壓的二氧化碳打進容器內，替換掉原本的空氣、氧氣，裝著咖啡豆的容器可以重新打開並取用，然後可以再重新密封、重新加壓，將新的二氧化碳打入。（圖片來源：咖啡保鮮系統公司）

在家保存咖啡熟豆

最後，終於來到「你」、「你剛買的咖啡原豆」，以及「你家的廚房」。

如何在家維持新鮮度：經典的「密封容器」

沒什麼新鮮的做法：當你將包裝袋拆開後，把裡面的咖啡豆倒入「密封容器」（airtight container）中，存放在陰涼處，每次只取需要的量來研磨、沖煮。「密封」就是密封的意思：不能用那種只有塑膠上蓋的回收優格罐或起司罐；應該要用玻璃或金屬材質的容器，上蓋還要有橡膠墊圈防漏，才是完善的密封狀態。

別用冰箱保存

將咖啡豆存放在冰箱中保存，是有點愚蠢的行為，即使用了密封容器也一

此為小型手持式土耳其咖啡磨豆機。照片中的這把，從 15 世紀以來就是這樣的設計，這也是現代「便攜式手搖磨豆機」的基本型態。（圖片來源：iStock／redstallion）

樣。「溼氣／水氣」是熟豆的死敵，熟豆中的「風味油脂」非常脆弱，高揮發性的物質會被溼氣稀釋且吸附缺陷風味，你只要想想，冰箱打開時就會聞到的那股溼氣與「冰箱味」就好。

維持新鮮度第二招：冷凍庫

然而，將原豆冷凍是一種還蠻有效率的方式（假如你肯定無法在 1 週內飲用完畢），將咖啡豆裝進冷凍專用袋，並將袋內空氣盡可能地擠出並密封，整袋咖啡放在冷凍庫裡最不容易失溫的位置（最內側角落，當你每次打開冰箱門時，最不容易受到影響之處），每次只將一天需要飲用的咖啡豆量取出，然後再重新將冷凍袋放回冷凍庫。

冷凍豆的額外好處？

取出的咖啡豆在冷凍狀態就能夠直接研磨，這可能是額外的好處。根據《科學報導第 6 期》（Scientific Reports 6）中一篇在 2016 年的研究報告「咖啡豆溫度、產地對研磨咖啡的影響」（The Effect of Bean Temperature and Origin on Grinding Roasted Coffee）中所述：冷凍狀態的咖啡豆比起室溫狀態的咖啡豆，其碎裂程度更均勻，因此會有較一致的研磨顆粒。

預先分裝、冷凍咖啡豆

許多咖啡愛好者會將買來的原豆分裝成更小份、測量過的分量，每一份就是一次沖煮的量，然後將這些預先分裝好的小包裝分開、獨立放進小型冷凍專用袋，方便之後每次單獨取出一份，不會影響到其他尚未要沖煮的咖啡豆。

在家保鮮第三招：專業道具

「咖啡保鮮系統」（Coffee Freshness System）將新鮮烘好的咖啡豆放入密封容器中，並用加壓的二氧化碳來保鮮，這種方式是屬於在家保鮮的解決方案中很有效率但相對較昂貴的一種。

有一種較簡單的裝置，它可以製造出部分真空的效果，透過轉動上蓋，就能將罐內的空氣抽出（「Fellow Atmos 真空保鮮罐」及「Ankomn 轉動密封真空保鮮罐」等兩項產品）；另外還有一些裝置能將罐內頂部多餘的空間減少，將上蓋的位置降低到接近咖啡豆表面，形成很緊密的密封狀態（Planetary 設計公司的「Airscape Lite」）。

許多時常關注廚房用具的人都知道，為了妥善保存食物，還有一種選擇——更耐用的真空封口機，能夠將塑膠袋或罐內的空氣抽出並密封，這種真空封口機的潛在問題跟「Atmos」及類似裝置一樣：當你使用真空幫浦將容器內的空氣抽出時，你也同時在抽出咖啡的芳香成分。「咖啡保鮮系統」就是為了解決這個問題，才會設計成把加壓二氧化碳打進容器中取代氧氣的位置，而不是將空氣、香氣都抽出。

咖啡研磨的聖杯：顆粒均質性

不論使用哪種沖煮方式，我們都希望擁有盡可能均質的咖啡粉顆粒，僅保留少許細粉（極微小、像是塵土一般的顆粒，以及少許的粗顆粒），粗粉（較大、超出標準尺寸的顆粒）越少越好。要讓所有顆粒都達到「絕對均質」是不可能的，也許這樣效果反而也不好，但我們肯定希望大多數顆粒都接近相同尺寸，如此一來，溶劑（水）就能將咖啡中的所有味覺、風味、口感相關的化合物成分，以概略相同的比率萃取出來。

「細粉」是一種特別的困擾，它們特別容易貢獻苦味，因為較易過度萃取，也就是說，熱水很容易將細粉內所有內容物都萃取出來，包括苦味-澀感的化合物成分（不該被萃取出的部分）；再者，在某些使用細網或帶孔洞金屬濾器的沖泡方式時，會有太多細粉掉入泡好的咖啡液中，形成一杯帶著雲霧感的咖啡。價位較高的家用刀盤式磨豆機（不論電動或手搖）都能夠研磨出相對較均質的顆粒；假如不考慮均質度，「刀片式磨豆機」就是最經濟的選擇。詳見第 231～237 頁的磨豆機選購建議。

磨豆機的選擇

雖然科技不斷進步，但研磨咖啡豆仍只有 4 種方法：
（1）最古老的就是「研缽」和「研杵」。
（2）第二老的方式就是「石磨」，這種型態在今日的更新版是鋼製或陶瓷製的「磨盤」，這種「刀盤式磨豆機」（burr grinders），不論是手搖還是電動類型，都是咖啡愛好者能夠採用的最有效率之選項。
（3）在咖啡歷史中接著發展出來的就是「滾輪式研磨機」（roller mill），這種磨豆機是最精準的，同時也是能處理最大量的類型，當然價格也最昂貴。在今日，主要會用在大型工業規模的設定。
（4）最後發展出來的是「電動刀片式磨豆機」（electric blade grinder），其工作原理跟果汁機一樣，在攪拌槽底部配置有高速旋轉刀片，刀片會擊碎咖啡豆。「刀片式磨豆機」都不貴，但是磨出來的咖啡粉較不均勻，而且無法每次都磨出一致的品質。

刀盤式磨豆機

在咖啡歷史的早期，中東地區的人們使用那種拿來將小麥磨成麵粉一樣的石磨，用來研磨咖啡豆；接著，「土耳其式咖啡磨豆機」（Turkish-style coffee grinder）出現，這是一種便利攜帶的專用裝置，與今日胡椒研磨器的尺寸、功能十分接近。使用較小的波紋型金屬盤取代大型石磨，這項設計就是如今仍主導咖啡研磨世界的主要科技，許多不同的變化設計也陸續開發出來，包括將金屬盤連接到電動馬達上的設計，但是運轉原則仍相同。

「刀盤式磨豆機」的核心構造就是：兩個相對的金屬盤（平刀或碟式磨盤），或是由一個被截去頂端的錐形體與另一個空心的、截去頂端的反錐形體組合而成的刀盤組（錐形刀）。其中有一個元件是固定的——在錐形刀的情況下，通常是外圈的磨盤固定著——另一個元件則是透過把手或馬達來轉動。咖啡豆會被導入波紋形的刀盤組中，刀盤組會將咖啡豆粉碎。要調整咖啡粉顆粒的粗細度時，就必須調整刀盤之間的空隙大小。磨盤式磨豆機的動力分為「手搖式」或「電動式」。

「手搖」刀盤式磨豆機選購建議

是的，「手搖」指的就是「你來搖」。手搖刀盤式磨豆機可以粗分為 3 類別：

（1）小尺寸，瘦長型，便攜式

這類型的小型裝置，長得有點像手搖胡椒研磨器，它們是古老的土耳其式咖啡研磨器（於 15 世紀末初登場）的升級版。

其中較佳版本（售價約 50 美元以上）功能就很不錯了，有些效果出奇地好，特別是在研磨給手沖咖啡時用的「中到細」這段的表現。不過，即便是一把很不錯的這種磨豆機，在使用時仍顯相對彆扭，另外在調整粗細時也相對困

照片中為「Hario」出品的「Mini mill MSS-1B」手搖磨豆機，這是 Hario 出品一系列暢銷手搖磨豆機中的其中一款。

難，你需要時常撥弄磨豆機做一些測試研磨，然後再固定住確定的刻度，避免不小心動到。

每當要沖泡較大量的咖啡時，多數人覺得使用這種磨豆機太費勁了，不過它對於「單杯式沖泡」是最佳選擇，特別是出外旅遊或露營時。

「Hario」（玻璃王）出品的「迷你磨豆機」（Mini Mill）系列多款手搖磨豆機，價格不貴、尺寸輕巧、握感相對舒適（與其他同級手搖磨豆機相比），研磨粗細的調整相對容易。「JavaPresse 咖啡公司」出品的「手搖刀盤式磨豆機」（Manual Burr Coffee Grinder）有著更精確的粗細控制，但是它的尺寸較大，與「Hario」相比握感較差一些。「指揮官」（Comandante）出品的「C40 Nitro Blade Red Sonja」型號受到許多業內人士熱情推崇，尺寸很小，搭配盡乎完美的研磨表現，不過它不便宜（約在 250 美元）。若你想認識更多這個類別的其他「手搖刀盤式磨豆機」，可上網搜尋相關評論。

（2）小尺寸，桌上型

這類型的磨豆機，外觀看起來像小罐子或小盒子，上方有一個小曲柄，可以從頂部的窗口倒入咖啡豆，用力將磨豆機朝著桌面向下壓住，另一隻手轉動曲柄，研磨時要盡可能地不讓磨豆機在檯面上滑動。我個人使用的經驗中，發現它有一些潛在優點——研磨的顆粒均質度較佳；曲柄較容易轉動；研磨粗細較容易調整——我個人建議最好選擇中高價位的版本（50 ～ 130 美元），配備有高品質磨盤及人體工學設計。

相對價格較昂貴的德國製「Zassenhaus 公司」出品的「聖地牙哥」（Santiago）型號就是一把很粗勇耐用的磨豆機，中間設計有一小段凹槽，讓你在磨豆時可用膝蓋夾著它。在這種類別裡，「Hario」也有許多小尺寸的可選擇，外型設計很多元，其中「Skerton Pro」這個型號售價約 50 美元，在網

左上：照片中為「JavaPresse 咖啡公司」出品的「手搖刀盤式磨豆機」十分容易操作，尺寸精巧便於攜帶。（圖片來源：JavaPresse 公司）
左下：照片中為「指揮官」出品「C40 Nitro Blade Red Sonja」手搖磨豆機，它在熱愛咖啡的族群中是最受喜愛的一把手搖磨豆機，因為有著非常小的尺寸，研磨均質度很棒，還有耐用的刀盤組，使用起來很方便。這把手搖磨豆機也是同類型中最貴的一把。（圖片來源：指揮官公司）

分析設備的價位區間與採購建議

撰文當下（2020 年末），正好是很難給予設備採購建議的時刻，一方面來說，咖啡世界已經持續數年以一種令人眼花撩亂的步調大量生產新的咖啡器材，其中大多數是來自旺盛發展的民間發明。但當我正要為本書收尾時，全球性的新冠疫情威脅似乎對這正在發展中的創新增添了些許不確定感，很難知道哪些令人期待的創新會獲得成功，哪些又會停滯不前？

因此我傾向於只寫出已確定上市的用具，因為有較完整可靠的資料；無法讓另一些新發明在本書中出現，在此向許多較晚才發表的創新發明說聲抱歉。我充滿期待，當我們走出新冠疫情後，這些很棒的新用具不但會出現在市面上，更能夠證明自己。

什麼樣的價格較貴？區分價位

本處提出的概略價位區間，都以「美元」來表示，根據的是 2020 年末北美網路商店提供的價位區間。

除了設價位之外，你也可以看到一些通用性、指標性的用語，像是「不貴」（inexpensive）、「入門級」（entry-level）、「中間價位」（midrange）、「有點貴」（pricy）、「很貴」（expensive）等。

這些用語都是相對性的，要看兩個方面：一方面是你有多少錢，另一方面是你有多想要（為了得到多好的一杯咖啡，其熱情到哪裡，願意花多少錢在咖啡用具上）。我把讀者先假設為「中等需求」的族群——未達到咖啡狂等級，但有著足夠收入、能夠酌情決定的人，可能是想要喝到一杯好咖啡，同時也想讓自己的廚房看起來很酷的人。

舉例來說，「有點貴」這個詞對於一個正考慮購買咖啡物件的人來說，假如從一個「不喝咖啡的人」的眼光來看，購買一個家電用品的預算可能會是超支的行為，但是對於一個「特別喜愛咖啡的人」來說，這種花費可能就是物有所值。

路上的評價也挺高的。

（3）較大尺寸，桌上型

「ROK」出品的「GrinderGC」型號（見第 233 頁照片）是一台相對大型的物件，從細研磨到中粗研磨的品質都很穩定，曲柄搖起來很輕鬆，機體本身重量足夠，因此不會在檯面上滑動。研磨尺寸分為「固定刻度式」（1 ～ 12 號）及「無段微調式」（特別適合 espresso 沖煮），不過有許多用戶指出，「無段微調式」版本的研磨刻度容易跑掉。

與其他市面上的手搖磨豆機相比，「ROK」是相對昂貴的（約 230 美元），這個價位已是電動刀盤式磨豆機入門款的略佳等級價位。市面上能夠達到極精準優質手搖 espresso 專用磨豆機的價位大約在 1000 美元（博物館等級的作品──「Kinu」出品的「M68」型號桌上型手搖磨豆機，就是一個例子），但是這類型的磨豆機應該只有非常狂熱的 espresso 愛好者才會購買。

「電動」刀盤式磨豆機

需要插電。研磨速度很快，比起「電動刀片式磨豆機」（electric blade grinders），能夠研磨出更穩定、更可控的顆粒，但為了要真正獲得均質度、穩定性，你至少必須花費 100 ～ 250 美元來購買（最低標準）。

所有電動磨豆機的運轉方式幾乎一樣。最上方有一個漏斗（豆槽），用來存放要使用的咖啡豆；當你按下啟動鍵，或是啟動了計時器，咖啡豆會自動被投往刀盤組的位置研磨，咖啡粉就會噴往另一個可以拆卸的漏斗（咖啡粉容器）裡。詳見第 234 頁照片。

電動刀盤式磨豆機選購建議與其爭議

在 2020 年中的此時，我能夠推薦以下幾台給各位，它們在維持顆粒尺寸穩定性的表現上，從「還不錯」到「非常好」排列如下：

- 「OXO」出品的「Brew 錐刀磨豆機」（Brew Conical Burr Coffee Grinder），價位約在 100 美元。研磨穩定性不錯，性價比極高，機器似乎有點脆弱（容易碎裂），但是網路評論大多是正面的。在 espresso 沖煮方面的細研磨區塊，其粗細度調整不太夠。
- 「巴拉薩」（Baratza）出品的「安可磨豆機」（Encore），售價約 140 美元。構造紮實，操作方式直截了當，研磨穩定性挺不錯；與其他本書建議的磨豆機不同之處在於，「安可」並無使用計時器開關讓你能夠控制咖啡粉分量，不過最簡單的壓按開關也是很迷人的。對於 espresso 沖煮初階需求，提供恰好足夠的細研磨微調範圍。製造商的售後服務非常出名，這家公司專注於製造咖啡磨豆機。

- 「百富利」（Breville）出品的「智能咖啡磨豆機專業版」（Smart Grinder Pro），售價大約為 200 美元。研磨穩定性傑出，以這個價位來說非常超值，提供大範圍的研磨粗細刻度調整（共 60 格），因此應付 espresso 沖煮上還算足夠。再者，「智能咖啡磨豆機」讓有熱忱的 espresso 愛好者，能夠進一步在細研磨區間微調粗細設定；另一方面，「智能咖啡磨豆機專業版」提供了計時型開關，幫助初學者、一般使用者自動控制研磨出的咖啡粉分量，計時型開關用簡略的「杯數／分量數」來表示，許多用戶覺得這種功能毫無用處，而且容易造成混淆；你可以在設定計時型開關時，將分量調整到比預期需要更多分量那裡，直到磨出需要的量時，手動停止研磨，這是最簡單的方法；抑或是，你可以耐心重新設定「數位計時器」，這種方式會比較慢，因為需要進行多次微調。
- 「OXO」出品的「Brew 錐刀磨豆機定重版」（Brew Conical Burr Coffee Grinder with Integrated Scale），售價約 225 美元。撰文當下，它是唯一在合理價位範圍內，提供「在研磨出設定的咖啡粉重量時，會自動停止磨豆」功能的機種，這是一項很有用的功能，對於精準沖煮的需求很有幫助，因為能夠減少原料的浪費，而且比起用計時型開關，有著更精確的分量控制。不過它的網路評論好壞參半（主要的抱怨重點在：咖啡出粉口的位置有一段空隙，咖啡粉槽可能會有小部分的咖啡粉掉落到檯面上，在研磨深烘焙咖啡時，這個問題特別嚴重）。研磨

「ROK」出品的「GrinderGC」桌上型手搖磨豆機，構造紮實，研磨穩定性極佳，重量足以抵消在轉動曲柄時讓機體在檯面上滑動的力道。（圖片來源：ROK 咖啡公司）

穩定性很傑出，不過對於 espresso 沖煮所需要精準微調能力較不足。

- 「巴拉薩」出品的「Virtuoso+」型磨豆機售價約 250 美元。配備有十分強勁的馬達、較大的磨盤組（與價位較低的「安可」相比），機體結構更堅固，並使用計時型開關控制咖啡分量，這個型號與其前一代「Virtuoso」型的磨豆機在精緻咖啡圈裡有一眾熱情的跟隨者。研磨穩定性非常好，售後服務很傑出。

- 「Fellow」（同伴公司）出品的「頌・沖煮磨豆機」（Ode Brew Grinder），售價約 300 美元。它的主要客群設定在：只使用各種手工沖煮法（手沖、法式濾壓壺、愛樂壓、虹吸咖啡壺等）沖泡小批次的優質咖啡愛好者族群，它並非為 espresso 沖煮而設計的。「頌」的研磨穩定性非常好，很顯然是本書介紹的所有機種中最穩定的一台，機體的尺寸精巧，外觀設計很有衝擊感。

如何確認研磨穩定性？

在 2020 年中，*Coffee Review* 有幸能夠親自測試前述 6

「巴拉薩」出品的「安可」磨豆機（Baratza Encore），全球網路評論幾乎普遍受到好評，是價位適中（約 140 美元）的電動刀盤式磨豆機。（圖片來源：巴拉薩公司）

台磨豆機中的 5 台咖啡粉粒徑穩定性（只有「安可」基本款沒進行測試），使用由「堀場儀器公司」（Horiba Instruments，專精於測量科技、分析儀器的製造商）所製造的精準雷射粒徑分析儀進行測試。分析結果顯示：所有磨豆機研磨出的咖啡粉，其粒徑分布範圍都相對接近，都在可接受範圍內，不過有些型號的表現比其他機種更好一些。

「Fellow」出品的「頌」（非為 espresso 沖煮而設計）很明顯地在粒徑控制精準度上表現最佳；「百富利」出品的「智能咖啡磨豆機專業版」（專為 espresso 沖煮而設計，同時也能滿足其他手工沖煮法）則次之；「OXO」的兩款磨豆機與「巴拉薩」出品的「Virtuoso+」的表現，則與前兩名僅有些微落後。所有測試機種在「較細研磨」的表現都極佳，但在「較粗研磨」的表現略遜一籌，我們在進行這個測試時，有使用一台主流設備製造商出品的「刀盤式磨豆機」當作基準點參考，這台磨豆機的表現就變慘的，也直接證明了受測試的這 5 台效果的優越性。不過，再怎麼糟也不會比「刀片式磨豆機」還糟。

對於「刀盤式磨豆機」的不滿之處

大多數消費者對於「電動刀盤式磨豆機」的「外部功能性障礙」（有靜電問題，會讓咖啡粉沾黏在咖啡粉槽邊緣，或是在打開粉槽時，黏在粉蓋上；在研磨深烘焙咖啡時，咖啡粉會結塊並堵住出粉口）感到不滿。可參考第 240 頁尋求解決靜電問題的方案。

Espresso 沖煮：特殊的情況

業界時常會提到，沖煮 espresso 時，「磨豆機」的重要性比起「沖煮裝置」更高，因為如果想要獲得一杯像樣的 espresso 咖啡，就必須要有非常精準調校過的咖啡粉粒徑，更不用說如果要得到一杯出色的 espresso 咖啡了。特別留意，在前述推薦的磨豆機中，「Fellow」出品的「頌」無法拿來給 espresso 沖煮用。欲了解如何選購一台能夠做出優秀 espresso 咖啡的磨豆機，請參閱第 20 章內容。

電動刀盤式磨豆機的清潔與保養

「電動刀盤式磨豆機」特別需要經常清潔、保養。多年以來，許多朋友偶爾會打電話給我，詢問購買電動磨豆機的建議，因為他們的舊磨豆機不會動了。在大多數的案例中，其實只需要將原本的磨豆機「徹底清潔」就能夠解決了。

大多數刀盤式磨豆機的設計，都能夠很輕鬆地清潔內部，你只需要一把硬鬃毛小刷子，有時可能還需要一把薄刃小刀拿來刮除細粉的油膩堆積物（在磨豆機的某些位置，特別是研磨室的邊緣特別容易堆積）。清潔時，請先詳閱製造商的說明書，但千萬別忘了要清理出粉口、研磨室，同時也要清理刀盤上的殘粉；這些位置都很容易清理，通常只要將豆槽拿下來，就能夠看到。假如你研磨的是充滿油脂的深烘咖啡豆，你的清潔頻率要更高。

偶爾使用「磨豆機清潔錠」（grinder cleaning tablets）也能有所助益。清潔錠是設計來逐出殘粉、吸收氣味與咖啡油脂的殘留物，在網路商店可搜尋「Full Circle」出品的「生物可分解磨豆機清潔錠」；當然也有其他品牌可以選擇。你只要用粗研磨的設定將清潔錠倒入磨豆機中，像磨咖啡豆一樣，就可進行清潔程序，之後再用新鮮的咖啡豆將清潔錠殘粉推出即可。

替換老舊磨盤

假如你很頻繁地使用磨豆機，並且發現在研磨時好像比原來更多粗顆粒時，可能就需要替換新的磨盤了。較高端的磨豆機種（150 美元以上）的替換磨盤通常可以在網路商店購得，替換方式相對簡單。「巴拉薩」系列的刀盤式磨豆機，在替換磨盤便利性方面特別受到推崇。

便宜但不可信賴的：
電動刀片式磨豆機／砍豆機

這類刀片式磨豆機（blade grinders），與鋼製或陶瓷製的磨盤機種不同，刀片式機種是利用類似於果汁機在底部的旋轉刀片組將咖啡豆擊碎。這類機種是目前所有磨豆機中最便宜的類型（撰文當下，有些機種售價僅比 20 美元多一些），機體精簡且容易存放，不會占用太多檯面空間，可拆卸的零件較少，比起大多數電動刀盤式磨豆機更耐用，它們理想的尺寸、重量提供了尚可的便攜性，當然還不能夠跟小巧的手搖磨豆機（例如：「Hario」出品的「Mini Mill」）相提並論（便攜性極高，更適合帶著去露營）。與刀盤式磨豆機不同，刀片式機種也可以用來粉碎香料、堅果，不過在研磨後必須徹底清潔剩餘的油脂、殘粉，避免讓堅果的氣味影響到之後的咖啡風味，反之亦然。

儘管如此，大多數咖啡愛好者都不太使用這種精簡、多用途的小家電，因為他們都有很好的邏輯能力，知道兩組旋轉刀片是根本不可能讓咖啡粉有多好的均質度（與「刀盤式磨豆機」相比。刀盤式磨豆機的兩片刀盤之間，空隙是較一致的，並且可以人為調整空隙大小，因此研磨出的咖啡粉均質度較高）。

理論上來說的確如此，而且到目前為止所做過的實際測試也顯示，事實上也都成立。

這麼說會是賦予完美主義者熱忱的過度特權嗎？

然而，這項事實也許是跳過了消費者體驗這個灰色地帶，並且賦予了過高的比重在完美主義者（咖啡行家與咖啡書籍作者們）的熱忱上。

在刀片式磨豆機中表現最佳者，像是「克魯柏」（Krups）出品的「F203 Fast Touch 電動咖啡／香料研磨機」或「漢米爾頓海灘公司」（Hamilton Beach）出品的「通用研磨器」（Custom Grind），這兩台刀片式機種研磨

「刀片式磨豆機」是利用「刀片」將咖啡豆擊成碎片，而非讓它們經過「磨盤」碾碎。注意到照片中的咖啡顆粒尺寸差異非常大，這是在研磨過程進行到一半時的顆粒狀態。某些刀片式機種，像是本書推薦的「克魯柏」出品的「F203 Fast Touch 電動咖啡／香料研磨機」，都比照片中這台效果更好一些，但是與一台不錯的「刀盤式磨豆機」相比，還是有點勉強。（圖片來源：iStock／pick-uppath）

出來的「中烘焙」咖啡顆粒，就跟某些低階、入門等級的電動刀盤式磨豆機（通常售價低於 75 美元）差不多，機體耐用性更高。刀片式機種只有在研磨中烘焙咖啡時表現最好，在研磨粗顆粒、極細顆粒時的表現，可以說是一無是處。

斜眼看著咖啡粉

「刀片式」機種使用起來比「電動刀盤式」機種還困難些，雖然前者配有透明上蓋，能夠讓人一眼看穿研磨室內的狀態；不過，你可能還是需要打開上蓋、倒出一小撮咖啡看一看或用手指搓一搓，看看跟你預先設定的粗細有多接近。靈巧的「漢米爾頓海灘公司·通用研磨器」配有計時型開關，操作時依照使用的咖啡豆量與概略建議的研磨粗細，來調整計時型開關的位置，雖然這兩項指標有點含糊，這個計時型開關對某些用戶來說，也許還蠻實用的，你可以在機器運轉時離開做別的事。

何時使用「刀片式磨豆機」最合適？

在使用有「濾紙」的沖煮方式時，「刀片式磨豆機」研磨的效果還算可以勉強接受，其中包括大多數家用全自動滴漏式／美式咖啡壺濾紙型機種，還有在人工手沖器具中寬容度較高的「咖麗塔」（Kalita）出品的「波浪型濾杯」（Wave）、「蜂巢濾杯」（Beehouse）、「美麗塔」（Melitta）系列濾杯，以及先浸泡再滴漏式的器材如「聰明濾杯」（Clever Coffee Dripper）。

不過，如果是使用「法式濾壓壺」或任何細網式、金屬

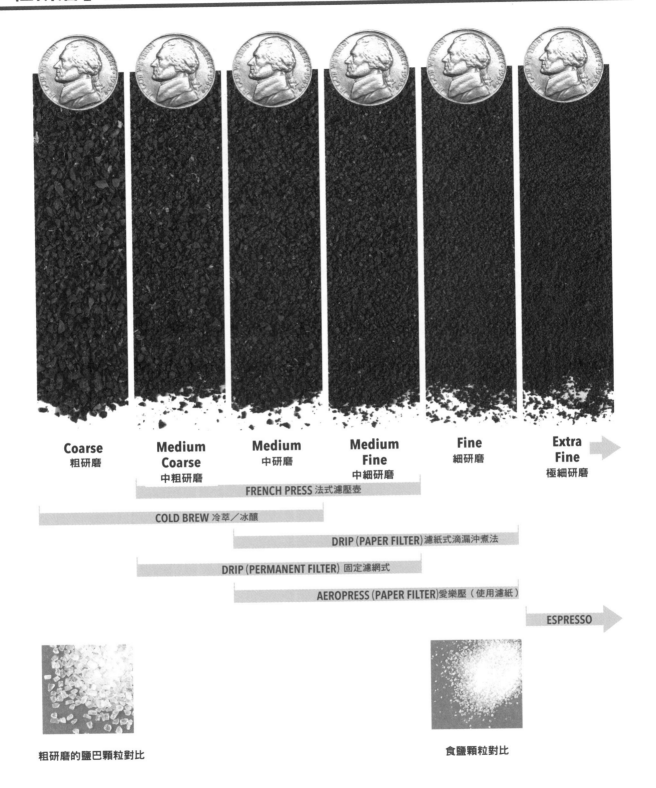

| Coarse 粗研磨 | Medium Coarse 中粗研磨 | Medium 中研磨 | Medium Fine 中細研磨 | Fine 細研磨 | Extra Fine 極細研磨 |

FRENCH PRESS 法式濾壓壺

COLD BREW 冷萃／冰釀

DRIP（PAPER FILTER）濾紙式滴漏沖煮法

DRIP（PERMANENT FILTER）固定濾網式

AEROPRESS（PAPER FILTER）愛樂壓（使用濾紙）

ESPRESSO

粗研磨的鹽巴顆粒對比

食鹽顆粒對比

在此列出 6 種代表性的參考目測研磨尺寸。圖表下方則有著兩張對比用的鹽巴顆粒照片，鹽巴樣品來自「摩頓牌」的猶太戒律認證（kosher）粗研磨鹽粒，以及食鹽。（圖片來源：Digital Studio SF ／凱倫‧A‧塔克）

濾網的器材，或是其他對研磨均質度敏感性較高的手沖器材，例如：「Hario V60 濾杯」或「咖美克斯沖泡器」，使用一台像樣的「刀盤式磨豆機」較能獲得好的沖煮結果。

估算使用「刀片式磨豆機」時虧損的樂趣值

撇開研磨的理論與均質度不看，你知道在你使用濾紙沖泡咖啡時，刀片式磨豆機磨出來的咖啡粉會讓你失去多少樂趣（與使用一台不錯的刀盤式磨豆機相比）嗎？

根據我們在 *Coffee Review* 所做的盲飲測試顯示，用「刀盤式磨豆機」研磨的咖啡粉，泡出來的咖啡（同樣用濾紙型沖泡法）甜味較高、酸味明亮度較高、較活潑、香氣／風味較奔放；使用「刀片式磨豆機」研磨的咖啡粉，泡出來的咖啡則相形暗淡。兩種情況下泡出來的同一款咖啡中，咖啡本身的魅力、個性都不會消失，只是在「刀片式」組中，風味會轉變為較低沉的型態，最大的不同之處在於苦味增加了、甜味與明亮感減少了。至於這種風味的落差是否值得你從一台 20 美元的「克魯柏‧刀片式磨豆機」，改成買一台 140 美元的「巴拉薩‧安可刀盤式磨豆機」，還是必須靠你自己決定，但是這大約 100 美元的差價，換算成 2 年內天天可享用明亮度、甜度與香氣都更棒的早晨咖啡時，將差額攤提過後，似乎也沒那麼嚇人了。

但是，任一款磨豆機大概都比「預先研磨的咖啡粉」好。儘管如此，比起購買預先研磨好的咖啡粉，我認為即使是用「克魯柏‧刀片式磨豆機」（20 美元）來研磨優質的咖啡原豆，效果都會比前者更好上許多。

如何操作「電動刀片式磨豆機」？

特別注意，使用這些小家電時，咖啡粉的顆粒粗細是藉由研磨時間的長短來控制的，而非藉由家電上的任何粗細定結構來控制。在此分享兩招給各位，可以讓你磨出來的均勻度好一些：

· 開一下、關一下的間歇性操作。

· 在兩次開關之間，將刀片式磨豆機輕輕地往檯面敲幾下，讓吸附在研磨室邊緣的咖啡粉，掉回刀片周圍。

決定研磨粗細／粒徑尺寸

要為某個特定的咖啡沖泡方式來界定粒徑或咖啡粉尺寸，在現實中幾乎是不可能的事。

不確定性的陳腔濫調

舉例來說，描述「粒徑尺寸」用的名稱（細研磨、中研磨、粗研磨）都是很含糊的、並非放諸四海皆準的定義；磨豆機「刻度盤」上的數字更不是如此，刻度盤上的數字只對你一個人有意義。有些磨豆機刻度盤上會有 60 個單位，有些只有 6 個單位，賣磨豆機的人可能會根據你的沖煮方式給你一個建議的刻度調整範圍，但是這些數字只能套用在特定型號的磨豆機上。

再者，某些磨豆機的研磨均質度較佳（但是沒有一台磨豆機可以真正做到「完美的均質度」），另外，對於任何一種沖煮方式來說，所謂「最佳研磨刻度」都只是相對於其他變因而言，其他變因例如：過濾器的類型（濾紙或濾網）、粉／水接觸時間、沖煮中的攪動情形、沖煮用水溫、咖啡豆烘焙度、個人風味偏好等。請參閱第 18 章及第 254 頁的「咖啡沖泡備忘錄」，可以概略認識關於這些變因的影響。

很幸運地，對於非 espresso 類沖煮的方式來說（例如：滴漏式、浸泡式沖煮法，特別是使用濾紙的沖煮法），「抓出最精確的研磨粒徑」並非最重要的條件，最主要的問題在於「如何避免過多的極細粉」，這時，一台真正的優質磨豆機才能顯現它的價值，你不需要太過斤斤計較研磨刻度在哪裡（譯注：刻度位置的誤差，在非 espresso 沖煮方式中，是能夠靠其他變因來修正的）。不過在 espresso 式沖煮法中，「找出最佳粒徑尺寸」就是非常重要的任務了（詳見第 20 章）。

如何估算研磨尺寸？

儘管如此，我們還是需要想辦法估算研磨尺寸。參照第 236 頁的圖表，我們可以透過目測的參考值，來認識不同的研磨尺寸。假如你希望有更直截了當又摸得到的參考方式，下面提供兩種方式給你參考：

一般的食鹽

在美國隨處可見的「摩頓牌食鹽」（Morton）就是一個很實用的中細研磨參考位置。

粗研磨的猶太戒律認證鹽粒

這是顆粒尺寸蠻大的一種鹽，也是符合「極粗研磨」刻度的尺寸。只要利用這兩種鹽巴當作參考基準，你就可以很輕鬆地掌控研磨顆粒粒徑。

以此類推：

· 概略的「中研磨」或「中細研磨」，請參考食鹽的細度（如果你買得到摩頓牌的話）。這個概略的研磨尺寸就是我們建議「濾紙式沖煮法」所使用的尺寸。你可以再往更細的方向調整，就能得到一杯風味更密集、層次更分明的咖啡；也可以往更粗的方向調整，就能得到一杯風味更清爽、更明亮、香氣更明確的咖啡。請參閱第 244 頁，可獲得研磨尺寸（非 espresso 沖煮法）的通用性建議，第 18 章的部分內容，則有針對特定沖煮法的參考研磨尺寸內容。

· 咖啡的「粗研磨」通常比猶太戒律認證（kosher）的粗鹽粒略細一些，「中研磨」則還要再更細。

· 在最粗、最細的兩個極端中間調整，就能找出最佳研磨

「克魯夫篩網組」中有 12 個精準調校過的篩網，讓咖啡愛好者能利用它將過細、過粗的咖啡粉顆粒去除，以得到更均質的粒徑尺寸來沖煮咖啡。「克魯夫」也有販售價位較低的 6 種篩網版本。（圖片來源：克魯夫公司）

粒徑尺寸。如果你是使用「固定式濾網」或「金屬濾網」的沖煮法，抓出最佳粒徑尺寸就是很必要的工作，這些「永久式」的過濾器通常是由零件市場賣家所生產製造，用來替代濾紙（環保考量），這些過濾器適用的最佳粒徑尺寸不盡相同。請參閱第 254 頁的「咖啡沖泡備忘錄：滴漏式沖煮法」，可獲得通用的建議。

咖啡從業人員如何測量研磨粗細？你如何也做到？

在咖啡產業中，咖啡粉的粒徑尺寸有兩種測量方式：最精準的方式是透過雷射繞射關係，這種分析能夠在咖啡顆粒流通過一個感應器時讀取每個咖啡粉顆粒的直徑，並將所得結果畫成一條曲線；另一種方式是更被廣泛運用的傳統「過篩法」（sifting／sieving），就是將一組咖啡粉樣品放進一組孔徑逐漸變細的篩網中搖晃。透過雷射測量是較精準的方式，不過「雷射繞射分析儀」蠻貴的，所以許多咖啡公司、實驗室選擇使用舊式的過篩法來進行測量。

篩網的直徑通常約在 8 英吋（約 20 公分）左右，每個篩網上都有單一尺寸、以「微米」（micrometer／μm）為單位的小孔，1 微米就是千分之一「毫米」（millimeter／mm）。開孔的大小從極細到相當大的都有，歐洲人明智地用「微米」單位來區分篩網尺寸；美國也有一家專為咖啡行家族群設計製造的篩網組「克魯夫」，同樣也採「微米」為單位。

神祕的「泰勒」（Tyler）篩網尺寸

不過在美國咖啡產業中，專業人士使用的篩網是由「泰勒公司」（W.S. Tyler）首創的神祕篩網組（用一種神祕的編號，來區分篩網尺寸）。美國「預磨式滴漏咖啡」配方咖啡粉的典型尺寸會使用「泰勒第 10 號篩網」去除過粗的顆

粒，再用第 20、28 號篩網將需要的大部分顆粒留住，而最底部就是會造成沖煮困擾的極細粉。

這些篩網會堆疊在一台稱為「篩網震動器」（sieve shaker）的機器上，這台機器除了左右搖晃之外，也會間歇性上下晃動，上下晃動時會發出震耳欲聾的巨響，都是為了將較小的顆粒往下篩選，將大於每個不同尺寸篩網的顆粒留在篩網上方。這類分貝數很大的裝置，通常會安裝在隔音艙內。

靠自己精確地測量粒徑尺寸

為什麼要靠你自己測量咖啡粉粒徑尺寸呢？可能因為你很好奇，也可能因為你想了解自己的磨豆機磨出來的粒徑分布與均質度。

「克魯夫」篩網組

又或者，如果你就是「克魯夫公司」的成員，則會因為想要說服世界上的咖啡行家來買一套「克魯夫篩網組」（KRUVE Sifter Set，撰文當下，12 種尺寸的篩網套裝售價約為 130 美元，6 種尺寸篩網套裝售價約為 90 美元），這套篩網組能同時讓你篩出過粗、過細的咖啡顆粒，你只要在「克魯夫」的震動器上套上兩個篩網，其中一個能去除大顆粒，另一個則僅容許極細顆粒通過，經過「震動」（shake）與「敲擊」（tap）的流程，就能將中層顆粒尺寸較均質的咖啡粉拿來沖煮（譯注：希望中層留下的咖啡粉還夠用，如果剩下的很少，表示底層篩網號數還不夠細）。「克魯夫」有針對各種不同沖煮方式給予最適當的兩種篩網尺寸建議，其中大多數的建議都還算合理的實驗起點。

去除極細、較粗顆粒真的有辦法讓一款咖啡泡出更好的味道嗎？根據我們在 *Coffee Review* 做過的測試顯示，似乎就是這樣，不過還不到很戲劇性的程度。在我們使用「中烘

「巴拉薩・安可電動刀盤式磨豆機」的研磨刻度標示，加起來共有 40 個刻度可使用。（圖片來源：巴拉薩公司）

焙」咖啡進行的測試中，使用「克魯夫篩網組」得到的較均質咖啡顆粒來沖泡的咖啡，風味明亮度更好了一些，甜味、透明感與香氣／風味的奔放感整體都更明顯，測試中使用了一台優質的「刀盤式磨豆機」與優質的「濾紙」，讓測試變因降到最低。不過，假如我們要用「法式濾壓壺」的煮法，同時又用「刀片式磨豆機」的情況下，使用「克魯夫」來進行篩選就會對品質有很大的改善；另一方面，如果是使用「刀片式磨豆機」，過粗與過細的比例就會很高，意思就是──要丟掉很多咖啡粉。

那麼就要考慮另一個層面的問題了：沒有留在「中層篩網」的那些咖啡粉要拿來幹嘛？我想大概只能做成肥料了吧，或是拿這些咖啡泡給我們不想再看到的人喝。

解讀磨豆機的網路評論

在網路上的評論與部落格中，有許多關於磨豆機的議題被提出來討論，特別是針對「電動刀盤式磨豆機」，我們將其整理並列在下方。如果你很急，可直接跳到第 231 ～ 237 頁看，從裡面選一台推薦的磨豆機就好；不過，假如你真的很想看看評論家與部落客在網路上時常討論的議題，那麼下方列出的議題類型對你也許會有幫助：

研磨均質度（非常重要）

詳閱第 231、234 頁。

進行較粗研磨時，很難得到穩定效果（是個難以避免的問題嗎？）

所有磨豆機在進行「細到中研磨」設定時，均質效果最佳；進行「粗研磨」時，均質效果較差，即使是一台要價 3000 美元的實驗室用磨豆機，也無法磨出均質度很高的粗研磨顆粒。另一方面，我們時常聽到「使用法式濾壓壺時，就得用較粗研磨的顆粒來泡才行」，這個說法其實有點言過其實，在我做過的測試中，我採用中等研磨顆粒來沖泡法式濾壓壺咖啡，得到了同等甚至更加美味的咖啡。（請參照第 261 頁內容，會探討咖啡粒徑尺寸的議題，以及法式濾壓壺的沖泡建議）。

咖啡顆粒的形狀（有沒有實質影響？）

基本上，這就是一種沒有清楚結論的議題。舉例來說，鈍掉或便宜的刀盤，理論上來說會讓咖啡顆粒變得較扁平，因為此時的刀盤較偏向「壓碎」（squash）而非「切碎」（shave）咖啡豆，這樣的顆粒較不易被水滲透，因此萃取效率較低，當然你可以買一台顯微鏡來觀察研磨出來的顆粒狀態，不過我覺得更實際的做法是去買一台我們推薦的優質「刀盤磨豆機」，時時保持機器清潔，假如你經常使用它，請按照製造商的建議定期更換刀盤組。最棒的磨豆機設計，更換刀盤組都不會很困難。

刀盤材質（有沒有實質影響？）

刀盤的材質不是「鋼」就是「陶瓷」，在網路上獲得最佳評價的「電動式刀盤機」，大多是配備高等級的「鋼製磨盤」，不過有些獲得高評價的「手搖刀盤式磨豆機」則是配備「陶瓷刀盤」。

刀盤形狀

刀盤分為兩大類型：一種是「碟形」（兩片波紋型的平面刀盤相互面對）；另一種是「錐形」（內刀盤是頂部被截除的圓錐形，外刀盤則是頂部被截去的內錐形中空結構）。在任何一種情況下，一個刀盤是固定的，另一個刀盤則透過手柄或馬達來轉動。幾乎所有的家用刀盤式磨豆機都是錐形刀。刀盤的品質、尺寸（尺寸越大越好）可能比刀盤形狀的影響還更大。

刀盤品質（重要）

高品質的刀盤通常會是堅硬的鋼製材質，能夠達到較高的研磨均質度。

磨盤轉速

小尺寸的錐形刀盤假如用極高轉速研磨時，就會讓咖啡粉的溫度緩幅上升，造成香氣、風味揮發物質散失；較大尺寸的刀盤組轉速則不需太高，因此磨出的咖啡粉溫度會較低，同時也製造較少的靜電（後面篇幅會提到）。

研磨粗細調整的方便性、穩定性（重要！）

較小型、較不貴的「手搖刀盤式磨豆機」是透過轉緊或轉鬆一顆螺絲來調整研磨粗細的，這種方式簡單到不行，不過也有些「小型手搖磨豆機」的粗細調整機制有點難以理解，需要花時間摸索。另一方面，大多數較優質的「刀盤式磨豆機」（不論手搖或電動）都將研磨粗細調整的方式設計為「轉動刻度盤」的形式，刻度盤上會有許多數字刻度，方便使用者調整時參考，轉動刻度盤就可讓刀盤彼此的間隙變緊或變鬆，這就是決定咖啡粉粗細的方式。

但是要注意：磨豆機的研磨刻度盤設定，並非標準化規格！

研磨刻度盤設定並沒有標準化，在刻度盤上出現的數字代表的實際粗細不盡相同；換句話說，刻度盤上的數字只有在同一台磨豆機上相對於其他數字而言有意義。有些機種在數字與數字之間還會有額外的刻度或固定點，一般而言，磨豆機上有越多刻度或固定點是越好的，雖然在非 espresso 的日常情況下，你大概只需要 15 個調整刻度就很足夠。使用刀片式磨豆機時，咖啡粉的粗細是藉由刀片切碎咖啡豆的時間長短來決定。

無段式微調（對於優質的 Espresso 沖煮需求很重要）

對於多數沖煮目的來說，「固定刻度式磨豆機」就能完善應付沖煮需求；然而，espresso 愛好者偏好使用「無段式微調磨豆機」（stepless grinders），這類型機種雖然刻度盤上也有數字，但在調整時沒有固定點的限制，可以在刻度盤上任一個位置固定，對於細部調整的需求非常理想。

耐用度

關於耐用度的許多抱怨，大多出現在電動驅動的刀盤式磨豆機上，瀏覽網路評論時，即使是最佳或較昂貴的機種，你會發現有一大堆 4～5 星的評論，同時也會有一些 1 星或無星的評論，這些低分評論通常來自少數買家，他們買到的磨豆機可能有些零件問題，舉例來說，在購買後發現「驅動刀盤的齒輪組故障」這類的問題。我對此沒有任何批評的意思，但我相當確定這類問題在 200 美元以上的優秀機種極少會發生。

「髒亂」與「靜電」問題

咖啡這種飲品在製作時就會產生一些「髒亂」，即便是一台優異的磨豆機，在你開啟咖啡粉槽時，依然會噴灑一些咖啡粉到檯面上；再者，高速研磨的刀盤會產生「靜電」，靜電會讓細粉飄浮並吸附在粉槽邊緣，我個人在研磨單份、相對小量的咖啡時，靜電不是什麼大問題（不過或許是因為我已經很少擔任煮咖啡手，這部分還是不要太相信我比較好），你可以多參考網路上的評論。再次提醒，刀盤轉動速度越慢，靜電的效果就會越低，同時咖啡粉的溫度也會維持較低溫。假如你覺得靜電吸附是個困擾，或者你是習慣一次只磨一份咖啡豆的人，

那麼你可以在網路上研究一下「羅斯噴水法」（Ross Droplet Technique／RDT），名稱看起來有點嚇人，但實際上只是在研磨之前，噴微量的水霧在咖啡豆上而已。

利用「預設研磨時間」來測量咖啡分量

理想上，我們這些咖啡迷都喜歡「一次只研磨一份咖啡粉」的做法，避免讓太多殘粉留在粉槽並變質。當你使用大部分的刀片式或手搖刀盤式磨豆機時，這種做法沒什麼問題，你可以在研磨前再測量咖啡分量／重量；不過，假如是電動刀盤式磨豆機，通常在上方豆槽內會裝著一整批的未研磨原豆，這種機種通常會配備具有計時型功能的裝置，用來控制研磨的咖啡豆分量，計時型的裝置在這些機種上運作得恰到好處，但如果你在用這款機種時還維持著磨豆前秤重的習慣，你就會發現，每次要得到正確分量的咖啡粉時，需要再多磨一些咖啡豆才行。許多刀盤式磨豆機會附上「震動鈕」（pulse button）來解決這個問題（殘粉問題）。

內建「重量秤」功能的刀盤式磨豆機

這種機種在研磨出設定好的咖啡粉重量時，就會自動停止，對於有時間緊迫性的精準沖煮需求，非常有幫助。

磨豆機發出的噪音

因為咖啡仍然是「早晨的主要飲品」，電動磨豆發出的喧鬧聲，對於擁有許多晚起鄰居的用戶而言，就會是個問題。「電動磨豆機」發出的噪音最大，「手搖磨豆機」則相對安靜許多，許多家庭就是因為這個原因，才選擇使用「手搖刀盤式磨豆機」。

CHAPTER 18

客製化你的專屬風味：沖煮建議

無論我們怎麼稱呼這些沖煮方式，其實所有的沖煮邏輯基本上是一樣的：「咖啡粉被浸泡在水中，直到這種咖啡水嚐起來很棒為止。」理論上來說，在沖泡咖啡時你至少需要用到研缽和研杵來搗碎咖啡，再加上一個鍋子、一道火焰，以及（如果可能的話）一個過濾器；假如你要製作的是冷萃／冷釀咖啡，你還可以省略那道火焰。

在過去 3 個世紀以來，有許多聰明的發明家憑藉著人類的想像力與對完美的渴求，花了如此多的時間來研究這個看似簡單的沖煮動作（將水與咖啡粉結合，再將咖啡粉分離），只為了得到感官上更大的滿足。

在過去數年之間，咖啡沖煮科技的發展經歷了一波特別活躍的優化與再檢視時期，部分原因是針對技術層面理解的提升，另一部分則是純粹因今日咖啡社群的蓬勃發展，還有另一部分則是群眾募資平台（如 Kickstarter）帶來的機會。

目前大多數在家使用的一些創新沖煮法，其實都是固有沖煮法與因科技優化延伸的版本，是的，只能算是優化與改良，並非突破性的創舉。儘管如此，這些創新沖煮法中，有些因為大幅改善了杯中風味，因此成了改變賽局的關鍵，在接下來的篇幅中會介紹，它們在表達對於咖啡與發明的草根性熱忱上都展現出了很高的吸引力。

儘管如此，光是在 2020 年度發表的全新精緻咖啡沖煮商品數字，就很難讓我們全部一一介紹，更別提逐一介紹它們的潛力。你可以參考「豪爾·布里曼」（Howard Bryman）在免費電子刊物《每日咖啡新聞》（*Daily Coffee News*）中的專欄，專欄中會介紹最新的咖啡設備，你也可以參考群募平台「Kickstarter」上的募資項目。在後方我有提供建議的篇幅，一般都是我自己曾有使用經驗的產品。

不用「熱源」，而用「動力」來萃取咖啡的方式

然而在 2010 年代的晚期，出現了一種十分傑出又非常不同的萃取方式，足以代表 21 世紀的創舉，雖然目前仍在證明它在商業用途上的可行性；這種方式就是利用「動能」（motion）而非「熱能」（heat）來加速萃取，此方式產生的部分原因，就是為了在數分鐘內製作出大量的冷萃咖啡（以往則是需要數小時才能做少量的冷萃咖啡）。詳見第 271 頁。

沖煮法索引

沖煮變因一覽，以及一些議題

　　此部分會介紹「沖煮者能控制的 5 項重要變因」，同時也會介紹各項變因對風味的影響，了解這些變因與其影響對於精準的手工沖煮需求來說很重要，即便你使用的是全自動滴漏式咖啡壺〔類似常見的「咖啡先生」（Mr. Coffee）機種〕，當中有些變因也是很實用的。我另外又加上了一些像是「咖啡的保溫與保鮮」、「水質」、「過濾器種類與材質」這些重要的考量點。

　　特別留意，後方篇幅的一覽只適用於業內稱為「沖泡型咖啡」（brewed coffee）──熱萃咖啡，利用如「滴漏式」或「法式濾壓壺」這類一般的沖煮法。它僅有部分適用於 espresso 沖煮（熱萃，利用高壓作用於壓實後的咖啡餅來沖煮；見第 20 章）、土耳其式／中東式沖煮法（將細研磨咖啡粉在小鍋內煮沸，飲用時杯中仍有部分咖啡粉懸浮著）、冷萃咖啡（使用冷水或室溫冷水來執行極長時間的萃取，不同於平常用熱水進行短時間萃取的模式）。欲知冷萃咖啡更詳細的技巧、沖煮策略等相關議題，詳見本章自第 265 頁起的內容。

沖煮變因

　　5 項主要可控的變因，能影響沖煮結果：

- 沖煮比例（水／粉比）。
- 沖煮水溫。
- 咖啡粉研磨顆粒尺寸（概略的尺寸）。
- 融合或接觸時間（將使用後的咖啡粉與沖煮好的咖啡液分離之前，咖啡粉與水接觸的時間）。
- 在沖煮前或沖煮中，對於咖啡粉與水攪拌的密集度。

沖煮變因：追求高標準還是比普通好一點就好？

　　在介紹這些沖煮變因時，我會給各位兩種選擇方向：

（1）精準式：將咖啡沖煮視為一種挑戰與工藝的人，請參考此選項的建議。

（2）日常式：只想要喝到不錯的味道，但是希望用最低程度的瞎忙與投資來達到這個目標。請參考這種模式。

變因 1：
沖煮比例（咖啡粉／水比）

　　咖啡粉／水的比例是一項很關鍵的因素，不只會影響到一款咖啡的好喝程度，也是每一沖煮批次之間是否能維持風味穩定性的重要關鍵。這項變因不論是在「全自動滴漏式咖啡壺」上或在「其他手工沖煮法」上都一樣重要。

「公制單位」的魔術，以及「沖煮比例」

　　「公制單位」系統似乎在設計之初就把「咖啡沖煮需求」考量在內。要記住：「1 公克」重量的水與「1 毫升」的水容量相等（雖然在沖煮水溫下的水重量，比起冷卻後、冰過的水還少 3%，不過我們大多數人覺得這個 3% 可以忽略不看）。

　　因此，你可以在測量沖煮用水時採用「電子秤」來秤重，或是使用「量杯」來測量容積的毫升數，不論是採用哪種模式，你得到的數字會是一樣的，並且無須複雜的換算。舉例來說，假如某人建議你使用 1:17 的咖啡粉水比來沖煮（這是蠻常見的入門用沖煮比例），你只需秤重或用量杯測量水的容積或重量，將要使用的水除以 17，就會得到咖啡粉的建議使用量（通常是採用「公克」）。

沖煮比例的可調整性

　　假如你希望煮出風味更密集、咖啡體更強的一杯咖啡，你可將「粉水比」調整到 1:16 甚至 1:15。在多數沖煮方式中，若使用 1:14 的粉水比，就會得到非常濃厚的一杯咖啡；假如你希望得到一杯密集度較低、咖啡體較清淡、香氣較具爆發力的咖啡，你可以嘗試 1:18 或 1:19。這部分的重點在於，你總是知道自己在做什麼，你可以記錄下做過的操作方式，不論是單純用頭腦記住，或是快速寫下一系列的簡單比例數字。

　　當然，即使是一台不貴的廚房用電子秤，其價格也比塑膠量匙來得貴，不過一台電子秤能夠讓你替換掉「茶匙」、「量匙」、「杯數」、「盎司數」這些單位之間複雜的換算關係，採用簡便的公制單位很值得你多花這一點錢，尤其是當你想更精確地沖泡出好咖啡時。假如你在測量家中放置巨大新冰箱的所需空間時，還是覺得要用英制單位（英寸／英尺），當然你可以維持這個方式就好；不過對於咖啡沖煮來說，公制單位才是最佳解。

沖煮比例，以及單杯式沖煮

　　在此要注意，如果你一次沖煮單杯或小分量咖啡時，也許會發現你需要調整粉水比到更濃郁的比例，才能得到與原本較大沖煮分量時那個比例相同的感官強度，我建議在多數單杯式或小量沖煮時，可嘗試從 1:16 開始；當你進行小量沖煮時，測量時就必須格外精準，才能維持沖煮穩定性、控制感。如果是使用公制單位（公克／毫升），這樣的調整方式就很容易達成，也很容易記錄。

Espresso 與公制單位

　　espresso 沖煮對於公制單位的依賴性更高；不過，espresso 的重點是在「咖啡粉計量」（dose，沖煮前的重量）與最終產物（新鮮沖煮出來的咖啡液）的重量。詳見第 20 章。

在北美，傳統上對於咖啡粉水比的沖煮建議，通常是用「容積」表示：用量匙來計算使用的咖啡粉量、用「液體盎司」（fluid ounces）或是用「杯數」來測量水的分量。在日常沖煮時，使用「容積」來當作測量方式還蠻夠用的，請見下方內容；但若是在嚴謹的工匠式沖煮需求時，就必須使用「公制單位」來測量了，用「公克／毫升」單位測量是一件簡單、不麻煩的轉換方式（見上頁文字框說明），最小測量單位到「公克」的電子秤，售價也不貴，一台還不錯的電子秤在美國售價只要 30 美元不到。

手工沖煮：精準式做法的沖煮比例，使用公制單位

典型的精準手工沖煮方式是使用一台電子秤（精準度至少到 1 公克）：首先，將部分的沖煮器材（盛裝咖啡粉與盛接咖啡液的兩個容器，也就是濾杯、濾紙／過濾器、杯子／保溫壺等；假如是一個法式濾壓壺，那就只需算上濾壓壺本身的重量就好）放在電子秤上，將它們的重量歸零〔在電子秤上按下「扣重」（tare）鍵〕，將咖啡粉倒入上方濾杯中測量咖啡粉的公克數，之後再歸零一次；當你要注入熱水時，必須隨時看著電子秤，當沖到正確的重量時，就可停止注水。

日常式做法的沖煮比例

當要沖泡多次沖煮回合時，使用至少 2 平匙的半圓量匙分量咖啡粉來沖泡出 6 盎司的咖啡液，或是 3 平匙的咖啡粉沖泡出 8 盎司的咖啡液；假如對味道還不是那麼滿意，就可從前面的建議方式做些微調即可。假如你要製作單杯咖啡，你可能需要使用再多一點的咖啡粉。

杯子容量的模糊認知

請特別注意，在咖啡設備包裝上出現的「杯」是一個模糊的詞彙，這個「杯」的容量有時會是 5 液體盎司，有時又會是標準的 8 液體盎司；一家美式餐廳用的標準馬克杯大概就是 8 液體盎司。

變因 2：沖煮水溫

在咖啡世界裡，有一些關於「沖煮水溫精準度」重要性的爭辯；不過，要得到成功的沖煮結果，的確是存在某個範圍的沖煮水溫。冷水沖煮（第 265 頁）及傳統土耳其／中東式沖煮法是例外，其他所有的沖煮方式大致上都適用 195 ～ 205 ℉（約 90 ～ 96℃）的沖煮水溫，此水溫數字指的是──注入咖啡粉時，當下的初始水溫。

請特別注意！水在海平面的沸點是 212 度℉（約 100℃），對於「最佳化」咖啡沖煮的需求來說，這個水溫太燙了。

用「公克」的單位來測量咖啡粉與沖煮用水的分量時，能讓沖煮變得更簡單（第 242 頁）。（圖片來源：iStock ／ Ekaterina79）

水溫太低時，泡出來的咖啡喝起來乏善可陳，整體而言是萃取不足的調性；水溫太高時，則容易沖泡出風味較扁平、苦味高的咖啡，這就是過度萃取的調性。不過，針對某種特定的咖啡是否有更精確的「水溫甜蜜點」尚不明確，因為每款咖啡之間本身就存在一些差異，加上其他沖煮變因的交互影響，也讓事情變得較為複雜。整體而言，較深烘焙的咖啡，其最佳沖煮水溫較低，大約在 195 ～ 200 ℉（約 90 ～ 93℃）；較淺烘焙的咖啡，則用較高的沖煮水溫，大約 200 ～ 205 ℉（約 93 ～ 96℃）。較低的沖煮水溫似乎有利於甜味的呈現，較高的水溫則能夠讓風味密集度、明亮感更好。

全自動滴漏式過濾沖煮壺的沖煮水溫

大多數全自動滴漏式過濾沖煮壺的常見問題就是「沖煮水溫太低」，特別是針對大眾市場販售的那些型號。

要解決這個問題，唯一的答案就是：再多花點錢買更好的機種。我推薦大家去購買經過 SCA 認證的全自動滴漏式咖啡壺，這些產品至少能保證沖煮水溫會在 198 ～ 205 ℉（約 92 ～ 96℃）之間。

其中，設計最精良、最貴的全自動滴漏式咖啡壺像是「貝摩」（Behmor）牌系列，能夠自行設定沖煮水溫，使它與其他多不勝數的同類型選項相比能夠脫穎而出。

手工沖煮：精準式做法的水溫建議

手工沖煮時，務實地控制沖煮水溫的唯一方式，就是使用一台「內建數位溫度計」的熱水壺（溫控壺），一台不錯的溫控壺價位約 60 美元起，第 252 頁會有推薦的選項。而一台價位較便宜的溫控壺，使用的則是「類比式溫度計」（analog thermometers，是一根上方有指針式錶頭的探棒型溫度計，向下插在溫控壺的蓋子上），它測量水溫的精準度

就沒那麼高了，有時還可能會燒到水都乾了還看不到預期的水溫數字（譯注：可能廠商安裝了測量範圍只到80℃左右的奶泡專用溫度計，它的最高測量溫度只能到80℃），因此我不建議使用這類型的溫控壺。嘗試使用獨立的「手持數位溫度計」來測量沖煮前的水溫，則感覺有點不靈巧。

假如你擁有一台具備「精準數位溫控」的溫控壺，你也能十分確定要從哪個目標溫度開始沖：如果是較深烘焙的咖啡，可嘗試從200℉（約93℃）開始沖沖看；假如是用淺烘焙、中烘焙咖啡，則可從204℉（約95℃）開始沖，然後依據嚐到的風味向下調整水溫。假如你真的要執行沖煮水溫的實驗，請務必確認固定其他重要的沖煮變因：咖啡水／粉比、水粉接觸時間、研磨粒徑尺寸，以及其他可人為操控的沖煮相關動作（例如：手動攪拌）。

手工沖煮：日常式做法的水溫建議

假如你沒有一台內建數位溫度計的溫控壺，那麼就沒有其他手工沖煮的可靠替代方案，你只能概略推算。

你可以試試看經過時間驗證的做法：「倒入停止沸騰的熱水」（off the boil）——通常指的是先將水加熱至沸騰，然後關閉熱源，再等候一段時間。假如你使用的是開放式醬料鍋來煮水，這個效果最棒，因為冷卻的速度較快，可減少等待時間（使用封閉式的熱水壺時，在海平面的位置，你需要等候約5分鐘才能夠得到適當的沖煮水溫；另一方面，使用較少分量的水在開放式的鍋裡加熱，其冷卻時間只需大約1分鐘，就能達到適當的沖煮溫度）。

另一個做法，就是「在加熱途中關火」，關火時機就是在水開始沸騰之前，加熱到鍋子底部開始出現小氣泡且冒出明顯的水蒸氣時，但不要讓水開始劇烈地翻騰。假如你使用的是醬料鍋或打開蓋子的熱水壺，就會比較容易觀測。但假如你使用的是吹哨型熱水壺，當你聽到哨音時，通常為時已晚。

高海拔的例外情況

在較高的海拔高度時，水的沸點較低。因此，假如你住在丹佛市〔海拔5200英尺（約1560公尺）〕或墨西哥城〔海拔7300英尺（約2200公尺）〕，水沸騰後就要立刻拿來沖煮，數位溫控壺在這些地方就沒什麼用處了。假如你住在海拔3000英尺（約900公尺）的位置，在水沸騰後，你只需要摸自己的鼻子幾下，就可開始沖煮；但再次強調，在接近海平面位置時，千萬不要在水沸騰後就馬上沖煮，你只會得到一杯風味扁平、苦味很高的東西。

變因3：研磨粒徑尺寸

研磨咖啡時，最重要的一點就是：「只買整顆咖啡原豆，並在沖煮前才研磨。」假如你買的是「磨好的咖啡粉」，那麼無論是辨識度多高的咖啡、多麼仔細沖煮，你最多只能得到一杯接近平庸水準的咖啡。

這類的事情會很頻繁出現，只要在設備上多花點錢投資，就能換來更好喝的咖啡，尤其是買到一台好的磨豆機，其投報率更是清楚可見。好的磨豆機研磨出來的咖啡粉粒徑尺寸應該要相對穩定，僅能容許少量的過粗、過細顆粒，越少越好；比起刀片式機種，採用刀盤式機種磨出的顆粒品質更為一致。詳見第17章，會有更多關於研磨設備與流程的相關資訊。

研磨粒徑尺寸：精確的做法

首先，要選擇一台優質的刀盤式磨豆機。

你可以選擇一台優質的「手搖刀盤式磨豆機」（對於出外旅遊、單杯沖煮需求非常理想）當作初始的投資，如此能節省一些開銷，並且讓你的早晨增加點運動量（用手轉動磨豆機的曲柄），不過我們大多數人還是會選擇使用起來更簡單但也較貴的替代方案，就是一台電動刀盤式磨豆機。詳見第17章第231～237頁。

不同的沖煮方式會有不同的概略理想研磨粒徑尺寸，當然也跟使用的沖煮設備、個人口味偏好有關。可參考第236頁的「研磨尺寸圖表」，裡面有一些實用的研磨尺寸推算方式：

· 用一般食鹽當作大多數採用濾紙沖泡法的最細研磨設定（譯注：只能比它粗，不能比它細）。

· 當使用金屬或固定濾網式的沖煮方式（包括法式濾壓壺）時，就採用介於食鹽與粗顆粒鹽（就是一般稱為「猶太戒律認證的鹽粒」）之間的細度。

多數採用濾紙的沖煮法，在粒徑尺寸的需求上具有最大的彈性。你可以從食鹽那種細研磨開始嘗試（但並未呈現粉末狀），假如這時咖啡嚐起來較苦，就可以再磨粗一些；反之，若咖啡嚐起來較稀薄或扁平，就再磨細一些。

當你使用金屬或固定濾網式的過濾器時，在選擇粒徑時，就得花更多心思，可能還需要做點實驗。你可先嘗試較細的研磨範圍，假如太細時，沖煮過程就會變得更慢（這在金屬／濾網式過濾器的沖煮器具中是個常見的問題）；或者，像使用法式濾壓壺時，可能會增加下壓力道的阻力，或是讓太多淤積粉末通過濾網跑到咖啡液內。

根據沖煮器材不同，從食鹽與粗磨顆粒鹽之間選擇一個起始研磨度。順帶一提，法式濾壓壺的過濾器在篩網尺寸上落差很大；一般來說，越貴的法式濾壓壺就會有越細的過濾器網孔尺寸，對於研磨粒徑的需求就會有越高的寬容度。

研磨粒徑尺寸：日常的做法

請選擇會用到濾紙的沖煮器材。濾紙式的器材容許使用

「細研磨」及「不規則的研磨」，即使你使用的是不貴的刀片式砍豆機種，都還能煮出一杯尚可接受的咖啡。另一方面，具備金屬過濾器的法式濾壓壺，以及其他滴漏式沖煮器具，通常必須使用粒徑尺寸較一致的咖啡粉，才能泡出最佳表現，因此只能使用優質的刀盤式磨豆機種。

研磨粒徑尺寸：特別精準、痴迷的做法

可購買一組「克魯夫篩網組」（見第 238 頁），並使用它來優化你的刀盤式磨豆機之設定。這個篩網組的孔洞尺寸是以「微米」當作計算粒徑尺寸的單位，它能同時剔除過粗、過細的顆粒，是的，你必須將這兩種丟棄，只保留一個區間內的粒徑尺寸來使用。「克魯夫篩網組」會針對不同的主流沖煮法給予適合的尺寸範圍建議，同時也會給予不同沖煮方式的水粉接觸時間、沖煮比例建議，但我不是很認同建議中的某些內容，特別是針對「水粉接觸時間」；不過都至少給了沖煮狂一個起始點，沖煮狂就是想讓研磨粒徑尺寸、水粉接觸時間、水／粉比三者，都同時達到精準的程度。

變因 4：浸泡或水粉接觸時間

這裡指的是「水」與「咖啡粉」在沖煮過程中接觸的時間長度。

使用常規的「全自動滴漏式咖啡壺」時，其錐型設計與灑水裝置出水頻率的設計，決定了水粉接觸時間，因此這項變因不受你的雙手控制，但是你能透過更粗或更細的研磨，來影響水粉接觸時間（見前面篇幅內容）。

當你採用的是其他沖煮器具時，就能控制水粉接觸時間：若使用法式濾壓壺，就是將濾器往下壓來控制；使用愛樂壓時，就是將咖啡液推送出器材來控制；使用先浸泡再釋出的滴漏式沖泡器時，就是透過底部閥門的開啟時機來控制；使用真空咖啡壺時，則是透過移開熱源的時機來控制。

在這些沖煮器材中，大多數的水粉接觸時間通常都落在 3 ～ 4 分鐘之間（譯注：真空／虹吸咖啡壺例外）。

水粉接觸時間：精確的做法

使用「法式濾壓壺」或「浸泡式的沖煮器具」時：先參考製造商給予的水粉接觸時間建議來實驗，在實驗時，不論是要縮短或延長接觸時間，其他變因都必須維持一致不變，特別是水粉比例一定要相同。使用愛樂壓沖煮時：根據不同的製作法，就會有不同的最佳水粉接觸時間，落差還蠻大的，可參考從第 263 頁起的「愛樂壓沖煮建議」篇幅以獲得更多資訊，也可以參考許多線上分享的愛樂壓製作法。

當你使用手沖沖煮法時，可依照第 256 頁起的文字框「手沖基本技巧」建議來改變水粉接觸時間。

接觸時間：日常做法

「與精準式做法幾乎一樣」，先採用製造商建議的水粉接觸時間，其他變因維持穩定不變，假如你喜歡風味較密集的咖啡，你可根據建議的接觸時間來延長；假如你偏好的是風味較圓潤、溫和、芳香的咖啡，就可轉變為短一些的接觸時間。再次強調，愛樂壓（第 263 頁）可能是特殊的例外。

變因 5：攪拌

此步驟有時會被稱為「沖煮的擾流」（brew turbulence）——將咖啡粉與沖煮用水混合，以確保咖啡被充分地攪拌。這道攪拌可以是輕柔、自然的形式，利用沖煮用水倒入時，靠著水柱來攪動咖啡粉，確保咖啡粉與水充分混合；也可以是刻意的形式，將咖啡粉與沖煮用水持續攪拌（從頭開始攪，有時還會持續攪拌，促進兩者的融合）。

攪拌：精確的做法

在手工沖煮方式中，只需將熱水刻意注入，所有的咖啡粉就會被打溼，中間會暫停水柱一下，讓咖啡粉層膨脹，這個階段恰好讓咖啡粉充分吸飽水。不過，許多沖煮愛好者都建議：在第一陣注水後，做一次輕柔、短暫地攪拌，讓咖啡粉與熱水充分混合，攪拌動作只需要讓全部的咖啡粉都浸溼、膨脹停止時就足夠了。

最後，來到最極端的做法，僅針對「滴漏式」或「浸泡式」沖煮法有效——你可以在進行注水時、粉水融合時，進行仔細地攪拌，或是持續地攪拌。

「膨脹的粉層」是由第一陣熱水與新鮮研磨咖啡粉接觸時所產生的膨脹泡沫，這個現象是咖啡新鮮度的正面指標，雖然太新鮮的咖啡粉在沖煮前期會造成一些輕微的不便（見第 246 頁說明）。照片中呈現的是使用愛樂壓沖煮器（見第 263 頁）時的粉層狀態。（圖片來源：iStock／grandriver）

沖煮的例外情況

在沖煮步驟中，「人工攪拌」就是一種例外情況。假如在沖煮初期進行輕柔、短暫的攪拌——僅需將任何乾粉充分打散，並且與熱水充分混合後即可停止——這道攪拌通常對於「先浸泡後釋放」的沖煮方式特別有幫助。

不過，如果持續攪拌的時間較長時，萃取效率會較快、較完整，但也會影響與其他沖煮變因（例如：研磨粒徑尺寸、沖煮比例）的交互關係，並完全改變最終咖啡液的感官風味特徵。在沖煮中延長攪拌時間，通常會提升口感厚度、增加感官風味密度（包括苦味），同時也會讓風味調性變得更模糊，而且混雜在一塊兒。

攪拌與烘焙風格的關係

飲用較深烘焙的人，或是特別重視風味密度、飽滿度、辛香程度的人，都會在沖煮流程的前期進行適度的攪拌（在濾紙式滴漏沖煮法，或是先浸泡再釋出的沖煮法時，沖煮流程中也會進行適度地攪拌）；而特別重視風味透明度／香氣、複雜度爆發力的淺烘焙愛好者，在沖泡的初期也會傾向讓咖啡粉充分打溼，但在沖煮過程中就不再進行攪拌，頂多會稍微輕柔攪拌一下而已。

攪拌：日常的做法

不論是採用仔細地注水或簡短輕柔地攪拌，你只需要確認所有的咖啡粉都已充分浸溼，沒有任何一塊乾粉沒吃到水就好。

全自動滴漏式過濾沖煮壺的攪拌方式

全自動滴漏式過濾沖煮壺的製造商在各自的機種設計了多種不同功能，以確保咖啡粉會被熱水充分浸溼，其中最常見的就是「脈衝」（pulse）功能，可讓沖煮用水均勻噴灑在咖啡粉上。這類功能對於一般消費者來說，較難進行評價，不過再次強調，只要是經過「SCA」認證的全自動滴漏式過濾咖啡壺，通常都會配有灑水系統，能讓咖啡粉充分打溼，促進更均勻的萃取。

一個題外話：「預浸泡」與膨脹的粉層（Bloom）

新鮮烘焙、新鮮研磨的咖啡在與熱水剛接觸時，較容易膨脹，那是因為熱水會加速咖啡內二氧化碳的排放，咖啡越新鮮、越接近研磨時間，就會釋放出越多二氧化碳，其粉層就會看起來更膨鬆，發展速度越快。

先不論粉層如何發展，在注入沖煮用水後，刻意停頓 10 ～ 20 秒，讓咖啡粉充分浸潤的過程叫做「預浸泡」（pre-infusion），這個過程可以讓萃取更平均，且讓隨後的注水融合更有效率，我個人十分推薦用這種方式沖煮。

預浸泡：日常的做法

開始正式注水前，讓粉層進行預浸泡、充分浸潤，對於手沖來說是很不錯的做法，不管你要進行精確的或日常的做法都適用。

其他與沖煮有關的事項：水質

一杯咖啡中有 98 ～ 99% 的成分是水，所以假如你使用的不是直接喝起來就好喝的水來泡咖啡，那麼你可能會想把這本書丟了，轉頭去買一罐即溶咖啡來喝。假如水不夠好喝，千萬別拿來煮咖啡。煮咖啡的水應該有以下特質：

- 要乾淨、清澈，且無懸浮物、無可察覺的氣味（包括氯）。
- 不該有持續的尖澀感、硫味或鹼味，這些都會對最終的咖啡風味帶來負面影響。
- 理想上來說，不能使用蒸餾水。水中不含任何可溶性物質時（例如：使用「蒸餾水」或「逆滲透」過濾的水），煮出來的咖啡風味乏善可陳，雖然這個效果是很細微的。假如你想要購買用來煮咖啡的水，最理想的狀態就是買有「飲用水」（drinking water）標示的類型（譯注：歐美的包裝水產品有相關法規規定，須照法規在包裝上適當標示；台灣的法規並無相關規定，因此我們不太容易見到這種標示），這類飲用水通常是先經過 RO 逆滲透過濾，之後再用礦物膜將正確比例的可溶性礦物質添加回水中，這種水才能用來煮咖啡。

水質：精確的做法

見上一段描述，選用瓶裝飲用水來煮咖啡就好。

水質：格外精確的做法

你可以購買蒸餾水或 RO 逆滲透過濾的水，並加入特別設計給煮咖啡的混合礦物粉配方，目前市面上最常見的領導品牌就是「三維水」（Third Wave Water），當然還有許多其他品牌可選。

水質：日常的做法

假如你家水龍頭流出的水聞起來、嚐起來都還可以，那就拿來泡咖啡；假如不太行，就用瓶裝飲用水（不要買到蒸餾水）。

其他與沖煮有關的事項：過濾器的優缺點與選項

大多數的滴漏式沖煮器材中，「濾紙」是最常見的過濾器材，愛樂壓也會使用濾紙，而法式濾壓壺一般會使用內建

當「品嚐」不敷使用時：利用儀器評價沖煮的成功與否

評價沖煮是否成功，除了依靠鼻子、嘴巴之外，也可利用儀器與數字，畢竟已經是 21 世紀了。不久之前，有個名為「AlphaGo」的電腦程式，在全世界最複雜的圍棋遊戲中打敗了最頂尖的人類棋手，比數是 3 勝 0 負。

不過，也許是因為我們都不是圍棋大師，咖啡從業人員在設定沖煮參數時，仍會依照實際品嚐風味成果來做設定，但他們通常也會使用儀器來確認風味狀態。

咖啡行家也常會參考這些數據測量的技巧。事實上，這些工具都是不昂貴的，使用起來也相對簡單，不論是行家或較為熱衷的家庭沖煮手，對於他們而言，這些工具用起來夠不夠有趣，也只有他們能給自己答案。本書其中一個目標就是要用一種「不過度簡化」的方式來解密咖啡，所以在此我會用最常見的解析式做法，來說明如何評價沖煮的成功與否。

只有兩種測量方式

目前，用來評價「沖煮品質」的儀器只有兩種：一種是測量「液體的密度」，稱為「總可溶性物質百分計／濃度計」（total dissolved solids percentage／TDS%），這個儀器會呈現咖啡的相對濃厚程度；另一種則是測量「總萃取率」，稱為「萃取百分計」（extraction percentage），能讓我們知道咖啡粉中的成分實際轉為咖啡液的比例有多少，用來找出風味與口感的對應關係。

若萃取密度或濃度太低，就會得到一杯單薄、水水的咖啡；反之，則會得到一杯厚重、可能略微沉悶的咖啡。

「萃取百分比」對於杯中品質的重要性更高。萃取百分比太低時，由於帶出較不足的風味相關物質，因此容易發展出一種單薄版本的堅果調、草味、蔬菜味調性；反之，因為有太多風味相關物質被帶出，包括較低揮發性的元素，所以會特別強化苦味、澀感，將正面的香氣與風味調性物質壓過去。在最佳呈現的中烘焙咖啡中，我們最喜愛的成熟水果、優雅花香調性、焦糖甜味等，在最佳萃取百分比比例下就會呈現最棒的風貌。

前述的兩種評價方式（儀器評價），各自的最佳表現範圍於 1960 年代首先由「美國咖啡沖煮研究機構」（American Coffee Brewing Institute）所發表，其後也受到美國與歐洲精緻咖啡協會的再次確認。「VST 公司」（VSTAPPS.com，是一家科技開發與諮詢公司）的創辦人文斯·費德爾（Vince Fedele），於 2008 年起改正並優化了整個系統，並用「萃取魔力」（ExtractMoJo）專案與相關產品將其帶往電子化時代。

我時常利用這些基本的測試協定與範圍，來評價沖煮的成果是否成功，我也發現他們其實也是根據實際生活中的感官共識來設計的，因此還蠻完善的。

下方提供這兩種測量方式的大綱，包括如何測量到數據，以及目標的數據範圍。

測量方式	使用儀器	方程式	最佳表現範圍
總可溶性物質百分比（TDS%）	特別校正來測量咖啡液濃度的折射計，其售價大約 300 美元（VSTAPPS.COM 或 Atago.com 有售）。	妥善使用時，數據會由儀器直接讀取出來。	**1.2% ～ 1.5%** 低於 1.2% 時，會有較稀薄、水水的狀態；高於 1.5% 時，則可能會有較苦、較厚重的風味。
萃取百分比	電子秤（精準度到 0.1 克），在美國如果有折扣販售時，一台約 30 美元。	· **步驟 1**：將沖煮出的咖啡液總重量（公克）乘以濃度計，測得的百分比數字（例如：1.4% TDS = 0.014），就會得到一個「總萃取物質」重量的數字。 · **步驟 2**：將上方得到的「總萃取物質」重量數字除以「未沖泡前總咖啡粉使用量」（公克），就會得到最終萃取百分比的數字。	**18% ～ 22%** 低於 18% 時，會有較稀薄、水水的狀態；高於 22% 時，則可能會有較苦、較厚重的風味。

範例：

· **步驟 1**：1.4% TDS（0.014）× 350g 咖啡液重量 = 4.9g 總萃取物質重量
· **步驟 2**：4.9g 總萃取物質重量 ÷ 24g 未沖泡前咖啡粉重量 = 0.204（或是 20.4% 萃取百分比）

如果你沖煮得當（用適當的粒徑、水／粉接觸時間、適當的水溫），在 1:17 到 1:16 的沖煮比例之下，有可能會沖煮出這兩項測量數據的核心位置；使用 1:15 或 1:18 的沖煮比例時，則是接近最佳範圍的邊緣值。不過，一定要牢記在心，水溫、粒徑尺寸、水／粉接觸時間都會影響萃取效率，並且也會對這些經驗法則的比例數字造成改變。

舉例來說，如果你目前喝到的這杯咖啡風味太扁平、太苦、帶有澀感，你可能萃取太多東西出來了。假如你按照上方步驟計算萃取百分比，你可能會算出一個很高的數字——22%、23% 甚至更高。

欲知更多主要的沖煮變因，以及各自對風味的影響，請參閱第 241 頁。

的濾網。然而，可重覆使用的永久式濾網或金屬片打孔濾網也很常見，在愛樂壓與大多數沖煮器材上都有這個選項，製造商本身就會販售這些配件，當然你也可以從其他專門生產零配件的廠商那裡找到類似的配件。假如你有一把原先設計來搭配濾紙使用的沖煮器材，那麼請在網路上快速搜尋一下，你可能就會找到能取代濾紙的金屬或網狀過濾器。

也就是說，即使你原本使用的器材是設計為搭配濾紙使用，永久性的金屬或網狀過濾器也會是替代選項。接下來的篇幅中，將會列出不同過濾器的種類及優缺點。

濾紙的優點：

- 濾紙是大多數沖煮器材最常見的配件。一般而言，在使用製造商建議的濾紙尺寸、濾紙類型時，就能有最佳沖煮表現與穩定性。
- 能夠輕鬆完成清潔步驟；沖煮後的咖啡渣與濾紙可同時拿起丟進廚餘桶或垃圾桶。
- 提供了潛在的長期健康益處：多項研究指出，使用濾紙沖煮的咖啡，可以適度地降低膽固醇含量。
- 與金屬或網狀過濾器相比，濾紙對於研磨粒徑尺寸的要求較低。
- 濾紙能夠讓大多數的淤泥狀咖啡渣，不流進杯中。
- 與金屬或網狀過濾器相比，使用濾紙泡出的咖啡口感較清爽，但酸味較明亮、風味透明感較高。

濾紙的缺點：

- 會略微增加沖煮的成本。
- 製造濾紙時，會消耗能源與自然資源。

永久式或可重覆使用的過濾器（網狀或打孔金屬片式）的優點：

- 長期來看，永久式過濾器很省錢，可省點日常開銷。
- 永久式過濾器製造稍微少一點的廢棄物，並且能夠減少能源與自然資源的消耗。
- 永久式網狀或金屬過濾器能讓咖啡的口感更豐厚，讓明亮度變得圓潤，強化香氣與風味調性，有某些飲用者特別重視這個效果，當然也有一些飲用者覺得沒什麼。

永久式或可重覆使用的過濾器（網狀或打孔金屬片式）的缺點：

- 雖然多數由第三方製造的永久式過濾器都能與多數沖煮器材搭配良好，不過也有些例外，針對那些例外的配件就必須特別調整研磨粒徑尺寸，才能彌補設計的不足。
- 相較於濾紙，永久式過濾器的研磨粒徑尺寸寬容度較低，使用刀盤式磨豆機磨出的咖啡粉效果，通常會比刀片式磨出的更好。

- 使用永久式過濾器泡出的咖啡，總會在杯底發現淤泥狀的超細咖啡粉殘留，會讓杯底的咖啡產生雲霧的效果。

蝕刻（較佳）vs. 網狀

一般而言，平滑的金屬過濾器利用化學蝕刻出細小孔洞的設計，優於網狀或編織型的過濾器，甚至也優於其他使用方式打孔製作的金屬過濾器，前者開的孔尺寸較一致，過濾器的表面較平滑，因此也較容易清潔。

濾布的注意事項

「濾布」絕對是那些不墨守成規者的選擇。根據使用的編織材質與密度之不同，濾布煮出來的咖啡會呈現出：從一杯具「飽滿咖啡體，但香味較扁平」到一杯「風味紮實、酸味明亮度圓潤、有層次的風味調性」兩種截然不同的呈現。

不過，濾布需要特別重視清潔。先沖洗，再擰乾，之後可選擇兩種做法：一種是將濾布掛起來、晒乾（最好是直接曝晒在陽光下。另一個做法，是將濾布放進「梅森罐」（mason jar）內，注入乾淨的飲用水，再密封冰到冰箱。這是許多濾布愛用者最常使用的兩種方式，用來保持濾布的清潔，並且維持沒有異味的狀態。濾布有時也可能需要「預處理」才能開始正式煮出優質的咖啡，我曾試過一個牌子的濾布，在正式使用之前需要預煮 6 次，才能去除那股帶有扁平風味的不討喜調性。

當你在進行手沖時，當然也可使用濾布作為過濾器，如此也可能煮出一杯迷人的咖啡，但你一定要是這種「非常規過濾材質」的堅實信奉者，才能忍受這一堆細枝末節要求。

原色濾紙 vs. 漂白濾紙

品質最佳的臭氧漂白濾紙在「不影響風味」上的表現，比起原色濾紙更佳，後者會讓通過濾紙的熱水增添一股細微的「紙板味」，不過這股調性在沖煮完的咖啡液中較不容易被察覺。不論你使用的是哪種，如果你擔心濾紙的味道會影響咖啡，那麼在正式沖咖啡以前，只需要用熱水沖洗濾紙，就能降低這種影響（沖洗後的熱水必須丟棄），此做法還有一項額外的好處——讓濾紙與濾器更為貼合，同時能預熱濾紙與濾器（減少溫差）。

其他與沖煮有關的事項：咖啡液的保溫、保鮮

即使你把前面所有事項都做對了（從選擇優質的咖啡，到新鮮研磨、細心沖煮），你仍可能會因為將煮好的咖啡放在高溫的保溫墊上而毀掉一切努力，這個做法幾乎會馬上破壞風味，首先會讓香氣與風味扁平化，最終嚐起來會有「焗烤味」（baked）與「苦辣味」（acrid）。請試著「新鮮沖

煮，新鮮飲用吧！」

保溫壺（Insulated Carafe）的選項

假如「新鮮沖煮，新鮮飲用吧！」聽起來有點過於理想化，那麼在你煮咖啡時直接讓咖啡液流入一個預熱過的保溫壺，就可維持咖啡液的溫度，也能保留風味的結構內容與香味；雖然香氣可能會轉變為更單純的型態，但是一個好的保溫壺能讓咖啡液維持住它的基本風味與特質一段時間。

今日，在最佳高端家用沖煮系統中，都例行性地將「保溫壺」列為內建配件，不論是全自動滴漏式咖啡壺或法式濾壓壺，都有這樣的設計；但不幸地，手沖的濾杯可能不會附送保溫壺或一起販售，你可能需要分開購買或自行改裝。

保鮮的更極端做法：
完全不管溫度，就一直喝，管它三七二十一

一個替代性的做法：在咖啡液冷卻後，你還是可以繼續喝，我本身還蠻喜歡將優秀的中烘焙咖啡放到室溫才飲用，通常我會在早晨煮好，放到下午仍繼續飲用，這些咖啡都具備著乾淨、風味完整、非常高的獨特性，因此能夠一整天維持著均衡的結構、基本香氣風味調性。

畢竟在精緻咖啡產業裡，出現了一種全新的產品區塊——將優質的咖啡（不含添加物）做成即飲式產品，你可以在冰鎮或室溫的情況下飲用；即使我們時常都會在一天的開始飲用熱咖啡，但不代表總是要將咖啡視為「熱的飲品」。

假如你有意製作一份冰鎮後飲用的咖啡，那麼請切記，要將稀釋的比例也考量進去，沖煮的比例就要比平常更濃厚（使用較高比例的咖啡粉／水比）。請參閱第 265 頁起關於冰咖啡選項的概論。

享用熱咖啡的日常方式（其實是溫咖啡）

假如前述的這些方法都不適用於你的需求，而你的那杯優質咖啡已經放涼了（室溫），不過你仍然堅持要喝到溫熱的咖啡，只是你沒有太多時間（或多餘的豆子）再重新做一份，那麼，你只好先跟正義魔人與純萃主義者說聲抱歉，將那杯放涼的咖啡放進微波爐裡短暫加熱一下（大約 20 ～ 30 秒？不同的微波爐可能有不同的秒數需求），這個做法的重點就是——只能將咖啡重新加熱到溫溫的程度，不能加熱到燙嘴的狀態（不過，要是我本人的話，就寧願喝放涼的咖啡就好）。

其他與沖煮有關的事項：
維持沖煮器材的潔淨

與大多數食品、飲料相比，咖啡的沖煮器具對於潔淨的

要求相對寬鬆，畢竟我們並不會把咖啡器具拿來煮紅酒燉牛肉，然後隔天又拿來做檸檬慕斯。

事實上，我發現只要將大多數的沖煮零配件用熱水完整沖洗，就已經足夠乾淨了，特別是當你搭配濾紙來沖煮時。金屬或網狀過濾器則需要特別仔細清潔，玻璃內膽保溫壺也一樣，打孔式金屬過濾器則需要另外用刷子來清潔孔洞中堵塞的殘留物；至於 espresso 就跟平常一樣，是個特殊情況，奶泡鋼管在每次使用後，絕對要將牛奶殘留物徹底擦拭乾淨；過濾器除了沖洗之外，也需要靠毛刷來清潔等，你可以參考機器隨附的使用說明來清潔。

但對於其他多數沖煮零配件來說，除了用乾淨熱水徹底沖洗外，頂多只需加上一點點刷洗或擦拭就夠了，但要避免使用肥皂或一般清潔劑，反而可能會讓零配件沾染清潔劑香味；假如你覺得真的需要用一點洗碗精來清洗咖啡器具（像是玻璃內膽的保溫壺），請盡量選用無香精的洗碗精。

儘管如此，某些關鍵的咖啡器具零配件，偶爾會需要更徹底的清潔（需要浸泡），因為「咖啡垢」（coffee buildup）是很頑固的，最好使用專用型的清潔產品，市面上有許多不錯的廠牌可選。你也可以參考專用清潔商品，或是沖煮器具隨附的清潔操作步驟。

水垢（Limescale）問題

假如你居住在一個水質偏硬或有高含量礦物質的區域，你就會遇到水垢堆積、堵塞的問題，不管是在濾水器或 espresso 鍋爐上都會遇到，最恰當的應對方式顯而易見：為了咖啡品質及機器功能運作的可靠性，煮咖啡時請一直使用瓶裝飲用水，也就是先徹底過濾後，再重新添加適量礦物質配方的飲用水（見第 246 頁）。

特殊的沖煮方式：
全自動滴漏式過濾咖啡壺

自 1970 年代初期開始，全自動滴漏式過濾咖啡壺因其方便性及乾淨、透明的下杯外觀設計，成為美國最多人愛用的沖煮器具。其系統的核心就是我們很熟悉的「濾杯座」（filter holder）、「濾網」（filter）以及「下壺」（decanter）。這種機器就是單純地加熱沖煮用水，然後自動噴灑到濾網中的研磨咖啡粉上，泡好的咖啡液就會滴漏到保溫壺裡（這種設計較佳）或是一個放在保溫墊上的玻璃壺（這種設計較不理想），雖然兩種設計都是為了讓咖啡保溫。先將冷水量好重量，倒入上方水槽，再測量好咖啡粉量倒入濾網中，按下開關，然後等待 3 ～ 7 分鐘，就能獲得 4 ～ 12 杯的咖啡液。

照片中為第一台經過「SCA」認證過的全自動過濾式咖啡壺，由「戴尼啡」（Technivorm）出品的「咖啡大師沖煮機」，搭配保溫壺的型號。它的外觀像一座雕像，設計上無可挑剔，操作上也很直截了當，不過價格有點貴。「戴尼啡」還推出許多其他型號的沖煮機，包括一台「單杯式」的全自動沖煮機。（圖片來源：戴尼啡公司）

如何選購一台全自動滴漏式過濾咖啡壺？

在過去 25 年間，這類沖煮機器的製造商在改良沖煮成果上有很大的成功，即使是入門等級的商用滴漏式過濾咖啡壺，都將一些明顯問題改善了，例如：咖啡粉懸浮問題、在過濾器周圍變成一個像甜甜圈的形狀、將咖啡香氣破壞的保溫墊等問題。儘管如此，還是有一些技術性問題存在：特別是沖煮水溫的變化太大，或是水溫過低、萃取不均勻，另外還是有些機種維持保溫墊的設計（會將香氣破壞殆盡）。

SCA 認證的家用沖煮壺

不過在今日，假如消費者願意多花一點錢，就一定能買到一台設計完善的滴漏式過濾咖啡機，還是經過 SCA 認證過的。認證程序會根據協會認定的標準進行多樣、完整、嚴謹的測試，其價格比起入門等級的機種更為昂貴，但以我個人經驗來看，較高價機種通常在沖煮效果上的表現都會特別優異。

儘管如此，SCA 認證的咖啡壺在許多方面上都不太一樣，諸如「價格」、「外觀」、「操作便利性」、「占用面積」及其他變因。所以採購前最好先參考一下目前 SCA 認證的清單，花半小時讀一讀每個機種的網路評論。

「戴尼啡」出品的「咖啡大師」（Moccamaster Thermal Jug，搭配保溫壺的型號）是第一台經過 SCA 認證的咖啡沖煮壺（「戴尼啡」如今已有更多經過 SCA 認證的型號推

出），這台咖啡機在業內人士之間獲得了近乎傳奇的好名聲，我家廚房也有一台服役多年。它的沖煮速度快又穩定，泡出的咖啡品質很棒，根據我的使用經驗，它的結構堅不可摧，機器中的保溫壺又高又窄，能讓新鮮的咖啡液保溫長達 4 小時，比其他多數競爭對手的效果更好。有些人發現「咖啡大師」系列沖煮機明確的零組件關節設計看起來很優雅、有點像雕像；有些人則認為零組件中的數字與複雜設計有點眼花撩亂，並且抱怨高度太高，無法擺放在許多人的廚房櫃台上。「咖啡大師」是所有高端滴漏式過濾咖啡壺中價格最貴的一台，價位約 300 美元。

其他具備 SCA 認證的沖煮機中，有一台是由「波那維塔」（Bonavita）出品的，其設計較為精簡，在沖煮效果上與「戴尼啡」同樣出色，價格卻沒那麼貴，其「BV1900TS 8 杯份咖啡沖煮機」型號，配備一個不鏽鋼保溫壺，售價約為 150 美元；略貴一些的「貝摩」（Behmor）出品的「連線」（Connected）系列沖煮機，此系列能讓用戶使用智慧型手機來控制水溫、預浸泡時間（還頗精準）。另外還有許多不錯的製造商也提供具 SCA 認證的滴漏式過濾咖啡壺機種——「OXO」、「廚房救星」（KitchenAid）、「美味藝術」（Cuisinart）、「邦恩」（Bunn）。

全自動滴漏式過濾咖啡壺的操作建議

大多數「全自動滴漏式沖煮壺」能夠控制的沖煮變因只有「粉／水比」與「咖啡粒徑尺寸」。我建議你從 1:16 到 1:17 的沖煮比例開始嘗試（請參考第 242 頁關於公制單位與沖煮比例的內容），假如你是採用容積來測量，那麼就用每 6 盎司（175 毫升）的水來搭配兩尖匙的咖啡粉；假如你是使用標準的 8 盎司馬克杯來測量，那麼就使用 3 平匙咖啡粉即可。依照這個建議比例，可以再往上或往下微調（再次強調，這裡使用的「杯」描述詞彙，就跟許多咖啡壺上標示的「杯數」一樣是模糊的概念，並非統一的單位）。

假設你是使用濾紙，就可使用「中細研磨」的咖啡粉（請參閱第 236 頁的研磨粗細示意圖），不同的研磨粒徑尺寸都可以做一下沖煮實驗：使用同樣的粉／水比，但是如果煮出來的咖啡風味較單薄或缺乏密集度時，就可以把研磨粒徑調得再細一些；反之，若嚐起來較苦或帶有澀感，就調得比原來粗一些。

手工沖煮與沖煮器具

曾經因為科技發展使得全自動滴漏式過濾咖啡壺變得更便宜、品質更佳，所以手工沖煮在過去數十年間曾被世人打入冷宮，如今像是手沖、法式濾壓壺等手工沖煮法，同時在一般人家裡及咖啡館都有逐漸再起的趨勢。

手工沖煮的優點：精準，而且效果令人滿意

手工沖煮咖啡有兩個明確的回饋：「精準的沖煮成果」與「帶來更高的滿足」。從咖啡熟豆轉變為一杯咖啡的過程中，它能夠讓人完全掌控沖煮過程，每一個環節都可被測量，也可手動調整。

典型的全自動沖煮壺，僅讓用戶能控制沖煮比例、研磨粒徑尺寸，其他重要的沖煮變因像是「粉／水接觸時間」、「水溫」、「水流速率」、「水／粉的攪拌」等，則都由機器與其設計所支配控制的。

另外，假如你很仔細地執行手工沖煮，就可依照個人偏好輕鬆地做出想要的風味。在每天繁忙、時間緊迫的早晨時刻，我都會使用那台備受推薦的「戴尼啡‧咖啡大師」全自動滴漏式過濾咖啡壺，搭配保溫壺來替我與太太製造好喝的咖啡；但只要我是獨自一人想喝一杯時，我就會用手工沖煮。採用我最喜歡、最能穩定操作的手工沖煮法時，成品通常比「咖啡大師」更令人滿意，雖然這台機器的精準度已經很高，不過有些內建的變因控制像是「沖煮水溫」、「水／粉接觸時間」都無法改變。

此外，要做好手工沖煮法並不是特別困難的事，就算你只是想得到穩定的精確程度，你也只需要擁有正確的沖煮器具就能夠達成目標。詳見第 252 頁，有更多關於沖煮器具的內容，請參考文字框「手工沖煮工具箱」。

手工沖煮的缺點：花多一點時間、麻煩一點，還有溫咖啡的威脅

一台「全自動沖煮壺」能讓你只需將咖啡粉放進過濾器、按下開關，然後就可以離開做別的事；但如果是手工沖煮，你至少需要耗費一些專注力（從將水加熱，到完成飲品），同時你也必須對於在做的事有一些額外的了解，更需要知道為什麼而做。

在手工沖煮法中，「手沖」（pour-over）大概是其中最花時間的做法——想像一下，這個煮法讓你花費的時間，比使用一台全自動機種要多 5 分鐘以上，才能泡出一杯好咖啡；像是「法式濾壓壺」與「先浸泡後釋放」的浸泡式沖煮法，可能會占用你較少時間，因為在這些器具的沖煮過程中，有 2 ～ 4 分鐘的水／粉融合時間，這時你就能處理其他廚房事務，不必一直站在沖煮區前等待，另一方面，使用浸泡式的沖煮法較容易忘記沖煮時間，也較有風險，因為浸泡太久而搞砸了這杯咖啡。

手沖咖啡的保溫

大多數手工沖煮的目標，都是為了讓你在沖煮後馬上能喝到新鮮咖啡，這也是為什麼大多數受歡迎的手工沖煮器具都有較適中的尺寸，而且都是設計來沖煮較小量的咖啡——通常是 1 ～ 4 杯的分量；不過，假如你想一次沖煮較大量，同時又想維持新鮮並保溫 1 ～ 2 個小時，那麼你就需

「波那維塔」出品的「BV1900TS 8 杯份一指靈咖啡沖煮壺」型號，結構堅固、尺寸精簡，是所有具備 SCA 認證「全自動滴漏式過濾咖啡壺」中最不貴的。「波那維塔」也提供進階機種的選項，同時具備 SCA 認證，比這一台還有更多功能。（圖片來源：Espresso Supply）

也是經過 SCA 認證的「貝摩」出品的「布拉森加值版 2.0」（Brazen Plus 2.0）型號，功能十分強大，用戶能在程式中設定沖煮水溫（頗精準）及預浸泡流程（見第 246 頁）。「貝摩」的「連線」系列機種讓用戶能透過智慧型手機的程式來控制沖煮功能，同時也有內建菜單，可依照不同的烘焙著色度來選擇沖煮模式。（圖片來源：貝摩公司）

要一些招數了。

其中最佳解決方案就是：「沖煮時，讓咖啡液直接流入預熱的保溫壺裡」。有一些法式濾壓壺的初始設定，就是讓咖啡在保溫壺內浸泡沖煮——換句話說，保溫壺本身就是沖煮器材——這類的器具很容易找到，而且相對不貴。不過，許多受到喜愛的手沖濾杯或上座，都沒有搭配共同販售的優質保溫壺，你需要上網搜尋一個合適的來用。

手工沖煮工具箱

本文字框將會介紹，當你要進行穩定、精準的手工沖煮時，除了沖煮器具、優質磨豆機之外，你所需的最精簡工具清單：

- 電子秤。
- 鵝頸壺，最好是「內建數位溫度計」的機種。
- 廚房用計時器（某些電動熱水壺、電子秤也有內建計時器的功能）。

電子秤

必須具備以下條件：

- 測量單位具備「公克」、「盎司」、「磅」等單位。
- 精準度至少要達到 0.5 克。
- 最大秤重範圍能達到 2 公斤或 5 磅。
- 秤台的面積至少要超過 5×5 英吋（大約是 13×13 公分）。

撰文當下，網路上已經有許多符合上述條件的電子秤，可用最低 30 美元的價格買到，有一些便宜的電子秤在使用一陣子後會變得不精準，建議最好購買知名的廠牌。特別設計用來沖煮咖啡的電子秤，可能也會有內建計時器的功能。可詳見第 242 頁。

內建溫度計的鵝頸壺

為了進行精準沖煮，你至少需要能夠粗略地控制精準水溫（在你開始要將熱水注入咖啡粉層時的那陣水溫）；你也必須有一把鵝頸壺，才能夠用可控的步調與水注粗細來注水，而非單純地將一盆水潑進咖啡粉層中。鵝頸壺對於手沖來說特別重要；但對於「法式濾壓壺」、「愛樂壓」、「先浸泡後釋放」沖煮法，較不具重要性。

不過對於所有手工沖煮法來說，合理的「精準控制水溫」都是很重要的。詳細內容請見下方段落「溫控壺」。

廚房用計時器

為了做到精準沖煮，「數位計時器」是很實用的工具，對於「法式濾壓壺」及「先浸泡後釋放」沖煮法格外重要。計時器必須具備「倒數計時警示」功能及「正數計時」功能。「Hario」出品的「V60 滴漏咖啡專用秤」（V60 Drip Scale）售價約 50 美元（第 258 頁），它很耐用、精準度很高，同時內建計時器功能，你可在觀測水量重量的同時，很輕易地看到沖煮時間走到哪裡了。不過，如果你想要將一個普通的電子秤搭配一個廚房用計時器使用，也是可以的。

溫控壺

在前面提到的 3 項關鍵工具中，在採購時最讓人頭疼的就是——具備溫控功能的鵝頸壺。

在美國市場中，這個類別的溫控鵝頸壺是由「波那維塔」公司開創了基本的規格標準，該公司出品的「BV382510V 可變溫電子式鵝頸壺」型號，折扣後售價約為 60 美元。「波那維塔」的溫控壺可設定「目標水溫」，將熱水加熱到設定的溫度時，就會自動停止加熱，我過去數年來曾用過的幾款型號都非常精準，得到的沖煮水溫都很穩定，不過，通常也會比設定的溫度多跑 1℃；也就是說，在使用這些溫控壺時，你必須預先扣掉那多出的 1℃，或是直接等待壺裡的水溫下降到正確溫度時，再開始沖煮。在正常使用下，原廠設定的波那維塔溫控壺，除了價位合理、溫度顯示很精準之外，耐用度也長達數年之久。

向上選擇價位高、更好看、更多功能的機種

價格較昂貴的「數位溫控鵝頸壺」能夠更快達到目標溫度，把手設計的舒適度更佳，另外還有其他更多功能。「波那維塔」將它原型的溫控壺改良為帥氣的「BV07003US 城際 1 公升可變溫電動熱水壺」，這系列有多種不同型號，折扣後售價約 120 美元。你也可參考「OXO」出品的「可變溫電動鵝頸壺」（Adjustable Temperature Gooseneck Electric Kettle），售價約 100 美元。網路上風評極佳、使用起來很便利的「Fellow」出品的「史戴格 EKG 電動溫控壺」（Stagg EKG Electric Kettle）售價約 150 美元，它的簡約設計造型，簡直可放進美術館裡陳列作為現代藝術作品，它還內建容易使用的沖煮計時器，節省工作檯面空間；「加強版」的售價為 200 美元，增加了智慧型手機控制的功能。

要特別留意「內建類比式溫度計」的溫控壺

預算有限的人，有時可能會被較低價的溫控壺所誘惑，其內建的是一種機械式表頭的「類比式溫度計」，通常長得像圓圓的指針式探棒，從壺的上蓋往下伸入壺中；然而，在我測試過的三台類比式溫控壺中，我發現它們的顯示溫度不太可靠，量到的水溫通常比真實的還低 5℉／2℃以上，這種誤差足以搞砸一個回合的沖煮成果，你需要自行計算這個誤差值。

即使是「數位溫控壺」也有一點誤差值

在所有我測試過的「數位電子溫控壺」中都有一點點誤差值，不過那都算是小問題，當中沒有一台能夠做到以下目標：加熱到目標溫度後馬上停在那個溫度上，還能準確地保持在同一個溫度。即使是當代最棒的數位溫控壺，也會比目標溫度多跑 2℉／1℃左右，不會完全準確停在目標溫度上，也許這就是我們這些沖煮狂目前能預期得到的最佳結果了吧。

手沖法

手沖沖煮法在全世界高端咖啡店裡持續受到難以置信的熱烈歡迎，這種沖煮法結合了持續不間斷的人工控制各項沖煮參數，加上一點作秀性質，沖得好時會得到一杯帶著很棒甜味、透明感，以及清楚奔放香氣風味調性的、活潑的咖啡。基本概念很簡單：熱水會被注入上濾杯濾紙中的咖啡粉層上，泡好的咖啡液直接流入下方容器。不過，根據這個簡單概念衍生出的設計多不勝數，甚至多到有點看不到邊際，而且針對「如何控制好沖煮的細節」的建議，更是多到外太空；儘管如此，基本的技巧其實簡單到不行，只要使用正確的工具（第 252 頁）就能得到正確的沖煮成果，當然也能得到一杯很棒的咖啡。千萬別讓一些不重要的、互相矛盾的建議，或是來自行家的陳腔濫調扯你的後腿，你只需找到一支網路上的教學影片照著做，或是依照本書給予的建議操作就足夠了。

上濾杯形狀的設計、濾紙厚度、上濾杯的開孔幅度等設計，全都會影響萃取效率及最後的沖煮成果；不過，與最終沖煮成果同等重要的就是，用戶能夠控制的那些變因——咖啡粉／水比、沖煮步調、注水策略、研磨粒徑尺寸。

題外話：「先浸泡後釋放」的沖煮選項

對於某一些人——希望用更簡便、有效率的方式來手工沖煮咖啡，同時又不太想要太多精準控制的人——可能會偏好使用「先浸泡後釋放」沖煮法，它使用的器材技術寬容性較高，讓你在廚房裡折騰的時間較少。不過，這些人可能不太需要像是最佳手沖咖啡能夠呈現的透明度與奔放香氣風味調性，使用這種沖煮法時，只要忘記了時間，導致浸泡時間太長，就會毀了一杯優質的咖啡。欲知更多關於「先浸泡後釋放」的內容，請見第 260 頁。

過濾器與濾紙的形狀

手沖主要有三種上濾杯／濾紙的基本形狀：第一種是圓錐形，呈現為由上往下、單點方向流動的形狀（如「咖美克斯沖煮壺」與「Hario 的 V60 上濾杯」）；第二種是梯形濾杯（如「美麗塔上濾杯」、「蜂巢上濾杯」，還有許多其他廠牌）；第三種就是平底的上濾杯（如「咖麗塔」出品的「波浪濾杯」）。

這些基本設計都是為了能夠促進萃取的一致性，換個較不切實際的說法：都是為了確保每一個咖啡粉顆粒，都能與熱水接觸的時間完全相同。

總地來說，「平底波浪形」的上濾杯對於研磨粒徑尺寸、沖煮手法的寬容度較高；「錐形」上濾杯則需要最多細節控制，不過「錐形」上濾杯能讓用戶對於最終風味的調性有更多控制。

（接續第 257 頁）

對於精準手工沖煮的需求而言，一台「數位溫控鵝頸壺」是很重要的工具。堅固耐用、價格不貴的「波那維塔」出品「BV382510V 可變溫數位鵝頸壺」（上方）就是很棒的入門款選擇。「波那維塔」目前也推出更多功能完整的溫控壺。「Fellow」出品的「史戴格 EKG 電動溫控壺」造型很時尚，不過價位較高，就是下方那把消光黑的壺。（圖片來源：波那維塔、Fellow）

咖啡沖泡備忘錄：所有的滴漏式沖煮法

沖煮方式	咖啡粉／水比例 （第 242 頁）		沖煮水溫 第一陣與咖啡粉接觸的水溫（第 243 頁）		
	常用的目標比例	可嘗試範圍	常用的目標水溫	可嘗試範圍	
全自動滴漏式過濾咖啡壺，搭配濾紙使用 （例「咖啡先生」同類型的沖煮機；第 250 頁）	• 1:17 的咖啡粉／水比例。 • 秤重法：1 公克咖啡粉對應 17 克的水。 • 容積計算：2 尖匙（量匙）的咖啡粉對應 6 盎司的水。	1:14（非常濃厚）～1:19（較清爽）	機器內建設定；詳見右方內容。	• 理想溫度值：198～205 ℉（約 92～96℃） • 某些機種的沖煮水溫會較低，假如你用一台機器泡出來的咖啡風味乏善可陳，可嘗試靠著增加咖啡粉使用比例來彌補缺失（可嘗試 1:15 或 1:16）。	
手沖法，搭配濾紙使用 （第 253 頁）	1:16～1:17（同上方操作方式）。	1:15～1:18	• 沖煮較深烘焙的咖啡時用 200 ℉（93℃）；沖煮較淺烘焙時，使用 203 ℉（95℃）水溫。 • 你的起始溫度可以比上述溫度值再略高一些，才能讓整個沖煮流程的平均水溫接近目標溫度（見第 244 頁「倒入停止沸騰的熱水」段落說明）。	198～205 ℉（約 92～96℃）	
手沖法，搭配網狀或打孔金屬片過濾器使用 （第 248、253 頁）	• 1:16～1:17 • 容積計算：2 尖匙（量匙）的咖啡粉對應 6 盎司的水。	1:15～1:18	• 沖煮較深烘焙的咖啡時用 200 ℉（93℃）；沖煮較淺烘焙時，使用 203 ℉（95℃）水溫。 • 請參考上方建議，使用略高一些的水溫起始。	198～205 ℉（約 92～96℃）	

咖啡沖泡備忘錄：其他沖煮法

沖煮方式	咖啡粉／水比例 （第 242 頁）		沖煮水溫 第一陣與咖啡粉接觸的水溫 （第 243 頁）		粉／水總接觸時間 （第 245 頁）		
	常用的目標比例	可嘗試範圍	常用的目標水溫	可嘗試範圍	常用的目標時間	可嘗試範圍	
法式濾壓壺 （第 261 頁）	用容積計算：2 尖匙（量匙）的咖啡粉對應 6 盎司的水。	1:15～1:19	沖煮較深烘焙的咖啡時用 200 ℉（93 ℃）；沖煮較淺烘焙時，使用 203 ℉（95 ℃）水溫。	198～205 ℉（約 92～96℃）	不超過 5 分鐘。使用較粗研磨的咖啡粉浸泡接近 5 分鐘，使用略細研磨時，浸泡時間要縮短。	2～5 分鐘	
愛樂壓，反轉式操作法（Inverted） （第 264 頁）	1:15	1:14～1:17	多數咖啡都建議用大約 200 ℉（93 ℃）水溫。	198～205 ℉（約 92～96℃）	所有沖煮動作包含注水、擠壓算在內，總共 3 分鐘；使用越高的水溫，接觸時間就越短。	2～4 分鐘	
Espresso （第 20 章）	-	-	適用多種水溫；見旁邊「可嘗試範圍」。	198～205 ℉（約 92～96℃）	-	-	
冷萃法，浸泡式 （會製作出風味集中的咖啡液，通常會用冰塊、熱水或牛奶來稀釋飲用；第 270 頁）	1:5	1:4～1:5	通常適用常溫水。	-	12 小時	10～24 小時	
冷萃法，冰滴式 （第 269 頁）	依照器材使用說明建議。	依照器材使用說明建議。	根據器材使用建議，用冰塊冷卻後的冰水來萃取。	-	依照器材使用說明建議。	依照器材使用說明建議。	

粉／水總接觸時間 （第245頁）		概略的研磨粒徑尺寸 （第236、237、244頁）	水壓	杯中風味特性 （第243頁）
-	可嘗試範圍	-	-	-
機器內建。	4～8分鐘	中細研磨（大約接近「摩頓牌食鹽」的粗細度）。	無。只有地心引力（透過滲濾自然滴落）。	順口的口感，清晰奔放的風味調性。
有部分是受到上濾杯的設計與沖泡容積所控制，但也會受到「研磨粗細度」與「注水快慢」所影響。小量沖煮時，使用 2～3 分鐘接觸時間；較大量沖煮時，使用 4～6 分鐘。（第256頁）	3～6分鐘	有多種粗細可使用。從中細研磨（大約接近「摩頓牌食鹽」的粗細度）到中研磨（比食鹽略粗一些），甚至若是使用「咖美克斯」沖煮壺時，就用中粗研磨（介於食鹽、粗磨鹽正中間的細度）。越細的研磨粒徑會讓萃取變慢，同時杯中風味的密集度會提高；較粗的研磨粒徑則會讓杯中風味變得清淡。	無。只有地心引力（透過滲濾自然滴落）。	操作完善時，能煮出風味細膩又活潑的咖啡；順口的口感，清晰奔放的風味調性。不過最終的感官風味走向也會受到其他變因影響，包括上濾杯的設計、研磨粒徑尺寸、注水時機掌控的影響；此外，假如在過程中加入攪拌的動作促進粉／水混合，就會讓口感更飽滿、風味調性更多層次。
部分受到上濾杯開孔設計、開孔尺寸所控制（你需要針對此項做點實驗），當然也會受到濾杯造型設計、沖煮容積、研磨粒徑尺寸、注水速度等影響。	3～6分鐘	有多種粗細可使用。從中細研磨（大約接近「摩頓牌食鹽」的粗細度）到中粗研磨（介於食鹽、粗磨鹽正中間的細度）。假如咖啡液滴落速度太慢、咖啡味道太苦／太濃郁，就將刻度再調粗一些；假如滴落速度太快、咖啡味道太單薄／像茶湯一般淡，就再調細一些。	無。只有地心引力（透過滲濾自然滴落）。	最終的感官風味調性會受到許多沖煮變因影響，包括研磨粒徑尺寸、注水時機的掌控，以及過程中的攪拌動作。泡出來的咖啡通常會在杯底殘留一些淤泥狀的細粉。

概略的研磨粒徑尺寸 （第236、237、244頁）	水壓	杯中風味特性 （第243頁）
-	-	-
視濾網細度而定，從中粗研磨（介於食鹽、粗磨鹽正中間的細度）到中細研磨（大約接近「摩頓牌食鹽」的粗細度）。必須使用優質的刀盤式磨豆機。	浸泡階段過程中沒有壓力，進行過濾下壓時，就會有輕微的壓力。	一般而言，會煮出飽滿的口感、層次分明的味道，但是較不容易煮出奔放的風味調性。
中細研磨（大約接近「摩頓牌食鹽」的粗細度）。	先讓咖啡粉在水中浸泡，然後施予穩定的壓力（用手）。如果往下壓時非常輕鬆，可能需要把研磨刻度調細一點；反之，則需要磨粗一點。	操作時搭配推薦的濾紙，就能夠得到擁有順口口感、優秀奔放風味調性的咖啡液；搭配使用第三方製作的金屬過濾片時，會呈現更近似於糖漿的口感，風味更多層次。特別注意：前述方法僅適用於「反轉式」操作法。
非常細研磨，必須經過精準調整。會受到咖啡粉「使用劑量的重量」及「填壓力道」等影響。	會施予高水壓：至少會用「九大氣壓」（ATM），通常會用更高的壓力。	會製作出短時間萃取、風味密集、質感近似於糖漿的飲品，風味調性非常多層次。
若是使用濾紙過濾，就用中細研磨；若是使用其他過濾材質，則用中粗研磨（介於食鹽、粗磨鹽正中間的細度）。	在長時間的浸泡期，沒有任何壓力；只有地心引力的自然滲透。	可以得到很甜、很香但又十分細膩（有時較為低沉）的風味調性，會降低酸味、苦味的感受，口感總是很順，不過根據使用的水量不同，會得到不同的口感重量。
依照器材使用說明建議操作。	僅有地心引力。	可以得到很甜、很香但又十分細膩（有時較為低沉）的風味調性，會降低酸味、苦味的感受，口感雖然很順，但較為清爽。

手沖的基本技巧

許多手沖用具買來的時候，幾乎沒有任何使用說明，我在此提供一套沖煮建議，可以套用在大多數搭配「濾紙」操作的手沖器具上。

某些暢銷品牌器具的重要操作細節，會在本章的後續篇幅中依照器材的廠牌名稱分別介紹。

關於永久式過濾器的重要警語

本文字框內給予「人工手沖步驟」的操作建議，是針對使用適當的濾紙而言，假如你是使用「永久式濾網」或「打孔金屬過濾器」，沖煮的動能就會改變（滴漏速度不同），有時這個改變是非常劇烈的。詳見第 246 頁，有更多關於「過濾器材質」的內容。

你需要準備的東西：

- 整套沖煮器材（上濾杯，以及下方的盛接壺）、濾紙。
- 鵝頸注水壺（如果有一台內建數位溫度計的「可變溫沖煮壺」更好；見第 252 頁）。
- 電子秤。
- 計時器。

準備事項：

秤重並研磨咖啡。

- **咖啡的粉／水比例：**

  我建議你從 1:16（1 克咖啡粉，對應 16 克水量）開始嘗試，這個比例也就是大約每 6 克多一點的咖啡粉，搭配 100 克／毫升的沖煮用水；或是改用容積來看，1 尖匙的咖啡粉，搭配 3 盎司的水量。假如你想要更濃（可調整為 1:14）或更淡（可調整到 1:18），千萬記住要將其他變因都維持不變，用這個方式來決定你想要的濃厚程度。

- **將水加熱：**

  開始將水加熱。假如你有使用電子秤輔助，就不需要量出很準確的煮水量；當你往咖啡粉層注入熱水時，只要看著電子秤上的重量變化就好。後方篇幅會有沖煮起始水溫的建議。

- **咖啡豆秤重：**

  假設你也是靠秤重來決定使用的粉量，你可以在研磨前先將要使用的原豆秤重。如果你很介意實際使用的粉量有多重，在將研磨好的咖啡倒入上濾杯之前，請再次秤重確認。

- **研磨粒徑尺寸：**

  一般來說，我們會使用接近「摩頓牌食鹽」細度的細研磨。假如你磨出來的咖啡粉，在一些較粗顆粒之間含有許多粉末狀的細粉時，你可以用這樣的粉來沖煮也沒問題，不過你應該要考慮入手一台品質更好的磨豆機（見第 231 ～ 237 頁）；假如咖啡液滴漏速度太慢、咖啡味道太苦又太濃，就要將刻度調粗一些；反之，則要調得比原來更細一些。

操作流程：

- 在上濾杯放進一張濾紙，整個上濾杯放在盛接壺／杯具／保溫壺上，在理想情況下，使用熱水預先沖洗濾紙、濾杯，沖洗過程可將濾紙、濾杯、盛接壺／杯具／保溫壺都預熱過；之後將下方容器的水倒掉（假如你的早晨忙到不行，覺得預熱步驟有點浪費時間，那麼你可直接跳過此步驟）。
- 假設你有使用電子秤，將上濾杯、濾紙、盛接容器一起放在電子秤上。
- 將電子秤進行「扣重歸零」。
- 將咖啡粉倒進濾紙，並用電子秤來微調使用的粉量。
- 用轉圈或拍打上濾杯的方式，來將咖啡粉層整平。再次進行扣重歸零。
- 確認沖煮水溫。沖煮的起始水溫必須介於 200 ～ 205 °F（約 93 ～ 96℃）之間，我通常會用 202 °F（94℃）來沖煮。假如你沒有一把溫控壺，而且你還住在低於海拔 1000 英尺（約 300 公尺）的地方，你可以在將水加熱到開始冒出明顯蒸氣、小氣泡時，用這樣的熱水進行注水，但千萬不要等到水開始劇烈沸騰才拿來注水。詳見第 243 頁，會有更多關於沖煮水溫的內容。
- 假設你會對沖煮計時，此時就可準備開始計時。
- 緩慢、小心地注水，讓所有咖啡粉在第一陣給水時都充分打溼，由咖啡粉層的外緣開始沖起，逐漸向內繞圈給水，要十分確定所有乾粉塊都破開了。。
- 等到所有咖啡粉都吸飽水後，膨脹的粉層也會開始往下沉，當第一陣的大部分咖啡液從上濾杯滲漏下去時，開始第二次注水，一樣要緩慢又仔細，往濾杯中可視的任一個深色區塊注水，並將沾附在濾紙邊緣的所有咖啡粉都沖下去。
- 將剩下的熱水間歇性注入，液面滿起來就停止注水，消下去就繼續注水。有一點很重要：當你注水時，一定要持續盯著秤上的數字，確保不會沖煮超過預先設定好的粉／水比例。
- 注水的總時間至少要 2 分鐘（1 ～ 2 杯的量），最理想的時間是接近 3 分鐘；要沖較大分量時，較適中的總注水時間是 4 分鐘，絕對不要超過 6 分鐘。緩慢的注水與較長的中停時間會讓粉／水接觸時間延長，可能會讓杯中風味更飽滿、更密集，並且有更單純的風味調性；注水速度較快，則會讓風味清爽度、提高明亮度，得到更奔放的風味調性。
- **非強制性的自選步驟：**

  在第一陣注水、咖啡粉充分打溼後，有些人喜歡用木匙或塑膠匙在粉層中輕柔短暫地攪拌，攪拌時不能碰到濾紙，這麼做可確保所有咖啡粉都充分打溼，並且讓風味飽滿度、圓潤感都更好，也會出現更多風味層次。你可針對此步驟做實驗，沖出來的成果你不一定都會喜歡；就我個人而言，在手沖時不會使用此步驟，我傾向用較緩慢、仔細的步調來讓粉層打溼。

  若你想獲得更多資訊，可在網路上的沖煮影片或圖解說明找到特定沖煮器具的操作建議；當中有各種不同版本的沖煮技巧，這對手沖法來說是常有的事，而且這也是手沖法的其中一個迷人之處。

當下流行的手沖器具

本處為各位介紹4種「手沖上濾杯」，都是目前仍持續吸引許多人支持的型號：「咖美克斯經典款」（Chemex Classic）、「Hario V60」、「咖麗塔波浪濾杯」（Kalita Wave）、「蜂巢濾杯」（Beehouse Dripper）。當然還有許多其他類型的上濾杯，大多數都很棒。另外關於「先浸泡後釋放」的器具內容，雖然這類器具看起來有點像手沖器具，但是工作原理有點不同，詳見第 260 頁。

「咖美克斯」沖煮壺

玻璃製的「咖美克斯」沖煮壺，一開始的發想是來自於實驗室設備（燒杯），如今已然是咖啡世界中最具指標性的器材之一。本器具由德國人「彼得‧史倫波姆」（Peter Schlumbohm）所發明，設計稿正式定稿於 1941 ～ 1942 年之間，「咖美克斯」沖煮壺於 1958 年在紐約當代藝術館展出，它也在許多流行文化中擁有無法忽視的曝光方式，包括在詹姆士‧龐德（007 電影主角）、瑪麗‧泰勒‧摩爾（美國電影演員）、唐‧德雷博（AMC 電視劇《廣告狂人》主角）等虛構電影／電視劇中角色的廚房裡都曾登場過；這款咖啡壺在我的父母（非虛構的人物）——艾芙琳與華特‧戴維茲的廚房中也出現了數十年之久，我在 1958 年時贈送了一台給他們當作結婚紀念日禮物，他們非常喜愛，在其後的 30 年間，他們都只用它來煮咖啡。

「咖美克斯」在過去數年來已拓展出其他產品線，不過最元祖的「經典款」（Classic）與「玻璃把手款」（Glass Handle）仍然是最受歡迎的款式，這兩款都是外觀看起來像沙漏般的造型、一體成形製作，壺身的上半部錐形結構能支撐住厚厚的專用濾紙，專用濾紙必須折成圓錐狀才能放進壺的上半部；壺的下半部就是盛裝咖啡液的空間；壺的正中間那種狹窄的腰身設計，也是讓「咖美克斯」這款全玻璃製的沖煮壺最令人頭痛的設計，因為很難清洗。

另外，因為不能把這種咖啡壺放在電動保溫盤上或熱水裡，所以完全無法保溫；但我猜想是不是因為這種可愛的不實用性，加上那個歷史悠久又戲劇性的 1950 年代復古外形，才讓其能夠在多年以來持續受到許多咖啡愛好者的喜愛；其高磅式的專用厚濾紙也是讓它在技術層面上很獨特的另一個原因，因為能夠帶出更多可溶性物質（與較薄的濾紙相比）。在仔細操作下，「咖美克斯」咖啡壺能夠煮出風味特別乾淨、酸味明亮度細膩、風味奔放的咖啡。

欲知關於手沖流程的通用步驟，請見第 256 頁。「咖美克斯」的沖煮示範影片可在網路上搜尋，你也可參考器具隨附的使用說明。

當你在進行手沖時，不論使用的是「錐形」或「梯形」濾杯，請不時地用水柱將卡在濾紙邊緣上的咖啡粉往下沖，多少會有點幫助。照片中使用的是一把鵝頸壺，搭配「Hario V60」上濾杯。（圖片來源：iStock ／ Probuxtor）

正在沖煮的「咖美克斯經典款」沖煮壺。（圖片來源：iStock ／ m44）

正在沖煮中的「Hario V60」上濾杯，搭配專用電子秤／計時器使用。（圖片來源：iStock ／ Apidon Chaloeypoj）

在一家薩爾瓦多咖啡農園裡使用「咖麗塔波浪濾杯」的克難式沖煮設定。這款上濾杯的底部是平面的設計，照片中使用的下方盛接壺，只是臨時湊合著用，但這個操作真是沒話說：你還可以在盛接壺底下看到一台電子秤。（圖片來源：傑森‧沙利）

其他近期流行的受歡迎手沖器具

接下來篇幅會介紹幾款「上濾杯」，與「咖美克斯」不同之處在於，這些上濾杯都是為了較小分量（1 ～ 4 杯份）所設計，「即沖即飲」為出發點。不同濾杯的材質、形狀、壁面斜率、開孔大小／位置都各有不同，某些上濾杯必須搭配專用品牌濾紙，也有些必須使用標準梯型濾紙（美麗塔式）。

後方篇幅介紹的 3 款上濾杯——「Hario V60」、「咖麗塔波浪濾杯」、「蜂巢濾杯」——是目前所有濾杯中評論數、討論度最高的幾款，其他多款評價也不錯的上濾杯在網路上都能搜尋到。

上濾杯尺寸、沖煮量

通常只有較小的「1 ～ 2 杯份」或較大的「2 ～ 4 杯份」上濾杯可選擇，如果想一次沖煮超過 4 杯，可能就得考慮較大型的沖煮器具，像是「咖美克斯經典款」，或是較少能見度但卻更實用的「美麗塔 10 杯份手沖上濾杯／附不鏽鋼保溫壺」，後者沖煮完的咖啡液會直接流入完全隔熱的、附瓶塞的保溫壺中，這款保溫壺除了能夠保溫之外，也能讓咖啡液在沖煮後繼續維持一定的新鮮度，最重要的是很容易清洗。

沖煮影片有多種操作技巧，看了別緊張

若你想獲得更多資訊，可在網路上的沖煮影片或圖解說明找到特定沖煮器具的操作建議。網路上有各種不同版本的沖煮技巧，這對手沖法來說是常有的事，而且這也是手沖法的其中一個迷人之處。

「Hario V6」上濾杯

標準版是陶瓷材質，另外還有較平價的樹脂材質版本，也有玻璃材質、金屬材質的版本。有 1 ～ 2 杯份（#1）與 2 ～ 4 杯份（#2）兩種尺寸。

上濾杯的形狀

圓錐形；底部有一個大開孔，有點類似「咖美克斯」。

濾紙

「V60 型」專有的濾紙設計；與「咖美克斯」濾紙不同，「V60 型」有點像口袋，厚度較薄。濾紙也分為 #1 與 #2 的尺寸，與上濾杯的尺寸搭配使用。有「原色」與「漂白」兩種可選擇。

配件

「Hario」生產非常多種可搭配使用的保溫壺／盛接壺、沖煮架。

「Hario V60」的操作建議：

· 請先參考第 256 頁文字框中手沖的通用操作建議。

· 使用「Hario V60」上濾杯時，如果在研磨粒徑尺寸與沖

煮時有特別留意，其成果就會令人十分滿足，沖煮的寬容度沒有特別高，但是對於刻意的沖煮技巧變化會有較明顯的風味差異對應。

- 其相對較薄的濾紙與大的底部開孔設計，反而需要用相對較細的研磨粒徑尺寸，才能延長萃取的時間；一開始建議你可以使用比食鹽略細一些的刻度來操作，之後再從這個刻度進行更粗或更細的調整（並依據嚐到的風味來決定）。
- 使用 Hario 的濾杯時，若是緩慢注水搭配適當的「中停間隔／斷水」，就能夠煮出一杯令人非常滿意的咖啡。使用 #1 濾杯時，沖煮時間至少要達 2 分鐘，最好是接近 3 分鐘。
- 「Hario V60」上濾杯沖煮出的咖啡，較容易強調均衡的明亮酸味、適度奔放的風味調性，加上豐厚、如綢緞般滑口的口感。使用略粗一些的研磨粒徑，在相對較短的斷水時間之間用較快、較穩定的水柱來沖泡時，就會煮出明亮度更高、更清爽的風味；反之，用較細研磨粒徑，在斷水時間較長的操作下，就會煮出風味較豐厚、圓潤、層次更豐富的咖啡。

「咖麗塔波浪濾杯」

有不鏽鋼或玻璃材質附塑膠把手的兩種型號，也有做兩種尺寸「155」與「185」系列；後者也有推出陶瓷材質。

上濾杯形狀

是截去底部尖端的圓錐形，濾杯底部是平坦的，濾杯邊緣則是波紋造型；有三個開口。平坦的底部設計能夠讓萃取更一致、寬容度更高，不過較難透過注水的時機掌控來改變風味呈現，通常會煮出酸味明亮度較低、層次較多的風味（與「錐形」或「梯形」濾杯相比）。

濾紙

是「咖麗塔波浪濾杯」專屬設計的，磅數中等，濾紙的底部跟上濾杯底部一樣平坦，濾紙邊緣則是波紋形。

配件

能夠搭配使用強化玻璃的保溫壺或盛接壺。

「咖麗塔波浪濾杯」的操作建議：

- 請先參考第 256 頁文字框中手沖的通用操作建議。
- **很重要**：就我個人經驗來說，這款濾杯的設計在細研磨時，效果較不理想，容易讓滴漏速度過慢，造成過度萃取，風味較無趣。建議從「中細研磨」開始嘗試，就是比「摩頓牌食鹽」再略粗一些的手感，之後再從這個位置進行更粗或更細的調整。

沖煮出來的咖啡風味：

口感通常很飽滿，風味調性較圓潤、有層次。

「蜂巢濾杯」

僅有陶瓷材質（沒有其他材質，但有許多迷人的顏色可選擇）；分為兩種尺寸「小號」（small，1 ～ 2 杯份）及「大號」（large，2 ～ 4 杯份）。

上濾杯形狀

梯形；有兩個開孔。

濾紙

符合標準的「美麗塔式」濾紙都可使用，「小號」濾杯可用「美麗塔 #2」濾紙，「大號」濾杯可用「美麗塔 #4」濾紙。使用「小號」濾杯時可能需預先沖洗濾紙，才能將濾紙固定在濾杯上，同時能夠達到預熱濾杯、濾紙的效果。

配件

沒有其他同品牌推出的配件。

「蜂巢濾杯」操作建議：

- 請先參考第 256 頁文字框中手沖的通用操作建議。
- 上濾杯的設計對於研磨粒徑尺寸的寬容度很大，不過建議你從「細研磨」開始嘗試，大約是「摩頓牌食鹽」的手感，之後再從這個位置進行更粗或更細的調整。

沖煮出來的咖啡風味：

整體而言，在酸味明亮度及結構表現很均衡，風味奔放，近似於「Hario V60」的風味呈現，但圓潤度、飽滿度更高一些。

- 「蜂巢濾杯」是容錯率較高的設計，不過假如沖煮時用較仔細的態度來操作，也會有更好的回饋。確認在沖煮

手沖器具中永久性過濾器的重要提醒

關於「永久性濾網」或「打孔金屬片過濾器」，可在網路上鍵入關鍵字「Reusable Filters」及品牌名稱，就能搜尋到。這些過濾器通常都是零配件開發商這類小型公司出品的商品，有金屬編織網、尼龍編織網、打孔金屬片等型態，都是用來取代濾紙的。

永久性濾網沖煮出來的咖啡飽滿度較高，層次豐富，但是風味透明感、奔放程度較差（與濾紙沖煮相比）。建議使用一台優質的刀盤式磨豆機，並用較均質的研磨粒徑來沖煮，效果最佳。

在第 246 頁有關於永久性過濾器與濾紙的詳細比較內容。

在本區塊關於「人工手沖步驟」的所有操作建議，都是基於使用適當的濾紙為前提。

基本的「先浸泡後釋放」沖煮技巧

與手沖不同（手沖會用水柱在粉層上繞圈，並將水位維持在某個高度上），採用「先浸泡後釋放」沖煮法時，你會一次性將全部的沖煮用水注入上濾杯中，讓熱水與咖啡粉充分浸泡，最後才讓咖啡液滴漏出來。

你需要準備的東西：

- 「先浸泡後過濾」器具與濾紙。
- 熱水壺（內建數位溫度計的溫控壺，如第 252 頁）。
- 電子秤。
- 計時器。
- 木製或塑膠製湯匙，用來在沖煮過程中進行輕度攪拌。

準備事項：

秤重並研磨咖啡。

- **研磨粒徑尺寸：**

  總括來說，先嘗試用近似於「摩頓牌食鹽」的細研磨開始嘗試，假如咖啡液滴漏速度太慢（較理想的滴漏時間是在你開啟逆止閥後 1 ～ 2 分鐘內要流完），或是嚐起來太苦，你就可將刻度再調粗一些；反之，若風味嚐起來乏善可陳或很虛，就可把刻度再調細一些。

- **咖啡的粉／水比例：**

  我建議你從 1:16（1 克咖啡粉，對應 16 克水量）開始嘗試，這個比例也就是大約每 6 克多一點的咖啡粉，搭配 100 克／毫升的沖煮用水；或是改用容積來看，1 尖匙的咖啡粉，搭配 3 盎司的水量。假如你想要更濃（可調整為 1:15）或更淡（可調整到 1:17 或 1:18），千萬記住要將其他變因都維持不變，用此方式來決定想要的咖啡濃厚程度。

- **濾杯容量也要列入考量：**

  在你開始要使用這類「先浸泡後釋放」的濾杯前，一定要確認先用量杯量好此濾杯的實際容量，因為這個數字就是直接決定沖煮比例的最重要關鍵，牽涉到沖煮時你能用到的最高水量。舉例來說，一杯份的聰明濾杯，最大熱水容量為 250 克／毫升（8.5 液體盎司），因此，你必須依照這個設定範圍來測量咖啡粉的使用量；當你採用 1:16 的比例時，使用大約 16 克的咖啡粉，對應 250 克／毫升的沖煮用水；假如是用容積來測量，則是使用 3 平匙的咖啡粉，對應 8 液體盎司的水量。

操作流程：

- 將濾紙放進濾杯中，用一陣熱水柱沖洗濾紙，再下第二陣水柱，用來預熱下方的杯子或保溫壺，正式開始沖煮之前，將內部的熱水都先倒掉。
- 加入秤重好的咖啡粉。
- 輕拍或搖晃濾杯，將內部咖啡粉整平。
- 確認沖煮水溫。沖煮的起始水溫必須介於 200 ～ 205 ℉（約 93 ～ 96 ℃）之間。假如你是追求精準沖煮的人，並且使用內建數位溫度計的溫控壺，我建議你從 205 ℉（96 ℃）開始嘗試；假如你沒有一台溫控壺，並且住在低於海拔 1000 英尺（約 300 公尺）的地方，你可以在將水加熱到開始冒出明顯蒸氣、小氣泡時，用這樣的熱水進行注水，但千萬不要等到水開始劇烈沸騰才拿來注水。詳見第 243 頁，會有更多關於沖煮水溫的內容。
- 將計時器設定 2 分鐘倒數（如果要得到酸味較明亮、香氣較明顯的咖啡時）或 4 分鐘倒數（假如要得到咖啡體較厚實、層次較明確、酸味明亮度較低的咖啡時）。
- 按下計時器的同時，開始注水；在注水的同時，使用木製或塑膠製湯匙輕柔地攪拌咖啡粉與熱水，打散所有膨脹起來的咖啡粉層。攪拌時切記不要讓湯匙刮到濾紙邊緣，也不要攪太多下。
- 當你注入預先設定好的水量時，就可停止注水。
- 將濾杯的上方加蓋保溫，大多數「先浸泡後釋放」的器具都會附一個上蓋。
- 當計時器響起，就將濾杯放到杯子或盛接壺上開啟逆止閥，在開啟逆止閥前，再次輕柔攪拌一下，將黏在濾紙邊緣的咖啡粉都沖下來。
- 滴漏的過程也會持續 1 ～ 2 分鐘。

  若你想獲得更多資訊，可在網路上的沖煮影片或圖解說明找到特定沖煮器具的操作建議。網路上有各種不同版本的沖煮技巧，這對「先浸泡後釋放」沖煮法來說是常有的事。

初期將全部的咖啡粉都打溼，注水時盡量維持粉層膨脹的高度，偶爾用水柱將卡在濾紙邊緣的咖啡粉沖下來。

「先浸泡後釋放」式滴漏法

「先浸泡後釋放／先浸泡後滴漏」類型的器具像是「聰明濾杯」（Clever Coffee Dripper）與「波那維塔」出品的「陶瓷浸泡濾杯」（Porcelain Immersion Dripper），兩者的外觀、工作原理大致都與手沖用具相同，只不過在濾杯底部增加了一個「逆止閥」或「止水裝置」。在沖煮流程的初期，逆止閥是關閉的，讓咖啡粉、水在濾杯中維持浸泡狀態；浸泡 1 ～ 3 分鐘後，將濾杯放在 1 個馬克杯或盛接壺上，就能將逆止閥打開（或是用工具），讓咖啡液流入杯中或盛接壺中。此方式有一部分利用了浸泡式（法式濾壓壺）的原理，另一部分則藉用了滲透／過濾式（手沖）的原理，因此煮出來的咖啡也兼具兩者的優點。

獲得的沖煮成果通常活潑度會低一些，杯中的透明感風味特質則會有點像「咖美克斯」、「Hario V60」、「蜂巢濾杯」等煮出來的狀態，不過會比它們擁有更飽滿的口感、更單調卻更深沉的風味層次調性。

法式濾壓壺（活塞式沖煮器）

雖然這個器材在 1930 年代就被義大利發明出來，但一直到了二次世界大戰後，這種一體式沖煮器具的設計才在法國真正成為家用沖煮法中最愛的方式，並且在 1990 年代的北美咖啡館與一般人家裡開始大受歡迎。即使到了今日它仍然擁有蠻高的受歡迎程度，部分原因是外型設計優雅、方便攜帶，還有沖煮時那個戲劇性的「活塞」本身。

與其他大多數手工沖煮法的不同之處在於，它的最終階段是發生在桌面上（如餐桌或辦公桌），而非發生在廚房裡，這使得法式濾壓壺在小型晚宴派對之類的場合中，成了一種很理想的沖煮方式。

傳統設計的法式濾壓壺主要由幾個零件組成：一個窄長的玻璃杯、一個金屬或塑膠製的圓柱體容器，在容器內部放入「粗到中研磨」的咖啡粉，倒入熱水混合，之後就浸泡著。浸泡 3～5 分鐘後，就使用一個由細網做成的平面活塞（活塞外徑恰好與容器內徑能緊密貼合）將咖啡粉與沖煮完成的咖啡液分離，咖啡粉會被壓到容器的最底部，煮好的咖啡則會在容器的上層（濾網上方）。

雖然基本的法式濾壓壺設計很簡潔，不過仍有多種不同樣式，有些很明確地只針對功能改善，有些則是為了能有更顯眼的外觀、使用體驗而做的改良，畢竟這種器材是你會放在桌面上的東西，你不會把它留在廚房裡。放在在廚房裡，其他人看不見；但在你的桌上，其他人都看得見。在過去數年來，各種法式濾壓壺的設計在視覺上都讓我們印象深刻，有的五彩繽紛，有的則是都會時尚感的膠框設計，還有低調的金屬護套設計，這些都意謂著「要花更多錢」。

法式濾壓壺的技術性改良

法式濾壓壺的最新設計，功能也有很明確的改良。

傳統的玻璃製圓柱體容器設計，像是經典的「柏頓香波」（Bodum Chambord）型濾壓壺，能讓我們透過單層玻璃圓柱體容器，直接看到內部沖煮時那個滿是泡泡、有點像沸騰的戲劇性畫面，不過這類傳統玻璃材質的設計就有著一些技術層面問題。

首先，單層玻璃材質會讓長達 3～4 分鐘沖煮時間的咖啡液溫度下降，沒有倒完的咖啡液也會持續降溫；其次，活塞濾網雖會將咖啡粉壓往杯底，但仍然會讓較細的顆粒留在咖啡液裡，所以法式濾壓壺沖煮出來的咖啡都有一種很有名「豐沛的、飽滿咖啡體的特質」（也是一種惡名），在享用咖啡的尾聲時，也會容易喝到較混濁、有點淤泥狀的杯底；第三點，被壓往容器最底部的咖啡粉會持續與咖啡液接觸，理論上來說，這會讓萃取作用持續進行，並讓後期的咖啡液嚐起來有更多苦味（這一點也許在感受上較不明顯）。

經典的柏頓牌「香波」法式濾壓壺。

較新型的「法式濾壓壺」設計，比起雖然很優雅、但功能較陽春的「香波」式設計，有更多技術性的改良。舉例來說，照片中這個「艾斯普洛」濾壓壺，有雙層的圓柱體容器設計，能提供很棒的保溫效果；也有雙層極細濾網，能減少杯中咖啡的超細粉比例；濾網邊緣配有更高效率的墊圈。「艾斯普洛」的濾壓壺還能搭配濾紙使用。（圖片來源：艾斯普洛公司）

保溫性更好、更細的濾網

　　最新的法式濾壓壺設計，將前述那些問題都考量在內。舉例來說，今日市面上販售的多數高品質法式濾壓壺，都是雙層不鏽鋼或雙層玻璃打造的，雙層構造比起單層有更好的保溫效果。

　　第二點，今日市面上最佳的法式濾壓壺，其配備的濾網都是更細的孔目，有的還會有雙層濾網，濾網外圈會有橡膠或矽膠墊圈包覆，讓這個活塞與容器內緣密合度更高；雖然仍會有一點點淤泥狀的超細粉留在杯裡，但比起傳統單層濾網的設計少得多了。最後要提到一款由「艾斯普洛」（Espro）推出的法式濾壓壺系列，在它的雙層濾網之間還能夠加入一張濾紙，可最大化去掉超細粉，它甚至能讓沖煮後的咖啡粉與咖啡液完全隔離，因此也解決了萃取過度的可能性。

清洗的惡夢

　　直到撰文當下，法式濾壓壺這種「一體式設計」的缺點仍然無法完全解決，那就是人人聞之色變的「清洗」問題。在清理時，需要花較多心思將裡面的咖啡渣刮除並清洗，我建議你可以先加入一點溫水，稍微搖晃一下，將底部咖啡粉帶起來，然後將這個水與粉的混合體倒進配置有細塞網的瀝水容器中，如此可讓清潔程序變得稍微輕鬆一些。目前有兩款為了簡化清潔程序而做的特別設計壺種——「Rite Press」與「OXO」出品的系列，都有一種名為「揚粉器」（GroundsLifter）的設計，不過根據網路用戶的評論得知，這種功能效果沒有想像中那麼好。

使用法式濾壓壺煮咖啡的理由

　　儘管如此，下方列出幾個它仍受到歡迎的原因：

- 外觀看起來不錯，可以在自己桌上完成沖煮，不需要停留在廚房裡、拿一把鵝頸熱水壺沖泡，你可能會因此錯過客人在廚房外分享的一切聊天內容。
- 再次強調，它不需像手工沖煮法一樣花掉你太多時間。
- 泡出的咖啡，有著飽滿咖啡體，風味密集度頗高，酸味明亮感較圓潤，而且層次較明確、風味調性奔放程度略低一些。個人對於咖啡口味的偏好，才是選購一個法式濾壓壺的最主要考量。

如何選購法式濾壓壺？

　　選購前務必先搜尋「雙層設計」，無論是不鏽鋼或玻璃的材質都能有很好的保溫效果；另外，也可以搜尋具「雙層超細濾網」加上緊密貼合的橡膠或矽膠墊圈設計。比起入門款的法式濾壓壺來說，這類改良型設計雖然價格貴一些，但很值得。

真空沖煮壺（虹吸壺）

　　真空沖煮壺的另一個名稱就叫「虹吸壺」〔siphon／syphon，英文常見的稱呼還有「真空壺」（vacpots）〕，是所有沖煮法中最具視覺效果的一種，不論是操作時看著水沸騰、冒泡，直到煮好的咖啡流回下方壺身，都充滿了戲劇效果。如果說「咖美克斯」沖煮壺看起來像是一個實驗器材，那麼「真空沖煮壺在操作時根本就是一個實驗器材」。

　　蘇格蘭海軍工程師羅伯特・納皮爾（Robert Napier）據傳是真空沖煮壺的發明者之一，不過當時他在1840年代是發明了一種複雜的、類似小型蒸氣引擎的裝置，而不是像是今日真空壺的那種外觀。二戰後，在美國一直有少量人口持續使用真空沖煮壺，一來是因為沖煮時的戲劇效果，二來則是因為比起需要幫浦加壓再過濾的機器而言，它在技術層面上是較妥善的選擇（針對1950～1960年代當時的家用沖煮市場來看）；時至今日，在高端的咖啡店中，真空沖煮壺偶爾會被拿來使用，主要也是戲劇性效果，所以有些具「設計魂」的製造商——最有名的是來自日本、瑞典——推出了多種實用又精簡的系列給家庭使用者選擇。

真空沖煮壺操作時的奇景

　　從功能的角度出發，首先看到的是加熱元件，可用廚房的爐火、簡單的酒精燈，也可以用許多日本及美國咖啡館沖煮吧台上常見的那種具視覺衝擊效果的鹵素燈加熱器（見第264頁照片）。

　　再來，看到真空沖煮壺的下壺，它的形狀圓圓的，材質通常是硼矽酸鹽玻璃（borosilicate glass，耐熱玻璃），操作時會在下壺裝入沖煮用水；咖啡粉則會倒入上壺，上壺的底部有一根管子可插入下壺；在上下壺中間有個過濾器（有濾紙、濾布或金屬濾網等類型）。當下壺的水被充分加熱後，形成的水蒸氣體積膨脹，並將液態水透過管子、過濾器往上推，熱水與咖啡粉會在上座進行混合大約1分鐘，操作時會進行短暫、有效率地攪拌，沖煮完成後，熱源關閉或被移開，此時煮好的咖啡液就會被下壺的「類真空」吸力吸回，此回吸力道是因為水蒸氣冷卻後體積縮回1%而形成的，中間的過濾器則能避免讓咖啡渣回流到下座。

　　當所有步驟都適當操作時（水溫、粉／水接觸時間、攪拌），煮出來的咖啡口感會十分豐厚，酸味明亮度較圓潤，香氣風味調性層次較明確，不會有像法式濾壓壺咖啡那種混濁感與殘留的淤泥感。

　　若你想了解如何使用手上那把真空沖煮壺，可參考沖煮壺隨附的使用說明，也可參考網路上的示範影片。

愛樂壓

　　是由美國工程師／發明家艾倫・阿德勒所發明，自從在2005年初登場以來，在吧台師、家庭使用者間受到雨後春筍般的熱烈歡迎。它的外觀有點像法式濾壓壺，但實際操作

法式濾壓壺的基本沖煮技巧

法式濾壓壺的沖煮建議有許多差異很大的方向。其中大多數都提到要使用粗研磨的咖啡粉，有些則會建議較細一些的研磨粒徑；有些人會建議你用快速 2 分鐘的萃取時間，有些人則會建議用更長的萃取時間（最長有 6 分鐘）。與大多數手工沖煮法相同之處在於，有些人會建議在沖煮初期將咖啡粉與熱水攪拌，有些人則偏好較仔細注水、單純讓咖啡粉充分打溼。

部分原因可能是這些網路上的操作技巧，是針對不同的法式濾壓壺設計所給的建議。較新型、配備極細濾網的法式濾壓壺，可使用比傳統型設計更細的研磨粒徑；如果你使用的是一台品質較佳的刀盤式磨豆機，也可以用較細的研磨粒徑，因為這類磨豆機先天上就不會製造出太多極細粉。

下方提供的沖煮技巧建議，是根據我使用一把優質法式濾壓壺（雙層極細濾網）的使用經驗，測試時使用的磨豆機，也是從尚可到特優等級一整個系列。

你需要準備的東西：

· 沖煮器具。
· 熱水壺（內建數位溫度計的溫控壺，如第 252 頁）。
· 電子秤。
· 計時器。
· 木製或塑膠製的湯匙，用來在沖煮過程中進行輕度攪拌。

準備事項：

秤重並研磨咖啡。

· **研磨粒徑尺寸：**

建議由中研磨（介於「摩頓牌食鹽」與「摩頓牌粗磨鹽」正中間的手感）開始嘗試。假如你使用的是一把配備雙層濾網及橡膠或矽膠墊圈的優質法式濾壓壺，你可能會想嘗試用更細的研磨粒徑（近似於「摩頓牌食鹽」手感）開始沖煮，這會讓咖啡風味密集度更高，不過同時也會在下壓時提供更高的阻力。

· **咖啡粉／水的比例：**

我建議你從 1:16（1 克咖啡粉，對應 16 克水量）開始嘗試，這個比例也就是大約每 6 克多一點的咖啡粉，搭配 100 克/毫升的沖煮用水；或是改用容積來看，1 尖匙的咖啡粉，搭配 3 盎司的水量。假如你想要更濃（可調整為 1:15）或更淡（可調整到 1:17），千萬記住要將其他變因都維持不變，用此方式來決定你想要沖出的咖啡濃厚程度。

操作流程：

· 使用熱水將保溫壺（壺身）裝到半滿，進行預熱（對於法式濾壓壺沖煮來說，此步驟格外重要）。

· 將預熱的水倒出。

· 將仔細秤重完成的咖啡粉倒入保溫壺中；假如你沖煮時會搭配電子秤，此時就可將保溫壺放在電子秤上扣重歸零，之後再加入你目標的粉量（直接秤重）；之後再次扣重歸零，如此一來，當你注入熱水時，電子秤就會告訴你何時已沖到目標水量了。

· 輕拍或搖晃一下保溫壺，將內部咖啡粉整平。

· 將計時器設定為倒數 3 ～ 5 分鐘（標準是 4 分鐘），但先不要按開始。在本文最後方，你會看到沖煮時間的計算方式。

· 沖煮用水必需加熱到至少 200 ～ 205 ℉（約 93 ～ 96 ℃）。假如你沒有一台溫控壺，同時你還住在低於海拔 1000 英尺（約 300 公尺）的地方，你可在將水加熱到開始冒出明顯蒸氣、小氣泡時，用這樣的熱水進行注水，但千萬不要等到水開始劇烈沸騰才拿來注水。詳見第 243 頁，會有更多關於沖煮水溫的內容。

· 啟動計時器，同時將預先量好水量的熱水注入咖啡粉層，等待一下，讓粉層膨脹，小心地讓所有咖啡粉都充分吸水。

· 當你注水時，可使用湯匙輕輕攪拌粉層，只需均勻攪散、沒有任何懸浮著的乾粉就好，千萬不要持續攪拌，那會讓最後煮出來的咖啡混濁或帶有淤泥感。

· 將濾網放入保溫壺上方開口，將濾網向下壓至大約到咖啡粉層的位置就好，先不要壓到底，這麼做的用意是要讓所有的咖啡粉都完全浸泡在沖煮用水底下（被過濾器壓著），此時沖煮用水的液面尚不能超過過濾器的高度。

· 當倒數計時結束，緩慢地將活塞壓到保溫壺的最底部。請注意，下壓時是直直地往下，不要斜斜地壓。

· 將煮好的咖啡立刻倒出。

· 沖煮時間的特別備註：建議從 4 分鐘開始嘗試。假如煮出的咖啡嚐起來風味太濃厚或太密集，之後再調整為 3 分鐘就好；假如風味太清淡，那麼下次可先嘗試將粉／水比調整到 1:15，如果你增加了咖啡粉劑量後，4 分鐘煮出來依然太淡，才需要將沖煮時間調整為 5 或 6 分鐘。

若你想獲得更多資訊，可在網路上的沖煮影片或圖解說明找到特定法式濾壓壺的操作建議。網路上有各種不同版本的沖煮技巧，這對法式濾壓壺來說是常有的事，而且這也是其中的一個迷人之處。

更像手動單杯式 espresso 沖煮器。

愛樂壓是一個小型器材，一次僅能沖煮 1 杯普通容量的咖啡，材質是聚丙烯塑膠（polypropylene plastic ／ PP），只有一個橡膠製墊圈是不同材質，因此它的價位相對不高，很耐用，而且出外旅遊或露營時是很理想的用具。

愛樂壓的主要結構分為兩個耐用性很高的塑膠圓柱體，其中一個直徑比另一個略小一些。在較大圓柱體的一端，可扣上一個蓋子，蓋子上可放一張濾紙；較小直徑的圓柱體前端有一個橡膠墊圈，用這一端放入較大圓柱體內，經過一段時間的粉／水混合期，再將小的圓柱體向內推，咖啡液就會從大圓柱體的過濾端流出進入杯裡（我懂，文字很難想像，詳見第 265 頁照片說明。）

照片中是正在操作中的「Hario 真空／虹吸沖煮壺」。照片中使用的熱源是同時兼具加熱與戲劇性燈光效果的鹵素燈。在家用版本的真空沖煮壺中，大多會使用小小的酒精燈當作熱源。（圖片來源：iStock／Bong hyunjung）

愛樂壓的使用彈性

　　愛樂壓在設計之初就是一種很有彈性的沖煮器材。阿德勒一開始將其設計為用來沖煮一小份口感近似於 espresso 的濃縮型咖啡（但煮不出克麗瑪，這是 espresso 才會有的神祕豐厚泡沫），他本來想用這樣的濃縮式咖啡加一些熱水做成美式咖啡，透過如此的發想，讓愛樂壓有了初步的成功；不過一直到了出現所謂的「反轉式操作法」（inverted method）之後，愛樂壓才受到更廣大的歡迎。

原本的愛樂壓操作手法

　　這是由阿德勒提出的操作方式，在愛樂壓的使用說明中有詳細步驟：

（1）使用過濾器固定器（上蓋）將濾紙固定在較大直徑的圓柱體一端，將過濾器那端固定在杯子上；

（2）倒入預先量好分量的細研磨咖啡粉到較大圓柱體中，加入熱水，攪拌後將較小圓柱體帶著密封墊圈那端，插入較大圓柱體中；

（3）讓粉／水進行一段短時間的接觸萃取之後，將活塞用緩慢、有控制的節奏往下壓，就會煮出一杯濃縮式咖啡。

　　你可以直接飲用這種很濃郁、近似於 espresso 的濃縮式咖啡，也可以將其用水或熱牛奶稀釋來飲用。欲知詳細操作步驟，請參考愛樂壓隨附的使用說明書。

愛樂壓的「反轉式操作法」

　　在吧台師與愛樂壓愛用者之間，「反轉操作法」非常受歡迎。此操作法是將較小的圓柱體預先插入較大圓柱體的底部，當作第一個步驟，將整個愛樂壓放在檯面上或電子秤上，此時仍然維持較小圓柱體在下方，較大圓柱體在上方的狀態。見第 265 頁照片說明。

　　第二個步驟，將咖啡粉、熱水在頂部的較大圓柱體中結合，之後再將過濾器上蓋與濾紙從上方鎖緊，經過短時間的粉／水混合，再將整個愛樂壓倒轉過來，讓過濾器朝下固定在杯子或馬克杯上，之後就跟原始操作法一樣，將活塞往下壓，咖啡液就會流進馬克杯裡。有些人喜歡使用「反轉式操作法」做出濃縮式咖啡再加熱水飲用；另外也有些人（我也是）則較喜歡用「反轉式操作法」直接煮一杯 6 盎司風味平衡的咖啡，完全不需要稀釋。

　　網路上有許多關於原始操作或反轉式操作法的爭論，都是在吵哪種煮出來的較好喝。愛樂壓公司每年都會贊助舉行最佳「愛樂壓沖煮競賽」，在過去數年間，大多數的優勝者似乎都是使用反轉式操作法，這種操作法不會讓任何一滴未完整萃取的咖啡在你尚未壓下沖煮活塞前滴進杯裡。

　　我本人雖然不是比賽中的優勝者，但我幾乎每天都使用反轉式操作法快速做一杯具有以下特質的小份咖啡：穩定、豐厚口感、優異均衡感、低苦味、低澀感、層次明確但有著乾淨呈現的香氣與風味調性。下方將我的操作方式提供給你參考，不過你也可以在網路上找到其他更簡短、更到位的示範影片，包括那些曾是愛樂壓沖煮競賽優勝者的操作手法。

注意事項

　　不論你使用哪個版本的操作手法，都要避免噴濺或燙傷，必須特別留意以下：

· 使用的杯子或馬克杯最好是堅固的陶瓷或玻璃材質，不要用很薄或易碎的玻璃。

· 杯子或馬克杯本身最好是很穩固的平底設計，不要選擇高瘦型的杯子。

· 在你開始壓下活塞之前，先確認愛樂壓的過濾器端有穩定固定在馬克杯或杯子上，杯子也要穩固地放在平坦檯面上。

· 當你壓下活塞時，一定要直直往下壓，避免側身施力，或者用傾斜角度施壓。

　　這些注意事項的重點就是為了避免把杯子或馬克杯弄破、打翻（在用手施壓時），這會讓你必須面對檯面上的混亂，最糟糕的情況下你可能還會燙傷；假如咖啡粉層的阻力太大，建議你直接放棄這個沖煮回合，等到整個器材都冷卻下來後，再重新用粗一點的研磨粒徑操作一遍，阻力小一點才會比較好壓！

愛樂壓用的過濾器

　　購買愛樂壓的同時，內附專用的濾紙效果非常好。

在第三方製造商也能找到為愛樂壓設計的打孔金屬過濾片。我最熟悉的一款就是「亞伯」（Able）出品的碟盤（DISK），用這款過濾器能煮出一杯傑出的咖啡，雖然比起專用濾紙煮出來的口感略微黏稠、風味層次更厚重。

「Fellow」公司出品的「普利斯莫」（Prismo）是一款將整個原廠過濾器完全替代、巧妙又精良的過濾器，在使用反轉式操作時，「普利斯莫」能夠防止洩漏，它是一款極細孔目的打孔金屬過濾片，特別設計來煮出 espresso 式的濃咖啡，用這款過濾片仔細做出來的「類 espresso」濃咖啡，風味令人非常印象深刻，前提是你早就已經投資了能做出好咖啡的其他相關器材與設備。

不過要特別留意，使用「普利斯莫」需要施加足夠的力道才能將咖啡液擠出過濾器，因此要特別小心地將愛樂壓穩穩固定在一個堅固的馬克杯上，也要確定是在平坦的檯面上操作，下壓時要直直往下（不能有側身或傾斜）。

「冰咖啡」（Iced）與 「冷萃咖啡」（Cold-brewed）

在炎炎夏日裡，享用一杯剛沖煮好、再加入冰塊的咖啡，是一種越來越流行的精緻咖啡享用方式。當然，espresso 多年以來也以各種不同調味冰飲及瓶裝即飲（加入高比例的甜味劑、牛奶、香料等）等型態呈現在市面上。

但是近來的「冷飲式」咖啡潮流與先前的模式不太一樣，是用精緻等級的咖啡做成「冰咖啡」或「冷萃咖啡」。（另外某些情況下，還會打入氮氣在冰涼黑咖啡裡，讓其產生泡沫，看起來有點像啤酒的版本。）

當然，「冷萃咖啡」不是什麼新玩意兒，「冰咖啡」也不是；比較新鮮的部分是目前在製作這些飲品時所花的專注程度與製作的精細度不一樣了，現今國際連鎖店都會提供「冰的黑咖啡」（iced black coffee），原本小小一群堅持在煮咖啡時以冰塊冷卻的族群人口也開始成長（喜歡這樣做的人變多了），相關的沖煮器具、產品也同時受到歡迎。

3 種冰飲黑咖啡

目前基本上有 3 類冰飲咖啡的製作與享用方式：

（1）熱沖後冰鎮〔或「速冷式」（Flash-Chilled）〕
用熱水沖煮咖啡，在剛煮完時，立即進行冷卻。

（2）冷萃咖啡
長時間萃取的咖啡，通常會萃取 10 ～ 24 小時，使用冷水或室溫的水（而非熱水）來沖煮。在許多層面上，冷萃咖啡與熱萃咖啡是不同的飲品類型，冷萃咖啡的風味較細膩、焦糖味明顯、風味很微妙、酸味很低，通常會萃出很濃郁的咖啡液，並在飲用前稀釋。假如你在一家咖啡館想要點冰咖

這三張照片呈現的就是俗稱的愛樂壓「反轉式操作法」。
（上）將咖啡粉倒入沖煮圓柱體中秤重；
（中）注水並讓粉／水萃取一段時間之後，將過濾器上蓋與濾紙由上方鎖緊；
（下）當你預設的最佳沖煮時間到達時（倒數計時器會響起），就將整個愛樂壓反轉過來，將過濾器那端固定在平底的、穩固的馬克杯或杯子上，煮好的咖啡液就會透過過濾器被擠壓出來。
（圖片來源：iStock ／ hsyncoban）

我的愛樂壓操作法（反轉式操作）

雖然網路上有許多愛樂壓沖煮競賽優勝者提供的操作方式，我在此提供的會跟他們有點不同，但跟愛樂壓原先提供的操作法差不多同樣簡單，目標是要得到一杯均衡、活潑的咖啡，而且苦味很低。

你要準備的東西：

· 愛樂壓沖煮器與過濾器。
· 熱水壺（推薦內建數位溫度計的溫控壺，如第 252 頁）。
· 電子秤。
· 計時器。
· 木製或塑膠製的湯匙，用來在沖煮過程中進行輕度攪拌。

準備事項：

· 將帶著密封橡膠墊圈的較小圓柱體插入較大圓柱體的一端中，僅需能夠牢牢密封、不滲漏即可，不用插到底，目的是要保留足夠空間，讓較大圓柱體內部能容納咖啡粉、沖煮用水，在上方開口就是之後能將過濾器與濾紙鎖上的位置。
· 將組合好的兩個圓柱體放在檯面上或電子秤上（較小圓柱體的位置在底下，較大圓柱體則在上方），而且頂端是開口，先不要將濾紙與過濾器鎖上。
· 準備一個馬克杯或杯子（容量至少為 7 盎司或 200 毫升），放在愛樂壓旁邊。
· 將一張濾紙或打孔金屬片放進塑膠製的打孔過濾器中，將整個過濾器放在愛樂壓的旁邊。
· 研磨粒徑尺寸：
  一般而言先從「中細研磨」（近似食鹽）開始嘗試，假如活塞太難往下壓，請在下回合沖煮時將研磨調粗一些。
· 咖啡的粉／水比例：
  建議從 1:15（1 克咖啡粉，對應 15 克水量）開始嘗試，比手沖建議濃度略濃一些，用愛樂壓沖煮時，這個比例也就是：大約每 14 克（約 2.5 平匙）的新鮮咖啡粉，對應 180 克／毫升（約 7 液體盎司）的沖煮用水，這是愛樂壓能夠容納水量的極限值。在你品嚐第一次煮出來的咖啡後，假如想要更

淡一些，可改用 12 或 13 克的咖啡粉就好，水量不變，盡量要讓其他變因都維持不變；假如你想要咖啡風味更濃厚，則只需將咖啡粉增量到 15 或 16 克就好。

操作流程：

· 將咖啡粉倒入較大圓柱體上方開口內。
· 沖煮用水必須加熱到 200～205 ℉（約 93～96℃）之間。假如你是追求精準沖煮的人，並且使用內建數位溫度計的溫控壺，我建議你從 205 ℉（96℃）開始嘗試；假如你沒有一台溫控壺，並且住在低於海拔 1000 英尺（約 300 公尺）的地方，你可以在將水加熱到開始冒出明顯蒸氣、小氣泡時，用這樣的熱水進行注水，但千萬不要等到水開始劇烈沸騰才拿來注水。
· 先注入一份小份量的熱水到咖啡粉層中，並啟動計時器。
· 將剩下的熱水倒完。你可以靠注水的重量來翻攪咖啡粉層，也可以在注水的同時，用湯匙輕輕攪拌粉層。愛樂壓本身內附一個攪拌片，但你可以使用任何能夠伸進容器內的東西來攪拌。攪拌時不要太用力。
· 當注水完成後，將過濾器鎖上較大圓柱體的頂部。計時器跑到 2 分 30 秒時，將整把愛樂壓快速反轉過來，過濾器那端固定在馬克杯或杯子上方。
· 用非常緩慢但用力的力道將較小圓柱體往下壓，促使煮好的咖啡液穿過過濾器流入馬克杯中。粉／水接觸總時間的目標（包括下壓的時間）約為 3 分鐘。接觸時間越長，咖啡風味越濃厚、較不活潑。
· 再次提醒：在開始下壓前，千萬要確認愛樂壓穩定地固定在馬克杯或杯子上方，杯子則穩穩地放置在平坦檯面上；一定要小心地垂直往下壓，假如下壓時咖啡粉的阻力太大，就直接放棄這個沖煮回合，等到整個愛樂壓都冷卻下來後，再重新用略粗一些的研磨粒徑操作一次。

若你想獲得更多資訊，或是其他替代性的操作方式，可直接在愛樂壓官網搜尋許多優勝者的示範影片。愛樂壓其中一項最大的吸引力就是來自這些操作技巧所發揮的創意。

啡來喝，你可能需要詳讀店內的菜單，或是詢問吧台師確認一下到底是「冷萃咖啡」還是「熱萃後速冷的咖啡」（或是更慘的情況下，是泡好後放太久的咖啡，放進冰箱冷卻的那種冰咖啡）。

（3）混合氮氣的冰咖啡

不論是「冷萃」或「熱萃後速冷」的黑咖啡，都可用氮氣混合來製作成帶有細緻、綿密泡沫的「氮氣咖啡」，這跟製作某些「司陶特啤酒」（stouts）及「艾爾黑啤酒」（dark ales）時使用的處理過程相似。這種飲品通常會被存放在 10 加侖容量內的「小桶」（kegs）裡，並用與生啤酒一樣的龍頭出杯，也有做成瓶裝或罐裝飲品的形式。

綿密且具誘惑力：氮氣黑咖啡

我們首先開始介紹這種最不傳統的產物——「氮氣冰咖啡」，這種飲品基本上屬於零售型飲品，通常你在家裡無法自行製作（不過目前網路上也有銷售一些自行製作「氮氣冰咖啡」的器材，如果真的想做還是可以達成），在撰文當下，一套家用氮氣咖啡組合設備僅需約 100 美元就能擁有〔「uKeg」出品的「氮氣冷萃咖啡機」（Nitro Cold Brew Coffee Maker）〕。

正確製作時，氮氣咖啡會給予你一種迷人、具誘惑力的感官體驗。由氮氣賦予的綿密質感不但將風味結構變得圓

潤，同時也讓口感增加了亮點，不過仍然能夠維持咖啡豆與烘焙本身想呈現的多數風味特質；另外，因為出杯方式跟生啤酒一樣，在視覺上也是一個具吸引力的奇景。

儘管如此，對於這種有趣的冷僻咖啡之享用方式，我希望各位讀者可自行到喜愛的咖啡館、自動販賣機或一些有販賣氮氣咖啡組的自家釀造場所去探索。

瓶裝／罐裝的優質精緻咖啡

先不管目前市面上各種即飲型飲品有多麼琳瑯滿目，它們因為內含許多甜味劑、添加物，其實根本算不上是咖啡；不過目前市面上有越來越多 8 ～ 12 盎司裝冷飲黑咖啡類型的商品可選擇，不添加防腐劑或其他成分，許多都是普通的商品、通常喝不出個所以然的深焙廉價配方綜合豆；但其中表現最佳者會令人印象深刻，有時甚至是超乎尋常，能充分顯示出精緻咖啡是一種高尚飲品的存在，值得在本書特別提及、加以鼓勵。撰文當下，這類商品在店鋪中很少出現〔不過你也許可到高檔超市像是「全食超市」（Whole Foods Market）試試看，比較有機會找到〕，而且透過網路訂購有時還蠻貴的，但若是品質最佳的商品，其實還蠻值得購買。

假如你真的想開始探索「即飲式冷飲黑咖啡」這種小眾商品，你會發現有著特定名稱的單一產地咖啡，通常都比配方綜合豆或沒標示產地的類型，喝起來更有獨特性、有更高的享用程度；當然也是有例外的，我們在 *Coffee Review* 就曾嚐到過令人印象深刻的意外之作。

「冷萃」vs.「熱萃／速冷」之間的爭論

現在假設你想在家裡享用自己泡的冰咖啡，不論是加了冰塊冰鎮的黑咖啡，或是在冰塊上（不直接接觸咖啡）冰鎮的黑咖啡，也不管你之後是否要加入奶油球或甜味劑，總之就是正港的咖啡。

問題來了，你要用什麼方式做出這份冰咖啡？用「冷萃法」來做的話，這份咖啡在製作過程中就一直是冰涼的狀態；又或者，你想用一般的方式、使用熱水沖煮，之後再速冷？像這種看似簡單的問題，實際上在咖啡專業人士與冰咖啡行家族群之間一直有著很激烈的爭論。

差異很明顯

造成「冷萃」vs.「熱萃／速冷」之間如此多爭論的原因就是——它們在感官風味上真的有極大差異；另外，對於某些飲用咖啡會胃部不適的族群來說，這種差異甚至還有一些關於健康的考量。

享用加入冰塊的黑咖啡。（圖片來源：iStock ／ buz）

「冷萃」通常可以煮出咖啡體較順口、酸味較不明顯、香氣怡人細膩的咖啡，不過那些偏好熱萃咖啡的人總是抱怨，不論冷萃用多長的接觸時間，咖啡風味出來得都不夠完整，最後呈現出來的成果也無可避免地乏善可陳。

另一方面，偏好冷萃咖啡的人則辯稱：熱萃會讓咖啡中太多物質被萃取出來，容易嚐起來有苦味，讓人喝起來較有負擔。冷萃愛好者也會希望咖啡中的酸味與密集度低一些，他們較重視品嚐時的那種細膩感、低調感受，這些都是冷萃咖啡的特性。

冷萃咖啡的「低酸味」訴求

對於那些因咖啡裡的有機酸成分造成消化性困擾的飲用族群而言，他們特別喜愛冷萃咖啡那種「低酸味」特質，冷萃咖啡器材的製造與販售商都特別將「低酸味」拿來當作行銷宣傳的關鍵元素。

舉例來說，有一家製造商「陶迪」（Toddy），他們誇口說用這個器材煮出來的冷萃咖啡，其酸味比一般熱萃時低 67%，這個數字僅是根據由「陶迪」公司贊助的一份相對有限的研究而已。另一份較為仔細設計過的研究，在 2018 年於《科學報導期刊》（*Scientific Reports*）中發表〔「冷萃咖啡中的酸味與抗氧化作用」，拉奧（Rao）與富勒（Fuller）共同撰寫〕，在這份研究中發現：採用「酸鹼度測試」（pH）冷萃與熱萃的酸度沒有明顯差異，但的確有發現，冷萃中的酸性化合物濃度較低，以化合物的種類來看比熱萃少很多（用同一款咖啡豆來測試）；這項研究也發現，冷萃咖啡的抗氧化成分（這是咖啡搖身一變，成為對健康友善飲品的可能因素之一，見第 19 章）比起熱萃要低；換句話

說，以長期健康的考量來看，喝熱咖啡可能比較有用。

從感官風味的角度來看，冷萃咖啡其風味密集度很顯然地比熱萃還低，這種弱化的密集度感受有部分是因為酸味感受變得較清淡圓潤了。假如你覺得飲用冷萃咖啡比熱萃更舒服時，我的建議是「順從你的身體，繼續喝冷萃就好」。

詳見第 19 章、第 284 頁，會有更多關於酸味、消化不良、低酸味咖啡的內容。

由你自己決定要用哪種方式來做冰咖啡

假如你是喜愛風味密集度的飲用者，我會建議你用「熱萃後速冷」的方式來煮冰咖啡；儘管如此，使用冷萃法時，只要很仔細製作，同樣可將優質咖啡的細緻獨特性表現出來，另外，姑且不論那些用普通等級咖啡來沖泡的情況，沖煮良好的冷萃咖啡其本身的細膩特質就是一種極大享受。

另一點要切記：雖然是冷萃咖啡，你也可以把它變成熱飲，前提是冷萃時泡的濃度比較高，當你想要熱飲時，就將冷萃咖啡從冰箱取出，加入熱水就能飲用。事實上，許多愛好者時常會將冷萃咖啡加入熱水或牛奶稀釋飲用。

新鮮製作的氮氣冰咖啡。不論是冷萃或熱萃後速冷的黑咖啡，都能與氮氣混合，可讓風味結構更圓潤，口感的豐厚度也會略微增加。（圖片來源：iStock ／ golfcphoto）

在家製作「熱萃後速冷」咖啡

從許多網路的意見交流來判斷，有另一個爭論的話題出現：那些偏好「熱萃後速冷」咖啡愛好者中，有的人傾向熱萃較濃厚的咖啡，並直接流入裝著冰塊的容器裡；有的則是沖煮一般濃度，但隔著容器在冰塊上冰鎮。前者無疑能夠讓你享用到較新鮮、明亮度較高、香氣較佳的咖啡體驗，但是用冰箱或冷凍庫速冷後的咖啡，則會讓你得到一杯風味較能預期的飲品，雖然風味調性的表現可能會較差一些，但整體也是層次明確、風味穩定、平衡的飲品。

沖出較濃厚的熱咖啡，再用冰塊稀釋

不論你在熱沖後是要採哪種方式速冷，主要的考量點就在於「如何彌補被冰塊稀釋後的濃度」，當然，這一點對於「熱沖後直接讓咖啡流入冰塊中」的做法顯得特別重要。

一般來說，熱萃後當成冰飲享用的咖啡，在製作時，你會希望維持與做成熱咖啡時幾乎一致的沖煮參數（研磨粒徑尺寸、粉／水接觸時間、萃取水溫等），不過你可能必須比預期沖出更濃厚的熱萃咖啡，才能支撐冰塊的稀釋，做法就是提高咖啡粉用量。

熱萃後，直接流入冰塊冷卻的冰咖啡

假如你要「熱萃後，直接用冰塊冷卻」並立即享用，我建議你從 1:8 的咖啡粉／水比開始嘗試，最好是先將咖啡粉量維持平常用的量、不變，但是將沖煮水量減少大約到原來的一半，這樣沖出來的濃度才能彌補冰塊稀釋的影響。

前一段提到的沖煮比例是很濃厚的，因為你的目標就是要讓新鮮熱萃的咖啡直接與冰塊接觸，使用大多數單份滴漏式過濾手沖器具時，你可以讓煮好的咖啡直接流入事先裝滿冰塊的玻璃杯或保溫壺中，靜置一會兒就可享用。

（重要提醒：不要使用碎冰，只能使用完整的冰塊，因為碎冰融化太快，享用最佳濃度比例冰咖啡的時間會變短，另外，完整的冰塊才能讓冷度維持久一點。）

熱萃後，放進冷凍庫速冷

這個方式是另一種更簡便的「熱萃後速冷」冰咖啡製作法，你無須改變沖煮比例，只需將熱萃咖啡裝入一個預先冷卻後的玻璃壺中，再將整個玻璃壺放進冷凍庫，計時約 5 ～ 10 分鐘，再將之取出，享用時可將玻璃壺繼續放在冰塊上維持冷度，也可單純倒出一杯直接飲用。這種做法做出來的冰咖啡仍保持著新鮮風味，但是較不容易有讓咖啡體、風味變淡的風險（與直接用冰塊稀釋的做法相比）。這種操作方式的粉／水比例，只需要比沖煮熱咖啡（熱飲）時略濃一些就好，比方說手沖或全自動滴漏式沖煮壺可使用 1:15，不過就像前面提到的各種沖煮方式一樣，可依照你個人口味濃淡

的偏好來做比例的調整。

　　撰文當下，市面上又出現了一些能讓熱萃咖啡不需稀釋就快速冷卻的器材，通常都是使用類似冰敷袋的原理。

冷萃咖啡：
浸泡式 vs. 緩慢滴漏式

　　假如你想嘗試冷萃沖煮法，目前有兩種製作方式。其中最受歡迎的就是「浸泡法」（immersion，讓咖啡粉在冷水中浸泡 10 ～ 24 小時，浸泡完成後才過濾）；第二種方法則較具有視覺性戲劇效果，也就是「慢速滴漏法」（slow drip），又稱為「京都式」（Kyoto-style）或「荷蘭式」（Dutch-style）沖煮法，使用一種特殊設計的器材，讓上方的冰水以極度緩慢的速度滴漏到下方粉槽中，最終咖啡液會非常緩慢地流入最下方的玻璃壺中。

　　「浸泡式」器材則是用來製作濃度較高的冷萃咖啡，享用前必須經過稀釋（用 2 ～ 3 倍的水或牛奶）；「慢速滴漏式」器材製作出來的冷萃咖啡則可以直接飲用，不需要稀釋，當然你也可以加一點冰塊稍微稀釋。市面上較常見的是「浸泡式」的器材，最近幾年才出現一些較新的「慢速滴漏式」器材，後者目前也漸漸受到越來越多的歡迎。

簡約 vs. 複雜

　　這兩種冷萃製作法還有另一項重大的差異：「浸泡式」的器材、做法都非常簡約，「慢速滴漏式」的器材則因為各零組件看起來都很炫，因此也成為了其吸引力來源。「慢速滴漏式」的冷萃需要不時地回頭關注沖煮情形，包括偶爾需要調整流量閥的滴漏速度；「浸泡式」冷萃在製作時完全不需管它，你只需擔心你家裡的貓會不會把它打翻。

　　我在大約 1983 年去京都時，在一家咖啡館的大門窗邊首次見到這種「慢速滴漏式」冷萃咖啡器材，那是一個由木頭與玻璃結構堆疊而成的塔型器材，之後在日本的其他地方旅遊時，也經常看到這類的迷人器材；但美國大概是 25 年後才開始對它有所關注，在今日的北美咖啡館中，你可能偶爾會見到這些美麗的咖啡塔，不過目前在美國，這種沖煮法最主要的器材品牌是「布魯爾」（Bruer），他們生產一種較為簡約、結構又完整的「家用版本滴漏式冷萃壺」。

　　在後方篇幅會介紹更多關於「浸泡式冷萃」的內容。「慢速滴漏式」冷萃沖煮是一幅美麗的景象，雖然沖煮過程很辛苦，不過做出來的咖啡其咖啡體相對較清淡細緻。「布魯爾」出品的「冷萃滴漏系統」（Cold Drip System，售價 80 美元）在網路上的風評很好；在撰文當下，另一款由「戴爾特」（Delter）出品的「冷萃滴漏壺」（Cold Drip Brewer，售價約 150 美元）也剛上市，「戴爾特」聲稱他們將「慢速滴漏式」器材中最麻煩的部分去除了，也就是「調

在慢速滴漏式冷萃咖啡壺中，有一個流量閥能讓上方的冰水緩慢、穩定地滴落到下方咖啡粉槽中，最終製作出順口、咖啡體通常較清淡的冷萃咖啡。操作技巧在於：找到正確的流量閥滴漏頻率。這是一種具視覺吸引力的沖煮方式，但就跟其他多數冷萃沖煮法一樣，不太適合沒耐心的人。（圖片來源：iStock ╱ Shang-Jie Hsu）

整滴漏速度」這個功能。

浸泡式冷萃

　　冷水浸泡壺是很實用的器材，沒有多餘的設計，僅僅使用最簡單的沖煮科技。市場領導品牌「陶迪」出品的冷萃系統，目前的設計概念幾乎與 50 年前的原型設計沒什麼改變，就是一個塑膠桶子，底部設計為插槽，中間有一個放置過濾器的開口，冷萃完的咖啡透過過濾器流入下方的密閉玻璃壺中。事實上，其實在你家裡的廚房就能找到製作優質浸泡式冷萃咖啡的所有器材。詳見第 271 頁，會有使用克難式器材製作「浸泡式冷萃咖啡」的操作建議。

　　接下來要提到的是，因為「冷水浸泡」本身就是一種緩慢的沖煮法，因此寬容度非常高，假如你要將一個沖煮批次的「浸泡式冷萃咖啡」製作時間定為 10 ～ 20 小時，那麼你可能會問：若只差 1 ～ 2 個小時，會有什麼差別？冷水浸泡法的愛好者發展出許多非常精準的操作方式，不過這種沖煮

法比起用熱水手工沖煮（咖啡粉與熱水接觸時間只要差 30 秒～ 1 分鐘都會劇烈改變杯中風味特性）更來得輕鬆寫意。

冷水浸泡壺的各項零件

大多數冷水浸泡壺都有下列零件：

· 一個能同時容納水與咖啡粉混合體的容器（沖煮過程時間很長）。

· 一個過濾器，用來分離冷萃好的咖啡液、咖啡粉，過濾器通常是打孔金屬片的形式，不過市場領導品牌「陶迪」使用的是食品級不織布過濾器；「陶迪」也有濾紙的選項（較推薦使用）。

· 在上層容器底部有個插槽或閥門，用來控制流入下方玻璃壺的咖啡液。

· 使用的玻璃壺本身附有可密封的上蓋，裝入煮好的冷萃咖啡後，將咖啡冰進冰箱，隨時可取出享用，也可用飲用水或牛奶稀釋後再享用，在沖煮完成後兩週內必須飲用完畢。

冷水浸泡法的操作流程

大多數的冷水浸泡式器材都是使用下方的操作流程：

· 準備一份量好分量的中粗研磨（介於「摩頓牌食鹽」與粗磨鹽正中間的粗細手感）咖啡粉；不建議使用「細研磨」咖啡粉來製作，因為在最後滴漏咖啡液的階段，太細的粉會減緩甚至停止咖啡滴漏，此外，某些配備打孔金屬過濾器的器材，在使用細研磨時容易得到一杯很混濁的咖啡。

· 將磨好的咖啡粉與室溫的沖煮用水充分混合均勻，咖啡粉／水比大約為 1:4 ～ 1:5。沖煮器材都會內附操作建議。

· 特別留意，冷水浸泡壺必須使用非常濃厚的咖啡粉／水比，才能彌補室溫沖煮用水的低萃取效率，同時也能製作出極濃縮的咖啡液。重要提醒：大多數浸泡式冷萃壺都傾向在初始操作進行粉／水混合時，緩慢且仔細地注水，而非使用湯匙或攪拌棒攪拌，因為攪拌容易做出混濁感較高的咖啡。

· 在上方咖啡粉與水進行混合浸泡時，容器上方要加蓋，沖煮程序通常完全在室溫狀態下進行，需時 10 小時（或更久）。建議你從器材內附的操作說明給予的時間建議開始嘗試。

· 沖煮完成後，將這份濃縮的咖啡液用冰塊稀釋，就可直接飲用，也可加入熱水或熱牛奶，稀釋比例通常為 1 份濃縮冷萃咖啡搭配 2 ～ 3 份熱水或熱牛奶。

· 因為冷萃濃縮咖啡液本身是冰涼的狀態，加入熱水稀釋後就會變成一杯微溫的咖啡，這也是用冷萃咖啡來製作熱飲時的一項弊病，或許也是為什麼近來的冷萃咖啡飲用方式都會往冰咖啡的方向發展之原因；大多數將冷萃咖啡熱飲的人，最終都會選擇將整杯咖啡在稀釋後放進微波爐裡加熱 10 ～ 20 秒。

「陶迪」出品的家用冷萃系統，這是目前最受歡迎的冷萃咖啡沖煮商品。（圖片來源：陶迪公司）。

克難式冷水浸泡法

冷萃咖啡器材通常都不貴，而且很容易買到。不過我要介紹一種，只使用你廚房現有用具就能夠製作冷萃咖啡的好方法。

你需要的東西：

· 一個大容量的水壺或玻璃瓶，可裝入沖煮用水與咖啡粉的混合體，並讓其在裡面浸泡著。
· 大尺寸的上濾杯，以及相對應的過濾器，使用濾紙為佳，如果你使用的是「美麗塔」的塑膠濾杯，可用 #4 的濾紙；如果你使用的是大容量的「咖美克斯」沖煮壺，也可用同號數的濾紙。
· 冷萃完成後的咖啡，將放入另一個玻璃瓶中，再放進冰箱冷藏。玻璃瓶必須是能夠緊密蓋上的類型，也可使用大容量的「梅森罐」，市面上也有許多設計來裝檸檬水或類似飲品的容器可供選擇。

準備事項：

· 研磨粒徑尺寸：
一般來說，先用「中到中粗研磨」（介於食鹽、粗磨鹽之間的顆粒手感）。
· 咖啡的粉／水比例：
建議用 1:4 開始嘗試，也就是每 25 公克的咖啡粉，搭配 100 克／毫升的沖煮用水；用容積來算，則是 1 份 8 盎司量杯的咖啡粉，搭配 1.5 杯（12 液體盎司）的沖煮水。切記，這個粉／水比濃度非常高，目的是為了彌補在室溫下的沖煮用水「萃取效率較低」的特性，同時也能夠製作出極度濃縮的咖啡液，之後可用冰塊、熱水、牛奶稀釋飲用。

操作流程：

· 將量好分量的咖啡粉與室溫沖煮用水在水壺中充分混合均勻，可以對這個粉／水混合體任意輕柔地攪拌，讓咖啡粉充分吸水。反正之後都會用濾紙過濾，就不必擔心最終做好的咖啡液會有混濁感。
· 靜置攪拌後的粉／水混合體，上方加蓋，在室溫下、無陽光直射處浸泡 10～20 小時。
· 時間到了，將上濾杯與濾紙放在盛接壺的上方開口，將粉／水混合體緩慢倒入濾紙中，在倒入過程中盡量避免攪動沖煮壺中的底層咖啡粉，假如在你將全部的冷萃咖啡都倒入濾紙前，就被太多咖啡渣塞滿，你可能需要中途換一張新濾紙再繼續過濾。也可使用「咖美克斯」沖煮壺較大的型號來過濾。
· 將製作完成的冷萃咖啡濃縮液放進冰箱保存，最多可保存 1～2 週，可使用冰塊、熱水、牛奶，或者任意組合稀釋後再飲用，稀釋的比例你必須自行實驗，才能找出最適合你口味的比例，你可以從一份冷萃濃縮咖啡液搭配 1～2 份熱水／熱牛奶來製作熱的咖啡飲品；或是使用一份冷萃濃縮咖啡液搭配一份冷水，再加入冷塊飲用。
· 大分量沖煮的捷徑：在北美許多精緻咖啡都是以「12 盎司袋」分量販售，當你要拿一包你最喜愛的 12 盎司咖啡豆來製作冷萃咖啡時，將整包咖啡豆磨成粉後，加入 48 液體盎司（6 個 8 盎司杯容量）室溫的沖煮用水。
· 請留意，冷萃咖啡濃縮液的最終風味特質會被 3 項變因影響：咖啡粉／水比例、粉／水接觸時間、研磨粒徑尺寸。假如你想做出最符合個人口味的咖啡，一次只能改變一種變因。

不想等 10 小時，該怎麼做？

若要在家製作出傑出的冷萃咖啡，需要不時地檢查並調整（慢速滴漏法）或是事前規劃（浸泡法）。不可避免地，咖啡界中的創新發明家也在發揮他們的能力，加快整個冷萃流程效率。

「戴許」（Dash）出品的「快速冷萃機」（Rapid Cold Brew Coffee Maker DCBCM550BK），售價約 87.85 美元，這台機器會將室溫的沖煮用水抽送到上方咖啡粉槽進行浸泡，之後再將濃縮咖啡液用幫浦抽回下方密封玻璃壺中，萃取效率加速了，全程沒使用任何熱源；製造商宣稱 5 分鐘就能完成一壺，不過大多數用戶覺得需要用時間更長的設定（某些情況下會按下兩次 15 分鐘的流程設定）才能得到一杯很接近優質浸泡式冷萃咖啡的成果，與大多數冷萃咖啡一樣，這台機器煮出來的冷萃咖啡風味很細膩、咖啡體較淡，但是焦糖味很棒，也很順口。

南韓的「索尼克・達奇」（Sonic Dutch）公司出品的

「超音速」（Supersonic S1）冷萃咖啡機，運用聲波產生的震動來縮短萃取時間：根據製造商表示，沖煮 1 公升的冷萃咖啡液只需 5 分鐘。你可以調整震動的密集度與頻率，也可以調整萃取時間的長度。這台巧妙的機器在撰文當下還算是非常新的東西，尚未開發任何能夠追蹤沖煮記錄的功能，不過運用這樣的原理在亞洲商用零售市場已被證實可行。製造商期望的零售價格約為 550 美元。

後記：為了「方便」你願意花多少錢？關於膠囊咖啡、莢式咖啡、浸泡包、即溶咖啡

咖啡是一種很花時間、勞力密集的飲品，從手選摘咖啡果實開始，經過複雜的溼式、乾式處理，再到烘焙，最終則是沖煮等階段。在整個流程的最後一步（沖煮階段），科技已長期介入，為的就是減少沖煮時間與所需花費的勞力，讓

你很輕易地就能得到早晨的那杯咖啡。預先烘焙好、研磨好並包裝在鐵罐裡的咖啡粉，是 19 世紀為了方便而發展出的突破性商品；即溶咖啡則是 20 世紀的貢獻。

但當精緻咖啡產業於 1960 年代重新定義咖啡這項飲品後，就將前兩者遠遠拋在腦後了。罐裝咖啡粉？嘿，把它塞回要送給你阿嬤的禮物籃裡吧。即溶咖啡？你想讓我吐嗎？

我懂，我都經歷過。

不過在 20 世紀後期，科技也開始朝向「讓精緻咖啡維持代表性與多元性的同時，也提高它的方便性」發展。

「K-Cups」與「雀巢膠囊咖啡」

將「便利性」注入精緻咖啡領域的第一項成功範例就是「膠囊咖啡與膠囊咖啡機」，將整個沖煮流程簡化為「按下一個鍵」就能享受科技帶來的新鮮沖煮精緻咖啡體驗。北美的「K-Cups」與歐洲的「雀巢膠囊咖啡」（Nespresso）就是這一類透過科技協助而萌發的全新市場領域，以「便利優先」的單份咖啡為訴求，只需將一份膠囊塞入機器裡，按下一個按鍵（或兩個），咖啡就做好了：你會得到一杯咖啡體較淡，但風味很細膩的滴漏咖啡（K-Cups）；或是一杯外觀看起來與實際嘗起來都像 espresso 的濃咖啡（Nespresso），風味還不錯，雖然還沒到達可誘發靈感的程度。

K-Cups

自從 20 年前左右緩慢地起步之後，「K-Cups」與其他相容的咖啡濾泡膠囊，目前在美國龐大的全新中層咖啡類別中站穩腳步：此類別顯然優於即溶、罐裝超市綜合咖啡，不過卻落入一個窘境，就是無法提供本書一再提倡的「全面性的咖啡體驗」。

「K-Cups」系統有 3 項技術層面上的不幸缺失，從這個系統建立的開端似乎就早已註定。

照片中是 2015 年，當時品質還不錯的「K-Cups」的濾泡式膠囊咖啡，現在跟過去「K-Cups」的濾泡式膠囊幾乎都是配方綜合豆與中烘焙咖啡。

（1）咖啡粉分量太少

小小的「K-Cups」濾泡膠囊無法裝進足夠的咖啡粉，因此很難煮出咖啡該有的完整表現。即使是使用品質最好的咖啡，用「K-Cups」煮出來時，咖啡體較淡、很細膩，不過這也是個缺點；所有在乎咖啡風味的人，只要使用過「K-Cups」系統都知道，要用它煮出一杯還過得去的咖啡，你必須用「短萃取 5 ～ 6 盎司」的設定才做到，假如讓更多的水穿過那顆濾泡膠囊（即使只使用 8 盎司的水），咖啡的風味就會變得水水的；在小小的濾泡膠囊中塞更多的咖啡粉當然會有些幫助，不過咖啡風味的強度仍然很低。

（2）用的咖啡不夠好

雖然「綠山烘豆公司」持續將風味較紮實、經典的咖啡做成「K-Cups」濾泡膠囊（例如「綠山」的肯亞咖啡），其他精緻咖啡公司也嘗試做一樣的事，不過整體而言，做成這類型濾泡膠囊的咖啡品質都有點不上不下，不管是選用的樹種，還是咖啡本身的獨特性，都不夠好。再次強調，最佳表現的「K-Cups」咖啡很顯然比超市即溶、罐裝綜合豆更好，不過風味仍遠遠不及新鮮研磨、沖煮的咖啡；此外，它提供的感官體驗比起整顆原豆所能夠給予的滿足感，還是相去甚遠。

（3）用的咖啡不夠新鮮

包裝在裡面的咖啡粉都是預先研磨好再密封包裝的，即使包裝公司運用了殿堂級的包裝技術，也難以避免香氣的減損（從咖啡豆被打碎開始，香氣就開始減少），即使用塑膠與鋁箔外殼也比不上整顆原豆天然的保護力。

膠囊殼又是個問題

大多數的「K-Cups」在回收前必須將鋁箔封口撕開，去除內部的咖啡渣，這個步驟對某些人來說會覺得「還不如用平常手工沖煮的方式就好」。

不過「K-Cups」真的有省到時間

假如你使用一台全自動滴漏式咖啡壺並搭配一台快速磨豆機，那麼「K-Cups」沒有比這個模式快多少；不過，如果你是跟手工沖煮（例如：手沖、法式濾壓壺、愛樂壓）相比，「K-Cups」在每個沖煮回合大概可替你省下 7 分鐘，這是根據我們在 *Coffee Review* 做過的一些非正式測試得到的結論；另外，當然對於較大型的辦公室、旅館、類型場合來說，濾泡膠囊系統仍然是很難抗拒的簡便咖啡解決方案。

雀巢公司推出的「原初 Espresso 系統」，以及可相容的膠囊

雀巢公司出品的「原味 espresso」系統機種（Nespresso Original Espresso System），在歐洲及許多地區都占據市場主導地位的膠囊系統，主要用來製作 espresso 類飲品，其製作出的 espresso 咖啡，表現得比「K-Cups」的水準更令人滿意，主要原因是：膠囊本身的有限尺寸恰好與它要做出來的

飲品完美對應（小分量的 espresso）。習慣南歐式 espresso 咖啡的人，都不會期待要獲得一杯 16 盎司的滴漏式咖啡，或是像塔一般用焦糖堆疊的拿鐵咖啡，他們期望的是小小一杯的 espresso 咖啡，頂層有泡沫／克麗瑪，能在 2 ～ 3 口內就喝完的分量，有時或許期望的是加入適當牛奶分量的 5 盎司卡布奇諾咖啡。

我們在 Coffee Review 過去多年對「雀巢標準膠囊系統」進行的測試中發現，這些大小近似於「頂針」（thimble，一種裁縫時戴於手指上免於針刺傷的殼狀物）的膠囊在製作小分量、義大利式 espresso 咖啡時表現特別好；雀巢公司的原料採購與調配團隊研發出了令人驚訝的超多種、像樣的咖啡，另外還有許多與雀巢膠囊咖啡機相容的他牌膠囊咖啡，都可在歐洲店鋪裡及美國的網路商店買到，使得這個系統有更多的可能性（雖然他牌的膠囊咖啡在品質上落差蠻大的，有些會使用優質的小批次咖啡，或經過永續發展的咖啡來製作膠囊，另外有些則只用類似超市綜合配方來做成膠囊的版本）；另外，並非所有的膠囊都能與雀巢的「原初 espresso」機種完美相容。

使用雀巢膠囊機的不便之處

咖啡行家族群時常會覺得雀巢公司那種浮誇的「不計成本」的行銷策略很惱人（在空間很寬敞、布置很優雅的精品展銷空間裡呈現，用彩色軟糖般的包裝吸引人）。很肯定的是，任何人只要經過練習，使用新鮮的咖啡與一組標準的家用 espresso 設備，就能夠製作出更棒、更多樣化選擇的 espresso 類飲品。另外，雖然雀巢公司有提供靈活的、友善消費者的膠囊殼回收計劃，不過這些小小的金屬膠囊殼，最終大概都會被直接丟到垃圾掩埋場（因為大多數消費者都懶得做膠囊殼的事後處理，而選擇直接丟棄）。

另一方面，想在家裡製作優質的 espresso 咖啡，除了需要一些練習之外，還要另外投資大約 600 美元來添購一台好的磨豆機與一台好的沖煮機，這也難怪雀巢的膠囊系統這種容易入手的機器會獲得如此無所不在的成功。詳見第 291 頁，有更多關於雀巢的「原初 espresso 系統」的內容。

新型的雀巢「馥旋」（Vertuo）系統

前面提到的內容都是關於「原初 espresso」系統，雀巢公司最新推出的「馥旋」系列膠囊與專用機種是該公司的第二項嘗試，他們希望用這個系統來製作更大分量的北美式咖啡與更大份的 espresso 咖啡；全新的「馥旋」系列針對第一代已停產的版本已經做了大幅度改善，其使用的萃取系統很巧妙，是運用「離心力」來讓熱水穿透膠囊，而非使用幫浦壓力。

沖煮出來的成果總是會在飲品頂端呈現明顯的「克麗瑪」，機器預先設定好的沖煮分量有 5 種，從 1.35 液體盎司／40 毫升的 espresso 咖啡，到大分量 14 液體盎司／414

毫升的美式咖啡都能製作，每一個設定都有相對應的膠囊莢，操作機器時必須按照膠囊莢上的沖煮建議。用戶可在沖煮進行時很輕易地中斷操作，以此來減少飲品的萃取量（可在中間按下停止沖煮鍵，也可透過簡單的重新設定沖煮時間來達到這樣的目標）。舉例來說，我們在 Coffee Review 進行過的測試中顯示，原先設計來做成 8 盎司咖啡液的膠囊，如果只萃取 6 盎司，風味會變得更飽滿、香氣更好。

使用這台巧妙的「馥旋」系統製作出來的飲品品質，對於一般的咖啡飲用者來說都能滿足，雖然可能要花比平常更多的錢，而且咖啡的選擇性也比較受限。「馥旋」系列的膠囊是雀巢公司的專利；如果你擁有一台「馥旋」系列的咖啡機，你只能夠使用「馥旋」系列的膠囊，沒有別的選擇。撰文當下，這個系列的膠囊咖啡大約是一顆 1 美元，目前有 26 個規格可選購，用不同分量與配方風格來分類。

咖啡愛好者在外出旅遊時的權宜選擇：即溶咖啡、浸泡包、單份式預磨咖啡包

在 20 世紀後期，幾乎沒有咖啡方面的代表性突破，不論在過去曾被全面地抹黑（即溶咖啡或預磨式咖啡粉），精緻咖啡創新世界中卻沒有嘗試要做新的、讓大家覺得很酷的發明。

精緻咖啡的即溶版本？事實上，還真的有這樣的東西；浸泡式咖啡（把咖啡粉裝進茶包）？這個也有；將預磨咖啡粉裝在單份掛耳包裡（省去研磨與測量咖啡豆分量的時間）？多到不行。

不難喝的即溶咖啡？

〔此段落的英文標題（Instants that don't suck？）借用於一家專門製作精緻即溶咖啡的公司。〕事實上，將原本拿來手工沖煮的咖啡做成即溶咖啡粉的過程聽起來很簡單，首先從使用一種品質優秀的咖啡開始，然後把它煮好，將水分從煮好的咖啡中去除，保留剩下的東西，將這些東西包裝起來，消費者只要加水就能享用這樣的好咖啡（譯注：這個是理想的概念）。

將舊世界乏味的即溶咖啡，與新世界具獨特性、講究樹種的咖啡，能夠融合到什麼地步呢？有可能讓一款具有高辨識度的咖啡變成即溶版本來享用嗎？有什麼樣的形式可以讓你在旅行時隨手裝進包包，帶著去拜訪朋友（這個朋友煮的咖啡很難喝）或是帶著去露營？又有什麼型態可以讓你在注入第一陣熱水後，能飄送出此刻的美好，不管是在森林的一塊巨岩上，或是在公園中黏黏的野餐桌上都能沖泡？

好壞參半

是，也不是。「是」的部分，擁有最佳表現的精緻即溶咖啡比起舊式的即溶咖啡好太多了；另一個「是」的部分，有些人在經過脫水、重新加入水分的過程中，偶爾會清楚地

察覺到咖啡原料特質的差異（有些人較難察覺）。這些是目前已達到的里程碑。

另一方面，最佳表現的精緻即溶咖啡可以跟新鮮研磨、沖煮的類似咖啡有一樣的表現嗎？

根據 *Coffee Review* 從 2018 ～ 2020 年做過、針對約 50 款精緻即溶咖啡的品嘗測試顯示，答案是否定的，完全無法相比。

也許這個目標在未來發展出更複雜的沖煮科技時，即溶咖啡的生產就能做出這種成效，當然到時候的科技發展必須是針對「品質」來最佳化，而非針對「生產效率與成本」來發展。不過就目前而言，根據我們所做的測試，當你飲用精緻咖啡的即溶版本時，你喝不到那種活潑感與風味細節，有時在風味中還會多了一絲木質調或鹹味調性，也許是跟即溶咖啡製作程序有關的產物。

享用精緻即溶咖啡的重要祕訣

將沖煮用水加熱到適當的溫度，這個溫度比手工沖煮的溫度低很多，你只是要用熱水來「調配」而不是用來沖煮，使用大約 160 ～ 170 ℉（約 70 ～ 80℃）就好，否則你可能會讓脫水與重新加入水分過程中那絲木質的潛在缺陷調性變得更明顯。其次，使用比包裝上建議略少的水量，別相信包裝建議的 0.18 盎司／ 5 克這麼小分量的即溶咖啡粉，能夠沖成 10 液體盎司／ 300 克（毫升）的咖啡，你只要沖到 8 液體盎司／ 240 克（毫升），甚至 7 液體盎司／ 210 克（毫升）就夠了。

北美的精緻即溶咖啡生產現況

目前在美國有一些精緻咖啡烘豆公司（通常是較小規模的），將他們烘焙好的咖啡豆供應給少數製作即溶咖啡的公司〔包括「沃伊拉咖啡」（Voilá Coffee）與「速杯咖啡」（Swift Cup Coffee）〕，有的可能會用即溶咖啡公司的品牌零售，有的也會用烘豆公司的品牌零售，有時還會聯名零售。有個例外就是星巴克的「VIA」系列即溶咖啡，是用一種獨特的即溶技術製作，同時也把這個獨特的技術用在行銷宣傳上，當然只會出現星巴克自己的品牌名稱。

咖啡如何製作成即溶版本？

大多數的精緻即溶咖啡都是透過各種版本的「凍乾技術」（freeze-drying）來脫水（先將濃縮咖啡液冷凍再粉碎，將碎片篩選後，略微加熱，同時用真空吸力將水分抽出，最後只剩下乾燥的咖啡粉末）。在北美，這些凍乾製作而成的精緻咖啡都會用單份／約 5 克即溶咖啡粉分量的條狀或信封狀包裝來販售。

另一方面，星巴克的 VIA 系列即溶咖啡不是採用「凍乾法」，而是採用「噴霧乾燥法」（spray-dried，咖啡濃縮液被噴成霧狀，由一個熱空氣塔中從上而下飄落，在塔的最底部就是乾燥後的可溶咖啡粉）。星巴克將這種可溶的粉狀咖啡與極細研磨的烘焙咖啡粉互相混合後，包進 3.3 克條狀

的包裝中，其中極細研磨咖啡粉的元素讓杯中多了一種「沙沙的口感」，同時將「噴霧乾燥法」損失掉的香氣層次彌補回來一些。

浸泡式咖啡包（Steepable Coffee Sachets）

你可以想像一下，將咖啡裝入原本用來裝茶包的包裝中。目前你能在英國找到「豆袋」（Beanbags）牌、在美國找到「被浸泡的咖啡」（Steeped Coffee）牌，兩者各自使用不同專利的茶包設計，內部則裝入烘焙妥善、挑選還不錯的精緻咖啡；也許還有其他品牌與包裝型式也正在往這個方向前進中。我們在 *Coffee Review* 尚未對這類產品進行正式測試，但我個人曾「非正式」品嘗過「被浸泡的咖啡」牌替兩家美國精緻咖啡烘豆商領導品牌製作的樣品，當中顯示出這類芳香的、袋子飽滿的浸泡式咖啡包，比起精緻即溶咖啡還更能做出一杯好咖啡。仍要強調的是，這些我曾測試過的浸泡式咖啡樣品，雖然都能讓我感到驚喜，而且喝起來就是好咖啡的樣貌，不過在「排氣」與「包裝」階段時，也讓風味變得較簡化了。

單份預磨式咖啡粉包

這類商品特別是設計來給那種「旅行用單份或雙份」沖煮器使用的，這類沖煮器通常重量很輕、很容易打包攜帶。這些咖啡粉包之所以會變成商品，其概念就是為了要解決旅行途中還得攜帶磨豆機或面臨將咖啡粉灑得到處都是等問題，內部裝進單份高品質的預磨咖啡粉，並用墮性氣體充填（第 229 頁）來保鮮。我們在 *Coffee Review* 尚未有系統地進行測試，不過根據我有限的個人經驗來看，即便製造商花了許多心思在包裝上，咖啡風味通常也會變得較扁平化，香氣也在研磨時、短暫的排氣、包裝時有所減損。

當然，假如你就是不想跟品質妥協，你可以在旅行時攜帶小份的烘焙咖啡原豆，並搭配重量很輕的超級便攜式手搖磨豆機（如「指揮官」出品的「C40 Nitro Blade」，見第 232 頁）。

是毒藥還是靈藥：
咖啡與健康

17 世紀的一位內科醫師「威廉・哈維爵士」（Sir William Harvey，因發現了血液循環現象而聞名），據稱他在臨終前將律師叫到身邊，並且拿起一顆咖啡豆說道：「這個小小的果實，」他低聲說著，眼神看似因為早上喝過的那杯咖啡而仍然炯炯有神，「是快樂與智慧的泉源！」威廉爵士之後將他所有庫存的 56 磅咖啡都捐贈給「倫敦內科醫師學院」，並且指示在他死後的每個月，都要有一天早晨特別騰出一段咖啡時光，作為紀念他的活動。

在 40 多年前，當我將這則故事寫進我第一本咖啡書時，當時對於許多讀者來說都十分震驚（覺得不祥），威廉爵士是英年早逝嗎？他到底喝了多少咖啡？他在內科醫師學院中有樹敵嗎？

因為在 20 世紀的下半期中，醫學領域不斷地在研究咖啡相關主題，當時的研究人員似乎特別偏重在暗指咖啡可能帶來的不良影響，特別是針對：咖啡因、心臟疾病、先天缺陷、胰腺癌，以及其他 6 種疾病與健康的相關問題上。這些研究中，存有很多不確定性，不過卻讓報紙閱讀者有了概略性的偏見，一直到 1990 年代晚期這段期間，咖啡都被認為是遲早會帶來健康風險的一項飲品。

威廉爵士的告白：
咖啡是帶來奇蹟的食糧

然而，用現在的眼光來看，其實威廉爵士要強調的是另一個層面的意義：「快樂的來源」。主流研究顯示：飲用咖啡者較少有沮喪現象，比起不飲用者有較低的自殺風險。至於「得到智慧」？誰知道呢？不過有些研究顯示出一種很貼切又穩定的相互關係：飲用咖啡會增進人們在多項認知測試中的表現，高齡者尤其顯著。

今日，新的醫學證據顯示：咖啡不但不是長期健康風險的罪人，更將咖啡提升到「帶來奇蹟的食糧」這種更貼切的地位。

飲用咖啡對長期健康帶來的好處

總結的長期好處如下（根據持續增加的大規模統計研究，適度飲用咖啡者比起不飲用者的健康風險更低）：

- 心血管疾病。
- 中風。
- 心臟衰竭。
- 肝癌。
- 攝護腺癌。
- 幾乎全部的癌症（肺癌方面沒有明顯的因果關係）。
- 肝臟疾病。
- 第二型糖尿病。
- 帕金森氏症。
- 阿茲海默症（飲用咖啡可延遲發病時間）。
- 沮喪／憂鬱。
- 自殺。
- 各種原因的死亡（比起不飲用咖啡者，適度飲用者的平均壽命較長；重度飲用者，也就是一天超過 6 杯，其死亡風險與不飲用者幾乎相同）。

特別要記得，咖啡曾在 1960 年代後期與 1970 年代被指控為毒藥的一種，或是接近毒藥的東西。

為何會有如此驚人的反轉？

會造成這種反轉的主要原因就是：現代統計資料的收集、分析方法都更棒且更嚴謹。大多數近來發表關於「咖啡對長期健康的好處」都是根據流行病學或隊列研究所建構，這些都是由大量獨立樣本所建構的統計研究（通常樣本數都非常多），目的就是要確立某項行為（例如：飲用咖啡的行為）與後果之間的因果關係，就像在找出某些疾病的發生概

喝咖啡對你有好處嗎？當然有。越來越多統計數據都支持這個論點，咖啡對於長期健康有許多好處。（圖片來源：iStock／Tuk69tuk）

率一樣，同時也控制住可能產生影響的干擾行為。舉例來說，在咖啡飲用的情況下，這些研究試圖將抽菸、飲酒這些可能重疊的影響都先過濾掉。

在第 277 頁的表格中，會歸納相關研究的一些重點，支持飲用的相同論點研究報告大多可在網路上找到，另外我們也引用了一些較近期的研究報告，其結論也大致相同。

另外，還要留意一點：這些研究報告並無明確指出「成因」，也不會告訴你為什麼適度飲用咖啡者比不飲用者平均年齡更長，甚至不會告訴你為什麼對某些疾病有較低的罹患風險；這些報告只是呈現出經過長期觀測、透過大量獨立樣本得到的統計數據，並將其他複雜因素排除，如抽菸、喝酒，得到的結論似乎就是「適量飲用咖啡與降低罹病風險」之間的相關性。本章後續篇幅還會提到科學社群對於飲用咖啡的好處及背後原因的揣測，就是咖啡中的「抗氧化成分」。

美國政府重磅介入：放心喝就對了

前面沒有提到的一個重點就是，大規模流行病學的研究所帶來的廣泛正面支持，這類研究又稱為「隨機對照試驗」。隨機抽選受試者接受某種「干預」（在這種情況下，也許就是「每天飲用一份設計過的咖啡量，以特定方式沖煮」），另外一組隨機受測者則是完全不飲用咖啡，或是飲用等量「非咖啡類」的其他替代品（例如：茶、瓜拿納等含咖啡因飲品）；兩組受試者測試後獲得的結果，就可拿來與研究的測試目標做對比借鑑。

顯而易見地，要執行這些嚴謹的程序來觀察「每日飲用咖啡，對健康的長期影響」會有多困難，不過即使沒有這些試驗的廣泛支持，也有越來越多大規模的流行病學研究報告都能提供足夠證據，這些證據多到足以讓美國農業部的「飲食指引諮詢委員會」說出於 2015 年報告中的那段話：「有非常強而有力的證據顯示，適度飲用咖啡，與健康人士長期健康風險的增加毫無關聯」；而且，適量飲用咖啡還可能對健康有益（包括前面曾提到的內容）。

一片叫好聲中的注意事項

在這麼多給飲用者的正面消息中，還是有些警語要告訴大家，其中最主要的就是：「如何定義『適量』？」這個看似簡單的問題其實很複雜。近期研究顯示，不同的獨立個體對於咖啡因耐受度也不同，這跟每個人的基因構造有關（請參閱第 280 頁文字框「喝多少咖啡才叫『適量』？」）而其他較單純的注意事項如下（僅指一般含咖啡因的咖啡）：

- 患有高血壓或曾經心臟病發的人，建議在飲用咖啡或服用任何含咖啡因飲品前，都應該先諮詢內科醫師；孕婦也比照辦理。
- 比起濾紙沖煮的咖啡，以金屬或網狀過濾器（espresso 與法式濾壓壺）沖煮的咖啡，較容易讓膽固醇微幅上升。
- 最後，雖然（基本上）咖啡對大多數人來說是健康飲品，但如果加入了甜味劑、乳化劑、糖漿，就失去了對健康的益處。

咖啡內含的其他活性成分（比藍莓好？）

另一個造成醫學界態度轉向的原因，可能是因為研究人員持續關注咖啡，並發現它是一種「不單單只提供咖啡因」的複雜飲品。早期對於咖啡的負面攻擊，幾乎都針對「咖啡因的影響」來作文章，而非針對其他會出現在咖啡中的複雜物質來論事。

現在我們知道，除了咖啡因之外，咖啡還含有非常大量的抗氧化成分，這種成分時常被提及，被認為可降低系統性炎症與細胞損害的物質。舉例來說，每杯咖啡內含的抗氧化物質比綠茶還多，甚至比一杯新鮮的藍莓還多。

另外也要注意，在那些新發現、關於咖啡飲用與健康益處的多數正向支持資訊（較低的糖尿病風險與各種原因的死亡風險）中，不管是飲用「一般含咖啡因的咖啡」或「去咖啡因的咖啡」，其正向影響並沒有明顯差異，兩者都能降低健康風險；也就是說，咖啡裡某些咖啡因之外的成分，可能足以帶來這些正向好處——其中最有可能的就是，含有「抗氧化物質」的成分。

基於這些原因，有非常多的假設與研究主題都開始放在「咖啡與長期健康益處」及「其複雜的抗氧化成分」之間的關係。

回到咖啡因話題：短期的益處

當然，我們喝咖啡不一定是為了健康，而是因為喜歡它，也因為它能讓我們清醒，幫助我們每一天活得更開心、更有生產力。

這就要提到咖啡普遍最受歡迎的短期效果了。與長期益處的不同點在於，咖啡的短期效果在許多「隨機對照試驗」中已有充分探討，其中「咖啡因」就是造成短期效果的關鍵因素——所有咖啡的短期益處與短期風險（過量飲用，或者基因性的咖啡因不耐症）都與咖啡因的影響直接相關，比起那些尚未完全解密的抗氧化物質之影響還要明確。

總結：咖啡因的立即性益處

關於咖啡的「短期益處」有一大串，就跟最新發現的「長期益處」一樣。舉例來說，下面有一段關於咖啡因的詳細醫學評論，引用自一篇文章「咖啡因——不只是精神提振劑」，在 2010 年發表於 PubMed.gov 網站上，該網站由美國政府資助的國家生物科技資訊中心所主持。以下文字節錄：

適量攝取咖啡因會有以下效果：

（1）提高能量的使用率；（2）增加每日能量的支出；（3）降低身體的疲勞感；（4）降低體能活動

後的疲累感；（5）增進體能表現；（6）增進肌力表現；（7）增進認知表現；（8）增加警覺性、清醒度、對能量的感受；（9）減少精神上的疲勞；（10）加快反應速度；（11）提高反應的準確性；（12）提高專注力；（13）增強短期記憶力；（14）提高需要理性思考的問題解決能力；（15）提高正確決策的判斷能力；（16）增強認知功能與神經肌肉協調性；（17）對於健康的非孕婦成人是安全的。

哦，好吧！趕快給我咖啡！

飲用咖啡與長期的健康影響

長期健康的影響	大致的結論	新聞反應	研究報告
整體而言較長壽	許多近來的研究顯示，與「不飲用咖啡者」或「重度飲用咖啡者」相比，適量飲用咖啡的人，不管是「含咖啡因」或「去咖啡因」的咖啡，都能降低早死的風險（換句話說，平均壽命較長）。	良好	・「以三組大型前瞻性隊列研究觀察，咖啡飲用對於整體與特定因素死亡率之相互關係」（Association of Coffee Consumption with Total and Cause-Specific Mortality in Three Large Prospective Cohorts），發表於 2016 年《循環期刊》（Circulation）； ・「咖啡飲用與各種原因及特定原因死亡率的關係：一份使用潛在變因所做的統合分析」（Coffee Consumption and all-cause and cause-specific mortality: a meta-analysis by potential modifiers），發表於 2019 年《歐洲流行病學期刊》（European Journal of Epidemiology）。
糖尿病	咖啡被廣泛認為可降低「第二型糖尿病」的風險。一份在 2014 年引用 28 份研究報告（研究對象超過 100 萬名病患）的重要分析中發現：每日咖啡飲用量增加，第二型糖尿病的風險就會往下降；同時並確定，飲用「去咖啡因」的咖啡也有大致相同作用。	良好	・「含咖啡因及去咖啡因咖啡的飲用，與第二型糖尿病風險的關係：一份系統性的評論及劑量反應的統合分析」（Caffeinated and Decaffeinated Coffee Consumption and Risk of Type 2 Diabetes: A Systematic Review and a Dose-Response Meta-analysis），發表於 2014 年《糖尿病護理期刊》（Diabetes Care）。
肝功能	從 2000 年初期到今日，有許多研究都顯示出：適量到重度飲用咖啡可能對肝臟的長期健康有正面影響，包括降低慢性肝臟疾病、肝癌、肝硬化的風險。每日飲用 3 ～ 4 杯咖啡，最能夠幫助維持健康的肝酵素水平。	良好	・「咖啡與肝臟的健康」（Coffee and Liver Health），發表於 2014 年《臨床胃腸學期刊》（Journal of Gastroenterology）； ・「含咖啡因及去咖啡因咖啡，與肝細胞癌風險的相互關係：一份系統性的評論及劑量反應的統合分析」（Coffee, including caffeinated and decaffeinated coffee, and the risk of hepatocellular carcinoma: a systematic review and a dose-response meta-analysis），發表於 2016 年《英國醫學開放獲取式期刊》（BMJ Open）。
帕金森氏症	一份在 2002 年發表的「咖啡與帕金森氏症」的統合分析，證實了多項早先的研究發現：飲用咖啡似乎能夠降低帕金森氏症的發生率，潛在因素則尚未完全解密。	良好	・「一份關於咖啡飲用、抽菸與帕金森氏症風險的統合分析」（A meta-analysis of coffee drinking, cigarette smoking, and the risk of Parkinson's disease），發表於 2002 年《神經學年鑑期刊》（Annals of Neurology）。
阿茲海默症	一份發表於 2012 年關於美國老年人空前的研究確立了：規律性飲用咖啡（大約每日 3 杯）能夠有效延遲阿茲海默症的發病時間。自此開始，研究人員就一直在探索，為何較高的咖啡因劑量似乎能夠直接減緩其發病時間。	良好	・「在輕度知能障礙者體內血液高咖啡因含量與失智症發展緩慢的關聯性研究」（High Blood Caffeine Levels in MCI Linked to Lack of Progression to Dementia），發表於 2012 年《阿茲海默症期刊》（Journal of Alzheimer's Disease）。
沮喪憂鬱	一些主流研究中發現：每日規律飲用 2 ～ 4 杯咖啡的人，自我診斷為沮喪／憂鬱的風險較低。另一方面，咖啡因被發現，會提高某些受試者的焦慮感，並且會干擾睡眠。儘管如此，多份統合分析的發現都穩定顯示出：適度飲用咖啡者的沮喪／憂鬱與自殺風險會降低。	大部分是正面的	・「咖啡、茶及咖啡因與沮喪／憂鬱的風險：一份系統性的評論及劑量反應的統合分析觀察性研究」（Coffee, tea, caffeine and risk of depression: A systematic review and a dose-response meta-analysis of observational studies），發表於 2016 年《分子營養與食品研究期刊》（Molecular Nutrition & Food Research）； ・「咖啡、咖啡因與自殺成功風險的關係」（Coffee, caffeine, and risk of completed suicide），發表於 2013 年《世界生物心理學期刊》（The World Journal of Biological Psychiatry）； ・「咖啡、咖啡因與女性沮喪／憂鬱的關係」（Coffee, Caffeine, and Risk of Depression Among Women），發表於 2011 年《內科紀事》（Archives of Internal Medicine）。

長期健康的影響	大致的結論	新聞反應	研究報告
心臟健康 心臟病與中風	曾被認為是心血管疾病、中風、心臟病風險增加的主要嫌疑成因，咖啡在過去20年間才洗脫了這個罪名，因為有許多新研究指出：經常性地「適量到中度」飲用咖啡，對心臟健康有正面影響。另外也有多項研究顯示：每天喝 3 ～ 5 杯咖啡，可降低心血管疾病風險。負面影響方面，含咖啡因的咖啡對於某些基因性咖啡因不耐症人士來說，較容易發生短期性的高血壓，以及有心臟病的風險，因為這些人的咖啡因代謝較慢（第281 頁）。	大部分是正面的	• 「長期飲用咖啡與心血管疾病的風險的：前瞻性隊列研究的系統性評論與劑量反應統合分析」（Long-term Coffee Consumption and Risk of Cardiovascular Disease: A Systematic Review and A Dose-Response Meta-Analysis of Prospective Cohort Studies），發表於 2013 年《循環期刊》； • 「每日飲用咖啡與義大利整體人口的心血管疾病及總死亡率風險降低有關：根據莫里桑尼的研究成果所做的結論」（Daily Coffee Drinking is Associated with Lower Risks of Cardiovascular and Total Mortality in a General Italian Population: Results from the Moli-Sani Study），發表於 2020 年《營養期刊》（Journal of Nutrition）； • 「咖啡攝取與偶發性心臟衰竭風險的相互關係」（Association Between Coffee Intake and Incident Heart Failure Risk），發表於 2021 年《心臟衰竭期刊》（Heart Failure）。
癌症	在過去數十年間，有數百篇流行病學研究都在探討「咖啡飲用與各類型癌症之間的關聯性」，但使用的資料都是過去沒有排除抽菸、飲酒兩項因素而有所偏差的內容；不過，近期大多數研究顯示出較不具確定性的結果，某些癌症可能會因為經常性飲用咖啡，而降低發生風險。「美國癌症協會」的研究提到：咖啡內含高劑量的植物化學物質，其中有許多是具抗氧化成分，這類成分對子宮內膜癌、攝護腺癌、乳癌特別有保護性效果。	從不確定到正面都有	• 「咖啡飲用與癌症風險的關係：一份總體分析的隊列研究」（Coffee consumption and risk of cancers: a meta-analysis of cohort studies），發表於 2011 年《現代生物醫學期刊》（BioMed Central）； • 「咖啡飲用與攝護腺癌的關係：一份系統性評論與總體分析」（Coffee consumption and risk of drostate cancer: a systematic review and meta-analysis），發表於 2021 年《英國醫學開放獲取式期刊》。
骨質疏鬆症 骨密度	咖啡因攝取、骨密度、骨質疏鬆性骨折之間的關聯性，在過去數十年間都尚未得到確定性結論，期間也做過許多不同人口組成的相關研究。較早的一些研究顯示，因為攝取咖啡因而會讓鈣質的吸收減少；較近期的總體分析則顯示，咖啡因與老年人骨折發生的原因沒有實質關聯。	不確定性	• 「咖啡、茶與髖部骨折風險的關係：一份總體研究」（Coffee, tea, and the risk of hip fracture: a meta-analysis），發表於 2014 年《骨質疏鬆症國際期刊》（Osteoporosis International）； • 「咖啡攝取的血清代謝物組與骨中礦物質密度的相互關係：香港的骨質疏鬆症研究」（Serum Metabolome of Coffee Consumptions and it's Association with Bone Mineral Density: The Hong Kong Osteoporosis Study）發表於 2020 年《臨床內分泌學與代謝學期刊》（Journal of Clinical Endocrinology & Metabolism）。
胃酸逆流 胃食道逆流疾病	長期以來，咖啡都被認為是胃酸逆流、火燒心的潛在誘發因素，不過醫學社群目前對於成因尚未達到共識。儘管如此，一份在 2014 年發表的總體分析顯示：兩者沒有實質上的關聯性。然而，對於這個問題的抱怨聲量持續發生，特別是老年族群，他們認為咖啡對於某些人來說，容易造成消化道刺激。	不確定性	• 「咖啡攝取與胃食道逆流疾病的相互關係：一份總體分析研究」（Association between coffee intake and gastroesophageal reflux disease: a meta-analysis），發表於 2014 年《食道疾病期刊》（Diseases of the Esophagus）。

※ 此僅為主要研究報告中的小部分採樣，都是支持各項總結結論的相關研究。若你想找到更多支持性的相關論文與研究，可在網路上用「 "Coffee and ..."」加上要搜尋的相關疾病名稱即可。

這裡還有一些注意事項。在提到咖啡的長期益處時，常會有人提出「何謂適量？」當然在這個情況下，我們定義的「適量」必須看咖啡因的總攝取量（不論是從咖啡或其他來源的咖啡因）。再次強調，如果你想得到更多關於咖啡與咖啡因攝取「適量」定義的建議，請參考第 280 頁的文字框裡的內容。

短期注意事項

為了避免過度神話我們喜愛的飲品，以下有幾項醫學上對於「咖啡癮」的描述：超過適量、喝太多咖啡（或提神飲品）的消費者，可能會有慢性焦慮，這是一種咖啡因藥效退去的反應，會讓人感到不安與煩燥。失眠、肌肉抽搐、腹瀉也是喝咖啡過量的負面效果。

短時間內大量攝入咖啡因（差不多是連續飲用 10 杯濃厚咖啡）會產生中毒效果：嘔吐、發熱、畏寒、譫妄症（delirium，一種急性專注力、認知功能的病態改變）；超量攝入咖啡因會致命，人體如果攝入大約 10 公克的咖啡因劑量就會致命，大約是 100 杯咖啡的量，不過你也要有能耐短時間喝下 100 杯才會達到這個致死量，因此很少人會想用「喝超量咖啡」這個方式來尋短。

最後，為了咖啡的潛在健康益處才開始喝咖啡，並不是個好主意，假如你本身不喜歡咖啡，或是咖啡因會讓你感到不舒服，你可能是少數具有「咖啡因代謝緩慢」體質的人（第 281 頁），如果是這種情況，你最好還是放過自己，改喝薄荷茶就好。

低因咖啡

科技總是可以做到「讓你家的花園裡沒有蛇」（可以讓你選擇要有什麼、不要有什麼的意思）。你喜歡咖啡但不想要有咖啡因？那麼，我們就將咖啡因去掉，只留下讓你享受的部分（當然也會留下一些近來才被發現的、對健康的益處）。

「低因咖啡」就像是「沒有毒液的蛇」一樣，咖啡因的含量只有正常咖啡的最多 1 ／ 40 左右，去除咖啡因的程序也不應該改變太多咖啡風味。單獨來看，咖啡因是一種結晶物質，本身不具備香氣，僅有微微的苦味，在新鮮咖啡那股令人著迷的香氣中，很難察覺到咖啡因的味道，因此，如果你聽到有人說：「若沒有咖啡因，咖啡喝起來就不像咖啡了」，他們都說錯了。

唯一實際的問題就是：如何在不減損咖啡美味程度的前題下，將咖啡因去除？這項細膩的化學手術雖然經過了數十

你愛「咖啡」還是愛「咖啡因」？

是什麼原因，讓咖啡從15世紀葉門少數蘇非教派僧侶的無名提神飲品，搖身一變成為世界上最多人喝的飲品呢？是因為能夠讓人溫和上癮的咖啡因？還是因為本身具備的感官吸引力呢？

也許兩者皆是。廣義來說，如果不是因為「喝咖啡能提神」的話，我們也不會繼續深入研究，去體會到衣索比亞耶加雪菲的細膩花香調；另一方面，願意花大錢喝一杯優質巴拿馬藝伎／給夏咖啡的人，絕不是只為了那一點點的咖啡因才花這種錢。

再者，為什麼在街上或夜店裡沒有直接賣純的粉狀咖啡因，來跟古柯鹼與安非他命／冰毒競爭呢？精煉過的咖啡因效果非常強，不論是地上或地下的消費市場都不太可能有人想買，因為對於咖啡因的攝取來源早就有管道了（可以喝咖啡、喝茶來得到咖啡因）。咖啡的神祕感、象徵意義、習慣、藝術層面早已深入生活中，假如將咖啡因攝取的方式改為藥丸或藥粉的方式，那麼我們也會失去享受咖啡帶來的風味愉悅感，以及喝咖啡時與人間聊的閒適感。

外在層面上，咖啡因除了在主流文化中是一種藉由「輕微成癮性」的興奮感來源之外，它也同時發展出內在的文化。咖啡因是我們最喜愛的兩種傳統飲品（茶、咖啡）中的一種有效成分，人們對它的基本認知有兩方面：它能讓我們醒過來，並讓我們感到精力充沛；但同時也是缺點，因為當我們不想醒著

也不想精力充沛的時候，也拿它沒輒。

當歐洲人剛開始接觸到古柯葉時，可能因為是直接咀嚼葉片，或是將其沖泡成茶飲的方式服用，才沒有造成如同後來精煉過的古柯鹼同等之健康威脅、對社會的衝擊；我們很幸運，因為我們是透過咖啡這種飲品與社交儀式形式，才開始認識咖啡因，而不是一開始就透過濃縮精煉形式來認識它。

儘管如此，我做出的關於「咖啡因如何被咖啡的美感所馴化，並且變成具有社交性質」令人欣慰的陳述觀點，其實也能套用在尼古丁與菸草上。洛倫‧巴卡爾（Lauren Bacall）、亨弗瑞‧包嘉（Humphrey Bogart）以及一整個世代的電影演員都替香菸創造出了比黑咖啡更多的神祕感與詩意。

在1975年，我寫完第一本精緻咖啡書籍後，原本計劃下一本要寫雪茄主題，當時我還蠻熱衷於抽雪茄的，它當時帶給我的著迷感和咖啡一樣；不過就跟我同一時期的許多人一樣，我發現雖然雪茄在感官享受上、歷史、文化的發展上都與咖啡一樣複雜，但「抽雪茄」本身就不是件好事，最後，因為我相信科學，同時也有好見地，我戒掉雪茄只留下喝咖啡這項嗜好。

很幸運地，近代科學給予「咖啡／咖啡因」比「雪茄／尼古丁」更好的待遇，除了感官的享受與刺激之外，我們現在有第三種喝咖啡的好理由——在適量的前題下，對於大多數人來說，咖啡可以讓人們較長壽、較健康。

年努力研發與精進，仍無法克服「美味減損」的必然性，目前還是只能接受「低因咖啡較不美味」這個現實。

「去咖啡因」程序與杯中風味的關係：缺點

「去咖啡因程序」都是在「生豆」狀態下進行（後製、運輸完成，但尚未烘焙的階段）。「去咖啡因」會使用數道程序（見第 281 頁），每一道程序對於生豆的化學本質來說都不容易；再者，咖啡豆一旦進行過「去咖啡因製程」，在儲存上就變得較脆弱、容易衰敗，而且很難掌握烘焙特性。

「去咖啡因製程」以及隨之必然發生的「快速香氣／風味衰退」，不但會讓正向香氣調性變弱，還會增加一些「神祕的」風味調性，讓我們在一般的咖啡辭典裡找不到任何能夠形容的詞彙。最常見的「低因咖啡」相關調性有點像是甜膩的堅果或木質調，通常就喝不出其他的風味；也有些會更糟，過去幾年我們在 *Coffee Review* 曾測試過的低因咖啡裡，其中品質較低的，給予的風味缺陷描述如下：在悶熱的穀倉中存放的紫花苜蓿味（alfalfa）、熟成覆土味（ripe mulch）、朽木味（rotten wood）、酸化的堅果味（sour nut），以及令人暈眩的海藻口味巧克力調。

另一方面……

使用原本品質就很不錯的生豆來進行完善的低因處理時，只要在低因處理完後、短期間內烘焙，依據我品嚐的經驗來說，其風味較能接近原始咖啡風味的特質與美感。

喝多少咖啡才叫「適量」？

讀到這裡的讀者應該都知道，比起不喝咖啡的人來說，咖啡飲用者除了平均壽命較長、對一大串疾病的罹患風險較低，還能提高活力、讓思緒更清晰（見第 276 頁的「短期益處」）。

然而，所有提及咖啡正向健康益處的研究，通常也會提到飲用咖啡的「甜蜜點」〔一般會標為「適量」（moderate），這個字眼像是未經審視的咒語一般，在相關的論文摘要中時常出現〕。多數研究似乎將「適量」的定義放在「每日約 2～5 杯咖啡」，超過 5 杯就稱為「重度飲用者」。

「1 杯」的定義？

然而，「1 杯」到底是多大杯？再者，對於「espresso 類飲品」又要如何定義「1 杯」的量？

在醫學文獻中定義的「1 杯份」標準還蠻寬鬆的，介於 5～8 液體盎司／150～240 毫升的咖啡液；對於 espresso 類飲品的定義標準則是「每單份 espresso 咖啡劑量，等同於一杯 5～8 液體盎司的滴漏式咖啡」。在定義「適度咖啡因含量」的研究中，所謂「適量」就是代表：每日攝取 300～500 毫克（mg）的咖啡因。綜合前述，「一杯普通的滴漏式咖啡」平均含有 100 毫克咖啡因，所以「每日 300～500 毫克咖啡因」就是「每日 3～5 杯」的「適量」定義。

這意味著大多數研究中所謂的「適量」，就是每日飲用 20～32 液體盎司／600～950 毫升的滴漏式咖啡，或是 4 個單份 espresso 的劑量，不管是哪種，上限都大約在 400 毫克左右的咖啡因，與此同時（非常假設性地推論）也攝取了足量的抗氧化成分，而帶來了多樣長期的健康益處。

如果你很認真想記錄自己的每日咖啡因攝取量，那麼你最好是用「液體盎司／毫升」單位來計算，而非用「杯數」。為了協助進行這樣的計算，在此提供一些可以讓你估算不同杯型／沖煮方式與液體盎司／毫升的相對數字，同時也能估算大概的咖啡因含量；咖啡因含量的範圍蠻寬的，主要是因為每個人

沖煮的濃度、方式可能落差很大：

- 小茶杯（附有小杯碟的那種）：5 液體盎司／150 毫升的咖啡液，咖啡因含量約於 60～130 毫克。
- 一般的馬克杯：8 液體盎司／240 毫升的咖啡液，咖啡因含量約於 90～150 毫克。
- 在咖啡館點用「小份」的滴漏式咖啡：8 液體盎司／240 毫升的咖啡液，咖啡因含量約於 90～150 毫克。
- 「16 液體盎司／470 毫升」的滴漏式咖啡：咖啡因含量約 150～300 毫克〔如果在星巴克點「大杯」（grande），咖啡因含量超過 300 毫克；如果在麥當勞點「16 盎司的中杯」（medium），咖啡因含量低於 150 毫升〕。
- 21～24 液體盎司／620～710 毫升的「超大杯」（supersized）滴漏式咖啡：咖啡因含量 200～400 毫克〔如果在星巴克點「24 盎司特大杯」（venti），咖啡因含量超過 400 毫克；如果在麥當勞點「21 盎司的大杯」（large），咖啡因含量低於 200 毫升〕。注意：只要喝一杯星巴克的特大杯 24 盎司滴漏式咖啡，就足以提供整日的咖啡因攝取量上限（「適量」的上限）。
- espresso：根據製作時的粉量、沖煮量不同，而有不同計算方式，因此很難定義飲用量與咖啡因含量之間的相對數字，不過還是能夠粗略地推算。一份正常的「單份」（single）espresso 咖啡液大約與 5～8 盎司滴漏式的咖啡因含量大致相等（60～150 毫克），用這個當作基準來計算即可。

然而，回到咖啡因的「適量」問題，要切記——不是只有咖啡才含有咖啡因，在早上喝了一杯咖啡館沖煮的 16 盎司咖啡，在下午吃了一根巧克力棒外加一杯「雙份」卡布奇諾咖啡，再加一罐「紅牛」提神飲料，晚上再喝了伏特加酒，這個組合就不叫「適量」。每天的「適量」定義是：「400 毫克，也許最多 500 毫克」，剛剛提到的組合攝取方式，咖啡因加起來接近 600～700 毫克。

咖啡因與健康層面的最新王牌：每個獨立個體有不同的代謝能力

然而，當我們提到咖啡因與「適量」的問題時，這又是 21 世紀的另一個難題，有許多人每天需要攝取 600 ～ 700 毫克的咖啡因才剛好足夠；有些人則可能最好不要碰到任何咖啡因（0 毫克）。

在過去數年間，咖啡因的「每日最高攝取量是多少」這個問題，因為發現了「不同個體的基因構造差異，會對咖啡因有不同的反應」而變得更清楚了。

當然以傳聞的角度來說，我們早就知道這件事，我們只差一個理由外加一個實驗去證實；但是以前在我們晚宴閒聊中就知道某些人對咖啡因非常敏感，只是喝一杯咖啡就會讓他們清醒數小時，並讓他們感到躁動不安；另外也有些人能整天都喝，即使在睡前也能喝，喝完之後也不會出現什麼問題；我們大多數人都是介於這兩種極端之間的體質。

多倫多大學的一位教授阿默德・艾爾－索海米（Ahmed El-Sohemy）發表了一份前無古人的研究報告，確定了有一組名為「CYP1A2」的基因，控制著同樣名為「CYP1A2」的酶，這個「酶」決定了每個人身體分解咖啡因的快慢。節錄自 2016 年由安納哈德・歐康納（Anahad O'Connor）發表於《紐約時報》的一篇專欄文章「給所有咖啡飲用者——活力的來源可能就在你的基因裡」（For Coffee Drinkers, the Buzz May Be in Your Genes）：「在『CYP1A2』這組基因中的其中一種變體，會讓肝臟代謝咖啡因非常快，同時繼承父系與母系各一個『快速代謝變體基因』時，這類人就是能夠『快速代謝咖啡因』的族群，他們身體代謝咖啡因的速度比起繼承一個或兩個『慢速代謝變體基因』者快 4 倍，後者就是所謂的『慢速代謝咖啡因』族群。」

後續的研究顯示，「咖啡因慢速代謝族群」不但可能會對咖啡因產生短期的不適，也有可能因原本就患有心臟病、高血壓等疾病而有更高的風險，對於這個族群而言，咖啡因真的就像 20 世紀後期所指控的那種「毒藥」；另一方面，艾爾-索海米博士的研究報告中也提到關於心臟病患者的內容，對於「咖啡因快速代謝族群」且同時患有心臟疾病者來說，飲用咖啡反而能夠降低心臟病發的風險。

撰文當下，研究人員正在探索「CYP1A2」基因是否與咖啡對乳癌、卵巢癌、第二型糖尿病、帕金森氏症的影響有關聯，同時也在調查是否有其他可能會影響到咖啡對不同個體健康的基因變體類型。

又發現了一份「安心保證」

在 2018 年，英國一份調查了超過 50 萬名咖啡飲用者的研究報告中發現：即使是「咖啡因慢速代謝族群」或每天飲用超過 8 杯咖啡的人，都能因飲用咖啡而變得更長壽。這份研究報告「從基因變體對咖啡因代謝力的角度研究咖啡飲用與壽命長短的相互關係」（Association of Coffee Drinking With Mortality by Genetic Variation in Caffeine Metabolism）發表於《美國醫學會內科雜誌》（*JAMA Internal Medicine*），報告中提到：「飲用咖啡與死亡率呈現逆相關（表示：飲用咖啡會降低死亡率），不論是一天飲用 8 杯以上的人、『咖啡因慢速代謝族群』或是『咖啡快速代謝族群』皆然。這些發現意味著，除咖啡因之外的成分與壽命長短之間關聯的重要性，並再次確立了『咖啡飲用是一種健康的飲食方式』」。

是的，我們可以做基因檢測

我們可以到那些直接對消費者開放的「基因測試公司」進行自身「CYP1A2」基因類型的檢測，其中有一家檢測公司「健康基因」（FitnessGenes，歐康納的文章中曾引用該公司的研究數據）其研究報告指出：「約有 40% 的人屬於『咖啡因快速代謝族群』，45% 的人同時具有各一條『慢速／快速咖啡因代謝的基因』，15% 的人具有兩條『咖啡因代謝慢速基因』」。

不過我猜想，我們多數人大概早就知道自己是屬於哪一族群，假如你在飲用咖啡後感到不舒服，即使你在下午只喝了一杯卻仍然影響到睡眠，那麼你可能不太適合喝咖啡，可能這本書對你來說也沒有意義。

去咖啡因的方法

再次強調，去咖啡因的程序必須是「生豆」狀態、在烘焙之前。去咖啡因的流程有數百種專利技術，但僅有一些是實際被應用在業界的，概略粗分為 3 個類別：（1）透過「溶劑」；（2）透過水、活性碳濾心；（3）利用二氧化碳（超臨界萃取法）的特殊型態。

「溶劑」去咖啡因法

直接使用「溶劑」的做法，是最早、最普遍的去咖啡因程序，通常在咖啡的標示或麻袋上都看不出來是用什麼方法去咖啡因，少數情況下會標示為「歐洲式」（European）或「傳統式」（traditional）的程序（使用「歐洲式」這個標示法的主要原因是：大多數用「溶劑去因法」的工廠都位在歐洲，尤其在德國最多）。生豆首先會以蒸氣處理來打開氣孔，之後將其浸入溶劑中數小時，溶劑的成分能夠與咖啡因緊密結合，因此能將咖啡因帶走，之後再用蒸氣處理一次，並去除溶劑殘留的部分，然後再將生豆重新進行乾燥程序，最後就跟其他生豆一樣拿來烘焙。被溶劑吸附的咖啡因，之後會再被還原成「純咖啡因」拿來販售。

另外有一種較不常見、更複雜的程序稱為「間接溶劑去因法」（indirect solvent method），第一個步驟是用接近沸騰的熱水燉煮生豆數小時，然後將熱水導入另一個桶中，在這個桶裡加入能夠吸附咖啡因的溶劑，吸滿咖啡因的溶劑之後會與水分離（該溶劑原本就不溶於水），去掉了咖啡因與

喝多少咖啡才叫「喝太多」？詳見第 280 頁「適量飲用咖啡的定義」。（圖片來源：iStock ／ MrPants）

溶劑的熱水中，仍存在對咖啡風味有影響的風味油脂及其他物質，為了將這些物質還給咖啡豆，就會將熱水重新導回第一個桶裡，讓生豆將這些帶著風味成分的物質吸回去（無法避免會損失部分風味成分）。

「溶劑」的問題？

在這類程序中的主角就是「溶劑」。那些因健康因素而避免攝取咖啡因的族群，很顯然也不會購買帶著些微「溶劑氣味」的去因咖啡。以前有一種被廣泛使用的溶劑「三氯乙烯」（Trichloroethylene ／ TCE），在 1975 年被「國家癌症研究所」發表的一篇文章「癌症警示」點名，該警示的焦點在於「三氯乙烯」對人體的健康危害（指的是曝露在「三氯乙烯」環境下工作的族群，而非「飲用去因咖啡」的消費者族群，因為在咖啡中殘留的量極低）。

一種較新、較佳的溶劑類型：「二氯甲烷」

不過，咖啡產業的應對方式就是將「三氯乙烯」替換為「二氯甲烷」（methylene chloride）。到目前為止，對「二氯甲烷」的測試中都沒發現到明顯已知的疾病有關聯性，唯有曝露於大量「二氯甲烷」的環境下，可能會導致皮膚、眼睛、呼吸道的不適或死亡。2019 年「美國環境保護署」將「二氯甲烷」列為除漆劑的禁用成分。不過其危險性主要還是來自於相對大量的曝露環境中。

「二氯甲烷」因其易揮發性（在 104 ℉／ 40℃時會揮發），加上烘焙咖啡、沖煮時的高溫環境（烘焙溫度超過 400 ℉／ 204℃；沖煮溫度在 200 ℉／ 93℃），即使在生豆中殘留 1ppm 的「二氯甲烷」，在煮好的咖啡中或消費者的胃裡，也幾乎不可能存在「二氯甲烷」成分。

一種更新、更棒的溶劑：「乙酸乙酯」

在一些歐洲、拉丁美洲的去因工廠中，還有另一種正在使用中的溶劑：「乙酸乙酯」（ethyl acetate）。它目前仍未被發現與任何疾病有關聯，環保人士普遍認為它比「二氯甲烷」更友善環境，因為它是源自於甘蔗或水果。一些烘豆公司與其公關人員將這種方式製作的去因咖啡稱為「天然去因法」（naturally decaffeinated）或「甘蔗去因法」（sugarcane decaffeinated）。順帶一提，「乙酸乙酯」帶有些微甜味，這也讓它比「二氯甲烷」多了一種感官風味角度的吸引力。

無溶劑的去因程序

在 1980 年代，瑞士的「Coffex S.A.」公司發展出了能夠運用在商業用途的「水處理去因程序」，完全不使用任何溶劑。如同「間接溶劑去因法」中的描述，生豆中的各種化學成分（包括咖啡因）在非常高溫的熱水中浸泡時，都會被去除。

不過在這種「只用水」的去因程序中，第一步驟是「用熱水」脫除咖啡因，不是使用溶劑，而是用特殊處理過的「活性碳過濾」，過濾後的水保有除了咖啡因以外的所有其他可溶性物質（咖啡生豆原本就有的那些成分）。第一道程序使用過的生豆，此時就像顆粒狀的木頭一樣毫無風味，這批生豆會被丟棄，之後再倒入一批新鮮未處理的生豆到這個飽含風味成分的熱水中，將新的生豆浸泡於其中時，生豆只會繼續溶出咖啡因，理論上來說不會溶出其他風味成分。每次處理完一個批次的生豆，咖啡因都會透過活性碳過濾器被脫除。

這種程序比起「溶劑去因法」成本更高，因為透過活性碳濾除的咖啡因，無法被重新提取出來單獨販賣；這種方法操作的難度較具挑戰性，比起「直接溶劑去因法」成功率較低。儘管如此，這種方式越來越受到歡迎，在墨西哥、德國、義大利的「水處理去因工廠」也加入了戰局，跟位於溫哥華的創始者「瑞士水處理去因工廠」分庭抗禮。

利用二氧化碳的去因法

有幾種利用「二氧化碳」去除咖啡因的程序，其處理細節不太一樣，不過所有這類去因法，都是利用二氧化碳在高壓處理後、呈現半氣態／半液態的型態時，能夠與咖啡因結合的特性。其中一種最廣泛被使用的二氧化碳去因法，咖啡生豆會先以蒸氣處理，之後浸泡在高壓狀態下的二氧化碳

中，二氧化碳中的咖啡因隨後就會透過「水霧」或「活性碳過濾器」被去除。

因為二氧化碳是植物會吸收、人類會製造的那種無所不在且毫無爭議的「天然物質」，因此各種二氧化碳去因法很有可能是未來「去咖啡因領域」的新浪潮。然而，以此方法製做的低因咖啡鮮少在精緻咖啡市場中見到，而事實上，所有關於去因處理法咖啡的評論一直都被拿來混為一談。

依照不同「去因處理法」類別選購低因咖啡

再次重申，具有高揮發性的去因溶劑「二氯甲烷」或「乙酸乙酯」雖然在低因咖啡生豆中有少許殘留，但經過烘焙的高溫及沖煮的稀釋之後，幾乎不太有任何殘留量。

儘管如此，還是有好理由避免買到使用「二氯甲烷」去因法製作的低因咖啡，它是個糟糕的東西，也是除漆劑的主要成分之一，請讓它在環境中懸浮的量盡量越低越好；「乙酸乙酯」也被用於一些具風險性的產品中（例如：指甲油的去光水、油漆裡都有，當然在香水、糖果也有），但比起「二氯甲烷」，「乙酸乙酯」其對環境的友善程度較高。

不過對於環保意識很高、最挑剔的消費者族群來說，他們毫無疑問地寧可選擇「水處理」或「二氧化碳處理」的低因咖啡。使用水處理法製作的低因咖啡，通常都會特別標示品牌名稱：「瑞士水處理」（Swiss Water Process，加拿大）或「山泉水處理」（Mountain Water Process，墨西哥）。二氧化碳處理的低因咖啡通常也會如實標示。使用「乙酸乙酯」製作的低因咖啡通常會標示為：「天然去因法」或「甘蔗／蔗糖處理法」。假如沒有特別標示，或是標示為「歐洲式／傳統式去因法」，很有可能就是用「二氯甲烷」處理的低因咖啡。

去因方式與風味的關係：何者為佳？

究竟哪種去因方式才能夠做出風味較佳的低因咖啡呢？有兩個原因讓這個答案很難確切回答：首先，要用「同一個批次的咖啡生豆來製作不同的低因處理法」，這件事本身就不太可能實現；再來，前面曾提及，低因咖啡衰退的速度很快，而且較難烘焙，因此即使不同的去因處理法本身會有些微的風味差異，也很難抵過生豆衰退、烘焙品質造成的差異。

儘管如此，依照我個人經驗，會有以下建議：

- 所有的去因處理法都會讓風味減損（通常都是負面的，有時影響非常大）。
- 不過，假如你是低因咖啡的堅定愛好者，你總是可以找到一些美好的例外，特別是那些在去因處理後、短時間內就烘焙好的低因咖啡。
- 當一個成功的低因咖啡消費者，其訣竅就是先找到將 1～2 款以「季節商品」模式銷售的小型烘豆公司，最好不是全年度都銷售同一款不知名的低因綜合配方豆。
- 這些滋味豐富的「例外型」低因咖啡，可能是透過各種主流低因處理法製作而成，然而我個人會特別給「乙酸乙酯」溶劑處理法多一點點偏袒。不過要再次強調，撇開使用哪種低因處理法不談，在選購前還是要先觀察烘豆公司的用心程度，從生豆的品質、去因處理後在多短時間內烘焙，到烘焙的細心程度，都是觀察的方向。

酸味，消化不良與低酸味咖啡

在我的網路平台 *Coffee Review* 中的讀者群，其中一個最常提到的咖啡問題就是「消化不良」。這些讀者都很享受咖啡因、咖啡風味，以及近來備受關注的健康益處。

但是他們回報，他們的消化系統無法負荷這個飲品，咖

深烘焙與咖啡因的關係

在當代的咖啡文化中，存在最久的神祕之處就是：「深烘焙咖啡的咖啡因含量，比中淺烘焙咖啡低了許多」。事實上，深烘焙咖啡裡的咖啡因減損量非常少，少到幾乎可以忽視，就像你拿許多不同批次的咖啡豆來比較其咖啡因含量的差異一樣沒什麼意義，更別提使用不同沖煮法泡出來的咖啡因含量之差別了（雖然含量的確有差異，但仍很微小）。

順帶一提，咖啡因不會「被燒掉」。咖啡因的燃點大約在 1000 °F（538°C），咖啡烘焙停止時的溫度大約在 400～460 °F（204～238°C），有些咖啡因的確在烘豆的後期階段會揮發掉，但揮發的比例小到足以被忽略。

也許較有意義的角度是你「如何測量使用的咖啡量」吧。比起咖啡豆中那些隨著烘豆程度變深而會明顯減少的成分（例

如：水分、芳香油脂等）之重量來說，咖啡因在整個烘豆過程中的重量幾乎維持一致，是相對穩定的物質；這也代表，假如你在沖泡前是用「秤重」來測量使用的咖啡量，同等重量的「深烘焙」咖啡豆之咖啡因含量比起「中烘焙」咖啡豆來得高，因為在深烘焙的咖啡中，「非咖啡因」物質含量較低，因此能夠溶出較高比例的咖啡因；另一方面，隨著烘焙程度加深，咖啡豆體積會膨脹，因此假如你是用「容積」來測量咖啡豆使用量（例如：使用量匙），那麼最後沖出的咖啡液，裡面的咖啡因含量就會略低一些。

至少在理論上是這樣。不過，不管是用哪個方式來測量咖啡豆用量，其咖啡因含量的差異真的非常非常小。

啡讓胃部翻騰不已，有點像是消化不良的症狀：火燒心、胃脹氣、其他胃部不適等。醫師時常會強調咖啡與消化不良的相互關係，警告他們不能再喝（雖然目前關於咖啡飲用與消化不良的研究尚未得到具體結論）。

咖啡產業對於相關抱怨的回應則是：這類消化道的不適與咖啡飲用的關係應該不是咖啡因造成的，而是某些「有機酸」物質導致，尤其是「綠原酸」族群的有機酸，這類型的酸性物質被懷疑是造成胃酸分泌過多的主因。雖然咖啡因與咖啡的其他成分也有可能導致此現象，不過「綠原酸」族群仍然是造成胃酸分泌過多的主要嫌犯。

諷刺的是，同樣的「綠原酸」族群竟然也是咖啡主要成分裡提供最強大健康益處的抗氧化成分來源（詳見本章稍早提到的內容）。另外，如果想要減少或去除「綠原酸」族群的含量，那麼就無可避免地必須將那些咖啡中的討喜風味做出改變（詳見第 49 頁文字框「酸味」，可獲得更多「酸性物質」與「酸味」的相關資訊，包括它們對咖啡感官風味特質的影響）。

選購低酸味咖啡的 3 個途徑

我們先假設：「綠原酸」族群真的是造成某些人消化系統不適的主因，那麼這些人如果仍然希望能享受到咖啡中的其他好處，卻又不希望體驗到這種酸酸的感覺（也許不想要有太多的「綠原酸」族群含量），他們能有哪些選項呢？

首先，要從咖啡熟豆本身看起，有 3 個途徑：

（1）選擇一項在生豆狀態時就經過特殊處理、將酸味感受降低的咖啡。這種特殊處理一般都會使用蒸氣，有點像是用來將廉價羅布斯塔咖啡缺陷風味降低的手法。目前市面上利用這種蒸氣處理法製作的品牌有「海夫拉」（Hevla）、「歐式溫和」（Euromild），以及「J.J. Darboven」公司旗下品牌「IDEE」。

（2）選購利用長時間烘焙來達到「焗烤」效果的咖啡豆，這種方式烘焙出的咖啡，不論在風味或酸味都會減少。目前市面上有兩個品牌是用這種方式烘焙：「純烘焙」（Puroast）及「健智」（HealthSMART）。另外，弗格斯（Folgers）公司出品的「就是順」（Simply Smooth）系列咖啡豆，似乎也是用這種方法的另一種不知名變體手法烘焙而成。

（3）選購原本酸味特質就很低的阿拉比卡咖啡熟豆。很難給予具體的建議，因為明亮度、酸味會隨種植海拔及風土而有所不同，不過像是傳統型的「聖多斯式」（Santos-style）日晒處理巴西咖啡、「維拉克魯茲」（Veracruz）產區的墨西哥咖啡，以及許多秘魯咖啡都是不錯的選項。選購「中烘焙」到「中深烘焙」就能夠得到較低的酸味感受，同時也不會喝到深烘焙的苦味。

經過特殊處理降低酸味的咖啡

當我們有系統地在 *Coffee Review* 對那些「以特殊處理來降低酸味的咖啡」進行品嚐測試時，我們遇到了兩種一致的感官問題。

首先，撇開技術層面的差異不談，為了降低酸味而製作的咖啡都擁有一種普遍的感官特徵：某種木質調變體的主體風味。在不同的咖啡中，其木質調性也略有不同，有的是飽滿的木質調（「Darboven」出品的「IDEE」樣品），到中性木質調（「海夫拉」樣品），再到輕微燃燒木質調（「純烘焙」樣品），還有帶著怪異鹹味的木質調（「弗格斯」的「就是順」樣品），以及輕微醋酸味木質調〔「真實的一杯」（TruCup）樣品〕。這些咖啡樣品中的「木質調」並不是唯一出現的東西，不過這個調性是它們的連結點，也是所有咖啡中的主軸風味特性。不難想像，這類木質調性其實就是將咖啡的芳香物質都烘烤殆盡之後，才會呈現的表面風味，當你使用極長時間的慢速烘焙時，也都會出現；另外，使用蒸氣處理過的生豆也有類似的效果，這在「J.J. Darboven」、「歐式溫和」、「海夫拉」等樣品當中皆可發現。再來，我們也發現在那些以「低酸味」宣傳的品牌中，他們使用的生豆品質參差不齊。我猜想，如果你要販賣一種「缺乏某項風味特質」（如酸味），而非「強調某項風味特質」的咖啡時，這種咖啡應該就是用較低品質的生豆烘焙而成。

沒有一種能夠令你滿足的選項

前面提到的這些，只是要告訴各位：如果你注重「好咖啡」帶來的感官享受，那麼目前這類降低酸味科技製作出來的咖啡類型，可能很難滿足你。

當然，這種情形隨時都可能改變，因為今日各種企業化的實驗不斷進行著；不過，在等到降低酸味的科技發生了某種魔幻性突破之前，我給予「酸味敏感愛好者」族群的替代方案如下：

原本本質就是低酸味的咖啡

稍早曾提到，原本本質就是低酸味的那些選項有：傳統型的「聖多斯式」日晒處理巴西咖啡、產自「維拉克魯茲」產區的墨西哥咖啡，以及許多秘魯咖啡。選購巴西咖啡時，最好是選擇具長期名聲的產區，特別是來自「南米納斯」、聖保羅州的「摩西安娜」產區，以及中／低海拔的咖啡豆，它們在供應鏈中原本就被設定為低酸味，同時保有討喜的巧克力堅果調與香氣。最佳表現的秘魯咖啡雖然種植的海拔很高，其風味偏向溫和與均衡度發展，有可能是因為當地風土大多受到亞馬遜盆地調節的緣故；而哥倫比亞靠近海岸的「聖塔‧馬爾他」產區，通常咖啡體很飽滿，但是酸味都很溫和。

由沖煮方式或緩衝物降低酸味

最後，我們要簡單提一下 3 種方式，能夠降低飲用咖啡後可能導致的胃部不適：你是如何沖煮咖啡的？在你喝咖啡前會加入哪些東西？喝咖啡時你還會配什麼吃？

（1）用「冷萃法」來降低酸味

一般來說，「冷萃法」能製作出整體強度較低的細膩風味型咖啡，其中當然也包括較低的酸味（與「熱萃」相比）；用仔細的方式製作冷萃咖啡，可讓優質咖啡的大多數風味獨特性與辨識度以一種較溫和的方式呈現。詳見第 18 章、第 265 頁「冷萃咖啡」。

不過必須留意，冷萃咖啡降低的是「你感受到的酸味」。有一份稍早曾引用過的研究報告（「冷萃咖啡的酸味與抗氧化反應」，由拉奧及富勒於 2018 年 10 月的《科學報導期刊》中發表）指出：使用某些化學標記方式〔酸鹼度計（pH）及咖啡奎寧酸試劑（CQA）〕來測量酸度時，發現冷萃與熱萃在這些數值上幾乎一致。儘管如此，仔細製作冷萃咖啡毫無疑問能夠得到一杯濃度較低、較細膩的咖啡（與「熱萃」相比），消化系統較敏感的咖啡飲用者較能在冷萃咖啡中安心享受細膩風味。

（2）使用乳製品來降低酸味

建議一開始就選擇本身酸味較低的咖啡來沖煮，比如說用一款優質的巴西豆，並將其烘焙至「中焙」或「中深焙」；使用可搭配濾紙的沖煮法來沖泡（全自動滴漏式過濾沖煮壺，或是手沖法）；沖煮完成的咖啡液加入同等分量的全脂牛乳，可緩衝的酸味感受，乳脂顯然是最大功臣，因此，假如你用的是脫脂牛乳，效果可能不太明顯。假如你只加入牛乳，沒有加糖或甜味劑，那麼一杯優質咖啡的獨特個性仍然會以較圓潤、較柔和的方式呈現，飲用者還是能夠保有同等的享受。

（3）飲用咖啡時搭配餐點

就跟飲用酒精類飲品一樣，喝咖啡時如果搭配餐點一同享用，較不易引起胃部不適。

化學物質的入侵

「我們遇到的敵人就是自己」，引用自過去很有名的漫畫角色〔負鼠「波哥」（Pogo）〕的名言。咖啡是當代食品、飲料中少數被廣泛服用，並且完全不含添加物、摻雜品、防腐劑的東西；但很不幸地，我們依舊無法完全避免化學物質的入侵，因為我們自己在咖啡上的過分計較，還是用到了一些對健康有影響的化學物質。

將牛乳加入咖啡中飲用，是能夠緩衝酸味感受的一種方法，可改善某些人的消化方面困擾。乳脂似乎是緩衝作用的最主要貢獻者，因此最好使用全脂牛乳，或是至少使用低脂牛乳，緩衝效果較佳。不論你加入多少牛乳（全脂或低脂），仍能夠或多或少品嚐出優質咖啡的獨特性。（圖片來源：iStock）

其中一類就是在「低因處理法」中使用的「溶劑」，本章稍早曾討論過；第二類於咖啡種植時、與健康及環保議題相關的化學物質就是「殺蟲劑、殺真菌劑、殺草劑、化學肥料」等。

農用化學物質與咖啡的關係

關於農用化學物質使用的憂慮有兩個層面：首先，是關於消費者的健康影響，我們會擔心在喝咖啡時是否將有害化學殘留物喝進身體；第二個層面，是關於環保、社會層面的考量，當我們購買了使用這些可能具危害化學物質種出來的咖啡，或許同時會對環境與郊區貧困的小農身體健康有所威脅（畢竟小農是生產全世界絕大多數咖啡的角色）。

咖啡中的農用化學物質，與消費者健康

消費者的健康議題是最好理解的。喝咖啡不像吃生菜或蘋果一樣是「吃生的」，咖啡豆是果實內的「種子」，果實的果皮、果肉被丟棄，種子會經過浸泡、發酵再乾燥等程序，最後會以超過 400 ℉（200℃）的溫度烘焙，然後才會被打碎、用接近沸騰的熱水浸泡，最後才變成那杯咖啡。以往飲用的歷史是帶著咖啡渣一起喝（這樣比較野蠻），如今我們只喝液體的部分，不帶渣（比較文明）；正因為在飲用咖啡前那些階段中的不斷消耗，因此那些在生豆中法定允許殘留的小量殺蟲劑／殺真菌劑殘留物，似乎很難在最終那杯咖啡裡有任何殘留。

再者，在我見過的研究報告中，沒有任何一篇將沖煮好的咖啡液（包含 espresso 在內）與汙染物殘留有任何關聯。一篇在 2008 年於澳洲發表的研究報告（由「澳洲／紐西蘭食品標準局」發表）用僅剩的方式測試了一系列從在

澳洲超市中隨機購買的咖啡飲品,發現「在所有咖啡飲品樣品中,沒有發現任何有效殘留劑量」,這份測試針對 98 項殺蟲劑、18 項「多環芳香烴碳氫化合物」(PAHs)、「鈹」(beryllium)、「汞」(mercury)與「赭麴毒素」(ochratoxin A)等殘留量都進行了測試。藉由這個關鍵的發現得到了以下結論:「這份調查發現的整體化學汙染物殘留量,被認為極低,與其他澳洲及海外同類型調查的結果相符」。

農用化學物質與環境

以我的觀點來看,農用化學物質對於環境、社會方面的影響值得更多關注。只有那些過分與世隔絕、頑固的人會忽略「農用毒物廣泛使用的危險性」,不但危害環境,也危害了處理這些物質的勞工,因此購買「有機認證咖啡」也就合理多了。詳見第 15 章有關於「咖啡採購對環境、社會的影響」主題之討論。

「零化學物質使用」(Chemical-Free)或接近「零殘留」的選項

簡短來說,假如你是擔心農用化學物質對環境、社會有影響的飲用者,或者你是不想有任何健康疑慮的飲用者,那麼你有 3 個選項:

(1)購買極少使用化學物質產區的小農咖啡

越來越少產區可能仍採用在農用化學物質發明前的那種原來種植方式栽種,葉門、衣索比亞的大多數咖啡(不代表全部)都是種植在這樣的純潔條件中;不過可想而知,你也沒辦法真的知道自己喝的咖啡到底是不是這種條件種植出來的。

(2)購買有機咖啡

比起前者有更多的「確定感」,因為是經過認證的。「有機認證咖啡」的種植與後製處理環境是由獨立機構定期監測,必須完全沒使用殺蟲劑、殺草劑、殺真菌劑、化學肥料,以及其他有害的化學物質。負責監測的機構必須親自到訪農園現場,並且確認該農園已有數年持續未使用化學物質,在後製處理、包裝、運輸、儲存、烘焙等後續階段,也必須進行監測,並且定期進行「再認證」。這種很謹慎的監測程序當然所費不貲,這也是為什麼有機咖啡比起其他未認證的類似商品更貴的原因之一。

有機種植咖啡時常在杯中表現位居「世界最佳」之林。

很不幸地,購買有機咖啡時存在著一些模糊空間,在產地取得有機認證的咖啡,在銷售端並不一定能夠標示為「有機咖啡」,因為負責烘焙、包裝的公司本身不具備有機認證的資格;將有機咖啡與常規商品的產線分開,對小型烘豆公司而言是不切實際的,尤其是對於那些非主打「永續發展」的小型烘豆公司更是如此。

(3)購買「雨林聯盟認證咖啡」(或是其他宣稱符合「永續發展」種植條件)

撰文當下,「永續發展」一詞對於咖啡而言,是一種非常寬鬆的行銷詞彙,對於生豆進口商或烘豆公司來說,只代表「特定農民的種植與後製處理方式,符合他們對於環境、社會層面訴求的所有條件」。

在嚴謹的永續發展計劃中,對環境層面的做法是由稱為「整合式蟲害管理」(Integrated Pest Management)之一系列有效措施所構成,能夠透過多方面、積極的系統控制蟲害蔓延與植物疾病,該系統允許最低限度地使用化學物質來介入,這是一種符合常識、可確保環境完善、減少殺蟲劑對健康造成威脅的方式。

「雨林聯盟認證」搭配「整合式蟲害管理」的規範,就是現今該認證的「永續農業標準」(Sustainable Agriculture Standard),同時也涵蓋了另一套新的標準,就是近期合併的「烏茲認證」標準。詳見第 15 章,有更多關於「雨林聯盟」、「有機」、「鳥類親善」與其他環保及社會相關議題的認證內容。

CHAPTER 20｜後記：談談 Espresso

從最基本的層面來看，espresso 也只是沖煮咖啡的其中一種替代性煮法罷了。熱水在非常高的壓力狀態下，相對快速地穿透細研磨、被填壓緊實的咖啡粉，最終萃取出極小分量、濃縮的、密集的、芳香的飲品。

但是其實 espresso 是比前述還要更複雜的沖煮法——除了隨之不斷進展的專屬科技，更擁有一段特別的歷史、文化與對美味的專注投入；從這兩個層面來看，某部分與其他類型的咖啡世界有點重疊，但又有點不太一樣。

本章僅針對複雜的 espresso 沖煮法做非常簡短的概論，主要針對其與整個較大的咖啡世界相比「重疊的部分」、「更勝的部分」、「彼此相安無事的部分」來介紹。

「一劑」Espresso

Espresso 通常都是「新鮮現煮」的模式，每次煮出來獨立一小份的 espresso，又稱為「一劑」（shot）。espresso 飲用者不是在幾口之內乾掉這一杯，就是將它做成各式相關的花式飲品。

在這眾多花式飲品中，最核心的要素就是「一劑 espresso」〔或是「多劑 espresso」——「雙份」（double）或「三份」（triple）〕。正港的「一劑 espresso」是在經過仔細調校的熱水沖煮壓力（最低約在「9 大氣壓」以上）與細研磨、填壓過的咖啡粉餅造成的阻抗力之間，達到了某種平衡下的產物，這種經由壓力、阻抗力相結合而造成的濃縮密集風味，恰好就是「純飲 espresso」在感官上如此迷人的關鍵，同時也讓「一劑 espresso」成為其他花式咖啡飲品（從拿鐵咖啡到咖啡類調酒）強大的核心動力。

重要的「平衡」

在熱水壓力與咖啡粉餅阻抗力之間的重要平衡，取決於一系列複雜變因間的互動關係：

- 咖啡粉細度。
- 咖啡粉的體積或重量（在經典的義大利式做法中，每劑用 6.5 克咖啡粉；在近代北美式的做法中，每劑甚至會用到 18 克咖啡粉）。
- 沖煮前「填壓咖啡粉餅」的壓力（為了方便記錄，填壓力道大約是每平方英寸 20～30 磅的壓力）。
- 熱水的壓力（在大多數 espresso 沖煮裝置中，這項變因無法讓使用者直接控制，是內建變因）。

- 沖煮出水口溫度（通常約在 200 ℉／93℃，不過有時會用更高或更低的水溫來萃取）。
- 中止出水的時機（通常咖啡粉餅在熱水釋出的前幾秒，就會被充分打溼，這個步驟稱為「預浸泡」）。

這些變因之間的互動關係，會因最終成品的目標沖煮量不同而有所改變，例如最終萃取 1 液體盎司〔25 毫升；稱為「短萃取」（ristretto）〕與最終萃取 2 液體盎司〔60 毫升；稱為「長萃取」（lungo）〕，其變因的設定就不太一樣。以北美的標準，目前最佳的典型做法是：用非常高劑量

一份「成功的 espresso 咖啡沖煮」美景：從沖煮把手中流出來一陣涓涓細流，只看得見「克麗瑪」的顏色，流進杯中後，咖啡液的上層會有一層厚厚的「克麗瑪」。照片中使用雙份濾器沖煮把手來製作單劑濃郁的 espresso，這種做法在當代北美很常見，當然世界上其他地區也很常見。（圖片來源：iStock／dulezidar）

將濾器中的咖啡粉「填壓」（tamp），目的是要確保咖啡粉餅在沖煮熱水的壓力下，能夠提供平均一致的阻抗力，這對於成功的 espresso 萃取來說很重要。照片上方的「填壓器」（tamper）才剛剛將咖啡粉壓好，成為表面滑順的咖啡粉餅。（圖片來源：iStock／grandriver）

的咖啡粉，來萃取出 1.25 ～ 2 液體盎司（35 ～ 60 毫升）的 espresso。

在北歐，espresso 咖啡機通常被用來製作小分量約 4 液體盎司（120 毫升）的黑咖啡，用這種方式做出來的並非傳統認知中的「一劑 espresso」，以咖啡純萃主義者的話來說：這是一種介於「缺乏滴漏式咖啡純淨度與清晰香氣」，也「缺少 espresso 那種近似糖漿的風味密集度」兩者之間的飲品。

中止出水的時機

回到經典的 espresso 沖煮方式。成功的「水壓－阻抗力平衡」是藉由熱水通過咖啡餅、萃取出目標咖啡液容量所花的時間來決定的。在經典的做法中，最佳的沖煮時間是 25 ～ 40 秒不等，取決於風味偏好、使用的咖啡粉量、最終沖煮出咖啡液的容量。假如萃取時間超過了目標時間太多，嚐起來的風味就會很沉重，這就叫「過度萃取」（over-extracted），此時必須將研磨刻度調粗一些，讓熱水能夠更快通過咖啡粉餅，縮短萃取時間；反之，若萃取時間太短，其風味就會很清淡，這就叫「萃取不足」（under-extracted），此時必須將研磨刻度再調細一些，以延長萃取時間。

咖啡機設計的優化、爭論、升級

不同變因之間的互動關係，對最終沖煮成果的影響程度，從極小到極大差異都可能發生。

近代的科技因為將以往內建的固定功能改為可自行調整，讓我們能夠依口味偏好與不同的風味特性，對這些變因做出更多控制。例如：沖煮水溫能夠逐杯精準調整、沖煮水壓變化模式能夠預先設定、在沖煮進行中能隨時調整沖煮用水釋放到咖啡餅中的時間長短等（當然也能在沖煮完成後再調整）。

針對 Espresso 特製的咖啡：從樹種到烘焙的選擇

由這種濃縮的 espresso 沖煮法帶來的特殊感官體驗機會與挑戰，造成了它與其他類型咖啡世界在供應鏈的許多層面中都有些微不同，從種子開始，到最終的那杯咖啡，都有點不同。

「深邃感」比「明亮感」更受重視

「明亮感」也就是在高海拔種植阿拉比卡種咖啡中，時常被認為是品質好壞判斷標準的「酸味活潑度」（見第 49 頁文字框「酸味」）。然而這種「明亮感、酸甜感」如果是做成濃縮版本的 espresso 咖啡時，有時就會讓我們受到尖銳感與難以承受的衝擊（做成滴漏式咖啡時，會感覺有活力、提神醒腦）。因此傳統上來說（但並非全然如此），用來製作 espresso 的生豆，通常都會選擇感官風味特質較低明亮感、較柔和的類型，不太會選擇在滴漏式咖啡表現最佳的那類型生豆。

Espresso：賦予羅布斯塔種的機會

羅布斯塔種咖啡傾向呈現「堅果調」的中性風味，同時酸味明亮感較低，這讓它們在某些 espresso 配方綜合豆中，成了很受歡迎的原料（至少在北美、東亞以外的地區，是很受歡迎的）。

增強的「克麗瑪」

羅布斯塔咖啡也會讓綜合配方的「克麗瑪」（萃取得宜的 espresso 中，那個厚厚的上層泡沫）比例提高。espresso 愛好者認為，那層厚厚的、持久的「克麗瑪」是 espresso 沖煮法中「品質好壞」的重要象徵，若配方綜合豆中含有羅布斯塔豆，就能夠適度地增厚「克麗瑪」。

不過，在 espresso 配方綜合豆中，如果有太多羅布斯塔豆（尤其是那些低品質的），可能會對最終成品的品質、獨特性造成毀滅性的災難。

北美 Espresso 中的羅布斯塔豆

撇開羅布斯塔豆在歐洲的重要性不談，在北美精緻咖啡世界裡，很難發現羅布斯塔豆的存在，即使在 espresso 配方綜合豆中也很少見。美國的「預磨式咖啡粉」及「即溶咖啡配方」（弗格斯、麥斯威爾等）都含有大量的羅布斯塔豆；但在美國精緻咖啡世界裡，羅布斯塔豆幾乎被視為一種禁忌。詳見第 69 頁文字框「羅布斯塔種咖啡：價格、風味、禁忌」，可獲得更多羅布斯塔與其相關爭議的內容。

Espresso 有利於「圓潤密集型」烘豆技巧

某些烘豆師希望在 espresso 中保留明亮感，但不要中烘焙時的那種尖銳酸味，也不要深烘焙時的那種過度苦味，這種烘焙方式的訣竅，通常都是技術性地放慢烘焙節奏，執行得當時，能讓整體風味密集度變得更為穩定，同時還能保留咖啡的個性與複雜度。有多種不同的做法，各有千秋。詳見第 16 章，特別是第 215 頁開始的內容。

Espresso 用豆在烘焙後，比起其他多數煮法用豆需要更長的「養豆期」

在使用 espresso 沖煮法時，新鮮烘焙咖啡豆所產生的大量二氧化碳是特別麻煩的問題，因為不斷冒出的氣體對於複雜的 espresso 沖煮過程是一種干擾。特別設計給滴漏式或法式濾壓壺的咖啡豆，通常在烘焙後的 2～7 天表現最佳，但若是設計給 espresso 用途，養豆期最好再長一些。

就跟 espresso 沖煮的其他所有細節一樣，espresso 用豆在烘焙後的排氣時間實際長度到底該多久，目前仍有許多爭論，假如從一家小型（到中型）烘豆公司採購的咖啡豆，原本就包裝在能讓二氧化碳排出、同時防止氧氣進入（見第 227 頁）的密封包裝袋中，那麼很有可能在你購買時就已充分養好豆了，因此對於 espresso 沖煮而言，這包咖啡豆中的氣體就不會是太大的問題。

假如你無法確定，可以先檢視「烘焙日期」。如果買的是 espresso 用豆，那麼你至少要在袋內養 10 天；假如買的是大包散裝，包裝種類是「領帶咖啡袋」的型式，那麼養豆的時間會再短一些。包裝在以氮氣充填的容器中時（通常只有較大型的烘豆公司，有著很大的產量時，才會運用這項科技；見第 229 頁），養豆時間則很難準確判斷，你可能在打開包裝後需要靜置 1～2 天，才剛好適合沖煮。

Espresso 強調「即時性」

通常 espresso 都是有需求才沖煮，而且是一杯一杯煮；滴漏式咖啡在傳統上則會一次煮出較大分量，裝在保溫壺中或玻璃壺下方以保溫墊加熱，有時也會在有需求時才沖煮。

近來流行的手工、小批次沖煮模式，在「新鮮度」方面比起 espresso 更講究，但是對於喜好純飲 espresso 的人來說，新鮮沖煮一劑 espresso 那種「即刻的芳香」、緩慢消散的克麗瑪中飄盪而出的「溼香氣」（aroma），仍是這種沖煮法特別具指標性的吸引力來源。

吧台師現象

Espresso 一直以來都是依靠手工製作，因為像是「加味」拿鐵咖啡等客製化飲品的流行，讓這類飲品對於製作者「手工」的依賴程度更高，這些製作者現在有個受到適度尊重的職稱——「吧台師」（barista），這種「吧台師現象」對於現今圍繞咖啡發生的爆發性創造力有巨大的貢獻。

過去曾是吧台師的人，有許多在後來都變成了咖啡館經營者、烘豆公司創建者、作家／顧問、咖啡新創事業企業家，或是精緻咖啡世界領導人士。有專屬的雜誌、一長串具影響力的網站介紹吧台師文化，更有原創的、消費者導向的咖啡競賽——「世界盃吧台師大賽」（World Barista Championship）讓更多人認識吧台師文化。

Espresso 是一種優質的混合飲品成分，也能大量製造

因其具有「濃縮密集度」的特性，所以即使將 espresso 與大量其他液體混合時仍能有很強的存在感，當作調合飲品的其中一種成分還蠻夠力的。不論是特大杯各式糖漿加味的拿鐵咖啡；「法布奇諾」（frappes，一種源自希臘的冷凍咖啡飲品，有時是以冰沙呈現，有時則只是加入冰塊）；複雜的咖啡調酒；傳統飲品如「瑪其朵」（macchiato，在 espresso 上僅加入一小層牛奶泡沫），espresso 都是這些飲品中貢獻「咖啡味」的關鍵角色。

在 1980 年代，西雅圖「咖啡餐車運動」（coffee cart movement）期間，各種無酒精 espresso 調製飲品的實驗達到了最頂峰，當時評分的項目除了有「加味糖漿」，更加入了「調味牛乳」的項目，造就了「含咖啡因飲品冷飲櫃」各種創新發展那種噁心的譫妄；星巴克最終將這種風氣平息下來，憑藉的是將自家加味的 espresso 飲品變成高度受歡迎商品，同時也將商品標準化、簡化製作方式。

「純粹主義」的重塑：全新的、國際的 Espresso

然而在今日，有一種全新版本、延襲自經典義大利做法的優化模式，正在挑戰舊式星巴克版本的 espresso。假如說星巴克式 espresso 的根本在於「配方綜合豆」與「深烘焙」，新式的 espresso 根本就是在「具風味獨特性的單一產地咖啡」（或由這些單品咖啡調製的簡單型風味明確之配方綜合豆）及「中烘焙」。

這些新式 espresso 通常都是設計來以「純飲」或「加入適量牛奶泡沫」的型式享用，這就是精緻咖啡產業所謂「第

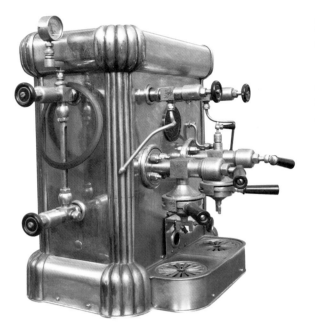

三波在 espresso 層面的發展風貌」；詳見第 4 章。

傳統派的反動

對於許多長期的 espresso 飲用者來說，這項長期的發展並沒有引起他們的興趣，他們仍偏好相對順口的巧克力調、低酸味、均衡的「義大利式 espresso」，或是深烘焙、濃厚、帶苦甜味的「星巴克式 espresso」（以及星巴克競爭同業的 espresso）；對這些人而言，新式、較淺烘焙的 espresso，明亮度通常過高、太過尖銳、太多水果調與花香調、太少雪松與巧克力調。請參閱下方表格，會概略介紹 espresso 飲品與文化層面在過去數十年間的演變歷程。

一台義大利製的 1920 年代 espresso 咖啡機。在機器內部有一個隱藏的鍋爐，鍋爐中除了有用來煮咖啡的熱水之外，還有能用來製作牛奶泡沫的蒸氣。（圖片來源：iStock／mladn61）

自 1950 年代起的發展歷程

傳統／做法	時期	烘焙深度	咖啡類型	劑量	品味方向	特色飲品、出杯方式
經典義大利式	1950年代～現在	中烘焙～中深烘焙	幾乎都用配方綜合豆。其中最高標準的是以「巴西日晒處理」或其他「低酸味阿拉比卡」為原料主軸（例如：伊利咖啡）；最差的則是用廉價日晒處理羅布斯塔豆。	短劑量（25～30毫升／1液體盎司或更少）；使用少分量的咖啡粉（6～8克）。	通常會加入砂糖在小劑量的純飲 espresso 中直接飲用；加奶飲品的分量相對較小，傾向於讓咖啡的風味強過牛奶。至少在美國帶來這類飲品的影響之前，在經典的義式咖啡飲品中，從來不會看到大杯的拿鐵咖啡這種東西。	純飲小劑量的「短萃取」；還有「瑪其朵咖啡」、「卡布其諾咖啡」、「拿鐵瑪其朵」等，通常都會用專用的瓷杯或玻璃杯來出杯。
美式或星巴克式（通常被歸類在「第二波」）	1980年代～現在	深烘焙	幾乎都用阿拉比卡種咖啡豆，通常是高海拔種植、深烘焙，具備粗礦感、辛香感、苦甜味的特質。這種「密集風味型」的咖啡可以讓「咖啡味」在大杯加奶飲品中清晰呈現，即使是超大杯加味拿鐵咖啡也都感受得到。	通常介於短劑量～中等劑量（30～40毫升／1～1.25液體盎司）；使用比義大利式略多的咖啡粉量。	著重於加入牛奶泡沫或牛奶替代品的飲品類型，例如：單純的卡布奇諾咖啡、越來越大杯的加奶飲品（加入雙份、三份甚至四份 espresso 的拿鐵咖啡），在飲品中加入風味糖漿是標準做法。幾乎不著重於「純飲」。	此類型的出杯方式受到拿鐵咖啡普及的影響而啟動，一開始是用雙份 espresso 加入約 12～14 盎司的牛奶與奶沫；但後來似乎發展成各式加入多種成分的飲品（雖然 espresso 仍是飲品中的其中一種成分，但存在感相對變低）。出杯方式較隨性，用免洗杯，強調「攜帶便利性」。
美式及國際式（通常被歸類在「第三波」）	2000年代～現在	中烘焙	使用單一產地咖啡與高端配方綜合豆，通常都是強勁有力、複雜度高的那種「對得起價格」的味道。	通常是大劑量、密集型的呈現（35～60毫升／1.25～2液體盎司）；使用雙份粉杯與把手裝入大分量咖啡粉（18～20克）。	著重於「純飲 espresso」，但不加糖，讓咖啡本身風味能完整展現；也著重在經典的單份卡布奇諾咖啡與其他加入小分量牛奶的飲品呈現，通常會將牛奶泡沫打得十分細緻。	相對較大分量、濃厚的純飲 espresso，還有經典的小分量卡布其諾咖啡搭配細緻的牛奶泡沫。這類美味飲品承襲自澳洲、紐西蘭的「小白咖啡」（flat white）。出杯方式又回到了專用瓷杯與玻璃杯，而非免洗杯。

在本章的多處我曾提及，做一杯純飲 espresso 帶來的享受，以及製作的難度。成功的 espresso 萃取能夠帶來柔軟、似糖漿的密集風味，做成像卡布其諾這樣加入小分量牛奶的飲品時，會有很高的存在感，藉由與牛奶泡沫的融合，能夠擴大純飲時帶來的享受，但仍能感受到咖啡本體的風味特質。

美國與其他眾多國家時常提及對「大分量加味型 espresso 飲品」（用「極深焙」咖啡豆，加入大量牛奶或牛奶替代品，再加入風味糖漿修飾）的熱忱，很顯然地，其對於營造品味「短萃取、用心萃取的 espresso」（需要吧台師十分仔細、專心調校各項參數，達到持續平衡狀態時，才能做出的水準；更別提使用預熱過的瓷杯或玻璃小杯，還能夠讓克麗瑪、香氣更持久）正面文化環境沒什麼幫助。

在疫情前，我曾在一家連鎖咖啡店的分店點一杯「單份 espresso」（該連鎖體系主力商品是拿鐵咖啡與 espresso 類冰飲類商品），我準備在店內坐著享用，但最後端上來的卻是一小份微溫、深色晃動的液體，裝在一個 12 盎司容量外帶紙杯裡（杯子很大咖啡很少），咖啡本身的「咖啡體」嚐起來單薄，看不到任何「克麗瑪」（也許是使用未仔細調校過的全自動咖啡機煮的吧？）外加一陣尖銳的苦味／澀感（通常是將咖啡烘到「極深焙」時才會有的味道）。

假如你也有類似的經驗，那麼對於我描述的經典 espresso 風味所帶來的滿足感會有所疑惑，也是可以理解的。

新型態的 Espresso

然而，現在有越來越多機會，讓你可以在咖啡館的外帶區得到升級版本的 espresso 出杯選擇，雖然目前國際上「使用明亮感很高的中烘焙咖啡粉，製作成單份風味很密集的 espresso」這種潮流，可能對於習慣享用滴漏式或法式濾壓壺煮法的人來說，有點過於重口味；不過這種方式做出來的「新型態 espresso」也有一種優勢——使用的咖啡豆本身，通常都是小批次、極具獨特性的咖啡豆，品質非比尋常。

替代方案：跳過咖啡館，自己動手做

如果你不想在你的城市裡進行「完美的 espresso 巡禮」，那麼你可以追求「自己動手做」，自行決定要用怎樣的咖啡豆做成 espresso，也能忽略吧台師對你的介紹，不必在乎哪個傢伙為你選的「本日 espresso」。（譯注：不想喝到用低品質咖啡豆做成 espresso 的人，可嘗試這個類別的 espresso，保證使用的咖啡豆品質是很棒的。）

在家裡購置像樣的機器設備，拿一包從當代頂尖烘豆公司買來的、烘焙得宜的、專為 espresso 設計的咖啡豆，進行 2 ～ 3 回合的沖煮調整，你就能從中發掘這款咖啡裡的多種不同面向感官風味之美，這也是本書特別推崇的做法。

Espresso 飲用者在家享用的替代方案

在家製作精心校正過的「純飲 espresso」，最終目的是要得到風味濃縮、口感柔軟、香氣綿綿不絕的效果，其機器設備的規格需求相對昂貴，同時需要一些耐心與練習；當然，要做出一杯夠好喝的家庭版拿鐵，其相關的機器設備、技術需求就沒那麼高了，不過倒也不是真的那麼便宜、簡單就是了。

簡便的替代方案：雀巢、伊利咖啡出品的膠囊式咖啡

雀巢公司出品的「原味 espresso」膠囊系統能製作出口味尚可的純飲「短萃取 espresso」，以及令人滿意的含牛奶泡沫飲品，不需要任何練習就能做到；入門級的「原味 espresso 咖啡機」配備有獨立的奶泡加熱器，以 espresso 類設備的標準來看，是相對不貴的選項。

雀巢膠囊咖啡的注意事項

不過請注意，上方提到的這些正向建議，僅適用於正牌雀巢公司出品的 espresso 沖煮系統，不見得一定要是「Vertuo」型號（這是最新發展出來，利用非正規離心力原理萃取的膠囊系統，能夠製作一系列不同的咖啡飲品，不單單只有 espresso）。詳見第 272 頁會有關於這兩種系統的更多介紹。

另外還要注意的是，大多數雀巢出品或其他相容性膠囊內含的咖啡粉量很「義大利」，僅能夠進行「短萃取」（低於 1 液體盎司／ 25 毫升）。假如你想製作標準尺寸的卡布其諾咖啡，你可能會用到 2 顆膠囊製作兩份「短萃取 espresso」，才能與 3 ～ 4 盎司（90 ～ 120 毫升）的熱牛奶與奶沫達到所需的風味平衡。最後，雖然雀巢公司很努力想完善「回收制度」，但對於有環保考量的消費者而言，這些金屬材質的小膠囊仍是種困擾。

伊利咖啡出品的「法蘭西斯‧法蘭西斯」膠囊咖啡機

與競爭對手「雀巢咖啡」分庭抗禮的是知名的「純粹主義」義大利烘豆公司「伊利咖啡」（illycaffè）所出品的「超‧Espresso」（iperEspresso）系統。該公司出品的「法蘭西斯‧法蘭西斯」（Francis Francis）膠囊咖啡機是採復刻版的精巧設計，其搭配的「超‧Espresso 膠囊」咖啡風味很符合伊利咖啡一貫的風格：順口、細緻、溫和得有點極端，若是做成加入較多牛奶的飲品時，風味很容易被蓋過。「超‧Espresso」系統主要是設計給「純飲」或「少量加奶飲品」，而且同時樂意花錢忠於伊利咖啡的穩定性、風味細緻感之族群。

裝在沖煮濾器中剛研磨好的咖啡粉，尚未填壓前的狀態。
（圖片來源：iStock ／ sirene68）

家用 Espresso 咖啡機入門推薦

這個級別的機種，從很小台的「蒸氣式 espresso 咖啡機」（僅能提供最多 3.5 bar 壓力，通常售價在 40 ～ 90 美元）到「電動幫浦式 espresso 咖啡機」（最多可提供 15 bar 壓力，售價約 100 ～ 1000 美元，甚至還有更貴的）都有。價位較低、尺寸較小的 15 bar 幫浦式咖啡機，在外觀上與 3.5 bar 蒸氣式咖啡機沒有太大差別，因此假如你的目標是低價 espresso 咖啡機，你可能必須先確認一下機器外包裝上的描述。

3.5 bar 蒸氣式機種

再次強調，這類機種沒有幫浦可將熱水加壓穿透咖啡粉；這個機種的內部有一個小鍋爐，蒸氣會在鍋爐內逐漸增壓，這也是此機種「壓力」的唯一來源。只要搭配一台尚可的刀盤式磨豆機（不建議使用刀片式砍豆機，見第 231 ～ 235 頁），就能製作出尚可的加奶 espresso 飲品（拿鐵咖啡類）。不過，如果要做出適當水準的「純飲 espresso」或咖啡館等級的優質「卡布其諾咖啡」，這個機種的壓力、水溫、可控性都還不到位；但如果你手邊正好有一台這種咖啡機，我建議你將省下來的錢投資一台像樣的「刀盤式磨豆機」：如 140 美元左右的巴拉薩牌「安可」磨豆機，以及 200 美元一台的百富利牌「智慧咖啡研磨機專業版」，都是很划算的選擇。

15 bar 幫浦式機種

這類機種其實就是營業機種的縮小版本，其中有些真的很迷你、結構做得很脆弱，當然也有些較大尺寸的機種，相對較堅固耐用。這類機種配備一顆小型（通常是震動式）的幫浦，用來將熱水推送過咖啡粉；通常又稱為「半自動咖啡

機」（semi-automatic），因為要啟動咖啡機，必須要按下開關或按鈕。

熱阻板（Thermoblock）式機種

在這些 15 bar 機種中較低價的選項裡（100 ～ 250 美元），提供煮咖啡、做牛奶泡沫的熱源是來自一種稱為「熱阻板」的小型裝置；較高端的機種像是「百富利」公司生產的，就會使用品質略佳的熱阻板〔該公司將其製造的機種稱為「熱噴射」（ThermoJets）〕，當中的最佳型號會配置「加熱線圈」（thermocoils），這是熱阻板類裝置中更堅固、更強大的類型，能讓水溫更穩定，也更方便操作。「百富利」出品的「浸泡家」（Infuser）咖啡機整體獲得不錯的網路評價（見第 293 頁介紹），就是配備加熱線圈的機種。

單鍋爐（Single-Boiler）式機種

不過，多數較大型全尺寸、咖啡館等級的家用咖啡機（售價約 450 美元或更高），其熱水與蒸氣的加熱位置都在一顆「鍋爐」裡，通常鍋爐式機種能夠提供比熱阻板式機種更穩定的水溫，製作出的蒸氣力道更強、更乾（可做出更棒的牛奶泡沫），這類機種就稱為「單鍋爐咖啡機」，因為煮咖啡用的熱水、製作牛奶泡沫的蒸氣，都是由同一顆鍋爐生成的，鍋爐需要時間（10 分鐘以上）才能達到足夠的熱度。另外，因為最適合煮咖啡的水溫與製作牛奶泡沫的水溫是完全不同的，在轉換溫度也需要一段等待期（一般操作流程是：煮完 espresso 後才切換成蒸氣模式），通常需要約 1 分鐘加熱時間，才能製造出足夠的蒸氣量（足以讓你在晚餐派對中做出多杯加奶飲品了）。

雙鍋爐式（Double-Boiler）與
熱交換式（Heat-Exchanger）機種

針對單鍋爐機種「等待期」的解方，就是做成「雙鍋爐」，一個鍋爐負責煮咖啡，另一個鍋爐就負責製作牛奶泡沫需要的蒸氣，如此一來就能省去等待時間。然而，這類機種會讓你的預算大幅提高，大多數雙鍋爐機種售價在 1500 美元以上。

配備「熱交換器」的機種是另一種解決單鍋爐等待期的替代方案，熱交換器的結構是單顆大鍋爐提供製作牛奶泡沫所需蒸氣的較高溫度，另外在鍋爐中有一個「間接加熱槽」，裡面的水溫較低，就是用來煮 espresso 的。這類機種售價也是超過 1500 美元。

不論是哪種選項，這些較高端的機種都配備了咖啡館等級的額外實用功能。

比膠囊咖啡機更好的初級選擇：
低價的單鍋爐咖啡機，搭配金屬濾器

先讓我們回到實際的挑戰——使用合理價位的機器設備，做出優質的 espresso。在 200 美元左右的機種裡，你可以買一台「熱阻板式」半自動咖啡機，最好是附有「加壓式

濾器」，能夠自動提供足夠的阻力，讓熱水穿過咖啡粉不需太多額外的操作（適合入門者使用）；換句話說，用這種濾器時，研磨刻度不需太精準，也能做出適當的流速，這讓你可以選擇以下方案來煮咖啡：（1）「簡易 Espresso 咖啡莢」（Easy Serving Espresso Pods ／ ESE），這是一款圓型、像茶包的一塊咖啡粉碟，網路上就能買到；（2）專為 espresso 設計的預磨咖啡粉，如伊利咖啡出品的罐裝綜合咖啡粉；（3）你自行製作的「沒那麼精準」的細研磨咖啡粉。這些小巧的機種，通常還配備著「自動製作奶沫」（auto-frothing）的鋼管，使用起來很簡便，不過你可能很難用它來贏得拉花比賽冠軍就是了。

　　正因為「加壓式濾器」的存在，代表你不一定需要一台磨豆機，加上有這種功能的機種通常都不貴，因此能讓你用很低的門檻踏入「在家製作 espresso」的圈圈。

也許很便宜也很簡單，但沒有很推薦

　　這些配備著「加壓式濾器」的便宜機種，對於日常使用來說有點太脆弱了，另外，你也只能在有限的品質與選項中購買預磨式咖啡粉、咖啡莢商品（跟買雀巢式膠囊一樣的問題）。最後，使用「加壓式濾器」做出來的 espresso 從來都稱不上優秀或有代表性，還是用正規濾器機種做出來的 espresso 比較好喝。

比膠囊咖啡更棒的選項：
較大型、較堅固耐用的咖啡機，
搭配一台像樣的磨豆機

　　這是大多數追求品質但預算有限的 espresso 愛好者會選擇的位階：一台堅固耐用的單鍋爐 espresso 咖啡機，附商用規格的沖煮把手、濾器（售價約 450 美元或更高），搭配一台不錯的磨豆機（200 美元或更高），兩者相加就能讓你做出近似咖啡館等級的 espresso，不過當然還是需要一些練習。在煮咖啡器具上花個 600 ～ 700 美元，聽起來似乎還是有點多，不過要是把這個金額與你在咖啡館一年內的消費相比，你也許就會覺得其實沒那麼貴了。

首先，從機器講起

　　有 3 個推薦機種，全都是經過證實的性能優異機種：

嘎吉亞「經典」與藍奇里奧「西薇亞」

　　撰文當下，經過長久驗證的嘎吉亞「Ri9380 ／ 46 經典專業級 Espresso 咖啡機」售價約為 450 美元，這是在此價位裡非常堅固耐用的選擇，以前我也有一台它的前期版本機種，我用它做了好幾年的好喝 espresso，很少出現問題。與其分庭抗禮的是另一台有著類似悠久歷史與用戶忠誠度的藍奇里奧（Rancilio）「西薇亞 M 咖啡機」（Silvia M），售

嘎吉亞（Gaggia）出品的「經典專業級 Espresso 咖啡機」（Classic Pro Espresso Machine），與巴拉薩出品的「賽特 30 型磨豆機」（Sette 30），這個組合是還不錯的家用傳統入門級搭配（咖啡機目前售價約 450 美元，磨豆機約 250 美元）。（圖片來源：巴拉薩公司）

價約為 750 美元，它的尺寸比起前者更大，鍋爐容量也更大。兩者都是單鍋爐機種，煮完咖啡後，切換成蒸氣模式需要一段短暫的「等待期」，每天早上開機後，需要 10 ～ 15 分鐘熱機時間。

　　目前版本的嘎吉亞「經典專業型」咖啡機可同時相容「加壓型濾器」或「正規型濾器」；換句話說，你可以用最簡便、不花腦力的方式開始製作 espresso，然後再逐步進階到正格的做法（用同一台機器就可以了）。

百富利「浸泡家」咖啡機

　　不過，目前在這個位階裡，最受網友喜愛的機種應該是「百富利」出品的「浸泡家」（BES840XL 型；售價約 600 美元），「浸泡家」增加了「嘎吉亞咖啡機」沒有的多種功能：

・增加了一組加熱線圈，這讓沖煮／製作奶沫間的切換，變得相對更快了（當然不可能會「馬上」；另外，製作出來的蒸氣力道中規中矩，但還稱不上非常強勁）。

・「浸泡家」名符其實地配備「預浸泡」功能，也就是說，在正式開始沖煮前，會有一段短暫的「熱水浸泡期」，讓咖啡粉餅可先行吸飽水分，之後再以高壓榨出 espresso；這個功能在商用、高階家用機種中是標準配

備，能讓沖煮穩定性更好（讓填壓後的咖啡粉餅阻力獲得更好的均衡性，杯與杯之間的差異性會縮小）。

- 「浸泡家」內建一個「壓力表」，可以讓你很精確地知道你煮得太快或太慢；另外，如果機器需要清潔、滴水盤太滿，也會有自動警示功能提醒。
- 有簡易的沖煮水溫設定功能（調整間距為 4℉／2℃）。
- 最後，「浸泡家」的操作手冊寫得非常清楚，還有附圖表說明。

前面提到的這三台機器我都推薦，因為我都不陌生、全

撰文當下，「巴拉薩」這家主流美國精緻家用磨豆機製造商，推出了 3 款專為 espresso 設計的磨豆機：入門級的「賽特 30」（見第 293 頁照片），以及這張照片裡的「賽特 270」，後者比「賽特 30」增加了一些功能，包括研磨粗細設定更精細、控制更精準，另外還有 3 個可由用戶自行設定的「研磨分量記憶功能」；同系列的最高階機種「賽特 270Wi」（無照片）有內建的電子秤，能藉由測量咖啡落粉重量來控制研磨開關（非常實用），還外加一項功能，能讓用戶在改變單項變因（重量或粗細度）時，協助維持相對應的研磨分量設定（espresso 初學者若擔心過多細節會造成困擾，那麼可先從買一台「賽特 30」磨豆機開始）。（圖片來源：巴拉薩公司）

都使用過，我的朋友也都使用這些機器，網路評價都非常高。特別留意，「百富利」持續擴展其產品線，目前已有許多不同機種，各自有不同功能、價位區間，另外也有整合咖啡機、磨豆機在一起的「組合式機種」（見下方）。另外也要注意，許多其他同價位之間的競爭品牌與型號，或許也有還不錯的，你可上網參考各大銷售網站、部落格、評論網。

極其重要的「磨豆機」

正因標準的 espresso 沖煮是藉由沖煮水壓、壓縮咖啡粉餅的阻抗力之間關鍵的平衡，而咖啡粉餅的阻抗力則是取決於研磨細度，所以一台不錯的刀盤式磨豆機（不要刀片式！詳見第 233 ~ 235 頁有兩者的差異介紹）之重要性，是不亞於 espresso 咖啡機本身的。一台不錯的 espresso 用磨豆機應符合以下條件：

- 微調間距必須夠精細（不論是有段或無段式的磨豆機）。假如這台磨豆機是「有段式」（stepped），刻度盤上應該要有很多段可調整的刻度或數字：40 或 50 個刻度都不算太多；最棒的（通常也是最貴的）espresso 專用磨豆機都是「無段式」（stepless），換句話說，調整刻度時，無須局限於刻度盤上的固定位置，在任意一點都可以停下來。
- 即使經過多次研磨回合，刻度設定也不容易跑掉。
- 不論研磨到多細（espresso 用途的設定），都應該磨出在合理範圍內、顆粒均質度高的咖啡粉，僅會有非常少的粉末狀極細顆粒，不會有粗顆粒。

其他實用的功能

像是「在製作咖啡時，不浪費太多咖啡粉」（讓操作時噴濺出的咖啡粉量減少，也讓你不需從粉槽裡尷尬地用湯匙舀出咖啡粉），這個便利性設計，雖然看起來很微小但卻很重要。有些磨豆機出粉口下方，會有一個稱為「把手固定架」（portaholder）的設計，能讓你將磨好的咖啡粉直接導入沖煮把手中的濾器（詳見第 293、294 頁照片中的巴拉薩磨豆機）。

推薦機種：「巴拉薩系列磨豆機」與「百富利智慧咖啡研磨機專業版」

巴拉薩出品的「安可」磨豆機（售價約 140 美元）與「啡圖歐索」（Virtuoso+）磨豆機（售價約 250 美元），兩者在預算有限的愛好者圈中，有著近乎傳奇性的地位。兩者都能夠應付所有沖煮方式的需求，刻度盤上也都有 40 格，磨盤尺寸相對於其他同價位機種較大，磨盤轉速較慢，因此能在研磨時不累積熱度；兩者都能做出尚可的 espresso 研磨細度。「啡圖歐索」還配備著一項非常實用的「把手固定架」設計，讓研磨好的咖啡粉能直直落進沖煮把手中的濾器（選配零件，售價約 30 美元）。

「百富利智慧咖啡研磨機專業版」（售價約 200 美元）的刻度盤上有 60 格，也有「把手固定架」，跟前兩台磨豆機一樣多才多藝。最後，如果你的主要用途都是製作 espresso，或是只用來沖煮需要細研磨的煮法，那麼「巴拉薩」這台製作非常精良的「賽特 30」就是蠻划算的選擇（約 250 美元）。

「精確分量」的挑戰

想要穩定做出 espresso 咖啡，其中一項先決條件就是「使用穩定分量（體積或重量）的咖啡粉」。假如沒有控制好咖啡粉量，你會發現沖煮時間很難抓，不論是磨細一點或粗一點可能都沒幫助；換句話說，你可能會陷入同時改變兩個變因的泥沼，迎來更多挫敗。

普遍來說，所有的家用 espresso 磨豆機都是利用「計時器功能」來試圖控制研磨咖啡粉的分量（體積或重量），藉由研磨時間長短來決定磨出多少分量。為了煮出成功的 espresso，你必須將濾器裝入研磨咖啡粉，之後做多次實驗，用計時器功能抓出一致的咖啡粉分量（體積）；另一個做法，則是用「秤重」來測量咖啡粉分量（更精準），將整個沖煮把手放到一台優質的電子秤上，扣除把手的重量，再倒入咖啡粉（用量匙或分量器），直到達到目標重量為止。

最後，又或者你是屬於「開門見山」型的人，你也可以用眼睛直接決定咖啡粉分量，這個做法就是「純手動控制計時器開關」，在需要的時候（重量不足時）可以輕觸一下開關，就能磨出少量咖啡粉，補足所需的咖啡粉重量。這是某些機種才有的實用功能。

透過「秤重」自動控制咖啡粉分量

有些更貴的磨豆機，可透過「秤重」來控制咖啡粉分量。巴拉薩「賽特 270Wi」就是這樣的磨豆機，研磨好的落粉達到設定好的重量時，磨豆機會自動停止運轉；它在許多方面都是一台優秀的 espresso 磨豆機，不過目前的售價在折扣後約為 550 美元。

手搖磨豆機的選項

撰文當下，使用便利性最高、價位合理的手搖磨豆機（espresso 用途），就是 ROK 出品的「GrinderGC」（售價約為 230 美元，見第 233 頁），它屬於較大型的桌上型手搖磨豆機，配備「無段微調」功能（雖然有些網路評論指控 ROK 的「無段微調」在多次研磨回合後，會有「飄移」的現象），進行適當操作時，能夠磨出蠻穩定、一致的 espresso 用咖啡粉。較小型的便攜式手搖磨豆機如「Kinu M47 簡單美」（Simplicity，售價約 270 美元）與「孤兒 espresso 公司」出品的「利豆」（Lido，售價約 190 美元），兩者都在網路上有不錯的評價，細研磨的表現很出色，不過兩者都需要用兩隻手一起操作。

較高端的選項

又或者，你能再花多一點錢買一台有更多功能、更棒刀盤、更俐落外觀設計的磨豆機（不論是手搖或電動式）。詳見網路上的影音、評論，以獲得更完整、更可靠的建議，相關網站如：「1st in Coffee」、「Clive Coffee」、「Whole Latte Love」或其他類似網站。

百富利「吧台師」系列磨豆／沖煮一體式入門咖啡機的替代選項

這個系列中的「表現者」（Express BES870XL，售價約 700 美元）及「觸控者」（Touch BES880BSS，售價約 1000 美元），兩者都是將磨豆機、espresso 沖煮機整合成為「一體式」的精簡機種。整體而言，都是為了解決入門級 espresso 機器設備最苦惱的「配套問題」而誕生。

表現者（Express）

這個型號的機種擁有第 293 頁「浸泡家」的多數功能，外加一台內建的磨豆機，磨豆機本身就配備設計完善的把手架、計時器開關，但是刻度盤上僅有 16 格，即便調到最細，對於要製作一杯優質的中烘焙 espresso 而言，仍然略粗了些。為了做出一杯更棒的 espresso，你必須將磨豆機的豆槽取下，並按照機器隨附的使用說明重新調整刀盤，才能往更細的範圍操作。「百富利」公司的操作手冊通常都寫得很詳細，如前述的小改動並不是一件很難的事；儘管如此，我還是建議各位分開購買一台我在第 293 頁推薦的 espresso 咖啡機，以及一台優質的 espresso 專用磨豆機（如「百富利智慧咖啡研磨機專業版」或「巴拉薩賽特系列」，兩者的刻度盤都有約 60 格）。

觸控者（Touch）

這台要價 1000 美元的「觸控者」比起「表現者」更增加了一些功能：「觸控者」將 espresso 製作、奶沫製作都自動化了，同時還外加觸控螢幕，讓用戶能看著螢幕面版上的特定圖樣來製作各式不同的飲品，每個圖樣都可預先設定沖煮參數，由用戶自行定義，不過執行這樣的設定是需要許多耐心才能完成的挑戰（也需要一定的專業知識與技術）。另外，就跟「表現者」一樣，「觸控者」的磨豆機也需要將豆槽取下、重新調整細度範圍，才能磨出夠細的咖啡粉，做出更令愛好者滿足的一杯 espresso。

省下預算，多點練習？

假如你不介意，你可選擇一台「拉霸咖啡機」、純手動沖煮 espresso 這條路，只要你在晚餐派對後無須時常製作 6 杯 espresso 類飲品就可以。舉例來說，你可以購買一台較高階的「天賦」（Flair）出品的「Espresso 系列拉霸機」，其售價約 160 ～ 300 美元不等。

除了機器之外，你還需要更多

在操作得宜的前提下，這些拉霸機能夠做出傑出的

對某些 espresso 愛好者來說，浪漫與懷舊情懷是機器設計的重要元素。照片的左側背景有一台帶金色的家用 espresso 手動活塞式拉霸機，這種設計是 1950 年代的科技，也是義大利咖啡館標誌性的場景，長長的拉把雄偉地往上升起，熱水透過彈簧驅動的活塞向下穿透咖啡粉餅。到了 1960 年代，活塞式拉霸機大多被知名的「E61 型」與其改良型機種所取代，這類機種使用我們現在熟知的「幫浦」與「熱交換器」等科技來煮咖啡，但同時保留了外觀上的浪漫情懷（閃亮亮、看起來很誘人的複雜結構沖煮頭設計）。照片中較靠前方的這台亮面電鍍家用咖啡機，就是屬於帶有復古情懷的「E61」機種範例。（圖片來源：iStock ╱ Produxtor）

espresso，不過你仍需要一台優質的 espresso 專用磨豆機（見第 293 頁）。另外，因為這台拉霸機使用的熱水是分開加熱再由你倒入的，因此你最好還是要有一台優質的「數位溫控鵝頸壺」來控制水溫。「天賦」出品的一系列手動沖煮器之使用說明，都建議你「倒入剛停止沸騰的熱水」，假如你想嘗試這個做法，可參考第 244 頁的建議。不過，我仍然建議你用一台數位溫控鵝頸壺來操作，效果會更好（第 294 頁）。

通通加起來

一台優質的手動拉霸機如「天賦」的「經典型」拉霸機，要價 160 美元；一台「百富利智慧咖啡研磨機專業版」

要價 200 美元；或是一台足以應付 espresso 沖煮需求的手搖磨豆機（如 ROK 出品的），一台要價約 $230 美元，而「天賦」出品的「皇家型」（Royal）手搖磨豆機，一台約 160 美元；一台可靠的數位溫控鵝頸壺，你可以選擇較早版本的「波那維塔」（售價 60 美元），擁有以上全部設備後，你就獲得了「製作高水準 espresso」的入場卷，總花費約 400 美元。假如你時常需要在 espresso 中加入熱奶沫，就還需要增購一台「雀巢」出品的「Aeroccino 奶泡機」（有許多型號，售價皆在 100 美元上下）。

假如你想擁有更進階的設備，可購買「嘎吉亞經典專業版」入門半自動咖啡機（見第 293 頁），搭配一台優質的電動刀盤式 espresso 專用磨豆機（如第 293 頁推薦），就能夠很快速、有效率地達到「製作優質 espresso 或卡布其諾咖啡」的目的（與手動機種相比）。

1000 美元以上的機種

假如你追求的是 700 ～ 1000 美元機種能夠做出的 espresso 水準，不妨嘗試以下兩種方案：（1）再增加一點預算買「全自動咖啡機」（在同一台機器內研磨咖啡粉、沖煮 espresso，並且也能製作奶沫，一鍵完成所有動作）；（2）多花一點預算購買耐用度更高、更精準、沖煮品質更佳的機器設備。

購買最便利的「全自動咖啡機」

這類型機種強調的是「它能為你處理所有事」，這些全自動咖啡機時常可見於機場貴賓室、飯店自助餐等場合中，不過也有較小型的家用版本，你只需按下一鍵，就能依照預設或用戶自行定義的粗細來研磨咖啡粉，再按照設定磨出固定分量，接著自動填壓、自動沖煮。

但你以為「全自動咖啡機」就只會做這些嗎？許多全自動咖啡機能夠吸取牛奶（從你提供的容器中抽取），將牛奶加熱並產生奶沫，最後將熱牛奶、奶沫注入剛煮好的 espresso 咖啡中。

這種像是奇蹟般的畫面還能出什麼差錯？

你也許會猜：這些設計巧妙的沖煮機器人常常會出問題。部分是如此，但通常只要你精心調校研磨粗細、每次更換不同的咖啡豆時都進行類似的校正調整，就能煮出令人滿意的優質 espresso；但這些設定不能一招闖天下，有時使用同一套設定煮不同的咖啡豆就會出錯，甚至是嚴重錯誤。這些全自動機種通常都有 1 ～ 2 年保固期，某些賣家或經銷商也可能提供延長保固，但是沒人想在需要一杯咖啡的當下，還打去 0800 服務電話與技術人員交談吧？到最後，花那麼多錢買了一整套在家煮 espresso 的設備，而且機器都還在保固期內，你可能又會選擇到街坊的咖啡館、路邊併排停車

（買現成的）。

假如你真的買了一台全自動咖啡機，請一定要確實遵照製造商的清潔、除垢、維護建議對待它。

一般來說，用越高價位的全自動咖啡機就有越多可控制的功能，耐用度也會越高，如果你買了一台，就千萬不要買太便宜的，買之前也要花點時間詳讀網路評論。你可以在設備銷售網「Whole Latte Love」、「1st in Coffee」、「Espresso Parts」及其他 espresso 設備銷售網找到各種全自動咖啡機。

花多點錢買可控性、耐用性更好，或是外觀更酷的機種

當你選擇朝這個方向前進時，代表你早已接受了這個現實：要用正規的操作方式做出出色的 espresso，會有前述的那些挑戰存在。是的，在這些較高端的機種中，有些功能不但更方便，對於精準度、穩定度的提升也更好；舉例來說，配備雙鍋爐的機種，能夠讓沖煮與製作奶沫之間的等待期歸零，讓你在晚餐後的派對裡能製作出更大量的飲品，因為你能在煮 espresso 的同時還一邊打奶沫。

但是這些較高端機種，也會使用更加優越的工法、材質來打造，它們能夠做到全商用機種能完成的所有事，不論是產量還是 espresso 的穩定性；當然，這些機種大多數的外觀也是毫不含糊的。

當你購買的優先考量是：外觀、感覺、浪漫情懷

你可以考慮一台配備經典「E61」沖煮頭的機種，功能上很實用，而且那種複雜、閃亮亮的設計細節也很符合「復古／浪漫情懷」，詳見第 296 頁的照片。「ECM」是「E61」沖煮頭機種的領導品牌製造商，但還是有其他廠牌也出品同類型機種。

當你購買的優先考量是：咖啡館水準的耐用度、毫不妥協的精準度、酷炫的外觀

仔細瀏覽「Clive Coffee」網站上精選的機種，或是在「Whole Latte Love」、「1st in Coffee」、「Espresso Parts」、「Seattle Coffee Gear」及其他銷售網站也能找到更多延伸選項。其中最昂貴、市面上最優秀設計的機種就是最佳「營業級」機種的精簡版本。多年來，我們在 *Coffee Review* 一直使用「La Marzocco」出品的「GS3 AV」，這是一台超高端的家用機種，多年使用下來發現它與全尺寸營業機種「Linea」相比，在出杯能力與耐用度上毫不遜色，「GS3」的占用空間相對較小，不需直接連結水線，因此讓它符合家用需求，雖然它的重量、耗電量、精準度都與營業級機種無異。

然而，目前「GS3」售價約在 7000 美元！另一台同品牌家用機「Linea Mini」的售價則略低一些（5000 美元）。「Linea Mini」的操作介面是屬於較復古的指針式表頭與控制方式，而非數位表頭與按鍵，因此耐用度與商用機種十分接近，其尺寸可以在多數人家中的廚櫃區擺放，用的是 15 安培的家用電。另一台高端愛好者最愛的就是「Slayer Espresso」單孔咖啡機，外觀、性能表現都令人驚嘆，但它必須與你家廚房的水線直接連結，而且價格挺高的，基本售價從 8500 美元起跳，額外客製化選購的各式原木零配件的價格也都尚未包含在內。

假如你沒那麼多預算，那麼在 2000 ～ 3500 美元的區間內，還是能找到很出色的機種。再次提醒，你可以在之前提及的那些機器設備銷售網，找到相關機種。

「La Marzocco」出品的「Linea Mini」，這是一台尺寸精簡但功能上一點也不妥協的家用版本經典咖啡機，在沖煮頭上方有一個「輪瓣」（paddle），是用來對沖煮時間進行策略性控制的設計。（圖片來源：La Marzocco）

參考資料

以下列出的是一些對於咖啡愛好者想增進與咖啡連結及歷史等相關議題認知的推薦書集、網站、工具，其中包括我曾在本書引用的參考資料。

不是很完整的參考書目

請留意，這份參考資料清單並沒有完整涵蓋所有的參考書目，因為除了列在這裡的相關文獻之外，我還另外參考了數百篇文章、部落格等，當然也參考了相當學術性／技術性的書籍；這些文章、部落格、非常專業的技術性出版品就沒有列在這裡，但仍然要讓各位知道這些資料來源對本書的重要性，尤其是它們可以協助讓讀者更確切了解書中的某些觀點。

在這裡提及的書目、網站大多是給專業人士參考用，不過對於某些特別有興趣的咖啡愛好者而言，也是很棒的增廣見聞途徑。

消費者導向的書目

我必須坦白，當我撰寫本書時，一開始就避免參考「純消費者導向」的咖啡介紹書目，因為簡略地說，我不想被它們影響。儘管如此，以下我仍要介紹兩本很棒的消費者導向書籍，假如你對咖啡的「通論型介紹」有興趣，那麼這兩本書可以搭配本書一起閱讀，會有很好的互補效果。

參考資源：技術與專業書籍

在 2020 年中，實體書的概略價位：

$	15 美元或以下
$$	30 美元或以下
$$$	50 美元或以下
$$$$	100 美元或以下
$$$$$	稀有或昂貴

實用來源出處

Bersten, Ian (1993) Coffee Floats, Tea Sinks: Through History and Technology to a Complete Understanding $$$ A meticulously detailed, strongly opinioned, but readable history of coffee brewing and roasting apparatus and technology. To describe it as lavishly illustrated would be an understatement.

Block, Jeremy; Pearson, Rand; and Tomlinson, Chris (2005) Kahawa, Kenya's Black Gold $$$ (only available used). If you are a lover of Kenya's superb coffees, a used copy of this slender but well-researched and illustrated volume may be worth searching out.

Davis, Aaron, et al. (2018) Coffee Atlas of Ethiopia. $$ Authoritative, succinct yet comprehensive. Accessible text; extraordinary maps and visual materials. A groundbreaking work on this essential, singular coffee origin.

Daviron, Benoit and Ponte, Stefano (2005) The Coffee Paradox. $$ Analyzes and offers potential solutions for the coffee paradox, the disturbing trend that, just as specialty coffee has boomed in sales and importance in regions where coffee is consumed, producers are suffering from historic low prices for coffee generally. Written from an academic perspective, but accessible. Important reading for anyone concerned with a viable future for fine coffee, or any coffee at all.

Illy, Andrea and Viani, Rinantonio, et al. (2005) Espresso Coffee: The Science of Quality, second edition $$$$ A thorough technical look at all aspects of coffee production from the point of view of espresso, particularly espresso as pursued in the refined style advocated by illycaffè. Aims to be as lucid and accessible as it can be given its commitment to technical rigor. The chapters on roasting through brewing are particularly detailed.

McCook, Stuart (2019) Coffee Is Not Forever: A Global History of the Coffee Leaf Rust $$ The coffee leaf rust disease has been haunting coffee ever since the first catastrophic outbreak in Ceylon in 1869. This is not only the story of rust and our response to it, but a global environmental and economic history of coffee as well. Scary but enlightening.

Oberthür, Thomas, et al. (2019) Specialty Coffee: Managing Quality(Second edition) $$$ Order from Cropster, the publisher. Multi-authored practical overview of seed to roasted bean from a specialty coffee professional perspective. Particularly valuable because it aspires to be technically authoritative yet is aimed at specialty rather than commodity coffee, and at coffee practitioners rather than academics.

Rao, Scott, (2010) Everything but Espresso, (2014) The Coffee Roaster's

Companion, (2008) The Professional Barista's Handbook: An Expert Guide to Preparing Espresso, Coffee, and Tea. $$ Three concise, clearly-illustrated guides, sensible and accessible. Aimed at professionals, but useful for enthusiasts.

Roast Magazine (2018) The Book of Roast: The Craft of Coffee Roasting from Bean to Business $$$$$ (US$125) Order from Roast Magazine (roastmagazine.com), the publisher. Massive, massively illustrated compendium of articles from Roast Magazine covering virtually all aspects of roasting and selling roasted coffee from a specialty professional perspective. Impressive in its comprehensiveness. Entries are uniformly well-written and edited, though they vary in voice and timeliness.

Scholer, Morten (2018) Coffee and Wine $$$ Well-researched, statistically rich, comprehensive overview of these two beverages, considered in parallel tracks moving from farm through consumption. Neither consumer-pointed nor specialty-focused, but a concise, instructive overview with many informative tables.

Shepherd, Gordon (2012) Neurogastronomy: How the Brain Creates Flavor and Why It Matters $ Synthesizes understandings from multiple sciences to show how the brain creates what we term flavor through a complex series of mental transformations and edits. Although coffee is only mentioned twice, essential reading for those interested in sensory understanding of the beverage.

Ukers, William H. (1935; paperback reprint 2011) All About Coffee(Second Edition) Paperback reprint $$ or free download at Gutenberg.org. When I published my first book on coffee in 1976, this was the only comprehensive overview of coffee available in English. It remains useful as history and overview and is justifiably considered one of the classics of coffee literature.

Van Hilten, Hein Jan, et al. (2012) The Coffee Exporter's Guide (Third Edition) $$$$ or free. A thorough but succinct guide to the complex details, terminology and conventions of how coffee is traded worldwide. Print copies are rare and expensive, but you can download the entire text free or consult an interactive version at thecoffeeguide.org.

White, Merry (2012) Coffee Life in Japan $$ Entertaining and illuminating, a frequently profound history and meditation on the kissaten and on Japan, specialty coffee's alternate universe.

Wintgens, Jean Nicholas, et al. (2004) Coffee: Growing, Processing, Sustainable Production $$$ Detailed, comprehensive, rather massive technical overview of virtually every aspect of green-coffee growing and production from seed to warehouse. Well-edited. Written from a general coffee industry perspective rather than from a specialty perspective, but valuable for its completeness and balance. An invaluable reference and an accessible skim.

稀有、絕版參考書目

Jobin, Phillipe (1992) Les Cafés Produits Dans le Monde: The Coffees Produced Throughout the World. Out of print. $$$$$ A reference work covering a vast range of factual detail (grades, harvest seasons, regions, etc. etc.) for almost all of the coffee-growing origins of the world, presented in list format in three languages (French, English and Spanish). Used copies can be found online at prices ranging from the reasonable to the ridiculous.

Sivetz, Michael and Desrosier, Norman (1979) Coffee Technology. Out of print. $$$$$ A detailed technical account of mainstream coffee roasting, packaging and conversion to instant or soluble.

咖啡歷史通論書

我個人通常會不自覺地（也許內心有點偏祖地）將最近的咖啡歷史書區分為兩個類別：

（1）全然針對「期貨咖啡系統」的殘酷不平等結構，以及這些作者認知咖啡消費世界的假仁假義等內容，但卻鮮少在書中提及對於這種飲品本身興趣及其複雜性與文化層面內容，僅將其視為資本主義系統下的一種另人上癮的燃料。

（2）點出咖啡在經濟、社會、政治的歷史中那些醜陋諷刺與對比，但同時也對咖啡與其文化維持一定的尊重。

Allen, Steward Lee (1999) The Devil's Cup: A History of the World According to Coffee $ A great read, cynical and funny. Allen travels(more hopscotches) the path coffee took as it spread around the world, relating incidents along the way with reckless exuberance and frequent outbursts of accurate history. If Hunter S. Thompson had booze and psychedelics, Allen had caffeine. Mainly.

Hattox, Ralph (1985) Coffee and Coffeehouses: The Origins of a Social Beverage in the Medieval Near East $$ An authoritative, engaging account of the early history of coffee and coffeehouses in the Muslim world. Fills in many details that other, more general histories of coffee skip.

Morris, Jonathan (2019) Coffee: A Global History (Edible) $$ Along with a few coffee recipes and whatnot, offers a brisk, concise coffee history in a compact, pleasing-to-hold hardback format.

Pendergrast, Mark (1999, 2019) Uncommon Grounds: The History of Coffee and How It Transformed Our World $$ The first thorough history of coffee to appear since Ukers' All About Coffee in 1935, and at this writing it remains the most complete and balanced account available. Particularly strong on the social, political and economic aspects of coffee history in the 19th and 20th centuries, but an informative read throughout.

Sedgewick, Augustine (2020) Coffeeland: One Man's Dark Empire and the Making of Our Favorite Drug $$ Combines novelistic attention to story with incisive historical and ideological sophistication in telling the saga of James Hill, a poor English immigrant to El Salvador who created a coffee dynasty. Elaborates and localizes the coffee-as-capitalist-poison point of view, but leavens it with intelligence, tact and fundamental humanity. An excellent read.

Wild, Antony (2004) Coffee: A Dark History $$ A thoroughgoing coffee-as-capitalist-poison history, and a very good one, with a strong personal point of view and a brutally honest and richly detailed feel for what Wild calls the "patron/peon status quo" of coffee economics.

咖啡通論書（只提一本好像不太夠）

在此介紹兩本咖啡通論書，都有著鏗鏘有力、富含吸引力的號召力與觀點，但與我這本書有那麼一點點不同。

Hoffman, James (2018) The World Atlas of Coffee: From Beans to Brewing ─ Coffees Explored, Explained and Enjoyed $$ Covers roughly the same ground as my earlier general coffee books and this one, but covers it with a fluent voice, impressive illustrations and a point of view that is uniquely and personally informed.

Freeman, James; Freeman, Caitlin; and Duggan, Tara (2012) The Blue Bottle Craft of Coffee: Growing, Roasting and Drinking, with Recipes $$ More about brewing and enjoying than about the rest of the coffee story, but everything that is said about coffee here is told well and reliably, often enlivened by a personal touch.

線上參考資源

這裡會列出一些與咖啡相關的主題，而且是我認為特別實用、迷人的網站及參考資源，當然還有其他許多網站可參考。正如我之前曾提過的，在我撰寫本書時，參考了數百篇線上文章、部落格內容，但並未詳列在此，當我在線上找到了針對特定關鍵認知的相關資料來源時，我通常會以非正式的引用標記方式，在內文直接介紹出處來源。

CoffeeChemistry.com. Overseen by coffee scientist Joseph Rivera, a site replete with succinct, accessible information on coffee chemistry.

Coffee Review (coffeereview.com). I co-founded this website in 1997, and over its 20+ years I have generated the majority of its content and overseen the rest. Buried in the archived tasting reports is a wealth of information that I feel uniquely juxtaposes careful sensory analysis with technical and socioeconomic considerations. Browse by entering keywords in the search function under Tasting Reports. Or use the advanced search function to browse through categories of archived reviews by origin, processing method, tree variety, roasting company, etc.

Daily Coffee News (dailycoffeenews.com). Weekly updates and articles on the specialty coffee industry. A thoroughgoing and accessible resource aimed at coffee professionals and informed consumers. Superbly edited by Nick Brown. And, unlike Coffee Review, DCN makes it particularly easy for you to track through its extensive archives. Just poke your nose in and go.

Perfect Daily Grind (perfectdailygrind.com). Articles and news reports aimed at the specialty coffee professional, many of interest to the coffee enthusiast. Published in the U.K.

Specialty Coffee Association (SCA) (sca.coffee). The SCA is everywhere behind the scenes in coffee, but consumers may have difficulty getting at the interesting stuff on this sprawling member- and event-oriented website. I recommend starting with the Research and the News tabs. Under the News tab, accessible and engaging articles from the association's 25 magazine can be found. The site does not seem to have a search function.

Sprudge (sprudge.com). A chatty, irreverent, informative website offering "coffee news and gossip."

World Coffee Research (WCR) (worldcoffeeresearch.org). For me, WCR is one of the more admirable organizations in coffee, aimed squarely at not only saving coffee generally from destruction, but saving great coffee from destruction, while helping societies dependent on coffee to prosper. See page 12. I find that the most useful online resources for coffee enthusiasts offered by WCR are the two cited below.

World Coffee Research: Arabica Coffee Varieties. General characteristics and histories of (at this writing) 53 important varieties of Arabica growing in 15 countries in Latin America and Africa. Browse interactively or download a free copy at https:// varieties. worldcoffeeresearch.org/info/catalog.

World Coffee Research Sensory Lexicon 2.0. Created at the Sensory Analysis Center at Kansas State University, the lexicon identifies 110 flavor, aroma and texture attributes present in coffee, and provides references for measuring their intensity. An enormously impressive piece of work, almost elegant in its precision, but probably more useful for research teams than for coffee enthusiasts. An enlightening browse, however; download a free copy at https://worldcoffeeresearch.org/work/sensory-lexicon.

生豆進口商網站

由咖啡生豆進口商經營的網站，通常對於熱衷生豆、產地等議題的愛好者來說，是另一種豐富的資訊來源。在此列出 3 家內容特別紮實的生豆進口商網站。

Café Imports (cafeimports.com). The generous source of the maps in this book and a well-designed and informative site.

Royal Coffee (royalcoffee.com). Handsome, detailed site. Royalcoffee.com/the-crown offers educational information and original research. Or browse the detailed descriptions of distinctive microlot coffees Royal calls its "crown jewels."

Sweet Maria's Home Coffee Roasting (sweetmarias.com). A pioneering online resource for home coffee roasters, offering green coffees, home roasting machines and a rambling array of very detailed and useful information. The Coffee Shrub (coffeeshrub.com) is Sweet Maria's wholesale outlet, selling somewhat larger volumes of green coffee to small roasting companies. Sweet Maria's is built around the voice and tastes of Tom Owens, one of the unsung (or semi-sung) heroes of specialty coffee.

Also browse through the offering lists of your favorite coffee origins and types at Atlas Coffee, Atlantic Coffee, Crop to Cup, Olam Coffee, Mercanta Coffee Hunters, Vournas Coffee Trading and many others.

參考資源：感官訓練工具

對於熱忱的咖啡品嚐愛好者來說，「風味香瓶訓練組」是其中一種最實用（雖然有點昂貴）的工具，能讓你馬上就體驗多種在咖啡裡可能出現的香氣／風味調性；還能夠與「有機酸訓練組」（organic acids kit）搭配使用，能夠讓你開始了解特定族群的「有機酸」與咖啡的基本味覺結構關聯性。

「風味香瓶訓練組」有許多種，但全都是一樣的用法：將小小的香瓶瓶蓋打開並嗅聞其飄散出的香氣，在腦中先猜測「聞到的可能是什麼」，之後再查看香瓶所對應的實際答案（有一張對照小卡或小冊子），你就能得知自己的猜測是否準確。當然，你可以將這個自我訓練的流程拿來與你的咖啡瘋子朋友們當作一種遊戲來玩（希望在後疫情時代還能如此）。這些訓練組在咖啡相關的香氣呈現頗具說服力（不論按照字面上的意義來理解，還是按照類比的意義來理解）。

在後方最末處列出的「有機酸訓練組」，使用方式僅需將有機酸用純水稀釋並直接品嚐就可以了，你可以單獨分開品嚐，也可以將其相混合後品嚐，以感受不同的效果。

Le Nez du Café Aroma Kit is the original aroma kit for coffee, with 36 scents represented. The Nez du Café kit is available for US$350 in a handsome wooden case at the Specialty Coffee Association (SCA) online store (store.sca.coffee).

Coffee Flavor Map T100, also sold at the SCA store, offers 100 aromas (US$450 with booklet; cards extra), while the massive Theorem 144 includes 144 aromas (US$1,200). Other instructional tools and some simple testing and cupping gear also can be purchased at the SCA store.

Organic Acids Kit. Aroma/flavor notes as represented by the aroma kits listed above represent the potentially exhilarating superstructure of the sensory experience of coffee. Also contributing to that experience are more foundational sensations represented by other substances. These include various acids that convey and nuance basic tastes like sweet, sour and bitter, as well as help generate the much valued bright, acidy sensation displayed in fine Arabica coffee. Aficionados can purchase a kit of six acids prominent in the taste structure of coffee from coffeechemistry.com, together with instructions for learning with them. The student version of the Organic Acids Kit currently sells for a reasonable US$60.

感謝名單

　　本書是我在 1976 年出版的第一本咖啡書《咖啡指南》（期間曾改版 4 次，第 5 版則於 2001 年發印）的全新改寫版。

　　也就是說，在過去 25 年間撰寫、更新本書內容的同時，我也受益於五大洲及眾多島嶼上數百名咖啡專業人士慷慨分享的知識；另外，在那之後的第 19 年，當時我開始發展 *Coffee Review* 的工作，也開始緩慢構思這本重新改寫的咖啡書架構，終於在近期完成，期間也也受益於更多專業人士熱心分享的知識——族繁不及備載。

　　這讓我欠了很大一筆人情債，因為在本書真的無法有足夠篇幅來一一感謝所有人。當我在撰寫本書的日子裡，腦中幾乎每天都會出現一個值得感謝的新名字；還有許多時候，我可能記得有這個人但卻忘了他的名字，像是一位我在某次長達 7 天的巴布亞紐幾內亞咖啡專案裡一起杯測的紐西蘭高

個兒，我曾跟他在前往澳洲布里斯本的候機時間中，暢談咖啡一整個下午，也跟他一起在水岸公園的草皮上閒晃，共同欣賞陌生鳥類，以及那些很笨重、舌頭很肥厚的大蜥蜴，不論我怎麼努力回想，就是想不起他的名字，我只想起他跟我談論關於咖啡的內容，還有紐西蘭這兩個線索。

　　要將我還記得的那些名字全都在此列出，似乎也是很可觀的，因為真的很多。另一方面，如果不將這些我還記得的名字都列出來的話，更會顯得我只顧自身利益、有點小氣了。

　　因此，我決定還是將記得的名字全都列出來。下方的感謝名單，是對本書前身的 5 個版本有貢獻者，以及多年來我在建立 *Coffee Review* 與撰寫本書時持續獲取知識的貢獻者們。

感謝名單（其中的部份人士，我很確定他們可能甚至不知道對我提供了幫助）

　　因為我感謝的範圍跨越了 50 年之久，因此這份名單還算是短的，原本考慮要將那些特別重要、幫助特別多的人名，用一顆「金星號」來標註，但最後決定還是用粗體表示就好。另外還要提到一點，名單中有一些已故人士，即便他們已經前往更美好的世界，但他們在世時對於咖啡的熱忱與貢獻，仍值得我們懷念。

Hammoud Al Hamadani, Yemen
Mané Alves, Coffee Lab International, U.S.A.
Barth Anderson, Barrington Coffee, U.S.A.
Jen Apodaca, U.S.A.
Yehasab Aschalein, Coffee & Tea Authority, Ethiopia
Dr. Oskari Atmawinata, Pusat Penelitian Kopi dan Kakao, Indonesia
Peter Baker, Climate Edge, U.K.
Kent Bakke, La Marzocco, U.S.A.
Jerry Baldwin, Peet's Coffee & Tea, U.S.A.
Robert Barker, U.S.A.
Andrew Barnett, U.S.A.
Carlos Batres, Monte Carlo Estate, El Salvador
Tina Berard, Atlantic Coffee, U.S.A.
Mark Berfield, Hawaii
Ian Bersten, Australia
H.C. Skip Bittenbender, University of Hawaii
Lindsey Bolger, U.S.A.
Willem Boot, Boot Coffee Consulting, U.S.A.
I.B. Bopanna, India
Bob Boxwell, various countries
Guilherme Braga Rosa, Brazil
Carlos Brando, P&A Marketing, Global Coffee Platform, Brazil
Gus Brocksen, Hawaii
Joseph Brodsky, Panama

Emily and Jeff Brooks, Giv Coffee, U.S.A.
Nick Brown, Daily Coffee News, U.S.A.
Howard Bryman, U.S.A.
Guy Burdett, U.S.A.
Christopher, John and Thomas Cara, U.S.A.
Robert Carpenter, U.S.A.
Angela Caruso, U.S.A.
Michael Caruso, U.S.A.
Timothy Castle, U.S.A.
Catherine Cavaletto, University of Hawaii
Karen Cebreros, U.S.A.
Rodrigo Chacón, Guatemala
Jeff Chang, Korea
Sheree Chase, Kona Historical Society, Hawaii
Saurabh Chaturvedia, India/Singapore
Tamas Christman, U.S.A.
Shihpan (James) Chuang, Pebble Coffee, Taiwan
Steve Colten, U.S.A.
Tim Coonan, Big Shoulders Coffee, U.S.A.
Dan Cox, Coffee Enterprises, U.S.A.
John Curry, El Salvador/U.S.A.
David Dallis, Dallis Bros., U.S.A.
Darrin Daniel, Alliance for Coffee Excellence, U.S.A.
John M. Darch, Canada
Tadele Darbie, Coffee & Tea Authority, Ethiopia

Rogério Daros, Fazenda Cachoeira, Brazil
Martin Diedrich, U.S.A.
John DiRuocco, Mr. Espresso, U.S.A.
Sherman Dodd, U.S.A.
Stefany Dybeck, U.S.A.
Kimberly Eason, U.S.A.
Mike Ebert U.S.A.
Jay Endres, U.S.A.
Jan Eno, U.S.A.
Frederico José Fahsen, Guatemala
James Kimo Falconer, Hawaii
Vincent Fedele, VST Inc, U.S.A.
Mike Ferguson, U.S.A.
Terry Fitzgerald, Hawaii
Andrew Ford, Australia
Robert Ford, U.S.A.
Robert Forsyth, Australia
Jaime Fortuño, Puerto Rico
Max Fulmer, Royal Coffee, U.S.A.
Robert Fulmer, Royal Coffee. U.S.A.
Ambrogio Fumagalli, Italy
The Gaviña family, U.S.A.
Yanni Georgalis, Ethiopia
Elias Getahun, Ethiopia
Roberto Giesemann, Mexico
Danielle Giovannucci, U.S.A.
Peter Giuliano, U.S.A.

Jim Glang, U.S.A.

Michael Glenister, U.S.A.

Karen Gordon, U.S.A.

John Gray, Canada

Tony Greatorex, Red Rooster Coffee, U.S.A.

Brad Green, U.S.A.

David Griswold, Sustainable Harvest Coffee, U.S.A.

Olaf Hammelburg, Netherlands

James Hardcastle, U.S.A.

Hidetaka Hayashi, Japan

Louis Heinsz, U.S.A.

Bill Herne, Canada

Andrew Hetzel, U.S.A.

Matt Higgins, Coava Coffee, U.S.A.

Don Holly, U.S.A.

Fred Houk, U.S.A.

George Howell, U.S.A.

Simon Hsieh, Taiwan

Mark Inman, U.S.A.

Instaurator, Australia

Cahya Ismayadi, Indonesia

Udaiyan Jatar, U.S.A.

Joseph John, Josuma Coffee, U.S.A./India

Sherri Johns, U.S.A.

Michael Johnson, JBC Coffee, U.S.A.

Charles "Chuck" Jones, U.S.A./Guatemala

Mireya Jones, U.S.A./Guatemala

Phil Jones, U.S.A.

Phyllis Jordan, U.S.A.

Paul Kalenian, U.S.A.

Paul Katzeff, Thanksgiving Coffee, U.S.A.

Deepak Khanvilkar, India

Norman Killmon, U.S.A.

Tom Kilty, U.S.A.

Ian Kluse, U.S.A.

Kevin Knox, U.S.A

Erna Knutsen, U.S.A.

Praveen Kumar Kolimarla, India

Alf Kramer, Norway

Dan Kuhn, Hawaii

Wilford Lamastus, Elida Estate, Panama

Randy Layton, U.S.A

Silvio Leite, Brazil

Barry Levine, Willoughby's Coffee, U.S.A.

Christo Lin, Creation Foods, China

Ted Lingle, U.S.A.

Richard Loero, U.S.A.

Jacob Long, Thanksgiving Coffee, U.S.A.

Jason Long, Café Imports, U.S.A.

Marko Luther, Germany

William MacAlpin, Costa Rica

Tony Marsh, Australia

Axel Martinussen, Norway

Hans Masch, Guatemala

Jane McCabe, U.S.A.

Tim McKinney, U.S.A.

Becky McKinnon, Canada

Francisco Mena, Costa Rica

Grace Mena, Costa Rica

Tadesse Mengistu, Ethiopia

Sunalini Menon, India

Perry Merkel, U.S.A.

Miguel Meza, Paradise Coffee, Hawaii

Bruce Milleto, U.S.A.

Matt Milleto, U.S.A.

Shirin Moayyad, several countries

Mohamed Moledina, Kenya

Mirian Monteiro de Aguiar, Fazenda Cachoeira, Brazil

Kim Moore, U.S.A.

Mark Mountanos, U.S.A.

Michael Mountanos, U.S.A.

Milt Mountanos, U.S.A.

Warren Muller, U.S.A.

Bruce Mullins, U.S.A.

Chifumi Nagai, Hawaii

Andy Newbom, U.S.A.

Alan Nietlisbach, U.S.A.

Mats Nilsson, Sweden

Desse Nure, Ethiopia Coffee & Tea Authority

Lorie Obra, Hawaii

Alan Odom, U.S.A.

Dave Olsen, U.S.A.

Danny O'Neill, U.S.A.

Robert Osgood, Agriculture Research Center, Hawaii

Claudio Ottoni, Fazenda Vereda, Brazil

Kathy Owen, U.S.A.

Rodger Owen, U.S.A.

Karen and Lee Paterson, Hula Daddy, Hawaii

Alfred Peet, U.S.A.

Mark Pendergrast, U.S.A.

José Pereira, Brazil

Heather Perry, U.S.A.

Mike Perry, Klatch Coffee, U.S.A.

Price Peterson, Panama

Mary Petitt, U.S.A.

Rick Peyser, U.S.A.

John Pickersgill, Jamaica

Wicha Promyong, Thailand

John Rapinchuk, U.S.A.

Alejandro Renjifo, Colombia/U.S.A.

Jim Reynolds, U.S.A.

Ric Rhinehart, U.S.A.

Robert Rice, U.S.A.

Joseph Rivera, U.S.A.

Jacob Robbins, Singapore

David Roche, U.S.A.

Washington Rodrigues, Brazil

Andy Roy, Bayview Farms, Hawaii

Jay Ruskey, Frinj Coffee, U.S.A.

Mohammed Saif, Yemen

Kazuo Sambongi, Japan

Vincenzo Sandalj, Italy

Jason Sarley, U.S.A.

Grady Saunders, U.S.A.

Timothy Schilling, World Coffee Research, U.S.A.

Les Schirato, Australia

Donald Schoenholt, Gillies Coffee, U.S.A.

Morten Scholer, Denmark

Melissa Scholl, Lexington Coffee, U.S.A.

David Schomer, Espresso Vivace, U.S.A.

Teshome Selamu, Coffee & Tea Authority, Ethiopia

Nishant Gurjer, Sethuraman Estate, India

Joanne Shaw, U.S.A.

Mohamad Sheiban

Bill Siemers, U.S.A.

Menno Simons, Trabocco, Netherlands

Bob Sinclair, U.S.A.

Kevin Sinnott, U.S.A.

Michael Sivetz, U.S.A.

Linda Smithers, U.S.A.

Paul Songer, U.S.A.

Susie Spindler, U.S.A.

Ted Stachura, Equator Coffee, U.S.A.

Carl Staub, Agtron, U.S.A.

John Stiles, Hawaii Agriculture Research Center

Jennifer Stone, U.S.A.

Setiawan Subekti, Kali Bendo Estate, Indonesia

Jeff Taylor, U.S.A.

Maritza Suarez-Taylor, Colombia/USA

Augie Techeira, U.S.A.

Steve Teisl, Papua New Guinea/U.S.A.

Gary Theisen, Revel Coffee, U.S.A.

Paul Thornton, U.S.A.

Robert Thurston, U.S.A.

Baskoro T. J. Tjokroadisumarto, Indonesia

Steven Topik, U.S.A.

Mia Tseng, Creation Foods, China

Eton Tsuno, U.S.A.

Caesar Tu, Taiwan

Alex Twyman, Jamaica

Jamie Utendorf, U.S.A.

Isidro Valdés, Guatemala

Raúl Valdés Guatemala

Hein Jan Van Hilten, South Africa

Stephen Vick, U.S.A.

Marcelo Vieira, Brazil

The Vukasin family, Peerless Coffee, U.S.A.

Ron Walters, Coffee Review, U.S.A.

Leah Warren, several countries

Geoff Watts, U.S.A.

Mark Weems, U.S.A.

Kim Westerman, Coffee Review, U.S.A.

Mick Wheeler, Papua New Guinea

Robert Williams, U.S.A.

Christian Wolthers, U.S.A.

Jeremy Woods, U.S.A.

Amy Woodward, U.S.A.

April Wu, Creation Foods, China

Miguel Zamora, U.S.A.

More Specific Thanks

In addition to the preceding, I need to offer very explicit and pointed thanks to those who directly helped me with this volume. They include the always generous Peter Baker, the coffee scientist and writer who reviewed key chapters on origins, coffee varieties and the environment, and Howard Bryman, writer and associate editor at *Daily Coffee News*, who reviewed chapters on equipment and brewing. Marko Luther, the voice and maintainer of the open-source roasting software Artisan, looked over the roasting chapter. Nick Brown, editor of *Daily Coffee News (DCN)*, not only enriched this book by helping make available a staggering range of coffee news and commentary at DCN, but also directly contributed some excellent writing during the early drafting of this book. Obviously, any mistakes that survived these contributions are mine alone.

Finally, I thank my colleagues at Coffee Review: My business partner and Coffee Review co-founder, Ron Walters, who was always supportive of this project, and my acute and knowledgeable co-cuppers Kim Westerman and Jason Sarley. Together, Kim, Jason and I tasted and discussed many of the thousands of coffee samples that give depth and detail to this volume.

All of the editors and designers involved in helping to get this book to press brought creativity and patience to their roles. They include the meticulous and knowledgeable copy editor Carol Ness, former Food Section writer and editor at *the San Francisco Chronicle*; map designer Andy Rieland, who came by way of the generosity of Café Imports CEO Jason Long and the Café Imports team; Karen A Tucker, designer of the cover concept and the infographics and figures, who never complained about my fussy changes, and above all, unflappable and ingenious book designer Banyon Norton of Minuteman Press in Oakland, California.

And Ultimate Thanks. Coffee not only supplied me with the friends and colleagues gratefully noted earlier, but it also gave me a family. I met my wife Iara 20+ years ago in Rio de Janeiro, Brazil, after doing some filming for a coffee documentary. Three years of long-distance romance followed (I took an enormous interest in Brazilian coffee during those years, soliciting every consulting job I could turn up that took me anywhere near Rio), before Iara agreed to permanently join me in California, where she is now a psychotherapist working in three languages, English, Portuguese and Spanish. Clearly this book could not have been researched and written without her enthusiastic support and advice.

It was an additional gift to be granted not only a wife, but a step-daughter and step-son-in-law as well. And now, the ultimate payoff: a granddaughter. The great, the incomparable Charlotte! Together Iara and Charlotte are the ultimate gifts coffee has given me, so I dedicate this book to them.

Book Sponsors

The following companies generously helped defray production costs for this large-format, four-color volume, making it possible to sell it at a significantly discounted price. Their contributions are acknowledged with deepest gratitude.

Café Imports. Café Imports is a leading importer of distinctive specialty green coffees with a main office in the U.S. Visit cafeimports.com. Particular thanks to Jason Long.

Pebble Coffee. Pebble Coffee is a boutique importer of distinctive specialty green coffees based in Taipei, Taiwan. Particular thanks to James (Shihpan) Chuang.

JBC Coffee Roasters. JBC Coffee Roasters is a distinguished roaster of fine, prize-winning specialty coffees based in Madison, Wisconsin, USA. Visit jbccoffeeroasters.com. Particular thanks to Michael Johnson.

The Coca-Cola Company Global Brewed Beverages. At the time support for this book was granted, Global Brewed Beverages was a new business vertical of The Coca-Cola Company. Particular thanks to I.B. Bopanna and Mark Weems.

Klatch Coffee. Klatch Coffee is a distinguished roaster and retailer of fine, prize-winning specialty coffees based in Los Angeles, California, USA. Visit klatchroasting.com. Particular thanks to Mike Perry.

Kakalove Cafe. Kakalove Cafe is a distinguished roaster of fine, prize-winning specialty coffees based in Chia-Yi, Taiwan. Visit kakalovecafe.com.tw/. Particular thanks to Caesar Tu.

索引 Index

- 在過去多年來，慷慨貢獻咖啡知識給作者的眾多人士名單，請見第 302 ～ 303 頁。
- 推薦延伸閱讀的參考資源，詳見第 298 ～ 301 頁。

VV0127C

21 世紀咖啡聖經

跟著 Coffee Review 創辦人了解全球咖啡新浪潮：從一顆種子烘焙到
一杯咖啡的過程及祕辛，理解跨世代咖啡科學與文化的終極指南

原 文 書 名／ 21st Century Coffee: A Guide
作　　　者／肯尼斯·戴維茲 (Kenneth Davids)
譯　　　者／謝博戎
特 約 編 輯／鍾瑩貞
責 任 編 輯／江家華

總　編　輯／江家華
版　　　權／沈家心
行 銷 業 務／陳紫晴、羅伃伶

發　行　人／何飛鵬
事業群總經理／謝至平
出　　　版／城邦文化出版事業股份有限公司
　　　　　　台北市南港區昆陽街 16 號 4 樓
　　　　　　電話：886-2-2500-0888 傳真：886-2-2500-1951
發　　　行／英屬蓋曼群島商家庭傳媒股份有限公司城邦分公司
　　　　　　台北市南港區昆陽街 16 號 8 樓
　　　　　　客服專線：02-25007718；02-25007719
　　　　　　24 小時傳真專線：02-25001990；02-25001991
　　　　　　服務時間：週一至週五上午 09:30-12:00；下午 13:30-17:00
　　　　　　劃撥帳號：19863813 戶名：書虫股份有限公司
　　　　　　讀者服務信箱：service@readingclub.com.tw
　　　　　　城邦網址：http://www.cite.com.tw
香 港 發 行 所／城邦 (香港) 出版集團有限公司
　　　　　　地址：香港九龍土瓜灣土瓜灣道 86 號順聯工業大廈 6 樓 A 室
　　　　　　電話：(852)25086231 ｜ 傳真：(852)25789337
　　　　　　電子信箱：hkcite@biznetvigator.co
馬 新 發 行 所／城邦 (馬新) 出版集團 Cite (M) Sdn Bhd
　　　　　　41, Jalan Radin Anum, Bandar Baru Sri Petaling, 57000 Kuala Lumpur, Malaysia.
　　　　　　電話：(603) 90563833 ｜ 傳真：(603) 90576622
　　　　　　電子信箱：services@cite.my

封 面 設 計／徐睿紳
內 頁 排 版／ PURE
製 版 印 刷／上晴彩色印刷製版有限公司

國家圖書館出版品預行編目 (CIP) 資料

21 世紀咖啡聖經：跟著 Coffee Review 創辦人了解
全球咖啡新浪潮：從一顆種子烘焙到一杯咖啡的過程
及祕辛，理解跨世代咖啡科學與文化的終極指南 / 肯
尼斯. 戴維茲 (Kenneth Davids) 著；謝博戎譯 . -- 初
版 . -- 臺北市：積木文化，城邦文化出版事業股份有
限公司出版：英屬蓋曼群島商家庭傳媒股份有限公司
城邦分公司發行，2024.10
　　面；　公分
譯自：21st Century Coffee: A Guide
ISBN 978-986-459-595-2(精裝)

1.CST: 咖啡

427.42　　　　　　　　　　　　　　113004708

【印刷版】
2024 年 10 月 1 日 初版一刷
售價／ 1800 元
ISBN ／ 978-986-459-595-2

【電子版】
2024 年 10 月
ISBN ／ 978-986-459-594-5
(EPUB)